数 学 分 析

（上册）

干丹岩　叶正麟　于　美　主编

科 学 出 版 社

北 京

内 容 简 介

本书是在作者多年讲授数学分析课程讲义的基础上编写而成的,是作者多年授课经验与教学心得的总结. 全书分上、下两册.

上册分三部分. 先感性认识与论述初等一元微积分:函数、极限与连续性、定积分、导数,微积分学基本定理,简单常微分方程及一些经典应用. 接着是微积分学严格化:实数的公理化定义和极限理论,据此论证一元函数的极限、连续性和 Riemann 积分的理论. 然后叙述级数理论、多元函数的极限与连续性、空间定向、空间解析几何简介.

下册分三部分. 先讲述多元函数的微分学与积分学及场论初步. 然后论述微分流形上的微积分,包括欧氏空间中的微分形式和积分公式、积分的连续性、广义重积分、微分流形、流形上的微积分等. 附录介绍微积分学中若干基本问题的延伸与发展.

本书的内容安排力图符合微积分体系的认识论规律、贴近微积分学发展脉络,力求在逻辑上清楚,作者会不时将个人的一些看法采用评注或评议写出,便于读者理解.

本书最后五讲比较难,属于现代化的分析学,希冀对有兴趣的读者有些帮助.

本书可作为高等学校数学类专业数学分析课程的教材,也可供其他有关专业选用.

图书在版编目(CIP)数据

数学分析 : 全 2 册 / 干丹岩, 叶正麟, 于美主编. -- 北京 : 科学出版社, 2025.3. -- ISBN 978-7-03-080791-5

I. O17

中国国家版本馆 CIP 数据核字第 2024KX6742 号

责任编辑:张中兴　梁　清　贾晓瑞 / 责任校对:杨聪敏
责任印制:师艳茹 / 封面设计:无极书装

科学出版社 出版

北京东黄城根北街 16 号
邮政编码:100717
http://www.sciencep.com

北京九州迅驰传媒文化有限公司印刷
科学出版社发行　各地新华书店经销

*

2025 年 3 月第 一 版　开本:720×1000　1/16
2025 年 3 月第一次印刷　印张:33 1/2
字数:670 000

定价:129.00 元(上下册)

前 言

　　一般认为微积分由牛顿 (Newton, 1643—1727) 与莱布尼茨 (Leibniz, 1646—1716) 发现. 实际上远古时期人们就会计算某些特殊形状的面积或其近似值, 即求积. 而求导属于微观概念, 探索之路艰难得多, 直到 Newton 与 Leibniz 所处时代, 其原理才开始清楚起来, 并且发现了求导与求积之间的关联. 自此, 数学成为开启科学大门的关键钥匙, 致使许多物理问题与数学问题的研究相辅相成而行, 成果喷发, 伴随且催进工业革命迅猛发展, 推动人类文明大步迈进. 微积分真是了不起的科学发现 (发明)!

　　历史本是这样, Newton 和 Leibniz 发现的微积分, 当时懂的人很少, 非议却不少, 也确有逻辑悖论. 继之思想深邃的人们认为有诸多问题亟待探讨, 开启了微积分基础的系统深入研究. 历经约二百余年的不懈探索, 到魏尔斯特拉斯 (Weierstrass, 1815—1897) 时期, 一些基本理论问题才厘清, 已是 19 世纪末. 此后写出来的微积分基本上是可靠的. 20 世纪德国数学家柯朗 (Courant, 1888—1972) 所著的《微积分学》, 堪称当时最为典型的样本.

　　从 19 世纪末 20 世纪初起, 数学观念更为深刻又广阔. 勒贝格 (Lebesgue, 1875—1941) 意义下的积分与测度论问世是积分学的重大拓展, 是实变函数的核心. 随后相继出现泛函分析、广义函数. 法国数学家施瓦茨 (Schwartz, 1915—2002) 与苏联数学家索伯列夫 (Sobolev, 1908—1989) 都有重要贡献. 分析学的理论基础已经相当坚实.

　　本书致力于展现我们对于微积分学或数学分析 (实分析) 教学的理解.

　　第 1 到第 11 讲是初等微积分. 从函数概念开始, 讨论极限概念和连续性. 然后从定积分开始, 再讲导数, 接下来介绍微积分学基本定理, 简单的一阶、二阶常微分方程.

　　第 12 到第 15 讲将一元微积分学严格化. 严格介绍实数的公理化定义和极限理论. 在这个基础上对一元函数的极限、连续性和 Riemann 积分的理论, 力图严格论证.

　　第 16 到第 29 讲是级数及多元微积分学. 先叙述级数理论, 接着讲多元函数的微分学和积分学, 包括线积分、重积分、曲面积分、多元积分公式、场论初步.

　　第 30 到第 34 讲是微分流形上的微积分. 叙述欧氏空间中的微分形式和积分

公式、积分的连续性、广义重积分、微分流形、流形上的微积分等. 这几讲比较难, 属于现代化的分析学. 不过只要有兴趣、认真学, 不难弄懂.

对本书的若干内容及写作特点作几点说明.

• 初等的一元微积分学中定积分在前, 导数在后, 这符合认识论规律, 也符合数学发展的历史. 人们通常先认识整体的、宏观的, 后认识局部的、微观的. 从古希腊之求面积, 到 Newton 之求导数, 间隔差不多两千年. Newton 提出导数后才有严密的速度与加速度等物理概念及质点运动学, 物理学才真正开辟且发展为严密的科学.

• Newton 与 Leibniz 都是 "超人", 初创的微积分远超他们的时代. 为在数学思想和数学思维上搞得明白透彻, 从柯西 (Cauchy, 1789—1857) 开始到 Weierstrass, 一代又一代数学家历经了约两百年探索, 才构建起逻辑严谨的微积分体系. 可见, 要将这样的数学理论阐释清楚, 实非易事. 本书遵循微积分学历史发展脉络, 力求逻辑上清楚, 懂正常逻辑的读者能够理解.

• 论述的逻辑语言既不可少, 但也不宜多. 所以作者的一些看法或观点通常采用评注或评议表述.

• 多元广义积分 ($n \geqslant 2$) 收敛性蕴涵绝对收敛性, 这很重要, 与一元 ($n = 1$) 广义积分有质的区别, 请特别注意.

• 多元积分学的变量替换公式之严格证明很难, 我们把它放到 31.7 节中完成.

通常处理过长和过难的证明, 可以用省略的办法, 或加强条件而给出较短推理的办法. 本书追求严格, 希冀达到严格的标准. 例如实数理论, 开始欲让学生整体了解, 展开一元微积分学及一、二阶常微分方程内容, 然后严格要求, 将所有重要的证明补足. 每一步都严格地证明是推理正确的保证. 数学史上有过许多起著名问题证明错误 (甚至不止一次) 的事件, 往往某一步以为 "显然" 正确而无严格推导, 事后却发现是错误的. 逻辑推理还派生出一个重要推论: 一个命题的正确与否不取决于说出者本人的地位, 而取决于推理的正确性. 古希腊学者关于逻辑推理证明的贡献很了不起!

"替换公式" 在 C^1 之下的证明较 C^2 之下要困难得多. 这大概也是至今许多教材省略其证明的原因. 本书把证明写全了, 其中 C^2 的证明在 28.4 节, 7 页多, C^1 的证明在 31.7 节, 也 7 页多, 供感兴趣的读者参考. 前者证明的核心是运用 Green 公式, 体现了经典的微积分思想和技术. 后者放到第 31 讲, 需要运用 "磨光" 技术 (31.6 节, 4 页多). 这个 "磨光" 技术是现代分析学的一个核心技术, 实际上起源于 Fourier 级数求和的 Dirichlet 核, 直到 20 世纪中期的 Sobolev 和 Schwartz 等的广义函数理论 (即分布理论), 核心技术都一样. 本书是想借这个定理的证明, 介绍分析学一个核心技术之本质, 因此第 31 讲 "积分的连续性" 写得长. 当然写出的内容, 在教学时可讲可不讲, 视情况而定.

最后, 在微分流形上建立微分形式概念, 也是直接受 "替换" 思想的启发, 见 34.1 节.

• "流形上的微积分", 真正的难关是 "切向量", 这点突破全盘皆活. 难在线性代数部分. 第 30 讲着重补线性代数知识, 其中 "对偶空间"、"反变" 及 "共变" 等概念是很基本的. 在 R^n 中对任意指定点 x, 讲清楚 $\dfrac{\partial}{\partial x_i}$ 等关于 R^n 是反变的, 同时 $\mathrm{d}x_i$ 关于 R^n 是共变的, 并分别称为点 x 处的切向量和余切向量. 19 世纪线性代数已经很发达, 建立了张量理论, 它是多变量的线性函数, 其自变量的一部分是反变的, 另一部分是共变的. 据说如物理学家 Einstein 都很懂并很会运用张量分析. 但很奇怪, 自 20 世纪 60 年代后, 国内流行的线性代数教材不讲或基本不讲张量理论. 这部分内容在后继学习中很有用, 盼望以后会改进.

• 读者有兴趣还可进一步读泛函分析和广义函数论, 这些都是 20 世纪数学的精华.

最后, 关于数学学习过程, 与读者共享几个.

▲ 在教学中师生都是主角, 但教学效果最终体现在学生的学习中, 因此学生是主体, 是最基本的主角.

▲ 请恢复并保持你原本具有的对周围世界热情探索的愿望和自主进行学习和思考的能力.

▲ 重要的是学会理解. 一个数学系统的主体, 由一系列概念、定理和证明组成. 对基本概念、基本定理及其证明应当反复理解, 这个过程通常称为复习. 在理解的基础上, 做适当量的练习, 将起到检验理解 (效果), 巩固理解 (深度), 加深理解 (程度) 的作用, 并能掌握基本的技巧.

▲ 认真思考所论概念、命题或定理及其证明中所蕴涵的数学思想、数学方法及发展源头, 以及数学的思维方法, 并且努力掌握它们.

▲ 借用德国数学家 Landau 在他著名的教程《分析基础》中的两句话, 作为赠言, 请读者认真揣摩:

√ "请忘掉你在中学里学过的一切; 因为你还没有真正学懂它们.

√ 请随时想到中学课程中的相应部分; 因为你还没有真正把它们忘掉. "

在本书编写过程中, 作者参阅了大量书籍资料, 恕不一一列举, 特向有关作者谨致谢意. 由于作者水平有限, 时间仓促, 所以书中不足之处在所难免, 恳请广大读者批评指正.

作　者

2024 年 10 月于杭州

目　录

第1讲

函数的极限和连续性

1.1　集合

本讲需要应用集合论中的概念和记号以及一些基本的知识. 不打算用公理化办法来建立集合论, 读者若有兴趣可参考凯莱 (Kelley, 1916—1999) 的 *General Topology* (有中译本, 凯莱《一般拓扑学》, 吴从炘等译, 科学出版社, 1982 年) 的附录.

集合论中讨论的对象用字母表示, 大写小写都可以. 集合论中两个对象 x, y, 若它们相同, 则记作 $x = y$, 否则记作 $x \neq y$.

集合论中有些对象称为**集合** (set). 设 X 是一个集合, 则 $x \in X$ 表示 x 是集合 X 的一个**元素** (element), 记号 $\in$ 读作属于, 其反面记作 $x \notin X$, 记号 $\notin$ 读作不属于.

设 X 和 Y 是两个集合, 则 $X \subset Y$ 意味着 X 的每一个元素都是 Y 的元素, 说 X **包含于** Y 中或 Y **包含** X, 其反面就记作 $X \not\subset Y$. 显然, $X \subset X$; $X \subset Y$ 和 $Y \subset Z$ 推知 $X \subset Z$; $X \subset Y$, $Y \subset X$ 推知 $X = Y$. 当 $X \subset Y$ 时, 也说 X 是 Y 的一个**子集** (subset), 也写作 $Y \supset X$.

没有元素的集合称为**空集** (empty set). 所有的空集均相等, 故记作 $\varnothing$. 空集是任何集合的子集.

设给了集合 X, 并给了一个性质 P, 则存在 X 的一个唯一的子集, 由 X 中所有使得性质 P 成立的元素组成. 这个子集写成 $\{x \in X : P(x)\}$ 或 $\{x : x \in X \text{ 且 } P(x)\}$.

一个集合有可能是某个集合的元素. 设 X 是一个集合, 则 X 的所有的子集组成一个集合, 记作 2^X. 若集合 X 有 n 个元素, 其中 n 是一个非负整数, 则 2^X 有 2^n 个元素. 请读者作为一个习题去证明.

设 E 是一个集合, $X \subset E$, 则集合 $\{x \in E : x \notin X\}$ 是 E 的一个子集, 称为 X 在 E 中的**余集** (complement) 而记作 $C_E X$ 或简记作 CX, 也称为 E 与 X 之

差集 (difference) 而记作 $E \backslash X$.

给了两个集合 X 和 Y. 集合 $\{x : x \in X$ 且 $x \in Y\}$ 称为 X 和 Y 的**交** (intersection), 记作 $X \cap Y$. 集合 $\{x : x \in X$ 或 $x \in Y\}$ 称为 X 和 Y 的**并** (union), 记作 $X \cup Y$.

利用对象的有序偶能构作集合的笛卡儿积集如下. 设给了两个集合 X 和 Y, $\{(x, y) : x \in X$ 且 $y \in Y\}$ 称为 X 和 Y 的**笛卡儿积** (Cartesian product) **集**或简称**积集**, 而记作 $X \times Y$. 一般来说, $X \times Y \neq Y \times X$. 但若 $X = Y$, 常将 $X \times X$ 简记为 X^2. 可以类似地定义 n 个集合 $X_1, X_2, \cdots, X_n$ 的积集 $X_1 \times X_2 \times \cdots \times X_n$, 并常将 X 的 n 重积集 $X \times X \times \cdots \times X$ 简记为 X^n.

今后经常用到两个量词记号: $\forall$ 表示 "对于任意的", $\exists$ 表示 "存在". 此外用 $\exists|$ 表示 "存在唯一".

1.2 实数

先假设读者都已知道自然数、整数、有理数、无理数和实数. 本书中的数通常均指实数, 若用到复数时将特别指出. 说明将采用以下固定的记号:

自然数集 $\mathbb{N} = \{1, 2, 3, \cdots\}$;

整数集 $\mathbb{Z} = \{0, \pm 1, \pm 2, \cdots\}$;

有理数集 $\mathbb{Q}$;

实数集 $\mathbb{R}$.

当然 $\mathbb{N} \subset \mathbb{Z} \subset \mathbb{Q} \subset \mathbb{R}$. 实数集与数轴上的点一一对应, 故实数也称为点.

最常用的实数集合是区间. 若 a, b 是两个实数且 $a < b$. 则以点 a 为左端点以点 b 为右端点的闭区间是集合

$$[a, b] = \{x \in \mathbb{R} : a \leqslant x \leqslant b\},$$

以点 a 为左端点以点 b 为右端点的开区间是集合

$$(a, b) = \{x \in \mathbb{R} : a < x < b\},$$

还有半开半闭区间

$$[a, b) = \{x \in \mathbb{R} : a \leqslant x < b\}, \quad (a, b] = \{x \in \mathbb{R} : a < x \leqslant b\}.$$

采用符号 $+\infty$ 和 $-\infty$, 则可定义无穷区间如下:

$$[a, +\infty) = \{x \in \mathbb{R} : a \leqslant x < +\infty\} = \{x \in \mathbb{R} : a \leqslant x\},$$

$$(a, +\infty) = \{x \in \mathbb{R} : a < x < +\infty\} = \{x \in \mathbb{R} : a < x\},$$

$$(-\infty, b] = \{x \in \mathbb{R} : -\infty < x \leqslant b\} = \{x \in \mathbb{R} : x \leqslant b\},$$

$$(-\infty, b) = \{x \in \mathbb{R} : -\infty < x < b\} = \{x \in \mathbb{R} : x < b\},$$

$$(-\infty, +\infty) = \mathbb{R}.$$

注意 $+\infty$ 和 $-\infty$ 不是实数, 也没有 $[a, +\infty]$ 这种记号.

1.3 函数

先对一般的集合给出函数 (又称映射) 的定义, 它由三个要素共同组成, 两个集合, 一个对应法则.

定义 1.3.1 设给了两个集合 X 和 Y, 以及一个对应法则 f, 使得 $\forall x \in X$, $\exists | y \in Y$ 与之对应, 这个 y 就写作 $f(x)$, 或者记作

$$f : X \to Y,$$

$$x \mapsto y = f(x).$$

则称 $f : X \to Y$ 为一个**函数** (function), 也可简称 f 是 X 上的一个函数, 或更简称 f 是一个函数. 其中的 X 和 Y 分别称为函数 f 的**定义域**和**值域**. 按法则 f 定义域 X 中的 x 所对应的 $y = f(x) \in Y$ 称为 f 在 x 的**函数值**或**像**, 而 x 则称为 y 在 f 之下的一个**原像**. 全体函数值所成之集合

$$f(x) = \{y \in Y : y = f(x), x \in X\}$$

称为函数 f 的**值集**或**像集**, 它是 Y 的一个子集. 若 $A \subset X$, 则集合

$$f(A) = \{y \in Y : y = f(x), x \in A\} = \{f(x) : x \in A\}$$

称为 A 在 f 之下的**像**, 它是 Y 的一个子集. 积集 $X \times Y$ 中的集合

$$\Gamma(f) = \{(x, f(x)) : x \in X\}$$

称为函数 f 的**图形**.

两个函数被认为是相同的, 指有相同的定义域、相同的值域和相同的对应法则. 但请注意, 有时用两种不同方式表述的对应法则可能是相同的. 例如设 $X, Y \subset \mathbb{R}, \varphi, \psi$ 都是以 X 为定义域、以 Y 为值域的函数, 给定如下: $\forall x \in X$,

$$\varphi(x) = |x|,$$

$$\psi(x) = \sqrt{x^2},$$

其实是同一函数.

最常见一些函数是用熟知的式子表达的, 该式子有意义的范围, 通常称为**存在域**. 例如

$$f(x) = \sqrt{x}, \text{ 其存在域为 } [0, +\infty),$$

$$g(x) = 1/x, \text{ 其存在域为 } x \neq 0, \text{ 即 } (-\infty, 0) \cup (0, +\infty).$$

通常如不特别说明, 采用存在域作为定义域.

本书所讨论的函数定义域是 $\mathbb{R}^n$ 的子集. 按习惯, 当 $n = 1$ 时, 说函数是一元的; 当 $n > 1$ 时, 说函数是多元的. 函数的值域除个别场合采用复数外, 是某 $\mathbb{R}^m$ 中的子集. 当 $m = 1$ 时, 说函数是数值函数, 或数量场; 当 $m > 1$ 时, 说函数是向量值函数, 或向量场. 本书前面几讲是限于一元的数值函数的微积分及常微分方程论初步, 然后严格奠定实数理论和极限理论. 在此基础上补证一元微积分中所有重要命题, 建立级数理论并完成多元函数的微积分.

有一种特别的函数, 称为序列, 经常要用到.

定义 1.3.2 定义域为自然数集 $\mathbb{N}$ 的一个函数 $f: \mathbb{N} \to Y$ 称为一个**序列** (sequence), 通常写作 $a_1, a_2, \cdots, a_n, \cdots$, 或 $\{a_n\}$, 其中 a_n 称为**通项**. 若 $Y \subset \mathbb{R}$, 则序列 $\{a_n\}$ 称为一个**数列**.

1.4　极限

微积分学的理论基础是极限理论. 这里先介绍极限概念.

先看几个数列例子, 考察它们的性态.

$$\left.\begin{array}{l} \dfrac{1}{2}, \dfrac{1}{2^2}, \dfrac{1}{2^3}, \cdots, \dfrac{1}{2^n}, \cdots \\[2mm] \dfrac{1}{2}, \dfrac{2}{3}, \dfrac{3}{4}, \cdots, \dfrac{n}{n+1}, \cdots \end{array}\right\} \text{当 } n \text{ 增大时, } a_n \text{ 接近一个常数.}$$

$$\left.\begin{array}{l} 1, 2, 3, \cdots, n, \cdots \\ 1, -2, 3, -4, \cdots, n, \cdots \\ -1, 1, -1, 1, \cdots, (-1)^n, \cdots \end{array}\right\} \text{不具上述性质.}$$

定义 1.4.1 设 $\{a_n\}$ 是 $\mathbb{R}^m$ 中的一个序列. 若当 n 无限增大时, 序列的项无限趋近于一个确定的点 $A \in \mathbb{R}^m$, 即无论预先给定怎样 (小) 的正数, 在序列中都

能找到一项, 从这一项起, 以后所有项与 A 的距离均小于预先给定的那个正数, 则称序列 $\{a_n\}$ 是**收敛的**或**有极限的**, 且 A 称为序列 $\{a_n\}$ 的**极限** (limit), 记作

$$\lim_{n\to\infty} a_n = A \quad \text{或} \quad a_n \to A \text{ 当 } n \to \infty \text{ 时}.$$

这里将序列极限的几个基本性质写成下面的定理, 其证明见第 13 讲.

定理 1.4.1　两个有极限的数列的和、差、积、商与用常数乘之所成的数列都是有极限的, 且若 $\lim_{n\to\infty} a_n = A$, $\lim_{n\to\infty} b_n = B$, $k \in \mathbb{R}$, 则

$$\lim_{n\to\infty} (a_n \pm b_n) = A \pm B, \qquad \lim_{n\to\infty} a_n b_n = AB,$$

$$\lim_{n\to\infty} (a_n/b_n) = A/B \quad (\text{设 } b_n \neq 0 \text{ 且 } B \neq 0), \qquad \lim_{n\to\infty} k a_n = kA.$$

定理 1.4.2　$\mathbb{R}^m$ 中两个有极限的序列的和、差、与常系数线性组合所成的序列是有极限的, 且若 $\lim_{n\to\infty} a_n = A$, $\lim_{n\to\infty} b_n = B$, $k, l \in \mathbb{R}$, 则

$$\lim_{n\to\infty} (a_n \pm b_n) = A \pm B, \qquad \lim_{n\to\infty} (k a_n + l b_n) = kA + lB.$$

定理 1.4.3　设 $\{a_n\}, \{b_n\}, \{c_n\}$ 是三个数列, 满足不等式

$$a_n \leqslant b_n \leqslant c_n, \quad n = 1, 2, 3, \cdots.$$

(1) 若 $\lim_{n\to\infty} a_n = A$, $\lim_{n\to\infty} b_n = B$, $\lim_{n\to\infty} c_n = C$, 则

$$A \leqslant B \leqslant C.$$

(2) 若 $\lim_{n\to\infty} a_n = A = \lim_{n\to\infty} c_n$, 则 $\{b_n\}$ 有极限, 且

$$\lim_{n\to\infty} b_n = A.$$

这个定理很有用, 特别其中之 (2), 通常称为**迫敛原理**或**夹逼定理**. 实践中欲判别数列 $\{b_n\}$ 是否收敛及极限为何, 若能运用适当的技巧得到不等式 $a_n \leqslant b_n \leqslant c_n$, 且能判断 $\{a_n\}$ 与 $\{c_n\}$ 有相同的极限, 则可断言 $\{b_n\}$ 收敛于同一极限.

还有一个基本的事实, 写成

定理 1.4.4　设数列 $\{a_n\}$ 有极限 a 且 $a > 0$, 则对任何 $0 < c < a$, 必从某个自然数 N 以后所有的项, 均有 $a_n > c$ $(n > N)$.

定理 1.4.4 的严格证明将在第 13 讲中给出, 写成定理 13.2.3.

现在研究一元数值函数的极限. 设给了数值函数 $y = f(x)$, 其定义域是一个区间或几个区间并起来的实数集合. 对这种函数建立极限概念.

首先要规定自变量 x 的变化趋势, 然后在此前提下研究函数值 $f(x)$ 的变化趋势. 例如, 当 $x \to a$ (读作 x 趋于 a) 时, 其中 a 是一个确定的实数, a 可以在函数 $y = f(x)$ 的定义域之中, 也可以在定义域之外, 但假设 a 附近除 a 之外的点均在定义域之中, 而考察函数值 $f(x)$ 之变化; 或者当 $x \to +\infty$, 这里 $+\infty$ 是一个记号, 表示 x 变得越来越大而无止境, 此时假设函数 $y = f(x)$ 的定义域中包含着某个形如 $(c, +\infty)$ 的无穷区间.

定义 1.4.2 设 $y = f(x)$ 是一个一元数值函数. 若当 $x \to a$ 时, 函数值无限趋近于一个常数 A, 则称当 x 趋于 a 时函数 $f(x)$ 的**极限存在且以 A 为极限**, 记作

$$\lim_{x \to a} f(x) = A, \quad \text{或当} \ x \to a \ \text{时} \ f(x) \to A.$$

这里, 当不特别指明时, a 可以是一个取定的实数, 或者是符号 $+\infty$ 或 $-\infty$.

类似于数列, 有函数极限的几个基本性质.

定理 1.4.5 若 $\lim\limits_{x \to a} f(x)$ 和 $\lim\limits_{x \to a} g(x)$ 都存在, 则

$$\lim_{x \to a} (f(x) \pm g(x)) = \lim_{x \to a} f(x) \pm \lim_{x \to a} g(x),$$

$$\lim_{x \to a} (f(x) \cdot g(x)) = \lim_{x \to a} f(x) \cdot \lim_{x \to a} g(x),$$

$$\lim_{x \to a} (f(x)/g(x)) = \lim_{x \to a} f(x) / \lim_{x \to a} g(x), \text{假设} \lim_{x \to a} g(x) \neq 0.$$

定理 1.4.6 若在 a 的附近有不等式

$$f(x) \leqslant g(x) \leqslant h(x),$$

(1) 若 $\lim\limits_{x \to a} f(x) = A$, $\lim\limits_{x \to a} g(x) = B$, $\lim\limits_{x \to a} h(x) = C$, 则

$$A \leqslant B \leqslant C.$$

(2) 若 $\lim\limits_{x \to a} f(x) = A$, $\lim\limits_{x \to a} h(x) = A$, 则 $\lim\limits_{x \to a} g(x)$ 存在, 且

$$\lim_{x \to a} g(x) = A.$$

这里的 (2) 也称为迫敛原理或夹逼定理. 作为应用举例, 用它证明一个重要极限. 因为它的重要性, 写成一条定理.

定理 1.4.7 $\lim\limits_{x \to 0} \dfrac{\sin x}{x} = 1$.

证明 当 $|x| < \dfrac{\pi}{2}$ 时, 有不等式

$$|\sin x| \leqslant |x| \leqslant |\tan x|.$$

这可由图 1.1 得到. 设扇形半径为 1, 则小三角形面积为 $\dfrac{1}{2}|\sin x|$, 大三角形

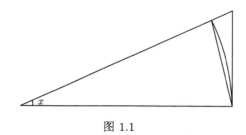

图 1.1

面积为 $\dfrac{1}{2}|\tan x|$, 而角 x 所张之扇形面积为 $\dfrac{1}{2}|x|$. 用 $|\sin x|$ 除不等式, 设 $x \neq 0$, 得

$$1 \leqslant \frac{|x|}{|\sin x|} \leqslant \frac{1}{|\cos x|}.$$

注意到当 $0 < |x| < \dfrac{\pi}{2}$ 时, x 与 $\sin x$ 同号且 $\cos x$ 为正, 故有

$$1 < \frac{x}{\sin x} \leqslant \frac{1}{\cos x},$$

即得

$$\cos x \leqslant \frac{\sin x}{x} \leqslant 1.$$

因为 $0 \leqslant 1 - \cos x = 2\sin^2 \dfrac{x}{2} \leqslant 2\left(\dfrac{|x|}{2}\right)^2 = \dfrac{1}{2}|x|^2$, 由定理 1.4.6 之 (2) 知: $\lim\limits_{x \to 0} \cos x = 1$. 再由定理 1.4.6 之 (2) 得欲证之结论.

类似于定理 1.4.4, 对于函数极限我们有

定理 1.4.8 设函数极限 $\lim\limits_{x \to a} f(x)$ 存在且为正, 则对任何 $0 < C < \lim\limits_{x \to a} f(x)$, 当 x 在点 a 的附近时函数值 $f(x) > C$.

它的严格证明在第 14 讲中给出, 就是定理 14.1.6.

1.5 函数的连续性

这一节开始直至第 15 讲, 所有考虑的函数都是一元实值函数.

定义 1.5.1 设给了函数 f, x_0 是其定义域中一点, 且

$$\lim_{x \to x_0} f(x) = f(x_0),$$

则称 f **在点 x_0 处连续**.

注意 连续性是函数的一种局部性质, 函数 f 在点 x_0 处连续与否, 只与 f 在点 x_0 及其附近函数值的变化有关.

定义 1.5.2 若函数 f 在闭区间 $[a, b]$ 上或开区间 (a, b) 内每一点都连续, 则称函数 f 在 $[a, b]$ 上或 (a, b) 内连续.

注意 当点 x_0 是闭区间 $[a, b]$ 的端点时, 连续性定义中所用到的极限将采用单侧极限, 其意义读者不难理解. 其实还应区别情况而写成 $\lim\limits_{x \to a^+}$ 或 $\lim\limits_{x \to b^-}$, 分别称为**右极限**或**左极限**.

在一个闭区间上连续的函数有几条非常重要的性质. 先介绍其中的两条, 其深刻的含义读者将随课程的深入而逐步理解. 它们的证明现在还不可能进行, 推迟到第 14 讲去做.

定理 1.5.1 (最值定理) 设函数 f 在 $[a, b]$ 上连续, 则 f 在 $[a, b]$ 上能取到在该区间上之最大值与最小值, 即存在 $c, d \in [a, b]$ 使得

$$f(c) \geqslant f(x) \geqslant f(d), \quad x \in [a, b].$$

定理 1.5.2 (介值定理) 设函数 f 在 $[a, b]$ 上连续.

(1) 若 $f(a)$ 与 $f(b)$ 符号相反, 即 $f(a) \cdot f(b) < 0$, 则在 (a, b) 中存在一点 c, 使得 $f(c) = 0$.

(2) 若 γ 是介于 $f(a)$ 与 $f(b)$ 之间的任一数, 则在 (a, b) 中存在一点 c, 使得 $f(c) = \gamma$.

定理中 (2) 可由 (1) 推得: 只需将 $f(x) - \gamma$ 作为 (1) 中的函数 $f(x)$, 则满足条件 $(f(a) - \gamma)(f(b) - \gamma) < 0$, 就有 $f(c) - \gamma = 0$. 称 (1) 为**零点定理**, (2) 称为**介值定理**. 后者是前者的特例.

如果考察的函数是用熟悉的公式表述的, 那么处理起来就比较方便, 从而在讨论它们的性质时可以建立必要的公式列表. 这些函数称为**初等函数**, 正式定义如下.

定义 1.5.3　常量函数、幂函数 x^α、指数函数 a^x、对数函数 $\log_a x$、三角函数、反三角函数称为**基本初等函数**. 由基本初等函数经有限次加、减、乘、除及复合运算所得函数称为**初等函数**.

这里提到的复合运算指的是, 当第一个变量随第二个变量的变化而变化, 而第二个变量又随第三个变量的变化而变化时, 第一个变量是第三个变量的函数. 正式的定义如下.

定义 1.5.4　设 $f: X \to Y$ 和 $g: Y \to Z$ 是两个给定的函数, 则两个对应法则 f 和 g 接续作用便得一个函数, 称为 f 与 g 之**复合函数**, 记为 $g \circ f: X \to Z$. 若两个函数依次表示为 $y = f(x)$, $z = g(y)$, 则它们的复合函数写为 $z = g(f(x)) = (g \circ f)(x)$.

初等函数连续性的一个重要结论是:

定理 1.5.3　任一初等函数在其定义域 (即存在域) 中是连续的. (待证)

这个定理的证明将逐步完成. 它有赖于对各类初等函数的连续性的证明以及接下去的两条定理. 读者尚需注意, 基本初等函数中还有一些是尚未正式定义的, 如一般的幂函数、指数函数、对数函数等.

定理 1.5.4　设函数 f, g 在点 x_0 连续, 则 $f \pm g$, $f \cdot g$ 和 f/g (假设 $g(x_0) \neq 0$) 在点 x_0 也连续. (待证)

定理 1.5.5　设函数 $y = f(x)$ 在点 x_0 连续, $y_0 = f(x_0)$ 且函数 $z = g(y)$ 在点 y_0 连续, 则复合函数 $g \circ f$ 在点 x_0 连续. (待证)

1.6　关于函数记号的评议

在定义 1.3.1 中介绍了函数概念, 详细解说了函数概念的三要素: 定义域、值域和对应法则. 对应法则是最根本的. 设 f 是一个对应法则, 自然意味着它有一个定义域和一个值域. 允许简称 f 是一个函数.

在一些文献中将函数 f 写成 $f(x)$, 此时已预先将定义域中的元素记作 x. 这个写法有时受到质疑, 因为 $f(x)$ 确切地说是 "函数 f 在元素 x 之值", 没有完整地表述出函数概念的含义.

但是, 常常不可避免地需要采用这种表示形式. 当涉及一个由熟知的公式或记号表出的函数时, 常常采用 $f(x)$ 一类写法, 例如余弦函数写成 $\cos x$ 而不写作 $\cos$, 指数函数写成 a^x 而不能将 x 隐去, 多项式函数若不设置变量 (不定元) 为 x 一类的东西, 便无法将它表出. 在讨论函数极限问题时, 实际上是研究函数值 $f(x)$ 当 $x \to a$ 时的变化趋势, 于是在定义 1.4.2 中开头便说 "设 $y = f(x)$ 是一个函数". 在论及复合函数时, 如定义 1.5.4 中 "设 $y = f(x), z = g(y)$ 是两个函数", 讨论起来就比较清晰.

今后约定, "设 $f(x)$ 是 X 上定义的一个函数" 或 "设 $y = f(x)$ 是 X 上定义的一个函数", 系指 f 是 X 上定义的一个函数, 同时 X 中元素记为 x, 并记 $y = f(x)$.

第2讲

定 积 分

2.1 求积类典型例子

定积分概念最好的解释是曲边形面积, 其次是变速运动的路程和变力做功等例子.

求曲边形的面积起源很早. 古希腊欧多克索斯 (Eudoxus, 约公元前 408—前 355)、阿基米德 (Archimedes, 公元前 287—前 212) 用 "穷竭法" 计算圆形、弓形及抛物弓形之面积. 我国魏晋时刘徽 (约 263 年) 提出割圆术. 随后南北朝时数学家祖冲之 (429—500) 由割圆术用内接及外切正多边形逼近圆以求圆面积, 而定 π 之值, 所得密率比德国人奥托 (Otho, 十六世纪) 要早一千多年. 十六世纪以后的天文学和力学的发展, 提出了变速运动的路程和变力做功一类的例子. 这些都是定积分的起源和原型.

2.1.1 面积问题

面积问题不仅是一个计算问题, 首先是一个概念问题. 其实, 面积概念, 随之其计算方法, 是按照以下顺序来建立的.

- 先定义边长为 1 的单位正方形的面积为 1.
- 再对矩形定义面积, 如边长为 a 和 b, 则规定其面积为 ab.
- 随之推广到平行四边形.
- 然后认定三角形的面积为 $\dfrac{1}{2}$ 底 × 高.
- 从而能够定义并计算任何多边形之面积.

但是, 曲边形的面积概念尚未建立. 真正的曲边形不是多边形. 割圆术和穷竭法都是用多边形去逼近曲边形, 这便是极限过程的运用. 下面按照这个思路来讨论有关曲边梯形的面积问题.

设 f 是闭区间 $[a, b]$ 上的连续函数并且 $f(x) \geqslant 0$. 则由 $y = f(x)$ 的图形表示的曲线, 直线 $x = a, x = b$ 以及 x 轴 (即直线 $y = 0$) 所围成的平面图形称为由

$y = f(x)$ 在 $[a, b]$ 上确定的**曲边梯形**, 见图 2.1.

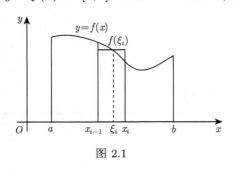

图 2.1

它的面积如何定义和计算?

将 $[a, b]$ 分成 n 个小区间, 即插入 $n-1$ 个分点, 称为一个**分划**, 记为 $T = [a = x_0 < x_1 < x_2 < \cdots < x_n = b]$, 其中第 i 个小区间为 $[x_{i-1}, x_i]$, 它的长度为 $\Delta x_i = x_i - x_{i-1}$, 取**介点** $\xi_i \in [x_{i-1}, x_i]$, 以 $[x_{i-1}, x_i]$ 为底, 以 $f(\xi_i)$ 为高作矩形, 其面积为 $f(\xi_i)\Delta x$. 这些矩形的面积之和为

$$\sigma = \sum_{i=1}^{n} f(\xi_i)\Delta x_i, \tag{2.1.1}$$

此和与分划 T 有关, 而且还与诸介点 $\xi = \{\xi_1, \xi_2, \cdots, \xi_n\}$ 的取法有关. 令 $\lambda(T) = \max_{1 \leqslant i \leqslant n} \Delta x_i$, 称为分划 T 的**细度**.

如果当 $\lambda(T) \to 0$ 时, 和 $\sigma = \sum_{i=1}^{n} f(\xi_i)\Delta x_i$ 以某数 A 为极限, 写作

$$\lim_{\lambda(T) \to 0} \sum_{i=1}^{n} f(\xi_i)\Delta x_i = A, \tag{2.1.2}$$

则称函数 f 在 $[a, b]$ 上确定的曲边梯形是**有面积的**, 且面积为 A.

这就是曲边梯形面积的概念, 并且这个概念也提供了运用极限技术来计算面积的一条原则性的途径.

2.1.2 路程问题

设物体做变速直线运动, 已知在各时刻的速度 v 是时间 t 的连续函数

$$v = f(t).$$

求从 $t = a$ 到 $t = b$ 所走过的总路程 S.

采用与面积问题类似的方法. 将区间 $[a, b]$ 分成 n 个小区间而得一分划 $T = [a = t_0 < t_1 < t_2 < \cdots < t_n = b]$, 令 $\Delta t_i = t_i - t_{i-1}$, 取介点 $\xi_i \in [t_{i-1}, t_i]$, 则 $f(\xi_i)\Delta t_i$ 可以作为时间区间 $[t_{i-1}, t_i]$ 内该物体走过的路程 ΔS_i 的近似值:

$$\Delta S_i \approx f(\xi_i)\Delta t_i,$$

于是在总的时间区间 $[a, b]$ 内所走过的总路程的近似值可以得到, 即

$$S \approx \sum_{i=1}^{n} f(\xi_i) \Delta t_i,$$

物理直觉告诉我们, 分划越细, 近似程度越精确, 设 $\lambda(T)$ 为 T 的细度, 从而路程

$$S = \lim_{\lambda(T) \to 0} \sum_{i=1}^{n} f(\xi_i) \Delta t_i. \tag{2.1.3}$$

2.1.3　做功问题

一物体沿 x 轴做直线运动, 一变力作用其上, 方向与物体运动方向一致, 大小为一已知连续函数

$$F = f(x).$$

求当物体从点 a 运动到点 b, 变力 F 所做的功 W.

对 $[a, b]$ 任作一分划 $T = [a = x_0 < x_1 < x_2 < \cdots < x_n = b]$, 取介点 $\xi_i \in [x_{i-1}, x_i]$, 令 $\Delta x_i = x_i - x_{i-1}$, 设 $\lambda(T)$ 为 T 的细度, 则所做的功为

$$W = \lim_{\lambda(T) \to 0} \sum_{i=1}^{n} f(\xi_i) \Delta x_i. \tag{2.1.4}$$

2.2　定积分概念

将 2.1 节中三个典型问题处理中共同的数学模式提炼出来, 就得到微积分学中最重要的概念之一.

定义 2.2.1 (定积分)　设函数 f 在闭区间 $[a, b]$ 上有定义. 对 $[a, b]$ 任作一分划 $T = [a = x_0 < x_1 < x_2 < \cdots < x_n = b]$, 将 $[a, b]$ 分成了小区间 $[x_{i-1}, x_i], i = 1, 2, \cdots, n$, 记 $\Delta x_i = x_i - x_{i-1}$, 并记 Δx_i 中最大者为分划 T 的细度 $\lambda(T)$. 任取介点 $\xi_i \in [x_{i-1}, x_i]$ 作和

$$\sigma = \sum_{i=1}^{n} f(\xi_i) \Delta x_i,$$

称为函数 f 在 $[a, b]$ 上关于分划 T 和介点组 $\xi = \{\xi_1, \xi_2, \cdots, \xi_n\}$ 的**积分和**或**黎曼** (Riemann, 1826—1866) **和**. 若极限

$$I = \lim_{\lambda(T) \to 0} \sum_{i=1}^{n} f(\xi_i) \Delta x_i$$

存在, 则说函数 f 在 $[a,b]$ 上**可积** (integrable), 极限值 I 称为 f 在 $[a,b]$ 上的**定积分** (definite integral), 或简称**积分**, 并记作

$$I = \int_a^b f(x)\mathrm{d}x,$$

其中 $\int$ 称为**积分号**, $f(x)\mathrm{d}x$ 称为**被积式**, $f(x)$ 称为**被积函数**, a 和 b 分别被称为积分的**下限**和**上限**, x 称为**积分变量**.

用定积分来表述 2.1 节中三个问题就是:

面积问题 $A = \displaystyle\int_a^b f(x)\mathrm{d}x$;

路程问题 $S = \displaystyle\int_a^b f(t)\mathrm{d}t$;

做功问题 $W = \displaystyle\int_a^b F(x)\mathrm{d}x$,

其中面积问题可以作为定积分概念的几何解释. 有了这个明显的几何解释, 在处理积分问题时, 往往可以借助几何直观来帮助理解和分析. 路程问题也是非常重要的例子, 它还将给出极其重要的启示 (参见第 4 讲和第 6 讲).

评注 2.2.1 关于定积分概念, 有三点值得注意之处.

(1) 当 a,b 和函数 f 给定后, 只要 f 在 $[a,b]$ 上可积, 则定积分 $I = \displaystyle\int_a^b f(x)\mathrm{d}x$ 是一个确定的数. 而且这个定积分与积分变量用什么记号 (字母) 表示无关. 这就是说, 只要 $[a,b]$ 上的函数 f 给定了并且可积, 则

$$\int_a^b f(x)\mathrm{d}x = \int_a^b f(t)\mathrm{d}t.$$

有时由于运用字母的方便而把一个定积分中的积分变量的记号加以改变, 而积分值不变.

(2) 设已知定积分 $I = \displaystyle\int_a^b f(x)\mathrm{d}x$ 存在, 则在和式 $\displaystyle\sum_{i=1}^n f(\xi_i)\Delta x_i$ 取极限的过程中, 如果选取某种特定方式的分划 (例如等分), 并按某种特定方式选取介点 ξ_i(例如小区间 $[x_{i-1}, x_i]$ 的左端或右端或中点等), 极限值恒存在, 并且就是 I. 这就使得在计算和推理时有了选取特定类型的分划和介点的自由, 便于处理.

(3) 由于定积分是用极限来定义的, 这就面临着在什么条件下定积分存在的问题. 这个重大的问题放在第 15 讲讨论. 这里先介绍一个常用的充分性条件.

定理 2.2.1 若函数 f 在 $[a,b]$ 上连续, 则 f 在 $[a,b]$ 上可积. (待证)

2.3 定积分的基本性质

下面列举的一批基本性质大多数可从定积分的定义及极限的基本性质推出.

(1) 设函数 f 在 $[a,b]$ 上可积, k 为一常数, 则函数 kf 在 $[a,b]$ 上可积, 且

$$\int_a^b kf(x)\mathrm{d}x = k\int_a^b f(x)\mathrm{d}x.$$

(2) 设函数 f 和 g 在 $[a,b]$ 上都可积, 则函数 $f \pm g$ 在 $[a,b]$ 上也可积, 且

$$\int_a^b [f(x) \pm g(x)]\mathrm{d}x = \int_a^b f(x)\mathrm{d}x \pm \int_a^b g(x)\mathrm{d}x.$$

于是对可积函数 f, g 及常数 α, β, 有

$$\int_a^b [\alpha f(x) \pm \beta g(x)]\mathrm{d}x = \alpha\int_a^b f(x)\mathrm{d}x \pm \beta\int_a^b g(x)\mathrm{d}x,$$

称可积函数的积分具有线性运算性质.

(3) (关于积分区间可加性) 设函数 f 在 $[a,b]$ 上可积, 则对于 (a,b) 中任何点 c, f 在 $[a,c]$ 和 $[c,b]$ 上也可积 (此处暂不证, 证明参见第 15 讲定理 15.6.4), 且

$$\int_a^b f(x)\mathrm{d}x = \int_a^c f(x)\mathrm{d}x + \int_c^b f(x)\mathrm{d}x.$$

(4) (保号性) 设函数 f 在 $[a,b]$ 上可积, 且当 $x \in [a,b]$ 时 $f(x) \geqslant 0$, 则

$$\int_a^b f(x)\mathrm{d}x \geqslant 0;$$

反之, 若当 $x \in [a,b]$ 时 $f(x) \leqslant 0$, 则

$$\int_a^b f(x)\mathrm{d}x \leqslant 0.$$

这说明, 如果当 $x \in [a,b]$ 时 $f(x) \leqslant 0$, 则按照定积分计算如图 2.2 的曲边梯形的面积, 可能是个负数. 而按通常概念面积是正数, 因此该面积应是

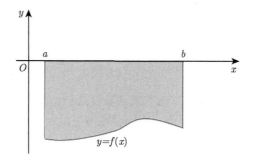

图 2.2

$$\left|\int_a^b f(x)\mathrm{d}x\right|.$$

至于按定积分计算所得之负号另有其深刻的含义, 此处不赘.

(5) 若函数 f 及 g 在 $[a,b]$ 上都可积, 且当 $x \in [a,b]$ 时 $f(x) \geqslant g(x)$ (这一事实今后简记为 $f \geqslant g$), 则

$$\int_a^b f(x)\mathrm{d}x \geqslant \int_a^b g(x)\mathrm{d}x.$$

这个命题可由性质 (2) 和 (4) 推出.

(6) 设函数 f 在 $[a,b]$ 上可积, 则其绝对值函数 $|f|$ 在 $[a,b]$ 上也可积 (暂不证, 参见第 15 讲定理 15.6.6), 且

$$\left| \int_a^b f(x)\mathrm{d}x \right| \leqslant \int_a^b |f(x)|\mathrm{d}x.$$

这个命题中的不等式可由不等式

$$-|f(x)| \leqslant f(x) \leqslant |f(x)|,$$

性质 (5) 及 (1) 推知.

(7) 设函数 f 在 $[a,b]$ 上可积, m 和 M 是 f 在 $[a,b]$ 上的下界和上界: $m \leqslant f(x) \leqslant M$, 则

$$m(b-a) \leqslant \int_a^b f(x)\mathrm{d}x \leqslant M(b-a).$$

这由 (5) 推知.

(8) **积分中值定理** 设函数 f 在 $[a,b]$ 上连续, 则在 $[a,b]$ 上存在一点 ξ, 使得

$$\int_a^b f(x)\mathrm{d}x = f(\xi)(b-a).$$

证明 由连续函数性质最值定理 (定理 1.5.2), $f(x)$ 在 $[a,b]$ 上能达到其最大值 M 和最小值 m, 即存在 $x_1, x_2 \in [a,b]$, 使得 $f(x_1) = m \leqslant f(x) \leqslant M = f(x_2)$. 由性质 (7) 得

$$f(x_1) = m \leqslant \frac{\int_a^b f(x)\mathrm{d}x}{b-a} \leqslant M = f(x_2),$$

再由闭区间上连续函数的介值定理 (定理 1.5.1), 知在 x_1 和 x_2 之间存在一点 ξ, 使得 $f(\xi) = \dfrac{1}{b-a} \int_a^b f(x)\mathrm{d}x.$

注意, 此命题之结果可加强为 $\xi \in (a, b)$. 有兴趣的读者试自证之.

此外, 为了以后运算方便, 希望能取消掉积分的上限比下限大的限制, 约定: 当上限与下限相等时, 定积分为零, 即

$$\int_a^a f(x)\mathrm{d}x = 0;$$

当上限比下限小时, 仍用

$$\int_a^b f(x)\mathrm{d}x = \lim_{\lambda(T) \to 0} \sum_{i=1}^n f(\xi_i)\Delta x_i$$

来定义定积分, 其中 $\lambda(T) = \max_{1 \leqslant i \leqslant n} |\Delta x_i|$. 把 $\int_a^b f(x)\mathrm{d}x$ 读作 "函数 f 从 a 到 b 的定积分", 其中 a 称为下限, b 称为上限, 而不论何者较大. 作了这个补充后, 应注意到前面一些带有不等式的命题在上限比下限小时应作相应的修改. 另外还有一个如下常用的结论.

(9) 若函数 f 在 $[a, b]$ 上可积, 则

$$\int_a^b f(x)\mathrm{d}x = -\int_b^a f(x)\mathrm{d}x.$$

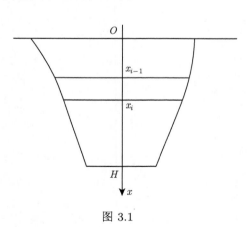

第3讲

定积分应用与计算初步

3.1　定积分概念应用举例

为了进一步掌握定积分概念, 培养运用定积分概念来解决实际问题的能力, 再提出几个有代表性的问题, 希望读者认真将它们弄懂, 并从中学习如何从实际问题中将其数量关系 (数学问题) 抽象概括出来的方法. 这些例题暂时只要求写出定积分来, 暂不进行计算.

例 3.1.1　杆的质量. 一个非均匀杆状物体, 设其长度为 l, 线性密度为 $\rho(x)$, x 为从一个固定端计算起的长度, 求其总质量. 请读者自己完成.

例 3.1.2　液体侧压力的计算. 修建水坝、水渠或水下涵洞的闸门时, 都要求计算水对闸门的总压力.

今设有一闸门, 垂直于水平面, 安装在某水工设施上, 闸门形状如图 3.1. 求水对闸门的总压力.

垂直于水面引入坐标轴 Ox, 正方向朝下, 原点取在水面上, 设测量的闸门宽度为 x 的函数 $f(x)$, 闸门最深处深度为 H.

由物理学知液体在深度为 x 处的压强 (单位面积所受之压力) 为 $x\rho g$, ρ 是液体的密度.

将区间 $[0, H]$ 分划, 分点为

$$0 = x_0 < x_1 < \cdots < x_{n-1} < x_n = H.$$

图 3.1

从而闸门被分成 n 个小长条, 每个小长条上所受之压力 ΔP_i 可近似表示为

$$\Delta P_i \approx \xi_i \rho g\, f(\xi_i)\Delta x_i, \quad \Delta x_i = x_i - x_{i-1}, \quad x_{i-1} \leqslant \xi_i \leqslant x_i.$$

这表明: 小长条的面积近似地用 $f(\xi_i)\Delta x_i$ 代替, 而压强以 $\xi_i \rho g$ 作为近似值. 进而得总压力 P 的近似值

$$P \approx \sum_{i=1}^{n} \xi_i \rho g \ f(\xi_i)\Delta x_i.$$

取极限便得总压力之精确值

$$P = \lim_{\lambda(T)\to 0} \sum_{i=1}^{n} \xi_i \rho g \ f(\xi_i)\Delta x_i = \int_0^H \rho x g \ f(x)\mathrm{d}x.$$

例如当液体为水, 其密度为 $\rho = 1$, 闸门形状为矩形, 高为 H, 宽为 B 时, 闸门所受之总压力为

$$P = g\int_0^H Bx\mathrm{d}x.$$

又如, 当 $\rho = 1$, 闸门形状为圆形, 半径为 R 时, 宽度为 $f(x) = 2\sqrt{2Rx - x^2}$, 则闸门所受之总压力为

$$P = g\int_0^{2R} 2x\sqrt{2Rx - x^2}\mathrm{d}x.$$

例 3.1.3 旋转体的体积. 许多日常用具、机械加工工件 (例如车床上加工出来的工件)、工业设施, 常常是旋转体型的. 设函数 f 在 $[a,b]$ 上连续, 且 $f \geqslant 0$, 形成一个如图 3.2 的曲边梯形. 将此曲边梯形绕 x 轴旋转一周, 得一立体图形. 称这种几何形体为旋转体. 试求此旋转体之体积.

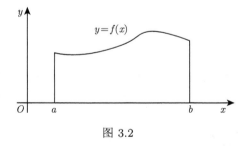

图 3.2

此题由读者自己来完成. 答案是

$$V = \int_a^b \pi[f(x)]^2\mathrm{d}x.$$

3.2 定积分概念应用的一般程式

从 3.1 节以及第 2 讲所举例子, 可以总结出将具体问题化为定积分的一般程式如下.

例如要研究某个具体问题, 目的是要化为定积分来求某个量 I.

第一步 分析清楚什么是积分变量, 比如记作 x, 明确它的变化范围, 即积分的下限 a 和上限 b 是什么.

第二步 将积分变量的变化范围区间 $[a, b]$ 分成小段 $[x_{i-1}, x_i]$, $i = 1, 2, \cdots, n$, 从而将所欲计算的量 I 也相应地分成了 n 个小份的量 ΔI_i, 然后设法将 ΔI_i 近似地表成

$$\Delta I_i \approx f(\xi_i)\Delta x_i, \text{ 其中} \Delta x_i = x_i - x_{i-1}, \ x_{i-1} \leqslant \xi_i \leqslant x_i.$$

第三步 将 $\Delta I_i \approx f(\xi_i)\Delta x_i$ 作和得

$$I \approx \sum_{i=1}^{n} f(\xi_i)\Delta x_i,$$

然后对右端取极限, 得

$$I = \int_a^b f(x)\mathrm{d}x.$$

实践表明, 在这三步中, 第三步是机械地照写, 没有任何困难和技巧, 但需认识到这一步在定积分概念形成上是本质的一步. 第一步有时是需要仔细分析的, 而且有时还会遇到如何选取积分变量更便利于数学处理和计算的问题. 而全部过程中最主要的困难, 往往是第二步中如何将 ΔI_i 近似地表为

$$\Delta I_i \approx f(\xi_i)\Delta x_i.$$

之所以困难, 是因为在许多问题中被积函数 f 是什么, 事先并不十分清楚, 常常是在获得上述近似表达式的过程中明确的. 而且这种表达式的建立, 一般说来不是纯数学的, 而是基于对所研究的具体问题的规律作深入细致的正确分析才能得到.

3.3 定积分计算举例

应用定积分来解决实际问题时, 当把数学问题抽出来化为定积分以后, 计算这个定积分的值就成了一个主要问题了.

显然可见, 定积分的定义本身就提供了直接计算的一般原则: 欲求 $\int_a^b f(x)\mathrm{d}x$, 可计算

$$\lim_{\lambda(T) \to 0} \sum_{i=1}^{n} f(\xi_i)\Delta x_i,$$

然而, 直接计算这类极限, 即使对于很简单的被积函数, 往往也是很困难的. 下面作为例子, 我们来计算几个简单的定积分. 在这些例子中被积函数都是连续的, 因而由定理 2.2.1, 是可积的. 然后选取积分区间适当地分划序列 (例如等距分划){T_n}, 当 $n \to \infty$ 时 $\lambda(T_n) \to 0$, 并选取特殊的介点, 根据定理 15.1.1, 取极限而得定积分.

例 3.3.1　计算 $\displaystyle\int_a^b x\mathrm{d}x$.

解　对区间 $[a,b]$ 任取分划, 按定义

$$\int_a^b x\mathrm{d}x = \lim_{\lambda\to 0}\sum_{i=1}^n \xi_i\Delta x_i = \lim_{\lambda\to 0}\sum_{i=1}^n \xi_i(x_i - x_{i-1}),$$

其中 ξ_i 是在 $[x_{i-1}, x_i]$ 中任取的一点. 利用的 ξ_i 任意性, 取 $\xi_i = \dfrac{x_{i-1}+x_i}{2}$, 则得

$$\int_a^b x\mathrm{d}x = \lim_{\lambda\to 0}\sum_{i=1}^n \frac{(x_i + x_{i-1})(x_i - x_{i-1})}{2}$$

$$= \lim_{\lambda\to 0}\sum_{i=1}^n \frac{x_i^2 - x_{i-1}^2}{2} = \frac{x_n^2}{2} - \frac{x_0^2}{2} = \frac{b^2}{2} - \frac{a^2}{2}.$$

例 3.3.2　计算 $\displaystyle\int_a^b x^2\mathrm{d}x$.

解　记 $I = \displaystyle\int_a^b x^2\mathrm{d}x$. 按定义

$$I = \lim_{\lambda\to 0}\sum_{i=1}^n \xi_i^2(x_i - x_{i-1}).$$

分别取 $\xi_i = x_i$, $\xi_i = x_{i-1}$, $\xi_i = (x_i + x_{i-1})/2$, 则依次有

$$I = \lim_{\lambda\to 0}\sum_{i=1}^n x_i^2(x_i - x_{i-1}), \quad I = \lim_{\lambda\to 0}\sum_{i=1}^n x_{i-1}^2(x_i - x_{i-1}),$$

$$I = \lim_{\lambda\to 0}\sum_{i=1}^n \left(\frac{x_i + x_{i-1}}{2}\right)^2(x_i - x_{i-1}),$$

于是可得

$$6I = \lim_{\lambda \to 0} \sum_{i=1}^{n} x_i^2 (x_i - x_{i-1}) + \lim_{\lambda \to 0} \sum_{i=1}^{n} x_{i-1}^2 (x_i - x_{i-1}) + \lim_{\lambda \to 0} \sum_{i=1}^{n} (x_i + x_{i-1})^2 (x_i - x_{i-1})$$

$$= \lim_{\lambda \to 0} \sum_{i=1}^{n} [x_i^2 + x_{i-1}^2 + (x_i + x_{i-1})^2](x_i - x_{i-1})$$

$$= 2 \lim_{\lambda \to 0} \sum_{i=1}^{n} (x_i^3 - x_{i-1}^3)$$

$$= 2(b^3 - a^3),$$

从而得

$$I = \frac{b^3}{3} - \frac{a^3}{3}.$$

通过这两个例子, 你也许会猜到

$$\int_a^b x^n \mathrm{d}x = \frac{b^{n+1}}{n+1} - \frac{a^{n+1}}{n+1}.$$

但你会立即想到当 $n = 3, 4, \cdots$ 增大时, 推证这个公式的技术上的复杂程度将迅速增大.

例 3.3.3 计算 $\int_a^b \cos x \mathrm{d}x$.

解 恒取等分分划, 并记小区间长度 $\Delta x_i = h = \dfrac{b-a}{n}$, $\xi_i = a + ih \ (i = 1, 2, \cdots, n)$, 则

$$\int_a^b \cos x \mathrm{d}x = \lim_{h \to 0} \sum_{i=1}^{n} h \cos(a + ih)$$

$$= \lim_{h \to 0} \frac{\dfrac{h}{2}}{\sin \dfrac{h}{2}} \sum_{i=1}^{n} 2 \cos(a + ih) \sin \frac{h}{2}$$

$$= \lim_{h \to 0} \frac{\dfrac{h}{2}}{\sin \dfrac{h}{2}} \cdot \lim_{h \to 0} \sum_{i=1}^{n} \left[\sin\left(a + \left(i + \frac{1}{2}\right)h\right) - \sin\left(a + \left(i - \frac{1}{2}\right)h\right) \right]$$

$$= \lim_{h \to 0} \left[\sin\left(a + \left(n + \frac{1}{2}\right)h\right) - \sin\left(a + \frac{1}{2}h\right) \right]$$

$$= \sin b - \sin a,$$

第四个等式用到著名的极限公式 (定理 1.4.7)

$$\lim_{x \to 0} \frac{\sin x}{x} = 1.$$

评注 3.3.1　这些例子的计算表明, 即使对最简单的函数, 按定理 2.2.1 和定理 15.1.1 运用极限来计算定积分也是要求有相当的技巧的. 如果被积函数稍微复杂一些, 这种困难就会大大增加, 以至于使人们感到简直无法运用定义 2.2.1、定理 2.2.1 和定理 15.1.1 来实现直接计算. 这就提出了一个迫切需要解决的问题: 如何建立一套行之有效的计算方法, 它对于在实用上已经充分广泛的一类函数的定积分是适用的? 这是以后要讲的主要内容之一.

3.4　对数函数 $\ln x$

对数概念在微积分之前就由英国人纳皮尔 (Napier, 1550—1617) 建立. 如今流行的教材大多先讲指数, 而将对数作为指数之逆来定义. 本书先讲自然对数. 假设尚不知什么是 e, 而运用定积分来定义自然对数函数 $\ln x$.

定义 3.4.1　设 $x > 0$, 称

$$\ln x = \int_1^x \frac{1}{s} \mathrm{d}s \tag{3.4.1}$$

为 x 的**自然对数** (natural logarithm).

于是我们得到一个在 $(0, +\infty)$ 中有定义的函数 $\ln x$, 称为**自然对数函数**. 接下来要讨论它的一些基本性质. 要用到由变上限的定积分所界定函数的两条定理.

定理 3.4.1　设函数 f 在 $[a,b]$ 上连续, 且 $c \in [a,b]$. 对 $x \in [a,b]$, 令

$$g(x) = \int_c^x f(s) \mathrm{d}s,$$

则 g 是 $[a,b]$ 上的连续函数. (读者自证之.)

定义 3.4.2　设 f 是定义在 D 上的函数. 若当 $x_1, x_2 \in D$ 且 $x_1 < x_2$ 时有 $f(x_1) \leqslant f(x_2)$ [$f(x_1) < f(x_2)$], 则称 f 为 D 上的增加 (**严格增加**) 函数. 若当 $x_1, x_2 \in D$ 且 $x_1 < x_2$ 时有 $f(x_1) \geqslant f(x_2)$ [$f(x_1) > f(x_2)$], 则 f 称为 D 上的**减少** (**严格减少**) 函数. 增加函数和减少函数统称为**单调函数**, 严格增加函数和严格减少函数统称为**严格单调函数**.

定理 3.4.2 设 f 是 $[a, b]$ 上的连续函数且 $f > 0$. 设 c 为 $[a, b]$ 中一点, 对任意 $x \in [a, b]$, 令 $g(x) = \int_c^x f(s)\mathrm{d}s$, 则 g 是 $[a, b]$ 上的一个严格增加函数.

证明 设 $x_1, x_2 \in [a, b]$ 且 $x_1 < x_2$, 则 $g(x_2) - g(x_1) = \int_c^{x_2} f(s)\mathrm{d}s - \int_c^{x_1} f(s)\mathrm{d}s$ $= \int_{x_1}^{x_2} f(s)\mathrm{d}s$. 由积分中值定理 (2.3 节性质 (8)), 存在 $\xi \in (x_1, x_2)$ 使得

$$g(x_2) - g(x_1) = f(\xi)(x_2 - x_1) > 0,$$

即得 $g(x_1) < g(x_2)$.

由定理 3.4.1 和定理 3.4.2 知 $\ln x$ 是连续的且严格增加的函数. 这两条性质可用来定义自然对数之底 e 如下.

按 $\ln x$ 之定义知 $\ln 1 = 0$. 而由 2.3 节中定积分的性质 (3) 和 (5), 有

$$\ln 4 = \int_1^4 \frac{1}{s}\mathrm{d}s = \int_1^2 \frac{1}{s}\mathrm{d}s + \int_2^3 \frac{1}{s}\mathrm{d}s + \int_3^4 \frac{1}{s}\mathrm{d}s \geqslant \int_1^2 \frac{1}{2}\mathrm{d}s + \int_2^3 \frac{1}{3}\mathrm{d}s + \int_3^4 \frac{1}{4}\mathrm{d}s$$
$$= \frac{1}{2} + \frac{1}{3} + \frac{1}{4} > 1.$$

于是当 $1 < x < 4$ 时, 有 $0 < \ln x < \ln 4$. 因此对于介值 $\gamma = 1$, 由连续函数的介值定理 (定理 1.5.2) 可知, 在开区间 $(1, 4)$ 中存在一个数, 记作 e, 使得

$$\ln \mathrm{e} = 1, \tag{3.4.2}$$

并由 $\ln x$ 的严格增加性知这样的 e 是唯一的.

定义 3.4.3 满足等式 (3.4.2) 的实数 e 称为**自然对数之底** (base of natural logarithm).

评注 3.4.1 这个数 e, 与圆周率 π 类似, 在数学和其他科学中大量出现, 并有极重要的意义, 值得像 π 那样占有一个专门的符号. 它是由瑞士人欧拉 (Euler, 1707—1783) 发现的, 并将它记作 e 而被世人所接受. Euler 还于 1744 年证明, e 是一个无理数. 这个结论将在本书的适当地方证明 (参见第 16 讲定理 16.2.10). 顺便说一下, π 也是一个无理数, 由德国人兰伯特 (Lambert, 1728—1777) 于 1761 年证明. 后来, 在十九世纪, e 和 π 先后被证明是超越数, 即不是整系数多项式方程的根, 这分别由法国人埃尔米特 (Hermite, 1822—1905) 于 1873 年和德国人林德曼 (Lindemann, 1852—1939) 于 1882 年完成. Lindemann 的结果使两千多年前提出并流传下来被称为 "希腊三大作图题" 中的最后一个问题的 "化圆为方问题", 被断定为不可能.

由于 e 的无理性, 不能写成分数或有限小数或循环小数, 它的十进制前十五位十进制小数是

$$\mathrm{e} = 2.718281828459045 \cdots.$$

现在介绍函数 $\ln x$ 的特征性质, 把它写成一条定理.

定理 3.4.3　对于 $x_1, x_2 \in (0, +\infty)$ 有

$$\ln(x_1 x_2) = \ln x_1 + \ln x_2.$$

证明　由于

$$\ln(x_1 x_2) = \int_1^{x_1 x_2} \frac{1}{s} \mathrm{d}s = \int_1^{x_1} \frac{1}{s} \mathrm{d}s + \int_{x_1}^{x_1 x_2} \frac{1}{s} \mathrm{d}s = \ln x_1 + \int_{x_1}^{x_1 x_2} \frac{1}{s} \mathrm{d}s.$$

只需证 $\displaystyle\int_{x_1}^{x_1 x_2} \frac{1}{s} \mathrm{d}s = \int_1^{x_2} \frac{1}{t} \mathrm{d}t$ 即可.

不妨设 $x_2 > 1$, 于是 $x_1 < x_1 x_2$. 因为若 $x_2 \leqslant 1$, 则 $x_1 x_2 \leqslant x_1$, 按在 2.3 节中的约定, 情形是类似的.

任取 $[x_1, x_1 x_2]$ 的一个分划 S, 设分点为

$$x_1 = s_0 < s_1 < s_2 < \cdots < s_{n-1} < s_n = x_1 x_2.$$

将 s_i 写成 $s_i = x_1 t_i$, $i = 0, 1, \cdots, n$, 得

$$1 = t_0 < t_1 < t_2 < \cdots < t_{n-1} < t_n = x_2,$$

形成 $[1, x_2]$ 的一个分划 T. 反之, 若先取 $[1, x_2]$ 的分划 T, 便得 $[x_1, x_1 x_2]$ 的分划 S 如上.

在 S 的第 i 个小区间 $[s_{i-1}, s_i]$ 上取一介点 ξ_i, 便可写成 $\xi_i = x_i \eta_i$, 则 η_i 是 T 的第 i 个小区间 $[t_{i-1}, t_i]$ 中一点.

对于这样的分划 S 和介点 ξ_i 的取法, 作定积分 $\displaystyle\int_{x_1}^{x_1 x_2} \frac{1}{s} \, \mathrm{d}s$ 的 Riemann 和, 得

$$\sum_{i=1}^n \frac{1}{\xi_i} (s_i - s_{i-1}) = \sum_{i=1}^n \frac{1}{x_1 \eta_i} (x_1 t_i - x_1 t_{i-1}) = \sum_{i=1}^n \frac{1}{\eta_i} (t_i - t_{i-1}).$$

上式右端是定积分 $\displaystyle\int_1^{x_2} \frac{1}{t} \mathrm{d}t$ 关于分划 T 和介点 η_i 取法的 Riemann 和. 已知定积分 $\displaystyle\int_{x_1}^{x_1 x_2} \frac{1}{s} \mathrm{d}s$ 和 $\displaystyle\int_1^{x_2} \frac{1}{t} \mathrm{d}t$ 都存在, 故对上式取极限便得

$$\int_{x_1}^{x_1 x_2} \frac{1}{s} \mathrm{d}s = \int_1^{x_2} \frac{1}{t} \mathrm{d}t.$$

这个结果还可进一步发展为

定理 3.4.4 对任意 $a, b \in \mathbb{R}$ 且 $a > 0$, 有

$$\ln a^b = b \ln a.$$

这个定理暂不证明. 因为 a^b 的定义暂时尚不确切. 等将来有了 a^b 的正式定义后, 并不难导出. 请读者参考例 5.1.2.

第4讲

导　　数

4.1　求导类典型问题

　　导数概念最好的解释也是几何学的, 即曲线的切线之斜率, 其次是变速运动的瞬时速度和加速度的概念, 进而推广为一个变量关于另一个变量之变化率的普遍概念.

　　值得回味的是直到十七世纪初, 虽然关于圆和椭圆一类曲线的切线的讨论在两千多年前的古希腊时期已盛行, 但导数概念并未萌芽. 据说, 第一个把切线与导数观念结合起来的是法国人费马 (Fermat, 1601—1665). 他在研究函数的极大极小值时发现取极值之点必使切线水平, 即极值点必为稳定点. 这便是微积分之萌芽, 并开创了现今称临界点的研究之先河.

4.1.1　曲线的切线

　　曲线的切线是一个重要的几何概念. 人们对这个概念有一个很长的认识过程.

　　当限于研究圆的时候, 可以说: "与圆只有一个交点的直线是圆的切线. " 这是自古希腊至今初等几何学中对圆的切线所下的定义. 现在讨论稍微复杂一点的曲线, 比如抛物线, 那么上述对于圆的切线的定义搬过来便不合用了. 因为例如抛物线的对称轴与该抛物线只相交于一点, 但显然不能认为它是抛物线的一条切线. 那么, 究竟应该把什么样的直线称为抛物线的切线呢? 或者对于更一般的曲线, 应该把什么样的直线称作它的切线, 又怎样通过数学计算确定出切线呢?

　　现在就来阐述分析和解决这个问题的一般方法.

　　设给了平面上的一条曲线如图 4.1, 在曲线上指定了一点 M_0. 过点 M_0 可作无限多条直线. 其中如图所示之直线 T, 根据直觉, 不难看出它是该曲线的 "切线", 且点 M_0 是切点. 然而, 目前的认识还只停留在感性阶段, 因为很可能还说不清楚为什么直线 T 恰恰就是切线, 而通过点 M_0 的其他直线都不是.

　　先从几何直观上作初步分析. 如果将直线 T 稍微偏转而保持通过点 M_0, 则所得直线便是曲线的一条割线, 如图中之 T', T' 与曲线在点 M_0 附近至少还有一个交

点 M'. 当割线 T' 绕定点 M_0 转动时, 交点 M' 也随之在曲线上变动. 如果割线 T'
越接近 "切线" T, 则交点 M' 将沿着曲线移动而越接近点 M_0. 反之, 如果在曲线上
点 M_0 附近任取一点 M', 过点 M_0 和 M' 作一割线 T', 则当点 M' 取得越靠近点
M_0, 割线位置 T' 与 "切线" T 的位置偏离就越少. 不难看出, 当点 M' 沿着曲线变
动而 "无限" 接近点 M_0 时, 由点 M_0 和 M' 所决定的割线 T' 便随之变动而 "无限"
接近 "切线" T 的位置. 这个几何分析揭示了切线的本质: **切线是割线的极限位置**.

下面再进一步作定量讨论. 欲求曲线上指定点的切线, 无非是要确定切线的斜率.
设考察的曲线是函数 $y = f(x)$ 的图形, 如图 4.2, 曲线上指定点 $M_0(x_0, y_0)$ 为切点,
其中 $y_0 = f(x_0)$. 该点处切线的斜率, 就是 "割线的极限位置" 所确定的直线斜率,
即是割线斜率的极限. 因此问题转化为求割线斜率的极限.

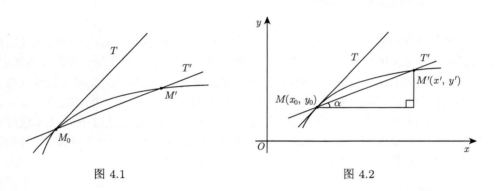

图 4.1   图 4.2

在点 M_0 附近取曲线上另一点 $M'(x', y')$, 其中 $y' = f(x')$. 于是过点 M_0 和
M' 的割线 T' 的斜率为

$$\tan \alpha = \frac{y' - y_0}{x' - x_0} = \frac{f(x') - f(x_0)}{x' - x_0},$$

其中 α 是割线的倾角. 如果极限

$$\lim_{x' \to x_0} \frac{f(x') - f(x_0)}{x' - x_0}$$

存在, 则过点 M_0 而以此极限值为斜率的直线, 记作 T, 称为该曲线在点 M_0 处的**切
线** (tangent line), 点 M_0 称为**切点**.

顺便请注意, 既然曲线的切线斜率由一个极限值来界定, 而极限有可能不存在,
从而切线是否存在由曲线的性态而定. 不难例举在某一点不能确定切线的曲线. 事实
上, 一个半世纪以前就已发现, 存在连续的但处处不可切的曲线, 第一个这种例子是
由 Weierstrass 提出的, 这是微积分的光辉成就之一.

4.1.2 速度问题

当一物体做匀速直线运动时, 描写运动快慢程度可用一个不变的数量来表示, 这就是速度. 欲求速度 v, 只需测量出在单位时间内该物体走过的路程. 通常计算方法是, 测量出该物体走过的一段路程 S, 同时记录下走这一段路程所花费的时间 T, 则速度为

$$v = \frac{S}{T}.$$

但是当物体做非匀速直线运动时, 情况要困难得多. 自觉告知, 这时物体运动仍然有所谓快慢程度这一性质. 困难的是运动的快慢程度随时在变化, 尚不能确切地表述这个变化着的快慢程度.

把匀速直线运动中的速度概念搬过来是不行的. 但是, 把那里的测量方法搬来会得到什么? 设已知物体的位置 x 是时间 t 的函数

$$x = \varphi(t).$$

指定一个时刻 t_0, 此时物体位置在 $x_0 = \varphi(t_0)$. 当时间从 t 变到 t' 时, 在时间区间 $[t_0, t']$ 之中, 物体走过的路程为 $\varphi(t') - \varphi(t_0)$, 于是可得

$$\frac{\varphi(t') - \varphi(t_0)}{t' - t_0}.$$

这个数值的意义是在时间区间 $[t_0, t']$ 上该物体运动的**平均速度**.

很清楚, 这个平均速度不能充当该物体在时刻 t_0 的 "速度", 而且它是随着 t' 的变动而变化的. 但物理学直觉提示, t' 越接近 t_0, 这个平均速度越接近在时刻 t_0 的 "速度". 因此, 应当采用平均速度的极限 (如果它存在的话)

$$\lim_{t' \to t_0} \frac{\varphi(t') - \varphi(t_0)}{t' - t_0}$$

来刻画, 作为该物体在时刻 t_0 的 (瞬时) **速度**概念的定义.

4.2 导数概念

上一节的实例讨论抽象出微积分学的另一个重要概念——导数.

定义 4.2.1 (导数) 设函数 $y = f(x)$ 定义在区间 (a, b) 内, 点 $x_0 \in (a, b)$. 如果极限

$$\lim_{\Delta x \to 0} \frac{f(x_0 + \Delta x) - f(x_0)}{\Delta x}$$

存在, 则称函数 $y = f(x)$ 在点 x_0 可导或可微, 此极限值称为函数 $y = f(x)$ 在点 x_0 的**导数** (derivative) 或**微商** (differential quotient), 记作

$$f'(x_0)$$

也常记作

$$\frac{\mathrm{d}f(x_0)}{\mathrm{d}x}, \quad \frac{\mathrm{d}y}{\mathrm{d}x}\bigg|_{x=x_0}, \quad \frac{\mathrm{d}f}{\mathrm{d}x}, \quad \frac{\mathrm{d}y}{\mathrm{d}x}, \quad y'.$$

导数的记号 $\frac{\mathrm{d}f}{\mathrm{d}x}, \frac{\mathrm{d}y}{\mathrm{d}x}$ 是 Leibniz 设计的, 很好. f', y' 是后来由法国人拉格朗日 (Lagrange, 1736—1813) 于十八世纪引入的, 很简便. 另外一个记号是 $\mathrm{D}f$, 也很通行, 是阿博加斯特 (Arbogast, 1759—1803) 于 1800 年引入的. Newton 当时引进的记号是在上面加一个 "点", 现在当自变量是时间 t 时在力学中还常用它, 如 $\dot{x}, \dot{y}$ 等. 最后, 目前应当把 $\frac{\mathrm{d}f}{\mathrm{d}x}, \frac{\mathrm{d}y}{\mathrm{d}x}$ 都视为一个整体记号, 不是分式, 暂时不看作商.

设 $f(x)$ 在区间 $[a, b]$ 上定义. 若右极限

$$\lim_{\Delta x \to 0^+} \frac{f(a + \Delta x) - f(a)}{\Delta x}$$

存在, 则称函数 $f(x)$ 在点 a 右可导或右可微, 并称此极限为函数 $f(x)$ 在点 a 的右导数或右微商, 记为 $f'_+(a)$. 类似地, 在点 b 处可定义左可导或左可微, 左导数或左微商记为 $f'_-(b)$. 左、右可导统称单侧可导, 左、右导数统称单侧导数.

函数的连续和可导, 左、右可导与可导, 有下列关系.

定理 4.2.1   若 (a, b) 内定义的函数 f 在点 $x_0 \in (a, b)$ 可导, 则 $f(x)$ 在点 x_0 连续.

定理 4.2.2   在区间 (a, b) 内定义的函数 f 在点 $x_0 \in (a, b)$ 可导的充要条件是, f 在点 x_0 左、右均可导, 且在点 x_0 之左导数和右导数相等.

定义 4.2.2   设函数 f 在区间 I 上定义. 若对于任意 $x \in I$, 函数 f 在点 x 可导, 其中当 x 为 I 的端点时, 即指 f 在点 x 单侧可导, 则称函数 f 在区间 I 上**可导或可微**. 这时确定了 I 上的一个函数 f', 对任意的 $x \in I$, $f'(x)$ 的值即是 f 在点 x 之导数, 其中当 x 是 I 的端点时, $f'(x)$ 即是 f 在点 x 的左或右导数. 称函数 f' 为函数 f 的**导函数**, 亦简称**导数**.

由定理 4.2.2 可知, 若函数 f 在区间 I 上可导, 则 f 在区间 I 上连续. 反之, 若函数 f 在区间 I 上连续, 许多具体的连续函数显示似乎不可导的点 "很少", 于是产生一个疑问: 区间上处处连续的函数是否 "基本上" 处处可导? 这曾是十九世纪分析学发展中的中心问题之一. 直到 Weierstrass 举出处处连续处处不可导的函数, 1875

年由杜博伊斯-雷蒙 (Du Bois-Reymond) 发表, 这个问题才得到澄清. 进一步的讨论涉及 Lebesgue 测度理论. 此处不赘述.

导数定义中的 Δx 称为**自变量 x 的增量**, 而常将差 $f(x_0 + \Delta x) - f(x_0)$ 记作 Δy, 称为 y 或**函数 $f(x)$ 的增量**. 所以导数按定义是极限 $\lim\limits_{\Delta x \to 0} \dfrac{\Delta y}{\Delta x}$, 如果它存在的话.

4.3 导数的运算法则

导数是一种特殊类型的极限, 因此从极限的四则运算法则可以直接得到导数的四则运算法则.

(1) 若函数 $u = f(x)$ 及 $v = g(x)$ 都在点 x_0 处可导, 则 $u \pm v = f(x) \pm g(x)$ 在点 x_0 也可导, 且在 x_0 处

$$(u \pm v)' = u' \pm v'.$$

(2) 若函数 $u = f(x)$ 及 $v = g(x)$ 都在点 x_0 处可导, 则 $uv = f(x)g(x)$ 在点 x_0 也可导, 且在 x_0 处

$$(uv)' = u'v + uv'.$$

证明 令 $y = uv$, 则在 x_0 处

$$\Delta y = (u + \Delta u)(v + \Delta v) - uv$$
$$= \Delta u \cdot v + u \cdot \Delta v + \Delta u \cdot \Delta v,$$

所以

$$\frac{\Delta y}{\Delta x} = \frac{\Delta u}{\Delta x}v + u\frac{\Delta v}{\Delta x} + \frac{\Delta u \cdot \Delta v}{\Delta x},$$

从而

$$\lim_{\Delta x \to 0} \frac{\Delta y}{\Delta x} = \lim_{\Delta x \to 0} \left(\frac{\Delta u}{\Delta x}v + u\frac{\Delta v}{\Delta x} + \frac{\Delta u}{\Delta x}\Delta v \right)$$
$$= u'v + uv'.$$

(3) 若函数 $u = f(x)$ 及 $v = g(x)$ 都在点 x_0 处可导, 且 $g'(x_0) \neq 0$, 则 $u/v = f(x)/g(x)$ 在点 x_0 也可导, 且在 x_0 处

$$\left(\frac{u}{v} \right)' = \frac{u'v - uv'}{v^2}.$$

证明 令 $y = u/v$, 则在 x_0 处

$$\Delta y = \frac{u + \Delta u}{v + \Delta v} - \frac{u}{v} = \frac{\Delta u \cdot v - u \cdot \Delta v}{(v + \Delta v)v},$$

于是

$$\frac{\Delta y}{\Delta x} = \frac{\frac{\Delta u}{\Delta x} v - u \frac{\Delta v}{\Delta x}}{(v + \Delta v)v},$$

从而

$$\lim_{\Delta x \to 0} \frac{\Delta y}{\Delta x} = \lim_{\Delta x \to 0} \frac{\frac{\Delta u}{\Delta x} v - u \frac{\Delta v}{\Delta x}}{(v + \Delta v)v} = \frac{u'v - uv'}{v^2}.$$

4.4 导数概念举例

导数概念是自然界中量与量之间变化率的数学概括. 由于自然科学中, 特别是物理中, 许多基本的现象都要通过具体的量与量之间的变化率来表达, 因此导数概念渗透到自然科学的各个领域之中, 并成为建立许多基本物理概念和定律时不可或缺的数学语言了. 再举几个例子, 以说明导数概念是如何伴随着物理概念的数学刻画而相辅相成的.

例 4.4.1 (电流强度) 考察导线的某一截面, 设 t_0 到 t 秒的时间段内流过该截面的电量为 $Q(t)$ 库仑, 则

$$I(t) = \lim_{\Delta t \to 0} \frac{\Delta Q}{\Delta t} = Q'(t)$$

就是 t 时刻的电流强度.

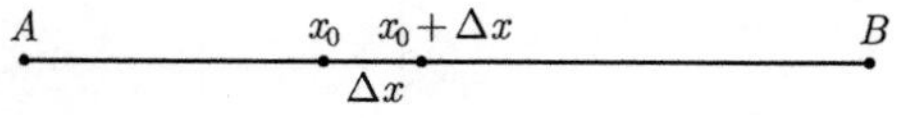

例 4.4.2 (线性密度) 有一个质量分布不均匀的杆状物体 $\overline{AB}$ (如图 4.3), 对于杆上任一点 x, 已知 $\overline{Ax}$ 段的质量为 $m(x)$, 如何建立杆状物体的 "线性密度" 这一物理概念.

图 4.3

从点 x_0 到点 $x_0 + \Delta x$ 的一小段上的质量为

$$\Delta m = m(x_0 + \Delta x) - m(x_0),$$

于是在这一小段上的平均线性密度为

$$\rho_{均} = \frac{\Delta m}{\Delta x} = \frac{m(x_0 + \Delta x) - m(x_0)}{\Delta x},$$

因此在点 x_0 处的线性密度就是

$$\rho(x_0) = \lim_{\Delta x \to 0} \frac{\Delta m}{\Delta x} = m'(x_0).$$

例 4.4.3 (物质的比热) 设对单位质量的某种物质加热. 若已知温度从 0℃ 升至 τ℃ 所需热量为温度 τ 的函数 $q = \varphi(\tau)$. 一般地, 物体在不同温度时比热是不一样的. 因此平均比热的概念对于精确的研究是不够的.

该物体的温度从 τ_0 改变到 $\tau_0 + \Delta \tau$ 的这一期间, 所需热量为

$$\Delta q = \varphi(\tau_0 + \Delta \tau) - \varphi(\tau_0),$$

因此在温度从 τ_0 改变至 $\tau_0 + \Delta \tau$ 的平均比热为

$$C_{均} = \frac{\Delta q}{\Delta \tau} = \frac{\varphi(\tau_0 + \Delta \tau) - \varphi(\tau_0)}{\Delta \tau},$$

取极限便得温度为 τ_0 时的比热概念

$$C(\tau_0) = \lim_{\Delta \tau \to 0} \frac{\Delta q}{\Delta \tau} = \varphi'(\tau_0).$$

例 4.4.4 (生物增长率) 例如研究细菌的繁殖, 可以从测量总量的变化情况来确定增长率. 设总量与时间 t 的函数关系为 $m = \varphi(t)$, 则其增长率为

$$i(t) = \lim_{\Delta t \to 0} \frac{\Delta m}{\Delta t} = \varphi'(t).$$

第5讲

求导法则和基本公式

5.1 两个重要求导法则

将要介绍的两个求导法则中, 一个是关于反函数的求导法则, 另一个是关于复合函数的求导法则.

先介绍反函数概念.

定义 5.1.1 设 X, Y 是两个集合, $f : X \to Y$ 是一个函数 (映射).

(1) 如果 $\forall x_1, x_2 \in X$ 且 $x_1 \neq x_2$, 有 $f(x)_1 \neq f(x_2)$, 则称 f 是一个**单射** (injection), 或说 f 是**一对一的映射**.

(2) 如果 $f(X) = Y$, 则称 f 是一个**满射** (surjection), 或说 f 是从 X 到 Y 上的映射.

(3) 如果 f 既是单射又是满射, 则称 f 是一个**双射** (bijection), 或说 f 是从 X 到 Y 上的**一一对应**.

(4) 如果 $Y = X$ 并且 $\forall x \in X, f(x) = x$, 则称 f 是 X 上的**恒等映射** (identity), 通常把它记作 id_X.

(5) 如果存在函数 $g : Y \to X$ 使得复合函数有关系

$$g \circ f = \mathrm{id}_X \quad \text{和} \quad f \circ g = \mathrm{id}_Y, \tag{5.1.1}$$

则称函数 f 与 g 互为**反函数** (inverse function) 或**逆映射** (inverse mapping).

定理 5.1.1 设 $f : X \to Y$ 是一个函数. 则 f 有反函数的充要条件是 f 是一个双射. 当 f 是双射时, 若 $g : Y \to X$ 是另一个函数, 则 (5.1.1) 式中之一成立便另一也成立. 若 f 有反函数, 则反函数是唯一的.

请将此定理之证明作为练习.

回到实值函数, 严格单调函数是单射. 设 $f : X \to Y$ 是严格单调函数, 若再设 $Y = f(X)$, 则 f 是双射, 从而存在反函数.

看两个基本初等函数的例子.

例 5.1.1　考察函数 $y = x^n$ 的反函数, 其中 n 是非零整数.

先设 n 是自然数, 则函数 $y = x^n$ 在 $\mathbb{R}$ 上有定义. 一般来说它并非严格单调. 如果限制在 $(0, +\infty)$ 内, 则易知 $y = x^n$ 是连续的、严格增加的函数, 并且当 $x > 1$ 时, 有不等式

$$x^n = (1 + (x-1))^n \geqslant 1 + n(x-1),$$

其右端随 x 之增大而无止境地增大, 故函数 $y = x^n$ 无上界. 此外, $\lim\limits_{x \to 0} x^n = 0$. 因此函数 $y = x^n$ 是将 $(0, +\infty)$ 映成 $(0, +\infty)$ 的双射. 由定理 5.1.1, $y = x^n$ 有反函数, 记作 $x = y^{\frac{1}{n}}$, 其定义域为 $(0, +\infty)$. 将来由定理 14.4.7 知, 连续的、严格增加的、双射的反函数也是连续的、严格增加函数, 故 $x = y^{\frac{1}{n}}$ 是连续的、严格增加的.

再设 n 是负整数, x^n 则定义为 $\dfrac{1}{x^{-n}}$. 限制在 $(0, +\infty)$ 上, 此时函数 $y = x^n$ 是连续的、严格减少的、将 $(0, +\infty)$ 映成 $(0, +\infty)$ 的双射. 同样有反函数 $x = y^{\frac{1}{n}}$, 是 $(0, +\infty)$ 中连续的严格减少的函数.

总之, 当 n 是非零整数时, 函数 $y = x^n$ 在 $(0, +\infty)$, 或 $(-\infty, 0)$ 上, 分别有反函数 $x = y^{\frac{1}{n}}$. 同理, 当 n 是正奇数时, 函数 $y = x^n$ 在 $\mathbb{R}$ 上有反函数 $y = x^{\frac{1}{n}}$.

例 5.1.2　乘幂概念和指数函数.

定义指数函数为对数函数 $\ln x$ 的反函数如下.

在 3.4 节中已经证明了函数 $y = \ln x$ 是连续的、严格增加的函数, 现在证明它无上下界. 由定理 3.4.3 可知, 对于自然数 n, 有等式

$$\ln 4^n = n \ln 4.$$

已知 $\ln 4 > 1$. 由此可见, 当 n 增大时 $\ln 4^n$ 无止境地增大, 这便证明了函数 $y = \ln x$ 无上界. 再由定理 3.4.3 知 $0 = \ln 1 = \ln\left(\dfrac{1}{n} \times n\right) = \ln \dfrac{1}{n} + \ln n$, 从而

$$\ln \frac{1}{n} = -\ln n,$$

因而 $\ln x$ 无下界. 已知 $\ln x$ 是严格单调的 (定理 3.4.2), 从而是从 $(0, +\infty)$ 到 $(-\infty, +\infty)$ 的双射. 由定理 5.1.1, 自然对数函数 $y = \ln x$ 有唯一的反函数, 暂时记作 $x = E(y)$. 已知 $E(1) = \mathrm{e}$ 且 $E(y_1 + y_2) = E(y_1)E(y_2)$(定理 3.4.3), 所以对自然数 n 有 $E(n) = \mathrm{e}^n$ 等等. 于是改写 $E(y)$ 为 e^y. 这样定义的函数 $x = \mathrm{e}^y$ 为自然对数函数 $y = \ln x$ 的反函数, 称为**以 e 为底的指数函数**. 函数 $y = \mathrm{e}^x$ 也说是 $y = \ln x$ 的反函数.

然后考虑以正实数 a 为底的情形. 定义**以 a 为底的指数函数**为

$$a^x = \mathrm{e}^{x \ln a}.$$

请注意, 这里对任意的 $a, b \in \mathbb{R}$, $a > 0$, 给出了 a^b 的定义. 于是有性质:

$$\ln a^x = x \ln a, \quad (ab)^x = a^x b^x \quad (\text{其中 } b > 0),$$

$$a^{x_1} a^{x_2} = a^{x_1 + x_2}, \quad (a^{x_1})^{x_2} = a^{x_1 x_2},$$

$$\text{若 } a \neq 1, \text{ 则 } y = a^x \text{ 与 } x = \frac{1}{\ln a} \ln y \text{ 互为反函数.}$$

通常记 $\log_a y = \dfrac{1}{\ln a} \ln y$, 称为**以 a 为底的对数函数**.

下面介绍反函数的求导法则.

定理 5.1.2 设函数 $y = f(x)$ 在点 x_0 可导, 且 $f'(x_0) \neq 0$, 并设函数 $y = f(x)$ 在点 x_0 充分小附近到 $y_0 = f(x_0)$ 附近有反函数 $x = g(y)$, 则反函数 $x = g(y)$ 在点 $y_0 = f(x_0)$ 可导且

$$g'(y_0) = \frac{1}{f'(x_0)},$$

或写作

$$\frac{\mathrm{d}x}{\mathrm{d}y} = \frac{1}{\dfrac{\mathrm{d}y}{\mathrm{d}x}}.$$

证明 设 Δx 和 Δy 分别表示变量 x 和变量 y 对应的改变量, $\Delta x = x - x_0$, $\Delta y = y - y_0$. 由于在点 x_0 附近函数 $y = f(x)$ 有反函数 $x = g(y)$, 则 f 在点 x_0 附近是双射. 因此, $\Delta y \neq 0$ 当且仅当 $\Delta x \neq 0$. 现在视 y 为自变量, 往证当 $\Delta y \to 0$ 时 $\Delta x \to 0$.

记 $u(\Delta x) = \dfrac{\Delta y}{\Delta x}$. 由定理假设, $y = f(x)$ 在点 x_0 可导且 $f'(x_0) \neq 0$, 应用定理 1.4.8, 知当 Δx 充分小时, $|u(\Delta x)| = \left| \dfrac{\Delta y}{\Delta x} \right| > \dfrac{1}{2} |f'(x_0)| > 0$. 因此 $y = f(x)$ 在点 x_0 的上述充分小的附近到 $y_0 = f(x_0)$ 的附近有反函数 $x = g(y)$. 再从等式

$$\Delta y = u(\Delta x) \Delta x$$

知, 若 $\Delta y \to 0$, 必 $\Delta x \to 0$. 进而在等式

$$\frac{\Delta x}{\Delta y} = \frac{1}{\dfrac{\Delta y}{\Delta x}}$$

两边取极限得

$$\lim_{\Delta y \to 0} \frac{\Delta x}{\Delta y} = \lim_{\Delta y \to 0} \frac{1}{\dfrac{\Delta y}{\Delta x}} = \frac{1}{\displaystyle\lim_{\Delta x \to 0} \frac{\Delta y}{\Delta x}},$$

便得欲证之结论.

这里留一个问题请读者思考: 你能从几何上解释定理 5.1.2 吗?

再介绍复合函数求导法则如下.

定理 5.1.3 (复合求导链锁法则 (chain rule))　设函数 $y = f(x)$ 在点 x_0 可导且 $z = g(y)$ 在点 $y_0 = f(x_0)$ 可导, 则复合函数 $z = (g \circ f)(x)$ 在点 x_0 可导, 且

$$(g \circ f)'(x_0) = g'(y_0)f'(x_0) = g'(f(x_0))f'(x_0),$$

或写作

$$\frac{\mathrm{d}z}{\mathrm{d}x} = \frac{\mathrm{d}z}{\mathrm{d}y} \cdot \frac{\mathrm{d}y}{\mathrm{d}x}.$$

证明　设任给 Δx, 得 $\Delta y = f(x_0 + \Delta x) - f(x_0)$, 即 $y_0 + \Delta y = f(x_0 + \Delta x)$. 定义一个以 Δx 为自变量的辅助函数如下:

$$H(\Delta x) = \begin{cases} \dfrac{g(y_0 + \Delta y) - g(y_0)}{\Delta y}, & \Delta y \neq 0, \\ g'(y_0), & \Delta y = 0. \end{cases}$$

由于

$$\lim_{\Delta x \to 0} H(\Delta x) = g'(y_0),$$

从而

$$\begin{aligned}
\lim_{\Delta x \to 0} \frac{(g \circ f)(x_0 + \Delta x) - (g \circ f)(x_0)}{\Delta x} &= \lim_{\Delta x \to 0} \frac{g(y_0 + \Delta y) - g(y_0)}{\Delta x} \\
&= \lim_{\Delta x \to 0} \frac{H(\Delta x) \Delta y}{\Delta x} \\
&= g'(y_0)f'(x_0).
\end{aligned}$$

这个法则极为重要, 但请注意在具体运用时不要发生错误, 求导之错误大多与此有关. 它可应用更多层次复合的函数, 如 $y = f(x), z = g(y), u = h(z)$, 均在对应点处可导, 则它们的复合函数 $u = (h \circ g \circ f)(x) = h(g(f(x)))$ 也可导, 且

$$(g \circ g \circ f)'(x) = h'(g(f(x)))g'(f(x))f'(x),$$

或

$$\frac{\mathrm{d}u}{\mathrm{d}x} = \frac{\mathrm{d}u}{\mathrm{d}z} \cdot \frac{\mathrm{d}z}{\mathrm{d}y} \cdot \frac{\mathrm{d}y}{\mathrm{d}x}.$$

5.2   基本初等函数求导公式之推导

许多函数是由基本初等函数构成的. 利用求导法则, 这些函数的求导可转化为基本初等函数的求导. 本节以例题方式求基本初等函数的导数.

例 5.2.1   设 c 是常数, $y = c$.

解   按导数定义

$$y' = \lim_{\Delta x \to 0} \frac{c - c}{\Delta x} = 0.$$

例 5.2.2   (1) 设 n 是自然数, $y = x^n$;

(2) 设 n 是自然数, $y = x^{-n}$;

(3) 设 n 是非零整数, $x > 0, y = x^{\frac{1}{n}}$;

(4) 设 p, q 是整数, $q \neq 0, y = x^{\frac{p}{q}}$.

欲求它们在存在域上的导数.

解   (1) 欲用数学归纳法证明

$$y' = nx^{n-1}.$$

当 $n = 1$ 时, 易得

$$y' = \lim_{\Delta x \to 0} \frac{(x + \Delta x) - x}{\Delta x} = 1.$$

假设对 $n - 1 \, (n > 2)$ 成立 $(x^{n-1})' = (n-1)x^{n-2}$, 则对 n, 由乘积的导数公式 (4.3 节中导数运算法则 (2)), 得

$$(x^n)' = (x^{n-1} \cdot x)' = (x^{n-1})' \cdot x + x^{n-1} \cdot (x)'$$

$$= (n-1)x^{n-1} + x^{n-1} = nx^{n-1}.$$

数学归纳法完成.

(2) 由商之导数公式 (4.3 节中导数运算法则 (3)), 得

$$(x^{-n})' = \left(\frac{1}{x^n}\right)' = \frac{-(x^n)'}{x^{2n}} = \frac{-nx^{n-1}}{x^{2n}}$$

$$= -n\frac{1}{x^{n+1}} = -nx^{-n-1}.$$

(3) 这时 $y = x^{\frac{1}{n}}$ 是 $x = y^n$ 的反函数, 所以由反函数求导法则 (定理 5.1.2), 得

$$\left(x^{\frac{1}{n}}\right)' = \frac{1}{ny^{n-1}} = \frac{y}{ny^n} = \frac{1}{n} \cdot \frac{x^{\frac{1}{n}}}{x} = \frac{1}{n}x^{\frac{1}{n}-1}.$$

(4) 令 $u = x^{\frac{1}{q}}$, 则函数 $y = x^{\frac{p}{q}}$ 可视为 $y = u^p$ 与 $u = x^{\frac{1}{q}}$ 的复合函数. 于是由复合函数求导链锁法则 (定理 5.1.3) 得

$$y' = pu^{p-1} \cdot \frac{1}{q}x^{\frac{1}{q}-1} = \frac{p}{q}x^{\frac{p}{q}-1}.$$

例 5.2.3　对数函数 $y = \ln x$, $y = \log_a x$ $(a > 0, a \neq 1)$.

解　按自然对数函数之定义及积分中值定理 (2.3 节之 (8)) 知

$$\frac{\Delta y}{\Delta x} = \frac{1}{\Delta x}\int_x^{x+\Delta x}\frac{1}{s}\mathrm{d}s = \frac{1}{\Delta x} \times \frac{1}{\xi} \times \Delta x = \frac{1}{\xi},$$

其中 ξ 是介于 x 与 $x + \Delta x$ 之间的一个数. 当 $\Delta x \to 0$ 时, $\xi \to x$. 上式取极限得

$$y' = \frac{1}{x}.$$

回忆例 5.1.2 中的定义 $\log_a x = \frac{1}{\ln a}\ln x$, 可得

$$(\log_a x)' = \frac{1}{\ln a} \cdot \frac{1}{x}.$$

例 5.2.4　对任一实数 α, $x > 0$, 幂函数 $y = x^\alpha$.

解　$y = x^\alpha$ 可写成

$$y = \mathrm{e}^{\ln x^\alpha} = \mathrm{e}^{\alpha \ln x},$$

它可视为 $y = \mathrm{e}^u, u = \alpha \ln x$ 的复合, 故由复合求导链锁法则得

$$y' = \mathrm{e}^u \cdot \alpha\frac{1}{x} = \alpha\mathrm{e}^{\alpha \ln x} \cdot \frac{1}{x} = \alpha x^{\alpha-1}.$$

例 5.2.5　指数函数 $y = a^x$ $(a > 0, a \neq 1)$.

解　因 $x = \log_a y$ 是其反函数, 所以

$$(a^x)' = \frac{1}{\dfrac{1}{y} \cdot \dfrac{1}{\ln a}} = y\ln a = a^x\ln a.$$

例 5.2.6 正弦函数 $y = \sin x$.

解 由三角学的和差化积公式知

$$\frac{\Delta y}{\Delta x} = \frac{\sin(x + \Delta x) - \sin x}{\Delta x} = \frac{2\cos\left(x + \dfrac{\Delta x}{2}\right)\sin\dfrac{\Delta x}{2}}{\Delta x}$$

$$= \cos\left(x + \frac{\Delta x}{2}\right) \cdot \frac{\sin\dfrac{\Delta x}{2}}{\dfrac{\Delta x}{2}},$$

取极限, 据定理 1.4.7, 得

$$y' = \lim_{\Delta x \to 0} \frac{\Delta y}{\Delta x} = \lim_{\Delta x \to 0} \cos\left(x + \frac{\Delta x}{2}\right) \cdot \lim_{\Delta x \to 0} \frac{\sin\dfrac{\Delta x}{2}}{\dfrac{\Delta x}{2}} = \cos x.$$

同样可以证明 (自证之):

$$(\cos x)' = -\sin x,$$

$$(\tan x)' = \frac{1}{\cos^2 x} = \sec^2 x,$$

$$(\cot x)' = -\frac{1}{\sin^2 x} = -\csc^2 x,$$

$$(\sec x)' = \frac{\sin x}{\cos^2 x} = \tan x \sec x,$$

$$(\csc x)' = -\frac{\cos x}{\sin^2 x} = -\cot x \csc x.$$

例 5.2.7 反正弦函数 $y = \arcsin x$.

解 三角函数的反函数是所谓的 "多值函数", 故此处以及今后研究反三角函数时, 约定将函数值的变化范围作适当限制, 即主值范围. 对于 $y = \arcsin x$ 仅考虑 $-\dfrac{\pi}{2} \leqslant y \leqslant \dfrac{\pi}{2}$ 的一段, 它是 $x = \sin y$ 的反函数, 由反函数求导法则得

$$(\arcsin x)' = \frac{1}{\cos y} = \frac{1}{\sqrt{1 - \sin^2 y}} = \frac{1}{\sqrt{1 - x^2}}.$$

同样对于 $y = \arccos x \ (0 \leqslant y \leqslant \pi)$ 可得 (自证之)

$$(\arccos x)' = -\frac{1}{\sqrt{1 - x^2}},$$

对于 $y = \arctan x \left(-\dfrac{\pi}{2} < y < \dfrac{\pi}{2}\right)$, 得

$$(\arctan x)' = \frac{1}{\sec^2 y} = \frac{1}{1 + \tan^2 y} = \frac{1}{1 + x^2}.$$

还有

$$(\operatorname{arccot} x)' = -\frac{1}{1 + x^2},$$

$$(\operatorname{arcsec} x)' = \frac{1}{x\sqrt{x^2 - 1}},$$

$$(\operatorname{arccsc} x)' = -\frac{1}{x\sqrt{x^2 - 1}}.$$

例 5.2.8　双曲函数 (hyperbolic functions).

解　在工程技术及物理学的应用中, 经常遇到所谓双曲函数, 它们是由指数函数 e^x 组合而成, 具有堪与三角函数类比的一系列性质.

双曲函数是

$$\sinh x = \frac{\mathrm{e}^x - \mathrm{e}^{-x}}{2} \ (\text{双曲正弦}),$$

$$\cosh x = \frac{\mathrm{e}^x + \mathrm{e}^{-x}}{2} \ (\text{双曲余弦}),$$

$$\tanh x = \frac{\mathrm{e}^x - \mathrm{e}^{-x}}{\mathrm{e}^x + \mathrm{e}^{-x}} = \frac{\sinh x}{\cosh x} \ (\text{双曲正切}),$$

$$\coth x = \frac{\mathrm{e}^x + \mathrm{e}^{-x}}{\mathrm{e}^x - \mathrm{e}^{-x}} = \frac{1}{\tanh x} \ (\text{双曲余切}),$$

$$\operatorname{sech} x = \frac{1}{\cosh x} \ (\text{双曲正割}),$$

$$\operatorname{csch} x = \frac{1}{\sinh x} \ (\text{双曲余割}).$$

与三角函数类似, 最基本的是 $\sinh x$ 和 $\cosh x$ 两个. 它们的图形如图 5.1, 在力学中可知 $\cosh x$ 的图形就是悬在固定两点上的一条完全柔性的重链在平衡位置时的形状, 即**悬链线** (参考例 11.1.1).

双曲函数的求导公式如下 (自证之):

$$(\sinh x)' = \cosh x,$$

$$(\cosh x)' = \sinh x,$$

$$(\tanh x)' = \frac{1}{\cosh^2 x},$$

$$(\coth x)' = -\frac{1}{\sinh^2 x}.$$

将本节所列举各例整理, 便得到下列最基本的求导公式, 请读者熟记.

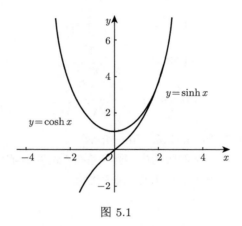

图 5.1

5.3　基本初等函数求导公式

(1) $(c)' = 0$.

(2) $(x^\alpha)' = \alpha x^{\alpha-1}$.

(3) $(\ln x)' = \dfrac{1}{x}$, $(\log_a x)' = \dfrac{1}{x \ln a}(a > 0,$ 且 $a \neq 1)$.

(4) $(\mathrm{e}^x)' = \mathrm{e}^x$, $(a^x)' = a^x \ln a(a > 0)$.

(5) $(\sin x)' = \cos x$.

(6) $(\cos x)' = -\sin x$.

(7) $(\tan x)' = \sec^2 x$.

(8) $(\cot x)' = -\csc^2 x$.

(9) $(\sec x)' = \sec x \tan x$.

(10) $(\csc x)' = -\csc x \cot x$.

(11) $(\arcsin x)' = \dfrac{1}{\sqrt{1 - x^2}}$.

(12) $(\arccos x)' = -\dfrac{1}{\sqrt{1 - x^2}}$.

$(13)\ (\arctan x)' = \dfrac{1}{1+x^2}.$

$(14)\ (\operatorname{arccot} x)' = -\dfrac{1}{1+x^2}.$

$(15)\ (\operatorname{arcsec} x)' = \dfrac{1}{x\sqrt{x^2-1}}.$

$(16)\ (\operatorname{arccsc} x)' = -\dfrac{1}{x\sqrt{x^2-1}}.$

$(17)\ (\sinh x)' = \cosh x.$

$(18)\ (\cosh x)' = \sinh x.$

$(19)\ (\tanh x)' = \operatorname{sech}^2 x.$

$(20)\ (\coth x)' = -\operatorname{csch}^2 x.$

5.4　高阶导数

设函数 $y = f(x)$ 在区间 (a,b) 内有定义, 且在其内每点可导, 则它在 (a,b) 内有导 (函) 数 $y' = f'(x)$. 进而, 若导函数可导, 则它的导数也是函数.

定义 5.4.1　若点 $x_0 \in (a,b)$ 且导数 $y' = f'(x)$ 在点 x_0 可导, 则它在点 x_0 的导数称为函数 $y = f(x)$ 在点 x_0 的**二阶导数**, 记为 $y'' = f''(x_0)$. 设函数 $y = f(x)$ 的 $n-1(n \geqslant 2)$ 阶导数概念已经定义, 并且在 (a,b) 内处处有 $n-1$ 阶导数, 于是在 (a,b) 内有 $n-1$ 阶导 (函) 数, 记为 $y^{(n-1)} = f^{(n-1)}(x)$. 若它在点 x_0 是可导的, 则其导数称为函数 $y = f(x)$ 在点 x_0 的 n **阶导数** $y^{(n)} = f^{(n)}(x)$. 这些统称为**高阶导数**. 高阶导数通常记为

$$y'', y''', y^{(4)}, \cdots, y^{(n)} \quad \text{或} \quad f'', f''', f^{(4)}, \cdots, f^{(n)}$$

或

$$\frac{\mathrm{d}^2 y}{\mathrm{d}x^2}, \frac{\mathrm{d}^3 y}{\mathrm{d}x^3}, \cdots, \frac{\mathrm{d}^n y}{\mathrm{d}x^n},$$

还可用如下记号:

$$\mathrm{D}^2 f, \mathrm{D}^3 f, \cdots, \mathrm{D}^n f.$$

今后, 有时就称导数为一阶导数. 而求高阶导数无非是逐次求一阶导数. 其中值得指出的是两个函数的乘积的 n 阶导数有公式如下:

$$(uv)^{(n)} = \sum_{k=0}^{n} \binom{n}{k} u^{(k)} v^{(n-k)},$$

其中 $\begin{pmatrix} n \\ k \end{pmatrix}$ 是二项式系数 $\dfrac{n!}{k!(n-k)!}$. 这个公式常被称为 **Leibniz 公式**.

各阶导数都有其几何意义和物理意义以及应用. 例如二阶导数与曲线之曲率有关, 运动学中表示加速度, 等等.

另外, 若函数 f 在点 x_0 有 n 阶导数, 则说明函数 f 在点 x_0 是 n **阶可导的**; 若函数 f 在区间 (a,b) 内 n 阶可导且 n 阶导数连续, 则说明函数 f 在 (a,b) 内是 n **阶连续可导的**, 并可简说成函数 f 在区间 (a,b) 内是 C^n 的.

第6讲

略论导数与定积分之关系
(微积分学基本定理)

微积分学的两个最重要的基本概念, 一个是定积分, 另一个是导数, 它们从性质上说是不相同的. 定积分是求总和, 导数是求变化率; 定积分是研究带有整体性的问题, 导数是以局部的观点来处理问题; 定积分是宏观, 导数则是微观. 因此可以说定积分与导数是两个性质上对立的观念. 这样两个性质不同的数学概念却共同组成了统一的微积分学的基础, 这不是偶然的, 而是有其必然的内在根据的.

6.1 微积分学基本定理

现在重新考察路程与速度之间的关系, 这个典型实例曾从不同角度分别作为定积分和导数的原型在第 2 讲和第 4 讲中谈过.

设一物体做直线运动, 位置 s 与时间 t 的关系为

$$s(t),$$

速度 v 与时间 t 的关系为

$$v(t).$$

今计算从 $t = a$ 到 $t = b$ 所走过的总路程 S. 这个问题可以从两个不同的角度来解决. 一方面它等于 $s(b) - s(a)$, 另一方面它等于定积分 $\int_a^b v(t)\mathrm{d}t$. 因此就得等式

$$\int_a^b v(t)\mathrm{d}t = s(b) - s(a).$$

由路程与速度的关系 $v(t) = s'(t)$, 这个等式就是

$$\int_a^b s'(t)\mathrm{d}t = s(b) - s(a).$$

如果拿面积问题来考察的话, 也会得到同样的结果, 它极为重要, 称为微积分学基本定理.

定理 6.1.1 (微积分学基本定理)   设函数 $F(x)$ 在闭区间 $[a, b]$ 上处处可导, 其导函数 $F'(x)$ 在 $[a, b]$ 上可积, 则有

$$\int_a^b F'(x)\mathrm{d}x = F(b) - F(a). \tag{6.1.1}$$

这个定理暂时不能证明. 但只要把定理中的 $F(x)$ 和 $F'(x)$ 分别设想为某个直线运动的路程和速度函数, x 是时间, 则定理的正确性是完全可以接受的. 严格证明见第 7 讲 7.1 节.

这个定理通常称为 **Newton-Leibniz 公式**, 以纪念他们发现这个公式并由此完成了微积分学的奠基.

现在来看从公式 (6.1.1) 可以得到什么结论.

首先, 公式 (6.1.1) 建立了导数与定积分之间的联系.

其次, 从这个联系出发, 得到一个极重要的启示: 定积分的计算可以通过求导而实现.

比如要计算定积分

$$\int_a^b f(x)\mathrm{d}x,$$

如果能够找到一个函数 $F(x)$, 它具有这样的性质:

$$F'(x) = f(x),$$

则利用 $F(x)$ 就可按 (6.1.1) 计算定积分

$$\int_a^b F'(x)\mathrm{d}x = F(b) - F(a).$$

而因为 $f(x)$ 是 $F(x)$ 的导数, 故求 $F(x)$ 不过是求导方法之逆而已.

例 6.1.1   采用 Newton-Leibniz 公式计算 $\int_a^b x\mathrm{d}x$.

解   由 $\left(\dfrac{x^2}{2}\right)' = x$, 因此立即有

$$\int_a^b x\mathrm{d}x = \frac{b^2}{2} - \frac{a^2}{2}.$$

这与第 3 讲 3.3 节中例 3.3.1 的计算结果相符. 这里的技术却简洁得多. 随着积分的复杂程度的增长, 这个新办法的优越性将会更充分地显示出来.

6.2　原函数和不定积分

前一节的讨论直接引导建立下述概念.

定义 6.2.1　设 I 是一个区间且函数 $f(x)$ 在区间 I 上定义. 如果函数 $F(x)$ 也在区间 I 上定义, 在 I 上处处可导, 且使得

$$F'(x) = f(x),$$

则称 $F(x)$ 是 $f(x)$ 的一个**原函数** (primitive function).

求一个已知函数的导数是微分学中的基本问题, 通常称为微分法. 现在的问题是其反面, 要求一个已知函数的原函数. 而且通过 Newton-Leibniz 公式, 求定积分的问题已经完全化为求原函数了. 因此通常把求原函数和求定积分都笼统地称为**积分法**.

其实, 大量的实际问题要求原函数. 例如已知作用在物体上的力, 由 Newton 定律即知道了加速度函数 $a(t)$, 求原函数可得速度函数 $v(t)$, 再求 $v(t)$ 之原函数就可得路程函数 $s(t)$.

请注意, 一个已知函数的原函数不是唯一的. 设 $F(x)$ 是 $f(x)$ 的一个原函数, $F(x)$ 加上一个任意的常数 c, 则 $F(x) + c$ 也是 $f(x)$ 的一个原函数. 另一方面, 如果函数 $F(x)$ 和 $G(x)$ 都是函数 $f(x)$ 的原函数, 那么 $F(x)$ 和 $G(x)$ 有什么关系? 为此先介绍一个命题, 它在别处还有用处, 其证明见第 7 讲 7.1 节.

定理 6.2.1　设函数 $f(x)$ 在区间 I 上定义, 在 I 上有导数 $f'(x)$, 且在 I 上 $f'(x) \equiv 0$, 则 $f(x)$ 在 I 上恒等于某个常数 $c : f(x) = c$.

请注意, 如果不是在一个区间上考察, 例如在两个分离开的区间上, 上述定理结论便不成立. 读者不难自己举出反例.

定理 6.2.1 有一个显然的推论.

推论 6.2.1　设函数 $f(x)$ 和 $g(x)$ 都在区间 I 上定义, 在 I 上有导数分别为 $f'(x)$ 和 $g'(x)$. 若在 I 上

$$f'(x) = g'(x),$$

则在区间 I 上两个函数 $f(x)$ 和 $g(x)$ 仅相差一个常数

$$f(x) = g(x) + c.$$

现在回到前面的问题. 如果在区间 I 上, $F(x)$ 和 $G(x)$ 都是函数 $f(x)$ 的原函数, 则 $F(x)$ 和 $G(x)$ 仅相差一个常数

$$G(x) = F(x) + c.$$

由此可见, 若限于某个区间上考虑问题, 只要知道函数 $f(x)$ 的一个原函数 $F(x)$, 由 $F(x)$ 加一个任意常数 c, 就可以得到该区间上 $f(x)$ 的全部原函数. 所以今后就用含有任意常数 c 的泛定式

$$F(x) + c$$

来表示 $f(x)$ 的全体原函数.

有理由给原函数起一个积分学的名称: 函数 $f(x)$ 的一个原函数 $F(x)$ 也称为 $f(x)$ 的一个积分函数, 或简称为一个积分.

定义 6.2.2 函数 $f(x)$ 的全体积分函数, 即全体原函数, 称为 $f(x)$ 的**不定积分** (indefinite integral), 记作

$$\int f(x)\mathrm{d}x.$$

于是, 一旦已知函数 $f(x)$ 的一个原函数 $F(x)$, 则 $f(x)$ 的不定积分

$$\int f(x)\mathrm{d}x = F(x) + c. \tag{6.2.1}$$

由 (6.2.1) 直接可得

$$\int F'(x)\mathrm{d}x = F(x) + c \tag{6.2.2}$$

及

$$\left(\int f(x)\mathrm{d}x\right)' = f(x). \tag{6.2.3}$$

(6.2.2) 及 (6.2.3) 两式都表示了微分法与积分法之互逆关系.

例 6.2.1 函数 $f(x) = x^2$ 的不定积分就是

$$\int x^2\mathrm{d}x = \frac{x^3}{3} + c.$$

例 6.2.2 函数 $f(x) = \cos x$ 的不定积分就是

$$\int \cos x\mathrm{d}x = \sin x + c.$$

评注 6.2.1 积分常数 c 之意义. 不定积分定义式 (6.2.1) 中的常数 c 称为**积分常数**. 注意不要忘记, 切不可将它丢掉. 初学者往往感到在不定积分中的那个任意常数是个累赘, 其实这个常数是有其鲜明的物理意义的, 并且在解决具体问题时它将被确定. 下面通过运动学的实例来初步阐明其意义和确定它的办法.

(1) 若一物体做直线运动, 已知速度函数 $v(t)$, 求路程函数 $s(t)$. 欲求的路程函数 $s(t)$ 是已知的速度函数 $v(t)$ 的一个积分函数 (原函数). 因此这是一个求 $v(t)$ 的不定积分问题. 但是这个问题的答案暂时不能完全确定. 因为假使运动的速度函数是已知的, 但若物体运动的起点位置不同, 其路程函数是不同的, 其间相差一个常数, 这个常数是由起点位置的不同所决定的. 这就是已知函数有许多 (无穷多) 原函数, 两个原函数之间仅相差一个常数的一个实际背景.

(2) 即使已经设法求到了 $v(t)$ 的一个原函数 $\bar{s}(t)$, 还是无法确定上述问题的答案, 而只能断言所欲求的路程函数 $s(t)$ 与 $\bar{s}(t)$ 仅相差一个常数, 即

$$s(t) = \bar{s}(t) + c, \tag{6.2.4}$$

其中 c 是某个还无法确定的常数. 常数 c 的确定需要另外增加已知条件. 例如假设还知道 $t = t_0$ 时, $s(t_0) = s_0$, 则将其代入 (6.2.4) 式中, 便得

$$s(t_0) = \bar{s}(t_0) + c, \quad \text{即} \quad s_0 = \bar{s}(t_0) + c.$$

因为 $\bar{s}(t)$ 是已知函数, 故 $\bar{s}(t_0)$ 是已知数, 由此得

$$c = s_0 - \bar{s}(t_0), \tag{6.2.5}$$

这样 c 值便确定了, 因而由 (6.2.4), 函数 $s(t)$ 便确定了

$$s(t) = \bar{s}(t) + s_0 - \bar{s}(t_0). \tag{6.2.6}$$

这种为了确定积分常数, 从而由全体积分函数 (不定积分) 中确定一个特定的积分函数为答案的附加条件, 称为**定解条件**.

今后将着力解决如何能够求到已知函数的一个积分函数 (原函数), 这是积分法要解决的主要课题之一.

6.3 变上限的定积分与原函数的存在性

在有关原函数的诸问题中, 存在性是首要的. 对于连续函数解答是肯定的.

定理 6.3.1 设函数 $f(x)$ 在 $[a, b]$ 上连续, 对任意 $x \in [a, b]$, 令

$$\Phi(x) = \int_a^x f(t)\mathrm{d}t, \tag{6.3.1}$$

则函数 $\Phi(x)$ 在 $[a, b]$ 上可导, 且 $\Phi'(x) = f(x)$, 即 $\Phi(x)$ 是 $f(x)$ 的一个**原函数**.

证明 设 Δx 是自变量 x 的增量使 $x + \Delta x \in [a, b]$. 于是

$$\Phi(x + \Delta x) - \Phi(x) = \int_x^{x+\Delta x} f(t)\mathrm{d}t.$$

应用积分中值定理 (2.3 节性质 (8)), 存在 x 与 $x + \Delta x$ 之间的 ξ 使

$$\Phi(x + \Delta x) - \Phi(x) = f(\xi)\Delta x,$$

从而

$$\frac{\Delta \Phi}{\Delta x} = \frac{\Phi(x + \Delta x) - \Phi(x)}{\Delta x} = f(\xi).$$

因为 $f(x)$ 是连续函数, 故当 $\Delta x \to 0$ 时 $f(\xi) \to f(x)$. 于是

$$\lim_{\Delta x \to 0} \frac{\Delta \Phi}{\Delta x} = f(x).$$

定理证毕.

这个重要的定理也被有些人称为微分形式的微积分基本定理.

第7讲

微分中值定理与 Taylor 公式

本讲介绍的几个定理, 从微分学的观点看是最重要的. 有人把它们称为微分学基本定理. 其中泰勒 (Taylor, 1685—1731) 公式是高阶的一般形式, 因而是微分学之精髓, 请读者慢慢体会.

7.1 Lagrange 中值定理

法国数学家 Lagrange 对微积分做出的最大贡献是下述中值定理, 它是一个强有力的工具. 将利用它证明微积分基本定理——Newton-Leibniz 公式.

定理 7.1.1 (Lagrange 中值定理) 若函数 f 在 $[a,b]$ 上连续, 且在 (a,b) 内可导, 则存在 $\xi \in (a,b)$, 使得

$$f'(\xi) = \frac{f(b) - f(a)}{b - a} \tag{7.1.1}$$

或

$$f(b) - f(a) = f'(\xi)(b - a). \tag{7.1.2}$$

本定理之证明有一定技巧, 基于如下的特殊情形.

定理 7.1.2 (Rolle 定理) 若函数 f 在 $[a,b]$ 上连续, 在 (a,b) 内可导且 $f(a) = f(b)$, 则存在 $\xi \in (a,b)$, 使得

$$f'(\xi) = 0. \tag{7.1.3}$$

证明 由假设 f 在 $[a,b]$ 上连续, 故由连续函数最值定理 (定理 1.5.1), f 在 $[a,b]$ 上取到最大值 M 和最小值 m.

若 $M = m$, 则 f 在 $[a,b]$ 上为常值, 故 f' 在 (a,b) 内处处为 0. 可取 (a,b) 内任一点作为 ξ, 有 $f'(\xi) = 0$.

若 $M > m$, 则 M 与 m 中之一必在 (a, b) 内某一点 ξ 处取得. 不妨设 $f(\xi) = M$. 因 M 是 f 在 $[a, b]$ 之最大值, 故

$$f(x) \leqslant f(\xi) = M, \quad \forall x \in (a, b).$$

由 f 在点 ξ 可导, 知

$$f'(\xi) = \lim_{x \to \xi} \frac{f(x) - f(\xi)}{x - \xi} = f'_+(\xi) = f'_-(\xi).$$

当 $x > \xi$ 时有 $x - \xi > 0$, 故 $\dfrac{f(x) - f(\xi)}{x - \xi} \leqslant 0$, 从而

$$f'(\xi) = f'_+(\xi) = \lim_{x \to \xi^+} \frac{f(x) - f(\xi)}{x - \xi} \leqslant 0.$$

当 $x < \xi$ 时有 $x - \xi < 0$, 故 $\dfrac{f(x) - f(\xi)}{x - \xi} \geqslant 0$, 从而

$$f'(\xi) = f'_-(\xi) = \lim_{x \to \xi^-} \frac{f(x) - f(\xi)}{x - \xi} \geqslant 0.$$

由上面所得两个不等式, 知 $f'(\xi) = 0$.

这个证明的后半部分有独立的意义, 是由法国人 Fermat 发现的, 叙述如下.

定义 7.1.1 设函数 f 在 (a, b) 内有定义, $x_0 \in (a, b)$. 若对于在点 x_0 附近的一切 x 均有 $f(x) \leqslant f(x_0)\, (f(x) \geqslant f(x_0))$, 则称点 x_0 为 f 的一个**极大 (小) 点**, 统称**极值点**, 而 $f(x_0)$ 称为 f 的一个**极大 (小) 值**, 统称**极值**.

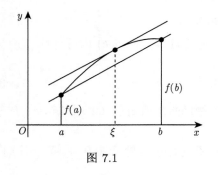

图 7.1

定理 7.1.3 (Fermat 定理) 设函数 f 在点 x_0 附近有定义, 且在点 x_0 可导. 若点 x_0 是 f 的一个极值点, 则

$$f'(x_0) = 0.$$

现在回到 Lagrange 中值定理的证明. 从图 7.1 上看, $\dfrac{f(b) - f(a)}{b - a}$ 是割线斜率, 在 ξ 处的切线平行于此割线, 定理之结论明显成立.

欲借助 Rolle 定理证明结论. 平行于割线的直线所对应的一次函数 kx, 与 $f(x)$ 的差, 在 a, b 处的值相等, k 为割线的斜率. 则这样构造的差函数满足 Rolle 定理的条件.

定理 7.1.1 之证明 作辅助函数

$$\varphi(x) = f(x) - \frac{f(b) - f(a)}{b - a}x,$$

则 $\varphi(x)$ 在 $[a, b]$ 上连续, 在 (a, b) 内可导, 且 $\varphi(a) = \varphi(b)$. 由 Rolle 定理 (定理 7.1.2), 知在 (a, b) 内存在 ξ, 使得

$$\varphi'(\xi) = 0,$$

即

$$f'(\xi) = \frac{f(b) - f(a)}{b - a}.$$

推论 7.1.1 (定理 6.2.1) 若函数 f 在区间 I 上可导, 且对于 $x \in I$ 有 $f'(x) = 0$, 则 f 在 I 上是一个常值函数.

证明 任取 I 中两点 x_1, x_2, 由 Lagrange 中值定理 (定理 7.1.1), 知在 x_1, x_2 之间存在一点 ξ 使

$$f(x_1) - f(x_2) = f'(\xi)(x_1 - x_2) = 0,$$

得 $f(x_1) = f(x_2)$.

评注 7.1.1 推论 7.1.1 即定理 6.2.1, 据作者所知, 不用 Lagrange 中值定理尚不能严格证明.

推论 7.1.2 (定理 6.1.1, 微积分学基本定理) 设函数 F 在闭区间 $[a, b]$ 上处处可导, 其导函数 F' 在 $[a, b]$ 上可积, 则

$$\int_a^b F'(x)\mathrm{d}x = F(b) - F(a). \tag{7.1.4}$$

证明 由假设, 定积分 $\int_a^b F'(x)\mathrm{d}x$ 存在, 按定积分之定义,

$$\int_a^b F'(x)\mathrm{d}x = \lim_{\lambda(T) \to 0} \sum_{i=1}^n F'(\xi_i)\Delta x_i,$$

其中 ξ_i 是小区间 $[x_{i-1}, x_i]$ 中任取的点. 既然 ξ_i 可以任意选取, 特别取 ξ_i 满足 Lagrange 中值定理, 即取 ξ_i 使

$$F(x_i) - F(x_{i-1}) = F'(\xi_i)\Delta x_i,$$

于是得到

$$\int_a^b F'(x)\,\mathrm{d}x = \lim_{\lambda(T)\to 0} \sum_{i=1}^n [F(x_i) - F(x_{i-1})],$$

而由于

$$\sum_{i=1}^n [F(x_i) - F(x_{i-1})] = F(b) - F(a),$$

故得 (7.1.4).

评注 7.1.2 微积分基本定理这样深刻的结论当采用 Lagrange 中值定理证明时, 是如此的简捷, 足以见 Lagrange 中值定理之威力.

评注 7.1.3 Lagrange 中值定理之结论也可写成: 存在 $\theta, 0 < \theta < 1$, 使得

$$f(b) - f(a) = f'(a + \theta(b - a))(b - a) \tag{7.1.5}$$

或

$$f(a + h) - f(a) = f'(a + \theta h)h. \tag{7.1.6}$$

7.2 Cauchy 中值定理

柯西 (Cauchy, 1789—1857) 是继 Lagrange 之后并受其影响的法国大数学家, 他的巨大贡献之一是建立极限理论, 并将微积分建立在极限理论之上.

定理 7.2.1 (Cauchy 中值定理) 若函数 f 和 g 在 $[a,b]$ 上连续, 在 (a,b) 内可导, f' 和 g' 在 (a,b) 内任意点不同时为零, 且 $g(a) \neq g(b)$. 则存在 $\xi \in (a,b)$ 使得

$$\frac{f'(\xi)}{g'(\xi)} = \frac{f(b) - f(a)}{g(b) - g(a)}. \tag{7.2.1}$$

类似于 Lagrange 中值定理证明方法, 为利用 Rolle 定理, 欲构造辅助函数 $F(x) = f(x) - kg(x)$, 使之满足 Rolle 定理中两端点处值相等的条件, 即得 k 的表达式.

证明 作辅助函数

$$F(x) = f(x) - \frac{f(b) - f(a)}{g(b) - g(a)} g(x),$$

则 $F(x)$ 满足 Rolle 定理之条件, 故存在 $\xi \in (a,b)$ 使

$$F'(\xi) = 0,$$

即

$$f'(\xi) - \frac{f(b) - f(a)}{g(b) - g(a)} g'(\xi) = 0.$$

由条件 f' 和 g' 在 (a, b) 内任意点处不同时为零, 可知 $g'(\xi) \neq 0$. 用 $g'(\xi)$ 除之便得式 (7.2.1).

评注 7.2.1 Cauchy 中值定理是 Lagrange 中值定理的推广, 它可用于参数方程表示的曲线, 那时可得此定理的几何解释. 此定理的一项重要应用是用于无穷小量的比较, 见第 8 讲.

7.3 Taylor 公式

Lagrange 中值定理推广到高阶导数便是 Taylor 公式. 泰勒 (Taylor, 1685—1731) 是 Newton 学派最优秀的代表人物之一.

Taylor 的重要贡献之一是发现著名的 "Taylor 定理", 用现代记号来写就是

$$f(x) = f(a) + f'(a)(x - a) + \frac{f''(a)}{2!}(x - a)^2 + \cdots + \frac{f^{(n)}(a)}{n!}(x - a)^n + \cdots. \quad (7.3.1)$$

当然应假设函数 $f(x)$ 在点 a 及其附近满足某些条件, 其中至少 $f(x)$ 在点 a 存在任何阶的导数.

当时微积分很不严格, 极限概念尚未正式形成, (7.3.1) 式右端其实是无穷级数, 收敛性当时尚不清楚.

等式 (7.3.1) 何时真正成立, 将放在幂级数 (第 17 讲) 中去研究, 目前因条件尚未陈述清楚, 所以并不认为它已成立.

这一节中将介绍的 Taylor 公式不是等式 (7.3.1), 而且 Taylor 公式肯定是后人表述和证明的. 因为它比 Lagrange 中值定理广泛, 证明更加复杂, 估计应该在 Lagrange 之后.

设 $f(x)$ 是一个在点 a 附近有 n 阶导数的函数, 能否在点 a 附近用一个多项式来近似地替代函数 $f(x)$? 一个理想的候选者是下面的多项式:

$$P_n(x) = f(a) + f'(a)(x - a) + \frac{f''(a)}{2!}(x - a)^2 + \cdots + \frac{f^{(n)}(a)}{n!}(x - a)^n. \quad (7.3.2)$$

理由是此 n 次多项式 $P_n(x)$ 与 $f(x)$ 在 $x = a$ 处具有相同的函数值, 以及直到 n 阶的相同的各阶导数值, 即 $P_n(a) = f(a)$, $P_n'(a) = f'(a)$, $P_n''(a) = f''(a), \cdots$, $P_n^{(n)}(a) = f^{(n)}(a)$.

若令
$$R_n(x) = f(x) - P_n(x), \tag{7.3.3}$$

则有
$$f(x) = P_n(x) + R_n(x). \tag{7.3.4}$$

定义 7.3.1 (7.3.2) 式定义的 $P_n(x)$ 称为函数 $f(x)$ **在点 a 的 n 阶 Taylor 多项式**, 由 (7.3.3) 定义的函数 $R_n(x)$ 称为 $f(x)$ 在点 a 的 Taylor 公式中的**余项** (remainder).

如果有办法估算 $R_n(x)$, 便可以用 $P_n(x)$ 作为 $f(x)$ 的近似替代品. 下面介绍的定理其实质是将余项用某种方式表示出来.

定理 7.3.1 (Taylor 公式) 若函数 f 在 $[a, b]$ 上有直到 n 阶的连续导数, 在 (a, b) 内有第 $n + 1$ 阶导数, 则对任意的 $x \in (a, b)$,

(1) 存在 $\xi \in (a, x)$, 使得

$$R_n(x) = \frac{f^{(n+1)}(\xi)}{(n+1)!}(x - a)^{n+1}, \tag{7.3.5}$$

称为 **Lagrange 型余项**, 这时得 Taylor 公式

$$f(x) = f(a) + f'(a)(x - a) + \frac{f''(a)}{2!}(x - a)^2 + \cdots + \frac{f^{(n)}(a)}{n!}(x - a)^n$$
$$+ \frac{f^{(n+1)}(\xi)}{(n+1)!}(x - a)^{n+1}. \tag{7.3.6}$$

(2) 存在 $\xi \in (a, x)$, 使得

$$R_n(x) = \frac{f^{(n+1)}(\xi)}{n!}(x - \xi)^n(x - a), \tag{7.3.7}$$

称为 **Cauchy 型余项**, 这时得 Taylor 公式

$$f(x) = f(a) + f'(a)(x - a) + \frac{f''(a)}{2!}(x - a)^2 + \cdots + \frac{f^{(n)}(a)}{n!}(x - a)^n$$
$$+ \frac{f^{(n+1)}(\xi)}{n!}(x - \xi)^n(x - a). \tag{7.3.8}$$

证明 记

$$F(t) = f(t) + f'(t)(x - t) + \frac{f''(t)}{2!}(x - t)^2 + \cdots + \frac{f^{(n)}(t)}{n!}(x - t)^n.$$

于是有 $F(x) = f(x)$, $F(a) = P_n(x)$, 从而 $F(x) - F(a) = R_n(x)$. F 在 (a, x) 内可导, 且

$$F'(t) = \frac{f^{(n+1)}(t)}{n!}(x - t)^n.$$

运用 Cauchy 中值定理, 先后取 $G(t)$ 为 $(x - t)^{n+1}$ 或 $(x - t)$, 分别存在 $\xi \in (a, x)$ 使

$$\frac{F'(\xi)}{G'(\xi)} = \frac{F(x) - F(a)}{G(x) - G(a)} \tag{7.3.9}$$

情形 (1) 对应于 $G(t) = (x - t)^{n+1}$, (7.3.9) 式是

$$\frac{F'(\xi)}{-(n+1)(x-\xi)^n} = \frac{R_n(x)}{-(x-a)^{n+1}},$$

于是得

$$R_n(x) = \frac{f^{(n+1)}(\xi)}{(n+1)!}(x - a)^{n+1}.$$

情形 (2) 对应于 $G(t) = x - t$, (7.3.9) 式是

$$-F'(\xi) = \frac{R_n(x)}{a - x},$$

于是得

$$R_n(x) = \frac{f^{(n+1)}(\xi)}{n!}(x - \xi)^n(x - a).$$

这里的 $x > a$. 当 $x < a$ 而且相应的条件都成立时, 定理 7.3.1 的结论也成立.

特别, 当 $a = 0$ 时的 Taylor 公式称为**麦克劳林** (Maclaurin, 1698—1746) **公式**.

$$f(x) = f(0) + f'(0)x + \frac{f''(0)}{2!}x^2 + \cdots + \frac{f^{(n)}(0)}{n!}x^n + \frac{f^{(n+1)}(\xi)}{(n+1)!}x^{n+1}, \tag{7.3.10}$$

$$f(x) = f(0) + f'(0)x + \frac{f''(0)}{2!}x^2 + \cdots + \frac{f^{(n)}(0)}{n!}x^n + \frac{f^{(n+1)}(\xi)}{n!}(x - \xi)^n x, \tag{7.3.11}$$

其中 ξ 在 0 与 x 之间.

第8讲

微分与无穷小

微积分学历史早期采用的无穷小和微分观念已被淘汰, 我们不去谈论. 鲁宾逊 (Robinson, 1918—1974) 在二十世纪六十年代建立非标准分析时, 将实数系 $\mathbb{R}$ 扩大, 使其包含无穷小作为数而得 $\mathbb{R}^*$. 这超出了本课程的范围. 我们重申实数系统中没有无穷小, 也没有无穷大, 下面运用极限概念定义的无穷小和无穷大不是数, 而是特定的极限现象. Newton 和 Leibniz 时代曾采用过的微分一词及记号 $\mathrm{d}x$ 等, 将重新定义.

8.1 微分概念

定义 8.1.1 设函数 $y = f(x)$ 在点 x 附近有定义, 在点 x 处可导, 导数为 $f'(x)$. 设 Δx 是自变量 x 的一个改变量 (或称增量), 则称 Δx 为自变量 x 的微分 (differential), 而称 $f'(x)\Delta x$ 为函数 $y = f(x)$ 在点 x 的**微分**, 分别记作 $\mathrm{d}x$ 和 $\mathrm{d}y$.

为强调而重复如下:
$$\mathrm{d}x = \Delta x, \tag{8.1.1}$$
$$\mathrm{d}y = f'(x)\Delta x = f'(x)\mathrm{d}x. \tag{8.1.2}$$

$\mathrm{d}y$ 也常写作 $\mathrm{d}f$ 或 $\mathrm{d}f(x)$, 即

$$\mathrm{d}f = f'(x)\mathrm{d}x. \tag{8.1.3}$$

特别, 当 $f(x) = x$ 时 $f'(x) = 1$. 因此函数 $f(x) = x$ 的微分与自变量 x 的微分相一致.

评注 8.1.1 自变量 x 的改变量 Δx 约定不等于 0, 但可正可负. 并且此时认为点 x 是取定的, 而 Δx 是不定的, 起着自变量作用.

评注 8.1.2 定义函数 $y = f(x)$ 的微分时, 前提是 $y = f(x)$ 在点 x 可导. 这时当给定自变量的微分 $\mathrm{d}x$ 后便有函数的微分 $\mathrm{d}y$, 两者关系是

$$\mathrm{d}y = f'(x)\mathrm{d}x.$$

两边用 $\mathrm{d}x$ (它不等于 0) 除之得

$$\frac{\mathrm{d}y}{\mathrm{d}x} = f'(x). \tag{8.1.4}$$

此式左端表两个微分 $\mathrm{d}y$ 和 $\mathrm{d}x$ 之商, **微商**之名由此而来. 今后, 微商 (即导数) 记号 $\dfrac{\mathrm{d}y}{\mathrm{d}x}$ 既可以看成一个统一的记号, 也可以看成 $\mathrm{d}y$ 与 $\mathrm{d}x$ 之商. 而导数又称为微商也就得到合理的说明了.

评注 8.1.3 设函数 $y = f(x)$ 在点 x 可导, 给了自变量之增量 Δx (即微分 $\mathrm{d}x$) 后, 便得函数 $y = f(x)$ 的增量为

$$\Delta y = f(x + \Delta x) - f(x).$$

为进一步理解函数 $y = f(x)$ 在点 x 的微分 $\mathrm{d}y = f'(x)\mathrm{d}x$, 可以比较一下 Δy 与 $\mathrm{d}y$. 从图 8.1 看出, Δy 是沿着函数 $y = f(x)$ 所示图形曲线上的点变动时纵坐标的增量, 而 $\mathrm{d}y$ 是沿该曲线在点 $(x, f(x))$ 之切线上点变动时纵坐标的增量. 后者 $\mathrm{d}y$ 是 $\mathrm{d}x = \Delta x$ 的线性函数. 显然, 若 $f'(x) \neq 0$, 当 Δx 充分小时, $\mathrm{d}y$ 与 Δy 的差别是很小的 (参见例 8.6.2), 故 $\mathrm{d}y$ 是 Δy 的**线性主部**.

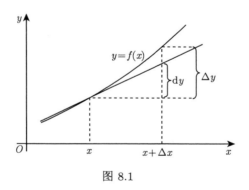

图 8.1

8.2 微分的运算法则和计算公式

由于微分是由导数直接定义的, 所以导数的运算法则和基本公式都可以立刻搬过来, 而得微分的运算法则和基本公式.

微分运算法则

(1) $\mathrm{d}(u \pm v) = \mathrm{d}u \pm \mathrm{d}v$.

(2) $\mathrm{d}(uv) = v\mathrm{d}u + u\mathrm{d}v$.

(3) $\mathrm{d}\left(\dfrac{u}{v}\right) = \dfrac{v\mathrm{d}u - u\mathrm{d}v}{v^2}(v \neq 0)$.

(4) 设 y 是 u 的函数, u 是 x 的函数, 则

$$\mathrm{d}y = y'_u \cdot u'_x \mathrm{d}x = y'_u \mathrm{d}u.$$

其中值得一提的是最后一个公式, 它的最右端的 $\mathrm{d}u$ 是把 u 作为 x 的函数时的微分, 然而从结果来看仍有 $\mathrm{d}y = y'_u \mathrm{d}u$, 形式上与把 u 作为自变量时 y 的微分的表达式一样. 故这个事实被称为 **(一阶) 微分形式的不变性**. 将来要定义的高阶微分没有这个性质.

微分计算基本公式

(1) $\mathrm{d}c = 0$.

(2) $\mathrm{d}x^\alpha = \alpha x^{\alpha-1}\mathrm{d}x$.

(3) $\mathrm{d}\ln x = \dfrac{1}{x}\mathrm{d}x, \mathrm{d}\log_a x = \dfrac{1}{x\ln a}\mathrm{d}x(a > 0,\ \text{且}\ a \neq 1)$.

(4) $\mathrm{d}\mathrm{e}^x = \mathrm{e}^x\mathrm{d}x, \mathrm{d}a^x = a^x\ln a\mathrm{d}x(a > 0)$.

(5) $\mathrm{d}\sin x = \cos x\mathrm{d}x$.

(6) $\mathrm{d}\cos x = -\sin x\mathrm{d}x$.

(7) $\mathrm{d}\tan x = \sec^2 x\mathrm{d}x$.

(8) $\mathrm{d}\cot x = -\csc^2 x\mathrm{d}x$.

(9) $\mathrm{d}\arcsin x = \dfrac{1}{\sqrt{1-x^2}}\mathrm{d}x$.

(10) $\mathrm{d}\arccos x = -\dfrac{1}{\sqrt{1-x^2}}\mathrm{d}x$.

(11) $\mathrm{d}\arctan x = \dfrac{1}{1+x^2}\mathrm{d}x$.

(12) $\mathrm{d}\mathrm{arccot}x = -\dfrac{1}{1+x^2}\mathrm{d}x$.

(13) $\mathrm{d}\sinh x = \cosh x\mathrm{d}x$.

(14) $\mathrm{d}\cosh x = \sinh x\mathrm{d}x$.

(15) $\mathrm{d}\tanh x = \mathrm{sech}^2 x\mathrm{d}x$.

(16) $\mathrm{d}\coth x = -\mathrm{csch}^2 x\mathrm{d}x$.

8.3 高阶微分

设函数 $y = f(x)$ 在点 x 二阶可导, 这意味着在点 x 附近 $y = f(x)$ 有定义并且可导, 而且导数 $y' = f'(x)$ 在点 x 可导, 得二阶导数 $f''(x)$. 考察函数 $y = f(x)$ 的微分

$$\mathrm{d}y = f'(x)\mathrm{d}x, \tag{8.3.1}$$

它实际上是两个变量的函数, 因为如评注 8.1.1 所说 Δx 是一个自变量, 而当变量 x 变动时, (8.3.1) 式保持有意义, 所以它是以 x 和 Δx 为自变量的两个变量的函数. 并且把它看成 x 的函数时, 它还是在点 x 可导的. 从而求 (8.3.1) 式的微分, 便得

$$\mathrm{d}(\mathrm{d}y) = \mathrm{d}(f'(x)\mathrm{d}x) = f''(x)\mathrm{d}x^2.$$

设函数 $y = f(x)$ 在点 x 有 n 阶导数 $f^{(n)}(x)$, 则类似地可取

$$\overbrace{\mathrm{d}(\cdots(\mathrm{d}\,y)\cdots)}^{n} = f^{(n)}(x)\mathrm{d}x^n.$$

这导致下述定义.

定义 8.3.1 设函数 $y = f(x)$ 在点 x 有 n 阶导数 $f^{(n)}(x)$, 则记

$$\mathrm{d}^n y = \overbrace{\mathrm{d}(\cdots(\mathrm{d}\,y)\cdots)}^{n} = f^{(n)}(x)\mathrm{d}x^n, \tag{8.3.2}$$

称它为函数 $y = f(x)$ 在点 x 的 n **阶微分**. 当 $n \geqslant 2$ 时, 称为**高阶微分**. 微分 $\mathrm{d}y = f'(x)\mathrm{d}x$ 有时称为**一阶微分**.

(8.2.3) 式中的 $\mathrm{d}x^n$ 理解为 n 个 $\mathrm{d}x$ 相乘.

评注 8.3.1 高阶微分没有微分形式的不变性.

8.4 微分应用于近似方法

评注 8.1.3 曾指出, 微分 $\mathrm{d}y$ 是增量 Δy 的线性主部, 这就是说, 一方面 $\mathrm{d}y$ 是 Δy 的近似值, 此时当然要假设 $f'(x) \neq 0$, 否则 $\mathrm{d}y = 0$ 而失去近似价值, 另一方面 $\mathrm{d}y$ 是 $\mathrm{d}x$ 的线性函数, 计算十分便捷. 因此微分可应用于函数值的近似计算和误差估计.

8.4.1 函数值的近似计算

从微分的定义可知

$$f(x + \Delta x) \doteq f(x) + \mathrm{d}y = f(x) + f'(x)\Delta x. \tag{8.4.1}$$

如果已知 $f(x)$, $f'(x)$ 和 Δx, 便可利用公式 (8.4.1) 计算函数值 $f(x + \Delta x)$ 的近似值.

例 8.4.1 求 $\sin 46°$ 的近似值.

解 由近似公式 (8.4.1) 得

$$\sin(x + \Delta x) \doteq \sin x + \cos x \cdot \Delta x,$$

令 $x = \dfrac{\pi}{4}(= 45°), \Delta x = \dfrac{\pi}{180}(= 1°)$, 得

$$\sin 46° \doteq \sin \frac{\pi}{4} + \cos \frac{\pi}{4} \cdot \frac{\pi}{180} = \frac{\sqrt{2}}{2} + \frac{\sqrt{2}}{2} \cdot \frac{\pi}{180}$$

$$\doteq 0.7071 + 0.0123 = 0.7194.$$

例 8.4.2 当 x 很小时, 有近似公式

$$\sin x \doteq x,$$

$$\tan x \doteq x,$$

$$(1 + \mu)^{\mu} \doteq 1 + \mu x, \text{特别} \sqrt{1 + x} \doteq 1 + \frac{1}{2}x.$$

请读者自行验证.

8.4.2 误差估计

在实际加工测量以及计算时, 误差的产生是不可避免的. 因此如何方便地估计误差, 对于实际应用数学方法来解决具体问题是很重要的.

设已知 y 与 x 之间的函数关系为 $y = f(x)$. 今通过实测 x 之值以计算相应的 y 值. 然后由于测量 x 时有误差 δ, 即 $|\Delta x| \leqslant \delta$, 因此算得之 $f(x)$ 亦有误差, 记为 ε, 即 $|\Delta y| \leqslant \varepsilon$. 今讨论 ε 与 δ 之关系. 因为

$$\Delta y \doteq \mathrm{d}y = f'(x)\Delta x,$$

故有

$$|\Delta y| \doteq |f'(x)| \cdot |\Delta x| \leqslant |f'(x)| \cdot \delta,$$

即

$$\varepsilon = |f'(x)| \, \delta. \tag{8.4.2}$$

这就是说, $y = f(x)$ 的**绝对误差**近似地等于导数的绝对值乘上 x 的绝对误差. 以 $|f(x)|$ 除之, 得**相对误差**

$$\frac{\varepsilon}{|f(x)|} = \frac{|f'(x)|}{|f(x)|} \cdot \delta. \tag{8.4.3}$$

例 8.4.3 一个圆柱形金属零件, 当温度为 T 时半径为 r, 高为 h. 设其线性热胀系数为 α. 它工作与温度为 $T \pm \delta$ 的情况下, 问该零件体积由温度变化所引起的误差.

解 体积 V 与温度 T 的关系为

$$V(t) = \pi \left[r \left(1 + \alpha \left(t - T \right) \right) \right]^2 \left[h \left(1 + \alpha \left(t - T \right) \right) \right]$$

$$= \pi r^2 h \left(1 + \alpha \left(t - T \right) \right)^3.$$

δ 是温度 t 的绝对误差, 即 $|t - T| \leqslant \delta$, 从而由 (8.4.2) 式知体积之绝对误差为

$$\varepsilon = |V'(t)| \, \delta = 3\pi r^2 h \alpha \delta.$$

例 8.4.4 设从一批钢球中把所有那些直径为 r 厘米的挑选出来. 如果选出的球允许直径有 3% 的误差, 而选择的方法是称重量的办法, 问在球的重量上允许有多大的相对误差?

解 设钢球有均匀密度 ρ, 则半径为 r 的钢球之重量为

$$W = g\rho \cdot \frac{4}{3}\pi r^3.$$

因此

$$|\Delta W| \doteq g\rho 4\pi r^2 |\Delta r|,$$

除以 $|W|$ 得相对误差为

$$\frac{|\Delta W|}{|W|} \doteq 3\frac{|\Delta r|}{r}.$$

因为直径允许 3% 的相对误差, 即 $\dfrac{|\Delta r|}{r} \leqslant 0.03$, 所以

$$\frac{|\Delta W|}{|W|} \leqslant 0.09.$$

即在重量上允许相对误差为 9%.

8.5 无穷小与无穷大概念

定义 8.5.1 若函数 f 有性质 $\lim\limits_{x \to a} f(x) = 0$, 则称函数 f 当 $x \to a$ 时是一个无穷小.

这并不是一个新的概念, 这是对极限为 0 的函数给了一个新的名称. 对于数列也可给类似说法, 不过不正式用它. 为什么要对极限为 0 的函数特别起个新名称? 可能是因为有下面的定理.

定理 8.5.1 函数 f 有极限 $\lim\limits_{x\to a} f(x) = A$ 的充要条件是函数 $g = f - A$ 当 $x \to a$ 时是一个无穷小. 或者说, 函数 f 当 $x \to a$ 时有极限的充要条件是存在 A 使得当 $x \to a$ 时 $f - A$ 是一个无穷小.

这个定理的证明是显然的. 它告诉我们, 无穷小概念在极限理论中可充当基本的概念. 在微积分的理论展开中时常与无穷小打交道.

再接着介绍无穷大概念, 这是一个新概念, 然后平行地讲述无穷小和无穷大的比较.

定义 8.5.2 若函数 f 当 $x \to a$ 时无止境地增大, 则说当 $x \to a$ 时 f 的非正常极限是 $+\infty$, 记作 $\lim\limits_{x\to a} f(x) = +\infty$. 若 $\lim\limits_{x\to a}[-f(x)] = +\infty$, 则说当 $x \to a$ 时 f 的非正常极限是 $-\infty$, 记作 $\lim\limits_{x\to a} f(x) = -\infty$. 若 $\lim\limits_{x\to a} |f(x)| = +\infty$, 则说当 $x \to a$ 时 f 的非正常极限是 ∞, 记作 $\lim\limits_{x\to a} f(x) = \infty$. 以上统称当 $x \to a$ 时函数 f 是一个**无穷大**.

对数列也可给类似的说法, 此处不赘.

评注 8.5.1 必须牢记, 无穷小和无穷大都不是数, 而且无穷大并不是通常的极限, 采用极限记号是为了方便, 故用 "非正常极限" 以区别于通常的极限.

8.6 阶的比较

对于两个无穷小 α 和 β, 如何进行比较? 当然需要假设它们的自变量是相同的, 并且变化过程是相同的, 如 $x \to a$.

定义 8.6.1 设 α 和 β 当 $x \to a$ 时都是无穷小, $\alpha \neq 0$.

(1) 如果

$$\lim_{x\to a} \frac{\beta}{\alpha} = 0,$$

则称 β 是比 α **高阶的**无穷小.

(2) 如果

$$\lim_{x\to a} \frac{\beta}{\alpha} = \infty,$$

则称 β 是比 α **低阶的**无穷小.

(3) 如果

$$\lim_{x \to a} \frac{\beta}{\alpha} = A,$$

其中 A 是不等于 0 的数, 则称 α 与 β 是**同阶的**无穷小.

(4) 如果

$$\lim_{x \to a} \frac{\beta}{\alpha} = 1,$$

则称 α 和 β 是**等价的**无穷小.

例如, 当 $x \to 0$ 时, 变量 $x, x^2, x^{\frac{1}{2}}, \sin x, \ln(1+x)$ 等均为无穷小, 其中 x^2 是比 x 高阶的无穷小, $x^{\frac{1}{2}}$ 是比 x 低阶的无穷小, 而 $\sin x$ 和 $\ln(1+x)$ 是与 x 等价的无穷小.

等价的无穷小是较为重要的, 先介绍一个定理.

定理 8.6.1　设 α 和 β 当 $x \to a$ 时都是无穷小. 则 α 和 β 是等价的充要条件是它们的差 $\alpha - \beta$ 是比 α 和 β 高阶的无穷小.

证明　首先证明, 若 α, β 是相互等价的两个无穷小, 则 $(\beta - \alpha)$ 是比 α 和 β 高阶的无穷小. 实际上, 由 α, β 的等价性, 知

$$\lim_{x \to a} \frac{\beta}{\alpha} = 1,$$

由此得

$$\lim_{x \to a} \left(\frac{\beta}{\alpha} - 1 \right) = 0,$$

即

$$\lim_{x \to a} \frac{\beta - \alpha}{\alpha} = 0.$$

就是说, $(\beta - \alpha)$ 是比 α 高阶的无穷小.

反之, 若 $(\beta - \alpha)$ 是比 α 高阶的无穷小, 证明 α 与 β 是等价的无穷小. 由假设知

$$\lim_{x \to a} \frac{\beta - \alpha}{\alpha} = 0,$$

由此得

$$\lim_{x \to a} \left(\frac{\beta}{\alpha} - 1 \right) = 0,$$

从而

$$\lim_{x \to a} \frac{\beta}{\alpha} = 1.$$

于是知 α 与 β 是等价的.

微分学的应用中有一类问题是求两个无穷小之比的极限, 下面的定理提供了求这类极限的一个有效的方法.

定理 8.6.2 设 $\alpha, \alpha', \beta, \beta'$ 当 $x \to a$ 时均为无穷小, 且 α 与 α' 等价, β 与 β' 等价. 则

$$\lim_{x \to a} \frac{\beta}{\alpha} = \lim_{x \to a} \frac{\beta'}{\alpha'}.$$

请读者自证之.

这个定理的意思是说, 当讨论无穷小之比的极限时, 可将其中的无穷小换成等价的无穷小而不会改变比的极限. 因此, 将其中的无穷小换成较为简单的等价无穷小, 往往会带来很大的便利. 这是微分学的一个基本原则.

例 8.6.1 求 $\lim\limits_{x \to 0} \dfrac{\sin 2x}{\sin 3x}$.

解 已知当 $x \to 0$ 时, $\sin 2x$ 与 $2x$ 等价, $\sin 3x$ 与 $3x$ 等价, 因此

$$\lim_{x \to 0} \frac{\sin 2x}{\sin 3x} = \lim_{x \to 0} \frac{2x}{3x} = \frac{2}{3}.$$

例 8.6.2 设函数 $y = f(x)$ 在点 x 附近有定义. Δx 是自变量 x 的增量, 且 $\Delta y = f(x + \Delta x) - f(x)\Delta y$ 是函数 $y = f(x)$ 对应的增量. 若函数 $y = f(x)$ 在点 x 连续, 则 Δy 作为 Δx 的函数, 当 $\Delta x \to 0$ 时是无穷小. 若函数 $y = f(x)$ 在点 x 可导, 则函数 $y = f(x)$ 的微分 $\mathrm{d}y = f'(x)\mathrm{d}x = f'(x)\Delta x$, 当 $\Delta x \to 0$ 时也是无穷小. 若再设 $f'(x) \neq 0$, 则 Δy 与 $\mathrm{d}y$ 当 $\Delta x \to 0$ 时是等价的无穷小.

请读者自行证之.

评注 8.6.1 上述结论证明不难, 但很重要. 这是微分概念提出的动机.

无穷大也可作比较, 有与无穷小相应的定义.

定义 8.6.2 设 α 和 β 当 $x \to a$ 时都是无穷大 (易知当 x 充分接近 a 时, $\alpha \neq 0$).

(1) 如果

$$\lim_{x \to a} \frac{\beta}{\alpha} = 0,$$

则称 β 是比 α **低阶的**无穷大.

(2) 如果

$$\lim_{x \to a} \frac{\beta}{\alpha} = \infty,$$

则称 β 是比 α **高阶的**无穷大.

(3) 如果

$$\lim_{x \to a} \frac{\beta}{\alpha} = A,$$

其中 A 是不等于 0 的数, 则称 α 与 β 是**同阶的**无穷大.

(4) 如果

$$\lim_{x \to a} \frac{\beta}{\alpha} = 1,$$

则称 α 和 β 是**等价的**无穷大.

无穷大和无穷小的关系如下.

定理 8.6.3 设 α 当 $x \to a$ 时是无穷小且 $\alpha \neq 0$, 则 $\dfrac{1}{\alpha}$ 当 $x \to a$ 时是无穷大. 设 β 当 $x \to a$ 时是无穷大且 $\beta \neq 0$, 则 $\dfrac{1}{\beta}$ 当 $x \to a$ 时是无穷小.

严格的证明暂时还不能给出, 请参考第 14 讲 14.1 节中评注 14.1.6.

关于无穷小和无穷大的阶的估计是分析学中的经典技术, 读者可在一些较专门的著作中找到, 这里不再展开, 而只顺便介绍几个常用记号.

无穷小和无穷大的等价记作 $\sim$. 若 $\alpha \neq 0$, $\lim\limits_{x \to a} \dfrac{\beta}{\alpha} = 0$, 则记 $\beta = o(\alpha)$. 若 $\alpha > 0$, $\dfrac{|\beta|}{\alpha} < A$, A 为一正的数, 则记作 $\beta = O(\alpha)$. 特别, $\beta = o(1)$ 表示 β 当 $x \to a$ 时是无穷小, 而 $\beta = O(1)$ 表示 β 是有界函数.

8.7 待定式和 L'Hospital 法则

在分析学中可能经常遇到需要计算如下形之极限:

$$\lim_{x \to a} \frac{f(x)}{g(x)},$$

其中 $\lim\limits_{x \to a} f(x) = 0$ 和 $\lim\limits_{x \to a} g(x) = 0$, 通常不能立即计算出来而需要想办法. 这种问题习惯上称为 $\dfrac{0}{0}$ **型待定式**.

法国数学家洛必达 (L'Hospital, 1661—1704) 写了历史上第一本微积分学教程《无穷小分析》(1696 年), 其中介绍了现在称为 L'Hospital 法则的一个计算方法, 据说其实是他的老师瑞士数学家约翰·伯努利 (Johann Bernoulli, 1667—1748) 于 1694 年写信告诉他的.

定理 8.7.1 (L'Hospital 法则)   设函数 f, g 满足

(1) $\lim\limits_{x \to a} f(x) = 0, \lim\limits_{x \to a} g(x) = 0, g(x) \neq 0.$

(2) $f(x)$ 和 $g(x)$ 在点 a 附近除点 a 外可导且 $g'(x) \neq 0$.

(3) $\lim\limits_{x \to a} \dfrac{f'(x)}{g'(x)} = A, A$ 是实数也可以是 $\pm\infty$ 或 ∞. 则

$$\lim_{x \to a} \frac{f(x)}{g(x)} = A.$$

证明   补充定义 f 和 g 在点 a 处的函数值为 $f(a) = 0$ 和 $g(a) = 0$. 于是对 f 和 g 应用 Cauchy 中值定理 (定理 7.2.1), 得

$$\frac{f(x)}{g(x)} = \frac{f(x) - f(a)}{g(x) - g(a)} = \frac{f'(\xi)}{g'(\xi)} \text{ 对某个在 } a \text{ 和 } x \text{ 之间的 } \xi,$$

而且当 $x \to a$ 时有 $\xi \to a$, 故

$$\lim_{x \to a} \frac{f(x)}{g(x)} = \lim_{x \to a} \frac{f'(x)}{g'(x)} = A.$$

同样, 对于分式的分子分母同时取非正常极限 ∞ 情形, 即 $\dfrac{\infty}{\infty}$ 型待定式, 也有类似的结果.

定理 8.7.2 (L'Hospital 法则)   设函数 f, g 满足

(1) $\lim\limits_{x \to a} f(x) = \infty, \ \lim\limits_{x \to a} g(x) = \infty, \ g(x) \neq 0.$

(2) $f(x)$ 和 $g(x)$ 在点 a 附近除点 a 外可导且 $g'(x) \neq 0$.

(3) $\lim\limits_{x \to a} \dfrac{f'(x)}{g'(x)} = A, A$ 是实数也可以是 $\pm\infty$ 或 ∞. 则

$$\lim_{x \to a} \frac{f(x)}{g(x)} = A.$$

证明比之前一定理稍难, 此处不赘.

评注 8.7.1   两个 L'Hospital 法则中, $x \to a$ 均可换作 $x \to \pm\infty$ 或 $x \to \infty$, 此结论仍成立.

积分法初步

积分法较之求导法来得艰深, 其原因在于经过积分运算所得到的函数往往要比原来的函数更复杂些.

这一讲首先介绍基本初等函数求积公式, 然后着重介绍两个最基本的求积技术: 积分变量替换和分部积分法, 最后介绍有理函数的积分. 本讲之被积函数均假设连续.

9.1 求积运算法则和求积基本公式

不定积分有下面运算法则:

(1) $\displaystyle\int kf(x)\mathrm{d}x = k\int f(x)\mathrm{d}x$, 其中 $k \neq 0$ 为常数.

(2) $\displaystyle\int [f(x) + g(x)]\,\mathrm{d}x = \int f(x)\mathrm{d}x + \int g(x)\mathrm{d}x$.

它们都可用等式两边求导数来验证.

将第 5 讲 5.3 节中基本初等函数求导公式倒过来便得基本初等函数求积公式表.

(1) $\displaystyle\int k\mathrm{d}x = kx + c$.

(2) $\displaystyle\int x^{\alpha}\mathrm{d}x = \frac{x^{\alpha+1}}{\alpha+1} + c, \alpha \neq -1$.

(3) $\displaystyle\int \frac{1}{x}\mathrm{d}x = \ln|x| + c, \int \frac{1}{x\ln a}\mathrm{d}x = \log_a |x| + c\ (a > 0,\ 且\ a \neq 1)$.

(4) $\displaystyle\int \mathrm{e}^x\mathrm{d}x = \mathrm{e}^x + c, \int a^x\mathrm{d}x = \frac{a^x}{\ln a} + c,\ (a > 0,\ 且\ a \neq 1)$.

(5) $\displaystyle\int \sin x\mathrm{d}x = -\cos x + c$.

(6) $\displaystyle\int \cos x\mathrm{d}x = \sin x + c$.

(7) $\displaystyle\int \sec^2 x \mathrm{d}x = \tan x + c.$

(8) $\displaystyle\int \csc^2 x \mathrm{d}x = -\cot x + c.$

(9) $\displaystyle\int \frac{1}{\sqrt{1-x^2}} \mathrm{d}x = \arcsin x + c.$

(10) $\displaystyle\int \frac{1}{1+x^2} \mathrm{d}x = \arctan x + c.$

(11) $\displaystyle\int \sinh x \mathrm{d}x = \cosh x + c.$

(12) $\displaystyle\int \cosh x \mathrm{d}x = \sinh x + c.$

(13) $\displaystyle\int \operatorname{sech}^2 x \mathrm{d}x = \tanh x + c.$

(14) $\displaystyle\int \operatorname{csch}^2 x \mathrm{d}x = -\coth x + c.$

现在运用上述运算法则和基本公式算几个例题.

例 9.1.1 $\displaystyle\int (x^4 + 3x^3 + x^2 - 1)\mathrm{d}x = \int x^4 \mathrm{d}x + \int 3x^3 \mathrm{d}x + \int x^2 \mathrm{d}x - \int \mathrm{d}x = \frac{1}{5}x^5 + \frac{3}{4}x^4 + \frac{1}{3}x^3 - x + c.$

例 9.1.2 $\displaystyle\int \frac{3x^2}{1+x^2} \mathrm{d}x = \int \frac{3x^2 + 3 - 3}{1+x^2} \mathrm{d}x = \int 3 \mathrm{d}x - \int \frac{3}{1+x^2} \mathrm{d}x = 3x - 3\arctan x + c.$

例 9.1.3 $\displaystyle\int \tan^2 x \mathrm{d}x = \int \frac{1-\cos^2 x}{\cos^2 x} \mathrm{d}x = \int \frac{1}{\cos^2 x} \mathrm{d}x - \int \mathrm{d}x = \tan x - x + c.$

例 9.1.4 $\displaystyle\int \sin^2 \frac{x}{2} \mathrm{d}x = \int \frac{1}{2}(1 - \cos x)\mathrm{d}x = \frac{1}{2}\int \mathrm{d}x - \frac{1}{2}\int \cos x \mathrm{d}x = \frac{x}{2} - \frac{1}{2}\sin x + c.$

欲求定积分 $\displaystyle\int_a^b f(x)\mathrm{d}x$, 只要会求函数 $f(x)$ 的不定积分 $\displaystyle\int f(x)\mathrm{d}x$ 就行了, 这时设 $F(x)$ 是 $f(x)$ 的一个原函数, 由 Newton-Leibniz 公式有 $\displaystyle\int_a^b f(x)\mathrm{d}x = F(b) - F(a)$. 为了书写方便, 用记号 $F(x)\big|_a^b$ 表示 $F(b) - F(a)$, 则 Newton-Leibniz 公式就写成

$$\int_a^b f(x)\mathrm{d}x = F(x)\Big|_a^b.$$

例 9.1.5 $\displaystyle\int_{\frac{\pi}{6}}^{\frac{\pi}{2}} \cos x \mathrm{d}x = \sin x\Big|_{\frac{\pi}{6}}^{\frac{\pi}{2}} = \sin\frac{\pi}{2} - \sin\frac{\pi}{6} = 1 - \frac{1}{2} = \frac{1}{2}.$

例 9.1.6 求抛物线 $y = x^2$ 和 $x = y^2$ 所围成的面积 (图 9.1).

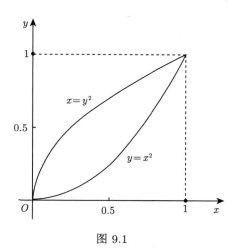

图 9.1

解 所求面积为两个曲边梯形面积之差, 即下面定积分之值.

$$\int_0^1 (\sqrt{x} - x^2)\mathrm{d}x = \frac{2}{3}x^{\frac{3}{2}}\Big|_0^1 - \frac{x^3}{3}\Big|_0^1 = \frac{2}{3} - \frac{1}{3} = \frac{1}{3}.$$

例 9.1.7 第 3 讲 3.1 节中例 3.1.2 之矩形闸门所受之总压力为

$$P = g\int_0^H Bx\mathrm{d}x = \frac{1}{2}gBx^2\Big|_0^H = \frac{1}{2}gBH^2.$$

评注 9.1.1 虽然初等函数由于是连续的, 从而是可积的, 但其不定积分或原函数未必是初等函数. 这一事实很重要, 它是法国数学家刘维尔 (Liouville, 1809—1882) 发现的, 他证明了某些初等函数之原函数不是初等函数, 如

$$\int \mathrm{e}^{x^2}\mathrm{d}x, \quad \int \frac{1}{\ln x}\mathrm{d}x$$

等. 因此不能企求在计算一个初等函数的积分时, 一定要将它表成一个初等函数.

9.2 积分的变量替换

对应于求导法中的复合函数求导法则, 在积分法中有**变量替换法** (integration by substitution), 它可以将许多比较复杂的函数的积分通过选取适当的中间变量进行变

量替换, 而化成较为简单的函数的积分. 这是一个应用广泛而有效的方法.

9.2.1 不定积分的变量替换

定理 9.2.1 若给了连续函数 $f(x)$.

(1) 若 $x = \varphi(t)$ 是连续可导的函数, 则

$$\int f(\varphi(t))\varphi'(t)\mathrm{d}t = \int f(x)\mathrm{d}x. \tag{9.2.1}$$

(2) 若 $x = \varphi(t), t = \psi(x)$ 互为反函数, 均连续可导且 $\varphi' \neq 0$, 则

$$\int f(x)\mathrm{d}x = \int f(\varphi(t))\varphi'(t)\mathrm{d}t. \tag{9.2.2}$$

证明 (1) 设 $F(x)$ 是 $f(x)$ 的一个原函数, 则

$$\int f(x)\mathrm{d}x = F(x) + c.$$

按复合求导链锁法则 (定理 5.1.3) 有

$$[F(\varphi(t))]' = F'(\varphi(t))\varphi'(t) = f(\varphi(t))\varphi'(t),$$

即 $F(\varphi(t))$ 是 $f(\varphi(t))\varphi'(t)$ 的一个原函数, 故

$$\int f(\varphi(t))\varphi'(t)\mathrm{d}t = F(\varphi(t)) + c.$$

从而得公式 (9.2.1).

(2) 设 $G(t)$ 是 $f(\varphi(t))\varphi'(t)$ 的一个原函数, 则

$$\int f(\varphi(t))\varphi'(t)\mathrm{d}t = G(t) + c.$$

而按复合函数求导锁链法则和反函数求导法则, 有

$$[G(\psi(x))]' = G'(\psi(x))\psi'(x) = f(x)\varphi'(t)\frac{1}{\varphi'(t)} = f(x),$$

即 $G(\psi(x))$ 是 $f(x)$ 的一个原函数, 故

$$\int f(x)\mathrm{d}x = G(\psi(x)) + c.$$

从而得公式 (9.2.2).

评注 9.2.1 运用公式 (9.2.1) 求出 $\int f(x)\mathrm{d}x$ 后, 需作变换 $x = \varphi(t)$ 返回原自变量 t. 而运用公式 (9.2.2) 求出 $\int f(\varphi(t))\varphi'(t)\mathrm{d}t$ 后, 需作变换 $t = \psi(x)$ 返回原自变量 x.

评注 9.2.2 定理 9.2.1 给了两个公式, 当遇到具体求积问题时究竟该用哪一个? 这是有规律可循的. 若所给被积函数中可分解出一个因子 $\varphi'(t)$, 而余下部分可写作 $f(\varphi(t))$ 时, 请采用公式 (9.2.1) 尝试, 因为此时可将被积表达式表作

$$f(\varphi(t))\varphi'(t)\mathrm{d}t = f(\varphi(t))\mathrm{d}\varphi(t) = f(x)\mathrm{d}x.$$

这一步通常称为**凑微分**, 一旦成功且变换成新变量后, $f(x)\mathrm{d}x$ 的原函数能顺利找到, 则问题解决. 这个做法就称为**凑微分法**. 若所给被积函数 $f(x)$ 有这样的成分, 当实施一个变换 $x = \varphi(t)$ 后, 可使 $f(\varphi(t))\varphi'(t)$ 较为容易得求其原函数, 请采用公式 (9.2.2).

例 9.2.1 求 $\int \cos 5x\mathrm{d}x$.

解 令 $t = 5x$, 于是

$$\int \cos 5x\mathrm{d}x = \frac{1}{5}\int \cos 5x \cdot 5\mathrm{d}x = \frac{1}{5}\int \cos t\mathrm{d}t$$
$$= \frac{1}{5}\sin t + c = \frac{1}{5}\sin 5x + c.$$

例 9.2.2 求 $\int x(1+x^2)^5\mathrm{d}x$.

解 令 $t = x^2, \dfrac{\mathrm{d}t}{\mathrm{d}x} = 2x$, 于是

$$\int x(1+x^2)^5\mathrm{d}x = \frac{1}{2}\int (1+t)^5\mathrm{d}t.$$

还需再做一次变量替换, 令 $u = 1+t, \dfrac{\mathrm{d}u}{\mathrm{d}t} = 1$. 从而

$$\frac{1}{2}\int (1+t)^5\mathrm{d}t = \frac{1}{2}\int u^5\mathrm{d}u = \frac{1}{12}u^6 + c.$$

于是

$$\int x(1+x^2)^5\mathrm{d}x = \frac{1}{12}(1+x^2)^6 + c.$$

下面几例采用便捷的凑微分方法.

例 9.2.3 求 $\int \dfrac{1}{ax+b}\mathrm{d}x$.

解
$$\int \frac{1}{ax+b}\mathrm{d}x = \frac{1}{a}\int \frac{1}{ax+b}a\mathrm{d}x = \frac{1}{a}\int \frac{1}{ax+b}\mathrm{d}(ax+b)$$
$$= \frac{1}{a}\ln(ax+b)+c.$$

例 9.2.4 求 $\int \dfrac{1}{a^2+x^2}\mathrm{d}x$.

解
$$\int \frac{1}{a^2+x^2}\mathrm{d}x = \frac{1}{a^2}\int \frac{1}{1+\left(\dfrac{x}{a}\right)^2}\mathrm{d}x = \frac{1}{a}\int \frac{1}{1+\left(\dfrac{x}{a}\right)^2}\mathrm{d}\left(\frac{x}{a}\right)$$
$$= \frac{1}{a}\arctan \frac{x}{a}+c.$$

例 9.2.5 求 $\int \sin^2 x \cos x\mathrm{d}x$.

解
$$\int \sin^2 x \cos x\mathrm{d}x = \int \sin^2 x\mathrm{d}(\sin x) = \frac{1}{3}\sin^3 x + c.$$

例 9.2.6 求 $\int \dfrac{\ln x}{x}\mathrm{d}x$.

解
$$\int \frac{\ln x}{x}\mathrm{d}x = \int \ln x\mathrm{d}(\ln x) = \frac{1}{2}(\ln x)^2 + c.$$

例 9.2.7 求 $\int \dfrac{\mathrm{d}x}{1+\mathrm{e}^x}$.

解
$$\int \frac{\mathrm{d}x}{1+\mathrm{e}^x} = \int \frac{\mathrm{e}^x\mathrm{d}x}{(1+\mathrm{e}^x)\mathrm{e}^x} = \int \frac{\mathrm{d}\mathrm{e}^x}{(1+\mathrm{e}^x)\mathrm{e}^x}$$
$$= \int \left(\frac{1}{\mathrm{e}^x}-\frac{1}{1+\mathrm{e}^x}\right)\mathrm{d}\mathrm{e}^x = \int \frac{\mathrm{d}\mathrm{e}^x}{\mathrm{e}^x} - \int \frac{\mathrm{d}(1+\mathrm{e}^x)}{1+\mathrm{e}^x}$$
$$= \ln \mathrm{e}^x - \ln(1+\mathrm{e}^x)+c = x - \ln(1+\mathrm{e}^x)+c.$$

下面举用第二种办法, 即用 (9.2.2) 公式的例子.

例 9.2.8 求 $\int \sqrt{a^2-x^2}\mathrm{d}x$.

解 显然自变量 x 变化范围受到限制: $|x| \leqslant |a|$. 为去根式, 试设 $x = a\sin t$, 则 $t = \arcsin \dfrac{x}{a}, \mathrm{d}x = a\cos t\mathrm{d}t$. 于是

$$\int \sqrt{a^2-x^2}\mathrm{d}x = \int \sqrt{a^2-a^2\sin^2 t}\cdot a\cos t\mathrm{d}t$$

$$= a^2 \int \cos^2 t \mathrm{d}t.$$

继续采用三角公式和前面的凑微分方法, 得

$$a^2 \int \cos^2 t \mathrm{d}t = a^2 \int \frac{1 + \cos 2t}{2} \mathrm{d}t = \frac{a^2}{2} \left(t + \frac{\sin 2t}{2} \right) + c.$$

从而

$$\int \sqrt{a^2 - x^2} \mathrm{d}x = \frac{a^2}{2} \arcsin \frac{x}{a} + \frac{x}{2} \sqrt{a^2 - x^2} + c.$$

例 9.2.9　求 $\int \dfrac{\mathrm{d}x}{\sqrt{x^2 - a^2}} (a > 0).$

解　令 $x = a \sec t, 0 < x < \dfrac{\pi}{2}.$ 于是

$$\int \frac{\mathrm{d}x}{\sqrt{x^2 - a^2}} = \int \frac{a \sec t \tan t}{a \tan t} \mathrm{d}t = \int \sec t \mathrm{d}t.$$

再用凑微分法, 得

$$\int \sec t \mathrm{d}t = \int \frac{\cos t}{\cos^2 t} \mathrm{d}t = \int \frac{\mathrm{d}(\sin t)}{1 - \sin^2 t}$$

$$= \frac{1}{2} \int \left(\frac{1}{1 + \sin t} + \frac{1}{1 - \sin t} \right) \mathrm{d}(\sin t)$$

$$= \frac{1}{2} \ln \left| \frac{1 + \sin t}{1 - \sin t} \right| + c.$$

从而

$$\int \frac{\mathrm{d}x}{\sqrt{x^2 - a^2}} = \frac{1}{2} \ln \left| \frac{x + \sqrt{x^2 - a^2}}{x - \sqrt{x^2 - a^2}} \right| + c.$$

例 9.2.10　求 $\int \dfrac{\mathrm{d}x}{\sqrt{x} + \sqrt[3]{x}}.$

解　为取消式中根式, 令 $x = t^6, t > 0,$ 则 $t = \sqrt[6]{x}$ 且 $\mathrm{d}x = 6t^5 \mathrm{d}t.$ 于是

$$\int \frac{\mathrm{d}x}{\sqrt{x} + \sqrt[3]{x}} = \int \frac{6t^5 \mathrm{d}t}{t^3 + t^2} = 6 \int \left(t^2 - t + 1 - \frac{1}{1 + t} \right) \mathrm{d}t$$

$$= 6 \left(\frac{t^3}{3} - \frac{t^2}{2} + t - \ln|1 + t| \right) + c$$

$$= 2\sqrt{x} - 3\sqrt[3]{x} + 6\sqrt[6]{x} - 6\ln|1 + \sqrt[6]{x}| + c.$$

例 9.2.11 求 $\int \dfrac{\mathrm{d}x}{\sqrt{x^2 + a}}, a \neq 0.$

解 设 $\sqrt{x^2 + a} = t - x$, 将等式平方后便得

$$x = \frac{t^2 - a}{2t},$$

于是有

$$\mathrm{d}x = \frac{t^2 + a}{2t^2}\mathrm{d}t \quad \text{及} \quad \sqrt{x^2 + a} = \frac{t^2 + a}{2t},$$

从而

$$\int \frac{\mathrm{d}x}{\sqrt{x^2 + a}} = \int \frac{\mathrm{d}t}{t} = \ln|t| + c$$

$$= \ln\left|x + \sqrt{x^2 + a}\right| + c.$$

再举一个用两种方法都能解决的例子.

例 9.2.12 求 $\int \dfrac{\mathrm{d}x}{x^2\sqrt{x^2 - 1}}.$

解 **解法一** 使用第一种方法. 当 $x > 0$ 时,

$$\int \frac{\mathrm{d}x}{x^2\sqrt{x^2 - 1}} = \int \frac{\mathrm{d}x}{x^3\sqrt{1 - \dfrac{1}{x^2}}} = \int \frac{1}{x} \cdot \frac{-1}{\sqrt{1 - \dfrac{1}{x^2}}}\mathrm{d}\left(\frac{1}{x}\right)$$

$$= \int \frac{-u\mathrm{d}u}{\sqrt{1 - u^2}} = \sqrt{1 - u^2} + c = \frac{1}{x}\sqrt{x^2 - 1} + c.$$

当 $x < 0$ 时, 可得相同的结果.

解法二 应用第二种方法, 令 $x = \sec t, 0 < t < \dfrac{\pi}{2}$ 或 $\dfrac{\pi}{2} < t < \pi$, 则 $\mathrm{d}x = \sec t \tan t\mathrm{d}t$, 分情况讨论如下:

当 $x > 0$ 时, 这时 $0 < t < \dfrac{\pi}{2}$,

$$\int \frac{\mathrm{d}x}{x^2\sqrt{x^2 - 1}} = \int \frac{\sec t \cdot \tan t}{\sec^2 t \cdot \tan t}\mathrm{d}t = \int \frac{1}{\sec t}\mathrm{d}t = \int \cos t\mathrm{d}t$$

$$= \sin t + c = \frac{1}{x}\sqrt{x^2 - 1} + c.$$

当 $x < 0$ 时, 这时 $\dfrac{\pi}{2} < t < \pi$,

$$\int \frac{\mathrm{d}x}{x^2\sqrt{x^2-1}} = \int \frac{\sec t \cdot \tan t}{-\sec^2 t \cdot \tan t}\mathrm{d}t = -\int \frac{1}{\sec t}\mathrm{d}t = -\int \cos t\mathrm{d}t$$

$$= -\sin t + c = \frac{1}{x}\sqrt{x^2-1} + c.$$

综合以上得

$$\int \frac{\mathrm{d}x}{x^2\sqrt{x^2-1}} = \frac{1}{x}\sqrt{x^2-1} + c.$$

9.2.2 定积分的变量替换

定理 9.2.2 设 $f(x)$ 是 $[a,b]$ 上的连续函数, $x = \varphi(t)$ 是 $[\alpha,\beta]$ 上的连续可导函数, $\varphi(\alpha) = a, \varphi(\beta) = b$ 且 $\varphi(t)$ 的值都在 $[a,b]$ 上. 则

$$\int_a^b f(x)\mathrm{d}x = \int_\alpha^\beta f(\varphi(t))\varphi'(t)\mathrm{d}t. \tag{9.2.3}$$

评注 9.2.3 实际计算时, 经变换后的定积分 ((9.2.3) 式右端) 之值即原定积分 ((9.2.3) 式左端) 之值.

评注 9.2.4 定理 9.2.2 中条件 "$\varphi(t)$ 的值都在 $[a,b]$ 上" 可减弱为 "$\varphi(t)$ 的值都在 $f(x)$ 的定义域中" 而可超出 $[a,b]$.

例 9.2.13 计算定积分 $\displaystyle\int_0^a \sqrt{a^2-x^2}\mathrm{d}x$.

解 采用变换 $x = a\sin t$. 这里, 当 t 由 0 变成 $\dfrac{\pi}{2}$, x 由 0 变成 a. 所以

$$\int_0^a \sqrt{a^2-x^2}\mathrm{d}x = a^2 \int_0^{\frac{\pi}{2}} \cos^2 t\mathrm{d}t = \frac{a^2}{2}\int_0^{\frac{\pi}{2}}(1+\cos 2t)\mathrm{d}t$$

$$= \frac{a^2}{2}\left(t + \frac{1}{2}\sin 2t\right)\Big|_0^{\frac{\pi}{2}} = \frac{\pi a^2}{4}.$$

此积分的几何意义是圆心为原点、半径为 R、位于第一象限的扇形面积.

例 9.2.14 参数方程所定义函数的积分 分情况叙述如下.

(1) 设 f 是区间 $[a,b]$ 上的连续函数, 而且设 $x = x(t), t \in [\alpha,\beta]$ 是 C^1 函数, $x(t) \in [a,b]$, 且 $x(\alpha) = a, x(\beta) = b$. 于是 $y = f(x)$ 的图形可参数表出: 记 $y(t) = f(x(t))$,

$$\begin{cases} x = x(t), \\ y = y(t), \end{cases} \quad t \in [\alpha,\beta].$$

则由定理 9.2.2 得

$$\int_a^b f(x)\mathrm{d}x = \int_\alpha^\beta y(t)x'(t)\mathrm{d}t. \tag{9.2.4}$$

(2) 设曲线 l 可参数表出 (称为**曲线的参数方程**):

$$\begin{cases} x = x(t), \\ y = y(t), \end{cases} \quad t \in [\alpha, \beta],$$

其中 $x = x(t)$ 有反函数 $t = \tau(x)$, 连续可导且 $x'(t) > 0$. 记 $a = x(\alpha), b = x(\beta)$. 由 $x(t)$ 的严格单调性, $a < b$. 复合函数 $y \circ \tau$ 是 $[a, b]$ 上的连续函数, 则由定理 9.2.2 或 (1) 得

$$\int_a^b y(\tau(x))\mathrm{d}x = \int_\alpha^\beta y(t)x'(t)\mathrm{d}t. \tag{9.2.5}$$

9.3 分部积分法

对应于求导法则中函数乘积的求导, 有**分部积分法** (integration by parts). 这是积分法运算中又一基本的方法.

9.3.1 不定积分的分部积分法

定理 9.3.1 若 u 和 v 是以 x 为自变量的两个连续可导的函数, 则

$$\int uv'\mathrm{d}x = uv - \int u'v\mathrm{d}x. \tag{9.3.1}$$

证明 按函数乘积的求导公式

$$(uv)' = u'v + uv',$$

得

$$u'v = (uv)' - uv'.$$

从而导出 (9.3.1) 式.

评注 9.3.1 此公式如下应用. 若被积函数可写成 uv', 而 $u'v$ 的不定积分较易求出, 则用 (9.3.1) 式计算. 实际操作中需正确设置何者为 u, 何者为 v'. 设置不当可能未降低难度而增加难度. 有时需重复应用此公式多次才最终算出结果.

例 9.3.1 计算 $\int x\sin x\mathrm{d}x$.

解 令 $u = x, v' = \sin x$, 可使得 $u' = 1$ 而 $v = -\cos x$. 于是由 (9.3.1), 分部后的积分易求

$$\int x \sin x \mathrm{d}x = -x \cos x + \int \cos x \mathrm{d}x$$
$$= -x \cos x + \sin x + c.$$

例 9.3.2 计算 $\int \arctan x \mathrm{d}x$.

解 令 $u = \arctan x, v' = 1$, 则 $u' = \dfrac{1}{1 + x^2}, v = x$. 故

$$\int \arctan x \mathrm{d}x = x \arctan x - \int \frac{x}{1 + x^2} \mathrm{d}x$$
$$= x \arctan x - \frac{1}{2} \ln(1 + x^2) + c.$$

例 9.3.3 计算 $\int x^2 \mathrm{e}^x \mathrm{d}x$.

解 令 $u = x^2, v' = \mathrm{e}^x$, 则 $u' = 2x, v = \mathrm{e}^x$. 所以

$$\int x^2 \mathrm{e}^x \mathrm{d}x = x^2 \mathrm{e}^x - 2 \int x \mathrm{e}^x \mathrm{d}x.$$

虽然还未计算出最后结果, 但原来被积函数中的二次因子 x^2, 现在被积函数中换成了 x, 次数降低一次. 再用一次分部积分法于 $\int x \mathrm{e}^x \mathrm{d}x$, 令 $u = x, v' = \mathrm{e}^x$, 则 $u' = 1, v = \mathrm{e}^x$, 得

$$\int x^2 \mathrm{e}^x \mathrm{d}x = x^2 \mathrm{e}^x - 2 \int x \mathrm{e}^x \mathrm{d}x$$
$$= x^2 \mathrm{e}^x - 2x \mathrm{e}^x + 2 \int \mathrm{e}^x \mathrm{d}x$$
$$= x^2 \mathrm{e}^x - 2x \mathrm{e}^x + 2 \mathrm{e}^x + c.$$

此例若 u, v 设置不当, 如令 $u = \mathrm{e}^x, v' = x^2$, 则

$$\int x^2 \mathrm{e}^x \mathrm{d}x = \frac{1}{3} \mathrm{e}^x - \frac{1}{3} \int x^3 \mathrm{e}^x \mathrm{d}x,$$

使得 $\int x^3 \mathrm{e}^x \mathrm{d}x$ 比原来积分中幂函数的次数反而增加, 积分更为困难.

评注 9.3.2 公式 (9.3.1) 也可以写成

$$\int u\mathrm{d}v = uv - \int v\mathrm{d}u. \tag{9.3.2}$$

在实际操作中设法恰当凑出微分 $\mathrm{d}v$, 且 $\mathrm{d}u$ 易得, 使得分部后的积分易算.

例 9.3.4 计算 $\displaystyle\int x^3 \ln x\mathrm{d}x$.

解
$$\int x^3 \ln x\mathrm{d}x = \frac{1}{4}\int \ln x\mathrm{d}x^4 = \frac{1}{4}x^4\ln x - \frac{1}{4}\int x^4\mathrm{d}\ln x$$
$$= \frac{1}{4}x^4\ln x - \frac{1}{4}\int x^3\mathrm{d}x = \frac{1}{4}x^4\ln x - \frac{1}{16}x^4 + c.$$

这样的计算过程比较简捷.

例 9.3.5 计算 $\displaystyle\int \mathrm{e}^{ax}\cos bx\mathrm{d}x$.

解
$$\int \mathrm{e}^{ax}\cos bx\mathrm{d}x = \frac{1}{b}\int \mathrm{e}^{ax}\mathrm{d}\sin bx$$
$$= \frac{1}{b}\mathrm{e}^{ax}\sin bx - \frac{1}{b}\int \sin bx\mathrm{d}\mathrm{e}^{ax}$$
$$= \frac{1}{b}\mathrm{e}^{ax}\sin bx - \frac{a}{b}\int \mathrm{e}^{ax}\sin bx\mathrm{d}x$$
$$= \frac{1}{b}\mathrm{e}^{ax}\sin bx + \frac{a}{b^2}\int \mathrm{e}^{ax}\mathrm{d}\cos bx$$
$$= \frac{1}{b}\mathrm{e}^{ax}\sin bx + \frac{a}{b^2}\mathrm{e}^{ax}\cos bx - \frac{a^2}{b^2}\int \mathrm{e}^{ax}\cos bx\mathrm{d}x,$$

将原积分移项且合并, 得

$$\left(1 + \frac{a^2}{b^2}\right)\int \mathrm{e}^{ax}\cos bx\mathrm{d}x = \frac{1}{b}\mathrm{e}^{ax}\sin bx + \frac{a}{b^2}\mathrm{e}^{ax}\cos bx + c.$$

从而得

$$\int \mathrm{e}^{ax}\cos bx\mathrm{d}x = \frac{\mathrm{e}^{ax}}{a^2 + b^2}(b\sin bx + a\cos bx) + c.$$

这里二次运用了分部积分法, 注意都设 $\mathrm{e}^{ax} = u$, 否则无效.

例 9.3.6 求 $\displaystyle\int \sqrt{a^2 - x^2}\mathrm{d}x$.

解　这是例 9.2.8, 那时用变量替换, 现在用分部积分, 得

$$\int \sqrt{a^2 - x^2}\mathrm{d}x = x\sqrt{a^2 - x^2} + \int \frac{x^2}{\sqrt{a^2 - x^2}}\mathrm{d}x,$$

将右端第二项分解、积分, 得

$$\int \frac{x^2}{\sqrt{a^2 - x^2}}\mathrm{d}x = \int \frac{x^2 - a^2 + a^2}{\sqrt{a^2 - x^2}}\mathrm{d}x = \int \frac{a^2}{\sqrt{a^2 - x^2}}\mathrm{d}x - \int \sqrt{a^2 - x^2}\mathrm{d}x$$

$$= a^2 \arcsin \frac{x}{a} - \int \sqrt{a^2 - x^2}\mathrm{d}x.$$

代入前式得

$$\int \sqrt{a^2 - x^2}\mathrm{d}x = x\sqrt{a^2 - x^2} + a^2 \arcsin \frac{x}{a} - \int \sqrt{a^2 - x^2}\mathrm{d}x.$$

于是得

$$\int \sqrt{a^2 - x^2}\mathrm{d}x = \frac{1}{2}x\sqrt{a^2 - x^2} + \frac{a^2}{2} \arcsin \frac{x}{a} + c.$$

运用分部积分法可以推导一些重要的递推公式. 举例如下.

例 9.3.7　试推导下面积分的递推公式:

$$\int \sin^m x\mathrm{d}x = \frac{-\sin^{m-1} x \cos x}{m} + \frac{m-1}{m} \int \sin^{m-2} x\mathrm{d}x.$$

解　采用分部积分法, 得

$$\int \sin^m x\mathrm{d}x = -\sin^{m-1} x \cos x + (m-1) \int \sin^{m-2} x \cos^2 x\mathrm{d}x$$

$$= -\sin^{m-1} x \cos x + (m-1) \int \sin^{m-2} x(1 - \sin^2 x)\mathrm{d}x$$

$$= -\sin^{m-1} x \cos x + (m-1) \int \sin^{m-2} x\mathrm{d}x$$

$$- (m-1) \int \sin^m x\mathrm{d}x.$$

解出原来积分即得欲求的公式. 类似可得

$$\int \cos^m x\mathrm{d}x = \frac{\cos^{m-1} x \sin x}{m} + \frac{m-1}{m} \int \cos^{m-2} x\mathrm{d}x.$$

9.3.2　定积分的分部积分法

定理 9.3.2　若 u 和 v 在 $[a,b]$ 上具有连续偏导数, 则

$$\int_a^b uv' \mathrm{d}x = uv\Big|_a^b - \int_a^b u'v \mathrm{d}x. \tag{9.3.3}$$

证明　因为 uv 是 $uv' + u'v$ 在 $[a,b]$ 上的一个原函数, 应用 Newton-Leibniz 公式便得 (9.3.3) 式.

例 9.3.8　计算 $\displaystyle\int_0^1 x\mathrm{e}^{-x}\mathrm{d}x$.

解　运用公式 (9.3.3),

$$\int_0^1 x\mathrm{e}^{-x}\mathrm{d}x = -x\mathrm{e}^{-x}\Big|_0^1 + \int_0^1 \mathrm{e}^{-x}\mathrm{d}x = -\mathrm{e}^{-1} - \mathrm{e}^{-x}\Big|_0^1$$

$$= 1 - 2\mathrm{e}^{-1}.$$

例 9.3.9　计算 $\displaystyle\int_0^{\mathrm{e}-1} \ln(1+x)\mathrm{d}x$.

解　

$$\int_0^{\mathrm{e}-1} \ln(1+x)\mathrm{d}x = x\ln(1+x)\Big|_0^{\mathrm{e}-1} - \int_0^{\mathrm{e}-1} \frac{x}{1+x}\mathrm{d}x$$

$$= \mathrm{e} - 1 - \int_0^{\mathrm{e}-1} \left(1 - \frac{1}{1+x}\right)\mathrm{d}x$$

$$= \mathrm{e} - 1 - [x - \ln(1+x)]\Big|_0^{\mathrm{e}-1}$$

$$= \mathrm{e} - 1 - (\mathrm{e} - 1 - 1) = 1.$$

例 9.3.10　求证下列公式:

$$\int_0^{\frac{\pi}{2}} \sin^{2n} x\mathrm{d}x = \int_0^{\frac{\pi}{2}} \cos^{2n} x\mathrm{d}x = \frac{(2n-1)(2n-3)\cdots 3\cdot 1}{2n(2n-2)\cdots 4\cdot 2}\cdot\frac{\pi}{2},$$

$$\int_0^{\frac{\pi}{2}} \sin^{2n+1} x\mathrm{d}x = \int_0^{\frac{\pi}{2}} \cos^{2n+1} x\mathrm{d}x = \frac{2n(2n-2)\cdots 4\cdot 2}{(2n+1)(2n-1)\cdots 3\cdot 1}.$$

证明　记 $J_m = \displaystyle\int_0^{\frac{\pi}{2}} \sin^m x\mathrm{d}x$. 由例 9.3.7 知

$$J_m = \frac{m-1}{m}\cdot J_{m-2}.$$

于是

$$J_{2n} = \frac{2n-1}{2n} J_{2n-2} = \frac{(2n-1)(2n-3)}{2n(2n-2)} J_{2n-4} = \cdots$$

$$= \frac{(2n-1)(2n-3)\cdots 3 \cdot 1}{2n(2n-2)\cdots 4 \cdot 2} J_0,$$

$$J_{2n+1} = \frac{2n}{2n+1} J_{2n-1} = \frac{2n(2n-2)}{(2n+1)(2n-1)} J_{2n-3} = \cdots$$

$$= \frac{2n(2n-2)\cdots 4 \cdot 2}{(2n+1)(2n-1)\cdots 3 \cdot 1} J_1.$$

而其中

$$J_0 = \int_0^{\frac{\pi}{2}} \mathrm{d}x = \frac{\pi}{2},$$

$$J_1 = \int_0^{\frac{\pi}{2}} \sin x \mathrm{d}x = -\cos x \Big|_0^{\frac{\pi}{2}} = -\cos\frac{\pi}{2} + \cos 0 = 1.$$

代入即得所求公式. 当被积函数是 $\cos^{2n} x$ 及 $\cos^{2n+1} x$ 时, 利用三角诱导公式及积分变量替换即知对应积分相等.

9.4 有理函数的积分

多项式的不定积分很容易, 但有理函数的不定积分要用到一些代数学知识.

有理函数即是有理分式, 分子分母皆为多项式, 分子次数小于分母次数时称为真分式. 而有理分式总能分解为多项式与真分式之和. 故只需讨论真分式的积分.

9.4.1 部分分式法

真分式总能分解为 "部分分式" 之和. 设真分式 $R(x)$ 表示为

$$R(x) = \frac{P(x)}{Q(x)} = \frac{\alpha_0 x^n + \alpha_1 x^{n-1} + \cdots + \alpha_n}{x^m + \beta_1 x^{m-1} + \cdots + \beta_m}, \quad m > n \geqslant 0. \tag{9.4.1}$$

第一步 由代数学因式分解定理, 分母 $Q(x)$ 可分解为如下的一次因式幂与二次因式幂之积

$$Q(x) = (x-a_1)^{\lambda_1} \cdots (x-a_s)^{\lambda_s} (x^2 + p_1 x + q_1)^{\mu_1} \cdots (x^2 + p_t x + q_t)^{\mu_t}, \tag{9.4.2}$$

其中 $\{a_i : i = 1, 2, \cdots, s\}$ 是 $Q(x)$ 的全部不同实零点, $\{x^2 + p_j x + q_j : p_j^2 - 4q_j < 0, j = 1, \cdots, t\}$ 中所有零点是 $Q(x)$ 的全部不同复零点 (共轭成对出现). λ_i 是实

零点 a_i 的重数, μ_j 是复零点的重数. 自然数 $\lambda_1, \cdots, \lambda_s, \mu_1, \cdots \mu_t$ 之和为 $\displaystyle\sum_{i=1}^{s} \lambda_i + \sum_{j=1}^{t} 2\mu_j = m.$

第二步 对应于 $(x-a)^\lambda$ 的所有部分分式之和为

$$\frac{A_1}{x-a} + \frac{A_2}{(x-a)^2} + \cdots + \frac{A_\lambda}{(x-a)^\lambda};$$

对应于 $(x^2 + px + q)^\mu$ 的所有部分分式之和为

$$\frac{B_1 x + C_1}{x^2 + px + q} + \frac{B_2 x + C_2}{(x^2 + px + q)^2} + \cdots + \frac{B_\mu x + C_\mu}{(x^2 + px + q)^\mu}.$$

于是真分式 $R(x)$ 可表示为

$$R(x) = \frac{A_1^1}{x - a_1} + \cdots + \frac{A_{\lambda_1}^1}{(x - a_1)^{\lambda_1}} + \cdots + \frac{A_1^s}{x - a_s} + \cdots + \frac{A_{\lambda_1}^s}{(x - a_s)^{\lambda_s}}$$
$$+ \frac{B_1^1 x + C_1^1}{x^2 + p_1 x + q_1} + \cdots + \frac{B_{\mu_1}^1 x + C_{\mu_1}^1}{(x^2 + p_1 x + q_1)^{\mu_1}} + \cdots$$
$$+ \frac{B_1^t x + C_1^t}{x^2 + p_t x + q_t} + \cdots + \frac{B_{\mu_t}^t x + C_{\mu_t}^t}{(x^2 + p_t x + q_t)^{\mu_t}}, \tag{9.4.3}$$

其中 $A_i^\alpha, B_j^\beta, C_j^\beta$ 等均为常数, 有待确定.

第三步 确定待定系数之原则如下. 将部分分式表达式 (9.4.3) 之右端通分, 使分母为 $Q(x)$, 然后相加. 所得分子应恒等于分母 $P(x)$. 作为恒等式, 左右两侧同类项之系数对应相等. 如此可得关于待定系数之线性方程组, 解之便得诸常数.

今举一例以说明上述方法如何具体实施.

例 9.4.1 将 $R(x) = \dfrac{4x^2 + 3x + 2}{x^5 + x^4 + x^3 - x^2 - x - 1}$ 表为部分分式.

解 将 $Q(x)$ 因式分解:

$$Q(x) = x^5 + x^4 + x^3 - x^2 - x - 1 = (x - 1)(x^2 + x + 1)^2.$$

表 $R(x)$ 为部分分式

$$R(x) = \frac{A}{x - 1} + \frac{Bx + C}{x^2 + x + 1} + \frac{Dx + E}{(x^2 + x + 1)^2},$$

其中系数 A, B, C, D, E 待定. 得恒等式

$$4x^2 + 3x + 2 = (A+B)x^4 + (2A+C)x^3 + (3A+D)x^2$$
$$+ (2A - B - D + E)x + A - C - E.$$

比较等号两边同幂项系数得

$$\begin{cases} A + B = 0, \\ 2A + C = 0, \\ 3A + D = 4, \\ 2A - B - D + E = 3, \\ A - C - E = 2. \end{cases} \tag{9.4.4}$$

解之可得

$$A = 1, \quad B = -1, \quad C = -2, \quad E = 1, \quad D = 1.$$

于是得部分分式为

$$R(x) = \frac{1}{x-1} - \frac{x+2}{x^2+x+1} + \frac{x+1}{(x^2+x+1)^2}.$$

当完成有理式的部分分式表达后, 求它的不定积分归结为下节的两种.

9.4.2 基本类型

$$\text{(I)} \int \frac{\mathrm{d}x}{(x-a)^n} = \begin{cases} \ln|x-a| + c, & n = 1, \\ \dfrac{1}{1-n} \cdot \dfrac{1}{(x-a)^{n-1}} + c, & n > 1. \end{cases} \tag{9.4.5}$$

$$\text{(II)} \int \frac{Mx+N}{(x^2+px+q)^n}\mathrm{d}x, \quad p^2 - 4q < 0. \tag{9.4.6}$$

对类型 (II) 简化, 设 $t = x + \dfrac{p}{2}$, 则 $\mathrm{d}t = \mathrm{d}x, x = t - \dfrac{p}{2}$. 于是

$$x^2 + px + q = t^2 + \left(q - \frac{p^2}{4} \right),$$

记 $r = \sqrt{q - \dfrac{p^2}{4}}$, 于是 $x^2 + px + q = t^2 + r^2$. 从而

$$\int \frac{Mx+N}{(x^2+px+q)^n}\mathrm{d}x = \int \frac{Mt+N-\dfrac{p}{2}M}{(t^2+r^2)^n}\mathrm{d}t$$

$$= M \int \frac{t\mathrm{d}t}{(t^2 + r^2)^n} + \left(N - \frac{p}{2}M\right) \int \frac{\mathrm{d}t}{(t^2 + r^2)^n}.$$

于是归结为

(i) $$\int \frac{t\mathrm{d}t}{(t^2 + r^2)^n} = \begin{cases} \dfrac{1}{2}\ln(t^2 + r^2) + c, & n = 1, \\[3mm] \dfrac{1}{2(1-n)(t^2+r^2)^{n-1}} + c, & n > 1, \end{cases} \quad (9.4.7)$$

以及

(ii) $$J_n = \int \frac{\mathrm{d}t}{(t^2 + r^2)^n}. \qquad (9.4.8)$$

当 $n = 1$ 时,

$$J_1 = \int \frac{\mathrm{d}t}{t^2 + r^2} = \frac{1}{r}\arctan\frac{t}{r} + c, \qquad (9.4.9)$$

当 $n > 1$ 时, 有递推公式

$$J_n = \frac{1}{2r^2(n-1)} \cdot \frac{t}{(t^2+r^2)^{n-1}} + \frac{2n-3}{2r^2(n-1)}J_{n-1}, \qquad (9.4.10)$$

重复使用它便归为 J_1, 这个递推公式 (9.4.10) 可用分部积分法证明, 读者不难自己做到.

最后, 不要忘了将变量代换回原来的自变量 x.

评注 9.4.1 有许多形式上不是有理函数的积分, 可以通过变换化为有理函数的积分类型, 大大拓广了有理函数积分的应用范围. 在此不具体介绍, 读者需要时去参考有关的书籍.

评注 9.4.2 在实际应用中遇到不定积分和定积分的计算, 可查阅积分表, 还可利用数学软件获得许多不定积分解的表达式和定积分的值.

第10讲

一阶常微分方程

含有未知函数及其导数的方程是微分方程. 未知函数是一元的, 称为常微分方程 (ordinary differential equations), 二元及以上的称为偏微分方程. 许多问题常常需要建立起微分方程模型. 常微分方程的理论和方法是分析学的一个非常重要的扩展. 在本课程中只介绍初浅的一些内容, 比较专门和高深的课题, 读者可参考常微分方程课程或教材.

10.1　一般概念

用 y 表示以 x 为自变量的未知函数, 假设自变量 x 在某个区间中变化, 只在必要时才写出所论及的区间. 函数 y 的各阶导数 $\dfrac{\mathrm{d}y}{\mathrm{d}x}, \dfrac{\mathrm{d}^2y}{\mathrm{d}x^2}, \cdots, \dfrac{\mathrm{d}^ny}{\mathrm{d}x^n}$ 也常简记为 $y', y'', \cdots, y^{(n)}$.

定义 10.1.1　设 F 是一个 $n+2$ $(n \geqslant 1)$ 个变量的函数. 若等式

$$F(x, y, y', y'', \cdots, y^{(n)}) = 0 \tag{10.1.1}$$

中出现的未知函数导数的最高阶数为 n, 则称为一个 n **阶常微分方程**. 如果 C^n 的函数 $\varphi(x)$ 代入式 (10.1.1) 中之 y, 即令 $y = \varphi(x)$, 将此 y 及 $y', \cdots, y^{(n)}$ 代入 (10.1.1) 中, 得恒等式 $F(x, \varphi(x), \varphi'(x), \varphi''(x), \cdots, \varphi^{(n)}(x)) \equiv 0$, 则函数 $\varphi(x)$ 或 $y = \varphi(x)$ 称为常微分方程 (10.1.1) 的一个**解** (solution).

其实已经会解一类特别简单的常微分方程. 若 $f(x)$ 是一个连续函数, 则等式

$$\frac{\mathrm{d}y}{\mathrm{d}x} = f(x) \tag{10.1.2}$$

是一阶常微分方程. 它的解存在, 就是函数 $f(x)$ 的原函数. 易知方程 (10.1.2) 的解有无穷多, 其中含有一个任意常数. 设 $F(x)$ 是 $f(x)$ 的一个原函数, 则方程 (10.1.2) 之解为

$$y = F(x) + c, \tag{10.1.3}$$

其中 c 为任意常数. 也可用不定积分写法, 即求不定积分, 得方程 (10.1.2) 之解为

$$y = \int f(x)\mathrm{d}x. \tag{10.1.4}$$

按不定积分之约定, 其含有一个任意常数而未明显写出.

再看最简单的 n 阶常微分方程

$$\frac{\mathrm{d}^n y}{\mathrm{d}x^n} = f(x), \tag{10.1.5}$$

逐次应用解方程 (10.1.2) 的办法, 可得方程 (10.1.5) 之解为

$$y = G(x) + c_1 x^{n-1} + c_2 x^{n-2} + \cdots + c_{n-1} x + c_n, \tag{10.1.6}$$

其中函数 $G(x)$ 的 n 阶导数是 $f(x), c_1, c_2, \cdots, c_n$ 是 n 个任意的独立常数. 或者说, 对方程 (10.1.5) 右端函数 $f(x)$ 求其 n 次不定积分, 得方程 (10.1.5) 的解为

$$y = \underbrace{\int \cdots \int}_{n\text{次}} f(x) \underbrace{\mathrm{d}x \cdots \mathrm{d}x}_{n\text{次}}, \tag{10.1.7}$$

其中隐含着未明显写出的 n 个彼此独立的任意常数.

方程的解含有任意常数, 于是解有无穷多个. 哪一个是需要的解? 可从 (10.1.3) 或 (10.1.6) 解的形式获得启示: 要想从中选定一个特定的解, 须将这个问题提得明确.

由于一阶方程 (10.1.2) 的解含有一个任意常数 c, 为得到一个特解则需确定这个任意常数, 为此提一个条件

$$\text{当 } x = x_0 \text{ 时}, y = y_0, \tag{10.1.8}$$

x_0, y_0 已知. 将其代入 (10.1.3), 即可确定 $c = y_0 - F(x_0)$. 代入 (10.1.3) 即得满足指定条件的特解

$$y = F(x) - F(x_0) + y_0. \tag{10.1.9}$$

条件 (10.1.8) 称为初始条件.

当 $n = 2$ 时 (10.1.5) 是二阶方程, 其解 $y = G(x) + c_1 x + c_2$ 含有两个任意常数, 故提出如下的初始条件:

$$\text{当 } x = x_0 \text{ 时}, \quad y = y_0 \text{ 且 } y' = y_0',$$

x_0, y_0, y_0' 为已知. 将上述条件代入 (10.1.6), 可解得 c_1, c_2, 即可得满足此指定条件的特解. 还可提出另一种条件如下 (称为边界条件)

当 $x = x_1$ 时 $y = y_1$, 且当 $x = x_2$ 时 $y = y_2$ (或记成 $y\big|_{x=x_1} = y_1$ 且 $y\big|_{x=x_2} = y_2$),

其中 $x_1 \neq x_2$, 依此条件也可解得 c_1, c_2, 得满足此指定条件的特解.

因此, 为从诸多解中选定确定的特解, 需要附加**定解条件**. 一个给定的常微分方程连同适当的定解条件构成一个**定解问题**. 最通常的定解条件有**初始条件** (initial condition)、**边界条件** (boundary condition), 相应的方程称为初值问题、边值问题.

形如 (10.1.6) 的解是方程 (10.1.5) 所有解的共通表达式, 含有 n 个彼此独立的任意常数, 故称为通解. 但是实际上, 一个 n 阶的常微分方程, 常常难以判断某个表达式是否表示了其全部解, 甚至不能确定该方程是否存在解的共通表达式. 下面列出通解的一个一般定义.

定义 10.1.2 形如 (10.1.1) 的 n 阶微分方程的一个包含 n 个相互独立任意常数的解称为该方程的**通解** (general solutions), 而其中任何一个特别的解都称为该方程的一个**特解** (particular solution).

本讲和下一讲仅限于介绍几类较为简单的一阶和二阶常微分方程的通解或特解的求解方法, 以及一些重要的应用. 这些都是求不定积分和定积分的积分法的直接衍生.

10.2　一阶可分离变量的方程

设函数 $f(x)$ 和 $g(y)$ 均连续, 且 $g(y) \neq 0$. 形如

$$\frac{\mathrm{d}y}{\mathrm{d}x} = f(x)g(y) \tag{10.2.1}$$

的微分方程称为一阶**可分离变量**的方程. 因为可用代数方法把变量 x 和 y 分离在方程的两边, 而得

$$\frac{\mathrm{d}y}{g(y)} = f(x)\mathrm{d}x, \tag{10.2.2}$$

两边同时积分得

$$\int \frac{\mathrm{d}y}{g(y)} = \int f(x)\mathrm{d}x. \tag{10.2.3}$$

一般说来, 这是变量 y 关于变量 x 的函数关系的一个隐式表述 (参见后面第 24 讲的隐函数定理), 同时还应注意式中隐含有任意常数, 故 (10.2.3) 式表示方程 (10.2.1) 之通解.

如果对方程 (10.2.1) 设定初始条件

$$x = x_0, \quad y = y_0 \quad \text{或} \quad y|_{x=x_0} = y_0, \tag{10.2.4}$$

则式 (10.2.1) 与 (10.2.4) 联立而是一个**初值问题** (initial-value problem), 这意味着, 如果把 x 理解为时间, 初值问题的解就是方程 (10.2.1) 的通解在 x_0 时刻初始值为 y_0 的那一个特解.

现在利用初始条件 (10.2.4) 对方程 (10.2.1) 重新解一遍, 这次采用定积分. 对 (10.2.2) 两边同时作定积分, 得

$$\int_{y_0}^{y} \frac{\mathrm{d}\tau}{g(\tau)} = \int_{x_0}^{x} f(\sigma)\mathrm{d}\sigma. \tag{10.2.5}$$

式中变量 y 关于变量 x 的函数关系是初值问题 (10.2.1) 与 (10.2.4) 之解, 并且当初值任意设定时, 便得通解.

读者在理解时, 可将方程 (10.2.1) 特殊化为 (10.1.2) 或

$$\frac{\mathrm{d}y}{\mathrm{d}x} = g(y) \tag{10.2.6}$$

这两个特款, 自己演算一遍, 可能会有帮助.

评注 10.2.1 (10.2.3) 式和 (10.2.5) 式中变量 y 与变量 x 的函数关系一般是隐式的, 有时你可将变量 y 视为自变量, 而将变量 x 视为 y 的函数而较易处理.

例 10.2.1 解方程

$$\frac{\mathrm{d}y}{\mathrm{d}x} = \frac{\sqrt{1-y^2}}{\sqrt{1-x^2}}. \tag{10.2.7}$$

解 分离变量, 此时 $|y| < 1$, 得

$$\frac{\mathrm{d}y}{\sqrt{1-y^2}} = \frac{\mathrm{d}x}{\sqrt{1-x^2}}.$$

两边同时积分, 得通解的隐式表示

$$\arcsin y = \arcsin x + c.$$

由此式可得通解的显式表示

$$\begin{aligned}
y &= \sin(\arcsin x + c) \\
&= \sin(\arcsin x) \cdot \cos c + \cos(\arcsin x) \cdot \sin c \\
&= x \cos c + \sqrt{1-x^2} \sin c.
\end{aligned} \tag{10.2.8}$$

容易看出, 常数函数 $y = \pm 1$ 也是方程 (10.2.7) 的解, 但并不包括在式 (10.2.8) 中, 这是因为在分离变量后, $y = \pm 1$ 时等式左边的表达式没有意义, 而被排除在外.

这个例子说明, 通解未必表示所有解.

10.3　可化为变量分离的某些一阶方程

有些一阶常微分方程, 初看似乎不是可变量分离的, 但经过一个适当的变量变换便可化作变量分离的.

10.3.1　齐次方程

形如

$$\frac{\mathrm{d}y}{\mathrm{d}x} = f\left(\frac{y}{x}\right) \tag{10.3.1}$$

的方程称为一阶**齐次方程** (homogeneous equation).

将 $\dfrac{y}{x}$ 看作一个变量 u, 即 $u = \dfrac{y}{x}$, 可作变换 $y = ux$, 则 $\dfrac{\mathrm{d}y}{\mathrm{d}x} = \dfrac{\mathrm{d}u}{\mathrm{d}x} \cdot x + u$. 代入方程整理得

$$\frac{\mathrm{d}u}{\mathrm{d}x} = \frac{f(u) - u}{x}, \tag{10.3.2}$$

已分离变量.

解方程 (10.3.2), 得

$$\int \frac{\mathrm{d}u}{f(u) - u} = \ln|x| + c_1$$

或

$$x = c\mathrm{e}^{\int \frac{\mathrm{d}u}{f(u)-u}}, \quad c = \mathrm{e}^{-c_1} \neq 0.$$

令 $\psi(u) = \displaystyle\int \frac{\mathrm{d}u}{f(u) - u}$, 这里不定积分可为任一原函数而不出现任意常数, 再以 $\dfrac{y}{x}$ 代换 u, 得

$$x = c\mathrm{e}^{\psi\left(\frac{y}{x}\right)}, \quad c \neq 0. \tag{10.3.3}$$

下面解释何以称 "齐次", 以及齐次微分方程的特点.

通常, 一个二元函数 $f(x, y)$ 如果满足恒等式

$$f(tx, ty) = t^n f(x, y), \quad \forall t, \tag{10.3.4}$$

其中 n 是一个固定数, 则 f 称为 n **次齐次的** (homogeneous of degree n). 方程 (10.3.1) 中的函数 $f\left(\dfrac{y}{x}\right)$ 是零次齐次函数. 它看上去构造更简单. 若设 $f(x,y)$ 是任意一个零次齐次函数, 它应满足的恒等式 (10.3.4) 成为

$$f(tx,ty) = f(x,y), \quad \forall t, \tag{10.3.5}$$

在此恒等式中令 $t = \dfrac{1}{x}$ (限制 $x \neq 0$), 则得

$$f(x,y) \equiv f\left(1, \frac{y}{x}\right).$$

记 $g\left(\dfrac{y}{x}\right) = f\left(1, \dfrac{y}{x}\right)$, 则方程

$$\frac{\mathrm{d}y}{\mathrm{d}x} = f(x,y) \tag{10.3.6}$$

就是

$$\frac{\mathrm{d}y}{\mathrm{d}x} = f\left(1, \frac{y}{x}\right)$$

或

$$\frac{\mathrm{d}y}{\mathrm{d}x} = g\left(\frac{y}{x}\right).$$

因此, 在有些教科书中, 一阶齐次方程写成 (10.3.6). 务请注意, 这里的 $f(x,y)$ 是零次齐次函数.

10.3.2 可化为齐次的方程

形如

$$\frac{\mathrm{d}y}{\mathrm{d}x} = f\left(\frac{ax + by + c}{a_1 x + b_1 y + c_1}\right) \tag{10.3.7}$$

的方程, 其中 a, b, c, a_1, b_1, c_1 都是常数, 可化为齐次方程.

当 $c = c_1 = 0$ 时, f 是零次齐次函数, 这个方程就是齐次方程.

当 c, c_1 中至少有一个不等于零时, 将 f 中的两个二元一次函数联立, 构成下面的二元一次方程组:

$$\begin{cases} ax + by + c = 0, \\ a_1 x + b_1 u + c_1 = 0, \end{cases} \tag{10.3.8}$$

在几何上表示两条平面直线的位置关系: 相交, 或平行 (重合是平凡的). 故分以下两种情形讨论.

情形一　系数行列式

$$\Delta = \begin{vmatrix} a & b \\ a_1 & b_1 \end{vmatrix} \neq 0,$$

即两条直线相交. 故将坐标系平移, 以交点为原点, 常数项消失. 即引进新的变量 u, v:

$$x = u + \alpha, \quad y = v + \beta,$$

其中 α, β 是方程组 (10.3.8) 的解. 代入 (10.3.7), 得齐次方程

$$\frac{\mathrm{d}v}{\mathrm{d}u} = f\left(\frac{au + bv}{a_1 u + b_1 v}\right).$$

情形二　$\Delta = 0$. 即两条直线平行, 有 $\dfrac{a_1}{a} = \dfrac{b_1}{b} = \lambda$, 或 $\dfrac{a}{a_1} = \dfrac{b}{b_1} = \mu$. 例如前者, 则得

$$\frac{\mathrm{d}y}{\mathrm{d}x} = f\left(\frac{ax + by + c}{\lambda(ax + by) + c_1}\right). \tag{10.3.9}$$

作变换

$$z = ax + by,$$

则

$$\frac{\mathrm{d}z}{\mathrm{d}x} = a + b\frac{\mathrm{d}y}{\mathrm{d}x},$$

从 (10.3.9) 得

$$\frac{\mathrm{d}z}{\mathrm{d}x} = a + bf\left(\frac{z + c}{\lambda z + c_1}\right).$$

它是变量可分离的方程.

10.4　一阶线性方程

形如

$$\frac{\mathrm{d}y}{\mathrm{d}x} + a(x)y = b(x) \tag{10.4.1}$$

的方程, 其中 a, b 均为变量 x 的连续函数, 称为**一阶线性微分方程**, 并且方程

$$\frac{\mathrm{d}y}{\mathrm{d}x} + a(x)y = 0 \tag{10.4.2}$$

称为与 (10.4.1) 相配的一阶齐线性微分方程.

定义 10.4.1 若常微分方程 (10.1.1) 中的 F 对于变量 $y, y', \cdots, y^{(n)}$ 而言是多元线性函数, 则方程 (10.1.1) 称为**线性的** (linear). n 阶线性常微分方程可以写成形如

$$y^{(n)} + a_{n-1}(x)y^{(n-1)} + \cdots + a_1(x)y' + a_0(x)y = b(x). \tag{10.4.3}$$

若将 (10.4.3) 式中之 $b(x)$ 取为 $b(x) \equiv 0$, 便得

$$y^{(n)} + a_{n-1}(x)y^{(n-1)} + \cdots + a_1(x)y' + a_0(x)y = 0, \tag{10.4.4}$$

称其是**齐的** (homogeneous), 并说方程式 (10.4.4) 是与方程式 (10.4.3) **相配的**齐线性微分方程.

非齐线性微分方程 (10.4.3) 与相配的齐线性微分方程 (10.4.4) 之求解有密切关联, 在于下述原理 (请读者自证).

定理 10.4.1 非齐线性微分方程 (10.4.3) 的任一特解与相配的齐线性微分方程 (10.4.4) 的通解之和是该非齐线性微分方程 (10.4.3) 之通解.

10.4.1 一阶齐线性微分方程之解

将上述原理应用于一阶线性微分方程 (10.4.1). 与之相配的齐线性微分方程 (10.4.2) 是分离变量的, 移项得

$$\frac{\mathrm{d}y}{y} = -a(x)\mathrm{d}x. \tag{10.4.5}$$

等式两边同时取定积分, 初值任意设定, 得

$$\ln|y| = -\int_{x_0}^x a(\tau)\mathrm{d}\tau + c_1.$$

由此得

$$|y(x)| = \mathrm{e}^{-\int_{x_0}^x a(\tau)\mathrm{d}\tau + c_1}$$

或

$$\left| y(x)\mathrm{e}^{\int_{x_0}^x a(\tau)\mathrm{d}\tau} \right| = \mathrm{e}^{c_1}.$$

绝对号中是一个连续函数, 其绝对值是一个常数, 则其自身必是一个常值函数. 因此

$$y(x)\mathrm{e}^{\int_{x_0}^x a(\tau)\mathrm{d}\tau} = \pm\mathrm{e}^{c_1}.$$

当 c_1 取遍一切实数时 $\pm e^{c_1}$ 跑遍一切非 0 实数. 而函数 $y(x) \equiv 0$ 亦为 (10.4.2) 之一解, 因此 (10.4.2) 之通解为

$$y(x) = C e^{-\int_{x_0}^{x} a(\tau) d\tau}, \tag{10.4.6}$$

其中 C 为任意常数.

评注 10.4.1　今后, 从 (10.4.2) 式得 (10.4.6) 被认为是一个标准的积分过程, 不再重复仔细讨论.

10.4.2　一阶非齐线性微分方程之解

回到非齐方程 (10.4.1), 有没有办法求得它的一个特解? 介绍两种解法.

1. 积分因子法

倘如 (10.4.1) 之左端可以写成形如

$$\frac{d}{dx} \left(\boxed{} \right), \tag{10.4.7}$$

则可采用方程 (10.1.2) 的解法, 两边同时积分. 但往往没有这样理想. 那么考虑能否用某个连续函数 $\mu(x)$ 乘式 (10.4.1) 得

$$\mu(x) \frac{dy}{dx} + \mu(x) a(x) y = \mu(x) b(x) \tag{10.4.8}$$

而使左端成为 (10.4.7) 的形式? 为达此目的, 应如何选择 $\mu(x)$?

将 (10.4.8) 之左端视作两个函数之积的导数, 即

$$\frac{d}{dx}(\mu y) = \mu \frac{dy}{dx} + \frac{d\mu}{dx} y.$$

易见, 这等价于

$$\frac{d\mu}{dx} = \mu a(x). \tag{10.4.9}$$

而 (10.4.9) 是以 μ 为未知函数的一阶齐线性微分方程. 由 (10.4.6) 取其一特解

$$\mu = e^{\int_{x_0}^{x} a(\tau) d\tau}, \tag{10.4.10}$$

则式 (10.4.8) 成为

$$\frac{d}{dx}(\mu(x) y) = \mu(x) b(x), \tag{10.4.11}$$

积分得一特解

$$\mu(x)y = \int_{x_0}^{x} \mu(\sigma)b(\sigma)\mathrm{d}\sigma. \tag{10.4.12}$$

于是

$$y = \mathrm{e}^{-\int_{x_0}^{x} a(\tau)\mathrm{d}\tau} \int_{x_0}^{x} b(\sigma)\mathrm{e}^{\int_{x_0}^{x} a(\tau)\mathrm{d}\tau}\mathrm{d}\sigma \tag{10.4.13}$$

是方程 (10.4.1) 之一特解.

将 (10.4.13) 与 (10.4.6) 相加便得 (10.4.1) 之通解

$$y = \mathrm{e}^{-\int_{x_0}^{x} a(\tau)\mathrm{d}\tau} \left(\int_{x_0}^{x} b(\sigma)\mathrm{e}^{\int_{x_0}^{x} a(\tau)\mathrm{d}\tau}\mathrm{d}\sigma + C \right), \tag{10.4.14}$$

其中 C 为任意常数, 它也可以记作 y_0.

评注 10.4.2 上面讨论中的 μ 称为**积分因子** (integrating factor).

评注 10.4.3 若在式 (10.4.12) 中保留任意常数, 则可直接得通解 (10.4.14).

2. 常数变易法

有一个广为流传的神奇解法, 称为**常数变易法** (method of variation of constants), 由 Johann Bernoulli 于 1697 年首先采用, 今日已推广到其他分支.

欲求非齐方程 (10.4.1) 之解, 取其相配齐方程之通解 (10.4.6), 将其中常数 C "变易为" x 的某函数 (尚为未知, 待定), 记为 $z(x)$, 则 (10.4.6) 变为

$$y = z\mathrm{e}^{-\int_{x_0}^{x} a(\tau)\mathrm{d}\tau}, \tag{10.4.15}$$

视为非齐方程解的形式, 代入 (10.4.1), 整理得

$$\frac{\mathrm{d}z}{\mathrm{d}x}\mathrm{e}^{-\int_{x_0}^{x} a(\tau)\mathrm{d}\tau} = b(x),$$

于是待定函数 z 满足下列方程:

$$\frac{\mathrm{d}z}{\mathrm{d}x} = b(x)\mathrm{e}^{\int_{x_0}^{x} a(\tau)\mathrm{d}\tau}, \tag{10.4.16}$$

设当 $x = x_0$ 时 $y = y_0$, 此时 $z = y_0$. 积分上式得

$$z(x) = \int_{x_0}^{x} b(\sigma)\mathrm{e}^{\int_{x_0}^{x} a(\tau)\mathrm{d}\tau}\mathrm{d}\sigma + y_0,$$

代入 (10.4.15) 得

$$y = \mathrm{e}^{-\int_{x_0}^x a(\tau)\mathrm{d}\tau}\left(\int_{x_0}^x b(\sigma)\mathrm{e}^{\int_{x_0}^x a(\tau)\mathrm{d}\tau}\mathrm{d}\sigma + y_0\right), \qquad (10.4.17)$$

其中 y_0 为任意常数. 这就是 (10.4.14).

评注 10.4.4　积分因子法与常数变易法是互通的. 记 $\mu = \mathrm{e}^{\int_{x_0}^x a(\tau)\mathrm{d}\tau}$, (10.4.15) 等价于 $\mu y = z$, (10.4.16) 等价于 $(10.4.11)(\mu y)' = \mu b$, 而 μ 正是积分因子.

10.4.3　一些经典应用

将方程 (10.4.2) 改写为如下形式, 且自变量改为 t 以表示时间

$$\frac{\mathrm{d}y}{\mathrm{d}t} = -ay. \qquad (10.4.18)$$

这种简单数学模型描述了一种常见现象: 量 y 关于时间的变化率与量 y 成正比. 分两类讨论.

- 比例常数 $-a$ 是一个正数, 记作 R, 则 (10.4.18) 可写成

$$\frac{\mathrm{d}y}{\mathrm{d}t} = Ry. \qquad (10.4.19)$$

许多自然或社会现象服从 (或近似服从) 这种规律. 例如, 微生物的繁殖、某类生物的数量增长、人口增长等等. 量 y 的变化率为正, 该量处于增长状态.

- 比例常数 $-a$ 是一个负数, 记作 $-\lambda, \lambda > 0$, 则 (10.4.18) 可写作

$$\frac{\mathrm{d}y}{\mathrm{d}t} = -\lambda y. \qquad (10.4.20)$$

由于 $-\lambda < 0$, 故量 y 的变化率为负, 该量处于减退状态. 这种现象在物理学中很重要, 如衰变 (decay) 现象, 常服从卢瑟福 (Rutherford, 1871—1937) 定律.

Rutherford 定律　某放射性物质的放射性 (自然分解而形成新元素的分子) 直接正比于该物质当前的原子数目. 数学描述就是方程 (10.4.20), 其中 λ 称为**衰变常数** (decay constant).

设置初始条件: 当 $t = 0$ 时, 初始给定量为 $y = y_0$, 则 (10.4.20) 的解为

$$y(t) = y_0\mathrm{e}^{-\lambda t}, \qquad (10.4.21)$$

其中一个重要概念是半衰期.

半衰期 (half life) 指该种放射性物质的给定量之一半被分解掉所需之时间.

为求半衰期, 设初始量为 y_0, 且时间 t 时 $y(t)$ 为 y_0 之一半, 则由 (10.4.21) 得 $\frac{1}{2} = \mathrm{e}^{-\lambda t}$, 解得该放射性物质之半衰期为

$$t = \frac{1}{\lambda} \ln 2 = \frac{0.6931}{\lambda}. \tag{10.4.22}$$

常见的物质半衰期如下:

^{14}C 5568 年, $\quad$ ^{238}U 4.5×10^9 年, $\quad$ ^{226}Ra 1600 年, $\quad$ ^{210}Pb 22 年.

利比 (Libby) 1947 年发现运用 ^{14}C 来测文物或古生物的年代很有用, 很精确, 可准确到几十年不超过一百年.

放射性物质的寿命指放射性物质的原子的平均寿命, 定义为如下的加权平均值:

$$T = \frac{1}{y_0} \int_0^{+\infty} t(-\mathrm{d}y).$$

由于 $\mathrm{d}y = -y_0 \lambda \mathrm{e}^{-\lambda t} \mathrm{d}t$, 故

$$T = \int_0^{+\infty} \lambda t \mathrm{e}^{-\lambda t} \mathrm{d}t = -t \mathrm{e}^{-\lambda t} \Big|_0^{+\infty} + \int_0^{+\infty} \mathrm{e}^{-\lambda t} \mathrm{d}t$$

$$= -\frac{1}{\lambda} \mathrm{e}^{-\lambda t} \Big|_0^{+\infty} = \frac{1}{\lambda}.$$

即放射性物质的原子的平均寿命为 $T = \frac{1}{\lambda}$, 即衰变常数是原子平均寿命的倒数.

第11讲

二阶常微分方程

第 10 讲介绍了某些一阶常微分方程的初等积分解法, 都是一些最简单的. 这里所说的初等积分法是指解表示为初等函数或其有限次的积分形式. 应当强调指出, 能用初等积分法解出的微分方程为数很少. 法国数学家 Liouville 于 1841 年就指出, 如一阶非线性方程、里卡蒂 (Riccati) 方程

$$\frac{\mathrm{d}y}{\mathrm{d}x} + p(x)y^2 + q(x)y = r(x),$$

一般并不能用初等积分法来解. 于是, 此后常微分方程的发展, 放弃了只用初等积分法求解的思路, 而走向存在唯一性的论证、近似求解法的探寻, 以及定性理论的研究.

本讲介绍一些简单的二阶常微分方程的解法. 深入内容可见专门的常微分方程书籍.

11.1　可降阶的二阶常微分方程

可降阶就是说可化为一阶方程来解. 如果所得的一阶方程会解, 则原方程便得解. 下面分两类介绍.

1. 不含未知函数 y

设给定的二阶常微分方程形如

$$F(x, y', y'') = 0. \tag{11.1.1}$$

其中缺 y. 令 $p = y'$, 则方程 (11.1.1) 变成

$$F(x, p, p') = 0, \tag{11.1.2}$$

它是关于未知函数 p 的一阶常微分方程.

如果已从方程 (11.1.2) 求得 $p = \varphi(x, c_1)$, 再由

$$\frac{\mathrm{d}y}{\mathrm{d}x} = \varphi(x, c_1),$$

可得方程 (11.1.1) 之解

$$y = \int \varphi(x, c_1)\mathrm{d}x,$$

其中还有没有写出的第二个任意常数.

2. 不含自变量 x

设给定的二阶常微分方程形如

$$F(y, y', y'') = 0. \tag{11.1.3}$$

其中缺 x. 仍令 $p = y'$, 则根据复合求导之链锁法则有

$$\frac{\mathrm{d}^2 y}{\mathrm{d}x^2} = \frac{\mathrm{d}p}{\mathrm{d}x} = \frac{\mathrm{d}p}{\mathrm{d}y} \cdot \frac{\mathrm{d}y}{\mathrm{d}x} = \frac{\mathrm{d}p}{\mathrm{d}y} \cdot p.$$

从而方程 (11.1.3) 成为

$$F\left(y, p, \frac{\mathrm{d}p}{\mathrm{d}x} \cdot p\right) = 0, \tag{11.1.4}$$

它是一阶常微分方程, p 为未知函数, y 为自变量. 如果从方程 (11.1.4) 解得 $p = \psi(y, c_1)$, 再解一阶方程

$$\frac{\mathrm{d}y}{\mathrm{d}x} = \psi(y, c_1)$$

便得方程 (11.1.3) 之解.

下面介绍一个典型例子.

例 11.1.1(悬链线) 一条质量均匀分布 (即线性质量密度 ρ 为常数) 的不可伸缩的柔韧绳索, 两端挂在等高的两点, 在重力作用下处于平衡状态. 试求该绳索曲线方程.

解 设该曲线是函数 $y = f(x)$ 的图形, 坐标系选取如图 11.1, 由悬挂对称性知 $y = f(x)$ 是偶函数. 先做受力分析.

任取曲线上一微段, 两端点为 $M(x, y)$ 与 $M_1(x + \Delta x, y + \Delta y)$. 曲线段 $\overset{\frown}{MM_1}$ 的受力如图 11.1 所示.

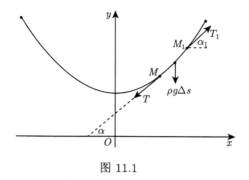

图 11.1

(i) 点 M 处张力 T, 沿曲线在点 M 之切线方向, 该切线斜率 $\tan\alpha = f'(x)$.

(ii) 点 M_1 处张力 T_1, 沿曲线在点 M_1 之切线方向, 该切线斜率 $\tan\alpha_1 = f'(x + \Delta x)$.

(iii) $\widehat{MM_1}$ 段重力 $\rho g\Delta s$, 其中 Δs 为 $\widehat{MM_1}$ 之长度, ρ 为质量线性密度, g 为重力加速度.

因 $\widehat{MM_1}$ 处于平衡状态, 故

$$\begin{cases} T\cos\alpha = T_1\cos\alpha_1 = T_0(为常数), \\ T\sin\alpha + \rho g\Delta s = T_1\sin\alpha_1. \end{cases} \tag{11.1.5}$$

由其中第一式有 $T = \dfrac{T_0}{\cos\alpha}$ 及 $T_1 = \dfrac{T_0}{\cos\alpha_1}$. 将它们代入第二式得

$$T_0\tan\alpha + \rho g\Delta s = T_0\tan\alpha_1,$$

即

$$T_0[f'(x + \Delta x) - f'(x)] = \rho g\Delta s, \quad 其中 \quad \Delta s = \sqrt{\Delta x^2 + \Delta y^2},$$

即

$$\frac{f'(x + \Delta x) - f'(x)}{\Delta x} = \frac{\rho g}{T_0}\sqrt{1 + \left(\frac{\Delta y}{\Delta x}\right)^2},$$

$\Delta x \to 0$ 取极限, 得到关于 y 的二阶常微分方程

$$y'' = \frac{\rho g}{T_0}\sqrt{1 + y'^2}. \tag{11.1.6}$$

按降阶法求解. 令 $p = y'$, 代入方程 (11.1.6) 整理成

$$\frac{\mathrm{d}p}{\sqrt{1 + p^2}} = k\mathrm{d}x, \quad k = \frac{\rho g}{T_0}.$$

由例 9.2.11 可积得

$$\ln\left(p + \sqrt{1+p^2}\right) = kx + C_1,$$

或

$$p = \frac{e^{kx+C_1} - e^{-kx-C_1}}{2} = \sinh(kx + C_1),$$

于是得关于 y 的方程

$$\frac{dy}{dx} = \sinh(kx + C_1).$$

如图 11.1 所取坐标系, 可见当 $x = 0$ 时应有 $y' = 0$, 从而 $C_1 = 0$. 因此所得方程为

$$\frac{dy}{dx} = \sinh kx,$$

积分得

$$y = \frac{1}{k}\cosh kx + C_2.$$

适当调整绳索两端点高度, 使得常数 $C_2 = 0$, 则所求曲线方程为

$$y = \frac{1}{k}\cosh kx.$$

此函数的图形称为**悬链线** (catenary).

11.2　二阶线性常微分方程简论

本节简要介绍二阶线性常微分方程的理论.

二阶线性常微分方程一般形如

$$y'' + p(x)y' + q(x)y = f(x), \tag{11.2.1}$$

其中 p, q, f 都是以 x 为自变量的连续函数. 与它相配的齐方程为

$$y'' + p(x)y' + q(x)y = 0. \tag{11.2.2}$$

二阶微分方程的初始条件如

$$y(x_0) = \alpha, \quad y'(x_0) = \beta. \tag{11.2.3}$$

常微分方程论的首要任务是解决解的存在和唯一性.

定理 11.2.1(解的存在与唯一性)　设 $p(x)$ 和 $q(x)$ 在开区间 (a,b) 内连续, 则存在唯一的函数 $y(x)$ 满足齐方程 (11.2.2) 及初始条件 (11.2.3).

这个定理的证明是常微分方程课程的一个主题. 此处从略.

现在考察齐方程 (11.2.2) 的所有通解构成的集合. 不难证明任意两个通解的任意线性组合仍是通解, 易见此集合按函数之加法和数乘组成实数域 $\mathbb{R}$ 上的一个线性空间, 以后也称为解空间. 回忆 10.4 节中有关一阶齐线性方程的讨论, 从其通解的表达式 (10.4.6) 可见其解空间是一维的实线性空间, 这对应着通解含有一个任意常数. 于是. 有理由猜想 (并非已经证明), 二阶齐线性方程 (11.2.2) 的解空间是二维的实线性空间.

由于解空间中的元素是函数, 为了研究函数之间的线性相关性, 需要用到朗斯基 (Wronski, 1776—1853) 行列式, 它由 Wronski 提出.

定义 11.2.1　设 $y_1(x), y_2(x)$ 是两个连续可导的函数, 行列式

$$W(y_1, y_2)(x) = \begin{vmatrix} y_1(x) & y_2(x) \\ y_1'(x) & y_2'(x) \end{vmatrix} \tag{11.2.4}$$

称为函数 y_1 和 y_2 的 **Wronski 行列式**.

下面考察二阶齐线性方程 (11.2.2) 的两个解的 Wronski 行列式.

定理 11.2.2　设 y_1 和 y_2 是齐线性方程 (11.2.2) 的两个解. 则对任意 $x_0 \in (a,b)$, 有

$$W(x) = W(y_1, y_2)(x) = W(x_0)\mathrm{e}^{-\int_{x_0}^{x} p(\tau)\mathrm{d}\tau}, \tag{11.2.5}$$

它称作 **Liouville 公式**.

证明　对 $W(x) = W(y_1, y_2)(x)$ 求导, 注意到 y_1, y_2 为方程 (11.2.2) 之解, 得

$$\begin{aligned} W'(x) &= (y_1 y_2' - y_1' y_2)' = y_1 y_2'' - y_1'' y_2 \\ &= y_1(-py_2' - qy_2) - y_2(-py_1' - qy_1) \\ &= -p(y_1 y_2' - y_1' y_2) \\ &= -p(x)W(x), \end{aligned}$$

即 $W(x)$ 满足微分方程

$$\frac{\mathrm{d}W}{\mathrm{d}x} = -pW,$$

积分得 (11.2.5).

定理 11.2.3　设 y_1 和 y_2 是二阶齐线性方程 (11.2.2) 的两个解. 若 y_1 和 y_2 的 Wronski 行列式 $W(x)$ 对某 $x_0 \in (a,b)$ 有 $W(x_0) \neq 0$, 则 y_1 和 y_2 线性无关.

证明 设结论不对, 即 y_1 与 y_2 线性相关, 则其中之一是另一的常数倍, 由 (11.2.5) 与 (11.2.4) 知 $W(x) \equiv 0$. 这与 $W(x_0) \neq 0$ 矛盾, 此矛盾证明了定理.

定理 11.2.4 在二阶齐线性微分方程 (11.2.2) 的解空间中存在两个解, 它们的 Wronski 行列式对某 x_0 有 $W(x_0) \neq 0$.

证明 任取四个数 $\alpha, \beta, \gamma, \delta$ 使得行列式

$$\begin{vmatrix} \alpha & \gamma \\ \beta & \delta \end{vmatrix} \neq 0.$$

然后对某 $x_0 \in (a, b)$, 令两个初始条件分别为

$$y(x_0) = \alpha, y'(x_0) = \beta \quad 和 \quad y(x_0) = \gamma, y'(x_0) = \delta.$$

方程 (11.2.2) 的满足这两个初始条件的两个解, 根据定理 11.2.1 都存在且唯一, 分别记作 y_1 和 y_2. 它们的 Wronski 行列式 $W(x)$ 在点 x_0 之值为

$$W(x_0) = \begin{vmatrix} y_1(x_0) & y_2(x_0) \\ y_1'(x_0) & y_2'(x_0) \end{vmatrix} = \begin{vmatrix} \alpha & \gamma \\ \beta & \delta \end{vmatrix} \neq 0.$$

定理 11.2.5 设 y_1 和 y_2 是二阶齐线性方程 (11.2.2) 的两个解, 使得 y_1 和 y_2 的 Wronski 行列式对某 $x_0 \in (a, b)$ 有 $W(x_0) \neq 0$. 则

$$y = C_1 y_1 + C_2 y_2, \quad 其中 \quad C_1, C_2 \text{ 是任意常数} \tag{11.2.6}$$

是方程 (11.2.2) 的通解.

证明 欲证对于方程 (11.2.2) 的任意解 y, 存在常数 C_1 和 C_2 使得

$$y = C_1 y_1 + C_2 y_2.$$

欲求的常数 C_1 和 C_2 应当满足线性方程组

$$\begin{cases} C_1 y_1(x_0) + C_2 y_2(x_0) = y(x_0), \\ C_1 y_1'(x_0) + C_2 y_2'(x_0) = y'(x_0). \end{cases}$$

此线性方程组之系数行列式为 $W(x_0) \neq 0$, 故 C_1, C_2 存在且唯一. 作函数

$$\varphi(x) = C_1 y_1(x) + C_2 y_2(x),$$

它是方程 (11.2.2) 的一个解, 而且满足初始条件

$$\varphi(x_0) = y(x_0), \quad \varphi'(x_0) = y'(x_0).$$

这就是说, $\varphi(x)$ 和 $y(x)$ 是方程 (11.2.2) 的两个满足同一初始条件的解. 由定理 11.2.1 的唯一性, 知 $y(x)$ 与 $\varphi(x)$ 恒等, 即

$$y(x) = C_1 y_1(x) + C_2 y_2(x).$$

评注 11.2.1 设定理 11.2.5 中的 y_1 和 y_2 是定理 11.2.4 的结论中的两个解, 则式 (11.2.6) 是方程 (11.2.2) 的通解.

最后, 回到非齐方程 (11.2.1). 再一次从与之相配的齐方程 (11.2.2) 的通解 (11.2.6) 出发, 再一次运用常数变易法求特解. 写成下面的定理.

定理 11.2.6 设 y_1, y_2 是定理 11.2.4 的结论中给出的齐方程 (11.2.2) 的两个解, 则非齐方程 (11.2.1) 的一个特解如下:

$$\tilde{y}(x) = t_1(x) y_1(x) + t_2(x) y_2(x), \tag{11.2.7}$$

其中

$$t_1(x) = -\int_{x_0}^{x} \frac{y_2(\tau) f(\tau)}{W(\tau)} d\tau, \quad t_2(x) = \int_{x_0}^{x} \frac{y_1(\tau) f(\tau)}{W(\tau)} d\tau. \tag{11.2.8}$$

证明 尝试让 (11.2.6) 中的常数变易为函数, 即令

$$\tilde{y}(x) = t_1 y_1 + t_2 y_2 \tag{11.2.9}$$

为方程 (11.2.1) 之解, 其中 t_1, t_2 为待定函数.

记微分算子

$$L \equiv \left(\frac{d^2}{dx^2} + p\frac{d}{dx} + q \right).$$

对于二阶可导函数 u, v, 不难验证如下结论:

$$L(u + v) = L(u) + L(v),$$

$$L(u \cdot v) = uL(v) + pu'v + (u'v)' + u'v'.$$

据此及 $L(y_1) = 0$, $L(y_2) = 0$, 得

$$L(\tilde{y}) = L(t_1 y_1) + L(t_2 y_2)$$

$$= t_1 L(y_1) + p t_1' y_1 + (t_1' y_1)' + t_1' y_1' + t_2 L(y_2) + p t_2' y_2 + (t_2' y_2)' + t_2' y_2'$$

$$= p(t_1' y_1 + t_2' y_2) + (t_1' y_1 + t_2' y_2)' + (t_1' y_1' + t_2' y_2'),$$

欲选 t_1, t_2 使 $L(\tilde{y}) = f(x)$, 只需使

$$
\begin{cases}
t_1' y_1 + t_2' y_2 = 0, \\
t_1' y_1' + t_2' y_2' = f(x).
\end{cases}
$$

其系数行列式为 y_1 和 y_2 的 Wronski 行列式 $W(x)$, 由定理 11.2.4 之结论 $W(x_0) \neq 0$, 从而由 Liouville 公式 (定理 11.2.2) 知 $W(x) \neq 0$. 于是解此方程组, 得

$$
t_1' = -y_2 f / W, \quad t_2' = y_1 f / W.
$$

积分得

$$
t_1(x) = -\int_{x_0}^{x} \frac{y_2(\tau) f(\tau)}{W(\tau)} \mathrm{d}\tau,
$$

$$
t_2(x) = \int_{x_0}^{x} \frac{y_1(\tau) f(\tau)}{W(\tau)} \mathrm{d}\tau.
$$

将这两个函数 t_1, t_2 代入 (11.2.9) 中, 整理得

$$
\tilde{y} = \int_{x_0}^{x} \frac{\begin{vmatrix} y_1(\tau) & y_1(x) \\ y_2(\tau) & y_2(x) \end{vmatrix}}{W(\tau)} f(\tau) \mathrm{d}\tau.
$$

容易验证所得 $\tilde{y}$ 是非齐方程 (11.2.1) 的一个特解.

11.3 常系数二阶线性方程

在数学上, 可以得到常系数二阶常微分方程解的具体公式; 在应用上, 常系数二阶常微分方程有大量基本的重要应用. 先介绍几个经典物理问题引出的方程实例, 然后再详细介绍这类方程的解法.

11.3.1 一些经典例子

例 11.3.1(单摆, 数学摆) 一个质量为 m 的质点 P 悬挂在长为 l、不可伸缩的细杆 (重量忽略不计) 上, 如图 11.2, 受引力作用在铅直平面上沿着圆心为 C 的圆弧往返运动. 这个系统称为**单摆**或**数学摆**, l 称为**摆长**. 如图 11.2, 单摆的平衡位置是 CO, t 时刻位于 CP, 设与 CO 的夹角为 $\varphi = \varphi(t)$. 取射线 CO 为极轴, $\varphi(t)$ 为极角, 欲求其满足的微分方程.

解　作用于质点 P 的重力 mg 铅直向下, 其沿切线方向分力(与运动方向相反)为 $-mg\sin\varphi$, 沿 CP 方向的分力被杆的约束力抵消, 按 Newton 第二定律, 点 P 之运动方程为

$$ml\ddot{\varphi} = -mg\sin\varphi,$$

其中 $\ddot{\varphi} = \dfrac{\mathrm{d}^2\varphi}{\mathrm{d}t^2}$ 是对 t 求导时的习惯表示. 上式或可改写为

$$\ddot{\varphi} + \frac{g}{l}\sin\varphi = 0. \qquad (11.3.1)$$

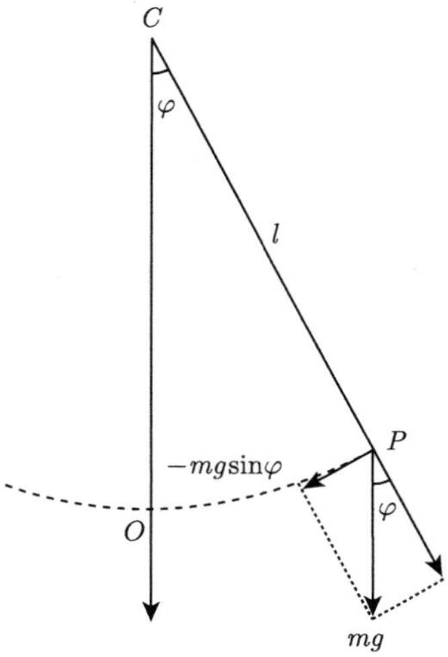

请注意, (11.3.1) 是二阶常微分方程, 但是非线性的, 求解它相当困难.

如果假设在运动过程中角 φ 很小 (在实验室做单摆实验时常这样设定), 则将方程 (11.3.1) 中的 $\sin\varphi$ 用 φ 取代, 得单摆的 "近似" 的运动方程

$$\frac{\mathrm{d}^2\varphi}{\mathrm{d}t^2} + \frac{g}{l}\varphi = 0, \qquad (11.3.2)$$

它是线性的. 量 $\omega = \sqrt{\dfrac{g}{l}}$ 的物理意义在方程求解后作出解释.

例 11.3.2(自由振动)　一质量为 m 的质点在 x 轴上受弹性力而运动, 坐标 $x = x(t)$ 是时间 t 的函数. 设质点的受力 F 沿 x 轴方向而指向原点, 大小与质点到原点的距离成正比, 即 $F = -kx$, k 为正常数, 实验中力 $F = -kx$ 可用一个弹簧来实现. 根据 Newton 第二定律, 质点运动方程为

$$m\ddot{x} = -kx, \qquad (11.3.3)$$

上述方程还可写成

$$\frac{\mathrm{d}^2 x}{\mathrm{d}t^2} + \omega_0^2 x = 0, \qquad (11.3.4)$$

其中 $\omega_0 = \sqrt{\dfrac{k}{m}}$, 在后面得到方程的解后可知明确的物理意义.

注意, 方程 (11.3.2) 与 (11.3.4) 具有相同的形式.

例 11.3.3(受阻尼力和强迫力)　在上例中, 若质点除受弹性力作用外, 尚有阻尼力和强迫力. 设强迫力为 $f(t)$, 阻尼力与质点运动之速度 $\dot{x}$ 成正比, 方向相反, 阻尼系数为 $a > 0$, 则阻尼力为 $-a\dot{x}$. 则质点的运动方程为

$$m\ddot{x} = -kx - a\dot{x} + f \qquad (11.3.5)$$

图 11.2

或

$$m\ddot{x} + a\dot{x} + kx = f. \tag{11.3.6}$$

它比 (11.3.4) 要复杂. 这是二阶线性微分方程, 但是方程中系数都是常数, 有成熟的解法.

11.3.2 常系数二阶齐线性方程之解

1. 特征方程

不妨将常系数二阶线性常微分方程的一般形式写成

$$y'' + ay' + by = f(x), \tag{11.3.7}$$

这里 a, b 为常数, x 是自变量, $f(x)$ 是连续函数, y 是未知函数.

与 (11.3.7) 式相配的齐方程为

$$y'' + ay' + by = 0. \tag{11.3.8}$$

方程 (11.3.8) 的左端的微分算子是

$$L \equiv \frac{\mathrm{d}^2}{\mathrm{d}x^2} + a\frac{\mathrm{d}}{\mathrm{d}x} + b. \tag{11.3.9}$$

定义 11.3.1 算子 L 对应的代数方程

$$s^2 + as + b = 0 \tag{11.3.10}$$

称为微分方程 (11.3.8) 的**特征方程** (characteristic equation).

评注 11.3.1 读者不必诧异这个代数方程的提出. 如果你尝试着取 e^{rx} 作为方程 (11.3.8) 的可能解, 易见

$$L(\mathrm{e}^{rx}) = (r^2 + ar + b)\mathrm{e}^{rx}.$$

由此可见, e^{rx} 是方程 (11.3.8) 的解的充要条件是 r 是其特征方程 (11.3.10) 的一个根 (解).

(11.3.10) 式是实系数一元二次方程, 根有三种情形: 两相异实根、两相等实根、一对共轭复根. 与之相应, 微分方程 (11.3.8) 之解也各异. 下面依次进行讨论.

2. 两相异实根情形

设特征方程 (11.3.10) 有两相异实根 λ_1 和 λ_2, 则

$$s^2 + as + b = (s - \lambda_1)(s - \lambda_2).$$

于是

$$L = \left(\frac{\mathrm{d}}{\mathrm{d}x} - \lambda_1\right)\left(\frac{\mathrm{d}}{\mathrm{d}x} - \lambda_2\right),$$

而且右端两因式之顺序可以交换. 因此方程 (11.3.8) 可以写成

$$\left(\frac{\mathrm{d}}{\mathrm{d}x} - \lambda_1\right)\left(\frac{\mathrm{d}}{\mathrm{d}x} - \lambda_2\right)y = 0.$$

可设

$$\left(\frac{\mathrm{d}}{\mathrm{d}x} - \lambda_1\right)y = 0$$

及

$$\left(\frac{\mathrm{d}}{\mathrm{d}x} - \lambda_2\right)y = 0.$$

这是两个一阶常系数线性常微分方程, 解之, 得方程 (11.3.8) 的两个特解

$$y_1 = \mathrm{e}^{\lambda_1 x} \quad \text{和} \quad y_2 = \mathrm{e}^{\lambda_2 x}.$$

它们是线性无关的, 因为 $W(y_1, y_2) = (\lambda_2 - \lambda_1)\,\mathrm{e}^{(\lambda_1 + \lambda_2)x} \neq 0$(由定理 11.2.3). 于是由定理 11.2.5, 方程 (11.3.8) 的通解是

$$y = C_1 \mathrm{e}^{\lambda_1 x} + C_2 \mathrm{e}^{\lambda_2 x}, \quad C_1, C_2 \text{ 是任意常数}. \tag{11.3.11}$$

3. 两相等实根情形

设特征方程 (11.3.10) 由两个相等实根 λ, 则

$$L = \left(\frac{\mathrm{d}}{\mathrm{d}x} - \lambda\right)\left(\frac{\mathrm{d}}{\mathrm{d}x} - \lambda\right).$$

同上法, 先得方程 (11.3.8) 之一特解

$$y_1 = \mathrm{e}^{\lambda x}.$$

再试令

$$y_2 = xy_1 = x\mathrm{e}^{\lambda x}.$$

检查可知 y_2 是方程 (11.3.8) 之另一特解. 由于 $W(y_1, y_2) = \mathrm{e}^{2\lambda x} \neq 0$, 故由定理 11.2.3 和定理 11.2.5 知 y_1 和 y_2 是线性无关的, 于是方程 (11.3.8) 的通解是

$$y = C_1 \mathrm{e}^{\lambda x} + C_2 x\mathrm{e}^{\lambda x}, \quad C_1, C_2 \text{ 是任意常数}. \tag{11.3.12}$$

也可用常数变易法, 令 $y_2 = u\mathrm{e}^{\lambda x}$ 为另一解, 代入方程解得一个 $u = x$.

4. 一对共轭复根情形

先定义复数幂的指数函数. 设 $i = \sqrt{-1}$ 是虚单位, 给了复数 $\lambda = \alpha + i\beta, \alpha, \beta \in \mathbb{R}$.

定义 11.3.2 定义

$$e^{i\beta} = \cos\beta + i\sin\beta \tag{11.3.13}$$

及

$$e^\lambda = e^\alpha e^{i\beta} = e^\alpha(\cos\beta + i\sin\beta). \tag{11.3.14}$$

评注 11.3.2 此时已将余弦和正弦函数与指数函数归到一个大类型中. 等读者学到函数的 Taylor 级数展开时, 会认识到这是当然的事.

现在自变量 x 是实数, 当 $\lambda = \alpha + i\beta$ 时, 函数

$$e^{\lambda x} = e^{\alpha x + i\beta x} = e^{\alpha x}(\cos\beta x + i\sin\beta x)$$

是复值函数. 对一个复值函数关于自变量 x 求导时, 认为分别同时对实部函数及复部函数关于自变量 x 求导. 从而微分学的技术可以畅行无阻.

下面介绍一个预备命题.

引理 11.3.1 设复值函数 $y(x) = u(x) + iv(x)$ 满足方程 (11.3.8). 则实部函数 $u(x)$ 和虚部函数 $v(x)$ 都是方程 (11.3.8) 的实值函数解.

证明 复数等式的成立意味着等号两侧的实部与虚部对应相等.

设特征方程 (11.3.10) 的根是一对共轭复数 $\lambda_1 = \alpha + i\beta$, $\lambda_2 = \alpha - i\beta$, $\beta \neq 0$. 对于复值函数, 仍有求导公式

$$\frac{d}{dx}e^{\lambda_1 x} = \lambda_1 e^{\lambda_1 x}, \quad \frac{d^2}{dx^2}e^{\lambda_1 x} = \lambda_1^2 e^{\lambda_1 x}.$$

因此可推证 $e^{\lambda_1 x}$ 是齐线性微分方程 (11.3.8) 的一个复值函数解. 由引理 11.3.1 知

$$e^{\lambda_1 x} = e^{\alpha x}(\cos\beta x + i\sin\beta x)$$

的实部和虚部

$$e^{\alpha x}\cos\beta x, \quad e^{\alpha x}\sin\beta x \tag{11.3.15}$$

是方程 (11.3.8) 的两个实值函数解. 由 λ_1 和 λ_2 共轭, 用 $e^{\lambda_2 x}$ 仍推得解 (11.3.15).

又 (11.3.15) 中两个函数的 Wronski 行列式 $W(x) = \beta e^{2\alpha x} \neq 0$. 由定理 11.2.3 和定理 11.2.5 知它们是线性无关的, 从而方程 (11.3.8) 的通解是

$$y = e^{\alpha x}(C_1\cos\beta x + C_2\sin\beta x), \quad C_1, C_2 \text{ 是任意 (实) 常数.} \tag{11.3.16}$$

11.3.3　单摆运动方程之解

例 11.3.1 中单摆方程 (11.3.2) 改写为 $\ddot{\varphi} + \omega^2 \varphi = 0$, 其中 $\omega = \sqrt{g/l}$. 这是常系数二阶线性方程, 特征方程为 $s^2 + \omega^2 = 0$, 有一对共轭复根 $\alpha \pm \beta i = \pm \omega i$. 按照 (11.3.16), 方程解为

$$\varphi(t) = C_1 \cos \omega t + C_2 \sin \omega t, \tag{11.3.17}$$

可见 $\omega = \sqrt{g/l}$ 是单摆的运动频率.

11.3.4　常系数二阶非齐线性方程之解

可先采用定理 11.2.6 中公式 (11.2.8) 和 (11.2.7) 求得非齐方程 (11.3.7) 的一个特解. 然后将所得特解与齐方程 (11.3.8) 的通解相加, 便得非齐方程 (11.3.7) 的通解.

当方程 (11.3.7) 右端 $f(x)$ 是一些特殊形式函数时, 例如多项式、指数函数、正弦或余弦函数, 或指数函数、正弦函数或余弦函数与多项式之积等情形, 可采用待定系数法寻求特解. 这里从略.

11.4　一些经典微分方程模型及其应用

11.4.1　振动问题

在例 11.3.3 中, 运动的质点受到弹性力 $-kx$、阻尼力 $-a\dot{x}$ 与强迫力 $f(x)$, 运动方程为

$$m\ddot{x} + a\dot{x} + kx = f,$$

这是常系数二阶非齐线性微分方程. 下面在不同受力情形下, 讨论方程的解及其物理意义.

1. 简谐振动 (无阻尼和外力)

运动方程为

$$\ddot{x} + \omega_0^2 x = 0, \tag{11.4.1}$$

其中 $\omega_0 = \sqrt{k/m}$, 与单摆方程 (11.3.2) 的类型相同, 解为

$$x(t) = C_1 \cos \omega_0 t + C_2 \sin \omega_0 t$$

或写为

$$x = A \cos(\omega_0 t - \delta), \tag{11.4.2}$$

称为**自由振动**或**简谐振动** (harmonic vibration), 其中 $\omega_0 = \sqrt{k/m}$ 正是质点的振动频率, 为该装置的固有频率.

2. 强迫自由振动 (forced free vibration)

无阻尼而受周期外力 $F_0 \cos \omega t$, 运动方程为

$$\ddot{x} + \omega_0^2 x = F_0 \cos \omega t, \quad \omega \neq \omega_0, \tag{11.4.3}$$

相配的齐方程的线性无关解为 $\cos \omega_0 t$, $\sin \omega_0 t$. 非齐次的特解分两种情形求解.

(1) 当 $\omega \neq \omega_0$ 时, 可用定理 11.2.6 方法求解. 但这里采用待定系数法. 由 $f = F_0 \cos \omega t$, 而 $\cos \omega t, \sin \omega t$ 的一、二阶导数仍是这类函数, 故特解可能是如下形式

$$\tilde{x} = A \cos \omega t + B \sin \omega t,$$

代入 (11.4.3) 整理得

$$A(\omega_0^2 - \omega^2) \cos \omega t + B(\omega_0^2 - \omega^2) \sin \omega t = F_0 \cos \omega t.$$

由 $\cos \omega t$, $\sin \omega t$ 的线性无关性, 知 $A = \dfrac{F_0}{\omega_0^2 - \omega^2}$, $B = 0$, 特解为

$$\tilde{x} = \frac{F_0}{\omega_0^2 - \omega^2} \cos \omega t,$$

故通解为

$$x = C_1 \cos \omega_0 t + C_1 \sin \omega_0 t + \frac{F_0}{\omega_0^2 - \omega^2} \cos \omega t, \tag{11.4.4}$$

其中常数 C_1, C_2 当设定初始条件时便被确立. 该振动为简写振动之叠加.

(2) 当 $\omega = \omega_0$ 时, 在上面的特解中令 $\omega \to \omega_0$, 得极限

$$\lim_{\omega \to \omega_0} \frac{F_0 \cos \omega t}{\omega_0^2 - \omega^2} = \frac{F_0}{2\omega_0} t \sin \omega_0 t$$

为此时之特解. 因此通解为

$$x = C_1 \cos \omega_0 t + C_1 \sin \omega_0 t + \frac{F_0}{2\omega_0} t \sin \omega_0 t,$$

或改写为

$$x = A \cos(\omega_0 t - \delta) + \frac{F_0}{2\omega_0} t \sin \omega_0 t. \tag{11.4.5}$$

解函数 (11.4.5) 中第一项是简谐周期函数, 第二项是振幅 $\dfrac{F_0}{2\omega_0} t$ 随时间不断增大而无止境的振荡 (oscillation) 函数. 这便是共振现象的数学解释和论证.

结论　若加外力, 特别若外力亦为一周期函数, 值得格外关注. 简言之, 若外力是周期力且其频率 ω 与系统的固有频率 ω_0 一致而又无阻尼, 必产生振幅随时间 t 无止境增大的振荡. 此现象称为**共振** (resonance), 此频率称为共振频率.

故共振很可能招致装置的损坏, 甚至严重损坏.

历史上的著名实例. 英格兰曼彻斯特市附近的一座布鲁顿 (Broughton) 桥, 1831 年一队士兵过桥时齐步走, 其产生的外力频率等于桥的固有频率, 造成相当大的振幅, 结果该桥坍塌. 从此士兵上桥不允许齐步而采用便步. 美国华盛顿州塔可马 (Tacoma) 桥于 1940 年建成, 不久因大风产生涡流而形成周期外力, 使振动加剧而坍塌, 这是近代的又一著名例证.

这对于工程设计、建筑物和机械装置的建造和使用有重要的指导意义. 应当避免共振, 否则后果不堪设想.

3. **阻尼振动** (damped free vibration)

有阻尼而无外力时, 方程为

$$\ddot{x} + \frac{a}{m}\dot{x} + \frac{k}{m}x = 0, \tag{11.4.6}$$

其中阻尼 $a \geqslant 0$. 这是齐次的, 特征方程为 $s^2 + \dfrac{a}{m}s + \dfrac{k}{m} = 0$, 判别式为 $\Delta = \dfrac{a^2 - 4mk}{m^2}$. 根 λ_1, λ_2 有三种情形.

(i) $\Delta > 0$, λ_1, λ_2 均为负实数, 解为

$$x = C_1 \mathrm{e}^{\lambda_1 t} + C_2 \mathrm{e}^{\lambda_2 t}, \tag{11.4.7}$$

称为**过阻尼** (overdamped) **运动**.

(ii) $\Delta = 0$, $\lambda_1 = \lambda_2 = -\dfrac{a}{2m} < 0$, 解为

$$x = (C_1 + C_2 t)\mathrm{e}^{-\frac{a}{2m}t}, \tag{11.4.8}$$

称为**临界阻尼** (critically damped) **运动**.

以上两情形都是非振动, 且 $x \to 0$ $(t \to +\infty)$, 即质点位移随时间进程而趋于平衡位置.

(iii) $\Delta < 0$, $\lambda_{1,2} = \alpha \pm \mathrm{i}\beta$, 其中 $\alpha = -\dfrac{a}{2m} < 0$, $\beta = \omega_0 = \dfrac{\sqrt{4mk - a^2}}{2m}$, 解为

$$x(t) = \mathrm{e}^{-\frac{a}{2m}t}\left(C_1 \cos \beta t + C_2 \sin \beta t\right),$$

或改写为

$$x(t) = Re^{-\frac{a}{2m}t} \cos(\omega_0 t - \delta). \tag{11.4.9}$$

这是振幅 $Re^{-\frac{a}{2m}t}$ 随时间衰减的余弦振动. 此情形在机械装置中常出现, 呈现阻尼振动而振幅衰减. 称为**欠阻尼** (under damped) **运动**. 实践中常采用弹簧质量阻尼器系统 (spring-mass-dashpot systems) 来阻抗不期望的干扰.

4. 有阻尼且有外力 (damped forced vibration)

设外力也是周期力 $F_0 \cos \omega t$, 方程为

$$\ddot{x} + \frac{a}{m}\dot{x} + \frac{k}{m}x = F_0 \cos \omega t. \tag{11.4.10}$$

在前面讨论的基础上, 只求其一特解. 类似地, 设特解为 $\tilde{x} = A\cos \omega t + B\sin \omega t$, 代入 (11.4.10), 比较系数解得 $A = \dfrac{F_0(k - m\omega^2)}{(k - m\omega^2)^2 + a^2\omega^2}, B = \dfrac{F_0 a\omega}{(k - m\omega^2)^2 + a^2\omega^2}$. 即得特解为

$$\psi(t) = \frac{F_0}{\sqrt{(k - m\omega^2)^2 + a^2\omega^2}} \cos(\omega t - \delta). \tag{11.4.11}$$

11.4.2　阻感容回路

设闭合回路中串联了电阻 R、电感 L、电容 C 各一, 电源电压为 $E = E_0 \sin \omega t$, 如图 11.3 所示.

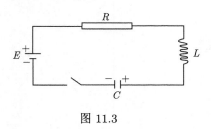

图 11.3

欲建立 t 时刻电容器上充电的电量 $Q(t)$ 所满足的微分方程, 电流强度 I 与电量 Q 的关系是 $I(t) = \dfrac{\mathrm{d}Q(t)}{\mathrm{d}t}$. 建立的依据是**回路电压定律**, 即

基尔霍夫 (Kirchhoff) 第二定律　在复杂电路的任一闭合回路中, 电动势的代数和等于电压 (电位) 差的代数和.

电阻 R 两端电位差等于 RI, 电容 C 两端电位差等于 Q/C, 电感 L 电动势等于 $-L\dfrac{\mathrm{d}I}{\mathrm{d}t}$, 电源电动势为 E. 由电位差之和等于电动势之和, 则有

$$RI + \frac{1}{C}Q = E(t) + \left(-L\frac{\mathrm{d}I}{\mathrm{d}t}\right),$$

即

$$L\frac{\mathrm{d}^2Q}{\mathrm{d}t^2} + R\frac{\mathrm{d}Q}{\mathrm{d}t} + \frac{Q}{C} = E, \tag{11.4.12}$$

因此电量函数 $Q(t)$ 是常系数二阶线性微分方程 (11.4.12) 的解. 该方程的求解方法与解的讨论, 和振动方程雷同, 不再重述.

重要评注　在电流回路中, 共振现象的发生有重要应用. 例如, 收音机之调谐即旋转可变电容以获得回路之共振频率与你希望接收之信号之基频一致, 从而此信号之振幅远大于其他信号而被调谐回路所接收.

11.4.3　人造卫星的轨道

本节讨论卫星运动方程与解及解的分析. 分四部分讨论.

1. 建立运动方程

假设卫星简化为一个质点, 质量为 m. 质点从地球表面上点 P 处发射, 初速 $\boldsymbol{v}_0$ 的水平正仰角为 α. 取笛卡儿坐标系 Oxy, 如图 11.4, 点 O 为地心, Oy 轴与 OP 一致, Ox 轴正交于 Oy 轴, 角 α 位于第一象限.

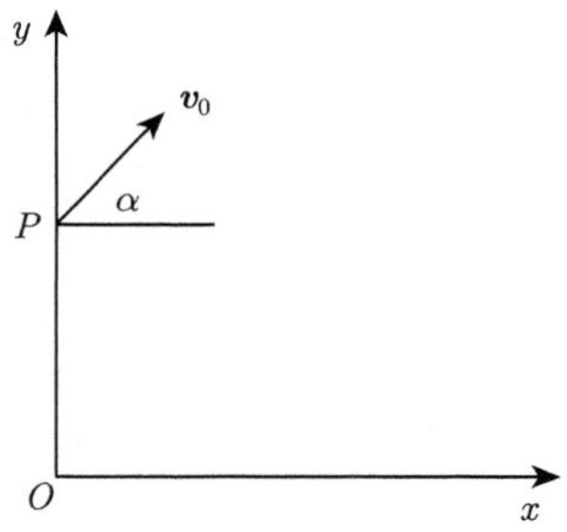

质点位置用向径 $\boldsymbol{r} = (x, y)$ 表示, 是时间 t 的函数, 速度向量是 $\boldsymbol{v} = \dfrac{\mathrm{d}\boldsymbol{r}}{\mathrm{d}t} = \left(\dfrac{\mathrm{d}x}{\mathrm{d}t}, \dfrac{\mathrm{d}y}{\mathrm{d}t}\right)$, 加速度向量是 $\boldsymbol{a} = \dfrac{\mathrm{d}^2\boldsymbol{r}}{\mathrm{d}t^2} = \left(\dfrac{\mathrm{d}^2x}{\mathrm{d}t^2}, \dfrac{\mathrm{d}^2y}{\mathrm{d}t^2}\right)$.

设质点在飞行过程中只受地球引力, 而忽视其他力, 由万有引力定律, 质量 m 的质点所受之力为

图 11.4

$$\boldsymbol{F} = \left(-G\frac{mMx}{(x^2 + y^2)^{\frac{3}{2}}}, -G\frac{mMy}{(x^2 + y^2)^{\frac{3}{2}}}\right), \tag{11.4.13}$$

其中 G 是引力常数, M 是地球质量, 为 5.965×10^{27} 克. 由 Newton 第二定律 $m\boldsymbol{a} = \boldsymbol{F}$, 得质点的运动方程为

$$\begin{cases} \dfrac{\mathrm{d}^2x}{\mathrm{d}t^2} = -G\dfrac{Mx}{(x^2 + y^2)^{\frac{3}{2}}}, \\ \dfrac{\mathrm{d}^2y}{\mathrm{d}t^2} = -G\dfrac{My}{(x^2 + y^2)^{\frac{3}{2}}}. \end{cases} \tag{11.4.14}$$

由 (11.4.14) 得

$$\begin{cases} \dfrac{\mathrm{d}}{\mathrm{d}t}\left(x\dfrac{\mathrm{d}y}{\mathrm{d}t} - y\dfrac{\mathrm{d}x}{\mathrm{d}t}\right) = 0, \\ \dfrac{\mathrm{d}}{\mathrm{d}t}\left[\left(\dfrac{\mathrm{d}x}{\mathrm{d}t}\right)^2 + \left(\dfrac{\mathrm{d}y}{\mathrm{d}t}\right)^2\right] = -\dfrac{GM}{(x^2 + y^2)^{\frac{3}{2}}}\dfrac{\mathrm{d}}{\mathrm{d}t}(x^2 + y^2), \end{cases}$$

将上面两式积分得

$$
\begin{cases}
x\dfrac{\mathrm{d}y}{\mathrm{d}t} - y\dfrac{\mathrm{d}x}{\mathrm{d}t} = c_1, \\[2mm]
\left(\dfrac{\mathrm{d}x}{\mathrm{d}t}\right)^2 + \left(\dfrac{\mathrm{d}y}{\mathrm{d}t}\right)^2 = \dfrac{2GM}{(x^2+y^2)^{\frac{1}{2}}} + c_2.
\end{cases}
\tag{11.4.15}
$$

取极坐标 (θ, ρ), 极点为 O, 极轴为 Ox 之正半轴, 于是 $x = \rho\cos\theta, y = \rho\sin\theta$, 以及

$$
\frac{\mathrm{d}x}{\mathrm{d}t} = \frac{\mathrm{d}\rho}{\mathrm{d}t}\cos\theta - \rho\sin\theta\frac{\mathrm{d}\theta}{\mathrm{d}t}, \quad \frac{\mathrm{d}y}{\mathrm{d}t} = \frac{\mathrm{d}\rho}{\mathrm{d}t}\sin\theta + \rho\cos\theta\frac{\mathrm{d}\theta}{\mathrm{d}t},
$$

代入 (11.4.15) 得

$$
\begin{cases}
\rho^2\dfrac{\mathrm{d}\theta}{\mathrm{d}t} = c_1, \\[2mm]
\left(\dfrac{\mathrm{d}\rho}{\mathrm{d}t}\right)^2 + \rho^2\left(\dfrac{\mathrm{d}\theta}{\mathrm{d}t}\right)^2 = \dfrac{2GM}{\rho} + c_2,
\end{cases}
\tag{11.4.16}
$$

消去 $\dfrac{\mathrm{d}\theta}{\mathrm{d}t}$, 得质点极径 $\rho(\theta(t))$ 满足的运动方程

$$
\left(\frac{\mathrm{d}\rho}{\mathrm{d}t}\right)^2 = c_2 + \frac{2GM}{\rho} - \frac{c_1^2}{\rho^2}.
\tag{11.4.17}
$$

2. 运动方程之通解

开始发射时, 距离 ρ 增加, $\mathrm{d}\rho/\mathrm{d}t > 0$, 故取

$$
\frac{\mathrm{d}\rho}{\mathrm{d}t} = \sqrt{c_2 + \frac{2GM}{\rho} - \frac{c_1^2}{\rho^2}}
$$

与 (11.1.16) 中第一式消去 $\mathrm{d}t$, 得 (此时设 $c_1 \neq 0$)

$$
\frac{\mathrm{d}\rho}{\mathrm{d}\theta} = \frac{\rho^2}{c_1}\sqrt{c_2 + \frac{2GM}{\rho} - \frac{c_1^2}{\rho^2}},
$$

即

$$
\mathrm{d}\theta = -\frac{\mathrm{d}\left(\dfrac{1}{\rho} - \dfrac{GM}{c_1^2}\right)}{\sqrt{\dfrac{c_2}{c_1^2} + \left(\dfrac{GM}{c_1^2}\right)^2 - \left(\dfrac{1}{\rho} - \dfrac{GM}{c_1^2}\right)^2}},
\tag{11.4.18}
$$

当 $\dfrac{c_2}{c_1^2} + \left(\dfrac{GM}{c_1^2}\right)^2 > 0$ 时, 积分 (11.4.18) 得

$$\theta = \arccos\left(\frac{1}{\rho} - \frac{GM}{c_1^2}\right)\bigg/\left[\frac{c_2}{c_1^2} + \left(\frac{GM}{c_1^2}\right)^2\right]^{\frac{1}{2}} + c,$$

即

$$\cos(\theta - c) = \left(\frac{1}{\rho} - \frac{GM}{c_1^2}\right)\bigg/\left[\frac{c_2}{c_1^2} + \left(\frac{GM}{c_1^2}\right)^2\right]^{\frac{1}{2}},$$

令

$$\begin{cases} p = \dfrac{c_1^2}{GM}, \\[3mm] e = \left[\dfrac{c_2}{c_1^2} + \left(\dfrac{GM}{c_1^2}\right)^2\right]^{\frac{1}{2}}\bigg/\dfrac{GM}{c_1^2} = \sqrt{1 + \dfrac{c_1^2 c_2}{G^2 M^2}}, \end{cases} \tag{11.4.19}$$

整理得质点运动的极坐标方程

$$\rho = \frac{p}{1 + e\cos(\theta - c)}, \tag{11.4.20}$$

这是圆锥曲线方程, 式中含有的三个参数 c_1, c_2 和 c, 可由初始条件决定. e 是离心率.

3. 参数之确定

发射点在地面时, 初始位置为 $x_0 = 0, y_0 = R$(地球半径), 对应极坐标为 $\rho_0 = R, \theta_0 = \dfrac{\pi}{2}$. 由初速度 $\boldsymbol{v}_0 = (v_0\cos\alpha, v_0\sin\alpha)$ 得

$$\frac{\mathrm{d}x}{\mathrm{d}t}\bigg|_{t=0} = v_0\cos\alpha, \qquad \frac{\mathrm{d}y}{\mathrm{d}t}\bigg|_{t=0} = v_0\sin\alpha.$$

由 (11.4.15),

$$c_1 = -Rv_0\cos\alpha, \quad c_2 = v_0^2 - \frac{2GM}{R}. \tag{11.4.21}$$

将初始条件 $\rho_0 = R, \theta_0 = \dfrac{\pi}{2}$ 代入 (11.4.20) 式可解得

$$\sin c = \frac{p/R - 1}{e}, \tag{11.4.22}$$

此式要求 $|p/R - 1| \leqslant e$. 事实上, 由 (11.4.19) 及 $c_1^2 = pGM$, $c_2 = v_0^2 - 2GM/R$, 得

$$e^2 = 1 + \frac{c_1^2 c_2}{G^2 M^2} = 1 + \frac{p}{GM}\left(v_0^2 - \frac{2GM}{R}\right) = 1 - \frac{2p}{R} + \frac{pv_0^2}{GM}$$

$$= \left(1 - \frac{p}{R}\right)^2 + \frac{pv_0^2}{GM} - \frac{p^2}{R^2},$$

又 $c_1^2 = R^2 v_0^2 \cos^2\alpha = pGM$, 得 $\dfrac{pv_0^2}{GM} = \dfrac{p^2}{R^2}\sec^2\alpha$. 因此

$$e^2 = \left(1 - \frac{p}{R}\right)^2 + \frac{p^2}{R^2}\tan^2\alpha \geqslant \left(1 - \frac{p}{R}\right)^2. \tag{11.4.23}$$

4. 圆锥曲线离心率 e 与初始条件

(1) 当 $e = 0$ 时, 质点的运动轨道是地心为圆心、R 为半径的圆周. 由 (11.4.23) 得 $\alpha = 0$ 及 $p = R$, 再由上述推导知, 得 $\dfrac{Rv_0^2}{GM} = \dfrac{p^2}{R^2}$, 从而

$$v_0^2 = \frac{GM}{R},$$

将地球半径 R 与地球质量 M 之值代入, 得

$$v_0^2 = \frac{6.685 \times 10^{-23} \times 5.98 \times 10^{27}}{6370} = 62.76\,(\text{km/s})^2,$$

故得

$$v_0 = 7.9\text{km/s},$$

这被称为**第一宇宙速度**.

(2) 当 $e = 1$ 时, 质点轨道是抛物线. 通常设发射速率 $v_0 \neq 0$, 质点发射仰角 $\alpha \neq \dfrac{\pi}{2}$, 从 c_1 表达式知 $c_1 \neq 0$, 则由 (11.4.19) 知 $c_2 = 0$, 再由 (11.4.19) 知

$$v_0^2 = \frac{2GM}{R},$$

得

$$v_0 = \sqrt{2} \times 7.9 = 11.2\text{km/s},$$

这被称为**第二宇宙速度**.

(3) 当 $0 < e < 1$ 时, 等价于第一宇宙速度 $< v_0 <$ 第二宇宙速度. 质点轨道为椭圆, 以地心为其一焦点.

(4) 当 $e > 1$ 时, 等价于 $v_0 >$ 第二宇宙速度. 质点轨道为双曲线之一支, 以地心为其一焦点.

第12讲

实　　数

数学分析教程中通常将变量限制于实数范围, 特别一元微积分学研究的是一个实变量的实值函数. 前面遗留下来一些尚未严格论证的重要定理, 如连续函数的性质, 必须建立在实数理论的严格基础之上. 接着要研究的多元微积分学, 研究的函数是多个实变量的, 或说成变量在某个高维的实欧氏空间中, 而函数值也可取自实数或某个高维的欧氏空间 (或称向量空间).

12.1　数的简史

人类最初便开始学会数数, 有 1, 2, 3, 等等. 后来发现可以无止境地数下去, 并做出一个大发明, 用 ⋯ 来表示这个无止境的过程. 于是得所有的自然数 1, 2, 3, ⋯ 以及它们之间的加法运算. 加法派生减法, 但减法受限制: 被减数必须大于减数. 累加改写为乘法. 进而乘法派生除法, 但除法亦受限制: 必须可除尽. 这便是自然数及其四则运算 $+, -, \times, \div$ 运算.

除不尽便产生分数概念: p/q, 其中 p, q 为自然数, 并且自然数也可包括在内, 而形成有理数概念, 也有 $+, -, \times, \div$ 四则运算. 这时除法已通行, 但减法尚受限制.

无理数的发现, 如 $\sqrt{2}$, 最早约在公元前五世纪. 据说是古希腊毕达哥拉斯 (Pythagoras) 学派的希帕索斯 (Hippasus) 首先发现而被投入海中 (参见 M. 克莱因《古今数学思想》第一册, 第 37 页). 后来才逐渐被人们所承认.

零的出现要迟到公元六世纪末, 这真值得我们深思! 目前学术界普便认为那是由印度人完成的 (参见 M. 克莱因《古今数学思想》第一册, 第 210 页).

后来出现负数, 目前学术界普便认为最早还是印度人, 那是公元 628 年. 从而有理数和无理数均可正可负 (参见 M. 克莱因《古今数学思想》).

实数则被理解为有理数与无理数之总和或数轴上之所有点, 记作 $\mathbb{R}$, 带有 $+, -, \times, \div$ 四则运算, 但是零, 即 0, 不得为除数.

到十六世纪, 人们从解代数方程 $x^2 + 1 = 0$ 而得 $i = \sqrt{-1}$, 称为虚数, 进而建立复数 $a + ib$. 但是长期不被人们接受. 直到十八世纪末获得在平面上的几何表示后, 才被普遍承认, 并迅速认识到在理论和应用中的重要作用, 于是建立了复数上的微积分、复变函数论.

复数的成功激发了热情, 人们开始探索能否在高维空间, 例如在 $\mathbb{R}^3$ 中构造类似于复数的结构. 英国数学家哈密顿 (Hamilton, 1805—1865) 经过许多年的失败后, 于 1843 年对 $\mathbb{R}^4$ 建立了四元数, 其中的乘法运算已没有交换性了. 后来, 英国数学家凯莱 (Caylay, 1821—1895) 在 $\mathbb{R}^8$ 上定义了所谓 Caylay (八元) 数, 其中乘法的结合性也丧失了. 但他们的成功开创了关于 "代数" 理论及 "代数不变量" 的研究. 在长达一个世纪的期间, 所谓 "超复系"(hypercomplex numbers) 的存在与否是数学中引人注目的问题, 直到二十世纪五十年代末才被拓扑学家解决: 在 $\mathbb{R}^n$ 上除 $n = 1, 2, 4, 8$ 外不可能建立类似上述的代数结构.

12.2 自然数的 Peano 公理系统

佩亚诺 (Peano, 1858—1932) 是意大利人, 他于 1889 年发表了自然数的公理系统如下.

自然数集合 $\mathbb{N}$ 满足如下公理.

(1) $1 \in \mathbb{N}$.

(2) $\forall x \in \mathbb{N}, \exists \, | x' \in \mathbb{N}$ 称为 x 的**后继**.

(3) $\forall x \in \mathbb{N}, 1 \neq x'$.

(4) 若 $x, y \in \mathbb{N}$ 使 $x' = y'$, 则 $x = y$.

(5) (归纳公理, Peano 公理) 设 $S \subset \mathbb{N}$ 具有性质:

(i) $1 \in S$;

(ii) 设 $x \in S$, 则 $x' \in S$,

则 $S = \mathbb{N}$.

由此公理系统派生自然数中的加法 +, 序 >, 乘法 ·, 以及它们的性质, 完成自然数系的运算结构和序结构. 这里只举如何定义加法, 叙述如下.

定理兼定义 12.2.1 $\forall x, y \in \mathbb{N}$, 恰有一种方法规定 $x + y \in \mathbb{N}$ 满足

(i) $\forall x \in \mathbb{N}, x + 1 = x'$;

(ii) $\forall x, y \in \mathbb{N}, x + y' = (x + y)'$.

下面将所谓的 "数学归纳法" 作为定理, 进行证明.

假设命题 A 由一序列命题 $A_n, n = 1, 2, 3, \cdots$ 所组成. 欲证明命题 $A = \{A_n\}$, 可用下面的定理.

定理 12.2.2(数学归纳法证明) 若能做到

(i) 证得 A_1 成立;

(ii) 设 A_n 已成立, 证得 A_{n+1} 也成立,

则 A_n 对一切自然数 n 成立.

证明　设 $S \subset \mathbb{N}$ 是所有使得 A_n 成立的自然数组成的集合. 由假设可知: (i) $1 \in S$; (ii) 若 $x \in S$ 则 $x + 1 \in S$. 根据 Peano 公理知 $S = \mathbb{N}$, 即 A_n 对一切自然数 n 成立.

假设欲构作一个序列 $\{A_n\}$, 则类似地可用下面的定理.

定理 12.2.3(数学归纳法构作)　若能做到

(i) 成功构作 A_1;

(ii) 设 A_n 已构作, 进而成功构作 A_{n+1},

则 A_n 对一切自然数 n 构作成功.

证法类似于上.

12.3　实数的公理化定义

定义实数的方法很多, 有构造性的和非构造性的. 这里将采用一种非构造性的公理化方法.

实数系记为 $\mathbb{R}$, 它由集合 $\mathbb{R}$ 及 $\mathbb{R}$ 上的代数结构、序结构及拓扑结构组成, 这些结构分别由下面几组公理系来界定.

域公理　$\mathbb{R}$ 中设有两个二元运算分别称为加法 $+$ 和乘法 $\cdot$, 乘法记号可省略, 满足下面的公理, 其中的 $a, b, c \in \mathbb{R}$.

公理 1　**交换律** $a + b = b + a$; $ab = ba$.

公理 2　**结合律** $a + (b + c) = (a + b) + c$; $a(bc) = (ab)c$.

公理 3　**分配律** $a(b + c) = ab + ac$.

公理 4　**中性元存在性** $\exists 0, 1 \in \mathbb{R}$, 使得 $0 \neq 1$, $a + 0 = a$ 和 $a \cdot 1 = a$.

公理 5　**相反数存在性** $\forall a \in \mathbb{R}, \exists -a \in \mathbb{R}$ 使得 $a + (-a) = 0$.

公理 6　**倒数存在性** $\forall a \in \mathbb{R}, a \neq 0, \exists a^{-1} \in \mathbb{R}$ 使得 $aa^{-1} = 1$.

一个集合带上两个二元运算而满足上述公理 1—公理 6, 则称为一个域 (field). 实数系 $\mathbb{R}$ 是一个域, 常称为实数域. 公理 5 中的 $-a$ 称为 a 的相反数或读作负 a. 公理 6 中的 a^{-1} 也写作 $\dfrac{1}{a}$, 称为 a 的倒数.

实数系 $\mathbb{R}$ 还满足下列序公理.

序公理　设 $\mathbb{R}$ 中有一个子集 $\mathbb{R}^+$, 称为正数集合, 满足下面的公理.

公理 7　$0 \notin \mathbb{R}^+$.

公理 8　若 $a, b \in \mathbb{R}^+$, 则 $a + b, ab \in \mathbb{R}^+$.

公理 9　$\forall a \in \mathbb{R}$, 三种可能 $a = 0, a \in \mathbb{R}^+$ 和 $-a \in \mathbb{R}^+$ 恰有一个成立.

满足公理 1—公理 9 的集称为一个**有序域** (ordered field). 实数系 $\mathbb{R}$ 是一个有序域.

从序公理 7—公理 9, 可在 $\mathbb{R}$ 中定义 $<, \leqslant$ 等如下. 设 $a, b \in \mathbb{R}$,

$$a < b \quad 意为 \quad b - a \in \mathbb{R}^+,$$

$$a > b \quad 意为 \quad a - b \in \mathbb{R}^+,$$

$$a \leqslant b \quad 意为 \quad a < b \quad 或 \quad a = b,$$

$$a \geqslant b \quad 意为 \quad a > b \quad 或 \quad a = b.$$

现在, 由公理 1—公理 9 可以推知有序域中有一个包含着乘法中性元 1 在内的一个子集, 满足 12.2 节中的自然数的 Peano 公理系统. 或者说, 有序域中有一个子集是自然数系 $\mathbb{N}$. 再从公理 6 可知 $\forall a, b \in \mathbb{N}, ab^{-1}$ 及 $-ab^{-1}$, 再添上加法中性元后得到该有序域的一个包含着 $\mathbb{N}$ 的子集, 它满足全部公理 1—公理 9, 记作 $\mathbb{Q}$, 它自身也是一个有序域, 称为**有理数域** (field of rational numbers).

在面对一组公理系统时, 可以拿已知的事物来检验, 看它是否满足该公理系统, 并且还认为, 此后凡满足该公理系统的事物都是已知的.

比如, 读者在学习这个课程以前便用某种方式认识到有理数, 那么你可以用你所了解到有关有理数的知识来检验, 全体有理数的集合带上四则运算及正负号满足有序域的公理 1—公理 9. 如果读者还已经知道什么是实数, 你会发现你所了解的实数带上四则运算及正负号也满足有序域的公理 1—公理 9. 因此, 你心中有两个实例, 它们都是有序域、有理数域和实数域, 并且你一定知道它们是不相同的, 这个说法的精确化是, 它们是不同构的. 这需要严格证明, 可以做到, 但目前还不行.

总之, 公理 1—公理 9 的 "实现" 不是唯一的. 有理数域是其一个实现. 我们心中想界定的实数域也是其一个实现. 这说明为了界定实数系, 需要添加公理. 下面添加的公理将把有理数域排除, 而留下我们心中想界定的实数域作为其唯一的实现.

下面添加的公理通常称为完备公理. 完备公理有许多种办法设置. 下面介绍的由两条公理组成.

完备公理

公理 10(Archimedes 公理) $\forall a, b \in \mathbb{R}$ 使得 $a > 0, b \geqslant 0, \exists n \in \mathbb{N}$ 使 $b \leqslant na$.

这就是说, 实数系 $\mathbb{R}$ 是一个 Archimedes 有序域.

为陈述最后一条公理, 采用序结构中的不等式定义闭区间和开区间. 设 $a, b \in \mathbb{R}, a < b$, 则 $[a, b] = \{x \,|\, x \in \mathbb{R}, a \leqslant x \leqslant b\}$, 称为以 a 为左端点, 以 b 为右端点的

闭区间; 而 $(a,b) = \{x \,|\, x \in \mathbb{R}, a < x < b\}$, 称为以 a 为左端点, 以 b 为右端点的开区间.

公理 11(康托尔 (Cantor, 1845—1918) 公理)　设给了闭区间序列 $\{[a_n, b_n]\}$, 满足 $\forall n \in \mathbb{N}, a_n \leqslant a_{n+1}$ 和 $b_{n+1} \leqslant b_n$, 则这个序列的交不是空集.

满足公理 11 中条件的闭区间序列通常称为**区间套** (nested intervals).

读者不难看出, 有理数域 $\mathbb{Q}$ 也满足 Archimedes 公理, 因而也是一个 Archimedes 有序域, 但是不满足 Cantor 公理. 于是 Cantor 公理将有理数域 $\mathbb{Q}$ 排除在外, 而 Archimedes 公理不允许实数域再扩大. 事实上, 有下面的唯一实现定理.

定理兼定义 12.3.1　设 $\mathbb{R}_1$ 和 $\mathbb{R}_2$ 是两个带有两个二元运算和序结构而满足公理 1—公理 11 的有序域, 则 $\mathbb{R}_1$ 和 $\mathbb{R}_2$ 是同构的. 这个在同构意义下是唯一的满足公理 1—公理 11 的有序域称为**实数域** (field of real numbers), 记作 $\mathbb{R}$.

这个定理很基本, 但证明并不难, 请读者自己完成.

至此用公理系统定义了实数域 $\mathbb{R}$, 它包含有理数域 $\mathbb{Q}$ 作为子域, 而 $\mathbb{Q}$ 还包含整数集 $\mathbb{Z}$ 作为子集, 整数集 $\mathbb{Z}$ 按加法和乘法成为一个**环** (ring), 从而整数环 $\mathbb{Z}$ 是有理数域 $\mathbb{Q}$ 的, 也是实数域 $\mathbb{R}$ 的一个子环.

12.4　数轴

自古以来, 人们就把数与直线上的点相对应, 其基本观念是: 认为数就是直线线段之长度.

设取定一条直线, 在它上面取定一点, 记作 O, 称为**原点**, 再取定两条半直线之一的方向为**正方向**, 用半直线的一个箭头记之, 最后, 在正方向半直线上取定一点, 认为从点 O 到该点之长度为 1. 这样做过以后, 这条直线便称为一条**数轴**, 如图 12.1.

这个画法是采用了解析几何的画法, 但数学史家已论证, 数学的几何和算术两个方面从一开

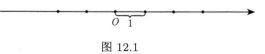

图 12.1

始就紧密结合着的. 以古希腊为例, 公元前五世纪前后的 Pythagoras 学派就相信直线上的点都对应于数. 不过 Pythagoras 等以为均可表为**有理数** (rational numbers), 意为可比的数. 只用圆规和直尺 (无刻度者) 可将任何正有理数表示在一条直线上. 就在公元前五世纪发现 $\sqrt{2}$ 不是有理数, 而 $\sqrt{2}$ 可很方便地用圆规直尺作出, 表作数轴正方向之一点. 由此可见, 正有理数不能填满正数轴.

随后, $\sqrt{2}$ 被接受为一个数, 这种不是有理数的数称为**无理数** (irrational numbers), 意为不可比的数.

现在已用公理 1—公理 11 来界定实数域 $\mathbb{R}$, 见定理兼定义 12.3.1. 今后认为实数域 $\mathbb{R}$ 与数轴上的点相互一一对应. 实数域 $\mathbb{R}$ 中那些不属于有理数域 $\mathbb{Q}$ 的数就称为**无理数**.

12.5　实数的拓扑

在 12.3 节曾引进闭区间和开区间, 现在再次写入下面的定义中.

定义 12.5.1　设 $a, b \in \mathbb{R}, a < b$.

(1) 称集合

$$(a, b) = \{x \in \mathbb{R} \,|\, a < x < b\}$$

为 $\mathbb{R}$ 的一个**开区间**, a 和 b 分别为其左端点和右端点, 它们都不在 (a, b) 中.

(2) 称集合

$$[a, b] = \{x \in \mathbb{R} \,|\, a \leqslant x \leqslant b\}$$

为 $\mathbb{R}$ 的一个**闭区间**, a 和 b 分别为其左端点和右端点, 它们都在 $[a, b]$ 中.

(3) 称集合

$$[a, b) = \{x \in \mathbb{R} \,|\, a \leqslant x < b\},$$

$$(a, b] = \{x \in \mathbb{R} \,|\, a < x \leqslant b\}$$

为 $\mathbb{R}$ 的**半闭半开区间**, a 和 b 分别为其左端点和右端点.

(4) 引进记号 $+\infty$(读作正无穷大) 和 $-\infty$(读作负无穷大) 如下:

$$(a, +\infty) = \{x \in \mathbb{R} \,|\, x > a\},$$

$$[a, +\infty) = \{x \in \mathbb{R} \,|\, x \geqslant a\},$$

$$(-\infty, b) = \{x \in \mathbb{R} \,|\, x < b\},$$

$$(-\infty, b] = \{x \in \mathbb{R} \,|\, x \leqslant b\},$$

并称这些集合为**无穷区间**, 它们或者只有左端点 a, 或者只有右端点 b. 还可以在不等式中采用 $\pm\infty$ 如下:

$$x > a \quad \text{等同于} \quad a < x < +\infty,$$

$$x \geqslant a \quad \text{等同于} \quad a \leqslant x < +\infty,$$

$$x < b \quad \text{等同于} \quad -\infty < x < b,$$

$$x \leqslant b \quad \text{等同于} \quad -\infty < x \leqslant b.$$

还可以写出不等式

$$-\infty < x < +\infty,$$

或集合

$$(-\infty, +\infty),$$

它等于 $\mathbb{R}$.

(5) 设 $p \in \mathbb{R}$, (a, b) 是 $\mathbb{R}$ 的一个开区间使得 $p \in (a, b)$, 则称 (a, b) 为点 p 的一个**邻域**. 特别, 当 $\varepsilon > 0$ 时, 开区间 $(p - \varepsilon, p + \varepsilon)$ 称为点 p 的 ε **邻域**, 通常记作 $N(p; \varepsilon)$.

开区间和邻域概念最重要, 利用它可进一步定义开集概念.

定义 12.5.2　设 $X \subset \mathbb{R}$.

(1) 点 $p \in X$ 称为 X 的一个内点, 如果在 $\mathbb{R}$ 中存在一个开区间 (a, b) 使得 $p \in (a, b) \subset X$ 或等价地, $\exists \varepsilon > 0$, 使点 p 的 ε 邻域 $N(p; \varepsilon) = (p - \varepsilon, p + \varepsilon) \subset X$.

(2) 集合 X 的所有内点组成 X 的一个子集, 称为 X 的**内部**, 记作 $\text{Int}(X)$ 或 $\overset{\circ}{X}$.

(3) 集合 X 称为**开集**, 若 $X = \text{Int}(X)$, 即 X 的每一点都是 X 的内点.

实数 $\mathbb{R}$ 的开集族有如下性质.

定理 12.5.1　(1) 空集 $\varnothing$ 和全体实数集 $\mathbb{R}$ 都是开集.

(2) 任意多个开集之并集是开集.

(3) 任意有限个开集之交集是开集.

证明作为练习.

评注 12.5.1　从拓扑学的观点看, 如果在一个给定的集合 S 中规定其某些子集为开集, 使得定理 12.5.1 的三条结论均成立, 即

(1) 空集 $\varnothing$ 和集合 S 都是开集;

(2) 任意多个开集之并集是开集;

(3) 任意有限个开集之交集是开集,

则认为 S 已成为一个**拓扑空间** (topological space), 同时将 S 的全部开集组成的族 T 称为 S 的一个**拓扑** (topology). 确切地说, 集合 S 赋予一个拓扑 T 后, 成为一个拓扑空间, 或说 (S, T) 是一个拓扑空间. 按这个观点, 实数集 $\mathbb{R}$ 按定义 12.5.2 中开集之规定, 成为一个拓扑空间, 也就是说, 定义 12.5.2 中定义的开集族是常用的实数集的拓扑.

还要介绍一些常用的基本概念.

定义 12.5.3　设 $X \subset \mathbb{R}$.

(1) 集合 X 称为**闭集**, 若其余集 CX 是开集.

(2) 点 p 称为集合 X 的**极限点**, 若对于任意 $\varepsilon > 0$, 开区间 $(p - \varepsilon, p + \varepsilon)$ 中包含有 X 中不同于 p 的点.

(3) X 的所有极限点组成的集合记作 X', 称为 X 的**导集**, 而 X 与 X' 的并集记作 $\overline{X}$, 称为 X 的**闭包**.

(4) X 的闭包 $\overline{X}$ 与 X 的余集 CX 的闭包 $\overline{CX}$ 的交集记作 $\mathrm{Fr}\,(X)$, 称为集合 X 的**边界**.

既然闭集是借用开集来定义的, 于是从定理 12.5.1 可得闭集有如下基本性质.

定理 12.5.2　(1) 空集 $\varnothing$ 和全体实数集 $\mathbb{R}$ 都是闭集.

(2) 任意多个闭集之交集是闭集.

(3) 任意有限个闭集之并集是闭集.

集合 X 的极限点不一定属于 X, 但如果 X 包含它自己的所有的极限点, 即 $X \supset X'$, 则集合 X 等于它的闭包 $\overline{X}$.

定理 12.5.3　一个实数集合 X 是闭集, 当且仅当 $X = \overline{X}$, 即 X 包含它自己的所有极限点.

证明　设 X 是闭集, 点 p 是 X 的极限点, 今证 $p \in X$. 如若不然, 设 $p \notin X$, 即 $p \in CX$. 因 X 是闭集, 故 CX 是开集, 从而点 p 是 CX 的内点. 于是 $\exists \varepsilon > 0$, 使 $(p - \varepsilon, p + \varepsilon) \subset CX$. 由此得 $(p - \varepsilon, p + \varepsilon) \cap X = \varnothing$, 这与点 p 是 X 的极限点相矛盾.

设 $X = \overline{X}$, 今证 X 是闭集. 只需证 CX 的每一个点都是自身的内点. 如若不然, 设点 $p \in CX$ 不是 CX 的内点, 则 $\forall \varepsilon > 0, (p - \varepsilon, p + \varepsilon) \not\subset CX$, 即 $(p - \varepsilon, p + \varepsilon) \cap X \neq \varnothing$. 因为 $p \notin X$, 可见 $(p - \varepsilon, p + \varepsilon)$ 中包含着 X 中不同于 p 的点, 即点 p 是 X 的极限点. 因为 $X = \overline{X}$, 故 X 包含它自身的所有极限点, 从而 $p \in X$. 这与 $p \in CX$ 相矛盾.

下面有关极限点的一条性质很有用.

定理 12.5.4　设 $X \subset \mathbb{R}$, 点 p 是 X 的极限点的充要条件是, 点 p 的任何 ε 邻域都包含有 X 中无穷多个点.

证明　充分性显然, 今证必要性. 如果结论不对, 即设存在 $\varepsilon > 0$, 使得点 p 的邻域中只含有 X 中有限个点, 于是记 $((p - \varepsilon, p + \varepsilon) \setminus \{p\}) \cap X = \{q_1, \cdots, q_k\}$. 令

$$\varepsilon' = \min_{1 \leqslant i \leqslant k} \{|q_i - p|\},$$

则 $\varepsilon' > 0$ 且 $((p - \varepsilon', p + \varepsilon') \setminus \{p\}) \cap X = \varnothing$. 这与 p 是 X 的极限点矛盾.

推论 12.5.1　$\mathbb{R}$ 的有限子集没有极限点.

开区间, 包括无穷开区间, 都是开集; 闭区间都是闭集, 形如 $[a, +\infty)$ 和 $(-\infty, b]$ 的无穷区间也是闭集. 当 $a, b \in \mathbb{R}, a < b$, 则半开半闭区间 $[a, b)$ 和 $(a, b]$ 既不是

开集, 也不是闭集. 因为, 例如 $[a,b)$ 中点 a 不是 $[a,b)$ 的内点, 故 $[a,b)$ 不是开集, 并且点 b 是 $[a,b)$ 的极限点, 但不包含于 $[a,b)$ 中, 故由定理 12.5.3 知 $[a,b)$ 不是闭集.

一般来说, 实数 $\mathbb{R}$ 的开集可由若干 (有限多或无限多) 个开区间作并集而得. 而对实数 $\mathbb{R}$ 的闭集的理解, 定理 12.5.3 的刻画最为重要.

还应注意, 有些重要的集合, 如全体有理数之集合、全体无理数之集合, 既不是开集, 也不是闭集.

12.6 演绎推理模式简述

· 演绎推理模式.

(1) 基本的技术术语已被介绍, 它们被称为**本原术语** (primitive terms).

(2) 给出了有关本原术语的一系列本质陈述, 称为**公理** (axioms).

(3) 所有其他技术术语由此前已引出的术语来定义, 非本原术语称为定义的术语 (defined terms), 通常称为**定义**或**新概念**.

(4) 从此前已引出的陈述逻辑演绎出的陈述称为**定理** (theorems).

用上述演绎推理建立起来的数学理论是 "绝对可靠和无可争辩的". 这就是 "公理化":

公理: (1), (2).

定义: (3).

定理: (4).

· 公理化是古希腊对几何学第一个运用的: 欧氏几何.

公理及公设 (postulates);

定义;

定理.

▲ 缺点:

① 对本原术语做不必要的描述.

② 公理及公设不全. 因此在逻辑推导时, 不时引用某些未证明的命题.

③ 对公理化的意义认识不够.

· 非欧几何的出现.

自古以来, 人们希望将欧氏平行公理作为定理从其他公理推出.

其中一个思路是, 设欧氏平行公理不对, 希望推导出矛盾.

到十九世纪初都未能得到矛盾. 1830 年俄国人罗巴切夫斯基 (Lobachevsky, 1792—1856) 第一个发表了非欧几何; 1832 年匈牙利人波尔约 (Bolyai, 1802—

1860) 也发表了类似工作. 其实高斯 (Gauss, 1777—1855) 更早地得到而不愿发表.

▲ 什么是非欧几何的非欧平行公理: 在平面上, 过直线外一点可作两条不同的直线与该直线不相交.

▲ 若不采用平行公理: 三角形三内角之和 $\leqslant \pi$.

▲ 采用欧氏平行公理, 则三角形三内角之和 $= \pi$.

▲ 采用非欧平行公理, 则三角形三内角之和 $< \pi$. 那么少多少？面积越大, 内角和越小, 并可任意地小. 存在 "三角形", 内角之和为 0, 面积有限. 非欧几何学中相似的三角形必全等, 不全等的必不相似.

• 希尔伯特 (Hilbert, 1862—1943) 的总结: 1899 年发表《几何基础》提出完备的欧氏几何公理体系, 标志现代数学均建立在公理化系统之上.

• 数学基础的三大学派.

(1) 罗素 (Russell, 1872—1970): 数学就是逻辑.

(2) Hilbert: 被人认为是形式主义, 此言不妥.

把数学写成形式公理系统而且非常彻底, 使得数学中任何概念的含义已完全写进公理及推理规律中. 而公理是一些符号串, 推理是符号串的变换.

一个公理系统可解释该系统中所有问题.

Hilbert 希望严格地证明公理系统的协调性, 证明可限于有限的构造性范围内.

哥德尔 (Gödel, 1906—1978)1931 年的不完备性定理说, 不可能在本门数学之内证明 "公理系统的协调性", 必须在更强的一门数学中证明. 但 Hilbert 的想法创建了证明论.

(3) 布劳威尔 (Brouwer, 1881—1966): 直觉主义, 反对排中律, 不能使用反证. 在这一派看来, 许多现代数学是不被承认的. 但他们在构造性的数学领域有巨大贡献.

• Hilbert 在 1900 年世界数学家大会上提出 23 个问题, 对二十世纪数学研究影响极大, 但数学的发展超出预计. 包括 Hilbert 自己创建的泛函分析, 庞加莱 (Poincaré) 创建的代数拓扑等. 这 23 个问题还未全解决.

第13讲

实数序列的极限

现在将从实数的序列, 或称数列的严格的极限概念出发, 建立一个实变量的实值函数的极限理论和连续性理论. 本讲先讨论实数序列的极限理论.

13.1 序列的极限概念

定义 13.1.1(序列极限的 ε-δ 定义) 设 $\{a_n\}$ 是 $\mathbb{R}$ 中的一个序列. 如果 $\exists a \in \mathbb{R}$, 并且 $\forall \varepsilon > 0, \exists$ 自然数 N, 使得当 $n \geqslant N$ 时

$$|a_n - a| < \varepsilon,$$

则称序列 $\{a_n\}$ 是**收敛的**, 并且**收敛于**或**趋于** a, 记作

$$\lim_{n \to \infty} a_n = a, \quad 或 \quad a_n \to a \text{ 当 } n \to \infty \text{ 时},$$

这时称 a 为序列 $\{a_n\}$ 的**极限**. 如果上述条件不成立, 则称序列 $\{a_n\}$ 是**发散的**, 或**不收敛**.

现在可以用定义 13.1.1 来检验具体的序列极限的例子.

例 13.1.1 数列

$$1, \frac{1}{2}, \frac{1}{3}, \cdots, \frac{1}{n}, \cdots$$

收敛于 0.

证明 通项 $a_n = \dfrac{1}{n}$. 因为

$$|a_n - 0| = \frac{1}{n},$$

故 $\forall \varepsilon > 0$, 只要取自然数 $N > \left[\dfrac{1}{\varepsilon}\right]$, 当 $n \geqslant N$ 时, 就有

$$\left|\frac{1}{n} - 0\right| = \frac{1}{n} \leqslant \frac{1}{N} < \varepsilon.$$

故 $\lim\limits_{n\to\infty}\dfrac{1}{n}=0.$

注 $[x]$ 表示对实数 x 取整, $x=[x]+\alpha,\ 0\leqslant\alpha<1.$ 若自然数 $N>[x]$, 则有 $N>x.$

完全类似地, 可证序列 $\left\{\dfrac{1}{n^{\alpha}}\right\}\ (\alpha>0),\ \left\{\dfrac{1}{2^{n}}\right\}$ 都收敛于 0.

例 13.1.2 序列

$$0.3,0.33,0.333,\cdots,0.\underbrace{33\cdots3}_{n\text{个}},\cdots$$

收敛于 $\dfrac{1}{3}.$

证明 将 $\dfrac{1}{3}$ 表为无穷小数 $\dfrac{1}{3}=0.\dot{3}.$ 于是

$$\left|0.\underbrace{33\cdots3}_{n\text{个}}-\dfrac{1}{3}\right|=0.\underbrace{00\cdots0}_{n\text{个}}\dot{3}<\dfrac{1}{10^{n}}.$$

$\forall\varepsilon>0$, 只要取 $N>\left[\log_{10}\dfrac{1}{\varepsilon}\right]$, 即 $10^{N}>\dfrac{1}{\varepsilon}$, 所以当 $n\geqslant N$ 时, 就有

$$\left|0.\underbrace{33\cdots3}_{n\text{个}}-\dfrac{1}{3}\right|<\dfrac{1}{10^{n}}\leqslant\dfrac{1}{10^{N}}<\varepsilon.$$

故 $\lim\limits_{n\to\infty}0.\underbrace{33\cdots3}_{n\text{个}}=\dfrac{1}{3}.$

例 13.1.3 序列

$$\dfrac{1}{2},\dfrac{2}{3},\dfrac{3}{4},\cdots,\dfrac{n}{n+1},\cdots$$

收敛于 1.

证明 $\forall\varepsilon>0.$ 为使得 $\left|\dfrac{n}{n+1}-1\right|=\dfrac{1}{n+1}<\varepsilon$, 只需取 $N>\left[\dfrac{1}{\varepsilon}\right]$. 所以当 $n\geqslant N$ 时, 就有

$$\left|\dfrac{n}{n+1}-1\right|=\dfrac{1}{n+1}<\dfrac{1}{n}<\varepsilon,$$

故 $\lim\limits_{n\to\infty}\dfrac{n}{n+1}=1.$

例 13.1.4 序列

$$1, \frac{1}{2}, 1, \frac{1}{4}, 1, \frac{1}{8}, \cdots, 1, \frac{1}{2^{\frac{n}{2}}}, \cdots$$

的值在区间 $(0, 1]$ 上来回摆动, 不接近任何一个确定的常数, 它不收敛. 但这仅是观察的结果, 还不是一个正式的严格证明. 严格的证明可利用后面的定理, 如定理 13.3.3 或定理 13.5.1.

例 13.1.5 序列

$$1!, \ 2!, \ 3!, \cdots, \ n!, \cdots \quad \text{和} \quad -2, -1, -4, -3, \cdots, -n + (-1)^n, \cdots,$$

在数轴上, 前一个序列的值朝着正方向无止境即 "无穷" 地增大, 后一个序列的值朝着负方向、波动地减小而绝对值 "无穷" 地增大, 都不接近任何确定的常数, 因而也都无极限. 严格的证明可利用定理 13.2.2.

例 13.1.6 序列

$$1, -2, 3, -4, \cdots, (-1)^{n+1} n, \cdots$$

的值在 $(-\infty, +\infty)$ 上正负相间地摆动, 且绝对值无限地增大, 也没有极限. 其严格的证明可利用定理 13.2.2.

上面例 13.1.5 和例 13.1.6 中的序列虽然不收敛, 但是在不收敛的序列中是比较重要的一类, 有时甚至是很重要的. 对此, 我们提出无穷大概念.

定义 13.1.2(无穷大序列定义)　(1) 若序列 $\{a_n\}$ 具有以下性质: $\forall M > 0, \exists$ 自然数 N, 使得当 $n \geqslant N$ 时, 就有

$$|a_n| > M,$$

则称序列 $\{a_n\}$ 是一个**无穷大**, 或**以** ∞ (读作无穷大) **为极限**, 并记作

$$\lim_{n \to \infty} a_n = \infty, \quad \text{或} \quad a_n \to \infty \ (\text{当} \ n \to \infty \ \text{时}).$$

(2) 若序列 $\{a_n\}$ 是一个无穷大, 并且 a_n 从某一项开始均为正, 则称序列 $\{a_n\}$ 是一个**正无穷大**, 或**以** $+\infty$(读作正无穷大) **为极限**, 并记作

$$\lim_{n \to \infty} a_n = +\infty, \quad \text{或} \quad a_n \to +\infty \ (\text{当} \ n \to \infty \ \text{时}).$$

(3) 若序列 $\{a_n\}$ 是一个无穷大, 并且 a_n 从某一项开始均为负, 则称序列 $\{a_n\}$ 是一个**负无穷大**, 或**以** $-\infty$(读作负无穷大) **为极限**, 并记作

$$\lim_{n \to \infty} a_n = -\infty, \quad \text{或} \quad a_n \to -\infty \ (\text{当} \ n \to \infty \ \text{时}).$$

请读者特别注意, 切记不要将 "无穷大" 一词理解为确定的数, 它不是一个什么 "很大的数".

与无穷大相对立的概念是无穷小.

定义 13.1.3(无穷小序列定义) 如果序列 $\{a_n\}$ 收敛于 0, 则称序列 $\{a_n\}$ 是一个**无穷小**.

同样请特别注意, "无穷小" 一词绝不可理解为一个 "很小很小的数", 而是指趋于 0 的序列 (变量), 可以理解为 "无限地变小的量" 的简称.

无穷大与无穷小可以互相转化的, 两者的关系将写成下面的定理 13.2.9.

无穷小在极限理论中有其特殊的重要性, 将用定理 13.2.3 来表述.

13.2　序列极限的重要性质

将序列极限的重要性质陈述为下列一系列定理.

定理 13.2.1(极限唯一性) 序列 $\{a_n\}$ 若收敛, 其极限是唯一的.

证明 设 $\lim\limits_{n\to\infty} a_n = a$, 并且 $\lim\limits_{n\to\infty} a_n = b$. 下面证明 $a = b$. 假设 $a \neq b$, 则 $|b - a| > 0$. 取 ε 满足 $0 < \varepsilon < \dfrac{1}{2}|b - a|$. 由 $\lim\limits_{n\to\infty} a_n = a$, 知 $\exists N_1$, 使当 $n \geqslant N_1$ 时, 有

$$|a_n - a| < \varepsilon;$$

由 $\lim\limits_{n\to\infty} a_n = b$, 知 $\exists N_2$, 使当 $n \geqslant N_2$ 时有

$$|a_n - b| < \varepsilon.$$

取 $N = \max\{N_1, N_2\}$, 则当 $n \geqslant N$ 时上述两个不等式同时成立, 从而

$$|b - a| \leqslant |b - a_n| + |a_n - a| \leqslant 2\varepsilon,$$

而 ε 是选取为 $< \dfrac{1}{2}|b - a|$ 的, 这是一个矛盾, 此矛盾证明了 $a = b$.

定理 13.2.2(收敛序列有界性) 收敛数列必有界. 换句话说, 若 $\lim\limits_{n\to\infty} a_n = a$, 则存在正数 M, 使得

$$|a_n| < M, \quad n = 1, 2, 3, \cdots.$$

证明 按 $\lim\limits_{n\to\infty} a_n = a$ 之定义 (定义 13.1.1), 若取 $\varepsilon = 1$, 则存在自然数 N, 当 $n \geqslant N$ 时

$$|a_n - a| < 1,$$

即对于 $n \geqslant N$ 的所有项 a_n, 都有

$$-|a-1| \leqslant a-1 < a_n < a+1 \leqslant |a+1|.$$

故取

$$M = \max \{|a-1|, |a+1|, |a_1|, |a_2|, \cdots, |a_{N-1}|\},$$

就可使所有的项满足

$$|a_n| < M, \quad n = 1, 2, 3, \cdots.$$

定理 13.2.3(保序性)　若 $\lim\limits_{n \to \infty} a_n = a$, 且 $a > p$ $(a < q)$, 则存在自然数 N, 使得当 $n \geqslant N$ 时有

$$a_n > p \quad (a_n < q).$$

特别, 若 $\{a_n\}$ 的极限为正, 则存在自然数 N, 使得当 $n \geqslant N$ 时 $a_n > 0$.

证明　只证 $a > p$ 的情形, $a < q$ 时证法类似.

取 $\varepsilon = a - p$, 对此 ε 存在 N, 使当 $n \geqslant N$ 时

$$|a_n - a| < \varepsilon,$$

即

$$a - \varepsilon < a_n < a + \varepsilon.$$

左半不等式即为

$$p < a_n \quad (n \geqslant N).$$

定理 13.2.3 有一个推论: 如果序列 $\{a_n\}$ 有极限 $a > 0$, 则存在自然数 N, 当 $n \geqslant N$ 时 $a_n > r > 0$, 其中正数 $r < a$. 即有正极限的序列, 从某项起所有的项都大于某一个正数.

无穷小在极限论中的特殊地位表现在下面的定理中.

定理 13.2.4　序列 $\{a_n\}$ 收敛于 a 的充要条件是序列 $\{a_n - a\}$ 是无穷小.

这个定理还可表示为: 序列 $\{a_n\}$ 收敛于 a 的充要条件是 $a_n = a + \alpha_n$, 其中 α_n 是无穷小.

接下来的定理是无穷小的两个性质, 它们是论证极限四则运算法则的基础.

定理 13.2.5　若序列 $\{\alpha_n\}$ 和 $\{\beta_n\}$ 都是无穷小, 则 $\alpha_n \pm \beta_n$, $\alpha_n \beta_n$ 也是无穷小; 若序列 $\{\alpha_n\}$ 是无穷小, 序列 $\{a_n\}$ 是有界序列, 则 $\{\alpha_n a_n\}$ 也是无穷小.

证明　先证第一条. $\forall \varepsilon > 0$, 关于 $\{\alpha_n\}$ 存在 N_1, 当 $n \geqslant N_1$ 时

$$|\alpha_n| < \frac{\varepsilon}{2}.$$

同样, 关于 $\{\beta_n\}$ 存在 N_2, 当 $n \geqslant N_2$ 时

$$|\beta_n| < \frac{\varepsilon}{2}.$$

取 $N = \max\{N_1, N_2\}$, 则当 $n \geqslant N$ 时

$$|\alpha_n \pm \beta_n| \leqslant |\alpha_n| + |\beta_n| < \varepsilon.$$

再证第三条. 设 $|a_n| < L(L > 0)$ 对 $n = 1, 2, 3, \cdots$ 成立. $\forall \varepsilon > 0$, 存在 N, 使当 $n \geqslant N$ 时有

$$|\alpha_n| < \frac{\varepsilon}{L}.$$

从而当 $n \geqslant N$ 时

$$|\alpha_n a_n| < L |\alpha_n| < \varepsilon.$$

第二条是第三条的推论.

现在就可以证明极限的四则运算法则.

定理 13.2.6 设 $\lim\limits_{n \to \infty} a_n = a$, $\lim\limits_{n \to \infty} b_n = b$, 则

$$\lim_{n \to \infty} (a_n \pm b_n) = a \pm b,$$

$$\lim_{n \to \infty} (a_n \cdot b_n) = a \cdot b.$$

若更设 $b_n \neq 0$, 且 $b \neq 0$, 则还有

$$\lim_{n \to \infty} \frac{a_n}{b_n} = \frac{a}{b}.$$

证明 由定理 13.2.4 可知, 从 $\lim\limits_{n \to \infty} a_n = a$, $\lim\limits_{n \to \infty} b_n = b$ 得 $a_n = a + \alpha_n$, $b_n = b + \beta_n$, 其中 $\{\alpha_n\}$, $\{\beta_n\}$ 是无穷小. 于是

$$a_n \pm b_n = (a + \alpha_n) \pm (b + \beta_n) = (a \pm b) + (\alpha_n \pm \beta_n),$$

$$a_n \cdot b_n = (a + \alpha_n) \cdot (b + \beta_n) = ab + (b\alpha_n + a\beta_n + \alpha_n\beta_n).$$

由定理 13.2.5 知 $\{\alpha_n \pm \beta_n\}$ 是无穷小, 由定理 13.2.2 及定理 13.2.5 知 $\{b\alpha_n + a\beta_n + \alpha_n\beta_n\}$ 是无穷小, 再由定理 13.2.4 得前两个结论.

欲证最后一个结论, 只需证 $\lim\limits_{n \to \infty} 1/b_n = 1/b$, 也就是只需证明序列

$$\left\{ \frac{1}{b_n} - \frac{1}{b} \right\} = \left\{ \frac{b - b_n}{b} \cdot \frac{1}{b_n} \right\}$$

是无穷小. 事实上等号右边第一个因式 $\left\{\dfrac{b-b_n}{b}\right\}$ 是无穷小, 故只需证 $\left\{\dfrac{1}{b_n}\right\}$ 是有界序列即可. 现在来证明这一点, 不妨设 $b > 0$, 故可选一个正数 r 使 $0 < r < b$. 根据定理 13.2.3, 从某项起 $b_n > r$, 从而从某项起 $\left|\dfrac{1}{b_n}\right| < \dfrac{1}{r}$. 而前面那些项数是有限的, 故知 $\left\{\dfrac{1}{b_n}\right\}$ 是有界序列.

利用定理 13.2.6, 可以从已知的极限出发来计算一些较为复杂序列的极限. 如

$$\lim_{n\to\infty} \frac{n^2-1}{3n^2+n+1} = \lim_{n\to\infty} \frac{1-\dfrac{1}{n^2}}{3+\dfrac{1}{n}+\dfrac{1}{n^2}} = \frac{\displaystyle\lim_{n\to\infty}\left(1-\dfrac{1}{n^2}\right)}{\displaystyle\lim_{n\to\infty}\left(3+\dfrac{1}{n}+\dfrac{1}{n^2}\right)}$$

$$= \frac{\displaystyle\lim_{n\to\infty} 1 - \lim_{n\to\infty}\dfrac{1}{n^2}}{\displaystyle\lim_{n\to\infty} 3 + \lim_{n\to\infty}\dfrac{1}{n} + \lim_{n\to\infty}\dfrac{1}{n^2}} = \frac{1}{3}.$$

下面再介绍两个有关在不等式中取极限的定理.

定理 13.2.7(保序性)　若 $\lim\limits_{n\to\infty} a_n = a$, $\lim\limits_{n\to\infty} b_n = b$ 且 $a_n \geqslant b_n$ $(n \geqslant N \in \mathbb{N})$, 则 $a \geqslant b$.

证明　假设 $a < b$. 取数 $r, a < r < b$. 由定理 13.2.3, 对 $a < r$, 存在 N_1, 当 $n \geqslant N_1$ 时, $a_n < r$. 对 $r < b$, 存在 N_2, 当 $n \geqslant N_2$ 时, $r < b_n$. 令 $N_3 = \max\{N_1, N_2, N\}$, 则当 $n_3 \geqslant N$ 时, $a_n < r < b_n$, 与定理条件矛盾. 定理得证.

定理 13.2.7 有一个推论: 若 $\lim\limits_{n\to\infty} a_n = a$, 且 $a_n \geqslant b$ $(n \geqslant N \in \mathbb{N})$, 则 $a \geqslant b$. 这是定理 13.2.3 的一个相反的命题. 特别地, 有极限的序列, 若从某项起所有的项都大于一个正数, 则其极限也大于等于这个正数.

定理 13.2.8(夹逼原理)　若 $a_n \leqslant b_n \leqslant c_n$ $(n \geqslant N \in \mathbb{N})$, 且 $\lim\limits_{n\to\infty} a_n = \lim\limits_{n\to\infty} c_n = a$, 则 $\lim\limits_{n\to\infty} b_n = a$.

请注意, 这里事先没有假设序列 $\{b_n\}$ 是收敛的, 因此要证明的是: 序列 $\{b_n\}$ 是收敛的, 并且极限是 a.

证明　$\forall \varepsilon > 0, \exists N_1$, 当 $n \geqslant N_1$ 时, 有

$$a - \varepsilon < a_n < a + \varepsilon;$$

同样 $\exists N_2$, 当 $n \geqslant N_2$ 时有

$$a - \varepsilon < c_n < a + \varepsilon.$$

取 $N_3 = \max\{N_1, N_2, N\}$, 则当 $n \geqslant N_3$ 时, 有

$$a - \varepsilon < a_n \quad \text{及} \quad c_n < a + \varepsilon.$$

因为 $a_n \leqslant b_n \leqslant c_n$, 故当 $n \geqslant N_3$ 时, 有

$$a - \varepsilon < b_n < a + \varepsilon,$$

即

$$\lim_{n \to \infty} b_n = a.$$

下面的定理是无穷大与无穷小的关系.

定理 13.2.9 若序列 $\{a_n\}$ 是无穷大且 $a_n \neq 0$, 则序列 $\left\{\dfrac{1}{a_n}\right\}$ 是无穷小; 若序列 $\{a_n\}$ 是无穷小且 $a_n \neq 0$, 则序列 $\left\{\dfrac{1}{a_n}\right\}$ 是无穷大.

请读者自行证明.

13.3 区间套原理与聚点原理

这里介绍的区间套原理是 12.3 节中介绍的 Cantor 公理 (公理 11) 在加强条件下得到的一个定理, 其结论中增添了唯一性. 聚点原理是实数理论中另一个重要定理, 它由捷克人波尔察诺 (Bolzano, 1781—1848) 和德国人 Weierstrass 发现.

定理 13.3.1(Cantor 区间套原理) 设给了闭区间序列 $\{[a_n, b_n]\}$, 满足 $\forall n \in \mathbb{N}, [a_n, b_n] \supset [a_{n+1}, b_{n+1}]$, 并且 $\lim\limits_{n \to \infty}(b_n - a_n) = 0$. 则存在唯一的 $a \in \mathbb{R}$, 使得 $\forall n \in \mathbb{N}$,

$$a \in [a_n, b_n],$$

而且 $\lim\limits_{n \to \infty} a_n = a = \lim\limits_{n \to \infty} b_n$.

这个定理确保在实数集 $\mathbb{R}$ 中, 长度趋于零的区间套收缩于一点.

证明 由 12.3 节中的 Cantor 公理 (公理 11), 知存在性成立.

今证唯一性. 设 $\exists a, b \in \mathbb{R}, a \neq b$, 使得 $\forall n \in \mathbb{N}$,

$$a, b \in [a_n, b_n].$$

不妨设 $b > a$. 于是 $\forall n \in \mathbb{N}$, 有

$$b_n - a_n \geqslant b - a > 0.$$

但由假设 $\lim\limits_{n\to\infty}(b_n - a_n) = 0$, 故 $\exists$ 自然数 N, 使得当 $n \geqslant N$ 时, 有

$$b_n - a_n < b - a.$$

便得到一个矛盾. 此矛盾证明了 $a = b$.

因为 $|b_n - a| < b_n - a_n$, 可知 $\lim\limits_{n\to\infty} b_n = a$. 同理, $\lim\limits_{n\to\infty} a_n = a$.

接下来, 先介绍实数中集合的有界性概念.

定义 13.3.1(集合界的定义)　设 $X \subset \mathbb{R}$. 称集合 X 是**有上 (下) 界**的, 若存在一个数 A, 使得 $\forall x \in X$ 有 $x \leqslant (\geqslant)A$, 这时 A 称为集合 X 的一个**上 (下) 界**. 我们称集合 X 是**有界的**, 若集合 X 既有上界又有下界, 或者存在一个闭区间 $[a, b]$ 使得 $X \subset [a, b]$, 或者存在一个正数 M, 使得 $X \subset [-M, M]$.

这个有界性可用于实数序列. 设给了序列 $\{a_n\}$, 说序列 $\{a_n\}$ 是有界的, 若该序列所形成的集合是有界的. 这与定理 13.2.2 中叙述的序列的有界性相一致.

定理 13.3.2(Bolzano-Weierstrass 聚点原理)　若 $X \subset \mathbb{R}$ 是一个有界的无穷的实数集, 则 X 必至少有一个极限点.

这个定理反映如下事实: 任何一个无穷而有界的实数集中, 必有一个点, 其任意小的邻域内都聚集了无穷多个该集中的点.

证明　由 X 的有界性知, 存在闭区间 $[a_1, b_1] \supset X$. 将 $[a_1, b_1]$ 二等分, 所得两个闭子区间中至少有一个含有 X 中的无穷多个点, 记它为 $[a_2, b_2]$. 对于自然数 $n \geqslant 2$, 设 $[a_1, b_1] \supset [a_2, b_2] \supset \cdots \supset [a_n, b_n]$ 已构作好, 使得当 $2 \leqslant k \leqslant n$ 时, $[a_k, b_k]$ 是 $[a_{k-1}, b_{k-1}]$ 的二等分所得两个闭子区间中之一, 且 $[a_k, b_k]$ 含有 X 中无穷多个点. 则将 $[a_n, b_n]$ 二等分, 所得两个闭子区间中至少有一个含有 X 中无穷多个点, 记它为 $[a_{n+1}, b_{n+1}]$. 由数学归纳法构作定理 (定理 12.2.3) 知, 构作了一个闭区间序列 $\{[a_n, b_n]\}$, 它是一个区间套, 它的每个闭区间 $[a_n, b_n]$ 都含有 X 中无穷多个点, 并且 $[a_n, b_n]$ 的长度 $b_n - a_n = \dfrac{1}{2^{n-1}}(b_1 - a_1) \to 0$ 当 $n \to \infty$ 时. 于是由 Cantor 区间套原理 (定理 13.3.1), 存在点 $a \in \mathbb{R}$, 使得 $\forall n \in \mathbb{N}$ 有

$$a \in [a_n, b_n].$$

现在来证, a 是 X 的一个极限点. 由定理 12.5.4, 即往证, 点 a 的任何 ε 邻域都含有 X 中无穷多个点. $\forall \varepsilon > 0$, 因由上面的区间套之构作知 $\lim\limits_{n\to\infty}(b_n - a_n) = 0$, 故 $\exists$ 自然数 N, 使得当 $n \geqslant N$ 时

$$b_n - a_n < \varepsilon.$$

于是

$$a \in [a_n, b_n] \subset (a - \varepsilon, a + \varepsilon) = N(a; \varepsilon).$$

可见点 a 的 ε 邻域 $N(a;\varepsilon)$ 中含有 X 中的无穷多个点. 至此, 定理证毕.

现在, 介绍序列的子序列概念, 它很有用.

定义 13.3.2(子序列定义) 设给了一个序列 $\{a_n\}$. 若 $\{n_k\}$ 是自然数集 $\mathbb{N}$ 中的一个序列, 满足条件

$$n_1 < n_2 < \cdots < n_k < n_{k+1} < \cdots,\tag{13.3.1}$$

则序列 $\{a_{n_k}\}$ 称为序列 $\{a_n\}$ 的一个**子序列**或**子列**.

读者请注意, 子列 $\{a_{n_k}\}$ 中的编号是 k, k 在自然数集 $\mathbb{N}$ 中从 $1, 2, \cdots$, 由小到大跑遍 $\mathbb{N}$, 而 $\{n_k\}$ 是自然数集 $\mathbb{N}$ 中的一个序列, 它要求满足条件 (13.3.1), 但它未必跑遍 $\mathbb{N}$. 由条件 (13.3.1) 容易用数学归纳法推出, $\forall k \in \mathbb{N}$, 有

$$k \leqslant n_k.\tag{13.3.2}$$

特别, 如果 $\forall k \in \mathbb{N}$ 有 $n_k = k$, 则自然数序列 $\{n_k\}$ 跑遍 $\mathbb{N}$, 此时子列 $\{a_{n_k}\}$ 就是序列 $\{a_n\}$.

下面是利用子列概念陈述的有关序列收敛性的充要条件.

定理 13.3.3 实数序列 $\{a_n\}$ 收敛的充要条件是: $\{a_n\}$ 的任一子列都收敛, 且收敛于相同的极限.

证明 因为序列 $\{a_n\}$ 自身就是它的一个子序列, 所以条件的充分性是显然的.

现在设序列 $\{a_n\}$ 收敛于 a, 即 $\lim\limits_{n\to\infty} a_n = a$. 设 $\{a_{n_k}\}$ 是 $\{a_n\}$ 的一个子列, 欲证明子列 $\{a_{n_k}\}$ 也收敛于 a. 由 $\lim\limits_{n\to\infty} a_n = a$ 知, $\forall \varepsilon > 0, \exists$ 自然数 N, 使得当 $n \geqslant N$ 时, 有

$$|a_n - a| < \varepsilon.$$

由于子列 $\{a_{n_k}\}$ 中 k 与 n_k 满足不等式 (13.3.2), 故当 $k \geqslant N$ 时便有 $n_k \geqslant N$, 这时有

$$|a_{n_k} - a| < \varepsilon.$$

这就是说 $\lim\limits_{k\to\infty} a_{n_k} = a$.

评注 13.3.1 假设你试图证明给定的序列 $\{a_n\}$ 收敛, 而你已经完成的证明是: 序列 $\{a_n\}$ 的任一收敛子列收敛于相同的极限. 请问能否断言序列 $\{a_n\}$ 是收敛的?

评注 13.3.2 如果你认为已经懂得了定理 13.3.3, 也许会感到用它来论证序列的收敛是很无助的. 但请注意, 可以用它来论证某些序列是发散的, 会很有用. 例如, 若发现两个收敛的子列的极限不同, 则原序列是发散的. 请看 13.1 节中的例 13.1.4.

利用子列概念, 将序列情形的聚点原理复述如下.

定理 13.3.4(序列形式的 Bolzano-Weierstrass 原理)　若实数序列 $\{a_n\}$ 有界, 则 $\{a_n\}$ 必有一收敛的子列.

证明　如果由序列 $\{a_n\}$ 形成的集合 $S = \{a_1, a_2, \cdots, a_n, \cdots\}$ 是一个有限点集, 则至少有一个点在序列 $\{a_n\}$ 中无穷次重复出现, 于是 $\{a_n\}$ 有一个取常值的子列, 该子列是收敛的.

如果集合 S 含有无穷多个点, 则由定理 13.3.2, S 有一个极限点. 设点 $a \in \mathbb{R}$ 是 S 的极限点, 现在构作 $\{a_n\}$ 的一个以 a 为极限的子列 $\{a_{n_k}\}$ 如下. 因为点 a 是 S 的极限点, 点 a 的任何 ε 邻域 $N(a; \varepsilon)$ 中含有 S 中无穷多个点. 先取 $\varepsilon = 1$, 则 $N(a; 1) \cap S$ 有无穷多个点, 取其中一点 a_{n_1}. 设 $k \geqslant 2$, 并设已构作 $a_{n_1}, a_{n_2}, \cdots, a_{n_k}$, 其中 $n_1 < n_2 < \cdots < n_k$, 并且当 $j = 1, 2, \cdots, k$, 有 $a_{n_j} \in N\left(a; \dfrac{1}{j}\right) \cap S$. 由于 $N\left(a; \dfrac{1}{k+1}\right) \cap S$ 也有无穷多个点, 因此其中必有一点 $a_{n_{k+1}}$ 使 $n_k < n_{k+1}$. 由数学归纳法构作定理 (定理 12.2.3) 知, 构作所得的序列 $\{a_n\}$ 的一个子列 $\{a_{n_k}\}$, 使得 $a_{n_k} \in N\left(a; \dfrac{1}{k}\right)$. 从而子列 $\{a_{n_k}\}$ 收敛于 a.

13.4　单调序列

定义 13.4.1(单调序列定义)　设 $\{a_n\}$ 是实数序列.

(1) 若 $\forall n \in \mathbb{N}$, 有 $a_n \leqslant a_{n+1}$, 则称序列 $\{a_n\}$ 为**单调增加的**; 若 $\forall n \in \mathbb{N}$, 有 $a_n < a_{n+1}$, 则称序列 $\{a_n\}$ 为**严格单调增加的**.

(2) 若 $\forall n \in \mathbb{N}$, 有 $a_n \geqslant a_{n+1}$, 则称序列 $\{a_n\}$ 为**单调减少的**; 若 $\forall n \in \mathbb{N}$, 有 $a_n > a_{n+1}$, 则称序列 $\{a_n\}$ 为**严格单调减少的**.

以上统称为单调的或严格单调的.

单调序列的一个重要事实是下面的定理, 它也可以认为是极限理论中最基本的命题.

定理 13.4.1(单调有界定理)　单调序列 $\{a_n\}$ 收敛的充分必要条件是 $\{a_n\}$ 有界.

证明　条件的必要性是定理 13.2.2. 故只证: 若序列 $\{a_n\}$ 单调且有界, 则 $\{a_n\}$ 必收敛.

为此, 由序列形式的 Bolzano-Weierstrass 原理 (定理 13.3.4), 序列 $\{a_n\}$ 有一收敛子列 $\{a_{n_k}\}$, 然后利用序列 $\{a_n\}$ 的单调性即可证明序列 $\{a_n\}$ 收敛.

评注 13.4.1　上述证明中的最后一句话, 对读者是一个很好的练习. 现在将它重述于后. 设序列 $\{a_n\}$ 是单调增加的, 并且它有一个子列 $\{a_{n_k}\}$ 收敛于 a, 则可证 $\{a_n\}$ 也收敛于 a.

13.5　Cauchy 原理

若要用 ε-N 语言陈述的序列极限定义来论证给定的序列是收敛的, 则必须先知道其极限, 或者能猜到极限. 否则便无从下手. 而当想论证给定的序列是发散时, 将会感到更不知从何说起. 难道真的要将每一个实数都取来, 作为定义 13.1.1 中的 a, 然后检验条件能否成立? 显然这是不现实的.

于是, 面对一个给定的序列, 希望从该序列的本身就能判断它是否收敛. 而且有时, 如果先能判定它是收敛的, 而后去求其极限, 事情就会变得容易些.

本节将介绍的 Cauchy 原理, 就是从序列本身对它的收敛性进行判别的定理. 它非常重要, 也是极限论中最基本的命题.

先介绍 Cauchy 序列概念.

定义 13.5.1(Cauchy 序列定义)　设 $\{a_n\}$ 是实数序列. 称序列 $\{a_n\}$ 为一个 Cauchy 序列, 如果 $\forall \varepsilon > 0, \exists$ 自然数 N, 使得当 $m, n \geqslant N$ 时, 有

$$|a_m - a_n| < \varepsilon.$$

请注意, 比较这个定义与定义 13.1.1, 会发现这里陈述的条件只涉及序列 $\{a_n\}$ 本身, 这种性质可以称为是序列 $\{a_n\}$ 的内在性质.

定理 13.5.1(Cauchy 收敛原理)　设 $\{a_n\}$ 是实数序列. 序列 $\{a_n\}$ 是收敛的当且仅当它是一个 Cauchy 序列.

证明　必要性. 设 $\{a_n\}$ 收敛, 极限为 a. 则 $\forall \varepsilon > 0, \exists$ 自然数 N, 当 $n \geqslant N$ 时有 $|a_n - a| < \dfrac{\varepsilon}{2}$. 于是当 $m, n \geqslant N$ 时, 同时有

$$|a_m - a| < \frac{\varepsilon}{2} \quad \text{和} \quad |a_n - a| < \frac{\varepsilon}{2}.$$

由此得

$$|a_m - a_n| = |a_m - a + a - a_n| \leqslant |a_m - a| + |a_n - a| < \varepsilon.$$

这验证了定义 13.5.1 中的条件, 即 $\{a_n\}$ 是一个 Cauchy 序列.

充分性. 设 $\{a_n\}$ 是一个 Cauchy 序列. 将验证定义 13.1.1 中的条件成立. 为此, 先求得定义 13.1.1 中的极限的候选者. 整个证明分成三步.

(1) 先证序列 $\{a_n\}$ 有界. 因为 $\{a_n\}$ 是 Cauchy 序列, 故取 $\varepsilon = 1$ 时, $\exists$ 自然数 N, 当 $m, n \geqslant N$ 时 $|a_m - a_n| < 1$. 取 $m = N$, 便知当 $n \geqslant N$ 时有 $|a_n - a_N| < 1$. 从而当 $n \geqslant N$ 时有

$$|a_n| = |a_n - a_N| + |a_N| < |a_N| + 1.$$

取 $M = \max\{|a_1|, \cdots, |a_{N-1}|, |a_N| + 1\}$, 则 $\forall n \in \mathbb{N}$, 有

$$|a_n| < M.$$

(2) 由序列形式的 Bolzano-Weierstrass 聚点原理 (定理 13.3.4) 知 $\{a_n\}$ 有一收敛的子列记作 $\{a_{n_k}\}$, 设收敛于 a.

(3) 欲用定义 13.1.1 验证 a 是序列 $\{a_n\}$ 的极限. $\forall \varepsilon > 0$, 因 $\{a_n\}$ 是 Cauchy 序列, 则 $\exists$ 自然数 N_1, 当 $m, n \geqslant N_1$ 时, $|a_m - a_n| < \dfrac{\varepsilon}{2}$. 由 (2) 已知 $\lim\limits_{k \to \infty} a_{n_k} = a$. 对同一个 $\varepsilon > 0$, $\exists$ 自然数 N_2, 当 $k \geqslant N_2$ 时, 有 $|a_{n_k} - a| < \dfrac{\varepsilon}{2}$. 取 $N = \max\{N_1, N_2\}$, 则当 $n \geqslant N$ 时, 取 $k \geqslant N$, 便有 $n_k \geqslant N_1$ 和 $k \geqslant N_2$, 于是

$$|a_n - a| \leqslant |a_n - a_{n_k}| + |a_{n_k} - a| < \varepsilon.$$

从而证得 $\lim\limits_{n \to \infty} a_n = a$.

评注 13.5.1　运用 Cauchy 收敛原理, 可将求极限问题分为两个层次. 第一个也是先决的问题是, 判断给定的序列是否为 Cauchy 序列, 这等价于判定序列是否收敛, 而不必事先知道它的极限是什么. 第二个问题是若收敛则设法求其极限, 若发散则罢. 将问题分为两个层次, 在方法论上是一个很大的进步, 请读者仔细体会.

例 13.5.1　利用收敛原理, 不难验证下列序列的收敛性:

(1) $a_n = \dfrac{\sin 1}{2} + \dfrac{\sin 2}{2^2} + \cdots + \dfrac{\sin n}{2^n}$;

(2) $b_n = 1 + \dfrac{1}{2^2} + \dfrac{1}{3^2} + \cdots + \dfrac{1}{n^2}$.

解　(1) $\forall m, n \in \mathbb{N}$ 有 (不妨设 $m > n$)

$$|a_m - a_n| = \left| \frac{\sin(n+1)}{2^{n+1}} + \cdots + \frac{\sin m}{2^m} \right| \leqslant \frac{1}{2^{n+1}} \left(1 + \frac{1}{2} + \cdots + \frac{1}{2^{m-n-1}} \right)$$

$$\leqslant \frac{1}{2^{n+1}} \times 2 = \frac{1}{2^n}.$$

于是, $\forall \varepsilon > 0$, 取自然数 N 使得 $2^N > \dfrac{1}{\varepsilon}$, 则当 $m \geqslant n \geqslant N$ 时, 有

$$|a_m - a_n| < \varepsilon.$$

这就是说, 序列 $\{a_n\}$ 是一个 Cauchy 序列, 故它是收敛的.

(2) 利用不等式

$$\frac{1}{n^2} < \frac{1}{n-1} - \frac{1}{n} \quad (n = 2, 3, \cdots),$$

可对 $\{b_n\}$ 做相应的推理, 从略.

例 13.5.2 利用 Cauchy 收敛原理证明下述序列是发散的:

$$a_n = 1 + \frac{1}{2} + \frac{1}{3} + \cdots + \frac{1}{n}.$$

证明 $\forall n \in \mathbb{N}$, 取 $m = 2n$, 于是

$$|a_m - a_n| = \frac{1}{n+1} + \frac{1}{n+2} + \cdots + \frac{1}{2n} \geqslant \frac{1}{n+n} + \frac{1}{n+n} + \cdots + \frac{1}{n+n} = \frac{1}{2}.$$

可见, 当 $\varepsilon \leqslant \frac{1}{2}$ 时便不存在自然数 N, 使得当 $m, n \geqslant N$ 时, 有 $|a_m - a_n| < \varepsilon$, 即序列 $\{a_n\}$ 不是 Cauchy 序列, 因此它是发散的.

13.6 确界原理

确界原理是极限理论中又一最基本的命题, 并且确界概念也是广泛有用的.

定义 13.6.1(确界定义) 设 $X \subset \mathbb{R}$ 是一个实数集合.

(1) 如果实数 M 是集合 X 的一个上界, 并且小于 M 的实数都不是集合 X 的上界, 则称 M 是集合 X 的**上确界** (supremum), 记作 $M = \sup X$. 如果实数 m 是集合 X 的一个下界, 并且大于 m 的实数都不是集合 X 的下界, 则称 m 是集合 X 的**下确界** (infimum), 记作 $m = \inf X$.

(2) 如果集合 X 的上确界 $M = \sup X$ 存在并且属于 X, 则 M 称为集合 X 的**最大元** (maximum element), 记作 $M = \max X$. 如果集合 X 的下确界 $m = \inf X$ 存在并且属于 X, 则称 m 为集合 X 的**最小元** (minimum element), 记作 $m = \min X$.

评注 13.6.1 如果实数集合 X 有上界, 其上界必不唯一. 但如果实数集合 X 有上确界, 则由上确界之定义知上确界必唯一. 关于下界和下确界也有类似结论.

评注 13.6.2 何种实数集合有上确界, 这是一个相当深刻的问题, 它触及实数系统的完备性. 其答案就是下面的定理. 值得提醒的是, 如果把实数系统换成有理数系统, 则相应的命题不成立.

定理 13.6.1(确界原理) 非空的实数集合若有上界, 则有上确界. 非空的实数集合若有下界, 则有下确界.

证明不难运用 Cantor 区间套原理完成.

第14讲

一元函数的极限和连续性再论

本讲建立一元函数 (一个实变量的实值函数) 的极限理论和连续性理论.

14.1 函数的极限概念

定义 14.1.1(去心邻域定义)　设点 $p \in \mathbb{R}$, ε 是一正实数, $N(p; \varepsilon) = (p - \varepsilon, p + \varepsilon)$ 是点 p 的 ε 邻域, 则称

$$N^*(p; \varepsilon) = N(p; \varepsilon) \setminus \{p\}$$

为点 p 的去心 ε 邻域.

定义 14.1.2 (函数极限的邻域式定义)　设 $D \subset \mathbb{R}$ 是一个实数集合, a 是 D 的一个极限点, $f : D \to \mathbb{R}$ 是一个函数, $q \in \mathbb{R}$. 若 $\forall \varepsilon > 0, \exists \delta > 0$, 使得 $f(N^*(a; \delta) \cap D) \subset N(q; \varepsilon)$, 则称当 x 趋向于 a 时, $f(x)$ 趋向于或收敛于 q, 记作

$$\lim_{x \to a} f(x) = q \quad \text{或} \quad f(x) \to q \text{ 当 } x \to a \text{ 时.}$$

这时也说当 $x \to a$ 时 f 的极限是 q.

用绝对值重述如下 (函数极限的 ε-δ 式定义): 若 $\forall \varepsilon > 0, \exists \delta > 0$, 使得 $\forall x \in D$ 且 $0 < |x - a| < \delta$, 有 $|f(x) - q| < \varepsilon$, 则称当 x 趋向于 a 时, $f(x)$ 趋向于 q.

评注 14.1.1　这就是 Weierstrass 引进的函数极限概念, 通常称之为函数极限的 ε-δ 语言.

评注 14.1.2　讨论函数极限时, 必须注意问题中自变量之变化过程. 同一个函数当自变量变化过程不同时极限问题是不同的.

评注 14.1.3　函数极限还可归结为序列的极限. 这便是下面的归结定理.

定理 14.1.1 (归结定理)　设 $D \subset \mathbb{R}$, $f : D \to \mathbb{R}$ 是一个函数, a 是 D 的一个极限点, $q \in \mathbb{R}$, 则下面两个陈述等价.

(1) $\forall \varepsilon > 0, \exists \delta > 0$, 使得当 $x \in N^*(a; \delta) \cap D$ 时, 有 $f(x) \in N(q; \varepsilon)$.

(2) 对 D 中的任意序列 $\{a_n\}$, 满足 $a_n \neq a, \lim\limits_{n\to\infty} a_n = a$, 有

$$\lim_{n\to\infty} f(a_n) = q.$$

证明　(1)$\Rightarrow$(2). 由 (1) 知 $\forall \varepsilon > 0, \exists \delta > 0$, 使得当 $x \in N^*(a;\delta) \cap D$ 时有 $f(x) \in N(q;\varepsilon)$. 对此 δ, 由于 $\lim\limits_{n\to\infty} a_n = a, \exists$ 自然数 N, 使得当 $n \geqslant N$ 时, $a_n \in N^*(a;\delta) \cap D$, 于是有 $f(a_n) \in N(q;\varepsilon)$. 这说明 $\lim\limits_{n\to\infty} f(a_n) = q$.

(2)$\Rightarrow$(1). 设 (2) 成立而 (1) 不成立. 则 $\exists \varepsilon > 0$, 使得 $\forall \delta > 0, \exists x \in N^*(a;\delta) \cap D$ 而 $f(x) \notin N(q;\varepsilon)$. 令 $\delta_n = \dfrac{1}{n}$, 对每个 n, 取 $a_n \in N^*(a;\delta_n) \cap D$ 使 $f(a_n) \notin N(q;\varepsilon)$. 显然, $a_n \neq a, \lim\limits_{x\to\infty} a_n = a$, 但 $\{f(a_n)\}$ 不收敛于 q. 这与假设 (2) 成立相矛盾, 此矛盾证明了结论.

评注 14.1.4　此定理很有用, 若能在 $D\backslash\{a\}$ 中找到收敛于 a 的两个序列 $\{a_n\}$ 和 $\{a_n'\}$ 使得 $\{f(a_n)\}$ 与 $\{f(a_n')\}$ 收敛于不同之值, 则当 $x \to a$ 时 $f(x)$ 不收敛.

例 14.1.1　设函数 $f(x) = \sin\dfrac{1}{x}, x \neq 0$. 不难按评注 14.1.4 中指出的办法证明: 当 $x \to 0$ 时 $f(x)$ 不收敛.

评注 14.1.5　运用定理 14.1.1, 可将有关序列极限成立的许多命题转移到函数极限的情形, 如定理 14.1.2—定理 14.1.5. 当然, 也可以用 ε-δ 语言来证.

定理 14.1.2 (函数极限的唯一性)　函数的极限若存在, 则是唯一的.

定理 14.1.3 (函数极限的四则运算)　设 $D \subset \mathbb{R}, f, g : D \to \mathbb{R}$ 是两个函数, x_0 是 D 的极限点, 且 $\lim\limits_{x\to x_0} f(x) = A, \lim\limits_{x\to x_0} g(x) = B$. 则

$$\lim_{x\to x_0} [f(x) \pm g(x)] = \lim_{x\to x_0} f(x) \pm \lim_{x\to x_0} g(x) = A \pm B.$$

$$\lim_{x\to x_0} [f(x)g(x)] = (\lim_{x\to x_0} f(x)) \cdot (\lim_{x\to x_0} g(x)) = AB.$$

若更设 $g(x) \neq 0$ 且 $B \neq 0$, 则

$$\lim_{x\to x_0} \frac{f(x)}{g(x)} = \frac{\lim\limits_{x\to x_0} f(x)}{\lim\limits_{x\to x_0} g(x)} = \frac{A}{B}.$$

定理 14.1.4 (保序性)　设 $D \subset \mathbb{R}, x_0$ 是 D 的极限点, $f, g : D \to \mathbb{R}$ 是两个函数, 且 $\lim\limits_{x\to x_0} f(x) = A, \lim\limits_{x\to x_0} g(x) = B$. 若 $f(x) \geqslant g(x), x \in N^*(x_0, \delta) \cap D, \delta > 0$, 则

$A \geqslant B$, 即 $\lim\limits_{x \to x_0} f(x) \geqslant \lim\limits_{x \to x_0} g(x)$. 特别地, 若 $f(x) \geqslant B, x \in N^*(x_0, \delta) \cap D, \delta > 0$, 则 $\lim\limits_{x \to x_0} f(x) \geqslant B$.

这个定理对应序列情形的定理 13.2.7.

定理 14.1.5 (夹逼定理) 设 $D \subset \mathbb{R}$, x_0 是 D 的极限点, $f, g, h : D \to \mathbb{R}$ 是三个函数. 若 $f(x) \leqslant g(x) \leqslant h(x), x \in N^*(x_0, \delta) \cap D, \delta > 0$, 且 $\lim\limits_{x \to x_0} f(x) = \lim\limits_{x \to x_0} h(x) = A$, 则 $\lim\limits_{x \to x_0} g(x) = A$.

定理 14.1.6 (保号性) 设 $D \subset \mathbb{R}$, x_0 是 D 的极限点, $f, g : D \to \mathbb{R}$ 是二个函数, 且 $\lim\limits_{x \to x_0} f(x) = A$.

(1) 若 $A > B$, 则 $\exists \delta > 0$, 使得当 $x \in N^*(x_0; \delta) \cap D$ 时, $f(x) > B$. 特别, 若当 $x \to x_0$ 时 f 之极限存在且为正, 则 $\exists \delta > 0$, 使得当 $x \in N^*(x_0; \delta) \cap D$ 时, $f(x) > 0$.

(2) 若有 $\lim\limits_{x \to x_0} g(x) = B$ 且 $A > B$, 则存在 $\exists \delta > 0$, 当 $x \in N^*(x_0; \delta) \cap D$ 时, 有 $f(x) > g(x)$.

这个定理中 (1) 不是运用定理 14.1.1 将定理 13.2.3 直接转移过来的, 而可以模仿定理 13.2.3 之证明推证.

证明 (1) 取 $\varepsilon = A - B$ 由函数极限之定义, $\exists \delta > 0$, 当 $x \in N^*(x_0; \delta) \cap D$ 时, 有

$$|f(x) - A| < \varepsilon,$$

即

$$A - \varepsilon < f(x) < A + \varepsilon.$$

其左半不等式即

$$f(x) > B.$$

(2) 作辅助函数 $F(x) = f(x) - g(x)$, 其极限 $A - B > 0$, 则由 (1) 可推得结论.

在序列极限理论中, 收敛数列必有界 (定理 13.2.2). 在函数极限理论中, 只能得到局部有界的结论.

定理 14.1.7 (局部有界性) 若 $D \subset \mathbb{R}, f : D \to \mathbb{R}$ 是一个函数, x_0 是 D 的极限点. 若 $\lim\limits_{x \to x_0} f(x)$ 存在, 则 $\exists \delta > 0$ 及 $M > 0$ 使得当 $x \in N^*(x_0; \delta) \cap D$ 时

$$|f(x)| < M.$$

证明 设 $\lim\limits_{x \to x_0} f(x) = A$. 按函数极限之定义, 取 $\varepsilon = 1$, 则 $\exists \delta > 0$, 当 $x \in N^*(x_0; \delta) \cap D$ 时

$$|f(x) - A| < \varepsilon = 1,$$

即

$$A - 1 < f(x) < A + 1.$$

取 $M = \max\{|A-1|, |A+1|\}$, 显然 M 是一个正数, 则当 $x \in N^*(x_0; \delta) \cap D$ 时

$$|f(x)| < M.$$

评注 14.1.6 对于第 8 讲 8.6 节中介绍的无穷小和无穷大也可采用 ε-δ 或 M-δ 语言来陈述, 然后可对定理 8.6.3 给出一个严格的证明. 这些都请读者作为练习完成.

14.2 单侧过程和无穷过程之极限概念

由于实数 $\mathbb{R}$ 中有序结构, $\mathbb{R}$ 中的去心 δ 邻域 $N^*(x_0; \delta)$ 是由左右两半组成, 左半为开区间 $(x_0 - \delta, x_0)$, 右半为开区间 $(x_0, x_0 + \delta)$.

定义 14.2.1 (单侧极限定义) 设 $D \subset \mathbb{R}$, $f: D \to \mathbb{R}$ 是一个函数, x_0 是 D 的极限点, $A \in \mathbb{R}$. 若 $\forall \varepsilon > 0, \exists \delta > 0$, 使得 $\forall x \in (x_0 - \delta, x_0) \cap D$ (或 $(x_0, x_0 + \delta) \cap D$) 有 $f(x) \in (A - \varepsilon, A + \varepsilon)$, 则称 A 是函数 f 在点 x_0 的**左** (或**右**) **极限**, 记作

$$\lim_{x \to x_0^-} f(x) = A \quad (\text{或} \lim_{x \to x_0^+} f(x) = A)$$

或

$$f(x) \to A \quad \text{当} \quad x \to x_0^- \quad (\text{或当 } x \to x_0^+).$$

单侧极限与双侧极限 (即定义 14.1.2 中极限) 之关系如下.

定理 14.2.1 设 $D \subset \mathbb{R}$, $f: D \to \mathbb{R}$ 是一个函数, x_0 是 D 的极限点, $A \in \mathbb{R}$, 则 $\lim\limits_{x \to x_0} f(x) = A$ 当且仅当 $\lim\limits_{x \to x_0^-} f(x) = A$ 且 $\lim\limits_{x \to x_0^+} f(x) = A$.

如果函数的自变量 x 在一个无穷区间, 例如 $(a, +\infty)$ 中向 $+\infty$ 变化, 也可定义相应的极限概念.

定义 14.2.2 (无穷远处函数极限定义) 设 $D \subset \mathbb{R}$, $f: D \to \mathbb{R}$ 是一个函数, D 是一个无上 (或下) 界的集合, $A \in \mathbb{R}$. 若 $\forall \varepsilon > 0$, $\exists M > 0$ 使得 $\forall x \in (M, +\infty) \cap D$ (或 $(-\infty, -M) \cap D$) 有 $f(x) \in (A - \varepsilon, A + \varepsilon)$, 则称 A 是函数 f 当 $x \to +\infty$ (或 $-\infty$) 时的**极限**, 记作

$$\lim_{x \to +\infty} f(x) = A \quad (\text{或} \lim_{x \to -\infty} f(x) = A)$$

或

$$f(x) \to A \quad \text{当} \quad x \to +\infty \quad (\text{或当 } x \to -\infty).$$

评注 14.2.1 单侧和无穷过程极限有与双侧极限类似的性质, 这里不赘述. 读者当需要时应当能够正确陈述.

14.3 函数的连续性概念

第 1 讲介绍了函数的连续性定义 1.5.1, 那是用极限概念定义函数连续性的, 可那里的极限概念尚是描述性的, 现在采用严格的极限概念, 则由定义 1.5.1 得到的连续性概念便完全符合现代数学严格的逻辑要求, 为了方便, 将定义 1.5.1 严格地叙述一遍, 再用 ε-δ 语言陈述其后.

定义 14.3.1 (函数连续定义) 设 $D \subset \mathbb{R}, f : D \to \mathbb{R}$ 是一个函数, $x_0 \in D$ 是 D 的极限点, 且

$$\lim_{x \to x_0} f(x) = f(x_0),$$

则称 $f(x)$ **在点** x_0 **处连续**. 用 ε-δ 语言直接陈述: 设 $\forall \varepsilon > 0, \exists \delta > 0$, 使得 $\forall x \in N(x_0; \delta) \cap D$, 有

$$f(x) \in (f(x_0) - \varepsilon, f(x_0) + \varepsilon) \text{ 或 } |f(x) - f(x_0)| < \varepsilon,$$

则称函数 $f(x)$ 在点 x_0 处连续. 若 f 在 D 的每一属于 D 的极限点处都连续, 则称函数 $f(x)$ **在** D **上连续**.

由函数极限的四则运算法则性质 (定理 14.1.3) 得函数连续性的四则运算法则, 也就是定理 1.5.4. 将它重述为

定理 14.3.1 设函数 f 和 g 都在点 x_0 处连续, 则 $f \pm g$ 和 fg 也在点 x_0 处连续. 若再设 $g(x_0) \neq 0$, 则 $\dfrac{f}{g}$ 也在点 x_0 处连续.

复合函数连续性定理, 即定理 1.5.5, 重述为

定理 14.3.2 (复合函数连续性) 设函数 $y = f(x)$ 在点 x_0 处连续, $y_0 = f(x_0)$, 且函数 $z = g(y)$ 在点 y_0 处连续, 则复合函数 $z = (g \circ f)(x) = g(f(x))$ 在点 x_0 处连续.

采用 ε-δ 语言提供一个证明, 定义域 D 略去不写.

证明 由 $z = g(y)$ 在点 y_0 处连续, 知 $\forall \varepsilon > 0, \exists \delta > 0$, 使得当 $|y - y_0| < \delta$ 时, 有

$$|g(y) - g(y_0)| < \varepsilon. \tag{14.3.1}$$

再由 $y = f(x)$ 在点 x_0 处连续, 知对所取的 $\delta, \exists \eta > 0$, 使得当 $|x - x_0| < \eta$ 时, 有

$$|f(x) - f(x_0)| < \delta.$$

此时将 $y = f(x)$ 和 $y_0 = f(x_0)$ 代入 (14.3.1) 式成立, 即当 $|x - x_0| < \eta$ 时, 有

$$|g(f(x)) - g(f(x_0))| < \varepsilon.$$

这证明了复合函数 $z = g(f(x))$ 在点 x_0 处连续.

还可将函数极限的性质定理 14.1.6 改写为连续函数的性质.

定理 14.3.3 (保号性)   设 $D \subset \mathbb{R}$, $f : D \to \mathbb{R}$ 是一个连续函数, $x_0 \in D$ 是 D 的一个极限点, 且 $f(x_0) > B$. 则 $\exists \delta > 0$ 使得当 $x \in N(x_0; \delta) \cap D$ 时 $f(x) > B$. 特别, 若 $f(x_0) > 0$, 则 $\exists \delta > 0$ 使得当 $x \in N(x_0; \delta) \cap D$ 时 $f(x) > 0$.

14.4   闭区间上连续函数的性质

函数的连续性概念是按点 (pointwise) 定义的, 可以说是一种局部的微观的性质. 若函数在一个闭区间上连续, 这一事实应当认定为是整体的宏观的, 从而有一批非常重要的性质, 在理论上有重要应用. 其中包括在第 1 讲 1.5 节中的最值定理和介值定理, 将重述为下面的定理 14.4.3 和定理 14.4.4.

先逐步建立最值定理.

定理 14.4.1 (连续函数有界性)   设 $f : [a, b] \to \mathbb{R}$ 是连续函数, 则 f 在闭区间 $[a, b]$ 上有界.

证明   采用反证法. 设 f 在 $[a, b]$ 无上界. 任取 $x_1 \in [a, b]$, 必存在 $x_2 \in [a, b]$ 使 $f(x_2) \geqslant f(x_1) + 1$. 归纳地设已选取 $x_1, x_2, \cdots, x_n \in [a, b], n \geqslant 2$, 使 $f(x_i) \geqslant f(x_{i-1}) + 1, i = 2, 3, \cdots, n$. 取 $x_{n+1} \in [a, b]$ 使 $f(x_{n+1}) \geqslant f(x_n) + 1$. 由数学归纳法构作定理知在 $[a, b]$ 中选取了序列 $\{x_n\}$, 使得 $\forall n \in \mathbb{N}$, 有

$$f(x_{n+1}) \geqslant f(x_n) + 1.$$

因为 $\{x_n\}$ 是 $[a, b]$ 中序列, 故有界. 由序列形式的 Bolzano-Weierstrass 原理 (定理 13.3.4), $\{x_n\}$ 有收敛的子序列 $\{x_{n_k}\}$, 设 $\lim\limits_{x \to \infty} x_{n_k} = \xi$. 由于子列 $\{x_{n_k}\}$ 各项互不相同, ξ 是集合 $\{x_{n_k}\}$ 的极限点, 从而是 $[a, b]$ 的极限点, $[a, b]$ 是闭集, 按定理 12.5.3, 它含有自身的所有极限点, 故 $\xi \in [a, b]$. 根据函数 f 的连续性, 知序列 $\{f(x_{n_k})\}$ 收敛于 $f(\xi)$. 但是 $\forall k \in \mathbb{N}$ 有

$$f(x_{n_{k+1}}) - f(x_{n_k}) \geqslant 1,$$

可知 $\{f(x_{n_k})\}$ 不是 Cauchy 序列, 由 Cauchy 收敛原理 (定理 13.5.1) 知 $\{f(x_{n_k})\}$ 不收敛. 这是一个矛盾, 此矛盾证明了 f 在 $[a, b]$ 有上界. 同理可证 f 在 $[a, b]$ 上有下界.

评注 14.4.1　若将上述定理中闭区间改为开区间, 结论并不成立. 例如函数 $\frac{1}{x}$ 在 $(0,1)$ 内连续而无上界, 在 $(-1,0)$ 内连续而无下界. 由这个比较, 可初步看出闭区间和开区间有本质的不同. 还可以将上述定理推广并加强为下面的定理.

定理 14.4.2 (连续函数保有界闭性)　设 $D \subset \mathbb{R}$ 是有界闭集, $f : D \to \mathbb{R}$ 是连续函数. 则函数 f 的像集 $f(D)$ 也是有界闭集.

$f(D)$ 的有界性之证明可逐句抄袭定理 14.4.1 之证明, 只需将其中 $[a,b]$ 换成 D.

$f(D)$ 是闭集的证明是一个很好的练习, 有兴趣的读者可以尝试.

评注 14.4.2　若将连续函数 f 的定义域 D 改为开集, 则其值域 $f(D)$ 未必是开集, 请读者举例.

评注 14.4.3　从拓扑学观点看, 实数集 $\mathbb{R}$ 的子集中, 有界闭集是一类极重要的集合, 闭区间是其一种特例. 定理 14.4.2 说, 连续函数保持有界闭性.

接下来重述连续函数的最值定理 (定理 1.5.1), 并给出证明.

定理 14.4.3 (最值定理)　设函数 $f(x)$ 在 $[a,b]$ 上连续, 则 $f(x)$ 在 $[a,b]$ 上能取到在该区间上之最大值与最小值, 即存在 $c,d \in [a,b]$ 使得

$$f(c) \geqslant f(x) \geqslant f(d), \quad \text{当} \quad x \in [a,b].$$

证明　由定理 14.4.2 知 $Y = f([a,b])$ 是有界闭集. 按确界原理 (定理 13.6.1), Y 有上确界和下确界. 今证 Y 的上确界和下确界就是函数 f 在 $[a,b]$ 上的最大值和最小值. 记 Y 的上确界为 $M = \sup Y = \sup \{f(x) \mid x \in [a,b]\}$. 可断言 $M \in Y$. 因为若 $M \notin Y$, 按上确界定义, M 必为 Y 的极限点. 而已知 Y 是闭集, 根据定理 12.5.3, Y 应包含极限点 M, 产生矛盾. 既然 $M \in Y = f([a,b])$, 于是存在 $c \in [a,b]$ 使得 $f(c) = M$, 这便是 f 在 $[a,b]$ 上取得的最大值. 同理可证 f 在 $[a,b]$ 上取得最小值.

评注 14.4.4　采用定义 13.6.1 中记号, f 在 $[a,b]$ 上之最大值和最小值可分别记作 $\max f([a,b])$ 和 $\min f([a,b])$.

下面重述连续函数的介值定理 (定理 1.5.2), 并给予证明.

定理 14.4.4 (Bolzano 介值定理)　设函数 $f(x)$ 在 $[a,b]$ 上连续, 且 $f(a)$ 与 $f(b)$ 符号相反, 即 $f(a) \cdot f(b) < 0$, 则在 (a,b) 中存在一点 c, 使得 $f(c) = 0$. 一般来说, 设函数 $f(x)$ 在 $[a,b]$ 上连续, r 是满足不等式 $\min f([a,b]) < r < \max f([a,b])$ 的任一数, 则在 (a,b) 中存在一点 c, 使得 $f(c) = r$.

证明　欲证第一个命题, 虽然它是特殊的, 却是本质的. 将第二个一般的命题留给读者作为练习去思考. 为证第一个命题, 不妨设 $f(a) < 0, f(b) > 0$. 参考图 14.1, 结论直观上很清楚, 但需要严格的论证. 根据读者的准备知识, 可以采用不

同的方法证明.

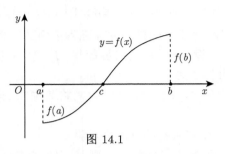

图 14.1

方法一 应用 Cantor 区间套原理证明, 这个方法可以称作二分区间法, 建议读者作为练习去思考.

方法二 应用确界原理证明如下. 设集合

$$S = \{x \mid x \in [a, b], f(x) \leqslant 0\}.$$

因为 $a \in S$, 故 S 不是空集. 又因 b 是 S 的一个上界, 故 S 是一个非空的有上界的集合. 由确界原理 (定理 13.6.1), S 有上确界. 记上确界为 $c = \sup S$. 显然 $a \leqslant c \leqslant b$. 可断言 $f(c) = 0$, 从而知 $a < c < b$. 采用反证法, 若不然, 设 $f(c) \neq 0$, 有两种可能.

(1) 设 $f(c) < 0$. 由定理 14.3.3, $\exists \delta > 0$, 使得当 $x \in N(c; \delta)$ 时 $f(x) < 0$, 则 c 不是集合 S 的上界, 故与 c 是 S 的上确界相矛盾.

(2) 设 $f(c) > 0$. 由定理 14.3.3, $\exists \delta > 0$, 使得当 $x \in N(c; \delta)$ 时 $f(x) > 0$, 则 c 虽是集合 S 的上界, 但不是 S 的上确界. 也产生矛盾.

将介值定理 (定理 14.4.4) 与最值定理 (定理 14.4.3) 结合, 便得

定理 14.4.5 设 $f : [a, b] \to \mathbb{R}$ 是一个非常值的连续函数, 则 f 的像集 $f([a, b])$ 也是闭区间, 它就是

$$[\min f([a, b]), \ \max f([a, b])].$$

由介值定理 (定理 14.4.4) 可得一维的不动点定理.

定理 14.4.6(不动点定理) 设 $f : [0, 1] \to [0, 1]$ 是连续函数, 则存在一点 $c \in [0, 1]$ 使得 $f(c) = c$.

证明 令 $F(x) = f(x) - x$, 则 $F(x)$ 是 $[0, 1]$ 上的连续函数. $F(0) = f(0) \geqslant 0$ 且 $F(1) = f(1) - 1 \leqslant 0$. 若 $F(0) = 0$ 或 $F(1) = 0$, 则取 $c = 0$ 或 1 便符合 $f(c) = c$ 之要求. 否则, $F(0) > 0$ 并且 $F(1) < 0$, 则由介值定理存在 $c \in (0, 1)$ 使得 $F(c) = 0$, 即 $f(c) = c$.

评注 14.4.5 这个一维的不动点定理在 1910 年左右被荷兰数学家布劳威尔 (Brouwer, 1881—1966) 推广到 n 维方体上, 而被称为 Brouwer 不动点定理, 它可广泛应用于求方程的解的存在性. 随着泛函分析的建立, 后来又被推广到无穷维的情形, 而获得许多重要应用.

现在应用介值定理来定义 n 次方根概念.

例 14.4.1 设 n 为一正整数, $p \in \mathbb{R}, p > 0$. 试证: 存在一个正实数 x_0 使得

$$x_0^n = p,$$

这样的 x_0 还是唯一的, 记作 $x_0 = \sqrt[n]{p}$.

证明　设 $f(x) = x^n$. 于是 $f(0) = 0$. 取一大于 1 的正数 $a > p$, 则 $a^n > p$. 由于函数 $f(x)$ 在 $[0, a]$ 上连续, 且

$$f(0) < p < f(a).$$

故由介值定理, $\exists x_0 \in (0, a)$ 使 $f(x_0) = p$, 即 $x_0^n = p$.

再证唯一性. 设 $x_1 > 0$ 使 $x_1^n = p$, 则

$$0 = x_0^n - x_1^n = (x_0 - x_1)(x_0^{n-1} + x_0^{n-2} x_1 + \cdots + x_1^{n-1}).$$

因右端第二括号为正, 从而知 $x_0 - x_1 = 0$, 即 $x_1 = x_0$.

再介绍一个有关单调函数连续性的定理

定理 14.4.7　设 $f : [a, b] \to \mathbb{R}$ 是严格单调的连续函数. 若 f 是增加的, 则 f 的反函数 $f^{-1} : [f(a), f(b)] \to [a, b]$ 也是严格增加的连续函数. 若 f 是减少的, 则 f 的反函数 $f^{-1} : [f(b), f(a)] \to [a, b]$ 也是严格减少的连续函数.

证明　由定理 14.4.5, f 的像集 $f([a, b])$ 当 f 增加时是闭区间 $[f(a), f(b)]$, 当 f 减少时是闭区间 $[f(b), f(a)]$.

不妨设 f 是增加的. 由严格增加性, 知反函数存在, 并且也是严格增加的. 这个反函数记作 $f^{-1} : [f(a), f(b)] \to [a, b]$.

现在证明 f^{-1} 是连续的. 根据定理 14.1.1, 任取序列 $\{y_n\} \subset [f(a), f(b)]$ 使得 $\lim\limits_{n \to \infty} y_n = y_0$, 只需证序列 $\{f^{-1}(y_n)\}$ 收敛于 $f^{-1}(y_0)$. 令 $x_n = f^{-1}(y_n)$, $x_0 = f^{-1}(y_0)$, 则 $\{x_n\} \subset [a, b]$ 且 $x_0 \in [a, b]$. 如果序列 $\{x_n\}$ 不收敛于 x_0, 则存在 $\varepsilon_0 > 0$, 使得 $N(x_0; \varepsilon_0)$ 外仍有 $\{x_n\}$ 的无限多项, 它们组成 $\{x_n\}$ 的一个子列. 因 $\{x_n\}$ 是有界序列, 由序列形式 Bolzano-Weierstrass 原理, 这个子列有一个收敛的子列, 它也是 $\{x_n\}$ 的子列, 记成 $\{x_{n_k}\}$, 其极限 x_* 在 $N(x_0; \varepsilon_0)$ 之外, 但属于 $[a, b]$, 故 $x_* \neq x_0$. 因 $f(x_{n_k}) = y_{n_k}$, $f(x_0) = y_0$, 而 $\{y_{n_k}\}$ 是收敛序列 $\{y_n\}$ 的子列, 故 $\lim\limits_{k \to \infty} y_{n_k} = y_0$, 从而 $\lim\limits_{k \to \infty} f(x_{n_k}) = y_0$. 又因 f 是连续函数, 故 $\lim\limits_{k \to \infty} f(x_{n_k}) = f(x_*)$. 于是 $f(x_*) = f(x_0)$. 这说明 f 将两个不同的点 x_* 和 x_0 映成同一点, 与 f 严格单调矛盾.

14.5　一致连续性

为证明闭区间上的连续函数是可积的, 需要证明闭区间上的连续函数是 "一致连续的".

先回忆连续性定义, 采用 ε-δ 语言: 设 f 是定义在区间 I 上的函数, $x_0 \in I$. f 称为在点 x_0 处连续, 若 $\forall \varepsilon > 0, \exists \delta(x_0, \varepsilon) > 0$, 使当 $|x - x_0| < \delta$ 时, 有 $|f(x) - f(x_0)| < \varepsilon$.

这里故意地将 δ 写作 $\delta(x_0, \varepsilon)$ 以示一般来说它是依赖于 x_0 和 ε 的. 于是自然会提出

问题 在函数连续的 ε-δ 定义中, 在区间 I 上任意地取 x_0, 对于 $\varepsilon > 0$, 能否找到 δ, 只依赖于 ε, 而不依赖于 x_0, 即是否存在这样的 δ, 使得在任意点的 δ 邻域内, 都有 (或称一致地有)$|f(x) - f(x_0)| < \varepsilon$?

有关这个问题, 正反两个方面的例子都不难找到. 例如

能: $f(x) = \sin x$ 在 $I = (-\infty, +\infty)$ 上.

不能: $f(x) = \dfrac{1}{x}$ 在 $I = (0, 1)$ 内.

为使读者认真体会两者的区别, 将它们分别写成下面的两个例子.

例 14.5.1 设 $f(x) = \sin x$ 在 $(-\infty, +\infty)$ 上. 任取 $x_0 \in \mathbb{R}$, 再取 $x \in \mathbb{R}$, 便有

$$
\begin{aligned}
|f(x) - f(x_0)| &= |\sin x - \sin x_0| \\
&= \left| 2 \sin \frac{x - x_0}{2} \cos \frac{x + x_0}{2} \right| \\
&\leqslant 2 \left| \sin \frac{x - x_0}{2} \right| \leqslant |x - x_0|.
\end{aligned}
$$

对于任给的 $\varepsilon > 0$, 只要取 $\delta = \varepsilon$, 则当 $|x - x_0| < \delta$ 时, 便有

$$
|f(x) - f(x_0)| < \varepsilon.
$$

这里选取的 δ 只与 ε 有关, 而与 x_0 点之选取无关.

例 14.5.2 设 $f(x) = \dfrac{1}{x}, x \in (0, 1)$. 取 $x_0 \in (0, 1)$. 对于任给的小于 1 的 $\varepsilon > 0$, 欲使

$$
\left| \frac{1}{x} - \frac{1}{x_0} \right| < \varepsilon,
$$

等价于

$$
\frac{1}{x_0} - \varepsilon < \frac{1}{x} < \frac{1}{x_0} + \varepsilon,
$$

即等价于

$$
x_0 - \frac{\varepsilon x_0^2}{1 + \varepsilon x_0} = \frac{x_0}{1 + \varepsilon x_0} < x < \frac{x_0}{1 - \varepsilon x_0} = x_0 + \frac{\varepsilon x_0^2}{1 - \varepsilon x_0}.
$$

若取 $\delta(x_0,\varepsilon) = \min\left\{\dfrac{\varepsilon x_0^2}{1+\varepsilon x_0}, \dfrac{\varepsilon x_0^2}{1-\varepsilon x_0}\right\} = \dfrac{\varepsilon x_0^2}{1+\varepsilon x_0}$, 则此 $\delta(x_0,\varepsilon)$ 是使得 $|f(x) - f(x_0)| < \varepsilon$ 成立的 x_0 的最大去心邻域 $N^*(x_0,\delta)$ 的半径. 这里 δ 的选取不仅依赖 ε, 而且不可避免地依赖 x_0: 随着 x_0 趋于 0, δ 必然越来越小而趋于 0, 故不存在一个 "一致" 的 $\delta > 0$, 对区间 $(0,1)$ 内任意点 x_0, 在其 δ 去心邻域 $N^*(\delta)$ 内使得 $|f(x) - f(x_0)| < \varepsilon$ "一致地" 成立.

下面就来介绍一致连续性概念, 它是于 1870 年由德国数学家海涅 (Heine, 1821—1881) 提出来的, 这是有关函数在给定的定义域上的一个整体性质.

定义 14.5.1(一致连续定义) 设 I 是一个区间, $f: I \to \mathbb{R}$ 是一个函数. 如果 $\forall \varepsilon > 0, \exists \delta > 0$, 使得当 $x_1, x_2 \in I$ 而满足 $|x_1 - x_2| < \delta$ 时, 便有

$$|f(x_1) - f(x_2)| < \varepsilon,$$

则称函数 f 在 I 上**一致连续** (uniformly continuous).

显然, 若 f 在区间 I 上一致连续, 则 f 在区间 I 上必连续而例 14.5.1 和例 14.5.2 说明反之不一定成立. 但重要的是有下面的定理.

定理 14.5.1(闭区间上一致连续性) 如果函数 f 在闭区间 $[a,b]$ 上连续, 则 f 在 $[a,b]$ 上一致连续.

将采用反证法证明. 假设 "f 在 $[a,b]$ 上不一致连续", 逻辑陈述为 "$\exists \varepsilon_0 > 0$, 对 $\forall \delta > 0$, $\exists x_1, x_2 \in [a,b]$ 满足 $|x_1 - x_2| < \delta$, 使 $|f(x_1) - f(x_2)| \geqslant \varepsilon_0$". 可将其中 δ 具体化为 $\dfrac{1}{n}$, 则等价地陈述为 "$\exists \varepsilon_0 > 0$, 对 $\forall n \in \mathbb{N}$, 有 $\xi_n, \zeta_n \in [a,b]$ 满足 $|\xi_n - \zeta_n| < \dfrac{1}{n}$, 使 $|f(\xi_n) - f(\zeta_n)| \geqslant \varepsilon_0$".

证明 反证法. 设 f 在 $[a,b]$ 上不一致连续, 即 $\exists \varepsilon_0 > 0$ 和序列 $\{\xi_n\}$ 和 $\{\zeta_n\}$ 满足 $|\xi_n - \zeta_n| < \dfrac{1}{n}$, 使 $|f(\xi_n) - f(\zeta_n)| \geqslant \varepsilon_0$. 由序列形式的 Bolzano-Weierstrass 原理 (定理 13.3.4), 序列 $\{\xi_n\}$ 有收敛子列 $\{\xi_{n_k}\}$, 设 $\lim\limits_{k\to\infty} \xi_{n_k} = x_0$. 因为闭区间是闭集, 可知 $x_0 \in [a,b]$. 由 $|\xi_{n_k} - \zeta_{n_k}| < \dfrac{1}{n_k} \to 0$, 当 $k \to \infty$ 时, 知 $\lim\limits_{k\to\infty} \zeta_{n_k} = x_0$. 而根据定理假设 f 在点 x_0 连续, 因此有

$$\lim_{k\to\infty} f(\xi_{n_k}) = f(x_0)$$

和

$$\lim_{k\to\infty} f(\zeta_{n_k}) = f(x_0).$$

于是

$$\lim_{k\to\infty} |f(\xi_{n_k}) - f(\zeta_{n_k})| = 0.$$

这与 $|f(\xi_{n_k}) - f(\zeta_{n_k})| \geqslant \varepsilon_0 > 0$ 相矛盾. 此矛盾证明了定理之结论.

评注 14.5.1 这个重要定理在本课程中的首要应用是连续函数的可积性证明.

14.6 有限覆盖定理

本节将介绍闭区间或有界闭集的一个重要拓扑性质, 有限覆盖定理.

定义 14.6.1(开覆盖定义) 设 $X \subset \mathbb{R}$ 是一个实数集合, $\{I_\alpha\}$ 是一个由开区间组成的族. 若 X 的每一点均属于某个 I_α 中, 则称开区间族 $\{I_\alpha\}$ 是 X 的一个开覆盖 (open covering), 也说 $\{I_\alpha\}$ 覆盖了集合 X.

下面的定理被认为是属于 Heine 和法国数学家博雷尔 (Borel, 1871—1956) 的.

定理 14.6.1(Heine-Borel 有限覆盖定理) 设开区间族 $\{I_\alpha\}$ 是闭区间 $[a, b]$ 的一个开覆盖, 则从开覆盖 $\{I_\alpha\}$ 中可选出一个有限子族 $\{I_{\alpha_1}, \cdots, I_{\alpha_n}\}$ 保持成为 $[a, b]$ 的开覆盖.

证明 采用反证法, 设结论不成立, 即 $\{I_\alpha\}$ 的任何有限子族均不是 $[a, b]$ 的开覆盖. 采用二分区间法, 将 $[a, b]$ 二等分, 所得两个子闭区间中必有一个不被 $\{I_\alpha\}$ 的任何有限子族所覆盖, 记它为 $[a_1, b_1]$. 设 $n \geqslant 1$, 已构作 $[a, b] \supset [a_0, b_0] \supset [a_1, b_1] \supset \cdots \supset [a_n, b_n]$, 使 $k = 1, 2, \cdots, n$ 时每个 $[a_k, b_k]$(是 $[a_{k-1}, b_{k-1}]$ 的二等分所得两个子区间之一) 不被 $\{I_\alpha\}$ 的任何有限子族所覆盖. 于是将 $[a_n, b_n]$ 二等分, 所得两个子闭区间中必有一个不被 $\{I_\alpha\}$ 的任何有限子族所覆盖, 记它为 $[a_{n+1}, b_{n+1}]$. 于是根据数学归纳法构作定理 (定理 12.2.3), 已构作成闭区间序列 $\{[a_n, b_n]\}$, 具有以下性质: $\forall n \in \mathbb{N}, [a_n, b_n]$ 不被 $\{I_\alpha\}$ 的任何有限子族所覆盖, $[a_{n+1}, b_{n+1}]$ 是 $[a_n, b_n]$ 二等分所得两子闭区间之一, 故 $b_n - a_n = \dfrac{1}{2}(b_{n-1} - a_{n-1}) = \cdots = \dfrac{1}{2^n}(b - a)$, 从而 $\lim\limits_{n \to \infty}(b_n - a_n) = 0$. 闭区间序列 $\{[a_n, b_n]\}$ 是一个区间套. 由 Cantor 区间套原理 (定理 13.3.1), 存在唯一的 $\xi \in [a_n, b_n]$ 对一切 $n \in \mathbb{N}$, 且 $\lim\limits_{n \to \infty} a_n = \lim\limits_{n \to \infty} b_n = \xi$, $\xi \in [a, b]$. 故由假设, ξ 属于 $\{I_\alpha\}$ 中的某个 I_α 中, 于是 $\exists \varepsilon > 0$, 使得 ξ 的 ε 邻域 $N(\xi; \varepsilon) = (\xi - \varepsilon, \xi + \varepsilon) \subset I_\alpha$. 由 $\lim\limits_{n \to \infty} a_n = \lim\limits_{n \to \infty} b_n = \xi$ 知, 对于这个 ε, $\exists$ 自然数 N, 使得当 $n \geqslant N$ 时, 有 $|a_n - \xi| < \varepsilon$ 和 $|b_n - \xi| < \varepsilon$. 由 $a_n \leqslant \xi \leqslant b_n$ 知当 $n \geqslant N$ 时

$$[a_n, b_n] \subset (\xi - \varepsilon, \xi + \varepsilon) \subset I_\alpha.$$

可见 $[a_n, b_n]$ 被 $\{I_\alpha\}$ 中一个成员所覆盖. 这与 $[a_n, b_n]$ 不被 $\{I_\alpha\}$ 的任何有限子族所覆盖相矛盾. 此矛盾证明了定理之结论.

评注 14.6.1　定理 14.6.1 中的闭区间换成有界闭集, 结论仍成立, 在证明中只需做一些语言上相应的修改, 仍然适用.

评注 14.6.2　定理 14.6.1 中的结论在拓扑学上很受重视, 被视为紧性 (compactness). 因而定理 14.6.1 说的是闭区间, 按评注 14.6.1 更一般地说, 有界闭集是**紧的** (compact).

评注 14.6.3　紧性有什么用? 一言以蔽之, 紧性可用于从局部到整体之过渡. 作为例子, 介绍运用 Heine-Borel 有限覆盖定理 (定理 14.6.1) 给出定理 14.5.1(一致连续性) 的另一个证明.

另证定理 14.5.1　已知 f 在闭区间 $[a,b]$ 上连续, 即在 $[a,b]$ 之每一点 x 处 f 连续. 故 $\forall \varepsilon > 0, \forall x \in [a,b], \exists \delta_x = \delta(x,\varepsilon) > 0$ 使得 $\forall x' \in N(x;\delta_x) \cap [a,b]$, 有 $|f(x') - f(x)| < \dfrac{\varepsilon}{2}$. 取开区间族 $\left\{ N\left(x; \dfrac{\delta_x}{2}\right) \,\middle|\, x \in [a,b] \right\}$, 它覆盖了 $[a,b]$. 由 Heine-Borel 定理, 存在一个有限子族 $\left\{ N\left(x_i; \dfrac{\delta_{x_i}}{2}\right) \,\middle|\, i = 1, 2, \cdots, k \right\}$ 覆盖了 $[a,b]$. 记 $\delta = \min\limits_{1 \leqslant i \leqslant k} \left\{ \dfrac{\delta_{x_i}}{2} \right\}$. 这个 δ 便符合一致连续性定义中要求, 验证如下. 若 $x', x'' \in [a,b]$ 满足 $|x' - x''| < \delta$. 设 $x' \in$ 某 $N\left(x_j; \dfrac{\delta_{x_j}}{2}\right)$, 即

$$|x' - x_j| < \frac{\delta_{x_j}}{2}.$$

这时

$$|x'' - x_j| \leqslant |x'' - x'| + |x' - x_j| < \delta + \frac{\delta_{x_j}}{2} \leqslant \delta_{x_j}.$$

因此有

$$|f(x') - f(x_j)| < \frac{\varepsilon}{2} \quad \text{和} \quad |f(x'') - f(x_j)| < \frac{\varepsilon}{2},$$

从而

$$|f(x') - f(x'')| \leqslant |f(x') - f(x_j)| + |f(x_j) - f(x'')| < \varepsilon.$$

这便证明了 f 在 $[a,b]$ 上一致连续.

第15讲

Riemann 积分的理论

微积分学中论及的经典定积分定义, 一般认为是德国人 Riemann 给出的, 虽然据说法国人 Cauchy 也早已针对连续函数做过相同的事, 现在通用的说法称之为 Riemann 积分. 这特别便于区分经典定积分与二十世纪初建立的积分概念, 后者由法国数学家 Lebesgue 于 1902 年完成, 被称为 Lebesgue 积分, 有关它的讨论超出了本课程的范围, 读者可在适当的后续课程中学到.

15.1 定积分概念

第 2 讲 2.2 节介绍过定积分的定义, 那里采用的极限概念尚无严格定义. 现在采用严格的极限语言重述定积分概念如下.

定义 15.1.1(定积分定义) 设函数 f 在闭区间 $[a,b]$ 上有定义. 对 $[a,b]$ 任做一**分划** $T = [a = x_0 < x_1 < \cdots < x_n = b]$, 将 $[a,b]$ 分成子区间 $[x_{i-1}, x_i]$, 记 $\Delta x_i = x_i - x_{i-1}, i = 1, 2, \cdots, n$, 并记 Δx_i 中最大者为 $\lambda(T)$, 称为分划 T 的**细度**. 任取介点 $\xi_i \in [x_{i-1}, x_i]$, 作和

$$\sigma_f(T, \xi) = \sum_{i=1}^{n} f(\xi_i) \Delta x_i,$$

称为函数 f 在 $[a,b]$ 上关于分划 T 和介点组 $\xi = \{\xi_1, \cdots, \xi_n\}$ 的**积分和**或 **Riemann 和**. 若存在一个实数 I, 对 $\forall \varepsilon > 0, \exists \delta > 0$, 使得只要 $[a,b]$ 分划 T 的细度 $\lambda(T) < \delta$, 就有

$$|\sigma_f(T, \xi) - I| < \varepsilon,$$

则说函数 f 在 $[a,b]$ 上**可积**, I 称为当 $\lambda(T) \to 0$ 时 $\sigma_f(T, \xi)$ 的极限, 写成 $\lim\limits_{\lambda(T) \to 0} \sigma_f(T, \xi) = I$, 并称为 f 在 $[a,b]$ 上的**定积分**, 或简称**积分**, 记作

$$I = \int_a^b f(x)\mathrm{d}x.$$

评注 15.1.1　这里用到一种新的极限, 也采用 ε-δ 语言陈述. 不难看到这种极限不是数列极限, 也不是实变量函数的极限, 它是一种更为广泛意义下的极限. 有兴趣的读者可以参考凯莱《一般拓扑学》第二章.

评注 15.1.2　直接利用上述定义来证明一个函数在 $[a, b]$ 上可积, 要解决两个困难: 分划任意、介点组任意, 是不现实的. 但若已知 f 在 $[a, b]$ 上可积, 则可采取特别选取的分划序列 $\{T_n\}$ 满足 $\lim\limits_{n\to\infty} \lambda(T_n) = 0$, 并对每个分划 T_n 取特定的介点 ξ_n, 所得 Riemann 和记作 S_n, 则序列 $\{S_n\}$ 的极限就是 f 在 $[a, b]$ 上的定积分. 将这个事实写成下面定理.

定理 15.1.1　设函数 f 在 $[a, b]$ 上可积, $[a, b]$ 的分划序列 $\{T_n\}$ 满足 $\lim\limits_{n\to\infty} \lambda(T_n) = 0$, ξ_n 是对应于分划 T_n 取定的介点组, 记 $S_n = \sigma_f(T_n, \xi_n)$. 则

$$\int_a^b f(x)\mathrm{d}x = \lim_{n\to\infty} S_n.$$

证明　因为 f 在 $[a, b]$ 上可积, 于是 $\forall \varepsilon > 0, \exists \delta > 0$, 使得当 $\lambda(T) < \delta$ 时, 有

$$\left| \sigma_f(T, \xi) - \int_a^b f(x)\mathrm{d}x \right| < \varepsilon.$$

由于 $\lim\limits_{n\to\infty} \lambda(T_n) = 0$, 故对上述的 δ, $\exists$ 自然数 N, 使得当 $n \geqslant N$ 时, 有 $\lambda(T_n) < \delta$, 从而

$$\left| S_n - \int_a^b f(x)\mathrm{d}x \right| < \varepsilon.$$

因此

$$\lim_{n\to\infty} S_n = \int_a^b f(x)\mathrm{d}x.$$

评注 15.1.3　第 3 讲 3.3 节中所列举的计算实例就是上述定理的实际应用, 应用技巧在于取特别的分划和选取特别的介点.

15.2　可积的一个必要条件

函数有界是其可积的必要条件, 即有下面的定理.

定理 15.2.1(有界性) 若函数 f 在 $[a,b]$ 上可积, 则 f 在 $[a,b]$ 上有界.

证明 由函数 f 在 $[a,b]$ 上可积, 可设定积分 $\int_a^b f(x)\mathrm{d}x = I$. 于是当取 $\varepsilon = 1$ 时, $\exists \delta > 0$ 使得当区间 $[a,b]$ 之分划 T 的细度 $\lambda(T) < \delta$, 以及介点组 ξ 的任意选取, 恒有

$$|\sigma_f(T, \xi) - I| < 1. \tag{15.2.1}$$

假设定理结论不对, 即 f 在 $[a,b]$ 上无界. 今任取 $[a,b]$ 之分划 $T = [a = x_0 < x_1 < \cdots < x_n = b]$ 满足 $\lambda(T) < \delta$. f 必在分划 T 之某子区间 $[x_{i-1}, x_i]$ 上无界. 今取介点组 $\xi = \{\xi_1, \cdots, \xi_n\}$ 如下: ① 在 $[x_{j-1}, x_j]$ $(j \neq i,\ 1 \leqslant j \leqslant n)$ 上, 取定 ξ_j; ② 在 $[x_{i-1}, x_i]$ 上, f 无界, 故可取 $\xi_i \in [x_{i-1}, x_i]$ 满足

$$|f(\xi_i)| \geqslant \frac{1}{\Delta x_i} \left(\left| \sum_{\substack{j \neq i \\ 1 \leqslant j \leqslant n}} f(\xi_j)\Delta x_j - I \right| + 1 \right).$$

由此可得

$$\left| \sum_{j=1}^n f(\xi_i)\Delta x_j - I \right| = \left| f(\xi_i)\Delta x_i + \sum_{j \neq i} f(\xi_j)\Delta x_j - I \right|$$

$$\geqslant |f(\xi_i)\Delta x_i| - \left| \sum_{j \neq i} f(\xi_j)\Delta x_j - I \right|$$

$$\geqslant 1,$$

这与 (15.2.1) 式相矛盾, 即定理结论为真.

15.3 Darboux 和

在闭区间 $[a,b]$ 上定义的函数 $f(x)$ 的 Riemann 和很复杂. 一方面闭区间 $[a,b]$ 的分划可任意, 另一方面即使取定了分划, 介点组的选取也可任意. 所以许多数学家希望将这种复杂程度简化. 法国人达布 (Darboux, 1842—1917) 于 1885 年提出了现在以他的名字命名的和式, 完成了函数可积性的严密的论证. 下面介绍 Darboux 的理论.

由定理 15.2.1, 知函数若在某闭区间上可积, 必在该闭区间上有界. 故在定积分的研讨中恒设所考虑的函数是有界函数.

定义 15.3.1　设函数 f 是 $[a,b]$ 上的有界函数, M 和 m 分别是其上界和下界: $m \leqslant f(x) \leqslant M, x \in [a,b]$. 设 $T = [a = x_0 < x_1 < \cdots < x_n = b]$ 是闭区间 $[a,b]$ 的一个分划, 对分划 T 的第 i 个子区间 $[x_{i-1}, x_i]$, 记

$$M_i = \sup \{f(x) \,|\, x \in [x_{i-1}, x_i]\}, \quad m_i = \inf \{f(x) \,|\, x \in [x_{i-1}, x_i]\}. \tag{15.3.1}$$

于是

$$m \leqslant m_i \leqslant f(x) \leqslant M_i \leqslant M, \quad \forall x \in [x_{i-1}, x_i]. \tag{15.3.2}$$

作和

$$S_f(T) = \sum_{i=1}^{n} M_i \Delta x_i, \quad s_f(T) = \sum_{i=1}^{n} m_i \Delta x_i. \tag{15.3.3}$$

分别称为函数 f 关于分划 T 的 **Darboux 上和**与 **Darboux 下和**或简称为**上和**与**下和**.

易见, 给定分划 T, Darboux 下和不超过 Darboux 上和: $s_f(T) \leqslant S_f(T)$.

Darboux 上、下和只与函数 f 及区间 $[a,b]$ 之分划有关, 而与介点之选取无关. 它们与 Riemann 和之间的关系如下.

性质 15.3.1　对 $[a,b]$ 的任一分划 T, Riemann 和与 Darboux 上下和有下述不等式

$$m(b-a) \leqslant s_f(T) \leqslant \sigma_f(T, \xi) \leqslant S_f(T) \leqslant M(b-a). \tag{15.3.4}$$

其中 $\xi = \{\xi_1, \cdots, \xi_n\}$ 为分划 T 之介点组. 更精确些, 有

$$S_f(T) = \sup \{\sigma_f(T, \xi) \,|\, \xi \text{ 跑遍 } T \text{ 之介点组}\}, \tag{15.3.5}$$

$$s_f(T) = \inf \{\sigma_f(T, \xi) \,|\, \xi \text{ 跑遍 } T \text{ 之介点组}\}. \tag{15.3.6}$$

即, 任给定分划 T, ① Darboux 上和 $S_f(T)$(下和 $s_f(T)$) 是任意介点组上 Riemann 和 $\sigma_f(T, \xi)$ 之集的上 (下) 确界; ② Riemann 和必介于 Darboux 上、下和之间.

证明　将介点 ξ_i 代入不等式 (15.3.2) 之 x, 乘以 Δx_i 再相加便得 (15.3.4).

欲证等式 (15.3.5). 由 M_i 是 f 在 $[x_{i-1}, x_i]$ 的上确界, 故 $\forall \varepsilon > 0$, 有 $\xi_i \in [x_{i-1}, x_i]$ 使

$$f(\xi_i) > M_i - \frac{\varepsilon}{(b-a)}, \quad i = 1, 2, \cdots, n.$$

于是有

$$\sigma_f(T, \xi) = \sum_{i=1}^{n} f(\xi_i) \Delta x_i > \sum_{i=1}^{n} \left(M_i - \frac{\varepsilon}{b-a}\right) \Delta x_i$$

$$= \sum_{i=1}^{n} M_i \Delta x_i - \frac{\varepsilon}{b-a} \sum_{i=1}^{n} \Delta x_i$$

$$= S_f(T) - \varepsilon.$$

因此 $S_f(T)$ 是集合 $\{\sigma_f(T,\xi) \,|\, \xi$ 跑遍 T 之介点组 $\}$ 的上确界.

同理可证 $s_f(T)$ 是集合 $\{\sigma_f(T,\xi) \,|\, \xi$ 跑遍 T 之介点组 $\}$ 的下确界.

Darboux 上下和的其他重要性质如下.

性质 15.3.2 设 T 为区间 $[a,b]$ 的一个分划, T' 为区间 $[a,b]$ 的另一分划, 它是分划 T 添加 p 个新分点而得, T' 称为 T 的**加细**, 则

$$S_f(T) \geqslant S_f(T') \geqslant S_f(T) - p(M-m)\lambda(T), \tag{15.3.7}$$

$$s_f(T) \leqslant s_f(T') \leqslant s_f(T) + p(M-m)\lambda(T). \tag{15.3.8}$$

即 Darboux 上 (下) 和随着分划加细而不增 (不减).

证明 设 $p=1$, 即 T' 是对 T 增加一个新分点而得, 设新分点落入 Δ_k 中, 分 Δ_k 为 Δ'_k 和 Δ''_k. T 中其他 $\Delta_i(i \neq k)$ 均为 T' 中之子区间. 比较 $S_f(T)$ 与 $S_f(T')$ 之各加项, 发现

$$S_f(T) - S_f(T') = M_k \Delta x_k - (M'_k \Delta x'_k + M''_k \Delta x''_k)$$

$$= (M_k - M'_k)\Delta x'_k + (M - M''_k)\Delta x''_k,$$

其中 M'_k 和 M''_k 分别表示 $f(x)$ 在子区间 Δ'_k 和 Δ''_k 上之上确界. 由于

$$m \leqslant M'_k \leqslant M_k \leqslant M, \quad m \leqslant M''_k \leqslant M_k \leqslant M,$$

得

$$0 \leqslant S_f(T) - S_f(T') \leqslant (M-m)\Delta x_k \leqslant (M-m)\lambda(T).$$

设 $p \geqslant 1$, T' 为 T 添加 p 个新分点而得的分划. 设 $T_0 = T$, 逐次添加一个新分点而得之分划为

$$T_1, T_2, \cdots, T_p = T'.$$

则因 T_{i+1} 为 T_i 添加一个新分点而得, 故有

$$0 \leqslant S_f(T_i) - S_f(T_{i+1}) \leqslant (M-m)\lambda(T_i), \quad i = 0, 1, \cdots, p-1.$$

将这些不等式对 i 相加, 得

$$0 \leqslant S_f(T_0) - S_f(T_p) \leqslant (M-m)\sum_{i=0}^{p-1}\lambda(T_i) \leqslant (M-m)p\lambda(T_0),$$

即

$$0 \leqslant S_f(T) - S_f(T') \leqslant p(M - m)\lambda(T).$$

由此得 (15.3.7).

类似地, 可得 (15.3.8).

性质 15.3.3 对于 $[a, b]$ 的任何两个分划 T_1, T_2, 有

$$s_f(T_1) \leqslant S_f(T_2).$$

即对于任意两个分划, Darboux 下和不超过 Darboux 上和.

证明 设 T 为 T_1 和 T_2 的分点合并而得之分划, 记作 $T = T_1 \cup T_2$, 它是 T_1 和 T_2 的公共加细. 于是由性质 15.3.2 知

$$s_f(T_1) \leqslant s_f(T) \leqslant S_f(T) \leqslant S_f(T_2).$$

评注 15.3.1 由性质 15.3.3 知: 任何一个下和是所有上和所成集合的一个下界; 任何一个上和是所有下和所成集合的一个上界.

定义 15.3.2(上、下积分定义) 取确界

$$S_f = \inf \big\{ S_f(T) \,\big|\, T \text{ 是 } [a, b] \text{ 的分划} \big\},$$

$$s_f = \sup \big\{ s_f(T) \,\big|\, T \text{ 是 } [a, b] \text{ 的分划} \big\},$$

分别称为 f 在 $[a, b]$ 上的**上积分**和**下积分**.

即上 (下) 积分是 $[a, b]$ 所有分划上的 Darboux 上和 (下和) 之集的下 (上) 确界. 或者说, f 在 $[a, b]$ 的 "最小 (大)"Darboux 上和 (下和) 是 f 的上 (下) 积分.

性质 15.3.4 f 在 $[a, b]$ 上的上积分和下积分满足不等式

$$m(b - a) \leqslant s_f(T) \leqslant s_f \leqslant S_f \leqslant S_f(T) \leqslant M(b - a),$$

其中 T 是 $[a, b]$ 的任一分划.

证明 由性质 15.3.1 和性质 15.3.3 即得.

这个不等式明确地揭示了 Darboux 下和、下积分、上积分与 Darboux 上和之间的大小次序. 于是, Riemann 可积的条件就呼之欲出了.

15.4 可积的充要条件

现在可以写出 Riemann 可积性的充要条件如下.

定理 15.4.1 有界函数 f 在 $[a,b]$ 上可积的充要条件是 f 在 $[a,b]$ 上的上、下积分相等, 此时

$$S_f = s_f = \int_a^b f(x)\mathrm{d}x.$$

证明 必要性. 设 f 在 $[a,b]$ 上可积, 定积分为 I. 由定义 15.1.1, $\forall \varepsilon > 0, \exists \delta > 0$ 使得当 $\lambda(T) < \delta$ 时有 $|\sigma_f(T,\xi) - I| < \varepsilon$, 即

$$I - \varepsilon < \sigma_f(T,\xi) < I + \varepsilon.$$

由性质 15.3.1, 对 $\sigma_f(T,\xi)$ 关于固定的分划 T 对介点 ξ 取上、下确界分别得 $S_f(T)$ 和 $s_f(T)$, 即得

$$I - \varepsilon \leqslant s_f(T) \leqslant S_f(T) \leqslant I + \varepsilon.$$

由性质 15.3.4 得

$$I - \varepsilon \leqslant s_f \leqslant S_f \leqslant I + \varepsilon.$$

S_f 和 s_f 都是常数, 由 ε 的任意性知

$$S_f = s_f = I.$$

充分性. 设 $S_f = s_f$ 并记作 I. $\forall \varepsilon > 0, S_f + \varepsilon$ 便不是数集 $\{S_f(T)|T$ 是 $[a,b]$ 的分划$\}$ 的下界, 故存在 $[a,b]$ 的分划 T_1, 使得 $S_f(T_1) < S_f + \varepsilon$. 同样存在 $[a,b]$ 的分划 T_2 使得 $s_f(T_2) > s_f - \varepsilon$. 而由性质 15.3.3 便得

$$I - \varepsilon < s_f(T_2) \leqslant S_f(T_1) < I + \varepsilon.$$

取 $T^* = T_1 \cup T_2$, 由性质 15.3.2, 得

$$I - \varepsilon < s_f(T^*) \leqslant S_f(T^*) < I + \varepsilon. \tag{15.4.1}$$

设 M 和 m 是 f 在 $[a,b]$ 上的上界和下界, $M > m$. 设 $T^* = [x_0^* < x_1^* < \cdots < x_l^*]$, 取

$$\delta = \frac{\varepsilon}{(l-1)(M-m)}.$$

对满足 $\lambda(T) < \delta$ 的分划 T, 由性质 15.3.2, 知

$$S_f(T) \leqslant S_f(T \cup T^*) + (l-1)(M-m)\lambda(T) < S_f(T \cup T^*) + \varepsilon$$

$$\leqslant S_f(T^*) + \varepsilon < I + 2\varepsilon,$$

$$s_f(T) \geqslant s_f(T \cup T^*) - (l-1)(M-m)\lambda(T) > s_f(T \cup T^*) - \varepsilon$$

$$\geqslant s_f(T^*) - \varepsilon > I - 2\varepsilon.$$

合并得

$$I - 2\varepsilon < s_f(T) \leqslant S_f(T) < I + 2\varepsilon.$$

对取定之分划 T 任取介点组 ξ, 由性质 15.3.1, 对应之 Riemann 和满足不等式

$$s_f(T) \leqslant \sigma_f(T, \xi) \leqslant S_f(T),$$

从而

$$I - 2\varepsilon < \sigma_f(T, \xi) < I + 2\varepsilon.$$

至此证得函数 f 在 $[a,b]$ 上可积, 且 I 是 f 在 $[a,b]$ 上的定积分.

评注 15.4.1　这是可积性的第一个充要条件, 理论上非常重要. 还可将它改造为较容易应用的充要条件于后.

定理 15.4.2　有界函数 f 在 $[a,b]$ 上可积的充要条件是: $\forall \varepsilon > 0, \exists [a,b]$ 的一个分划 T, 使得

$$S_f(T) - s_f(T) < \varepsilon. \tag{15.4.2}$$

证明　必要性. 设 f 在 $[a,b]$ 上可积, 由定理 15.4.1 得 f 在 $[a,b]$ 上的上下积分相等, 即 $S_f = s_f$. 由定理 15.4.1 充分性证明的第一部分知, $\forall \varepsilon > 0$ 存在 $[a,b]$ 之分划 T^* 使不等式 (15.4.1) 成立. 若将 (15.4.1) 中之 ε 换成 $\dfrac{\varepsilon}{2}$, 则可得 $S_f(T^*) - s_f(T^*) < \varepsilon$, 即得到不等式 (15.4.2).

充分性. 若定理所述之条件成立, 则由

$$s_f(T) \leqslant s_f \leqslant S_f \leqslant S_f(T)$$

可推知

$$0 \leqslant S_f - s_f \leqslant S_f(T) - s_f(T) < \varepsilon.$$

由 $\varepsilon > 0$ 之任意性, 知 $S_f = s_f$. 再用定理 15.4.1 推得 f 在 $[a,b]$ 上可积.

评注 15.4.2　定理 15.4.2 中的可积性充要条件已陈述得便于应用了. 特别作如下改述.

设 T 是 $[a,b]$ 的一个分划, M_i, m_i 意义如以前 (15.3.1) 所述. 记 $\omega_i^f = M_i - m_i$, 称为 f 在子区间 $\Delta_i = [x_{i-1}, x_i]$ 上的**振幅**. 于是有

$$S_f(T) - s_f(T) = \sum_{i=1}^{n} (M_i - m_i)\Delta x_i = \sum_{i=1}^{n} \omega_i^f \Delta x_i.$$

从而定理 15.4.2 可改述为

定理 15.4.3 有界函数 f 在 $[a, b]$ 上可积的充要条件是: $\forall \varepsilon > 0, \exists [a, b]$ 的一个分划 T, 使得

$$\sum_{i=1}^{n} \omega_i^f \Delta x_i < \varepsilon. \tag{15.4.3}$$

不等式 (15.4.3) 的几何意义如图 15.1 所示, 上下两个阶梯状折线之间所界面积小于 ε.

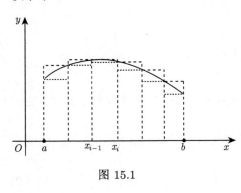

图 15.1

评注 15.4.3 常用定理 15.4.3 中陈述的条件论证函数 f 在 $[a, b]$ 上的可积性. 下面的辅助命题对于论证可能是方便的.

设 T 和 T' 是 $[a, b]$ 的两个分划, ω_i 和 ω_j' 分别表示函数 f 在 T 的小区间 Δ_i 和 T' 的小区间 Δ_j' 上的振幅. 若 T' 是 T 的加细, 则由性质 15.3.2, 有

$$\sum_{T'} \omega_j' \Delta x_j' \leqslant \sum_{T} \omega_i \Delta x_i. \tag{15.4.4}$$

15.5 常见的可积函数类

现在讨论哪些类函数是可积的. 在下面的证明中应用了上一节的充要条件定理, 实际用的是条件的充分性.

定理 15.5.1 若 f 是 $[a, b]$ 上的连续函数, 则 f 在 $[a, b]$ 上可积.

证明 设 f 在 $[a, b]$ 上连续, 则 f 在 $[a, b]$ 上一致连续. 即 $\forall \varepsilon > 0, \exists \delta > 0, \forall x', x'' \in [a, b]$ 当 $|x' - x''| < \delta$ 时, 有

$$|f(x') - f(x'')| < \varepsilon/(b-a).$$

若 $[a, b]$ 之分划 T 的细度 $\lambda(T) < \delta$, 则 T 之任一子区间 Δ_i 上 f 之振幅 $\omega_i^f = M_i - m_i \leqslant \varepsilon/(b-a)$. 从而

$$\sum_{i=1}^{n} \omega_i^f \Delta x_i < \frac{\varepsilon}{b-a} \sum_{i=1}^{n} \Delta x_i = \varepsilon.$$

由定理 15.4.3 知 f 在 $[a, b]$ 上可积.

这就是定理 2.2.1, 不过那时未能证明. 其实某些不连续函数也可积.

定理 15.5.2 若 f 是 $[a,b]$ 上只有有限个间断点的有界函数, 则 f 在 $[a,b]$ 上可积.

证明 设 M 和 m 是 f 在 $[a,b]$ 上的上界和下界, $m < M$, 不妨认为 a, b 亦为 f 的间断点, 并设 f 在 $[a,b]$ 中有 $p+1$ 个间断点: $a = x_0 < x_1 < x_2 < \cdots < x_p = b$.

$\forall \varepsilon > 0$, 取 $\delta' > 0$ 满足 $\delta' < \min \left\{ \dfrac{\varepsilon}{2p(M-m)}, x_1 - a, x_2 - x_1, \cdots, b - x_{p-1} \right\}$,

作 $[a,b]$ 之子区间 $\Delta'_j = \left[x_j - \dfrac{\delta'}{2}, x_j + \dfrac{\delta'}{2} \right], j = 1, 2, \cdots, p-1, \Delta'_0 = \left[a, a + \dfrac{\delta'}{2} \right]$

及 $\Delta'_p = \left[b - \dfrac{\delta'}{2}, b \right]$, 它们互不相交. 在 Δ'_j 上 f 之振幅记作 ω'_j, 则有

$$\sum_{j=0}^{p} \omega'_j \Delta x'_j \leqslant \sum_{j=1}^{p} (M - m)\delta' = p(M - m)\delta' < \frac{\varepsilon}{2}.$$

取 $[a,b]$ 的分划 T 如下: 使上述 Δ'_j $(j = 0, 1, 2, \cdots, p)$ 为部分子区间. 因 f 在余下部分的 p 个互不相交的闭区间上均连续, 按定理 15.5.1 证明之做法, 选取这 p 个闭区间的分划点, 记所得小区间为 Δ''_k, f 在 Δ''_k 上振幅为 $\omega''_k, k = 1, 2, \cdots, q$, 使得

$$\sum_{k=1}^{q} \omega''_k \Delta x''_k < \frac{\varepsilon}{2}.$$

以上两种小区间组成分划 T, 其小区间笼统地记作 Δ_i, 其上 f 之振幅为 ω_i, 则

$$\sum_i \omega_i \Delta x_i = \sum_{j=0}^{p} \omega'_j \Delta x'_j + \sum_{k=1}^{q} \omega''_k \Delta x''_k < \varepsilon.$$

从定理 15.4.3 知 f 在 $[a,b]$ 上可积.

评注 15.5.1 某些在闭区间上有无限多个不连续点的有界函数也是可积的. 例如, 设 f 是 $[a,b]$ 上有界函数, 序列 $\{x_n\} \subset [a,b]$ 且 $\lim\limits_{n \to \infty} x_n = x^*$. 若 f 在 $[a,b]$ 上除序列 $\{x_n\}$ 外是连续的, 则 f 在 $[a,b]$ 上可积. 有兴趣的读者不难自己证明.

下面是另一个重要的结论.

定理 15.5.3 设 f 是 $[a,b]$ 上的单调函数, 则 f 在 $[a,b]$ 上可积.

证明 不妨设 f 单调增加. 设 T 是 $[a,b]$ 的一个分划, 其小区间 $\Delta_i = [x_{i-1}, x_i]$ 上 f 的振幅

$$\omega_i^f = f(x_i) - f(x_{i-1}).$$

所以

$$\sum_{i=1}^{n} \omega_i^f \Delta x_i = \sum_{i=1}^{n} [f(x_i) - f(x_{i-1})] \Delta x_i$$

$$\leqslant \lambda(T) \sum_{i=1}^{n} [f(x_i) - f(x_{i-1})]$$

$$= \lambda(T)[f(b) - f(a)].$$

$\forall \varepsilon > 0$, 若 f 是常数函数, 则上式为零; 若 f 不是常数函数, 取 $\lambda(T) < \varepsilon/[f(b) - f(a)]$, 则有

$$\sum_{i=1}^{n} \omega_i^f \Delta x_i < \varepsilon.$$

由定理 15.4.3, f 在 $[a, b]$ 上可积.

评注 15.5.2 细心的读者不难发现, 闭区间上定义的单调函数可能有无限多个不连续点. 进一步的研究表明, 单调函数的不连续点可能在定义的区间上稠密. 但是单调函数一定不是处处不连续的, 它的连续点要比不连续点多, 如下例.

例 15.5.1 设 $\{x_n\} \subset [0, 1]$. 令 $f_n : [0, 1] \to [0, 1]$ 为

$$f_n(x) = \begin{cases} 0, & x < x_n, \\ \dfrac{1}{2^n}, & x \geqslant x_n. \end{cases}$$

然而设

$$f(x) = \sum_{n=1}^{\infty} f_n(x).$$

则 $f(x)$ 在 $[0, 1]$ 上是一个单调增加的函数, 其不连续点之集合为 $\{x_n\}$.

定理 15.5.4 设 f 是 $[a, b]$ 上的有界函数, 而且对于任意 $c \in (a, b)$, f 在 $[c, b]$ 上是可积的, 则 f 在 $[a, b]$ 上是可积的.

证明 设正数 M 使得对 $x \in [a, b]$,

$$|f(x)| \leqslant M$$

成立. 任给 $\varepsilon > 0$, 可取 $c \in (a, b)$ 使得

$$M(c - a) < \frac{\varepsilon}{2}.$$

由假设 f 在 $[c,d]$ 上可积, 从定理 15.4.3 中之必要性, 存在闭区间 $[c,b]$ 的一个分划 $T_1 = [x_1 = c < x_2 < \cdots < x_n = b]$, 使得

$$\sum_{i=2}^{n} \omega_i^f \Delta x_i < \frac{\varepsilon}{2}.$$

用 $[c,b]$ 的分划 T_1 与闭区间 $[a,c]$ 共同组成闭区间 $[a,b]$ 的分划 $T = [x_0 = a < x_1 = c < x_2 < \cdots < x_n = b]$, 其中

$$\Delta x_1 = c - a,$$

于是

$$\omega_1^f \Delta x_1 \leqslant M(c-a) < \frac{\varepsilon}{2}.$$

从而对于 $[a,b]$ 的分划 T, 有

$$\sum_{i=1}^{n} \omega_i^f \Delta x_i < \varepsilon.$$

再由定理 15.4.3 中之充分性, 知 f 在 $[a,b]$ 上可积.

15.6 定积分的基本性质

下面是定积分的常用的几条基本性质.

定理 15.6.1 若函数 f 在 $[a,b]$ 上可积, k 为常数, 则 kf 在 $[a,b]$ 上可积, 且

$$\int_a^b kf(x)\mathrm{d}x = k\int_a^b f(x)\mathrm{d}x. \tag{15.6.1}$$

定理 15.6.2 若函数 f, g 在 $[a,b]$ 上可积, 则函数 $f \pm g$ 在 $[a,b]$ 上也可积, 且

$$\int_a^b (f(x) \pm g(x))\mathrm{d}x = \int_a^b f(x)\mathrm{d}x \pm \int_a^b g(x)\mathrm{d}x. \tag{15.6.2}$$

定理 15.6.3 设函数 f, g 在 $[a,b]$ 上可积, 则函数 fg 在 $[a,b]$ 上也可积.

证明 因 f, g 在 $[a,b]$ 上可积, 故有界. 设

$$A = \sup\{|f(x)| \mid x \in [a,b]\}, \quad B = \sup\{|g(x)| \mid x \in [a,b]\}.$$

若 A, B 中有一个为 0, 则 $fg \equiv 0$, 当然 fg 在 $[a,b]$ 上可积.

若 $A > 0, B > 0.$ $\forall \varepsilon > 0$, 由 f 和 g 之可积性, 据定理 15.4.3, $\exists [a, b]$ 的分划 T_1 和 T_2 使

$$\sum_{T_1} \omega_i^f \Delta x_i < \frac{\varepsilon}{2B}, \quad \sum_{T_2} \omega_j^g \Delta x_j < \frac{\varepsilon}{2A}.$$

取 $T = T_1 \cup T_2$, 由不等式 (15.4.4) 得

$$\sum_{T} \omega_k^f \Delta x_k < \frac{\varepsilon}{2B}, \quad \sum_{T} \omega_k^g \Delta x_k < \frac{\varepsilon}{2A}.$$

而在 T 的小区间 Δ_k 上

$$\begin{aligned}
\omega_k^{fg} &= \sup_{x', x'' \in \Delta_k} \{|f(x')g(x') - f(x'')g(x''')|\} \\
&= \sup_{x', x'' \in \Delta_k} \{|f(x')g(x') - f(x'')g(x') + f(x'')g(x') - f(x'')g(x'')|\} \\
&\leqslant \sup_{x', x'' \in \Delta_k} \{|g(x')| \cdot |f(x') - f(x'')| + |f(x'')| \cdot |g(x') - g(x'')|\} \\
&\leqslant B\omega_k^f + A\omega_k^g,
\end{aligned}$$

所以

$$\sum_{T} \omega_k^{fg} \Delta x_k \leqslant B \sum_{T} \omega_k^f \Delta x_k + A \sum_{T} \omega_k^g \Delta x_k < \frac{\varepsilon}{2} + \frac{\varepsilon}{2} = \varepsilon.$$

再据定理 15.4.3, 知 fg 在 $[a, b]$ 上可积.

定理 15.6.4 有界函数 f 在 $[a, c], [c, b]$ 上都可积的充要条件是 f 在 $[a, b]$ 上可积. 这时有等式

$$\int_a^b f(x)\mathrm{d}x = \int_a^c f(x)\mathrm{d}x + \int_c^b f(x)\mathrm{d}x. \tag{15.6.3}$$

证明 先证明条件的充分必要性. 注意到下列事实, 若 T' 和 T'' 分别是 $[a, c]$ 和 $[c, b]$ 的分划, 则由 T' 和 T'' 的分点 (包括点 c) 合并组成 $[a, b]$ 的一个分划 T. 则有下面的关系式:

$$\begin{aligned}
\sum_{T'} \omega_i' \Delta x_i' &\leqslant \sum_{T'} \omega_i' \Delta x_i' + \sum_{T''} \omega_j'' \Delta x_j'' = \sum_{T} \omega_k \Delta x_k, \\
\sum_{T''} \omega_j'' \Delta x_j'' &\leqslant \sum_{T'} \omega_i' \Delta x_i' + \sum_{T''} \omega_j'' \Delta x_j'' = \sum_{T} \omega_k \Delta x_k.
\end{aligned} \tag{15.6.4}$$

必要性. 设 f 在 $[a, c]$ 和 $[c, b]$ 上可积, 由定理 15.4.3, $\forall \varepsilon > 0$, 存在 $[a, c]$ 的分划 T' 和 $[c, b]$ 的分划 T'' 使

$$\sum_{T'} \omega_i' \Delta x_i' < \frac{\varepsilon}{2}, \quad \sum_{T''} \omega_j'' \Delta x_j'' < \frac{\varepsilon}{2}.$$

将 T' 和 T'' 的分点 (包括点 c) 合并组成 $[a,b]$ 的分划记作 T, 则有

$$\sum_T \omega_k \Delta x_k = \sum_{T'} \omega_i' \Delta x_i' + \sum_{T''} \omega_j'' \Delta x_j'' < \varepsilon.$$

再由定理 15.4.3, 知 f 在 $[a,b]$ 上可积.

充分性. 设 f 在 $[a,b]$ 上可积, 由定理 15.4.3, $\forall \varepsilon > 0$, 存在 $[a,b]$ 的分划 T, 使得

$$\sum_T \omega_k \Delta x_k < \varepsilon.$$

由不等式 (15.6.4), 可设分划 T 的分点中包括点 c. 于是 T 的落在 $[a,c]$ 和 $[c,b]$ 上的分点分别组成 $[a,c]$ 的分划 T' 和 $[c,b]$ 的分划 T''. 由 (15.6.4) 中的不等式得

$$\sum_{T'} \omega_i' \Delta x_i' < \varepsilon, \quad \sum_{T''} \omega_j'' \Delta x_j'' < \varepsilon.$$

再由定理 15.4.3, 知 f 在 $[a,c]$ 和 $[c,b]$ 上都可积.

证明公式 (15.6.3). 已知 f 在 $[a,b]$, $[a,c]$ 和 $[c,b]$ 上都可积. 设 $\{T_n'\}$ 和 $\{T_n''\}$ 分别是 $[a,c]$ 和 $[c,b]$ 的分划序列, 满足 $\lim\limits_{n\to\infty} \lambda(T_n') = 0$ 和 $\lim\limits_{n\to\infty} \lambda(T_n'') = 0$. 将 T_n' 和 T_n'' 组合成为 $[a,b]$ 的分划序列 $\{T_n\}$, 亦有 $\lim\limits_{n\to\infty} \lambda(T_n) = 0$. 设 ξ_n' 和 ξ_n'' 分别为 T_n' 和 T_n'' 的介点, 合并便是 T_n 的介点, 记作 ξ_n. 由定理 15.1.1 知 $\lim\limits_{n\to\infty} \sigma_f(T_n, \xi_n) = \int_a^b f(x)\mathrm{d}x$, $\lim\limits_{n\to\infty} \sigma_f(T_n', \xi_n') = \int_a^c f(x)\mathrm{d}x$ 和 $\lim\limits_{n\to\infty} \sigma_f(T_n'', \xi_n'') = \int_c^b f(x)\mathrm{d}x$. 因为

$$\sigma_f(T_n, \xi_n) = \sigma_f(T_n', \xi_n') + \sigma_f(T_n'', \xi_n''),$$

故由极限性质得

$$\int_a^b f(x)\mathrm{d}x = \int_a^c f(x)\mathrm{d}x + \int_c^b f(x)\mathrm{d}x.$$

评注 15.6.1　在上述定理中要求定积分之下限小于上限. 今后为方便起见, 当 $a = b$ 时令

$$\int_a^a f(x)\mathrm{d}x = 0; \tag{15.6.5}$$

当 $a > b$ 时, 若函数 $f(x)$ 在闭区间 $[b,a]$ 上可积, 则令

$$\int_a^b f(x)\mathrm{d}x = -\int_b^a f(x)\mathrm{d}x. \tag{15.6.6}$$

今后, 凡上下限调换后, 改变符号. 于是, 不论 a, b, c 之大小如何, 只要所论及的定积分有意义, 便有

$$\int_a^b f(x)\mathrm{d}x = \int_a^c f(x)\mathrm{d}x + \int_c^b f(x)\mathrm{d}x.$$

定理 15.6.5 设函数 f 和 g 在 $[a, b]$ 上可积, 且对任意 $x \in [a, b]$, 有 $f(x) \leqslant g(x)$, 则

$$\int_a^b f(x)\mathrm{d}x \leqslant \int_a^b g(x)\mathrm{d}x. \tag{15.6.7}$$

特别, 设函数 f 在 $[a, b]$ 上可积且非负, 则

$$\int_a^b f(x)\mathrm{d}x \geqslant 0.$$

定理 15.6.6 若函数 f 在 $[a, b]$ 上可积, 则 $|f|$ 在 $[a, b]$ 上也可积, 且

$$\left| \int_a^b f(x)\mathrm{d}x \right| \leqslant \int_a^b |f(x)|\mathrm{d}x. \tag{15.6.8}$$

证明 实数之绝对值有性质

$$||A| - |B|| \leqslant |A - B|.$$

设 T 是 $[a, b]$ 之一分划, 用 ω_i 和 ω_i^* 分别表函数 f 和 $|f|$ 在小区间 Δ_i 上之振幅, 则由

$$||f(x')| - |f(x'')|| \leqslant |f(x') - f(x'')|$$

得

$$\omega_i^* \leqslant \omega_i.$$

从而

$$\sum_T \omega_i^* \Delta x_i \leqslant \sum_T \omega_i \Delta x_i.$$

运用定理 15.4.3, 从 f 在 $[a, b]$ 上可积知 $|f|$ 在 $[a, b]$ 上可积.

不等式 (15.6.8) 由定理 15.6.5 及不等式

$$-|f(x)| \leqslant f(x) \leqslant |f(x)|$$

推得.

评注 15.6.2 $|f|$ 可积不能推至 f 可积, 例如

$$f(x) = \begin{cases} 1, & x \text{ 为有理数,} \\ -1, & x \text{ 为无理数} \end{cases}$$

在 $[0,1]$ 上不可积, 因为其 Darboux 上和恒为 1, 从而上积分 $S_f = 1$, 而 Darboux 下和恒为 -1, 从而下积分 $s_f = -1$. 但 $|f|$ 在 $[0,1]$ 上可积.

15.7　再论导数与定积分之关系

已经证明, 闭区间上的连续函数是可积的, 其变上限定积分是可导的, 且导数就是被积的函数. 自然会问: 这个结论能不能推广?

因为闭区间上的不连续函数也可能是可积的, 于是一个问题是:

问题 15.7.1 $[a,b]$ 上可积函数 f 的变上限定积分 $F(x) = \int_a^x f(t)\mathrm{d}t$ 是否可导, 即它是否为 f 的原函数? 或问, $[a,b]$ 上可积函数 f 是否存在原函数?

这个问题的第一部分答案是: $F(x) = \int_a^x f(t)\mathrm{d}t$ 在 $[a,b]$ 上未必可导. 比如 $[0,1]$ 上的符号函数

$$\mathrm{sgn}(x) = \begin{cases} -1, & x \in [-1,0), \\ 0, & x = 0, \\ 1, & x \in (0,1]. \end{cases}$$

它的变上限定积分 $\Phi(x) = \int_{-1}^x \mathrm{sgn}(t)\mathrm{d}t$ 为函数

$$\Phi = \begin{cases} -x-1, & x \in [-1,0], \\ x-1, & x \in (0,1]. \end{cases}$$

Φ 在 $[-1,1]$ 上除 $x=0$ 外均可导, 但在点 $x=0$ 处不可导, 因此, 在 $[-1,1]$ 上不可导.

进一步问题的答案是: $[a,b]$ 上可积函数可能不存在原函数. 实际上有下面的定理.

定理 15.7.1 设函数 f 在 $[a,b]$ 上有一个间断点 $c \in (a,b)$, 使得 f 在点 c 的左右极限都存在, 则 f 在 $[a,b]$ 上不存在原函数.

证明 假设 F 是 f 的原函数, 即 $F' = f$. 由 c 是 f 的间断点, 而左右极限都存在, 不妨假设 $\lim\limits_{x \to c^+} f(x) \neq f(c)$, 而

$$f(c) = F'(c) = \lim_{x \to c} \frac{F(x) - F(c)}{x - c} = \lim_{x \to c^+} \frac{F(x) - F(c)}{x - c}, \quad x \in (a, b).$$

对上面最后一个极限式, 在 $[c, x]$ 上用 Lagrange 中值定理, 得

$$f(c) = \lim_{x \to c^+} \frac{F'(\xi_x)(x - c)}{x - c} = \lim_{x \to c^+} f(\xi_x), \quad c < \xi_x < x.$$

与假设矛盾. 因此 f 在 $[a, b]$ 上不存在原函数.

定理 15.7.1 是下面定理 15.7.2 (导数介值定理) 的推论.

定理 15.7.2 (Darboux) 设函数 $f(x)$ 在 $[a, b]$ 内可导, $x_1, x_2 \in (a, b)$, $x_1 < x_2$, 且 $f'(x_1) < f'(x_2)$. 设 r 满足 $f'(x_1) < r < f'(x_2)$. 则存在 $\xi \in (x_1, x_2)$ 使得 $f'(\xi) = r$.

证明 由导数定义 $\lim\limits_{h \to 0} \dfrac{f(x + h) - f(x)}{h} = f'(x)$ 及极限保序性, 知存在 $h \in (0, (x_2 - x_1)/2)$, 使得

$$\frac{f(x_1 + h) - f(x_1)}{h} < r < \frac{f(x_2 - h) - f(x_2)}{-h} = \frac{f(x_2 - h + h) - f(x_2 - h)}{h}.$$

函数 $\dfrac{f(x + h) - f(x)}{h}$ 在闭区间 $[x_1, x_2 - h]$ 上连续, 由连续函数介值定理, 存在 $\eta \in (x_1, x_2 - h)$ 使得

$$\frac{f(\eta + h) - f(\eta)}{h} = r.$$

而 $[\eta, \eta + h] \subset (x_1, x_2)$, 对函数 f 在 $[\eta, \eta + h]$ 上应用 Lagrange 中值定理, 知存在 $\xi \in (\eta, \eta + h) \subset (x_1, x_2)$ 使得

$$f'(\xi) = \frac{f(\eta + h) - f(\eta)}{h},$$

从而

$$f'(\xi) = r,$$

即证.

通常把一个函数的具有左右极限的间断点称为**第一类间断点**, 其他的称为**第二类间断点**, 如后面例 15.7.1 中的函数 f' 的间断点 $x = 0$. 有理由认为第一类间

断点是比较 "好" 的. 但是不幸, 根据定理 15.7.1, 具有第一类间断点的函数是没有资格充当导 (函) 数的.

接着的问题是

问题 15.7.2 设函数 f 在 $[a,b]$ 上可积, f 的变上限积分 $F(x) = \int_a^x f(t)\mathrm{d}t$ 在哪些点上是可导的?

对此, 有下面的定理.

定理 15.7.3 设函数 f 在 $[a,b]$ 上可积, 在点 $c \in (a,b)$ 连续, 则 $F(x) = \int_a^x f(t)\mathrm{d}t$ 在点 c 可导, 且 $F'(c) = f(c)$.

证明 设 $\Delta x \neq 0$ 使 $c + \Delta x \in (a,b)$. 设 $M_{\Delta x}$ 和 $m_{\Delta x}$ 分别为函数 $f(x)$ 当 x 在两端点为 c 与 $c + \Delta x$ 的闭区间上时的上确界和下确界. 由定积分的性质 (2.3 节的 (7)), 得不等式

$$m_{\Delta x} \leqslant \frac{1}{\Delta x} \int_c^{c+\Delta x} f(t)\mathrm{d}t \leqslant M_{\Delta x}.$$

因 $f(x)$ 在点 c 连续, 知 $\lim\limits_{\Delta x \to 0} M_{\Delta x} = \lim\limits_{\Delta x \to 0} m_{\Delta x} = f(c)$. 故极限 $\lim\limits_{\Delta x \to 0} \dfrac{\Delta F}{\Delta x} = \lim\limits_{\Delta x \to 0} \dfrac{1}{\Delta x} \int_c^{c+\Delta x} f(t)\mathrm{d}t$ 存在且等于 $f(c)$, 即 $F(x)$ 在点 c 可导且 $F'(c) = f(c)$.

再问

问题 15.7.3 如果函数 f 在 $[a,b]$ 上可导, 其导数 f' 在 $[a,b]$ 上是否可积?

这个问题的答案是否定的, 有下面的例子.

例 15.7.1 考察闭区间 $[-1,1]$ 上的函数

$$f(x) = \begin{cases} x^2 \sin\dfrac{1}{x^2}, & x \neq 0, \\ 0, & x = 0. \end{cases}$$

在 $[-1,1]$ 上处处可导, 其导数为

$$f'(x) = \begin{cases} 2x \sin\dfrac{1}{x^2} - \dfrac{2}{x}\cos\dfrac{1}{x^2}, & x \neq 0, \\ 0, & x = 0. \end{cases}$$

f' 在 $[-1,1]$ 上不是有界的, 因此 f' 在 $[-1,1]$ 上不可积.

其实, 还可以举出导数是有界的, 但导数不是可积的例子.

现在回到第 6 讲议论过的微积分学基本定理 (定理 6.1.1, 其证明在 7.1 节的推论 7.1.2 中完成), 重述如下.

定理 15.7.4 (微积分学基本定理, Newton-Leibniz 公式) 设函数 f 在 $[a, b]$ 上可积, f 在 $[a, b]$ 上有一个原函数 F, 则

$$\int_a^b f(x)\mathrm{d}x = F(b) - F(a).$$

根据前面的讨论, 会理解到本定理中的两个假设条件是合适的, 它们之间互不蕴涵.

第16讲

数项级数、广义积分和无穷乘积

级数理论是极限理论的另一个重要的衍生, 与微分学和积分学共同组成称之为微积分学或数学分析这一完整而丰富的学科.

这一讲先介绍数项级数, 同时介绍广义积分, 后者是定积分概念的推广. 将数项级数简称为级数.

16.1 级数定义

在算术和代数中已有了有限项相加而求和的概念, 它是两个数相加求和的自然推广, 并且只要是有限项, 无论项数多么大, 都可以相加而求得其和.

现在转向无限项的情形, 先介绍级数概念.

定义 16.1.1(级数定义) 设 $\{a_n\}$ 是一个数列, 作它的前 n 项的和

$$s_n = a_1 + a_2 + \cdots + a_n = \sum_{k=1}^{n} a_k, \tag{16.1.1}$$

得到一个数列 $\{s_n\}$. 称数列 $\{s_n\}$ 是一个**级数** (series), 并约定简记为

$$a_1 + a_2 + \cdots + a_n + \cdots \quad \text{或} \quad \sum_{n=1}^{+\infty} a_n. \tag{16.1.2}$$

a_n 称为级数 (16.1.2) 的**通项**, s_n 称为级数 (16.1.2) 的第 n 个**部分和**.

评注 16.1.1 目前式 (16.1.2) 是一个形式和, 它在什么条件下用何种方式代表一个数或者不代表一个数, 将作进一步讨论.

评注 16.1.2 定义 16.1.1 中的级数概念是定义为通项数列 $\{a_n\}$ 的部分和数列 $\{s_n\}$ 的. 事实上, 任何数列均可视为一个级数. 设给了数列 $\{b_n\}$, 即

$$b_1, b_2, b_3, \cdots, b_n, \cdots.$$

作数列

$$b_1, b_2 - b_1, b_3 - b_2, \cdots, b_n - b_{n-1}, \cdots,$$

以此数列为通项数列, 则其部分和数列正是 $\{b_n\}$. 这就是说, 数列 $\{b_n\}$ 是一个级数, 用 (16.1.2) 的写法是

$$b_1 + (b_2 - b_1) + \cdots + (b_n - b_{n-1}) + \cdots \quad \text{或} \quad b_1 + \sum_{n=2}^{+\infty} (b_n - b_{n-1}).$$

定义 16.1.2(级数敛散性与和的定义) 设 $\sum\limits_{n=1}^{+\infty} a_n$ 是一个级数. 采用定义 16.1.1 中的记号, 如果部分和数列有极限 $\lim\limits_{n \to +\infty} s_n = s$, 则称级数 $\sum\limits_{n=1}^{+\infty} a_n$ 收敛于 s, s 称为级数 $\sum\limits_{n=1}^{+\infty} a_n$ 的**和**, 并记作

$$a_1 + a_2 + \cdots + a_n + \cdots = s \quad \text{或} \quad \sum_{n=1}^{+\infty} a_n = s. \tag{16.1.3}$$

如果数列 $\{s_n\}$ 发散 (不收敛), 则称 $\sum\limits_{n=1}^{+\infty} a_n$ 发散.

例 16.1.1 级数 $\sum\limits_{n=1}^{+\infty} \dfrac{1}{2^n} = 1$.

这是最古老的一个例子. 我国春秋时期的著作《庄子·天下篇》(庄子的著作, 庄子姓庄名周, 约公元前 369—前 286) 中有 "一尺之棰, 日取其半, 万世不竭" 的说法. 西方则有古希腊哲学家伊利亚的芝诺 (Zeno, 约公元前五世纪) 亦有类似的说法而提出著名的悖论.

证明 计算该级数的第 n 个部分和

$$s_n = \frac{1}{2} + \frac{1}{4} + \cdots + \frac{1}{2^n} = \frac{\dfrac{1}{2} - \dfrac{1}{2^{n+1}}}{1 - \dfrac{1}{2}},$$

可见 $\lim\limits_{n \to +\infty} s_n = 1$, 故级数收敛且 $\sum\limits_{n=1}^{+\infty} \dfrac{1}{2^n} = 1$.

例 16.1.2 级数 $\sum\limits_{n=1}^{+\infty} \dfrac{1}{n}$ 发散, 它称为**调和级数**.

证明 欲利用函数 $\ln x = \displaystyle\int_1^x \dfrac{1}{t}\mathrm{d}t$ 来证明. 记 $s_n = 1 + \dfrac{1}{2} + \cdots + \dfrac{1}{n}$, 把它表作定积分:

$$1 + \frac{1}{2} + \cdots + \frac{1}{n} = \int_1^2 1\mathrm{d}t + \int_2^3 \frac{1}{2}\mathrm{d}t + \cdots + \int_n^{n+1} \frac{1}{n}\mathrm{d}t.$$

由 $y = \dfrac{1}{x}(x > 0)$ 单调减少, 右端每一项 $\displaystyle\int_k^{k+1} \dfrac{1}{k}\mathrm{d}t > \int_k^{k+1} \dfrac{1}{t}\mathrm{d}t$. 于是

$$s_n > \int_1^2 \frac{1}{t}\mathrm{d}t + \int_2^3 \frac{1}{t}\mathrm{d}t + \cdots + \int_n^{n+1} \frac{1}{t}\mathrm{d}t$$
$$= \int_1^{n+1} \frac{1}{t}\mathrm{d}t = \ln(n+1).$$

而由例 5.1.2 知 $\ln(n+1)$ 无上界, 故知数列 $\{s_n\}$ 发散, 即 $\sum\limits_{n=1}^{+\infty} \dfrac{1}{n}$ 发散.

这个例子表明, 如图 16.1, 前 n 个矩形面积之和大于由曲线 $y = \dfrac{1}{n}$, 直线 $x = 1$, $x = n+1$ 所围成曲边梯形面积, 而后者面积趋于无穷, 故前者面积之和也趋于无穷, 即调和级数的部分和序列是无穷大, 调和级数发散.

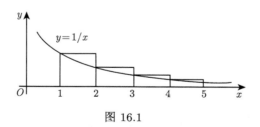

图 16.1

评注 16.1.3 关于级数的历史 早在十七世纪与微积分学发展的同时, 级数已开始被人广泛应用. 例如, 1668 年级数便被人用来研究对数. 接着, Newton 也研究级数, 并发现 "二项级数". 早期对级数方面贡献最多的当属 Euler, 并且他运用级数将不同的数学问题统一在一起. 因此, 从一开始级数理论便与微积分的其他部分组成了一个丰满的有机整体.

但应当强调指出, 早期对级数的发现和应用缺乏严格的逻辑基础, 当时并不知道级数有收敛与否的问题, 以为每个级数都有和, 只需把它找到就行. 因此, 现在

看来是发散的, 那时也有和. 直到十九世纪, 开始了数学历史上一段严肃批判的时期. 其中伟大的德国数学家 Gauss 于 1812 年在一篇论文中首次严格地处理了一个特殊无限级数的收敛性. 几年以后 Cauchy 在他的教科书中引出了极限的定义, 从而给级数的收敛与发散的理论奠定了基础. 今天采纳了十九世纪后期形成有关数学分析的严格的极限理论, 达到了近代数学科学严格要求的高标准.

评注 16.1.4 两个级数 $\sum_{n=1}^{+\infty} a_n, \sum_{n=1}^{+\infty} b_n$ 认为是一样的, 当且仅当 $\forall n \in \mathbb{N}, a_n = b_n$. 一个级数去掉、添加或改变其中有限项以后, 所得新级数的敛散性不改, 但若收敛, 其和可能改变.

16.2 基本性质和重要例题

定理 16.2.1 设级数 $\sum_{n=1}^{+\infty} a_n$ 和 $\sum_{n=1}^{+\infty} b_n$ 收敛, $\alpha, \beta \in \mathbb{R}$, 则级数 $\sum_{n=1}^{+\infty} (\alpha a_n + \beta b_n)$ 也收敛, 且

$$\sum_{n=1}^{+\infty} (\alpha a_n + \beta b_n) = \alpha \sum_{n=1}^{+\infty} a_n + \beta \sum_{n=1}^{+\infty} b_n.$$

定理 16.2.2(级数收敛的必要条件) 若级数 $\sum_{n=1}^{+\infty} a_n$ 收敛, 则 $\lim\limits_{n \to +\infty} a_n = 0$.

证明 设 $\sum_{n=1}^{+\infty} a_n = s$, 即级数之部分和序列 $\{s_n\}$ 有极限 $\lim\limits_{n \to +\infty} s_n = s$. 由于 $a_n = s_n - s_{n-1}$, 因此

$$\lim_{n \to +\infty} a_n = \lim_{n \to +\infty} (s_n - s_{n-1}) = s - s = 0.$$

这个级数收敛的必要条件可用于判断级数的发散性.

下面用序列的 Cauchy 收敛准则描述级数的收敛性.

定理 16.2.3 (级数的 Cauchy 收敛准则) 级数 $\sum_{n=1}^{+\infty} a_n$ 收敛, 当且仅当 $\forall \varepsilon > 0, \exists N \in \mathbb{N}$, 使得当 $l \geqslant m \geqslant N$ 时, 有

$$\left| \sum_{n=m}^{l} a_n \right| < \varepsilon.$$

从而有

定理 16.2.4　对一个级数改变其有限项或增减有限项, 添加或撤销有限个括号, 都不会改变级数之敛散性.

利用单调有界收敛原理, 可得如下重要定理.

定理 16.2.5　非负项级数收敛之充要条件是其部分和序列有上界.

因为级数中去掉 (有限个或无穷个) 数 0 的项不改变级数的敛散性, 故常常将非负项级数当作正项级数 (即所有的项都为正) 处理. 定理 16.2.5 为下一讲正项级数的敛散性判定方法的讨论提供了最基本的理论依据.

定理 16.2.6　在收敛级数 $\sum\limits_{n=1}^{+\infty} a_n$ 的和式中加括号, 所得级数也是收敛的, 并且其和与原来级数的和相同.

证明　设 $\sum\limits_{n=1}^{+\infty} a_n = s$, 且其部分和数列为 $\{s_n\}$. 再设在和式中加括号如下:

$$(a_1 + \cdots + a_{n_1}) + (a_{n_1+1} + \cdots + a_{n_2}) + \cdots + (a_{n_{k-1}+1} + \cdots + a_{n_k}) + \cdots,$$

所得新级数记作 $\sum\limits_{k=1}^{+\infty} b_k$, 其中

$$b_k = a_{n_{k-1}+1} + \cdots + a_{n_k}, \quad k = 1, 2, 3, \cdots, n_0 = 0.$$

于是级数 $\sum\limits_{k=1}^{+\infty} b_k$ 的第 k 个部分和恰是级数 $\sum\limits_{n=1}^{+\infty} a_n$ 的第 n_k 个部分和 s_{n_k}. 数列 $\{s_{n_k}\}$ 为数列 $\{s_n\}$ 的一个子列, 因此收敛于 s. 这就是说, 级数 $\sum\limits_{n=1}^{+\infty} b_n$ 收敛并且其和为 s.

评注 16.2.1　**发散级数加括号须谨慎**　这句话的意思是, 对发散级数, 在其和式中加括号后, 所得新级数的敛散性可能改变. 例如发散级数 $\sum\limits_{n=1}^{+\infty} (-1)^{n+1}$ 便是如此. 但是对正项级数加括号, 不改变其敛散性, 请读者自证.

评注 16.2.2　撤销级数中原有的无限多个括号, 也须谨慎. 因为撤销无限多个括号后形成的新级数的敛散性可能与原有的不一致. 例如级数 $(1-1)+(1-1)+\cdots+(1-1)+\cdots$, 将括号都撤销后的新级数为 $1-1+1-1+\cdots+1-1+\cdots$, 是发散的. 但是对正项级数不改变敛散性.

有几个级数的敛散性很基本, 陈述为定理.

定理 16.2.7(几何级数)　级数 $\displaystyle\sum_{n=1}^{+\infty} a^n$ 称为**几何级数**, 其中 $a \in \mathbb{R}$ 是常数. 若 $|a| < 1$, 则 $\displaystyle\sum_{n=1}^{+\infty} a^n$ 收敛, 且

$$\sum_{n=1}^{+\infty} a^n = \frac{a}{1-a};$$

若 $|a| \geqslant 1$, 则 $\displaystyle\sum_{n=1}^{+\infty} a^n$ 发散.

证明　为证第一个结论, 可照搬例 16.1.1 之推理. 为证第二个结论, 可用定理 16.2.2, 因为此时 $\displaystyle\lim_{n \to +\infty} a^n \neq 0$.

定理 16.2.8 (p 级数)　级数 $\displaystyle\sum_{n=1}^{+\infty} \frac{1}{n^p}$ 称为 p 级数或 p 调和级数 (是调和级数之推广), 其中 $p \in \mathbb{R}$ 是常数.

(1) 若 $p > 1$, 则 $\displaystyle\sum_{n=1}^{+\infty} \frac{1}{n^p}$ 收敛;

(2) 若 $p \leqslant 1$, 则 $\displaystyle\sum_{n=1}^{+\infty} \frac{1}{n^p}$ 发散.

证明　(1) 设 $p > 1$. 只需证明级数之部分和数列有上界, 便从定理 16.2.5 知级数收敛. $\forall n \in \mathbb{N}, \exists m \in \mathbb{N}$, 使 $n \leqslant 2^m - 1$. 于是此级数之第 n 个部分和 s_n 有下面的不等式:

$$
\begin{aligned}
s_n &\leqslant s_{2^m-1} \\
&= 1 + \left(\frac{1}{2^p} + \frac{1}{3^p}\right) + \left(\frac{1}{4^p} + \cdots + \frac{1}{7^p}\right) + \cdots \\
&\quad + \left(\frac{1}{(2^{m-1})^p} + \cdots + \frac{1}{(2^m-1)^p}\right) \\
&\leqslant 1 + \frac{1}{2^{p-1}} + \left(\frac{1}{2^{p-1}}\right)^2 + \cdots + \left(\frac{1}{2^{p-1}}\right)^{m-1} \\
&= \frac{1 - \left(\dfrac{1}{2^{p-1}}\right)^m}{1 - \dfrac{1}{2^{p-1}}} < \frac{1}{1 - \dfrac{1}{2^{p-1}}}.
\end{aligned}
$$

注意, 上面最后一项是一个常数, 它是部分和数列 $\{s_n\}$ 的上界.

(2) 设 $p \leqslant 1$, 则有不等式

$$s_n = 1 + \frac{1}{2^p} + \cdots + \frac{1}{n^p} \geqslant 1 + \frac{1}{2} + \cdots + \frac{1}{n}.$$

由例 16.1.2 知右端无上界, 从而部分和数列 $\{s_n\}$ 也无上界, 故按定理 16.2.5 可知级数发散.

定理 16.2.9　自然对数的底 e 可分别表作下述数列的极限和级数之和:

(1) $\lim\limits_{n \to +\infty} \left(1 + \dfrac{1}{n}\right)^n = \mathrm{e}$;

(2) $\sum\limits_{n=0}^{+\infty} \dfrac{1}{n!} = \mathrm{e}$.

证明　(1) 回忆自然对数之底 e 是使 $\ln x = 1$ 成立的那个唯一数, 并且指数函数 $x = \mathrm{e}^y$ 是 $y = \ln x$ 的反函数, 而且都是连续的. 已知

$$\lim_{\Delta x \to 0} \frac{\ln(x + \Delta x) - \ln x}{\Delta x} = \frac{1}{x},$$

即

$$\lim_{\Delta x \to 0} \ln\left(1 + \frac{\Delta x}{x}\right)^{\frac{1}{\Delta x}} = \frac{1}{x}.$$

指数函数 e^y 还常写成 $\exp y$. 现在对等式两边取 $\exp$, 得

$$\exp \lim_{\Delta x \to 0} \ln\left(1 + \frac{\Delta x}{x}\right)^{\frac{1}{\Delta x}} = \mathrm{e}^{\frac{1}{x}}.$$

因为 $\exp y$ 关于 y 连续, 所以

$$\exp \lim_{\Delta x \to 0} \ln\left(1 + \frac{\Delta x}{x}\right)^{\frac{1}{\Delta x}} = \lim_{\Delta x \to 0} \exp \ln\left(1 + \frac{\Delta x}{x}\right)^{\frac{1}{\Delta x}} = \lim_{\Delta x \to 0} \left(1 + \frac{\Delta x}{x}\right)^{\frac{1}{\Delta x}},$$

于是有

$$\lim_{\Delta x \to 0} \left(1 + \frac{\Delta x}{x}\right)^{\frac{1}{\Delta x}} = \mathrm{e}^{\frac{1}{x}}.$$

若取 $x = 1, \Delta x = \dfrac{1}{n}$, 便得

$$\lim_{n \to +\infty} \left(1 + \frac{1}{n}\right)^n = \mathrm{e}.$$

(2) 记 $s_n = \sum\limits_{k=0}^{n} \dfrac{1}{k!}$. 将 $\left(1 + \dfrac{1}{n}\right)^n$ 用二项式展开, 得

$$\left(1 + \frac{1}{n}\right)^n = 1 + \frac{n!}{1!(n-1)!} \frac{1}{n} + \frac{n!}{2!(n-2)!} \left(\frac{1}{n}\right)^2 + \cdots + \frac{n!}{k!(n-k)!} \left(\frac{1}{n}\right)^k$$

$$+ \cdots + \frac{n!}{n!} \left(\frac{1}{n}\right)^n$$

$$= 1 + 1 + \frac{1}{2!} \left(1 - \frac{1}{n}\right) + \cdots + \frac{1}{k!} \left(1 - \frac{1}{n}\right) \left(1 - \frac{2}{n}\right) \cdots \left(1 - \frac{k-1}{n}\right)$$

$$+ \cdots + \frac{1}{n!} \left(1 - \frac{1}{n}\right) \left(1 - \frac{2}{n}\right) \cdots \left(1 - \frac{n-1}{n}\right)$$

$$\geqslant 1 + 1 + \frac{1}{2!} \left(1 - \frac{1}{n}\right) + \cdots + \frac{1}{k!} \left(1 - \frac{1}{n}\right) \left(1 - \frac{2}{n}\right) \cdots \left(1 - \frac{k-1}{n}\right),$$

固定 k, 而令 $n \to +\infty$, 得

$$\lim_{n \to +\infty} \left(1 + \frac{1}{n}\right)^n \geqslant 1 + 1 + \frac{1}{2!} + \cdots + \frac{1}{k!} = s_k.$$

另一方面, 当 $k \geqslant 2$ 时有

$$s_k > 1 + 1 + \frac{1}{2!} \left(1 - \frac{1}{k}\right) + \cdots + \frac{1}{k!} \left(1 - \frac{1}{k}\right) \left(1 - \frac{2}{k}\right) \cdots \left(1 - \frac{k-1}{k}\right)$$

$$= \left(1 + \frac{1}{k}\right)^k.$$

于是得不等式

$$\lim_{n \to +\infty} \left(1 + \frac{1}{n}\right)^n \geqslant s_k > \left(1 + \frac{1}{k}\right)^k,$$

从而

$$\lim_{n \to +\infty} \left(1 + \frac{1}{n}\right)^n \geqslant \lim_{k \to +\infty} s_k \geqslant \lim_{k \to +\infty} \left(1 + \frac{1}{k}\right)^k.$$

由此知

$$\lim_{k \to +\infty} s_k = \mathrm{e},$$

即

$$\sum_{n=0}^{+\infty} \frac{1}{n!} = \mathrm{e}.$$

评注 16.2.3　前面将自然对数之底 e 定义为方程 $\ln x = 1$ 之唯一解. 现在从定理 16.2.9 知 $\lim\limits_{n \to +\infty} \left(1 + \dfrac{1}{n}\right)^n = \mathrm{e}$ 和 $\sum\limits_{n=0}^{+\infty} \dfrac{1}{n!} = \mathrm{e}$. 今后, 可随意采用这些说法中之任何一个.

顺便再给出 e 是无理数的证明.

定理 16.2.10　自然对数之底 e 是一个无理数.

证明　采用级数 $\sum\limits_{n=0}^{+\infty} \dfrac{1}{n!} = \mathrm{e}$. 记 $s_n = \sum\limits_{k=0}^{n} \dfrac{1}{k!}$, 则

$$
\begin{aligned}
0 < \mathrm{e} - s_n &= \frac{1}{(n+1)!} + \frac{1}{(n+2)!} + \cdots + \frac{1}{(n+k)!} + \cdots \\
&< \frac{1}{(n+1)!}\left(1 + \frac{1}{n+1} + \cdots + \frac{1}{(n+1)^{k-1}} + \cdots\right) \\
&= \frac{1}{(n+1)!} \times \frac{1}{1 - \dfrac{1}{n+1}} = \frac{1}{n!n},
\end{aligned}
$$

从而得

$$
0 < (\mathrm{e} - s_n)n! < \frac{1}{n}. \tag{16.2.1}
$$

假如 e 不是无理数, 而是有理数, 则可设 $\mathrm{e} = \dfrac{p}{q}$, 其中 p, q 是自然数. 只要 $n > q$, 便知 $n!\mathrm{e}$ 是一个整数, 同时 $n!s_n$ 也是整数. 于是由上面的不等式 (16.2.1) 得到一个矛盾. 这个矛盾证明了定理中的结论.

16.3　常用的正项级数收敛判别法

直接求级数之 "和" 通常不容易, 首要任务是判别一个给定级数是否收敛, 即和的存在性.

定理 16.3.1(比较原则)　设 $\sum\limits_{n=1}^{+\infty} a_n$ 和 $\sum\limits_{n=1}^{+\infty} b_n$ 均为非负项级数, 且

$$
a_n \leqslant b_n, \quad n = 1, 2, 3, \cdots.
$$

(1) 若 $\sum\limits_{n=1}^{+\infty} b_n$ 收敛, 则 $\sum\limits_{n=1}^{+\infty} a_n$ 收敛.

(2) 若 $\displaystyle\sum_{n=1}^{+\infty} a_n$ 发散, 则 $\displaystyle\sum_{n=1}^{+\infty} b_n$ 发散.

由定理 16.2.5 导出. 这里条件 $a_n \leqslant b_n$ 可从某项起成立.

定理 16.3.2(比检法, 达朗贝尔 (D'Alembert, 1717—1783)) 设 $\displaystyle\sum_{n=1}^{+\infty} a_n$ 为正项级数.

(1) 若 $\exists n_0 \in \mathbb{N}$, 并 $\exists q \in \mathbb{R}$, 满足 $0 < q < 1$, 使得 $\forall n > n_0$, 有

$$\frac{a_{n+1}}{a_n} \leqslant q, \tag{16.3.1}$$

则 $\displaystyle\sum_{n=1}^{+\infty} a_n$ 收敛.

(2) 若 $\exists n_0 \in \mathbb{N}$, 使得 $\forall n \geqslant n_0$, 有

$$\frac{a_{n+1}}{a_n} \geqslant 1, \tag{16.3.2}$$

则 $\displaystyle\sum_{n=1}^{+\infty} a_n$ 发散.

证明 (1) 不妨设不等式 (16.3.1) 对一切自然数成立. 于是 $\forall n \in \mathbb{N}$, 有不等式

$$\frac{a_2}{a_1} \cdot \frac{a_3}{a_2} \cdot \cdots \cdot \frac{a_n}{a_{n-1}} \leqslant q^{n-1},$$

即

$$a_n \leqslant q^{n-1} a_1.$$

因 $0 < q < 1$, 故级数 $\displaystyle\sum_{n=1}^{+\infty} a_1 q^{n-1}$ 收敛. 由比较原则 (定理 16.3.1) 知 $\displaystyle\sum_{n=1}^{+\infty} a_n$ 收敛.

(2) 由条件, $\forall n \geqslant n_0$ 时, $\dfrac{a_{n+1}}{a_n} \geqslant 1$ 知 $a_{n+1} \geqslant a_{n_0} > 0$. 故 $\displaystyle\lim_{n \to +\infty} a_n \neq 0$. 由定理 16.2.2 推得级数 $\displaystyle\sum_{n=1}^{+\infty} a_n$ 发散.

此判别法之极限形式有时用起来很方便, 陈述如下.

定理 16.3.3(比检法之极限形式) 设 $\displaystyle\sum_{n=1}^{+\infty} a_n$ 是正项级数, 且

$$\lim_{n \to \infty} \frac{a_{n+1}}{a_n} = q.$$

(1) 若 $q < 1$, 则级数 $\sum\limits_{n=1}^{+\infty} a_n$ 收敛.

(2) 若 $q > 1$, 或 $q = +\infty$, 则级数 $\sum\limits_{n=1}^{+\infty} a_n$ 发散.

证明　极限保序性知, $\forall \varepsilon > 0$ 使得 $n \geqslant N$ 时, 有

$$q - \varepsilon < \frac{a_{n+1}}{a_n} < q + \varepsilon.$$

当 $q < 1$ 时, 取 ε 使 $q + \varepsilon < 1$, 则由定理 16.3.2 (1) 知 $\sum\limits_{n=1}^{+\infty} a_n$ 收敛. 当 $q > 1$ 时

取 ε 使 $q - \varepsilon > 1$, 则由定理 16.3.2(2) 知 $\sum\limits_{n=1}^{+\infty} a_n$ 发散. 当 $q = +\infty$, 则 $\exists N$, 使当

$n \geqslant N$ 时, 有

$$\frac{a_{n+1}}{a_n} > 1,$$

同样, 级数 $\sum\limits_{n=1}^{+\infty} a_n$ 发散.

下面这个例子看上去很复杂, 但用极限形式的比检法容易处理.

例 16.3.1　级数

$$\frac{2}{1} + \frac{2 \times 5}{1 \times 5} + \frac{2 \times 5 \times 8}{1 \times 5 \times 9} + \cdots + \frac{2 \times 5 \times 8 \times \cdots (2 + 3(n-1))}{1 \times 5 \times 9 \times \cdots (1 + 4(n-1))} + \cdots$$

是收敛的, 因为

$$\lim_{n \to \infty} \frac{a_{n+1}}{a_n} = \lim_{x \to \infty} \frac{2 + 3n}{1 + 4n} = \frac{3}{4} < 1.$$

例 16.3.2　试讨论当 $x > 0$ 时, 级数 $\sum\limits_{n=1}^{+\infty} nx^n$ 的敛散性.

请读者作为练习自己去讨论.

另一个经典判别法是

定理 16.3.4(根检法, Cauchy)　设 $\sum\limits_{n=1}^{+\infty} a_n$ 是正项级数.

(1) 若 $\exists n_0 \in \mathbb{N}$, 且 $\exists l \in \mathbb{R}$, 满足 $0 < l < 1$, 使得 $\forall n \geqslant n_0$, 有

$$\sqrt[n]{a_n} \leqslant l,$$

则级数 $\sum\limits_{n=1}^{+\infty} a_n$ 收敛.

(2) 若 $\exists n_0 \in \mathbb{N}$, 使得 $\forall n \geqslant n_0$, 有

$$\sqrt[n]{a_n} \geqslant 1,$$

则级数 $\sum\limits_{n=1}^{+\infty} a_n$ 发散.

证明 (1) 由 $\sqrt[n]{a_n} \leqslant l$ 知 $a_n \leqslant l^n$. 由比较原则 (定理 16.3.1) 及定理 16.2.7 知 $\sum\limits_{n=1}^{+\infty} a_n$ 收敛.

(2) 由不等式 $\sqrt[n]{a_n} \geqslant 1$, 知 $a_n \geqslant 1$ 当 $n \geqslant n_0$. 故 $\lim\limits_{n\to+\infty} a_n \neq 0$. 从定理 16.2.2 知级数 $\sum\limits_{n=1}^{+\infty} a_n$ 发散.

这个判别法也有其极限形式如下.

定理 16.3.5 (根检法之极限形式) 设 $\sum\limits_{n=1}^{+\infty} a_n$ 是正项级数, 且

$$\lim_{n\to+\infty} \sqrt[n]{a_n} = l.$$

(1) 若 $l < 1$, 则级数 $\sum\limits_{n=1}^{+\infty} a_n$ 收敛.

(2) 若 $l > 1$, 或 $l = +\infty$, 则级数 $\sum\limits_{n=1}^{+\infty} a_n$ 发散.

证明思路可仿定理 16.3.3 之证明.

例 16.3.3 级数 $\sum\limits_{n=1}^{+\infty} \dfrac{1}{(\ln(1+n))^n}$ 是收敛的.

解 由极限形式的根检法, 因为

$$\lim_{n\to+\infty} \sqrt[n]{a_n} = \lim_{n\to\infty} \frac{1}{\ln(1+n)} = 0 < 1,$$

故该级数收敛.

评注 16.3.1 极限形式的比检法中的极限 q 和极限形式的根检法中的极限 l 等于 1 时, 均不能判别. 因为既可以举出收敛的例子, 也可以举出发散的例子, 读者不妨自己一试.

评注 16.3.2　试考虑极限形式的两个判别法之间的关系. 可以证明: 若 $\lim\limits_{n\to\infty} \cdot \dfrac{a_{n+1}}{a_n} = q$, 则 $\lim\limits_{n\to +\infty} \sqrt[n]{a_n} = q$. 读者自证之. 因此, 凡可用极限形式的比检法的, 亦可用极限形式的根检法来处理. 采用何者更方便, 取决于哪个极限计算时感到容易. 此外请注意, 有些级数比检法不能用而根检法可用, 如级数 $\sum\limits_{n=1}^{+\infty} \dfrac{2 + (-1)^n}{2^n}$.

16.4　一般项级数

设给了一个级数 $\sum\limits_{n=1}^{+\infty} a_n$, 我们可以立即写下一个非负项级数 $\sum\limits_{n=1}^{+\infty} |a_n|$. 两者之间有下述关系.

定理 16.4.1　若级数 $\sum\limits_{n=1}^{+\infty} |a_n|$ 收敛, 则级数 $\sum\limits_{n=1}^{+\infty} a_n$ 收敛, 并且 $\left| \sum\limits_{n=1}^{+\infty} a_n \right| \leqslant \sum\limits_{n=1}^{+\infty} |a_n|$.

证明　由绝对值的不等式

$$\left| \sum_{n=m}^{l} a_n \right| \leqslant \sum_{n=m}^{l} |a_n|,$$

并采用 Cauchy 收敛准则 (定理 16.2.3) 可得定理之证明.

由此导致下述定义.

定义 16.4.1　给了级数 $\sum\limits_{n=1}^{+\infty} a_n$.

(1) 若级数 $\sum\limits_{n=1}^{+\infty} |a_n|$ 收敛, 则称级数 $\sum\limits_{n=1}^{+\infty} a_n$ 为**绝对收敛** (absolutely converges).

(2) 若级数 $\sum\limits_{n=1}^{+\infty} a_n$ 收敛而级数 $\sum\limits_{n=1}^{+\infty} |a_n|$ 发散, 则称级数 $\sum\limits_{n=1}^{+\infty} a_n$ 为**条件收敛** (conditionally converges).

因此, 欲讨论级数 $\sum\limits_{n=1}^{+\infty} a_n$ 是否绝对收敛, 可取其绝对值级数 $\sum\limits_{n=1}^{+\infty} |a_n|$, 采用 16.3 节中正项级数之判别法处理.

现在转向级数的条件收敛情形, 特别是其中的交错级数.

定义 16.4.2 正负项交替出现的级数称为**交错级数** (alternative series).

例 16.4.1 下面是两个收敛并且是条件收敛的交错级数:

$$1 - \frac{1}{2} + \frac{1}{3} - \frac{1}{4} + \cdots + (-1)^{n+1}\frac{1}{n} + \cdots = \ln 2,$$

$$1 - \frac{1}{3} + \frac{1}{5} - \frac{1}{7} + \cdots + (-1)^{n+1}\frac{1}{2n-1} + \cdots = \frac{\pi}{4}.$$

后者曾被 Leibniz 研究过, 发现一个判断交错级数收敛的普遍结论.

定理 16.4.2 (Leibniz 法则) 设交错级数 $\sum\limits_{n=1}^{+\infty}(-1)^{n+1}a_n$ 满足:

(1) 通项数列 $\{a_n\}$ 是单调减少的正项数列;

(2) $\lim\limits_{n\to+\infty} a_n = 0.$

则有如下结论:

(1) 级数 $\sum\limits_{n=1}^{+\infty}(-1)^{n+1}a_n$ 收敛;

(2) 设 s 是该级数之和, s_n 是它的第 n 个部分和, 则 $\forall n \in \mathbb{N}$, 有不等式

$$0 \leqslant (-1)^n (s - s_n) \leqslant a_{n+1}. \tag{16.4.1}$$

证明 (1) 由于 $s_{2n+2} - s_{2n} = a_{2n+1} - a_{2n+2} \geqslant 0$, 故 $\{s_{2n}\}$ 单调增加. 同理可证 $\{s_{2n+1}\}$ 单调减少. 它们均以 s_1 为上界, 以 s_2 为下界, 从单调有界原理知 $\{s_{2n}\}$ 和 $\{s_{2n+1}\}$ 都收敛, 设 $\lim\limits_{n\to+\infty} s_{2n} = s'$ 且 $\lim\limits_{n\to+\infty} s_{2n+1} = s''$. 又因为

$$s_{2n+1} - s_{2n} = a_{2n+1},$$

知

$$s'' - s' = \lim_{n\to+\infty}(s_{2n+1} - s_{2n}) = \lim_{n\to+\infty} a_{2n+1} = 0.$$

即 $s' = s''$, 记作 s. 从此得 $\lim\limits_{n\to+\infty} s_n = s$.

(2) 为证不等式 (16.4.1), 只要注意到, 一方面, 由定理 16.2.6

$$(-1)^n (s - s_n) = a_{n+1} - a_{n+2} + a_{n+3} - a_{n+4} + \cdots$$

$$= (a_{n+1} - a_{n+2}) + (a_{n+3} - a_{n+4}) + \cdots,$$

最后这个级数的每一项均非负, 得 $(-1)^n (s - s_n) \geqslant 0$. 另一方面, 仍由定理 16.2.6,

$$(-1)^n (s - s_n) = a_{n+1} - (a_{n+2} - a_{n+3}) - (a_{n+4} - a_{n+5}) - \cdots,$$

右端的每个括号中均非负, 得 $(-1)^n (s - s_n) \leqslant a_{n+1}$. 两方合起来便是 (16.4.1).

定义 16.4.3 给了级数 $\sum_{n=1}^{+\infty} a_n$. 设 $k : \mathbb{N} \to \mathbb{N}$ 是一个双射, 则级数 $\sum_{n=1}^{+\infty} a_{k(n)}$

称为级数 $\sum_{n=1}^{+\infty} a_n$ 的一个**重排** (rearrangement).

一般来说, 级数 $\sum_{n=1}^{+\infty} a_n$ 的一个重排是一个新的级数, 其敛散性及和与原级数有何关系是引人注目的问题. 分别对绝对收敛和条件收敛介绍下面两个重要而有趣的定理.

定理 16.4.3 设级数 $\sum_{n=1}^{+\infty} a_n$ 绝对收敛, 其和为 s, 则重排后的级数 $\sum_{n=1}^{+\infty} a_{k(n)}$

也绝对收敛, 且有相同的和 s.

这里列出定理的证明概要, 有兴趣的读者请实现完全的证明.

(1) 收敛的非负项级数重排后亦收敛, 其和不变.

(2) 绝对收敛的级数重排后仍绝对收敛.

(3) 绝对收敛的级数 $\sum_{n=1}^{+\infty} a_n$ 之和可由其如下派生的两个非负项

$$a_n^+ = \frac{a_n + |a_n|}{2}, \quad a_n^- = \frac{-a_n + |a_n|}{2}$$

的和之差给出

$$\sum_{n=1}^{+\infty} a_n = \sum_{n=1}^{+\infty} a_n^+ - \sum_{n=1}^{+\infty} a_n^-. \tag{16.4.2}$$

定理 16.4.4 设级数 $\sum_{n=1}^{+\infty} a_n$ 条件收敛, 则

(1) 由 (16.4.2) 定义的级数 $\sum_{n=1}^{+\infty} a_n^+$ 与 $\sum_{n=1}^{+\infty} a_n^-$ 都发散;

(2) 任给 $s \in \mathbb{R}$, 存在级数 $\sum_{n=1}^{+\infty} a_n$ 的一个重排 $\sum_{n=1}^{+\infty} a_{k(n)}$, 收敛于 s;

(3) 存在级数 $\sum_{n=1}^{+\infty} a_n$ 的一个重排 $\sum_{n=1}^{+\infty} a_{k(n)}$, 发散到 $+\infty$, 或 $-\infty$.

有兴趣的读者不难完成严格证明.

评注 16.4.1 再来考察例 16.4.1 中两个例子, 它们都是条件收敛的. 若将它们重排, 则由定理 16.4.4 可知, 可以得到一个重排级数, 或收敛于任何一个指定的实数, 或发散到 $+\infty$, 或发散到 $-\infty$ 的.

16.5 广义积分

广义积分又称非正常积分, 是将 Riemann 意义的定积分作两种简单的推广: 一种推广到无限区间上, 另一种推广到无界函数.

定义 16.5.1(无限限积分定义) 设函数 f 在无限区间 $[a, +\infty)$ 上有定义, 且在任何闭区间 $[a, A]$ 上可积. 若存在极限

$$\lim_{A \to +\infty} \int_a^A f(x)\mathrm{d}x = J, \tag{16.5.1}$$

则此极限 J 称为函数 f 在 $[a, +\infty)$ 上的无限限广义积分, 或简称**无限限积分**, 记作

$$\int_a^{+\infty} f(x)\,\mathrm{d}x, \tag{16.5.2}$$

也称 $\int_a^{+\infty} f(x)\,\mathrm{d}x$ **收敛**. 若极限 (16.5.1) 不存在, 则称 $\int_a^{+\infty} f(x)\,\mathrm{d}x$ **发散**, 因而这个记号并不表示一个确定的数.

类似地可定义

$$\int_{-\infty}^b f(x)\mathrm{d}x = \lim_{B \to -\infty} \int_B^b f(x)\,\mathrm{d}x \tag{16.5.3}$$

以及

$$\int_{-\infty}^{+\infty} f(x)\,\mathrm{d}x = \int_{-\infty}^a f(x)\,\mathrm{d}x + \int_a^{+\infty} f(x)\,\mathrm{d}x, \tag{16.5.4}$$

式 (16.5.4) 有意义, 当且仅当右端两项都收敛.

定积分的所有性质、法则和方法都可转移到无限限积分.

无限限积分性质

(1) **线性组合的收敛性** 设 $\int_a^{+\infty} f(x)\,\mathrm{d}x$ 和 $\int_a^{+\infty} g(x)\,\mathrm{d}x$ 都收敛, $k, l \in \mathbb{R}$, 则 $\int_a^{+\infty} [kf(x) + lg(x)]\,\mathrm{d}x$ 也收敛, 且

$$\int_a^{+\infty} [kf(x) + lg(x)]\,\mathrm{d}x = k \int_a^{+\infty} f(x)\,\mathrm{d}x + l \int_a^{+\infty} g(x)\,\mathrm{d}x. \tag{16.5.5}$$

(2) **区间上可加性**　设函数 f 在 $[a, +\infty)$ 上有定义, 且在任何闭区间 $[a, A]$ 上可积, 则当 $a < b$ 时, $\displaystyle\int_a^{+\infty} f(x)\,\mathrm{d}x$ 与 $\displaystyle\int_b^{+\infty} f(x)\,\mathrm{d}x$ 有相同之敛散性. 当它们收敛时有等式

$$\int_a^{+\infty} f(x)\,\mathrm{d}x = \int_a^b f(x)\,\mathrm{d}x + \int_b^{+\infty} f(x)\,\mathrm{d}x. \tag{16.5.6}$$

(3) **绝对收敛**　设函数 f 在 $[a, +\infty)$ 上有定义, 且在任何闭区间 $[a, A]$ 上可积. 若 $\displaystyle\int_a^{+\infty} |f(x)|\,\mathrm{d}x$ 收敛, 则 $\displaystyle\int_a^{+\infty} f(x)\,\mathrm{d}x$ 也收敛. 这时称 $\displaystyle\int_a^{+\infty} f(x)\,\mathrm{d}x$ 绝对收敛. 此外

$$\left| \int_a^{+\infty} f(x)\,\mathrm{d}x \right| \leqslant \int_a^{+\infty} |f(x)|\,\mathrm{d}x. \tag{16.5.7}$$

(4) **敛散性比较原则**　设函数 f 和 g 在 $[a, +\infty)$ 上有定义, 均为非负, 且在任何闭区间 $[a, A]$ 上可积. 若

$$f(x) \leqslant g(x), \quad \forall x \in [a, +\infty),$$

则当 $\displaystyle\int_a^{+\infty} g(x)\,\mathrm{d}x$ 收敛时, $\displaystyle\int_a^{+\infty} f(x)\,\mathrm{d}x$ 收敛; 当 $\displaystyle\int_a^{+\infty} f(x)\,\mathrm{d}x$ 发散时, $\displaystyle\int_a^{+\infty} g(x)\,\mathrm{d}x$ 发散.

介绍一个典型例子.

例 16.5.1　讨论无限限积分 $\displaystyle\int_1^{+\infty} \frac{\mathrm{d}x}{x^p}$ 的敛散性, 其中 $p \in \mathbb{R}$.

解　由

$$\int_1^A \frac{\mathrm{d}x}{x^p} = \begin{cases} \ln A, & p = 1, \\ \dfrac{1}{1-p}\left(A^{1-p} - 1\right), & p \neq 1 \end{cases}$$

得

$$\lim_{A \to +\infty} \int_1^A \frac{\mathrm{d}x}{x^p} = \begin{cases} \dfrac{1}{p-1}, & p > 1, \\ +\infty, & p \leqslant 1. \end{cases}$$

于是, 当 $p > 1$ 时, $\displaystyle\int_1^{+\infty} \frac{\mathrm{d}x}{x^p}$ 收敛于 $\dfrac{1}{p-1}$; 当 $p \leqslant 1$ 时, $\displaystyle\int_1^{+\infty} \frac{\mathrm{d}x}{x^p}$ 发散.

基于这个例子, 运用性质 (4) 的比较原则, 可以处理许多实例的敛散性. 把这种做法写成下面的判别法.

定理 16.5.1 (Cauchy 法则)   设函数 f 在 $[1, +\infty)$ 上有定义, 且在任何闭区间 $[1, A]$ 上可积.

(1) 若 $0 \leqslant f(x) \leqslant \dfrac{1}{x^p}$ 且 $p > 1$, 则 $\displaystyle\int_1^{+\infty} f(x)\,\mathrm{d}x$ 收敛.

(2) 若 $f(x) \geqslant \dfrac{1}{x^p}$ 且 $p \leqslant 1$, 则 $\displaystyle\int_1^{+\infty} f(x)\,\mathrm{d}x$ 发散.

将无限限积分与级数联系起来, 当然可以将一个给定的无限限积分表成一个级数, 但不必这样做, 因为级数的讨论未必更简单更容易. 反之, 可利用无限限积分的敛散性来提供关于级数敛散性之判别法.

定理 16.5.2   设 f 为 $[1, +\infty)$ 上定义的非负减少函数, 则正项级数 $\displaystyle\sum_{n=1}^{+\infty} f(n)$ 与无限限积分 $\displaystyle\int_1^{+\infty} f(x)\,\mathrm{d}x$ 有相同的敛散性.

证明   由假设 f 在 $[1, +\infty)$ 非负、单调减少, 故对任何 $A > 1$, 函数 $f(x)$ 在 $[1, A]$ 上可积, 且有不等式

$$0 \leqslant f(n) \leqslant \int_{n-1}^{n} f(x)\,\mathrm{d}x \leqslant f(n-1), \quad n = 2, 3, 4, \cdots.$$

作有限和得

$$\sum_{n=2}^{m} f(n) \leqslant \int_1^m f(x)\,\mathrm{d}x \leqslant \sum_{n=2}^{m} f(n-1) = \sum_{n=1}^{m-1} f(n).$$

由此可知定理结论成立.

利用这个积分判别法和例 16.5.1 中结果, 便可给定理 16.2.8 提供一个新证明. 下面将积分推广到无界函数.

定义 16.5.2 (瑕积分定义)   设函数 f 在 $[a, b)$ 上定义且无界, 且对任何 $0 < \varepsilon < b - a$, f 在 $[a, b-\varepsilon]$ 上可积, 点 b 称为 f 的瑕点 (或奇点). 若存在极限

$$\lim_{\varepsilon \to 0^+} \int_a^{b-\varepsilon} f(x)\,\mathrm{d}x = J, \tag{16.5.8}$$

则此极限 J 称为函数 f 在 $[a, b)$ 上的无界函数广义积分或瑕积分, 仍记作

$$\int_a^b f(x)\,\mathrm{d}x,$$

或称瑕积分 $\displaystyle\int_a^b f(x)\,\mathrm{d}x$ 收敛. 若极限 (16.5.8) 不存在, 则称瑕积分 $\displaystyle\int_a^b f(x)\,\mathrm{d}x$ 发散.

类似地可定义以点 a 为瑕点的瑕积分

$$\int_a^b f(x)\,\mathrm{d}x = \lim_{\varepsilon \to 0^+} \int_{a+\varepsilon}^b f(x)\,\mathrm{d}x. \tag{16.5.9}$$

若点 c 是瑕点, $a < c < b$, 则定义

$$\int_a^b f(x)\,\mathrm{d}x = \int_a^c f(x)\,\mathrm{d}x + \int_c^b f(x)\,\mathrm{d}x. \tag{16.5.10}$$

式 (16.5.10) 有意义, 当且仅当右端两项都收敛.

瑕积分也有相应的一批性质, 只要将有关无限限积分的性质改写即可, 从略.

例 16.5.2　讨论瑕积分 $\displaystyle\int_0^1 \frac{\mathrm{d}x}{x^q}$ 的敛散性, 其中 $q > 0$.

解　$\forall \varepsilon > 0$,

$$\int_\varepsilon^1 \frac{\mathrm{d}x}{x^q} = \begin{cases} -\ln \varepsilon, & q = 1, \\[2mm] \dfrac{1 - \varepsilon^{1-q}}{1 - q}, & q \neq 1. \end{cases}$$

当 $0 < q < 1$ 时, 该瑕积分收敛, 且

$$\int_0^1 \frac{\mathrm{d}x}{x^q} = \frac{1}{1 - q};$$

当 $q \geqslant 1$ 时, 该瑕积分发散.

基于这个例子, 运用瑕积分性质 (4), 则有下述判别法.

定理 16.5.3(Cauchy 法则)　设函数 $f(x)$ 在 $(a, b]$ 的任何闭子区间上可积, 点 a 是瑕点.

(1) 若 $0 \leqslant f(x) \leqslant \dfrac{1}{(x-a)^q}$ 且 $0 < q < 1$, 则瑕积分 $\displaystyle\int_a^b f(x)\,\mathrm{d}x$ 收敛;

(2) 若 $f(x) \geqslant \dfrac{1}{(x-a)^q}$ 且 $q \geqslant 1$, 则瑕积分 $\displaystyle\int_a^b f(x)\,\mathrm{d}x$ 发散.

16.6　无穷乘积

算术和代数中有限个因子相乘得到乘积, 也可推广到无限个因子的情形.

定义 16.6.1(无穷乘积定义) 设 $\{p_n\}$ 是一个数列. 作它的前 n 项的积

$$P_n = p_1 \cdot p_2 \cdots \cdot p_n = \prod_{k=1}^{n} p_k, \qquad (16.6.1)$$

得一数列 $\{P_n\}$. 称数列 $\{P_n\}$ 是一个**无穷乘积** (infinite product), 并约定简记为

$$p_1 \cdot p_2 \cdots \cdot p_n \cdots \quad \text{或} \quad \prod_{n=1}^{+\infty} p_n, \qquad (16.6.2)$$

p_n 称为无穷乘积 (16.6.2) 的**通项**, P_n 称为 (16.6.2) 的第 n 个**部分积**.

定义 16.6.2 设 $\prod\limits_{n=1}^{+\infty} p_n$ 是一个无穷乘积. 若部分积数列 $\{P_n\}$ 收敛于一个非零的实数 P, 则称无穷乘积 $\prod\limits_{n=1}^{+\infty} p_n$ 收敛于 P, P 称为其积, 记作

$$p_1 \cdot p_2 \cdots \cdot p_n \cdots = P \quad \text{或} \quad \prod_{n=1}^{+\infty} p_n = P, \qquad (16.6.3)$$

否则, 即数列 $\{P_n\}$ 收敛于 0 或发散, 则称无穷乘积 $\prod\limits_{n=1}^{+\infty} p_n$ **发散**.

评注 16.6.1 乘积因子中若有一个是 0, 则乘积为 0. 习惯上把这种情形排除, 而恒设 $p_n \neq 0$. 若有负因子, 则其部分积可归结为所有因子绝对值之积. 故可假设无穷乘积的所有因子 $p_n > 0$ $(n \in \mathbb{N})$.

无穷乘积 $\prod\limits_{n=1}^{+\infty} p_n$ 的理论可以平行于级数 $\sum\limits_{n=1}^{+\infty} a_n$ 理论建立, 两者的相似不难理解, 因为二者之间本质上只差一个变换:

$$p_n = \mathrm{e}^{a_n}, \quad \text{即} \quad a_n = \ln p_n \quad (n \in \mathbb{N}).$$

因此, 这里不详细介绍, 而只介绍下面一个定理和一个例子.

定理 16.6.1(无穷乘积收敛的必要条件) 如果无穷乘积 $\prod\limits_{n=1}^{+\infty} p_n$ 收敛, 则

(1) $\lim\limits_{n \to +\infty} p_n = 1.$ $\qquad (16.6.4)$

(2) $\lim\limits_{m \to +\infty} \prod\limits_{n=m+1}^{+\infty} p_n = 1.$ $\qquad (16.6.5)$

证明　(1) 设 $\displaystyle\prod_{n=1}^{+\infty} p_n$ 的第 n 部分乘积为 P_n, 则

$$\lim_{n\to+\infty} p_n = \lim_{n\to+\infty} \frac{P_n}{P_{n-1}} = 1;$$

(2) $\displaystyle\lim_{m\to+\infty} \prod_{n=m+1}^{+\infty} p_n = \lim_{m\to+\infty} \frac{\prod_{n=1}^{+\infty} p_n}{\prod_{n=1}^{m} p_n} = \frac{\prod_{n=1}^{+\infty} p_n}{\lim\limits_{m\to+\infty}\prod_{n=1}^{m} p_n} = 1.$

例 16.6.1 (沃利斯 (Wallis) 公式)　这是历史上第一个将 π 表为有理式极限形式 (1665 年):

$$\begin{aligned}
\frac{\pi}{2} &= \lim_{n\to+\infty} \frac{2\cdot 2\cdot 4\cdot 4\cdot\cdots\cdot 2n\cdot 2n}{1\cdot 3\cdot 3\cdot 5\cdot\cdots\cdot(2n-1)(2n+1)} \\
&= \frac{2}{1}\cdot\frac{2}{3}\cdot\frac{4}{3}\cdot\frac{4}{5}\cdot\cdots\cdot\frac{2n}{(2n-1)}\cdot\frac{2n}{2n+1}\cdot\cdots.
\end{aligned} \tag{16.6.6}$$

由例 9.3.10 的结果

$$J_{2n} = \int_0^{\frac{\pi}{2}} \sin^{2n} x\,\mathrm{d}x = \frac{(2n-1)(2n-3)\cdots 3\cdot 1}{2n(2n-2)\cdots 4\cdot 2}\cdot\frac{\pi}{2},$$

$$J_{2n+1} = \int_0^{\frac{\pi}{2}} \sin^{2n+1} x\,\mathrm{d}x = \frac{2n(2n-2)\cdots 4\cdot 2}{(2n+1)(2n-1)\cdots 5\cdot 3}$$

及

$$J_{2n+1} < J_{2n} < J_{2n-1},$$

得

$$1 < \frac{J_{2n}}{J_{2n+1}} < \frac{J_{2n-1}}{J_{2n+1}} = \frac{2n+1}{2n},$$

知 $\displaystyle\lim_{n\to+\infty}\frac{J_{2n-1}}{J_{2n+1}} = 1$, 从而 $\displaystyle\lim_{n\to+\infty}\frac{J_{2n}}{J_{2n+1}} = 1$.

记无穷乘积 (16.6.6) 的第 n 个部分乘积为 P_n, 则

$$P_n = \frac{\pi}{2}\cdot\frac{J_{2n+1}}{J_{2n}}.$$

于是

$$\lim_{n\to+\infty} P_n = \frac{\pi}{2}.$$

第17讲

函 数 级 数

17.1 函数序列和函数级数的一致收敛性

级数概念可自然推广为函数项的级数.

定义 17.1.1 设 $\{a_n(x)\}$ 是集合 $D \subset \mathbb{R}$ 上有定义的函数序列. 作它的前 n 项的和

$$s_n(x) = a_1(x) + a_2(x) + \cdots + a_n(x) = \sum_{k=1}^{n} a_k(x) \tag{17.1.1}$$

得到函数序列 $\{s_n(x)\}$, 称函数序列 $\{s_n(x)\}$ 是一个函数级数, 约定简记为

$$a_1(x) + a_2(x) + \cdots + a_n(x) + \cdots \quad 或 \quad \sum_{n=1}^{+\infty} a_n(x), \tag{17.1.2}$$

$a_n(x)$ 称为级数 (17.1.2) 的**通项**, $s_n(x)$ 称为级数 (17.1.2) 的第 n 个**部分和**.

评注 17.1.1 任何函数序列均可视为一个函数级数, 请参考评注 16.1.2.

定义 17.1.2(函数级数敛散性定义) (1) 设 $\{f_n(x)\}$ 是集合 D 上的一个函数序列, $x_0 \in D$. 若数列 $\{f_n(x_0)\}$ 收敛, 则称函数序列 $\{f_n(x)\}$ **在点**x_0 **收敛**; 如果数列 $\{f_n(x_0)\}$ 发散, 则称函数序列 $\{f_n(x)\}$ **在点**x_0 **发散**; 函数序列 $\{f_n(x)\}$ 的所有收敛点组成的集合称为该函数序列的**收敛域**.

(2) 设 $\sum_{n=1}^{+\infty} a_n(x)$ 是集合 D 上的一个函数级数, $x_0 \in D$. 若函数级数 $\sum_{n=1}^{+\infty} a_n(x)$ 的部分和序列 $\{s_n(x)\}$ 在点 x_0 收敛, 极限为 $s(x_0)$, 则称该函数级数**在点**x_0 **收敛**于 $s(x_0)$; 若函数序列 $\{s_n(x)\}$ 在点 x_0 发散, 则称该函数级数**在点**x_0 **发散**; 函数级数 $\sum_{n=1}^{+\infty} a_n(x)$ 的所有收敛点组成的集合称为该函数级数的**收敛域**.

(3) 若 $\forall x \in D$, 函数级数 $\sum\limits_{n=1}^{+\infty} a_n(x)$ 在点 x 收敛于 $s(x)$, 则称该函数级数在 D 上收敛于函数 $s(x)$, 函数 $s(x)$ 称为该函数级数的和 (函数), 写为

$$a_1(x) + a_2(x) + \cdots + a_n(x) + \cdots = s(x) \quad \text{或} \quad \sum_{n=1}^{+\infty} a_n(x) = s(x). \quad (17.1.3)$$

评注 17.1.2   这里介绍的函数序列与函数级数的收敛性都是逐点定义的. 因此, 收敛到极限的速度也逐点可异. 由此, 介绍下面的重要概念.

定义 17.1.3 (一致收敛定义)   (1) 设函数 $f(x)$ 和函数序列 $\{f_n(x)\}$ 均在集合 D 上有定义. 若 $\forall \varepsilon > 0, \exists N \in \mathbb{N}$, 使得当 $n \geqslant N$ 时, $\forall x \in D$, 有

$$|f_n(x) - f(x)| < \varepsilon, \quad (17.1.4)$$

则称函数序列 $\{f_n(x)\}$ 在 D 上一致收敛于 $f(x)$.

(2) 设 $\sum\limits_{n=1}^{+\infty} a_n(x)$ 是集合 D 上的一个函数级数. 若其部分和序列 $\{s_n(x)\}$ 在 D 上一致收敛于函数 $s(x)$, 则称函数级数 $\sum\limits_{n=1}^{+\infty} a_n(x)$ 在 D 上一致收敛于 $s(x)$.

评注 17.1.3   显然, 一致收敛性蕴涵收敛性. 但是, 反过来不然, 许多收敛的函数序列或函数级数是不一致收敛的. 请看下面的例子.

例 17.1.1   函数序列 $\{x^n\}$ 和函数级数 $\sum\limits_{n=1}^{+\infty} x^n$ 分别在区间 $[0,1]$ 上和 $[0,1)$ 上收敛, 但都不是一致收敛的.

请读者依定义 17.1.1 验证结论. 请注意, 函数 $f_n(x) = x^n$ 在 $[0,1]$ 上的极限函数并不是区间 $[0,1]$ 上的连续函数, 尽管序列每一项在 $[0,1]$ 上连续, 参考图 17.1, x 越接近 1, $f_n(x) = x^n$ 越趋于 1, 在 $x = 1$ 处极限函数产生断裂. 函数级数 $\sum\limits_{n=1}^{+\infty} x^n$ 的和函数 $s(x) = \dfrac{x}{1-x}$ $(0 \leqslant x < 1)$ 当 $x \to 1^-$ 是正无穷大.

评注 17.1.4   一致收敛性有明显的几何意义, 如图 17.2 所示. 不等式 (17.1.4)

$$f(x) - \varepsilon < f_n(x) < f(x) + \varepsilon, \quad \forall x \in D, \ n \geqslant N$$

显示在区间 $[a, b]$ 上, 曲线 $y = f_n(x)$ 一致地介于两条曲线 $y = f(x) + \varepsilon$, $y = f(x) - \varepsilon$ 之间.

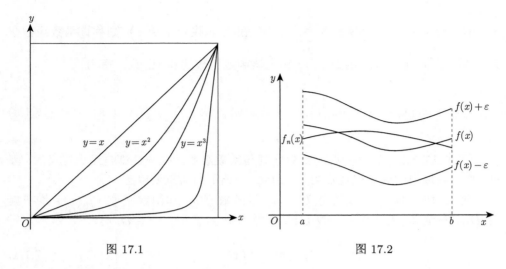

图 17.1   图 17.2

一致收敛性的 Cauchy 准则如下.

定理 17.1.1(Cauchy 准则)   (1) 函数序列 $\{f_n(x)\}$ 在集合 D 上一致收敛的充分必要条件是: $\forall \varepsilon > 0, \exists N \in \mathbb{N}$, 使得当 $n, m \geqslant N$ 时, $\forall x \in D$, 有

$$|f_n(x) - f_m(x)| < \varepsilon. \tag{17.1.5}$$

(2) 函数级数 $\sum\limits_{n=1}^{+\infty} a_n(x)$ 在集合 D 上一致收敛的充分必要条件是: $\forall \varepsilon > 0$, $\exists N \in \mathbb{N}$, 使得当 $n \geqslant m \geqslant N$ 时, $\forall x \in D$, 有

$$\left| \sum_{k=m}^{n} a_k(x) \right| < \varepsilon. \tag{17.1.6}$$

证明   只需对函数序列证明.

必要性. 设 $\{f_n(x)\}$ 在 D 上一致收敛于函数 $f(x)$. 则 $\forall \varepsilon > 0$, $\exists N \in \mathbb{N}$, 使得当 $n \geqslant N$ 时, $\forall x \in D$, 有

$$|f_n(x) - f(x)| < \frac{\varepsilon}{2}.$$

于是当 $n, m > N$ 时便有

$$|f_n(x) - f_m(x)| = |f_n(x) - f(x) + f(x) - f_m(x)|$$
$$\leqslant |f_n(x) - f(x)| + |f(x) - f_m(x)|$$
$$< \frac{\varepsilon}{2} + \frac{\varepsilon}{2} = \varepsilon.$$

充分性. 设 $\forall \varepsilon > 0, \exists N \in \mathbb{N}$, 使得当 $n, m \geqslant N$ 时, $\forall x \in D$, 有

$$|f_n(x) - f_m(x)| < \frac{\varepsilon}{2}, \tag{17.1.5$'$}$$

由数列的 Cauchy 准则, 知 $\forall x \in D$ 数列 $\{f_n(x)\}$ 收敛, 设极限为 $f(x)$, 则函数序列 $\{f_n(x)\}$ 在 D 上收敛到函数 $f(x)$. 在式 (17.1.5$'$) 中令 $m \to +\infty$, 于是得

$$|f_n(x) - f(x)| \leqslant \frac{\varepsilon}{2} < \varepsilon.$$

由此知函数序列 $\{f_n(x)\}$ 在集合 D 上一致收敛于 $f(x)$.

17.2 一致收敛的判别法

下面介绍的一致收敛性的判别法只对函数级数陈述. 对函数序列有类似的方法.

定理 17.2.1(Weierstrass M 判别法) 设函数级数 $\sum\limits_{n=1}^{+\infty} a_n(x)$ 在集合 D 上定义, 且 $\sum\limits_{n=1}^{+\infty} M_n$ 是一个收敛的正项数项级数. 若 $\forall x \in D$, 有不等式

$$|a_n(x)| \leqslant M_n, \quad n = 1, 2, 3, \cdots,$$

则函数级数 $\sum\limits_{n=1}^{+\infty} a_n(x)$ 在集合 D 上绝对一致收敛.

证明 设 $n \geqslant m$, 则有不等式

$$|a_m(x)| + \cdots + |a_n(x)| \leqslant M_m + \cdots + M_n.$$

对数项级数 $\sum\limits_{n=1}^{+\infty} M_n$ 应用 Cauchy 准则, $\forall \varepsilon > 0, \exists N \in \mathbb{N}$, 使当 $n \geqslant m \geqslant N$ 时

$$M_m + \cdots + M_n < \varepsilon,$$

从而 $\forall x \in D$ 有

$$|a_m(x)| + \cdots + |a_n(x)| < \varepsilon.$$

由函数级数的 Cauchy 准则 (定理 17.1.1), 知 $\sum\limits_{n=1}^{+\infty} a_n(x)$ 在集合 D 上绝对一致收敛.

评注 17.2.1 Weierstrass M 判别法也称**优级数判别法**, 其中数项级数 $\sum\limits_{n=1}^{+\infty} M_n$

称为函数级数 $\sum\limits_{n=1}^{+\infty} a_n(x)$ 的**优级数** (majorant series). 优级数的想法在其他领域也

可以得到运用.

下面还将介绍两个判别法, 其证明较复杂, 暂时将其略去.

定理 17.2.2 (阿贝尔 (Abel, 1802—1829) 判别法) 设

(1) 函数级数 $\sum\limits_{n=1}^{+\infty} a_n(x)$ 在区间 I 上一致收敛;

(2) 函数序列 $\{b_n(x)\}$ 在区间 I 上一致有界, 即指 $\exists M > 0$, 使得 $\forall x \in I$ 且 $\forall n \in \mathbb{N}$, 有

$$|b_n(x)| < M;$$

(3) $\forall x \in I$, 序列 $\{b_n(x)\}$ 是单调的.

则函数级数 $\sum\limits_{n=1}^{+\infty} a_n(x) b_n(x)$ 在 I 上一致收敛.

定理 17.2.3 (狄利克雷 (Dirichlet, 1805—1859) 判别法) 设

(1) 函数级数 $\sum\limits_{n=1}^{+\infty} a_n(x)$ 的部分和函数序列 $\left\{ \sum\limits_{k=1}^{n} a_k(x) \right\}$ 在区间 I 上一致

有界;

(2) 函数序列 $\{b_n(x)\}$ 在 I 上一致收敛到恒等于零的函数;

(3) $\forall x \in I$, 序列 $\{b_n(x)\}$ 是单调的.

则函数级数 $\sum\limits_{n=1}^{+\infty} a_n(x) b_n(x)$ 在 I 上一致收敛.

17.3 一致收敛的函数序列与函数级数的性质

有哪些性质, 当函数序列与函数级数在取极限后会保留下来?

定理 17.3.1 (1) 若函数序列 $\{f_n(x)\}$ 在区间 I 上一致收敛, 且其每项 $f_n(x)$ 在点 $x_0 \in I$ 连续, 则极限函数 $f(x)$ 在点 x_0 也连续.

(2) 若函数级数 $\sum\limits_{n=1}^{+\infty} a_n(x)$ 在区间 I 上一致收敛, 且其通项 $a_n(x)$ 在点 $x_0 \in I$ 连续, 则和函数 $s(x)$ 在点 x_0 也连续.

证明 只需对函数序列 $\{f_n(x)\}$ 证明相应结论. $\forall \varepsilon > 0$, 欲估计

$$|f(x) - f(x_0)| \leqslant |f(x) - f_n(x)| + |f_n(x) - f_n(x_0)| + |f_n(x_0) - f(x_0)|.$$

由 $\{f_n(x)\}$ 在 I 上一致收敛到 $f(x)$, 故 $\exists N$, 使当 $n \geqslant N$ 时, $\forall x \in I$, 有

$$|f(x) - f_n(x)| < \frac{\varepsilon}{3}.$$

特别有

$$|f(x_0) - f_n(x_0)| < \frac{\varepsilon}{3}.$$

再对取定的 $n \geqslant N$, 由 $f_n(x)$ 在点 x_0 的连续性, 对上述 ε 存在 $\delta > 0$, 使当 $|x - x_0| < \delta$ 时, 有

$$|f_n(x) - f_n(x_0)| < \frac{\varepsilon}{3}.$$

综合以上便知, 当 $|x - x_0| < \delta$ 就有

$$|f(x) - f(x_0)| < \varepsilon.$$

即函数 $f(x)$ 在点 x_0 连续.

评注 17.3.1 本定理之结论可改述为

$$\lim_{x \to x_0} \lim_{n \to +\infty} f_n(x) = \lim_{n \to +\infty} \lim_{x \to x_0} f_n(x)$$

和

$$\lim_{x \to x_0} \sum_{n=1}^{+\infty} a_n(x) = \sum_{n=1}^{+\infty} \lim_{x \to x_0} a_n(x).$$

即关于变量 x 和关于变量 n 的两重极限, 前后顺序可以交换. 应当注意, 一般来说极限顺序是不可交换的. 分析学中的一个重大问题是, 在什么条件下极限的顺序可以交换. 这是推动分析学进步的一个巨大动力.

定理 17.3.2 (逐项积分) (1) 若函数序列 $\{f_n(x)\}$ 在 $[a, b]$ 上一致收敛, 且每项 $f_n(x)$ 在 $[a, b]$ 上连续, 则可以交换下列积分与极限次序

$$\int_a^b \lim_{n \to +\infty} f_n(x)\,\mathrm{d}x = \lim_{n \to +\infty} \int_a^b f_n(x)\,\mathrm{d}x. \tag{17.3.1}$$

(2) 若函数级数 $\sum_{n=1}^{+\infty} a_n(x)$ 在 $[a, b]$ 上一致收敛且其通项 $a_n(x)$ 在 $[a, b]$ 上连续, 则可以逐项积分

$$\int_a^b \sum_{n=1}^{+\infty} a_n(x)\mathrm{d}x = \sum_{n=1}^{+\infty} \int_a^b a_n(x)\,\mathrm{d}x. \tag{17.3.2}$$

证明 以函数级数为例给出证明.

设 $\sum\limits_{n=1}^{+\infty} a_n(x)$ 在 $[a,b]$ 上一致收敛, 其和为 $s(x)$, 按定理 17.3.1 知和 $s(x)$ 在 $[a,b]$ 上连续. 故 $s(x)$ 和每个 $a_n(x)$ 在 $[a,b]$ 上均可积. 由一致收敛性, $\forall \varepsilon > 0$, $\exists N \in \mathbb{N}$, 当 $n \geqslant N$ 时, $\forall x \in [a,b]$, 有

$$\left| \sum_{k=1}^{n} a_k(x) - s(x) \right| < \varepsilon.$$

再由定积分性质, 当 $n \geqslant N$ 时

$$\left| \int_a^b \sum_{k=1}^{n} a_k(x)\mathrm{d}x - \int_a^b s(x)\mathrm{d}x \right| = \left| \int_a^b \left[\sum_{k=1}^{n} a_k(x) - s(x) \right] \mathrm{d}x \right|$$

$$\leqslant \int_a^b \left| \sum_{k=1}^{n} a_k(x) - s(x) \right| \mathrm{d}x < \varepsilon(b-a).$$

即

$$\lim_{n \to +\infty} \sum_{k=1}^{n} \int_a^b a_k(x)\,\mathrm{d}x = \lim_{n \to +\infty} \int_a^b \sum_{k=1}^{n} a_k(x)\mathrm{d}x$$

$$= \int_a^b s(x)\,\mathrm{d}x.$$

亦即等式 (17.3.2) 成立.

评注 17.3.2 实际上, 这个定理的证明可得更多结论: 当 $x \in [a,b]$ 时, 极限式子

$$\lim_{n \to +\infty} \int_a^x f_n(t)\,\mathrm{d}t = \int_a^x \lim_{n \to +\infty} f_n(t)\,\mathrm{d}t,$$

$$\sum_{n=1}^{+\infty} \int_a^x a_n(t)\,\mathrm{d}t = \int_a^x \left(\sum_{n=1}^{+\infty} a_n(t) \right) \mathrm{d}t$$

均为一致收敛.

再看逐项求导之可能性. 有例说明, 即使函数序列一致收敛, 其导数所成的函数序列未必收敛. 即, 求导后所得函数序列的性质变坏, 交换求导和序列极限是一个更严重的问题, 需要加强条件.

定理 17.3.3 (逐项求导) (1) 设 $\{f_n(x)\}$ 为定义在 $[a,b]$ 上的函数序列, 且 $x_0 \in [a,b]$. 若 $\{f_n(x)\}$ 在点 x_0 收敛, 每个 $f_n(x)$ 在 $[a,b]$ 上有连续的导数, 且 $\{f_n'(x)\}$ 在 $[a,b]$ 上一致收敛. 则 $\forall x \in [a,b]$ 有

$$\frac{\mathrm{d}}{\mathrm{d}x}\left(\lim_{n\to+\infty} f_n(x)\right) = \lim_{n\to+\infty}\frac{\mathrm{d}}{\mathrm{d}x}f_n(x). \tag{17.3.3}$$

(2) 设函数级数 $\sum\limits_{n=1}^{+\infty} a_n(x)$ 的通项 $a_n(x)$ 在 $[a,b]$ 上有连续导数, $x_0 \in [a,b]$. 若 函数级数 $\sum\limits_{n=1}^{+\infty} a_n(x)$ 在点 x_0 收敛, 且 $\sum\limits_{n=1}^{+\infty} a_n'(x)$ 在 $[a,b]$ 上一致收敛, 则 $\forall x \in [a,b]$, 有

$$\frac{\mathrm{d}}{\mathrm{d}x}\left(\sum_{n=1}^{+\infty} a_n(x)\right) = \sum_{n=1}^{+\infty}\frac{\mathrm{d}}{\mathrm{d}x}a_n(x). \tag{17.3.4}$$

证明 以函数序列为例给出证明.

设 $\lim\limits_{n\to+\infty} f_n(x_0) = A$, 且 $\{f_n'(x)\}$ 在 $[a,b]$ 上一致收敛到 $g(x)$, 欲证函数序列 $\{f_n(x)\}$ 在 $[a,b]$ 上一致收敛, 且其极限函数在 $[a,b]$ 上可导, 且其导数等于 $g(x)$.

由微积分基本定理, $\forall x \in [a,b]$ 有

$$f_n(x) = f_n(x_0) + \int_{x_0}^{x} f_n'(t)\,\mathrm{d}t.$$

当 $n \to +\infty$ 时, 右端第一项之极限为 A, 第二项由评注 17.3.2 知

$$\lim_{n\to+\infty}\int_{x_0}^{x} f_n'(t)\,\mathrm{d}t = \int_{x_0}^{x} g(t)\,\mathrm{d}t$$

在 $[a,b]$ 上一致收敛. 从而函数序列 $\{f_n(x)\}$ 在 $[a,b]$ 上一致收敛, 记其极限函数 为 $f(x)$. 则 $f(x_0) = A$, 且

$$f(x) = f(x_0) + \int_{x_0}^{x} g(t)\,\mathrm{d}t.$$

由定理 17.3.1 知 $g(x)$ 在 $[a,b]$ 上连续, 再由定理 6.3.1, 从上式知 $f(x)$ 在 $[a,b]$ 上 可导, 且导数为 $g(x)$, 即

$$f'(x) = g(x),$$

而 $g(x) = \lim\limits_{n \to +\infty} f'_n(x)$, 且 $f(x) = \lim\limits_{n \to +\infty} f_n(x)$, 于是得

$$\left(\lim_{n \to +\infty} f_n(x)\right)' = \lim_{n \to +\infty} f'_n(x).$$

这就是 (17.3.3) 式.

17.4 幂级数

幂级数是一类特殊的函数级数, 它在分析学中有突出的地位.

定义 17.4.1 形如

$$\sum_{n=0}^{+\infty} a_n(x - x_0)^n = a_0 + a_1(x - x_0) + \cdots + a_n(x - x_0)^n + \cdots \qquad (17.4.1)$$

的函数级数称为按 $x - x_0$ 展开的幂级数 (power series), 其中 $a_n \in \mathbb{R}$, $n = 0, 1, 2, \cdots$ 都是常数, 称为系数, $x_0 \in \mathbb{R}$ 是固定的, 而 $x \in \mathbb{R}$ 是自变量.

通常着重研究其特例

$$\sum_{n=0}^{+\infty} a_n x^n = a_0 + a_1 x + \cdots + a_n x^n + \cdots, \qquad (17.4.2)$$

因为只要作一个简单的变换, 将 (17.4.2) 中的 x 换成 $x - x_0$ 便得一般的情形 (17.4.1).

首要的问题是敛散性, 下面的 Abel 定理是基本的.

定理 17.4.1(Abel) 设 $\bar{x} \in \mathbb{R}$, $\bar{x} \neq 0$.

(1) 若幂级数 $\sum\limits_{n=0}^{+\infty} a_n x^n$ 在点 $\bar{x}$ 收敛, 则对于满足不等式 $|x| < |\bar{x}|$ 的任何 x, $\sum\limits_{n=0}^{+\infty} a_n x^n$ 绝对收敛;

(2) 若幂级数 $\sum\limits_{n=0}^{+\infty} a_n x^n$ 在点 $\bar{x}$ 发散, 则对满足不等式 $|x| > |\bar{x}|$ 的任何 x, $\sum\limits_{n=0}^{+\infty} a_n x^n$ 发散.

证明　(1) 设 $\sum\limits_{n=0}^{+\infty} a_n \bar{x}^n$ 收敛, 则 $\lim\limits_{n\to+\infty} a_n \bar{x}^n = 0$. 因而通项有界, 即 $\exists M > 0$, 使

$$|a_n \bar{x}^n| < M, \quad n = 0, 1, 2, \cdots.$$

设 x 满足不等式 $|x| < |\bar{x}|$, 令 $\rho = \left|\dfrac{x}{\bar{x}}\right| < 1$, 有

$$|a_n x^n| = \left| a_n \bar{x}^n \cdot \left(\frac{x}{\bar{x}}\right)^n \right| = |a_n \bar{x}^n| \cdot \left|\frac{x}{\bar{x}}\right|^n < M\rho^n.$$

由于 $\sum\limits_{n=0}^{+\infty} M\rho^n$ 收敛, 故 $\sum\limits_{n=0}^{+\infty} a_n x^n$ 绝对收敛.

(2) 设 $\sum\limits_{n=0}^{+\infty} a_n \bar{x}^n$ 发散. 若结论不对, 则存在一个 x_0 满足不等式 $|x_0| > |\bar{x}|$ 而使 $\sum\limits_{n=0}^{+\infty} a_n x_0^n$ 收敛, 则由 (1) 之结论可知 $\sum\limits_{n=0}^{+\infty} a_n \bar{x}^n$ 收敛. 这是一个矛盾, 即证明了 (2) 的结论.

评注 17.4.1　由 Abel 定理可知: 幂级数 $\sum\limits_{n=0}^{+\infty} a_n x^n$ 的收敛范围必为以原点为中点的一个区间 (这里暂时将只由原点一个点组成的集合 $\{0\}$ 称为半径为 0 的闭区间), 可能开, 可能闭, 也可能半开半闭. 设这个区间的半长度为 R, 则有下面三种情形.

(1) $R = 0$, 则 $\sum\limits_{n=0}^{+\infty} a_n x^n$ 对任何 $x \neq 0$ 发散;

(2) $R > 0$, 则 $\sum\limits_{n=0}^{+\infty} a_n x^n$ 在 $(-R, R)$ 内绝对收敛, 而在 $|x| > R$ 时发散;

(3) $R = +\infty$, 则 $\sum\limits_{n=0}^{+\infty} a_n x^n$ 处处绝对收敛.

定义 17.4.2　对幂级数 $\sum\limits_{n=0}^{+\infty} a_n x^n$, 由 Abel 定理, 评注 17.4.1 中的 R 称为幂级数 $\sum\limits_{n=0}^{+\infty} a_n x^n$ 的收敛半径 (radius of convergence), $(-R, R)$ 称为幂级数 $\sum\limits_{n=0}^{+\infty} a_n x^n$ 的收敛区间. 对一般幂级数 $\sum\limits_{n=0}^{+\infty} a_n (x - x_0)^n$ 类似定义其收敛半径 R 和收敛区间

$(x_0 - R, x_0 + R)$.

定理 17.4.2 设幂级数 $\sum\limits_{n=0}^{+\infty} a_n x^n$ 的收敛半径 $R > 0$ 或 $R = +\infty$, 则在收敛区间 $(-R, R)$ 内的任何闭区间 $[a, b]$ 上幂级数 $\sum\limits_{n=0}^{+\infty} a_n x^n$ 一致收敛.

证明 取 $\bar{x} = \max\{|a|, |b|\}$, 则 $\bar{x} \in (-R, R)$. 因此幂级数 $\sum\limits_{n=0}^{+\infty} a_n x^n$ 在点 $\bar{x}$ 绝对收敛. 由于 $\forall x \in [a, b]$, 有不等式

$$|a_n x^n| \leqslant |a_n \bar{x}^n|.$$

由 Weierstrass M 判别法, 知幂级数 $\sum\limits_{n=0}^{+\infty} a_n x^n$ 在 $[a, b]$ 上一致收敛.

评注 17.4.2 若幂级数在其收敛区间的某端点上也收敛, 则上述定理的结论还可加强到将该端点包含的闭区间上. 如 $\sum\limits_{n=0}^{+\infty} a_n x^n$ 之收敛半径为 $R > 0$, 且在 $x = R$ 时收敛, 则它在 $[0, R]$ 上一致收敛. 这个结论的证明要费些事, 用到定理 17.2.2, 从略.

定理 17.4.3 幂级数 $\sum\limits_{n=1}^{+\infty} n a_n x^{n-1}$ 是幂级数 $\sum\limits_{n=0}^{+\infty} a_n x^n$ 逐项求导而得, 则它们有相同的收敛半径.

证明 设幂级数 $\sum\limits_{n=0}^{+\infty} a_n x^n$ 的收敛半径为 R. 取 $x_1 \in (-R, R)$, 欲证 $\sum\limits_{n=1}^{+\infty} n a_n x_1^{n-1}$ 绝对收敛. 选取 $\bar{x} \in (-R, R)$, 使得 $|\bar{x}| > |x_1|$. 记 $\rho = \left| \dfrac{x_1}{\bar{x}} \right| < 1$. 由于级数 $\sum\limits_{n=0}^{+\infty} a_n \bar{x}^n$ 收敛, 则 $\lim\limits_{n \to +\infty} a_n \bar{x}^n = 0$. 从而 $\exists M > 0$, 使得 $|a_n \bar{x}^n| < M, n = 0, 1, 2, \cdots$. 由此得

$$|a_n x_1^n| = \left| a_n \bar{x}^n \cdot \left(\frac{x_1}{\bar{x}} \right)^n \right| < M \rho^n, \quad n = 0, 1, 2, \cdots.$$

从而

$$|n a_n x_1^{n-1}| = \frac{n}{|x_1|} |a_n x_1^n| < \frac{M}{|x_1|} n \rho^n, \quad n = 0, 1, 2, \cdots.$$

由极限形式的比检法 (定理 16.3.3), $\sum\limits_{n=1}^{+\infty} n \rho^n$ 收敛. 再由比较原则 (定理 16.3.1),

从上述不等式便知 $\sum\limits_{n=1}^{+\infty} na_n x_1^{n-1}$ 绝对收敛.

再设 x_1 满足 $|x_1| > R$, 欲证 $\sum\limits_{n=1}^{+\infty} na_n x_1^{n-1}$ 发散. 若结论不对, 即设 $\sum\limits_{n=1}^{+\infty} na_n x_1^{n-1}$

收敛, 由 Abel 定理 (定理 17.4.1), 任取 $\bar{x}$ 满足 $R < |\bar{x}| < |x_1|$, $\sum\limits_{n=1}^{+\infty} na_n x_1^{n-1}$ 绝对

收敛. 而当 $n \geqslant |\bar{x}|$ 时便有不等式

$$\left| na_n \bar{x}^{n-1} \right| = |a_n \bar{x}^n| \cdot \frac{n}{|\bar{x}|} \geqslant |a_n \bar{x}^n|.$$

由比较原则 (定理 16.3.1) 知 $\sum\limits_{n=0}^{+\infty} a_n \bar{x}^n$ 绝对收敛, 与 R 是 $\sum\limits_{n=0}^{+\infty} a_n x^n$ 的收敛半径矛

盾. 即证.

现在已经为幂级数的逐项求导和逐项求积定理准备就绪.

定理 17.4.4 设幂级数 $\sum\limits_{n=0}^{+\infty} a_n x^n$ 的收敛半径 $R > 0$, 且在 $(-R, R)$ 中其和

函数为 $f(x)$. 设 $x \in (-R, R)$, 则

(1) 函数 $f(x)$ 在点 x 可导, 且

$$f'(x) = \sum\limits_{n=1}^{+\infty} na_n x^{n-1}; \tag{17.4.3}$$

(2) 函数 $f(x)$, 当 $x > 0$ 时, 在区间 $[0, x]$ 上可积, 当 $x < 0$ 时, 在 $[x, 0]$ 上可

积, 且

$$\int_0^x f(t)\,\mathrm{d}t = \sum\limits_{n=0}^{+\infty} \frac{a_n}{n+1} x^{n+1}, \tag{17.4.4}$$

并且上式对 $x = 0$ 亦成立.

证明 由定理 17.4.3, 知幂级数 $\sum\limits_{n=0}^{+\infty} a_n x^n, \sum\limits_{n=1}^{+\infty} na_n x^{n-1}$ 及 $\sum\limits_{n=0}^{+\infty} \frac{a_n}{n+1} x^{n+1}$ 有

相同的收敛半径 R. 设 $x \in (-R, R)$, 选取 $r > 0$, 使得 $|x| < r < R$. 于是根

据定理 17.4.2, 这三个幂级数都在 $[-r, r]$ 上一致收敛. 应用定理 17.3.3 于幂级数

$\sum\limits_{n=0}^{+\infty} a_n x^n$ 和 $\sum\limits_{n=1}^{+\infty} na_n x^{n-1}$ 即得结论 (1). 再应用定理 17.3.2 于幂级数 $\sum\limits_{n=0}^{+\infty} a_n x^n$ 和

$\sum_{n=0}^{+\infty} \dfrac{a_n}{n+1} x^{n+1}$, 此时视后者的通项 $\dfrac{a_n}{n+1} x^{n+1} = \displaystyle\int_0^x a_n t^n \mathrm{d}t$, 便得结论 (2).

评注 17.4.3 当幂级数 $\sum_{n=0}^{+\infty} a_n x^n$ 的收敛半径 $R > 0$ 时, 它的和函数 $f(x)$ 在 $(-R, R)$ 内有任意阶导数, 且均可逐项求导.

评注 17.4.4 若想将一个函数 $f(x)$ 表示为某个幂级数 $\sum_{n=0}^{+\infty} a_n x^n$ 的和, 则 $f(x)$ 必须有任意阶的导数. 进而, 若 $f(x) = \sum_{n=0}^{+\infty} a_n x^n$ 在原点的某个 $\varepsilon\,(>0)$ 邻域 $(-\varepsilon, \varepsilon)$ 内成立, 则由定理 17.4.3 和定理 17.4.4(1) 可推知

$$a_n = \frac{f^n(0)}{n!}, \quad n = 0, 1, 2, \cdots. \tag{17.4.5}$$

由此便知幂级数 $\sum_{n=0}^{+\infty} a_n x^n$ 的系数由 $f(x)$ 在 $x = 0$ 处的各阶导数 (其中 0 阶导数即函数值 $f(0)$) 所确定. 这就是说, 若函数 $f(x)$ 能够表示为一个幂级数的和函数, 则这种表示是唯一的.

接下来介绍一个常用的确定幂级数收敛半径的方法.

定理 17.4.5 设幂级数 $\sum_{n=0}^{+\infty} a_n x^n$ 的系数有下面的极限 (这里将趋于 $+\infty$ 包括在内)

$$\lim_{n \to +\infty} \sqrt[n]{|a_n|} = L, \tag{17.4.6}$$

(1) 若 $L = 0$, 则 $\sum_{n=0}^{+\infty} a_n x^n$ 的收敛半径 $R = +\infty$;

(2) 若 $0 < L < +\infty$, 则 $\sum_{n=0}^{+\infty} a_n x^n$ 的收敛半径 $R = \dfrac{1}{L}$;

(3) 若 $L = +\infty$, 则 $\sum_{n=0}^{+\infty} a_n x^n$ 的收敛半径 $R = 0$.

证明 由式 (17.4.6) 得极限式

$$\lim_{n \to +\infty} \sqrt[n]{|a_n x^n|} = |x| \cdot L.$$

应用极限形式的根检法 (定理 16.3.5), 当 $L = 0$ 时, $\forall x \in \mathbb{R}$, 或者当 $0 < L < +\infty$ 时, 且 $|x| < \dfrac{1}{L}$, 便有

$$\lim_{n \to +\infty} \sqrt[n]{|a_n x^n|} < 1,$$

因此级数 $\displaystyle\sum_{n=0}^{+\infty} a_n x^n$ 绝对收敛; 当 $0 < L < +\infty$ 且 $|x| > \dfrac{1}{L}$, 便有

$$\lim_{n \to +\infty} \sqrt[n]{|a_n x^n|} > 1,$$

从而级数 $\displaystyle\sum_{n=0}^{+\infty} a_n x^n$ 发散. 即 (1) 和 (2) 得证. 若 $L = +\infty$, 则对任何 x, 只要 $x \neq 0$, 便有 $|x| \cdot L = +\infty$. 于是 $\exists N \in \mathbb{N}$, 使得当 $n \geqslant N$ 时, $\sqrt[n]{|a_n x^n|} \geqslant 2$, 从而 $|a_n x^n| \geqslant 2^n$. 由此知 $\displaystyle\lim_{n \to +\infty} a_n x^n = 0$ 不成立. 由定理 16.2.2 知级数 $\displaystyle\sum_{n=0}^{+\infty} a_n x^n$ 发散. 因此收敛半径 $R = 0$, 即结论 (3) 成立.

例 17.4.1 幂级数 $\displaystyle\sum_{n=0}^{+\infty} n! x^n$ 的收敛半径为 $R = 0$.

当自然数 $k \leqslant n$, 有 $k(n - k + 1) = n + (n - k)(k - 1) \geqslant n$, 可得 $(n!)^2 \geqslant n^n$, 从而 $n! \geqslant (n^{\frac{1}{2}})^n$, 于是 $\sqrt[n]{n!} \geqslant n^{\frac{1}{2}}$, 得 $\displaystyle\lim_{n \to +\infty} \sqrt[n]{a_n} = \lim_{n \to +\infty} \sqrt[n]{n!} = +\infty$. 由定理 17.4.5 知其收敛半径 $R = 0$.

17.5 Taylor 级数

现在回到 Taylor 的老问题, 在 7.3 节中提到过. Taylor 在 1715 年发表了他的 "定理"

$$f(x) = f(a) + f'(a)(x - a) + \frac{f''(a)}{2!}(x - a)^2 + \cdots + \frac{f^{(n)}(a)}{n!}(x - a)^n + \cdots,$$

当时收敛概念尚未建立. 他的同时代但稍晚的 Maclaurin 于 1742 年也提出了上面这个 "定理" 的特款

$$f(x) = f(0) + f'(0)x + \frac{f''(0)}{2!}x^2 + \cdots + \frac{f^{(n)}(0)}{n!}x^n + \cdots,$$

当然也是没有讨论收敛性的.

下面的任务是弄清楚, 在什么条件下, Taylor 的定理可以按现在严格逻辑的意义建立起来.

定义 17.5.1　设函数 f 在点 a 的某个邻域有任意阶导数, 则可写下幂级数

$$f(a) + f'(a)(x - a) + \frac{f''(a)}{2!}(x - a)^2 + \cdots + \frac{f^{(n)}(a)}{n!}(x - a)^n + \cdots$$

$$= \sum_{n=0}^{+\infty} \frac{f^{(n)}(a)}{n!}(x - a)^n, \tag{17.5.1}$$

称为函数 f 在点 a 的 Taylor 级数. 特别, 当 $a = 0$ 时, 幂级数 (17.5.1) 便是幂级数

$$f(0) + f'(0)x + \frac{f''(0)}{2!}x^2 + \cdots + \frac{f^{(n)}(0)}{n!}x^n + \cdots = \sum_{n=0}^{+\infty} \frac{f^{(n)}(0)}{n!}(x)^n, \tag{17.5.2}$$

也称为函数 f 的 Maclaurin 级数.

问题是函数 f 在点 a 的 Taylor 级数 (17.5.1) 是否收敛, 若收敛, 其和函数是否是函数 f?

例 17.5.1　设函数

$$f(x) = \begin{cases} \mathrm{e}^{-\frac{1}{x^2}}, & x \neq 0, \\ 0, & x = 0. \end{cases}$$

它在 $\mathbb{R}$ 中有任意阶的导数. 特别, 在 $x = 0$ 处其各阶导数为

$$f^{(n)}(0) = 0, \quad n = 0, 1, 2, \cdots.$$

因此, 函数 $f(x)$ 在点 0 处的 Taylor 级数或 Maclaurin 级数是

$$0 + 0x + 0x^2 + \cdots + 0x^n + \cdots.$$

这个幂级数在 $\mathbb{R}$ 中收敛, 即其收敛半径 $R = +\infty$, 并且其和函数 $s(x)$ 在 $\mathbb{R}$ 中恒为零. 由于函数 $f(x)$ 并不恒为零, 故函数 $f(x)$ 的 Taylor 级数虽然处处收敛, 但并不收敛于函数 $f(x)$.

例 17.5.2　存在着有任意阶导数的函数, 它的 Maclaurin 级数只在点 0 处收敛, 即其收敛半径 $R = 0$. 这类函数的构作要复杂一点, 如

$$f(x) = \sum_{n=0}^{+\infty} \mathrm{e}^{-n} \cos n^2 x.$$

运用它以及将其逐项求导后的级数的一致收敛性, 可知 $f(x)$ 有任意阶导数, 特别

$$f^{(2k+1)}(0)=0, f^{(2k)}(0)=(-1)^k \sum_{n=0}^{+\infty} \mathrm{e}^{-n} n^{4k}, \quad k=0,1,2,\cdots.$$

因此, 其 Maclaurin 级数只有偶次项, 其第 $2k$ 项的绝对值为

$$\frac{x^{2k}}{(2k)!} \sum_{n=0}^{+\infty} \mathrm{e}^{-n} n^{4k} = \sum_{n=0}^{+\infty} \frac{x^{2k} \mathrm{e}^{-n} n^{4k}}{(2k)!}. \tag{17.5.3}$$

对任意正数 x, 取 $k > \dfrac{\mathrm{e}}{2x}$, 则当 $n=2k$ 时有

$$\left(\frac{n^2 x}{2k}\right)^{2k} \mathrm{e}^{-n} = \left(\frac{2kx}{\mathrm{e}}\right)^{2k} > 1.$$

式 (17.5.3) 中的第 n 项有不等式

$$\frac{x^{2k} \mathrm{e}^{-n} n^{4k}}{(2k)!} > \left(\frac{n^2 x}{2k}\right)^{2k} \mathrm{e}^{-n}.$$

从而得式 (17.5.3)>1. 由此知 $f(x)$ 的 Maclaurin 级数对任意非零 x 发散.

实际上, 可以构作一个在点 0 的某邻域中 (或 $\mathbb{R}$ 中) 有任意阶导数的函数, 并且以例 17.4.1 中的幂级数为其 Maclaurin 级数.

采用第 7 讲 7.3 节中介绍过的记号和名词, 设函数 f 在点 a 的某邻域中有任意阶导数, 其 n 阶 Taylor 多项式为

$$P_n(x) = f(a) + \frac{f'(a)}{1!}(x-a) + \frac{f''(a)}{2!}(x-a)^2 + \cdots + \frac{f^{(n)}(a)}{n!}(x-a)^n, \tag{17.5.4}$$

而其余项为

$$R_n(x) = f(x) - P_n(x), \tag{17.5.5}$$

则有

$$f(x) = P_n(x) + R_n(x). \tag{17.5.6}$$

现在可以将 Taylor 的 "定理" 正确地表述如下.

定理 17.5.1 设函数 f 在点 a 的某个邻域 $(a-r, a+s)$ (其中 $r, s > 0$) 内具有任意阶导数, 则函数 f 在区间 $(a-r, a+s)$ 内等于其 Taylor 级数的和函数的充要条件是在 $(a-r, a+s)$ 内 Taylor 多项式的余项有极限

$$\lim_{n \to +\infty} R_n(x) = 0. \tag{17.5.7}$$

证明 条件的必要性和条件的充分性分别由等式 (17.5.5) 和等式 (17.5.6) 取极限而得.

定义 17.5.2 若函数 f 在区间 $(a-r,a+s)$ 内的点 x 处有

$$f(x) = f(a) + \frac{f'(a)}{1!}(x-a) + \frac{f''(a)}{2!}(x-a)^2 + \cdots + \frac{f^{(n)}(a)}{n!}(x-a)^n + \cdots, \quad (17.5.8)$$

则称等式 (17.5.8) 为函数 f 在点 a 处或按照 $x-a$ 的 Taylor 展开式; 特别, 当 $a = 0$ 时, 等式 (17.5.8) 便成为

$$f(x) = f(0) + \frac{f'(0)}{1!}x + \frac{f''(0)}{2!}x^2 + \cdots + \frac{f^{(n)}(0)}{n!}x^n + \cdots, \quad (17.5.9)$$

而称为函数 f 的 Maclaurin 展开式.

为了便于应用定理 17.5.1 的条件 (17.5.7), 运用 Taylor 公式的余项表达式而写成下述定理.

定理 17.5.2 设函数 f 在区间 $(a-r,a+s)$ 内具有任意阶导数, 且存在 A, 使得 $\forall x \in (a-r,a+s)$, 有

$$\left| f^{(n)}(x) \right| \leqslant A^n, \quad n = 1, 2, 3, \cdots. \quad (17.5.10)$$

则 $\forall x \in (a-r,a+s)$, 等式 (17.5.8) 成立.

证明 由 Taylor 公式的 Lagrange 型余项 (定理 7.3.1)

$$R_n(x) = \frac{f^{(n+1)}(\xi)}{(n+1)!}(x-a)^{n+1}$$

得

$$|R_n(x)| \leqslant \frac{A^{n+1}|x-a|^{n+1}}{(n+1)!} = \frac{B^{n+1}}{(n+1)!}.$$

设 $a_n = \frac{B^n}{n!}$, 则当 $n \geqslant B$ 时 $\frac{a_{n+1}}{a_n} = \frac{B}{n+1}$, 故正项数列 $\{a_n\}$ 从 $n \geqslant B$ 以后为单调减少数列, 因此有极限. 而 $a_{n+1} = \frac{B}{n+1}a_n$, 知 $\lim\limits_{n \to +\infty} a_{n+1} = \lim\limits_{n \to +\infty} \frac{B}{n+1}$. $\lim\limits_{n \to +\infty} a_n = 0$, 从而 $\lim\limits_{n \to +\infty} R_n(x) = 0$. 这就验证了条件 (17.5.7), 于是按定理 17.5.1 知 (17.5.8) 成立.

现在容易得到熟知函数的 Taylor 展式.

例 17.5.3 多项式的 Maclaurin 展开式是它自身.

例 17.5.4 当 $x \in \mathbb{R}$ 时, e^x 有 Maclaurin 展开式

$$\mathrm{e}^x = 1 + \frac{x}{1!} + \frac{x^2}{2!} + \cdots + \frac{x^n}{n!} + \cdots = \sum_{n=0}^{+\infty} \frac{x^n}{n!}. \tag{17.5.11}$$

设 $f(x) = \mathrm{e}^x$, 任取 $r > 0$, 则在 $(-r, r)$ 中, $|f^{(n)}(x)| = |\mathrm{e}^x| \leqslant \mathrm{e}^r$. 从而条件 (17.5.10) 满足, 因此等式 (17.5.11) 成立, 由 $r > 0$ 之任意性, 知等式 (17.5.11) 对任意 $x \in \mathbb{R}$ 成立.

例 17.5.5 当 $x \in \mathbb{R}$ 时, 有下列 Maclaurin 展开式

$$\sin x = x - \frac{x^3}{3!} + \frac{x^5}{5!} - \cdots + (-1)^n \frac{x^{2n+1}}{(2n+1)!} + \cdots$$
$$= \sum_{n=0}^{+\infty} (-1)^n \frac{x^{2n+1}}{(2n+1)!}, \tag{17.5.12}$$

$$\cos x = 1 - \frac{x^2}{2!} + \frac{x^4}{4!} - + \cdots + (-1)^n \frac{x^{2n}}{(2n)!} + \cdots$$
$$= \sum_{n=0}^{+\infty} (-1)^n \frac{x^{2n}}{(2n)!}, \tag{17.5.13}$$

对于 $\sin x$ 和 $\cos x$ 而言, 其各阶导数在 $\mathbb{R}$ 上一致有界, 从而条件 (17.5.10) 满足.

评注 17.5.1 比较 e^x, $\sin x$ 和 $\cos x$ 的 Maclaurin 展开式, 会发现它们有血缘关系. 如果将展式 (17.5.11) 中的 x 换成虚数 $\mathrm{i}\beta$, 将发现当将右端之级数表作奇次项级数和偶次项级数之和, 便得

$$\mathrm{e}^{\mathrm{i}\beta} = \cos \beta + \mathrm{i} \sin \beta.$$

这个等式就是在第 11 讲用作定义 $\mathrm{e}^{\mathrm{i}\beta}$ 的等式 (11.3.13). 曾经说明, 除个别场合以外, 均假设所研讨的函数为实变量实值函数. 但应当进一步指出, 限于实变量是本质的. 若采用复的自变量, 则可导性意味着满足某特定偏微分方程的要求. 如果限于实的自变量, 而函数值允许取复数, 则只要注意到等式表示实部与虚部分别相等, 便可运用全部已建立起的微积分.

例 17.5.6 函数 $\ln(1+x)$ 当 $x \in (-1, 1]$ 时有 Maclaurin 展开式

$$\ln(1+x) = x - \frac{x^2}{2!} + \frac{x^3}{3!} - \cdots + (-1)^{n+1} \frac{x^n}{n} + \cdots = \sum_{n=1}^{+\infty} (-1)^{n+1} \frac{x^n}{n}. \tag{17.5.14}$$

设 $f(x) = \ln(1+x)$, 当 $n \geqslant 2$ 时, $f^{(n)}(x) = \dfrac{(-1)^{n+1}(n-1)!}{(1+x)^n}$. 分别对于 $x \in [0,1]$ 和 $x \in (-1,0)$ 处理如下.

当 $x \in [0,1]$ 时, 采用 Lagrange 型余项的 Taylor 公式 (定理 7.3.1), 存在 $\xi \in (0,x)$, 使

$$R_n(x) = \frac{f^{(n+1)}(\xi)}{(n+1)!} x^{n+1}.$$

故

$$|R_n(x)| \leqslant \left| \frac{(-1)^n x^{n+1}}{(n+1)(1+\xi)^{n+1}} \right| \leqslant \frac{1}{n+1},$$

条件 (17.5.7) 满足, 等式 (17.5.14) 在 $[0,1]$ 上成立.

当 $x \in (-1,0)$ 时, 采用 Cauchy 型余项的 Taylor 公式 (定理 7.3.1), 存在 $\xi \in (x,0)$, 使

$$R_n(x) = \frac{f^{(n+1)}(\xi)}{n!}(x-\xi)^n x = \frac{(-1)^n (x-\xi)^n}{(1+\xi)^{n+1}} x.$$

记 $\xi = \theta x, 0 < \theta < 1$, 于是

$$R_n(x) = \frac{(-1)^n (1-\theta)^n}{(1+\theta x)^{n+1}} x^{n+1},$$

从而

$$|R_n(x)| = \frac{(1-\theta)^n}{|1+\theta x|^{n+1}} |x|^{n+1} = \frac{|x|^{n+1}}{|1+\theta x|} \left(\frac{1-\theta}{|1+\theta x|} \right)^n \leqslant \frac{|x|^{n+1}}{1-|x|},$$

条件 (17.5.7) 满足, 等式 (17.5.14) 在 $(-1,0)$ 内成立.

针对着一个函数能否有 Taylor 展开式, 有下面的术语.

定义 17.5.3 设函数 f 在某区间内可以展开为 Taylor 级数, 则称 f 在该区间为解析函数 (analytic function). f 是解析函数可简记为 $f \in C^\omega$.

评注 17.5.2 一个函数 f 成为解析函数的必要条件是在相应的区间中有任意阶导数, 即从 $f \in C^\omega$ 知必有 $f \in C^{+\infty}$. 但从例 17.5.1 便知 $\exists f \in C^{+\infty}$ 但 $f \notin C^\omega$. 细心的读者不难理解, $f \in C^\omega$ 是一个相当强的要求.

17.6　连续函数的多项式逼近

Weierstrass 于 1885 年发现闭区间上的连续函数可用多项式序列来一致地逼近. 这在理论上和实用上都有重要意义. 而且这种多项式序列可以具体构作出来. 俄国数学家伯恩斯坦 (Bernstein, 1880—1968) 于 1911 年给出了一个用插值构作多项式的方法, 将采用 Bernstein 的构作来完成 Weierstrass 定理的证明.

定理 17.6.1(Weierstrass)　设 $f(x)$ 是闭区间 $[a,b]$ 上的连续函数, 则存在一个多项式序列 $\{P_n(x)\}$ 在 $[a,b]$ 上一致收敛于 $f(x)$.

为证此定理, 先介绍以下概念.

定义 17.6.1　设 $f(x)$ 是闭区间 $[0,1]$ 上的连续函数, 则多项式

$$B_n^f(x) = \sum_{k=0}^n f\left(\frac{k}{n}\right) \mathrm{C}_n^k x^k (1-x)^{n-k} \tag{17.6.1}$$

称为函数 $f(x)$ 的第 n 次 Bernstein 多项式.

作为准备, 有下列两个初等代数的恒等式.

引理 17.6.1　对于 $x \in \mathbb{R}$, 有恒等式

$$\sum_{k=0}^n \mathrm{C}_n^k x^k (1-x)^{n-k} = 1, \tag{17.6.2}$$

$$\sum_{k=0}^n (k-nx)^2 \mathrm{C}_n^k x^k (1-x)^{n-k} = nx(1-x). \tag{17.6.3}$$

证明　在 Newton 二项式公式 $(a+b)^n = \sum_{k=0}^n \mathrm{C}_n^k a^k b^{n-k}$ 中, 令 $a = x$ 和 $b = 1-x$, 则得式 (17.6.2).

(17.6.3) 式的推导如下. 取恒等式

$$\sum_{k=0}^n \mathrm{C}_n^k y^n = (1+y)^n,$$

对 y 求导, 得

$$\sum_{k=0}^n k\mathrm{C}_n^k y^{k-1} = n(1+y)^{n-1},$$

再以 y 乘此式, 得

$$\sum_{k=0}^{n} k C_n^k y^k = ny (1+y)^{n-1}, \tag{17.6.4}$$

再对 y 求导, 得

$$\sum_{k=0}^{n} k^2 C_n^k y^{k-1} = n (1+ny) (1+y)^{n-2}. \tag{17.6.5}$$

令 (17.6.4) 式和 (17.6.5) 式中的 $y = \dfrac{1}{1-x}$, 并以 $(1-x)^n$ 乘所得各式, 整理后分别是

$$\sum_{k=0}^{n} k C_n^k x^k (1-x)^{n-k} = nx, \tag{17.6.6}$$

$$\sum_{k=0}^{n} k^2 C_n^k x^k (1-x)^{n-k} = nx (1+(n-1)x).$$

以 $n^2 x^2$ 乘 (17.6.2) 式, 以 $-2nx$ 乘 (17.6.6) 式, 并与 (17.6.7) 式相加, 得等式

$$\sum_{k=0}^{n} \left(n^2 x^2 - 2nkx + k^2\right) C_n^k x^k (1-x)^{n-k} = nx (1-x), \tag{17.6.7}$$

这就是欲证的式 (17.6.3).

定理 17.6.1 的证明 (1) 先设 $a=0$, $b=1$. 取 $P_n(x)$ 为函数 $f(x)$ 的第 n 次 Bernstein 多项式 $B_n^f(x)$, 欲证: $\forall \varepsilon > 0$, $\exists N$, 使得当 $n \geqslant N$ 时, $\forall x \in [0,1]$, 有

$$\left| B_n^f(x) - f(x) \right| < \varepsilon.$$

为此, 由 f 在 $[0,1]$ 上的一致连续性, 对于给定的 $\varepsilon > 0$, 取 $\delta > 0$, 使得当 $|x' - x''| < \delta$ 时, 有

$$\left| f(x') - f(x'') \right| < \frac{\varepsilon}{2}.$$

记 $M = \max_{x \in [0,1]} \{|f(x)|\}$. 由 (17.6.2) 式, 对 $x \in [0,1]$, 有

$$f(x) = \sum_{k=0}^{n} f(x) C_n^k x^k (1-x)^{n-k},$$

从而得

$$\left| B_n^f(x) - f(x) \right| \leqslant \sum_{k=0}^{n} \left| f\left(\frac{k}{n}\right) - f(x) \right| C_n^k x^k (1-x)^{n-k}. \tag{17.6.8}$$

任意取定点 $x \in [0,1]$, 将数集 $\{0,1,2,\cdots,n\}$ 分成 A 和 B, 其中

$$A = \left\{ k \,\middle|\, 0 \leqslant k \leqslant n, \ \left|\frac{k}{n} - x\right| < \delta \right\},$$

$$B = \left\{ k \,\middle|\, 0 \leqslant k \leqslant n, \ \left|\frac{k}{n} - x\right| \geqslant \delta \right\}.$$

于是分别有

$$\sum_{k \in A} \left| f\left(\frac{k}{n}\right) - f(x) \right| \mathrm{C}_n^k x^k (1-x)^{n-k} < \frac{\varepsilon}{2} \sum_{k \in A} \mathrm{C}_n^k x^k (1-x)^{n-k} \leqslant \frac{\varepsilon}{2} \quad (17.6.9)$$

和

$$\sum_{k \in B} \left| f\left(\frac{k}{n}\right) - f(x) \right| \mathrm{C}_n^k x^k (1-x)^{n-k} \leqslant 2M \sum_{k \in B} \mathrm{C}_n^k x^k (1-x)^{n-k}. \quad (17.6.10)$$

对 (17.6.10) 式的右端乘以 $\dfrac{(k-nx)^2}{n^2 \delta^2} \ (\geqslant 1)$, 得

$$\sum_{k \in B} \left| f\left(\frac{k}{n}\right) - f(x) \right| \mathrm{C}_n^k x^k (1-x)^{n-k} \leqslant \frac{2M}{n^2 \delta^2} \sum_{k \in B} \mathrm{C}_n^k (k-nx)^2 x^k (1-x)^{n-k},$$

由 (17.6.3) 式及 $x(1-x) < 1$ 得

$$\sum_{k \in B} \left| f\left(\frac{k}{n}\right) - f(x) \right| \mathrm{C}_n^k x^k (1-x)^{n-k} \leqslant \frac{2M}{n^2 \delta^2} nx(1-x) < \frac{2M}{n\delta^2}.$$

取 $N = \left[\dfrac{4M}{\varepsilon \delta^2}\right] + 1$, 则对 $n \geqslant N$, 有

$$\frac{2M}{n\delta^2} < \frac{\varepsilon \delta^2}{4M} \cdot \frac{2M}{\delta^2} = \frac{\varepsilon}{2},$$

从而得

$$\sum_{k \in B} \left| f\left(\frac{k}{n}\right) - f(x) \right| \mathrm{C}_n^k x^k (1-x)^{n-k} < \frac{\varepsilon}{2}. \quad (17.6.11)$$

将 (17.6.9) 式和 (17.6.11) 式代入 (17.6.8) 式得

$$\left| B_n^f(x) - f(x) \right| < \varepsilon.$$

(2) 对于任意闭区间 $[a,b]$ 上的连续函数 $f(x)$, 作变量替换如下, 当 $t \in [0,1]$ 时, 令

$$\varphi(t) = f(a + (b-a)t),$$

则 $\varphi(t)$ 是闭区间 $[0,1]$ 上的连续函数. 取 $\varphi(t)$ 之第 n 次 Bernstein 多项式 $B_n^\varphi(t) = \sum_{k=0}^{n} \varphi\left(\frac{k}{n}\right) C_n^k t^k (1-t)^{n-k}$. 由 (1) 知, $\forall \varepsilon > 0$, $\exists N$, 使得当 $n \geqslant N$ 时, $\forall t \in [0,1]$, 有

$$|B_n^\varphi(t) - \varphi(t)| < \varepsilon. \tag{17.6.12}$$

当 $x \in [a,b]$ 时, 令

$$t = \frac{x-a}{b-a}, \tag{17.6.13}$$

便有 $t \in [0,1]$. 将 (17.6.13) 式代入 (17.6.12) 式中便得

$$\left| B_n^\varphi\left(\frac{x-a}{b-a}\right) - \varphi\left(\frac{x-a}{b-a}\right) \right| < \varepsilon. \tag{17.6.14}$$

记

$$P_n(x) = B_n^\varphi\left(\frac{x-a}{b-a}\right), \tag{17.6.15}$$

它是一个以 x 为自变量的 n 次多项式. 于是不等式 (17.6.14) 便成了

$$|P_n(x) - f(x)| < \varepsilon.$$

定理得证.

评注 17.6.1 Weierstrass 还得到, 对 $\mathbb{R}$ 上任意 2π 周期的连续函数, 存在三角多项式序列在 $\mathbb{R}$ 上一致逼近它. 现在有时称此为 Weierstrass 第二定理. 上面介绍的 Weierstrass 定理 (定理 17.6.1) 称为 Weierstrass 第一定理.

评注 17.6.2 Weierstrass 第一定理很著名, 有许多证明方法. Bernstein 的证法是构造性的, 即构造了 Bernstein 多项式序列 $\{B_n^f(x)\}$ 作为逼近工具, 简洁漂亮. 逼近阶为 $1/n$, 故逼近速度较慢, 不宜作为实际的逼近计算工具. 可是在二十世纪七十年代, 发现计算几何学和计算机图形学中著名的贝齐尔 (Bézier) 曲线可以简洁地表示为 Bernstein 多项式中基函数 $B_{k,n}(t) = C_n^k t^k (1-t)^{n-k} (k = 0, 1, \cdots, n)$ 的线性组合, 组合系数为特征多边形的顶点向量, 并基于基函数良好的代数性质发现了 Bézier 曲线许多良好的几何性质. 纯理论的分析学工具六十年后发展成了有力的科技应用工具, 这是颇有说服力的理论转化为应用的又一例证.

第18讲

Fourier 级 数

傅里叶 (Fourier, 1768—1830) 是法国数学家, 物理学家, 他对热传导理论作出基本贡献, 提出用 Fourier 级数来表示函数, 提出 Fourier 方法以解方程, 等等, 影响深远.

18.1 三角级数

定义 18.1.1 函数序列 $1, \cos x, \sin x, \cdots, \cos nx, \sin nx, \cdots$ 称为三角函数系. 一个三角级数 (trigonometric series) 是一个形如

$$\frac{1}{2}a_0 + a_1 \cos x + b_1 \sin x + \cdots + a_n \cos nx + b_n \sin nx + \cdots$$

$$= \frac{1}{2}a_0 + \sum_{n=1}^{+\infty}(a_n \cos nx + b_n \sin nx) \tag{18.1.1}$$

的函数级数, 其中 a_n, b_n 均为常数, 称为该三角级数的系数. 注意到三角级数 (18.1.1) 中的每一项均有下述性质:

$$\cos n(x + 2\pi) = \cos nx, \quad \sin n(x + 2\pi) = \sin nx,$$

故若三角级数 (18.1.1) 收敛, 则其和函数 $f(x)$ 也具有性质:

$$f(x + 2\pi) = f(x).$$

即和函数 $f(x)$ 是一个以 2π 为周期的函数.

周期现象与周期问题在自然界中大量存在: 例如弦的振动、单摆、电磁振动、声波、光的波动学、信号处理等等, 不胜枚举. 这些现象用函数描述, 便得周期函数.

一般说来, 周期函数可以很复杂. 其中最简单者数正弦和余弦函数, 它们是简谐振动. 于是自然会问: 设函数 $f(x)$ 是一个以 2π 为周期的函数, 它能否表示为一

个形如 (18.1.1) 的三角级数? 这就是主导这一讲的动机, 将做出初步的回答, 当函数 $f(x)$ 满足适当条件时, 可以表示为一个三角级数.

预先解释一件事. 一旦关于以 2π 为周期的函数如何表示为三角级数的理论建立起来, 则对以任何正数 $2l$ 为周期的函数 $f(x)$, 只需作自变量之变换

$$x = \frac{l}{\pi}t, \tag{18.1.2}$$

则函数 $f(x)$ 变成以 t 为自变量的函数 $g(t) = f\left(\dfrac{l}{\pi}t\right)$, 它是以 2π 为周期的函数, 于是运用既得之结果于 $g(t)$, 然后再将自变量变回去, 即可.

另外, 在三角级数 (18.1.1) 中, 习惯把 $a_n \cos nx$ 和 $b_n \sin nx$ 这两项用括号合成一项, 原因是它们的 "频率" 相同, 并且只差相角 $\dfrac{\pi}{2}$, 而且还可以将两项之和表作

$$a_n \cos nx + b_n \sin nx = A_n \cos(nx + \varphi_n), \tag{18.1.3}$$

其中 A_n, φ_n 与 a_n, b_n 之关系如

$$a_n = A_n \cos \varphi_n, \quad b_n = -A_n \sin \varphi_n, \tag{18.1.4}$$

可见它是一个振幅为 A_n, 初相为 φ_n 的余弦函数. A_n 和 φ_n 用 a_n, b_n 表示如

$$A_n = \sqrt{a_n^2 + b_n^2}, \quad \varphi_n = \arccos \frac{a_n}{\sqrt{a_n^2 + b_n^2}}. \tag{18.1.5}$$

于是三角级数 (18.1.1) 可写成

$$\frac{a_0}{2} + \sum_{n=1}^{+\infty} A_n \cos(nx + \varphi_n). \tag{18.1.6}$$

18.2 Fourier 级数定义

设想 2π 周期函数 $f(x)$ 是一个形如 (18.1.1) 的三角级数的和函数, 即

$$f(x) = \frac{1}{2}a_0 + \sum_{n=1}^{+\infty}(a_n \cos nx + b_n \sin nx). \tag{18.2.1}$$

首先一个问题是如何确定右端三角级数中的系数. 为此, 假设该三角级数具备以下讨论中需要的性质: f 为 Riemann 可积, 且右端可逐项积分. 于是, 分别以 $\cos mx$ 和 $\sin mx$ 乘等式 (18.2.1) 后, 右端逐项积分, 可得

$$\int_{-\pi}^{\pi} f(x)\,\mathrm{d}x = \pi a_0, \tag{18.2.2}$$

$$\int_{-\pi}^{\pi} f(x)\cos mx\mathrm{d}x = \pi a_m, \quad m=1,2,\cdots, \qquad (18.2.3)$$

$$\int_{-\pi}^{\pi} f(x)\sin mx\mathrm{d}x = \pi b_m, \quad m=1,2,\cdots. \qquad (18.2.4)$$

这是因为

定理 18.2.1　三角函数系 $1,\ \cos x,\sin x,\cdots,\cos nx,\sin nx,\cdots$ 有正交性:

$$\int_{-\pi}^{\pi}\cos nx\mathrm{d}x = 0,$$

$$\int_{-\pi}^{\pi}\sin nx\mathrm{d}x = 0, \quad n=1,2,\cdots,$$

$$\int_{-\pi}^{\pi}\sin nx\cos mx\mathrm{d}x = 0, \quad m,n=1,2,\cdots,$$

$$\int_{-\pi}^{\pi}\cos nx\cos mx\mathrm{d}x = \begin{cases} \pi, & n=m, \\ 0, & n\neq m, \end{cases}$$

$$\int_{-\pi}^{\pi}\sin nx\sin mx\mathrm{d}x = \begin{cases} \pi, & n=m, \\ 0, & n\neq m. \end{cases}$$

评注 18.2.1　由三角函数系 $1,\cos x,\sin x,\cdots,\cos nx,\sin nx,\cdots$ 的正交性可推知, 如果把三角函数系放到由某些 Riemann 可积函数组成的实线性空间中, 三角函数系中任何有限个元素是线性无关的.

从 (18.2.2) 式, (18.2.3) 式和 (18.2.4) 式便得 Euler-Fourier 公式

$$a_n = \frac{1}{\pi}\int_{-\pi}^{\pi} f(x)\cos nx\mathrm{d}x, \quad n=0,1,2,\cdots,$$

$$b_n = \frac{1}{\pi}\int_{-\pi}^{\pi} f(x)\sin nx\mathrm{d}x, \quad n=1,2,\cdots. \qquad (18.2.5)$$

现在假设函数 $f(x)$ 在 $[-\pi,\pi]$ 上可积, 则可利用公式 (18.2.5) 计算出 a_n 和 b_n, 而不论 (18.2.1) 式是否成立, 更不论逐项可积性, 这些是 Fourier 级数理论的基本数据, 将其陈述为下面的定义.

定义 18.2.1　设 2π 周期函数 $f(x)$ 在 $[-\pi,\pi]$ 上 Riemann 可积, 则由 (18.2.5) 式确定的数 a_n 和 b_n 称为函数 $f(x)$ 的 Fourier 系数 (Fourier coefficients), 而采用函数 $f(x)$ 的 Fourier 系数为系数的三角级数称为函数 $f(x)$ 的 Fourier 级数, 记作

$$f(x) \sim \frac{1}{2}a_0 + \sum_{n=1}^{+\infty}(a_n\cos nx + b_n\sin nx). \qquad (18.2.6)$$

下面是一个几乎显然的结论.

定理 18.2.2 设三角级数一致收敛, 则它就是它的和函数的 Fourier 级数. 从而, 若两个三角级数都一致收敛, 且收敛于同一个和函数, 则这两个三角级数恒等, 即它们的对应系数相等.

评注 18.2.2 这个定理的条件可以减弱成三角级数收敛到在 $[-\pi, \pi]$ 上 Riemann 可积的和函数.

18.3 Fourier 级数的敛散性

Fourier 级数的敛散性是分析学中一个非常引人入胜的问题, 成为既是经典分析学也是近代分析学中活跃的领域之一.

Fourier 之前由于极限概念尚未建立, 敛散性不清楚, 但由弦振动而引起丹尼尔·伯努利 (Daniel Bernoulli, 1700—1782), Euler 和 D'Alembert 之间的讨论和争论在分析学的发展史上有重要地位. Fourier 于 1807 年提出他的理论. 随之, 十九世纪二十年代由 Cauchy 为代表开始了建立极限理论的分析学严密化时期, Fourier 级数的敛散性得到认真的研究. 德国人 Dirichlet 于 1829 年得到第一个严密证明了的定理: $[-\pi, \pi]$ 上分段连续且分段单调的函数 $f(x)$, 其 Fourier 级数在 $[-\pi, \pi]$ 上处处收敛于 $\dfrac{f(x+0) + f(x-0)}{2}$. 这起到了带头的作用.

现在将常用的 Fourier 级数收敛定理陈述如下.

定理 18.3.1(Dirichlet 收敛定理) 设 2π 周期函数 $f(x)$ 在 $[-\pi, \pi]$ 上满足条件:

(1) 有一个 $[-\pi, \pi]$ 的分划 $P = [-\pi = x_0, x_1, \cdots, x_n = \pi]$, f 在每个 (x_{i-1}, x_i) 内可导;

(2) f 在每点 x_i 有左、右极限

$$f(x_i - 0) = \lim_{h \to 0^+} f(x_i - h), \quad f(x_i + 0) = \lim_{h \to 0^+} f(x_i + h),$$

(3) f 在每点 x_i 有广义左、右导数

$$f'_-(x_i - 0) = \lim_{h \to 0^+} \frac{f(x_i - h) - f(x_i - 0)}{-h},$$

$$f'_+(x_i + 0) = \lim_{h \to 0^+} \frac{f(x_i + h) - f(x_i + 0)}{h}.$$

则 f 的 Fourier 级数在 $\forall x \in [-\pi, \pi]$ 处, 有

$$\frac{a_0}{2} + \sum_{n=1}^{+\infty} (a_n \cos nx + b_n \sin nx) = \frac{f(x+0) + f(x-0)}{2}. \tag{18.3.1}$$

这是本讲的主要定理, 证明在 18.4 节中完成.

下面介绍的不等式是德国人贝塞尔 (Bessel, 1784—1846) 得到的.

定理 18.3.2(Bessel 不等式) 设 2π 周期函数 $f(x)$ 在 $[-\pi, \pi]$ 上 Riemann 可积, 则 $f(x)$ 的 Fourier 系数 a_n, b_n 满足不等式

$$\frac{a_0^2}{2} + \sum_{k=1}^{n} \left(a_k^2 + b_k^2\right) \leqslant \frac{1}{\pi} \int_{-\pi}^{\pi} [f(x)]^2 \mathrm{d}x, \tag{18.3.2}$$

从而有

$$\frac{a_0^2}{2} + \sum_{n=1}^{+\infty} \left(a_n^2 + b_n^2\right) \leqslant \frac{1}{\pi} \int_{-\pi}^{\pi} [f(x)]^2 \mathrm{d}x. \tag{18.3.3}$$

证明 设函数 $f(x)$ 的 Fourier 级数的第 n 个部分和

$$s_n(x) = \frac{a_0}{2} + \sum_{k=1}^{n} (a_k \cos kx + b_k \sin kx). \tag{18.3.4}$$

计算可知

$$\frac{1}{\pi} \int_{-\pi}^{\pi} [f(x) - s_n(x)]^2 \mathrm{d}x = \frac{1}{\pi} \int_{-\pi}^{\pi} [f(x)]^2 \mathrm{d}x - \left[\frac{a_0^2}{2} + \sum_{k=1}^{n} \left(a_k^2 + b_k^2\right)\right], \tag{18.3.5}$$

而

$$\frac{1}{\pi} \int_{-\pi}^{\pi} [f(x) - s_n(x)]^2 \mathrm{d}x \geqslant 0.$$

即证.

由 Bessel 不等式可推出一个很有用的结论.

定理 18.3.3(Riemann 引理) 设函数 $f(x)$ 在 $[-\pi, \pi]$ 上 Riemann 可积, 则有极限式

$$\lim_{n \to +\infty} \int_{-\pi}^{\pi} f(x) \cos nx \mathrm{d}x = 0, \tag{18.3.6}$$

$$\lim_{n \to +\infty} \int_{-\pi}^{\pi} f(x) \sin nx \mathrm{d}x = 0. \tag{18.3.7}$$

证明 将函数 $f(x)$ 从 $[-\pi,\pi]$ 周期地延拓到 $(-\infty,+\infty)$ 而成 2π 周期函数, 仍记作 $f(x)$. 记 $f(x)$ 的 Fourier 系数为 a_n 和 b_n. 则由 Bessel 不等式 (18.3.3) 知 $\lim\limits_{n\to+\infty}\left(a_n^2+b_n^2\right)=0$. 由此得

$$\lim_{n\to+\infty} a_n = 0 \quad \text{和} \quad \lim_{n\to+\infty} b_n = 0.$$

这就是 (18.3.6) 式和 (18.3.7) 式.

评注 18.3.1 Riemann 引理中的积分上下限可取任何两个实数值, 结论仍然成立. 证明思路如下. 第一, 对于在闭区间 $[(2k-1)\pi,(2k+1)\pi]$ 上可积的函数 $f(x)$, Riemann 引理仍成立, 这时 (18.3.6) 式和 (18.3.7) 式中积分限改为从 $(2k-1)\pi$ 到 $(2k+1)\pi$. 第二, 函数 f 在闭区间 $[(-2n-1)\pi,(2n+1)\pi], n\in\mathbb{N}$ 上可积, 故 Riemann 引理仍成立, 这时 (18.3.6) 式和 (18.3.7) 式中积分限改为从 $(-2n-1)\pi$ 到 $(2n+1)\pi$. 第三, 取 $a,b\in\mathbb{R}$, $a<b$, 函数 f 在闭区间 $[a,b]$ 上可积. 存在 $N\in\mathbb{N}$, 使得 $[a,b]\subset[(-2N-1)\pi,(2N+1)\pi]$. 将 f 延拓到 $[(-2N-1)\pi,(2N+1)\pi]$ 上, 仍记为 f, 使在 $[(-2N-1)\pi,(2N+1)\pi]\backslash[a,b]$ 上 f 恒为零. 则有

$$\int_a^b f(x)\cos nx\mathrm{d}x = \int_{(-2N-1)\pi}^{(2N+1)\pi} f(x)\cos nx\mathrm{d}x$$

及

$$\int_a^b f(x)\sin nx\mathrm{d}x = \int_{(-2N-1)\pi}^{(2N+1)\pi} f(x)\sin nx\mathrm{d}x.$$

从而 Riemann 引理对于 $[a,b]$ 上可积函数 f 仍成立, (18.3.6) 式及 (18.3.7) 式中积分限为 a 到 b.

Bessel 不等式还可加强为等式, 由帕塞瓦尔 (Parseval, 1755—1836) 首先得到.

定理 18.3.4(Parseval 等式) 设 2π 周期函数 $f(x)$ 在 $[-\pi,\pi]$ 上 Riemann 可积, 则函数 $f(x)$ 的 Fourier 系数 a_n, b_n 有等式

$$\frac{a_0^2}{2}+\sum_{n=1}^{+\infty}\left(a_n^2+b_n^2\right)=\frac{1}{\pi}\int_{-\pi}^{\pi}[f(x)]^2\mathrm{d}x. \tag{18.3.8}$$

证明要领 应当完成下面极限之证明:

$$\lim_{n\to+\infty}\int_{-\pi}^{\pi}[f(x)-s_n(x)]^2\,\mathrm{d}x=0, \tag{18.3.9}$$

其中 $s_n(x)$ 如 (18.3.4) 式. 此处从略. 当添加函数 $f(x)$ 的 Fourier 级数一致收敛于 $f(x)$ 条件后, 不难完成 (18.3.9) 式的证明.

评注 18.3.2 Parseval 等式是欧氏平面中勾股弦定理在函数空间中的推广.

评注 18.3.3 Parseval 等式的成立被认为是三角函数系的一个重要性质, 称为三角函数系的封闭性 (closeness). 由此还可推出三角函数系的完全性 (completeness): 除恒等于零的函数外, 不存在其他的 2π 周期连续函数与三角函数系 $1, \cos x, \sin x, \cdots, \cos nx, \sin nx, \cdots$ 中的每一个都正交.

注意到 Parseval 等式只假设函数 $f(x)$ 在 $[-\pi, \pi]$ 上 Riemann 可积, 其 Fourier 级数可能并不收敛于 $f(x)$ 或者甚至不收敛. 当然, 到现在为止, 收敛性是指函数级数的逐点收敛性. 再看 Parseval 等式其实说的是极限等式 (18.3.9), 而后者意味着函数 $f(x)$ 的 Fourier 级数, 即函数序列 $\{s_n(x)\}$, 按一种新的方式逼近函数 $f(x)$, 现代称之为均方逼近. 也就是说, 可积函数 $f(x)$ 的 Fourier 级数**为均方收敛**于 (converges in the mean square to) $f(x)$. 这是关于收敛性概念的一次革命, 这大约到二十世纪之初才实现.

18.4 收敛定理的证明

证明分成两步, 写成两个定理.

定理 18.4.1 设 2π 周期函数 $f(x)$ 在 $[-\pi, \pi]$ 上 Riemann 可积, 则它的 Fourier 级数的部分和 $s_n(x)$ (按公式 (18.3.4)) 可以写成

$$s_n(x) = \frac{1}{2\pi} \int_{-\pi}^{\pi} f(x+t) \frac{\sin\left(n+\dfrac{1}{2}\right)t}{\sin\dfrac{t}{2}} \mathrm{d}t. \tag{18.4.1}$$

证明 直接计算

$$s_n(x) = \frac{a_0}{2} + \sum_{k=1}^{n} (a_k \cos kx + b_k \sin kx)$$

$$= \frac{1}{2\pi} \int_{-\pi}^{\pi} f(u) \mathrm{d}u$$

$$+ \frac{1}{\pi} \sum_{k=1}^{n} \left[\int_{-\pi}^{\pi} f(u) \cos ku \cdot \cos kx \cdot \mathrm{d}u + \int_{-\pi}^{\pi} f(u) \sin ku \cdot \sin kx \cdot \mathrm{d}u \right]$$

$$= \frac{1}{\pi} \int_{-\pi}^{\pi} f(u) \left[\frac{1}{2} + \sum_{k=1}^{n} (\cos ku \cos kx + \sin ku \sin kx) \right] \mathrm{d}u$$

$$= \frac{1}{\pi} \int_{-\pi}^{\pi} f(u) \left[\frac{1}{2} + \sum_{k=1}^{n} \cos k(u-x) \right] \mathrm{d}u.$$

令 $t = u - x$, 则得

$$s_n(x) = \frac{1}{\pi} \int_{-\pi-x}^{\pi-x} f(x+t) \left[\frac{1}{2} + \sum_{k=1}^{n} \cos kt \right] dt.$$

由于被积函数是 2π 周期的, 积分上下限可改为 π 和 $-\pi$, 再由恒等式

$$\frac{1}{2} + \sum_{k=1}^{n} \cos kt = \frac{\sin\left(n + \frac{1}{2}\right) t}{2 \sin \frac{t}{2}}, \tag{18.4.2}$$

便得欲证的等式 (18.4.1).

评注 18.4.1 公式 (18.4.1) 的被积函数中的因式 $\dfrac{\sin\left(n + \frac{1}{2}\right) t}{\sin \frac{t}{2}}$ 通常称为

Dirichlet 核 (Dirichlet's kernel). 核函数的应用是分析学中一项基本的技术. 由恒等式 (18.4.2) 立即可得 Dirichlet 核函数的一个性质

$$\frac{1}{2\pi} \int_{-\pi}^{\pi} \frac{\sin\left(n + \frac{1}{2}\right) t}{\sin \frac{t}{2}} dt = 1. \tag{18.4.3}$$

于是公式 (18.4.1) 右端的积分是函数 f 在以点 x 为中心、长度为 2π 区间上, 以 Dirichlet 核之值为权 (weight) 的加权平均, 其结果依赖于核函数中的参数 n. 当 $n \to +\infty$ 时, 有下面的重要结果.

定理 18.4.2 设 2π 周期函数 $f(x)$,

(1) 在 $[-\pi, \pi]$ 上 Riemann 可积;

(2) 在点 x_0 有左、右极限

$$f(x_0 - 0) = \lim_{h \to 0^+} f(x_0 - h), \quad f(x_0 + 0) = \lim_{h \to 0^+} f(x_0 + h);$$

(3) 在点 x_0 有广义左、右导数

$$f'_-(x_0 - 0) = \lim_{h \to 0^+} \frac{f(x_0 - h) - f(x_0 - 0)}{-h},$$

$$f'_+(x_0 + 0) = \lim_{h \to 0^+} \frac{f(x_0 + h) - f(x_0 + 0)}{h},$$

则

$$\lim_{n \to +\infty} \frac{1}{2\pi} \int_0^\pi f(x_0 + t) \frac{\sin\left(n + \frac{1}{2}\right)t}{\sin\frac{t}{2}} \mathrm{d}t = \frac{f(x_0 + 0)}{2}, \tag{18.4.4}$$

$$\lim_{n \to +\infty} \frac{1}{2\pi} \int_{-\pi}^0 f(x_0 + t) \frac{\sin\left(n + \frac{1}{2}\right)t}{\sin\frac{t}{2}} \mathrm{d}t = \frac{f(x_0 - 0)}{2}, \tag{18.4.5}$$

从而

$$\lim_{n \to +\infty} \frac{1}{2\pi} \int_{-\pi}^\pi f(x_0 + t) \frac{\sin\left(n + \frac{1}{2}\right)t}{\sin\frac{t}{2}} \mathrm{d}t = \frac{f(x_0 + 0) + f(x_0 - 0)}{2}. \tag{18.4.6}$$

证明 (18.4.4) 式和 (18.4.5) 式证明类似, 只证 (18.4.4). 利用 (18.4.3), 有

$$\frac{1}{2\pi} \int_0^\pi f(x_0 + 0) \frac{\sin\left(n + \frac{1}{2}\right)t}{\sin\frac{t}{2}} \mathrm{d}t = \frac{f(x_0 + 0)}{2}.$$

于是

$$\frac{1}{2\pi} \int_0^\pi f(x_0 + t) \frac{\sin\left(n + \frac{1}{2}\right)t}{\sin\frac{t}{2}} \mathrm{d}t - \frac{f(x_0 + 0)}{2}$$

$$= \frac{1}{2\pi} \int_0^\pi [f(x_0 + t) - f(x_0 + 0)] \frac{\sin\left(n + \frac{1}{2}\right)t}{\sin\frac{t}{2}} \mathrm{d}t.$$

令

$$g(t) = \frac{f(x_0 + t) - f(x_0 + 0)}{\sin\frac{t}{2}}, \quad \forall t \in (0, \pi].$$

则作为 $(0, \pi]$ 上函数, 在 $t = 0$ 处有右极限

$$\lim_{t \to 0^+} g(t) = \lim_{t \to 0^+} \frac{f(x_0 + t) - f(x_0 + 0)}{t} \cdot \frac{t}{\sin\frac{t}{2}} = 2f'_+(x_0 + 0).$$

从而由 f 的可积性和上述右极限之存在性, 由定理 15.5.4 知 $g(t)$ 在 $[0, \pi]$ 上 Riemann 可积. 再由 Riemann 引理 (定理 18.3.3), 并注意到评注 18.3.1, 便得

$$\lim_{n \to +\infty} \frac{1}{2\pi} \int_0^\pi [f(x_0 + t) - f(x_0 + 0)] \frac{\sin\left(n + \frac{1}{2}\right)t}{\sin\frac{t}{2}} \mathrm{d}t$$

$$= \lim_{n \to +\infty} \frac{1}{2\pi} \int_0^\pi g(t) \sin\left(n + \frac{1}{2}\right)t \mathrm{d}t$$

$$= 0.$$

至此, Fourier 级数收敛定理 (定理 18.3.1) 证明完成.

18.5 例题

下面的例子都满足收敛定理的条件, 为简便起见, 都说函数 $f(x)$ 的 Fourier 级数收敛于 $f(x)$, 并用等号记之. 但请不要忘记, 在不连续点实际上 $f(x)$ 的 Fourier 级数收敛于 $\frac{1}{2}[f(x+0) + f(x-0)]$.

例 18.5.1 双向方波. 设函数 $f(x)$ 为 (如图 18.1)

$$f(x) = \begin{cases} A, & 0 < x < \pi, \\ 0, & x = 0, \pi, \\ -A, & -\pi < x < 0. \end{cases}$$

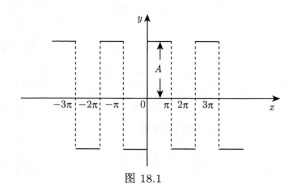

图 18.1

计算其 Fourier 系数:

$$a_n = 0, \quad n = 0,1,2,\cdots;$$

$$b_n = \frac{1}{\pi} \int_{-\pi}^{\pi} f(x) \sin nx \mathrm{d}x = \frac{2}{\pi} \int_0^{\pi} A \sin nx \mathrm{d}x$$

$$= \frac{-2A \cos nx}{\pi n} \bigg|_0^{\pi} = \begin{cases} 0, & n = 偶数, \\ \dfrac{4A}{\pi n}, & n = 奇数. \end{cases}$$

于是

$$f(x) = \frac{4A}{\pi} \left(\sin x + \frac{\sin 3x}{3} + \frac{\sin 5x}{5} + \cdots \right). \tag{18.5.1}$$

例 18.5.2 单向方波. 设函数 $f(x)$ 为 (如图 18.2)

$$f(x) = \begin{cases} A, & 0 < x \leqslant \pi, \\ 0, & -\pi < x \leqslant 0. \end{cases}$$

计算其 Fourier 系数:

$$a_0 = A, \quad a_n = 0, \quad n = 1,2,3,\cdots;$$

$$b_n = \frac{1}{\pi} \int_0^{\pi} A \sin nx \mathrm{d}x = \begin{cases} 0, & n = 偶数, \\ \dfrac{2A}{\pi n}, & n = 奇数. \end{cases}$$

于是

$$f(x) = \frac{A}{2} + \frac{2A}{\pi} \left(\sin x + \frac{\sin 3x}{3} + \frac{\sin 5x}{5} + \cdots \right). \tag{18.5.2}$$

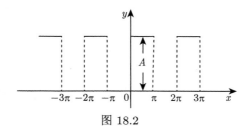

图 18.2

评注 18.5.1 比较例 18.5.1 和例 18.5.2, 可看出 Fourier 展开式中本质区别在于例 18.5.1 中 $a_0 = 0$, 而例 18.5.2 中 $a_0 = A$, 从而在例 18.5.2 的展式中出现 $\dfrac{A}{2}$ 这一项. 在电学和电子学中, Fourier 展式中的 $\dfrac{a_0}{2}$ 项称为**直流分量**.

例 18.5.3 双向锯齿波. 设函数 $f(x)$ 为 (如图 18.3)

$$f(x) = x, \quad x \in (-\pi, \pi].$$

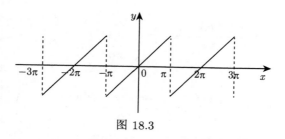

图 18.3

计算其 Fourier 系数:

$$a_n = 0, \quad n = 0, 1, 2, \cdots;$$

$$
\begin{aligned}
b_n &= \frac{1}{\pi} \int_{-\pi}^{\pi} x \sin nx \, \mathrm{d}x \\
&= \frac{1}{\pi} \left[-\frac{x \cos nx}{n} \Big|_{-\pi}^{\pi} + \frac{1}{n} \int_{-\pi}^{\pi} \cos nx \, \mathrm{d}x \right] \\
&= \frac{(-1)^{n-1} 2}{n}.
\end{aligned}
$$

于是

$$f(x) = 2 \left(\sin x - \frac{\sin 2x}{2} + \frac{\sin 3x}{3} - \cdots + (-1)^{n-1} \frac{\sin nx}{n} + \cdots \right). \quad (18.5.3)$$

评注 18.5.2 例 18.5.1 和例 18.5.3 中的函数均为奇函数, 由 Euler-Fourier 公式 (18.2.5) 之第一个知 $a_n = 0, n = 0, 1, 2, \cdots$, 此时函数之 Fourier 级数只含有正弦项. 同样, 若函数是偶函数, 由 Euler-Fourier 公式 (18.2.5) 之第二个知 $b_n = 0, n = 1, 2, 3, \cdots$, 此时函数之 Fourier 级数只含有余弦项, 如下面的例 18.5.4.

例 18.5.4 全波整流波形曲线. 正弦电动势经过全波整流器后所得电动势为 (如图 18.4)

$$f(x) = |\sin x|.$$

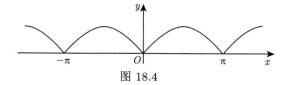

图 18.4

求其 Fourier 系数, 得

$$a_0 = \frac{2}{\pi} \int_0^\pi \sin x \mathrm{d}x = \frac{4}{\pi},$$

$$a_1 = \frac{2}{\pi} \int_0^\pi \sin x \cos x \mathrm{d}x = \frac{1}{\pi} \left(-\frac{\cos 2x}{2} \right) \Big|_0^\pi = 0,$$

而当 $n \geqslant 2$ 时

$$a_n = \frac{2}{\pi} \int_0^\pi \sin x \cos nx \mathrm{d}x = \frac{1}{\pi} \int_0^\pi \left[\sin (n+1) x - \sin (n-1) x \right] \mathrm{d}x$$

$$= -\frac{1}{\pi} \left[\frac{\cos (n+1) x}{n+1} - \frac{\cos (n-1) x}{n-1} \right]_0^\pi = -\frac{2 \left((-1)^n + 1 \right)}{\pi \left(n^2 - 1 \right)};$$

同时, 所有的 $b_n = 0$. 因此

$$|\sin x| = \frac{2}{\pi} - \frac{4}{\pi} \left(\frac{\cos 2x}{3} + \frac{\cos 4x}{15} + \cdots + \frac{\cos 2nx}{4n^2 - 1} + \cdots \right). \tag{18.5.4}$$

例 18.5.5　设函数 $f(x)$ 在 $[-\pi, \pi]$ 上定义为 (如图 18.5)

$$f(x) = x^2.$$

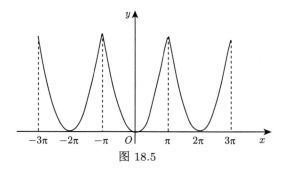

图 18.5

求其 Fourier 系数, 得

$$a_0 = \frac{1}{\pi} \int_{-\pi}^{\pi} x^2 \mathrm{d}x = \frac{2\pi^2}{3},$$

$$a_n = \frac{1}{\pi} \int_{-\pi}^{\pi} x^2 \cos nx \mathrm{d}x = (-1)^n \frac{4}{n^2}, \quad n = 1, 2, 3, \cdots;$$

$$b_n = 0, \quad n = 1, 2, 3, \cdots.$$

因此当 $x \in [-\pi, \pi]$ 时

$$x^2 = \frac{\pi^2}{3} + 4 \sum_{n=1}^{+\infty} \frac{(-1)^n \cos nx}{n^2}. \tag{18.5.5}$$

对这个等式令 $x = \pi$, 得

$$\sum_{n=1}^{+\infty} \frac{1}{n^2} = \frac{\pi^2}{6}, \tag{18.5.6}$$

这是 Euler 曾经得到的重要公式, 由它可得

$$\sum_{n=1}^{+\infty} \frac{1}{(2n)^2} = \frac{\pi^2}{24}, \tag{18.5.7}$$

进而可得

$$\sum_{n=1}^{+\infty} \frac{1}{(2n-1)^2} = \frac{\pi^2}{8} \tag{18.5.8}$$

和

$$\sum_{n=1}^{+\infty} \frac{(-1)^{n+1}}{n^2} = \frac{\pi^2}{12}. \tag{18.5.9}$$

最后这个式子也可从等式 (18.5.5) 令 $x = 0$ 而得.

18.6 物理解释

设函数 $f(x)$ 是一个 2π 周期函数, 且可展成 Fourier 级数

$$f(x) = \frac{a_0}{2} + \sum_{n=1}^{+\infty} (a_n \cos nx + b_n \sin nx), \tag{18.6.1}$$

其中 a_n, b_n 由 Euler-Fourier 公式 (18.2.5) 确定.

这个等式有简明的而重要的物理解释, 从而使 Fourier 级数理论有广泛的应用. 下面借用振动学、声学和电学的术语解释.

在 18.1 节中就说明过, 等式 (18.6.1) 右端和号下的每一个括号是一个以 n 为频率的简谐运动, 通常称为第 n 次谐波, 声学中称为**泛音** (overtone); $a_1 \cos x + b_1 \sin x$ 称为**基波**, 声学中称为**基音** (fundamental tone); 声学中特别将 $a_2 \cos 2x + b_2 \sin 2x$ 称为**倍频音** (octave); 而 $\dfrac{a_0}{2}$ 这一项则是函数 $f(x)$ 在一个周期内的平均值, 若 $f(x)$ 表示振动的弦的位置, $\dfrac{a_0}{2}$ 是弦的**稳定位置** (neutral position), 用交流电的说法 $\dfrac{a_0}{2}$ 是其**直流分量**.

用电学的观点来解说 Parseval 等式. 设 I 是一个以 2π 为周期的电流, 它的 Fourier 级数为

$$I \sim \frac{a_0}{2} + \sum_{n=1}^{+\infty} (a_n \cos nt + b_n \sin nt),$$

其中 t 表时间. 设电阻 R 是常数, 当电流 I 通过电阻 R 时, 功率 $P = RI^2$. 因此在 $[-\pi, \pi]$ 周期内在 R 上做功的平均功率按 Parseval 等式是

$$\bar{P} = \frac{1}{2\pi} \int_{-\pi}^{\pi} P \mathrm{d}t = \frac{R}{2\pi} \int_{-\pi}^{\pi} I^2 \mathrm{d}t$$

$$= \frac{Ra_0^2}{4} + \frac{1}{2} \sum_{n=1}^{+\infty} R\left(a_n^2 + b_n^2\right).$$

可见, 在一个周期内对在电阻 R 上所做功的平均功率而言, 电流 I 的每一谐波及直流分量都是单独贡献的, 好像别的谐波不存在一样. 换句话说, 各次谐波之间的相互作用对做功的功率而言在一个周期内的平均为 0.

18.7 Gibbs 现象

有一个非常有趣而重要的现象在 Fourier 级数收敛的过程中发生. 设 2π 周期函数 $f(x)$ 满足收敛定理 (定理 18.3.1) 中的条件, 于是当 $f(x)$ 在点 x 处连续, 其 Fourier 级数在点 x 收敛到 $f(x)$; 当 $f(x)$ 在点 x_0 处不连续时, $f(x_0 + 0) \neq f(x_0 - 0)$, 此处产生跳跃性间断, 则其 Fourier 级数在点 x_0 处收敛到 $\dfrac{1}{2}[f(x_0 + 0) + f(x_0 - 0)]$. 如定理 18.3.1 之条件所述, 已假设 $f(x)$ 在点 x_0 左侧附近和右侧附近都连续, 等等. 在设定条件下, 函数 $f(x)$ 若在某闭区间上连续, 则其 Fourier

级数在该闭区间上一致收敛到 $f(x)$. 观察 $f(x)$ 的跳跃点 x_0 附近 Fourier 级数的部分和 $s_n(x) = \dfrac{a_0}{2} + \displaystyle\sum_{k=1}^{n}(a_k\cos kx + b_k\sin kx)$ 收敛的性态, 虽然 $s_n(x)$ 逐点收敛到函数 $\dfrac{1}{2}[f(x+0)+f(x-0)]$, 但作为几何对象的曲线 $y = s_n(x)$ 并不 "收敛" 到 $y = \dfrac{1}{2}[f(x+0)+f(x-0)]$ 的图形, 而出现如图 18.6 所示的现象. 其中 (a) 中为当 n 充分大时 $s_n(x)$ 逼近 $\dfrac{1}{2}[f(x+0)+f(x-0)]$ 的示意; (b) 中为当 $n \to +\infty$ 时 $y = s_n(x)$ 的图形的 "极限" 的示意. 这个 "极限" 在函数 $f(x)$ 的间断处往上有 "上冲", 同时往下有 "下冲". 上冲和下冲的幅度与半个跳跃 $\dfrac{1}{2}|f(x_0+0)-f(x_0-0)|$ 相比较, 经大量研究, 约有 18%. (参见, G. H. Hardy & W.W.Rogosinski, Fourier Series, Cambridge Tracts in Math. and Math Physics, No. 38,1956, p. 36)

上述现象称为吉布斯 (Gibbs, 1839—1903) 现象, 它以美国物理学家及数学家 Gibbs 命名.

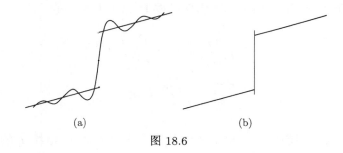

(a)   (b)

图 18.6

18.8 推广

下面从两个不同的角度推广 Fourier 级数理论.

18.8.1 按任意函数系展成级数

Fourier 级数理论启发我们作以下思考. 这个想法其实也是有限维线性空间理论的自然发展. 在抽象的有限维实线性空间中, 取定一组最大的线性无关元素, 空间中任何向量便可用这些取定的向量唯一地表示成其线性组合. 这个事实容易推广到无限维实线性空间上, 不过要采用选择公理, 即可证明在线性空间中存在由其元素构成的子集, 该子集中任何有限个元素均为线性无关, 而空间中任何向量可以用该子集中某有限个向量的线性组合表出, 并且这种表示是唯一的. 该子集便称为空间的一组**基**, 它的元素的 "个数" 或 "基数" 便称为空间的维数, 它按假定不是有限的, 而是一个无限的 "基数". 请读者注意, 在线性代数中只允许有限项相加.

在分析学中由于有极限概念, 允许在极限存在的条件下无限项相加. 这是一个解放, 但一定要注意不是无条件的, 把它说成级数求和. 如果把上面说的线性组合表示放松为级数求和表示, 带来的好处是, 这时在新的意义下充当 "基" 的那种集合可以取得 "小" 得多. 举例来说, 如果考虑所有的满足 Fourier 级数收敛定理条件的函数所组成的实线性空间, 此时假设函数在间断点处之值为左右极限值之平均值. 则 Fourier 级数收敛性定理说明, 取三角函数系:

$$1, \cos x, \sin x, \cos 2x, \sin 2x, \cdots, \cos nx, \sin nx, \cdots \tag{18.8.1}$$

恰能将这个实线性空间中的每个向量用三角函数系的实系数的级数表示出来, 且这种表示如果具有 18.2 节中开头陈述的逐项可积性质, 则系数必是对应的 Fourier 系数, 从而这种表示是唯一的. 这种表示的唯一性由三角函数系的正交性推得, 所谓正交性就是定理 18.2.1, 这时认为在此函数空间中, 取两个函数之乘积在 $[-\pi, \pi]$ 上之积分, 作为这两个元素之内积而成为一个内积空间 (欧氏空间). 今后, 对其他的情形, 也默认这种看法.

更一般地, 可以不限于三角函数系. 设在同一个区间 I 上定义, 并在 I 上可积的函数序列 $\{\varphi_n(x)\}$, 满足标准正交性条件

$$\int_I \varphi_i(x)\varphi_j(x)\,\mathrm{d}x = \delta_{ij}, \quad i, j \in \mathbb{N}. \tag{18.8.2}$$

其中 $\delta_{ij} = 0, i = j; \delta_{ij} = 1, i \neq j$, 便可采用这个函数系来构作级数, 以研究具有某种性质的函数所组成的空间.

18.8.2　Fourier 积分

曾在 18.1 节中说过, 以任何正数 $2l$ 为周期的函数经过变换 (18.1.2), 便化为 2π 周期的函数, 因而 Fourier 级数理论可以处理任何正数周期的函数. 对于一个定义在有限区间上的函数, 可以认为它已经被延拓到 $(-\infty, +\infty)$ 而成为一个周期函数, 从而在该区间上仍可采用 Fourier 级数理论.

但若给定的函数定义在无限区间上, 例如函数 $f(x)$ 定义在无限区间 $(-\infty, +\infty)$ 上, 则已有的 Fourier 级数理论不够用了. 但可以模仿 Fourier 级数而得到 Fourier 积分, 就是当函数 $f(x)$ 满足适当条件时, 有

$$f(x) = \int_{-\infty}^{+\infty} \alpha(t)\cos tx\mathrm{d}t + \int_{-\infty}^{+\infty} \beta(t)\sin tx\mathrm{d}t, \tag{18.8.3}$$

其中

$$\alpha\left(t\right)=\frac{1}{\pi}\int_{-\infty}^{+\infty}f\left(x\right)\cos tx\mathrm{d}x,\quad \beta\left(t\right)=\frac{1}{\pi}\int_{-\infty}^{+\infty}f\left(x\right)\sin tx\mathrm{d}x. \tag{18.8.4}$$

第19讲

多元函数的极限和连续性

先介绍空间 $\mathbb{R}^n$ 中的拓扑, 然后依次介绍序列的极限、多元函数的极限和多元函数的连续性.

19.1 空间 $\mathbb{R}^n$ 的拓扑

空间 $\mathbb{R}^n$ 中的元素称为向量或点, 按习惯可在字母上加一个箭头来表示. 但每次都加箭头使人感到麻烦, 故今后在不会出现混淆时, 常将箭头省略.

空间 $\mathbb{R}^n$ 的集合是实数集 $\mathbb{R}$ 作为集合的 n 重积集. 实数 $\mathbb{R}$ 中还有代数结构和拓扑结构. 其代数结构转移到 n 重积集 $\mathbb{R}^n$ 上使 $\mathbb{R}^n$ 成为 $\mathbb{R}$ 上一个 n 维的线性 (向量) 空间. 而 $\mathbb{R}^n$ 中的拓扑结构可有不同的方法界定.

在线性代数中把具有内积的线性空间称为欧氏空间. 在 $\mathbb{R}^n$ 中总是采用下述办法定义的**内积** (inner product) 或**点积** (dot product): $\forall \boldsymbol{x}, \boldsymbol{y} \in \mathbb{R}^n$, 记 $\boldsymbol{x} = (x_1, x_2, \cdots, x_n)$, $\boldsymbol{y} = (y_1, y_2, \cdots, y_n)$, 则令

$$\boldsymbol{x} \cdot \boldsymbol{y} = \sum_{i=1}^{n} x_i y_i. \tag{19.1.1}$$

不难验证如此定义的内积满足内积的公理系:

(1) $\boldsymbol{x} \cdot \boldsymbol{y} = \boldsymbol{y} \cdot \boldsymbol{x}, \forall \boldsymbol{x}, \boldsymbol{y} \in \mathbb{R}^n$.

(2) $(\boldsymbol{x} + \boldsymbol{y}) \cdot \boldsymbol{z} = \boldsymbol{x} \cdot \boldsymbol{z} + \boldsymbol{y} \cdot \boldsymbol{z}, \forall \boldsymbol{x}, \boldsymbol{y}, \boldsymbol{z} \in \mathbb{R}^n$.

(3) $(\alpha \boldsymbol{x}) \cdot \boldsymbol{y} = \alpha (\boldsymbol{x} \cdot \boldsymbol{y}), \forall \boldsymbol{x}, \boldsymbol{y} \in \mathbb{R}^n, \forall \alpha \in \mathbb{R}$.

(4) $\forall \boldsymbol{x}, \boldsymbol{x} \cdot \boldsymbol{x} \geqslant 0$, 且 $\boldsymbol{x} \cdot \boldsymbol{x} = 0$ 当且仅当 $\boldsymbol{x} = \boldsymbol{0}$.

由于 (4), $\forall \boldsymbol{x} \in \mathbb{R}^n$ 取 $\|\boldsymbol{x}\| = \sqrt{\boldsymbol{x} \cdot \boldsymbol{x}}$, 称为向量 $\boldsymbol{x}$ 的**范数** (norm) 或**长度**. 空间 $\mathbb{R}^n$ 的向量也称之为点. 设 $\boldsymbol{x}, \boldsymbol{y} \in \mathbb{R}^n$ 是任意两个点, 称 $\|\boldsymbol{x} - \boldsymbol{y}\|$ 为点 $\boldsymbol{x}$ 与点 $\boldsymbol{y}$ 之间的**距离**. 上述由 (19.1.1) 定义的空间 $\mathbb{R}^n$ 中的内积称为**标准内积**.

定理 19.1.1 空间 $\mathbb{R}^n$ 中的内积与范数有以下性质:

(1) $\|\alpha \boldsymbol{x}\| = |\alpha| \cdot \|\boldsymbol{x}\|, \forall \boldsymbol{x} \in \mathbb{R}^n, \forall \alpha \in \mathbb{R}$.

(2) (Cauchy-Schwarz 不等式)$\forall \boldsymbol{x}, \boldsymbol{y} \in \mathbb{R}^n$ 有

$$|\boldsymbol{x} \cdot \boldsymbol{y}| \leqslant \|\boldsymbol{x}\| \cdot \|\boldsymbol{y}\|. \tag{19.1.2}$$

(3) (三角不等式)$\forall \boldsymbol{x}, \boldsymbol{y} \in \mathbb{R}^n$ 有

$$\|\boldsymbol{x} + \boldsymbol{y}\| \leqslant \|\boldsymbol{x}\| + \|\boldsymbol{y}\|. \tag{19.1.3}$$

证明在此不赘.

定义 $\mathbb{R}^n$ 中两向量之夹角如下: 设 $\boldsymbol{x} = (x_1, \cdots, x_n)$, $\boldsymbol{y} = (y_1, \cdots, y_n) \in \mathbb{R}^n$, 由定理 19.1.1(2), 有 Cauchy-Schwarz 不等式

$$|\boldsymbol{x} \cdot \boldsymbol{y}| \leqslant \|\boldsymbol{x}\| \cdot \|\boldsymbol{y}\|.$$

如果 $\boldsymbol{x} \neq 0, \boldsymbol{y} \neq 0$, 则 $\|\boldsymbol{x}\| \neq 0, \|\boldsymbol{y}\| \neq 0$. 于是 Cauchy-Schwarz 不等式可写成

$$-1 \leqslant \frac{\boldsymbol{x} \cdot \boldsymbol{y}}{\|\boldsymbol{x}\| \cdot \|\boldsymbol{y}\|} \leqslant 1.$$

令

$$\theta = \arccos \frac{\boldsymbol{x} \cdot \boldsymbol{y}}{\|\boldsymbol{x}\| \cdot \|\boldsymbol{y}\|}, \quad 0 \leqslant \theta \leqslant \pi, \tag{19.1.4}$$

θ 称为非零向量 $\boldsymbol{x}$ 与 $\boldsymbol{y}$ 的**夹角**. (19.1.4) 式可改写为

$$\boldsymbol{x} \cdot \boldsymbol{y} = \|\boldsymbol{x}\| \cdot \|\boldsymbol{y}\| \cos \theta, \quad 0 \leqslant \theta \leqslant \pi. \tag{19.1.5}$$

特别, 当 $\boldsymbol{x} \cdot \boldsymbol{y} = 0$, 意味着 $\cos \theta = 0, 0 \leqslant \theta \leqslant \pi$, 便得 $\theta = \dfrac{\pi}{2}$. 此时称向量 $\boldsymbol{x}$ 与 $\boldsymbol{y}$ **正交**. 记

$$\boldsymbol{e}_i = (0, \cdots, 0, 1, 0, \cdots, 0)$$

其中第 i 个坐标为 1, 其余均为 0, 则 $\boldsymbol{e}_1, \boldsymbol{e}_2, \cdots, \boldsymbol{e}_n$ 成为 $\mathbb{R}^n$ 的一组基, 称为 n 维欧氏空间 $\mathbb{R}^n$ 的**自然的标准正交基**.

利用空间 $\mathbb{R}^n$ 中的距离概念, 建立 $\mathbb{R}^n$ 的拓扑如下. 约定此后 $\mathbb{R}^n$ 中的点不用黑体表示.

定义 19.1.1 设 $x \in \mathbb{R}^n, \varepsilon \in \mathbb{R}$ 且 $\varepsilon > 0$, 记 $\mathbb{R}^n$ 的子集

$$N(x; \varepsilon) = \{y \in \mathbb{R}^n \mid \|x - y\| < \varepsilon\}, \tag{19.1.6}$$

称为点 x 的 ε **邻域** (neighbourhood).

当 $n = 1$ 时, 这里的 ε 邻域概念与 12.5 节中的相同; 当 $n = 2$ 时, $\mathbb{R}^2$ 中点 x 的 ε 邻域是以点 x 为圆心以 ε 为半径的开 (不包括边界点) 圆盘; 而当 $n = 3$ 时, $\mathbb{R}^3$ 中点 x 的 ε 邻域是以点 x 为球心以 ε 为半径的开球体.

定义 19.1.2　设 $X \subset \mathbb{R}^n$.

(1) 点 $x \in X$ 称为集合 X 的一个内点, 如果 $\exists \varepsilon > 0$, 使得 $N(x; \varepsilon) \subset X$.

(2) 集合 X 的所有内点组成的子集, 称为 X 的内部, 记作 $\mathrm{Int}(X)$ 或 $\mathring{X}$.

(3) 集合 X 称为开集 (open set), 若 $X = \mathrm{Int}(X)$.

定理 19.1.2　$\mathbb{R}^n$ 中的开集有如下性质:

(1) 空集 $\varnothing$ 和 $\mathbb{R}^n$ 都是 $\mathbb{R}^n$ 中开集.

(2) 任意多个开集之并集是开集.

(3) 任意有限个开集之交集是开集.

证明作为练习.

评注 19.1.1　从拓扑学观点看, $\mathbb{R}^n$ 带上这里定义的开集族, 成为一个拓扑空间. 请读者参考 12.5 节中的评注 12.5.1.

与实数 $\mathbb{R}$ 中情形类似, 介绍一些常用的拓扑概念.

定义 19.1.3　设 $X \subset \mathbb{R}^n$.

(1) 集合 X 称为**闭集** (closed set), 若其余集 CX 是开集.

(2) 点 p 称为集合 X 的**极限点** (limit point), 若对于任意 $\varepsilon > 0, N(p; \varepsilon)$ 中含有 X 中不同于点 p 的点.

(3) X 的所有极限点组成集合记作 X', 称为 X 的**导集** (derived set). $X \cup X'$ 记作 $\overline{X}$, 称为 X 的**闭包** (closure).

(4) X 的闭包 $\overline{X}$ 与 X 的余集 CX 的闭包 $\overline{CX}$ 的交集记作 $\mathrm{Fr}(X)$, 称为集合 X 的**边界** (frontier).

定理 19.1.3　$\mathbb{R}^n$ 中的闭集有如下性质:

(1) 空集 $\varnothing$ 和全空间 $\mathbb{R}^n$ 都是闭集.

(2) 任意多个闭集之交集是闭集.

(3) 任意有限个闭集之并集是闭集.

(4) $X \subset \mathbb{R}^n$ 是闭集, 当且仅当 $X = \overline{X}$.

定理 19.1.4　设 $X \subset \mathbb{R}^n$, 点 p 是 X 的极限点, 当且仅当点 p 的任何 ε 邻域都包含有 X 中无限多个点.

现在, 换一个办法来做. 已经在实数 $\mathbb{R}$ 中引进了拓扑, 详见 12.5 节. 在这个基础上运用积集结构给出 $\mathbb{R}^n$ 中的拓扑结构如下, 而暂时请读者先忘掉刚才利用内积和距离在 $\mathbb{R}^n$ 中引进的拓扑.

实数 $\mathbb{R}$ 中已有拓扑, 即已知 $\mathbb{R}$ 中什么集合是 $\mathbb{R}$ 中的开集 (见 12.5 节), 其实更基本的是 $\mathbb{R}$ 中的 ε 邻域概念. 作为集合, $\mathbb{R}^n$ 是集合 $\mathbb{R}$ 的 n 重积集: $\mathbb{R}^n = \underbrace{\mathbb{R} \times \mathbb{R} \times \cdots \times \mathbb{R}}_{n\text{重}}$, 设点 $p \in \mathbb{R}^n$, 按定义 $p = (p_1, p_2, \cdots, p_n)$, 其中 $p_i \in$ 第 i 个因子

$\mathbb{R}, i = 1, 2, \cdots, n$. 任取 $\varepsilon_i > 0, i = 1, 2, \cdots, n$, 则 $N(p_i; \varepsilon_i)$ 是第 i 个因子 $\mathbb{R}$ 中点 p_i 的 ε_i 邻域. 将这 n 个集合作积集并记作

$$N(p; \varepsilon_1, \varepsilon_2, \cdots, \varepsilon_n) = N(p_1; \varepsilon_1) \times N(p_2; \varepsilon_2) \times \cdots \times N(p_n; \varepsilon_n),$$

它是 $\mathbb{R}^n$ 中一个包含着点 $p = (p_1, p_2, \cdots, p_n)$ 的子集, 称它为点 p 的 $\varepsilon = (\varepsilon_1, \varepsilon_2, \cdots, \varepsilon_n)$ **积邻域**. 在 $n = 2$ 时, $N(p; \varepsilon_1, \varepsilon_2)$ 表示平面 $\mathbb{R}^2$ 中以点 $p = (p_1, p_2)$ 为中心的一个不带边的矩形, 如图 19.1 所示, 其长为 $2\varepsilon_1$ 而宽为 $2\varepsilon_2$.

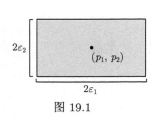

图 19.1

然后, 在定义 19.1.2 之 (1) 中采用 $(\varepsilon_1, \varepsilon_2, \cdots, \varepsilon_n)$ 积邻域来代替那里曾经采用的 ε 邻域来定义内点, 并用这个内点概念来定义内部, 开集, 等等. 这样, 重新得到 $\mathbb{R}^n$ 的一个拓扑.

前面曾用距离在 $\mathbb{R}^n$ 中引进拓扑, 这样便得到两个拓扑. 于是立即会问: 这两个拓扑一样不一样? 幸运的是这两个拓扑是一样的, 也就是说, 这两种方式定义的 $\mathbb{R}^n$ 中的开集族是相同的. 这个重要结论并不难验证, 其实只需验证, 这两种方式定义的内点概念是相同的. 读者可将它作为一个练习, 例如对 $n = 2$ 来证明. 今后则认为这是已知的结论, 而随意采用.

19.2 $\mathbb{R}^n$ 中的序列极限

有了拓扑就可以定义极限概念和建立极限理论.

定义 19.2.1 设 $\{a_n\}$ 是 $\mathbb{R}^m$ 中的一个序列. 若 $\exists a \in \mathbb{R}^m$, 并且 $\forall \varepsilon > 0$, $\exists N \in \mathbb{N}$, 当 $n \geqslant N$ 时,

$$\|a_n - a\| < \varepsilon. \tag{19.2.1}$$

则称序列 $\{a_n\}$ 是**收敛的**, 且**收敛于**或**趋于** a, 记作

$$\lim_{n \to +\infty} a_n = a, \quad \text{或} \quad a_n \to a, \text{ 当 } n \to +\infty,$$

这时称 a 为序列 $\{a_n\}$ 的**极限**. 若上述条件不成立, 则称序列 $\{a_n\}$ 是**发散的**或**不收敛的**.

评注 19.2.1 不等式 (19.2.1) 可改述为 $a_n \in N(a; \varepsilon)$, 这里 $N(a; \varepsilon)$ 表点 a 的 ε 邻域 (见定义 19.1.1).

定理 19.2.1 $\mathbb{R}^m$ 中的序列 $\{a_n\}$ 若收敛, 则其极限是唯一的.

证明 设 $\lim\limits_{n\to+\infty} a_n = a$ 又 $\lim\limits_{n\to+\infty} a_n = b.\forall \varepsilon > 0$, 则 $\exists N_1 \in \mathbb{N}$, 当 $n \geqslant N_1$ 时, 有

$$\|a_n - a\| < \frac{\varepsilon}{2},$$

又 $\exists N_2 \in \mathbb{N}$, 当 $n \geqslant N_2$ 时有

$$\|a_n - b\| < \frac{\varepsilon}{2}.$$

取 $N = \max\{N_1, N_2\}$, 当 $n \geqslant N$ 时, 则有

$$\|b - a\| \leqslant \|b - a_n\| + \|a_n - a\| < \varepsilon.$$

由 ε 的任意性, 知 $\|b - a\| = 0$. 由 19.1 节中内积公理 (4), 知 $b - a = 0$, 即 $a = b$.

定义 19.2.2 设 $X \subset \mathbb{R}^m$. 称 X 是 $\mathbb{R}^m$ 中的**有界**集, 若存在正数 M, 使得 $\forall x \in X$ 有

$$\|x\| < M.$$

定理 19.2.2 $\mathbb{R}^m$ 中的收敛序列必有界.

证明 设 $\{a_n\}$ 是 $\mathbb{R}^m$ 中一收敛序列, $\lim\limits_{n\to+\infty} a_n = a$. 对 $\varepsilon = 1$, 存在自然数 N, 当 $n \geqslant N$ 时

$$\|a_n - a\| < 1.$$

于是当 $n \geqslant N$ 时

$$\|a_n\| = \|a_n - a + a\| \leqslant \|a_n - a\| + \|a\| < \|a\| + 1.$$

取 $M = \max\{\|a\| + 1, \|a_1\|, \|a_2\|, \cdots, \|a_{N-1}\|\}$, 则可使

$$\|a_n\| < M, \quad n = 1, 2, 3, \cdots.$$

以后 $\mathbb{R}^m$ 中的点可表示为 $a_n = (a_{1,n}, a_{2,n}, \cdots, a_{m,n}), A = (A_1, A_2, \cdots, A_m)$ 等等.

定理 19.2.3 设序列 $\{a_n\} \subset \mathbb{R}^m$, $A \in \mathbb{R}^m$. 则 $\lim\limits_{n\to+\infty} a_n = A$ 当且仅当 $\lim\limits_{n\to+\infty} a_{i,n} = A_i, i = 1, 2, \cdots, m$.

证明 必要性. 设 $\lim\limits_{n\to+\infty} a_n = A$, 即 $\lim\limits_{n\to+\infty} (a_n - A) = 0$, 故 $\lim\limits_{n\to+\infty} \|a_n - A\| = 0$. 由不等式

$$|a_{i,n} - A_i| = \sqrt{(a_{i,n} - A_i)^2} \leqslant \|a_n - A\|,$$

知 $\lim\limits_{n\to+\infty} |a_{i,n} - A_i| = 0$, 从而 $\lim\limits_{n\to+\infty} a_{i,n} = A_i, i = 1, 2, \cdots, m$.

充分性. 设 $i = 1, 2, \cdots, m$ 时有 $\lim\limits_{n \to +\infty} a_{i,n} = A_i$. 则 $\forall \varepsilon > 0, \exists N_i \in \mathbb{N}$, 当 $n \geqslant N_i$ 时有

$$|a_{i,n} - A_i| < \frac{\varepsilon}{\sqrt{m}}, \quad i = 1, 2, \cdots, m.$$

取 $N = \max\{N_1, N_2, \cdots, N_m\}$, 则当 $n \geqslant N$ 时, 有

$$\|a_n - A\| = \sqrt{(a_{1,n} - A_1)^2 + (a_{2,n} - A_2)^2 + \cdots + (a_{m,n} - A_m)^2} < \varepsilon.$$

即 $\lim\limits_{n \to +\infty} a_n = A$.

定理 19.2.4 设 $\{a_n\}$ 是 $\mathbb{R}^m$ 中序列, $A \in \mathbb{R}^m$. 则 $\lim\limits_{n \to +\infty} a_n = A$ 当且仅当 $\lim\limits_{n \to +\infty} \|a_n - A\| = 0$.

定理 19.2.5 设 $\{a_n\}, \{b_n\}$ 是 $\mathbb{R}^m$ 中序列, $\lim\limits_{n \to +\infty} a_n = a, \lim\limits_{n \to +\infty} b_n = b, \{\alpha_n\}$, $\{\beta_n\}$ 是 $\mathbb{R}$ 中数列, $\lim\limits_{n \to +\infty} \alpha_n = \alpha, \lim\limits_{n \to +\infty} \beta_n = \beta$. 则 $\mathbb{R}^m$ 中序列 $\{\alpha_n a_n + \beta_n b_n\}$ 也收敛且

$$\lim_{n \to +\infty} (\alpha_n a_n + \beta_n b_n) = \alpha a + \beta b.$$

证明 由不等式

$$\|\alpha_n a_n + \beta_n b_n - \alpha a - \beta b\| \leqslant \|\alpha_n a_n - \alpha a\| + \|\beta_n b_n - \beta b\|$$

$$= \|\alpha_n a_n - \alpha a_n + \alpha a_n - \alpha a\| + \|\beta_n b_n - \beta b_n + \beta b_n - \beta b\|$$

$$\leqslant |\alpha_n - \alpha| \, \|a_n\| + |\alpha| \, \|a_n - a\| + |\beta_n - \beta| \, \|b_n\| + |\beta| \, \|b_n - b\|$$

及定理 19.2.2 和定理 19.2.4 便得定理中之结论.

19.3 多元函数的极限

定义 19.3.1 设 $X \subset \mathbb{R}^n$, $Y \subset \mathbb{R}^m$, 函数 $f : X \to Y$, $p \in \mathbb{R}^n$ 是 X 的极限点, $q \in \mathbb{R}^m$. 若 $\forall \varepsilon > 0, \exists \delta > 0$, 当 $x \in N^*(p; \delta) = N(p; \delta) \setminus \{p\}$ 且 $x \in X$ 时有

$$\|f(x) - q\| < \varepsilon,$$

则称函数 f 当 $x \to p$ 时收敛于 q, 记作

$$\lim_{x \to p} f(x) = q \quad \text{或} \quad f(x) \to q \quad \text{当} \quad x \to p \text{ 时,}$$

也称当 $x \to p$ 时 f 的**极限**是 q.

条件 $\|f(x) - q\| < \varepsilon$ 可用邻域 $f(X \cap N^*(p; \delta)) \subset N(q; \varepsilon)$ 表示.

定理 19.3.1(归结原理)　设 $X \subset \mathbb{R}^n, Y \subset \mathbb{R}^m$, 函数 $f: X \to Y$, $p \in \mathbb{R}^n$ 是 X 的极限点, $q \in \mathbb{R}^m$. 则下面两个陈述等价.

(1) $\forall \varepsilon > 0, \exists \delta > 0$, 使得当 $x \in X \cap N^*(p; \delta)$ 时有 $f(x) \in N(q; \varepsilon)$.

(2) 对 X 中的序 $\{a_l\}$, 满足 $a_l \neq p$, $\lim\limits_{l \to +\infty} a_l = p$, 有

$$\lim_{l \to +\infty} f(a_l) = q.$$

证明可仿定理 14.1.1 之证明.

定理 19.3.2　函数的极限若存在, 则是唯一的.

定理 19.3.3　设 $X \subset \mathbb{R}^n, Y \subset \mathbb{R}^m, f, g: X \to Y$ 是两个函数, $p \in \mathbb{R}^n$ 是 X 的极限点, 且 $\lim\limits_{x \to p} f(x) = A, \lim\limits_{x \to p} g(x) = B$. 则 $\forall \alpha, \beta \in \mathbb{R}$ 有

$$\lim_{x \to p} (\alpha f(x) + \beta g(x)) = \alpha \lim_{x \to p} f(x) + \beta \lim_{x \to p} g(x) = \alpha A + \beta B.$$

定理 19.3.4　设 $X \subset \mathbb{R}^n, Y \subset \mathbb{R}^m, f: X \to Y$ 是函数, $p \in \mathbb{R}^n$ 是 X 的极限点. 若 $\lim\limits_{x \to p} f(x)$ 存在, 则 $\exists \delta > 0$ 且 $\exists M > 0$ 使得当 $x \in N^*(p; \delta) \cap X$ 时

$$\|f(x)\| < M.$$

证明可仿定理 14.1.7 之证明.

通常, 若函数的定义域是 $\mathbb{R}^n$ 的子集, 当 $n = 1$ 时, 则说函数是一元的; 当 $n > 1$ 时, 则说函数是多元的. 设函数的值域是 $\mathbb{R}^m$ 的子集, 当 $m = 1$ 时, 函数是数值函数; 当 $m > 1$ 时, 则说函数是向量值函数. 借用物理学中的 "场", 分别称为**数量场**和**向量场**.

特别谈一下自变量的维数 $n > 1$ 的情形. 此时称为多元的, 因为 $\mathbb{R}^n$ 中的点需用 n 个实数坐标描写, 而这 n 个实坐标之间是独立的. 这时函数常常写成

$$f(x_1, x_2, \cdots, x_n),$$

其中的 x_i 表示第 i 个实坐标, $i = 1, 2, \cdots, n$. 通常也说这个函数有 n 个独立的实变量. 由这个看法, 引起了一个值得注意的问题, 就 $n = 2$ 的情形介绍, 请读者留意.

设给了二元函数 $f(x_1, x_2)$, 因为 x_1, x_2 是独立的, 可以假设 x_2 不变, 此时作为 x_1 的函数考察其极限

$$\lim_{x_1 \to \alpha} f(x_1, x_2),$$

如果这个极限总存在, 它应当是 x_2 的函数; 然后作为 x_2 的函数考察其极限, 得累次极限

$$\lim_{x_2 \to \beta} \lim_{x_1 \to \alpha} f(x_1, x_2),$$

还可将先后顺序调换, 便有另一种累次极限

$$\lim_{x_1 \to \alpha} \lim_{x_2 \to \beta} f(x_1, x_2).$$

自然会问: 这两个结果相等吗? 一般的答案是否定的, 不难举出例来. 下面例子说明, 即使两个累次极限都存在, 也未必相等; 也可能一个累次极限存在, 而另一个不存在.

例 19.3.1 设 $f(x, y) = \dfrac{x - y + x^2 + y^2}{x + y}, x \neq -y.$ 有

$$\lim_{\substack{x \to 0 \\ y \neq 0}} f(x, y) = y - 1, \quad \lim_{y \to 0} \lim_{x \to 0} f(x, y) = -1,$$

而

$$\lim_{\substack{y \to 0 \\ x \neq 0}} f(x, y) = x + 1, \quad \lim_{x \to 0} \lim_{y \to 0} f(x, y) = 1.$$

两个累次极限不相等.

例 19.3.2 设 $f(x, y) = x \sin \dfrac{1}{y}, y \neq 0.$ 则有

$$\lim_{x \to 0} f(x, y) = 0, \quad \lim_{y \to 0} \lim_{x \to 0} f(x, y) = 0.$$

而另一个累次极限 $\lim\limits_{x \to 0} \lim\limits_{y \to 0} f(x, y)$ 不存在, 因为 $\lim\limits_{y \to 0} x \sin \dfrac{1}{y}$ 不存在.

评注 19.3.1 这两个例子说明: **累次极限是不允许随意地交换极限的次序的**. 然而许多推理和计算需要通过极限顺序的交换来进行, 这时要弄清楚在什么条件下交换顺序是允许的, 所讨论的问题是否满足这种条件.

定理 19.3.5 设二元数值函数 $f(x, y)$ 的二重极限

$$\lim_{(x, y) \to (x_0, y_0)} f(x, y)$$

存在, 且对自变量 y 的每一个不等于 y_0 值的单重极限

$$\lim_{\substack{x \to x_0 \\ y \neq y_0}} f(x, y)$$

存在, 则累次极限

$$\lim_{y \to y_0} \lim_{x \to x_0} f(x, y)$$

也存在, 且等于二重极限

$$\lim_{y \to y_0} \lim_{x \to x_0} f(x, y) = \lim_{(x,y) \to (x_0, y_0)} f(x, y).$$

这里省去证明, 有兴趣的读者可运用极限定义证之.

评注 19.3.2 这个定理部分解决了累次极限的交换次序问题, 并且在定理的条件下其二重极限可通过累次极限计算.

19.4 多元函数的连续性

定义 19.4.1 设 $X \subset \mathbb{R}^n, Y \subset \mathbb{R}^m, f : X \to Y$ 是函数, $p \in X$. 设 $\forall \varepsilon > 0, \exists \delta > 0$, 使得 $\forall x \in N(p; \delta) \cap X$ 有

$$\|f(x) - f(p)\| < \varepsilon,$$

(或者表为 $f(X \cap N(p; \delta)) \subset N(f(p); \varepsilon)$), 则称**函数 f 在点 p 处连续**. 若函数 $f(x)$ 在 X 的每一点都连续, 则称**函数 $f(x)$ 在 X 上连续**.

定理 19.4.1 设 $X \subset \mathbb{R}^n, Y \subset \mathbb{R}^m, f, g : X \to Y$ 是两个函数, 都在点 p 处连续, 则 $\forall \alpha, \beta \in \mathbb{R}$, 函数 $\alpha f + \beta g$ 也在点 p 处连续.

定理 19.4.2 设 $X \subset \mathbb{R}^l, Y \subset \mathbb{R}^m, Z \subset \mathbb{R}^n, f : X \to Y, g : Y \to Z$ 是两个函数, $y = f(x)$ 在点 x_0 处连续, $y_0 = f(x_0)$, 而 $z = g(y)$ 在点 y_0 处连续, 则复合函数 $z = (g \circ f)(x) = g(f(x))$ 在点 x_0 处连续.

再一次回到多元函数. 设其中一部分变量不变而另一部分变化, 将所提供的极限和连续性, 与定义 19.3.1 中的极限和定义 19.4.1 中的连续性加以比较, 发现它们有质的区别. 举例如下.

例 19.4.1 设 $\mathbb{R}^2$ 上定义的数值函数

$$f(x, y) = \begin{cases} \dfrac{xy}{x^2 + y^2}, & (x, y) \neq (0, 0), \\ 0, & (x, y) = (0, 0). \end{cases}$$

函数 $f(x, y)$ 有以下性质:

(1) 在原点 $(0, 0)$ 无极限, 但沿着 x 轴或沿着 y 轴均有极限.

(2) 在原点 $(0, 0)$ 不连续, 但沿着 x 轴或沿着 y 轴均连续.

多元连续函数有与一元连续函数类似的一系列重要性质, 这里列出其中的两项. 第一项是最值定理.

定理 19.4.3(最值定理) 设 X 是 $\mathbb{R}^n$ 中一个有界闭集, $f: X \to \mathbb{R}$ 是 X 上的连续函数, 则 f 在 X 上取到最大值和最小值.

再一项涉及一致连续性. 这里多元函数的一致连续性可模仿一元的情形来叙述.

定义 19.4.2 设 X 是 $\mathbb{R}^n$ 中一个集合, $f: X \to \mathbb{R}^m$ 是一个函数. 若 $\forall \varepsilon > 0, \exists \delta > 0$, 使得当 $x, x' \in X$ 且

$$\|x - x'\| < \delta,$$

就有

$$\|f(x) - f(x')\| < \varepsilon,$$

则称函数 f 在 X 上是**一致连续的**.

定理 19.4.4(一致连续性) 设 X 是 $\mathbb{R}^n$ 中一个有界闭集, $f: X \to \mathbb{R}^m$ 是 X 上的连续函数, 则 f 在 X 上是一致连续的.

这两个定理的证明可模仿一元的证明进行, 此处不赘. 多元连续函数的其他重要性质, 希望读者需要时能自行正确地陈述并运用.

19.5 线性映射空间

记空间 $\mathbb{R}^m$ 到空间 $\mathbb{R}^n$ 的所有线性映射组成的集合为 $\mathcal{L}(\mathbb{R}^m; \mathbb{R}^n)$, 它按映射的加法和用实数去乘成为一个实线性空间. 当 $\mathbb{R}^m$ 和 $\mathbb{R}^n$ 中取定基, 例如都取自然标准正交基, 则 $\mathcal{L}(\mathbb{R}^m; \mathbb{R}^n)$ 中元素关于这两组基可用 $n \times m$ 矩阵表示, 并且每个 $n \times m$ 矩阵都表示 $\mathcal{L}(\mathbb{R}^m; \mathbb{R}^n)$ 中一个元素. 因此, $\mathcal{L}(\mathbb{R}^m; \mathbb{R}^n)$ 是一个 nm 维实线性空间, 称为空间 $\mathbb{R}^m$ 到空间 $\mathbb{R}^n$ 的**线性映射空间**.

由于通常都对 $\mathbb{R}^m$ 和 $\mathbb{R}^n$ 取自然标准正交基, 在这前提之下, 认为空间 $\mathcal{L}(\mathbb{R}^m; \mathbb{R}^n)$ 就是一个 nm 维实向量空间 $\mathbb{R}^{nm}$. 按 19.1 节, 空间 $\mathbb{R}^{nm}$ 中已经有了内积, 把空间 $\mathbb{R}^{nm}$ 中的标准内积界定的范数作为空间 $\mathcal{L}(\mathbb{R}^m; \mathbb{R}^n)$ 中的一个范数, 记作 $\|\|\|_E$.

现在按照现代分析学的做法, 对线性映射引进另一个范数概念 $\|\|\|_{\mathcal{L}}$ 如下.

定义 19.5.1 线性映射空间 $\mathcal{L}(\mathbb{R}^m; \mathbb{R}^n)$ 的**范数** (norm) $\|\|\|_{\mathcal{L}}$ 定义为, $\forall u \in \mathcal{L}(\mathbb{R}^m; \mathbb{R}^n)$, 令

$$\|u\|_{\mathcal{L}} = \sup_{\|x\| \leqslant 1} \|u(x)\|, \tag{19.5.1}$$

其中 $\|x\|$ 是 x 在 $\mathbb{R}^m$ 中的范数, $\|u(x)\|$ 是 $u(x)$ 在 $\mathbb{R}^n$ 中的范数.

于是有

定理 19.5.1 线性映射空间 $\mathcal{L}(\mathbb{R}^m; \mathbb{R}^n)$ 中的上述范数有如下性质:

(1) $\forall u \in \mathcal{L}(\mathbb{R}^m; \mathbb{R}^n)$, $\|u\|_{\mathcal{L}} \in \mathbb{R}$ 且 $\|u\|_{\mathcal{L}} \geqslant 0$;

(2) 等式 $\|u\|_{\mathcal{L}} = 0$ 成立, 当且仅当 $u = 0$;

(3) $\forall u \in \mathcal{L}(\mathbb{R}^m; \mathbb{R}^n)$ 和 $\forall \alpha \in \mathbb{R}$, 有等式 $\|\alpha u\|_{\mathcal{L}} = |\alpha| \cdot \|u\|_{\mathcal{L}}$;

(4) **三角不等式** $\forall u, v \in \mathcal{L}(\mathbb{R}^m; \mathbb{R}^n)$, 有不等式 $\|u + v\|_{\mathcal{L}} \leqslant \|u\|_{\mathcal{L}} + \|v\|_{\mathcal{L}}$.

证明 直接利用 $\mathcal{L}(\mathbb{R}^m; \mathbb{R}^n)$ 中范数之定义等式 (19.5.1) 和 $\mathbb{R}^m$ 及 $\mathbb{R}^n$ 中范数的性质 (定理 19.1.1 和内积公理 (4)) 验证. 读者可将它作为练习.

评注 19.5.1 对于一个实线性空间来说, 范数概念是较内积概念为弱的概念. 定理 19.5.1 中的四条结论通常被采纳作为范数的公理系, 因此, 这个定理是说, 用 (19.5.1) 定义的 $\mathcal{L}(\mathbb{R}^m; \mathbb{R}^n)$ 中的范数 $\| \|_{\mathcal{L}}$ 与由 $\mathbb{R}^{nm}$ 中标准内积界定的范数 $\| \|_E$ 一样都满足范数的公理系.

范数 $\| \|_{\mathcal{L}}$ 上有一个常用的性质如下.

定理 19.5.2 $\forall u \in \mathcal{L}(\mathbb{R}^m; \mathbb{R}^n)$ 和 $\forall x \in \mathbb{R}^m$, 有不等式

$$\|u(x)\| \leqslant \|u\|_{\mathcal{L}} \cdot \|x\|, \tag{19.5.2}$$

其中 $\|x\|$ 是 x 在 $\mathbb{R}^m$ 中的范数, $\|u(x)\|$ 是 $u(x)$ 在 $\mathbb{R}^n$ 中的范数, 而 $\|u\|_L$ 是用 (19.5.1) 定义的 $\mathcal{L}(\mathbb{R}^m; \mathbb{R}^n)$ 中元素 u 的范数.

证明 当 $x = 0$ 时, 不等式 (19.5.2) 成立. 当 $x \neq 0$ 时, 由等式 (19.5.1) 可知

$$\|u(x)\| = \left\| u\left(\|x\| \cdot \frac{x}{\|x\|} \right) \right\| = \|x\| \cdot \left\| u\left(\frac{x}{\|u\|} \right) \right\| \leqslant \|x\| \cdot \|u\|_{\mathcal{L}}.$$

线性映射空间 $\mathcal{L}(\mathbb{R}^m; \mathbb{R}^n)$ 上有了两个范数. 重要的是, 由这两个范数导出的拓扑是否相同.

先介绍范数等价的概念.

定义 19.5.2 实线性空间 E 上的两个范数 $\| \|_1$ 和 $\| \|_2$ 称为**等价的** (equivalent), 如果存在两个正实数 α, β, 使得 $\forall x \in E$, 有不等式

$$\alpha \|x\|_1 \leqslant \|x\|_2 \leqslant \beta \|x\|_1. \tag{19.5.3}$$

由不等式 (19.5.3) 立即可得不等式

$$\frac{1}{\beta} \|x\|_2 \leqslant \|x\|_1 \leqslant \frac{1}{\alpha} \|x\|_2, \tag{19.5.4}$$

可见定义 19.5.2 中两个范数 $\| \|_1$ 和 $\| \|_2$ 的地位平等, 可以互换.

等价的范数的意义在于下面的定理.

定理 19.5.3 设 $\|\|\|_1$ 和 $\|\|\|_2$ 是实线性空间 E 上的两个等价的范数, 则它们所界定的内点概念是相同的, 即它们确定了空间 E 中相同的拓扑.

证明 先约定, 设 $x_0 \in E$, 任给正实数 ε, 采用记号

$$N_1(x_0; \varepsilon) = \{x \in E \,|\, \|x - x_0\|_1 < \varepsilon\}$$

和

$$N_2(x_0; \varepsilon) = \{x \in E \,|\, \|x - x_0\|_2 < \varepsilon\}.$$

它们分别是采用范数 $\|\|\|_1$ 和 $\|\|\|_2$ 时点 x_0 的邻域.

已知 $\|\|\|_1$ 和 $\|\|\|_2$ 是两个等价的范数, 即存在正实数 α 和 β, 使得不等式 (19.5.3) 对 E 中任意点都成立. 可断言包含关系

$$N_2(x_0; \alpha\varepsilon) \subset N_1(x_0; \varepsilon) \subset N_2(x_0; \beta\varepsilon) \tag{19.5.5}$$

成立. 因为, 设 $x \in N_2(x_0; \alpha\varepsilon)$, 便有

$$\|x - x_0\|_2 < \alpha\varepsilon.$$

由不等式 (19.5.3) 的左半可知

$$\alpha \|x - x_0\|_1 \leqslant \|x - x_0\|_2,$$

从而得

$$\|x - x_0\|_1 < \varepsilon.$$

这就是说 $x \in N_1(x_0; \varepsilon)$, 即包含关系 (19.5.5) 的左半成立. 类似地, 由不等式 (19.5.3) 的右半可推知包含关系 (19.5.5) 的右半成立.

从包含关系 (19.5.5) 可知, 由这两种邻域定义的内点概念是相同的.

回到线性映射空间 $\mathcal{L}(\mathbb{R}^m; \mathbb{R}^n)$, 现在来证明其上的范数 $\|\|\|_E$ 和 $\|\|\|_{\mathcal{L}}$ 是等价的. 将这个结论写成一个定理.

定理 19.5.4 线性映射空间 $\mathcal{L}(\mathbb{R}^m; \mathbb{R}^n)$ 上的范数 $\|\|\|_E$ 和 $\|\|\|_{\mathcal{L}}$ 是等价的, 从而导出相同的拓扑. 事实上, $\forall u \in \mathcal{L}(\mathbb{R}^m; \mathbb{R}^n)$, 有不等式

$$\|u\|_{\mathcal{L}} \leqslant \|u\|_E \leqslant \sqrt{nm}\, \|u\|_{\mathcal{L}}. \tag{19.5.6}$$

证明 按约定, 对 $\mathbb{R}^m$ 和 $\mathbb{R}^n$ 取自然标准正交基, 并认为空间 $\mathcal{L}(\mathbb{R}^m; \mathbb{R}^n)$ 就是一个 $\mathbb{R}^{nm}$, 其元素用 $n \times m$ 实矩阵表示. 设 $u \in \mathcal{L}(\mathbb{R}^m; \mathbb{R}^n)$, 对应矩阵为

$$u = \begin{pmatrix} u_{11} & u_{12} & \cdots & u_{1m} \\ \vdots & \vdots & & \vdots \\ u_{n1} & u_{n2} & \cdots & u_{nm} \end{pmatrix}. \tag{19.5.7}$$

于是

$$\|\boldsymbol{u}\|_E^2 = \sum_{i=1}^n \sum_{j=1}^m u_{ij}^2. \tag{19.5.8}$$

若记 $\boldsymbol{U}_i = (u_{i1}, u_{i2}, \cdots, u_{im}), i = 1, 2, \cdots, n$, 则对于 $\boldsymbol{x} = (x_1, \cdots, x_m) \in \mathbb{R}^m$, 有

$$\boldsymbol{u}(\boldsymbol{x}) = \begin{pmatrix} u_{11} & u_{12} & \cdots & u_{1m} \\ \vdots & \vdots & & \vdots \\ u_{n1} & u_{n2} & \cdots & u_{nm} \end{pmatrix} \begin{pmatrix} x_1 \\ \vdots \\ x_m \end{pmatrix} = \begin{pmatrix} \boldsymbol{U}_1 \cdot \boldsymbol{x} \\ \vdots \\ \boldsymbol{U}_n \cdot \boldsymbol{x} \end{pmatrix}.$$

由 Cauchy-Schwarz 不等式, 得

$$\|\boldsymbol{u}(\boldsymbol{x})\|^2 = (\boldsymbol{U}_1 \cdot \boldsymbol{x})^2 + \cdots + (\boldsymbol{U}_n \cdot \boldsymbol{x})^2 \leqslant \|\boldsymbol{U}_1\|^2 \cdot \|\boldsymbol{x}\|^2 + \cdots + \|\boldsymbol{U}_n\|^2 \cdot \|\boldsymbol{x}\|^2$$

$$= \left(\|\boldsymbol{U}_1\|^2 + \cdots + \|\boldsymbol{U}_n\|^2 \right) \cdot \|\boldsymbol{x}\|^2 = \|\boldsymbol{u}\|_E^2 \cdot \|\boldsymbol{x}\|^2.$$

当 $\|\boldsymbol{x}\| \leqslant 1$ 时, 得

$$\|\boldsymbol{u}(\boldsymbol{x})\|^2 \leqslant \|\boldsymbol{u}\|_E^2.$$

从而得不等式 (19.5.6) 的左半:

$$\|\boldsymbol{u}\|_{\mathcal{L}} \leqslant \|\boldsymbol{u}\|_E.$$

为证不等式 (19.5.6) 的右半, 不妨设 $\|\boldsymbol{u}\|_E \neq 0$. 取 $\mu = \max\limits_{1 \leqslant i \leqslant n, 1 \leqslant j \leqslant m} \{u_{ij}^2\}$, 则 $\mu > 0$ 且 $nm\mu \geqslant \|u\|_E^2$. 设 $\mu = u_{i_0 j_0}^2$, 则取 $\tilde{\boldsymbol{x}} = (\tilde{x}_1, \cdots, \tilde{x}_m)$, 其中 $\tilde{x}_j = \begin{cases} 1, & j = j_0, \\ 0, & j \neq j_0. \end{cases}$ 这时, 有

$$\|\boldsymbol{u}(\tilde{\boldsymbol{x}})\|^2 = (\boldsymbol{U}_1 \cdot \tilde{\boldsymbol{x}})^2 + \cdots + (\boldsymbol{U}_{i_0} \cdot \tilde{\boldsymbol{x}})^2 + \cdots + (\boldsymbol{U}_n \cdot \tilde{\boldsymbol{x}})^2$$

$$= \cdots + u_{i_0 j_0}^2 + \cdots \geqslant \mu.$$

于是

$$nm \|\boldsymbol{u}(\tilde{\boldsymbol{x}})\|^2 \geqslant nm\mu \geqslant \|\boldsymbol{u}\|_E^2.$$

从而得不等式 (19.5.6) 的右半:

$$\|\boldsymbol{u}\|_E \leqslant \sqrt{nm} \|\boldsymbol{u}\|_{\mathcal{L}}.$$

设 E_1, E_2 和 F 是三个有限维实内积向量空间, 可以有 $\mathcal{L}(E_1; \mathcal{L}(E_2; F))$. 还可构作出定义在空间对 (E_1, E_2) 上取值空间 F 中的双线性形式 (映射) 组成的实线性空间, 其定义如下.

定义 19.5.3 定义在空间对 (E_1, E_2) 上取值空间 F 中的一个**双线性形式 (映射)** ω 是一个函数 (映射), $\forall x_1 \in E_1, \forall x_2 \in E_2$, 函数值 $\omega(x_1, x_2) \in F$, 满足:

(1) 对固定的 $x_2 \in E_2, \omega(x_1, x_2)$ 关于 x_1 是线性的, 即当 $x_1^{(1)}, x_1^{(2)} \in E_1, \alpha, \beta \in \mathbb{R}$, 有

$$\omega\big(\alpha x_1^{(1)} + \beta x_1^{(2)}, x_2\big) = \alpha\omega\big(x_1^{(1)}, x_2\big) + \beta\omega\big(x_1^{(2)}, x_2\big);$$

(2) 对固定的 $x_1 \in E_1, \omega(x_1, x_2)$ 关于 x_2 是线性的, 即当 $x_2^{(1)}, x_2^{(2)} \in E_2, \alpha, \beta \in \mathbb{R}$, 有

$$\omega\big(x_1, \alpha x_2^{(1)} + \beta x_2^{(2)}\big) = \alpha\omega\big(x_1, x_2^{(1)}\big) + \beta\omega\big(x_1, x_2^{(2)}\big).$$

定义在空间对 (E_1, E_2) 上取值空间 F 中的所有双线性形式按映射的加法和用实数去乘, 成为一个实线性空间, 记作 $\mathcal{L}(E_1, E_2; F)$, 称为空间对 (E_1, E_2) 到空间 F 的**双线性形式 (映射) 空间**. 类似地, 还可定义**多线性形式 (映射)** 和**多线性形式 (映射) 空间** $\mathcal{L}(E_1, \cdots, E_n; F)$.

定义 19.5.4 双线性映射空间 $\mathcal{L}(E_1, E_2; F)$ 定义**范数** (norm) 为, $\forall u \in \mathcal{L}(E_1, E_2; F)$. 令

$$\|u\| = \sup_{\|x_1\| \leqslant 1, \|x_2\| \leqslant 1} \|u(x_1, x_2)\|. \tag{19.5.9}$$

有了 $\mathcal{L}(E_1, E_2; F)$ 和 $\mathcal{L}(E_1; \mathcal{L}(E_2; F))$, 如何将这两个空间看成一样的? 今后约定, 当 $u \in \mathcal{L}(E; F), x \in E$ 时, $u(x)$ 也写作 $u \cdot x$.

构作映射

$$\sim: \mathcal{L}(E_1; \mathcal{L}(E_2; F)) \to \mathcal{L}(E_1, E_2; F)$$

如下: $\forall u \in \mathcal{L}(E_1; \mathcal{L}(E_2; F)), \tilde{u}$ 定义为 $\forall x_1 \in E_1, \forall x_2 \in E_2$,

$$\tilde{u}(x_1, x_2) = (u(x_1))(x_2). \tag{19.5.10}$$

显然, 由 (19.5.10) 界定的函数 $\tilde{u}$ 是双线性的, 即 $\tilde{u} \in \mathcal{L}(E_1, E_2; F)$.

定理 19.5.5 映射 $\sim: \mathcal{L}(E_1; L(E_2; F)) \to \mathcal{L}(E_1, E_2; F)$ 是一个线性空间的同构.

证明 按线性代数中的做法, 欲证 $\sim$ 是一个线性的双射.

$\sim$ **是线性的** $\forall u, v \in \mathcal{L}(E_1; (E_2; F)), \forall \alpha, \beta \in \mathbb{R}, \forall x_1 \in E_1, \forall x_2 \in E_2$, 有

$$\widetilde{(\alpha u + \beta v)}(x_1, x_2) = ((\alpha u + \beta v)(x_1))(x_2) = (\alpha u(x_1) + \beta v(x_1))(x_2)$$

$$= \alpha(u(x_1))(x_2) + \beta(v(x_1))(x_2) = \alpha\tilde{u}(x_1, x_2) + \beta\tilde{v}(x_1, x_2)$$

$$= (\alpha\tilde{u} + \beta\tilde{v})(x_1, x_2).$$

即

$$\widetilde{\alpha u + \beta v} = \alpha \tilde{u} + \beta \tilde{v}.$$

$\sim$ 是单射　设 $u \in \mathcal{L}(E_1; \mathcal{L}(E_2; F))$ 使得 $\tilde{u} = 0 \in \mathcal{L}(E_1, E_2; F)$. 则 $\forall x_1 \in E_1, \forall x_2 \in E_2, \tilde{u}(x_1, x_2) = (u(x_1))(x_2) = 0$. 可见 $u(x_1) = 0 \in \mathcal{L}(E_2; F), \forall x_1 \in E_1$. 这就是说 $u = 0 \in \mathcal{L}(E_1; \mathcal{L}(E_2; F))$.

$\sim$ 是满射　任取 $\omega \in L(E_1, E_2; F)$. 记 $u \in \mathcal{L}(E_1; \mathcal{L}(E_2; F))$ 为: $\forall x_1 \in E_1$, $u(x_1) \in \mathcal{L}(E_2; F)$ 定义为 $\forall x_2 \in E_2$,

$$(u(x_1))(x_2) = \omega(x_1, x_2).$$

由 ω 之双线性性, 知 $u(x_1)$ 关于 $x_2 \in E_2$ 是线性的, 故 $u(x_1) \in \mathcal{L}(E_2; F)$, 并且 u 关于 $x_1 \in E_1$ 是线性的, 故 $u \in \mathcal{L}(E_1; \mathcal{L}(E_2; F))$. 而且由 (19.5.10) 知

$$\tilde{u} = \omega,$$

这就是说 $\sim$ 是满射.

评注 19.5.2　今后约定在同构 $\sim$ 之下将 $\mathcal{L}(E_1; \mathcal{L}(E_2; F))$ 与 $\mathcal{L}(E_1, E_2; F)$ 等置, 而写作 $\mathcal{L}(E_1; \mathcal{L}(E_2; F)) = \mathcal{L}(E_1, E_2; F)$.

于是在 $\mathcal{L}(E_1; \mathcal{L}(E_2; F)) = \mathcal{L}(E_1, E_2; F)$ 上有了多种范数. 一种是由定义 19.5.3 在 $\mathcal{L}(E_1, E_2; F)$ 上界定的, 记作 $\| \|$; 而在 $\mathcal{L}(E_1; \mathcal{L}(E_2; F))$ 上可由外层和内层选取定义 19.5.1 的 $\| \|_{\mathcal{L}}$ 或欧氏空间中标准内积界定的 $\| \|_E$ 而产生, 如对 $\mathcal{L}(E_1; \mathcal{L}(E_2; F))$ 的外层取 $\| \|_1$ 而对内层取 $\| \|_2$, 则记所得范数为 $\| \|_{12}$, 例如 $\| \|_{\mathcal{L}E}, \| \|_{\mathcal{L}\mathcal{L}}$ 等等. 重要的是, 可以证明它们都是等价的, 例如

定理 19.5.6　$\mathcal{L}(E_1; \mathcal{L}(E_2; F)) = \mathcal{L}(E_1, E_2; F)$ 上的范数 $\| \|$ 和 $\| \|_{\mathcal{L}\mathcal{L}}$ 是等价的.

证明　按前面采用的记号, 对 $u \in \mathcal{L}(E_1; \mathcal{L}(E_2; F))$, 有 $\tilde{u} \in \mathcal{L}(E_1, E_2; F)$.

对每个 $s \in E_1, u(s): E_2 \to F$ 当 $t \in E_2$ 时之值就是 $(u(s))(t) = \tilde{u}(s, t)$. 有

$$\|(u(s))(t)\| = \|\tilde{u}(s, t)\| \leqslant \|\tilde{u}\| \cdot \|s\| \cdot \|t\|.$$

因此

$$\|u(s)\|_{\mathcal{L}} = \sup_{\|t\| \leqslant 1} \|(u(s))(t)\| \leqslant \|\tilde{u}\| \cdot \|s\|.$$

从而

$$\|u\|_{\mathcal{L}\mathcal{L}} = \sup_{\|s\| \leqslant 1} \|u(s)\|_{\mathcal{L}} \leqslant \|\tilde{u}\|.$$

另一方面

$$\|u\| = \sup_{\|s\|\leqslant 1, \|t\|\leqslant 1} \|u(s,t)\| = \sup_{\|s\|\leqslant 1, \|t\|\leqslant 1} \|(u(s))(t)\|$$

$$\leqslant \sup_{\|s\|\leqslant 1, \|t\|\leqslant 1} \|u(s)\|_{\mathcal{L}} \cdot \|t\| \leqslant \sup_{\|s\|\leqslant 1} \|u(s)\|_{\mathcal{L}} = \|u\|_{\mathcal{LL}}.$$

评注 19.5.3 采用数学归纳法的构作和证明, 一般地, 设给了有限维实内积向量空间 $E_1, E_2, \cdots, E_n$ 和 F, 可以定义 $\mathcal{L}(E_1; \cdots; \mathcal{L}(E_n; F) \cdots)$ 和 $\mathcal{L}(E_1, E_2, \cdots, E_n; F)$, 并且可以证明它们是同构的, 而且得其上等价的多种范数, 今后认为

$$\mathcal{L}(E_1; \cdots; \mathcal{L}(E_n; F) \cdots) = \mathcal{L}(E_1, E_2, \cdots, E_n; F). \tag{19.5.11}$$

第20讲

平面和空间的定向及由向量所张的面积和体积

本讲将介绍 $\mathbb{R}^n$ 中的定向概念, 并将定向引入 $\mathbb{R}^2$ 的面积和 $\mathbb{R}^3$ 的体积概念中, 以破除面积和体积只是非负的绝对值的禁锢.

20.1 $\mathbb{R}^2$ 中两个向量所张的面积

对于空间 $\mathbb{R}^2$ 常称它为平面 $\mathbb{R}^2$, 并且约定图示为在平面上取定一个笛卡儿直角坐标系 Oxy, 其 x 轴和 y 轴互相正交且取相等的度量单位. 记 x 轴上标准向量为 $\boldsymbol{e}_1 = (1,0)$, y 轴上标准向量为 $\boldsymbol{e}_2 = (0,1)$, $\{\boldsymbol{e}_1, \boldsymbol{e}_2\}$ 是空间 $\mathbb{R}^2$ 的一组标准正交基, 称它为 $\mathbb{R}^2$ 的**自然的**标准正交基. 现在约定它是一个有序向量组, $\boldsymbol{e}_1$ 在前而 $\boldsymbol{e}_2$ 在后.

设 $\boldsymbol{A}_1, \boldsymbol{A}_2 \in \mathbb{R}^2$ 是任意两个向量, 则有序组 $\{\boldsymbol{A}_1, \boldsymbol{A}_2\}$ 决定平面 $\mathbb{R}^2$ 中的一个平行四边形 $\Box\{\boldsymbol{A}_1, \boldsymbol{A}_2\}$, 它由平面 $\mathbb{R}^2$ 中所有形如

$$\lambda_1 \boldsymbol{A}_1 + \lambda_2 \boldsymbol{A}_2, \quad 0 \leqslant \lambda_1, \lambda_2 \leqslant 1 \tag{20.1.1}$$

的点组成. 注意, 认为平行四边形 $\Box\{\boldsymbol{A}_2, \boldsymbol{A}_1\}$ 与平行四边形 $\Box\{\boldsymbol{A}_1, \boldsymbol{A}_2\}$ 是不同的, 虽然它们作为点集是同一个.

假设读者知道二阶行列式及其性质: 二阶行列式定义为

$$\begin{vmatrix} a & b \\ c & d \end{vmatrix} = ad - bc. \tag{20.1.2}$$

若记它的行向量为 $\boldsymbol{X} = (a,b)$ 和 $\boldsymbol{Y} = (c,d)$, 则记此二阶行列式为 $D(\boldsymbol{X}, \boldsymbol{Y})$.

定义 20.1.1   设 $\boldsymbol{A}_1, \boldsymbol{A}_2$ 是 $\mathbb{R}^2$ 中任意两个向量, 则称由有序组 $\{\boldsymbol{A}_1, \boldsymbol{A}_2\}$ 决定的平行四边形 $\Box\{\boldsymbol{A}_1, \boldsymbol{A}_2\}$ 的**面积**是二阶行列式 $D(\boldsymbol{A}_1, \boldsymbol{A}_2)$.

因此, 由有序组 $\{\boldsymbol{A}_1, \boldsymbol{A}_2\}$ 决定的三角形 $\triangle \{\boldsymbol{A}_1, \boldsymbol{A}_2\}$ 的几何面积则为

$$\frac{1}{2} D(\boldsymbol{A}_1, \boldsymbol{A}_2).$$

评注 20.1.1 这里只是给二阶行列式一个新的名称: 面积. 但面积一词在读者心中并不是新的, 在学初等数学时就知道平行四边形的面积是两相邻边长之积乘上两相邻边夹角之正弦, 即 $\|\boldsymbol{A}_1\| \cdot \|\boldsymbol{A}_2\| \sin \angle \boldsymbol{A}_1 \boldsymbol{A}_2$, 此时习惯上夹角 $\angle \boldsymbol{A}_1 \boldsymbol{A}_2$ 取成小于 π 的正角, 因此算出的面积是正数. 为清晰起见, 在计算公式中添加绝对值记号而写成

$$\|\boldsymbol{A}_1\| \cdot \|\boldsymbol{A}_2\| \cdot |\sin \angle \boldsymbol{A}_1 \boldsymbol{A}_2|. \tag{20.1.3}$$

不难验证, 二阶行列式 $D(\boldsymbol{A}_1, \boldsymbol{A}_2)$ 的绝对值正好是 (20.1.3), 但它还带有符号, 或正或负; 而且当 $\boldsymbol{A}_1, \boldsymbol{A}_2$ 的顺序调换时, 其数值的符号将改变. 所以, 定义 20.1.1 中平行四边形的面积概念是较初等数学中平行四边形的面积概念多了一层含义, 称为几何面积或有向面积.

定理 20.1.1 平行四边形 $\square \{\boldsymbol{A}_1, \boldsymbol{A}_2\}$ 的面积 $D(\boldsymbol{A}_1, \boldsymbol{A}_2)$ 有以下性质
(1) $D(\boldsymbol{A}_2, \boldsymbol{A}_1) = -D(\boldsymbol{A}_1, \boldsymbol{A}_2)$.
(2) 若 $\boldsymbol{A}_1 = \boldsymbol{B} + \boldsymbol{C}$, 则

$$D(\boldsymbol{B} + \boldsymbol{C}, \boldsymbol{A}_2) = D(\boldsymbol{B}, \boldsymbol{A}_2) + D(\boldsymbol{C}, \boldsymbol{A}_2).$$

(3) $\forall \alpha \in \mathbb{R}$ 有

$$D(\alpha \boldsymbol{A}_1, \boldsymbol{A}_2) = \alpha D(\boldsymbol{A}_1, \boldsymbol{A}_2).$$

(4) 对于自然标准正交基 $\{\boldsymbol{e}_1, \boldsymbol{e}_2\}$ 有

$$D(\boldsymbol{e}_1, \boldsymbol{e}_2) = 1.$$

评注 20.1.2 定理 20.1.1(4) 中结论还可推广: 对于 $\mathbb{R}^2$ 中任意标准正交有序基 $\{\boldsymbol{f}_1, \boldsymbol{f}_2\}$ 有 $D(\boldsymbol{f}_1, \boldsymbol{f}_2) = \pm 1$.

20.2 $\mathbb{R}^3$ 中的向量积

常用 $\mathbb{R}^3$ 表示物理学中的空间, 并且约定在其中取定一个笛卡儿直角坐标系 $Oxyz$, 其 x 轴, y 轴和 z 轴两两正交且取相等的度量单位. 记 x 轴, y 轴和 z 轴上标准向量分别为 $\boldsymbol{e}_1 = (1, 0, 0)$, $\boldsymbol{e}_2 = (0, 1, 0)$ 和 $\boldsymbol{e}_3 = (0, 0, 1)$, 有序向量组 $\{\boldsymbol{e}_1, \boldsymbol{e}_2, \boldsymbol{e}_3\}$ 称为 $\mathbb{R}^3$ 的**自然的**标准正交基.

在 $\mathbb{R}^3$ 中可以定义向量乘积如下.

定义 20.2.1　设给了 $\mathbb{R}^3$ 中两个向量 $\boldsymbol{A} = a_1\boldsymbol{e}_1 + a_2\boldsymbol{e}_2 + a_3\boldsymbol{e}_3$ 和 $\boldsymbol{B} = b_1\boldsymbol{e}_1 + b_2\boldsymbol{e}_2 + b_3\boldsymbol{e}_3$, 定义 $\boldsymbol{A}$ 与 $\boldsymbol{B}$ 的**向量积** (vector product) 或**叉积** (cross product) 为 $\mathbb{R}^3$ 中的向量

$$\boldsymbol{A} \times \boldsymbol{B} = \begin{vmatrix} a_2 & a_3 \\ b_2 & b_3 \end{vmatrix} \boldsymbol{e}_1 + \begin{vmatrix} a_3 & a_1 \\ b_3 & b_1 \end{vmatrix} \boldsymbol{e}_2 + \begin{vmatrix} a_1 & a_2 \\ b_1 & b_2 \end{vmatrix} \boldsymbol{e}_3, \tag{20.2.1}$$

并常采用形式的三阶行列式写法

$$\boldsymbol{A} \times \boldsymbol{B} = \begin{vmatrix} \boldsymbol{e}_1 & \boldsymbol{e}_2 & \boldsymbol{e}_3 \\ a_1 & a_2 & a_3 \\ b_1 & b_2 & b_3 \end{vmatrix}. \tag{20.2.2}$$

定理 20.2.1　设 $\boldsymbol{A}, \boldsymbol{B}, \boldsymbol{C} \in \mathbb{R}^3$ 且 $\alpha, \beta \in \mathbb{R}$, 则

(1) $\boldsymbol{A} \times \boldsymbol{A} = \boldsymbol{0}$;

(2) $\boldsymbol{B} \times \boldsymbol{A} = -\boldsymbol{A} \times \boldsymbol{B}$;

(3) $\boldsymbol{A} \times \boldsymbol{B}$ 与 $\boldsymbol{A}$ 和 $\boldsymbol{B}$ 均正交;

(4) $(\alpha\boldsymbol{A} + \beta\boldsymbol{B}) \times \boldsymbol{C} = \alpha(\boldsymbol{A} \times \boldsymbol{C}) + \beta(\boldsymbol{B} \times \boldsymbol{C})$;

(5) $\|\boldsymbol{A} \times \boldsymbol{B}\|^2 = \|\boldsymbol{A}\|^2 \cdot \|\boldsymbol{B}\|^2 - (\boldsymbol{A} \cdot \boldsymbol{B})^2$.

评注 20.2.1　定理 20.2.1 中之 (5) 的意思可解说为, 向量 $\boldsymbol{A} \times \boldsymbol{B}$ 的范数 (长度) $\|\boldsymbol{A} \times \boldsymbol{B}\|$ 等于 $\|\boldsymbol{A}\| \cdot \|\boldsymbol{B}\| \sin\angle\boldsymbol{AB}$, 即向量 $\boldsymbol{A}$ 与 $\boldsymbol{B}$ 所决定的平行四边形的几何面积. 并且如果 $\boldsymbol{A}$ 和 $\boldsymbol{B}$ 都不是零向量且不共线, 则 $\boldsymbol{A} \times \boldsymbol{B}$ 不是零向量, 而且由定理 20.2.1 中之 (3), 知 $\boldsymbol{A} \times \boldsymbol{B}$ 正交于由向量 $\boldsymbol{A}$ 和 $\boldsymbol{B}$ 所张成的平面. 问题是 $\boldsymbol{A} \times \boldsymbol{B}$ 指向该平面的哪一侧?

定理 20.2.2　对自然标准正交基量 $\boldsymbol{e}_1, \boldsymbol{e}_2, \boldsymbol{e}_3$ 有等式

$$\boldsymbol{e}_1 \times \boldsymbol{e}_2 = \boldsymbol{e}_3, \quad \boldsymbol{e}_2 \times \boldsymbol{e}_3 = \boldsymbol{e}_1, \quad \boldsymbol{e}_3 \times \boldsymbol{e}_1 = \boldsymbol{e}_2.$$

评注 20.2.2　一般来说, 向量积的结合律不成立:

$$\boldsymbol{A} \times (\boldsymbol{B} \times \boldsymbol{C}) \neq (\boldsymbol{A} \times \boldsymbol{B}) \times \boldsymbol{C},$$

例如

$$(\boldsymbol{e}_1 \times \boldsymbol{e}_1) \times \boldsymbol{e}_2 \neq \boldsymbol{e}_1 \times (\boldsymbol{e}_1 \times \boldsymbol{e}_2).$$

20.3　$\mathbb{R}^2$ 和 $\mathbb{R}^3$ 中的定向

先对 n 维空间介绍定向概念, 然后再回到二维和三维空间.

定义 20.3.1 设 V^n 是一个 n 维欧氏空间. 设取定一个标准正交有序 (ordered) 基 $\{v_1, v_2, \cdots, v_n\}$, 便认为空间 V^n 有了**定向** (orientation). 当此标准正交有序基重排为 $\{v_{\pi(1)}, v_{\pi(2)}, \cdots, v_{\pi(n)}\}$, 其中 π 是一个 n 次置换 (permutation), 则这两个标准正交有序基决定 V^n 中相同的定向, 当且仅当 π 是一个偶置换. 若另取一个标准正交有序基 $\{u_1, u_2, \cdots, u_n\}$, 则 V^n 中由 $\{u_1, u_2, \cdots, u_n\}$ 决定的定向认为与由 $\{v_1, v_2, \cdots, v_n\}$ 决定的定向相同, 当且仅当变换

$$\begin{pmatrix} u_1 \\ \vdots \\ u_n \end{pmatrix} = (\varphi_{ij}) \begin{pmatrix} v_1 \\ \vdots \\ v_n \end{pmatrix}$$

的行列式 $\det(\varphi_{ij}) = 1$. 如此, V^n 中所有标准正交有序基分成两类, 同类中互相之间的变换的行列式为 1; 不同类的互相之间的变换的行列式为 -1. 换句话说, V^n 的定向是这两个类中之一的选取. 一旦选定, 则称该定向为**正定向**, 而另一为**负定向**, 这时, 称空间 V^n 是**有定向的** (oriented).

评注 20.3.1 若认为现实物理空间为一个三维欧氏空间, 则它的每个有序标准正交基, 几何上称为是一个标准正交**标架** (frame). 两个标准正交有序基 $\{u_1, u_2, u_3\}$ 和 $\{v_1, v_2, v_3\}$ 决定相同的定向, 意思是对这两个标架可经过一个绕原点的旋转运动将其中的一个变成另一个, 而使它们的基向量按编号互相对应.

评注 20.3.2 V^n 中定向之决定 (或定义) 还可推广如下. 将 V^n 中所有有序基, 也称为**标架**, 分成两类: 两个有序基之间的变换行列式为正, 则认为它们属于同一类. 认为这两个类便是空间 V^n 的两个不同的定向. 注意到, 其实只需假设 V^n 是一个 n 维线性空间即可, 也就是说, 这里已经对 n 维线性空间引进了定向概念.

现在回到评注 20.2.1 中留下的问题. 设 A, B 都不是零向量且不共线, 则知 $A \times B$ 也不是零向量且与 A 和 B 都正交, 于是 $\{A, B, A \times B\}$ 是 $\mathbb{R}^3$ 的一个有序基, 它与有序基 $\{e_1, e_2, e_3\}$ 比较, 发现变换

$$\begin{pmatrix} A \\ B \\ A \times B \end{pmatrix} = \begin{pmatrix} a_1 & a_2 & a_3 \\ b_1 & b_2 & b_3 \\ \begin{vmatrix} a_2 & a_3 \\ b_2 & b_3 \end{vmatrix} & \begin{vmatrix} a_3 & a_1 \\ b_3 & b_1 \end{vmatrix} & \begin{vmatrix} a_1 & a_2 \\ b_1 & b_2 \end{vmatrix} \end{pmatrix} \begin{pmatrix} e_1 \\ e_2 \\ e_3 \end{pmatrix}$$

的行列式是

$$\begin{vmatrix} a_1 & a_2 \\ b_1 & b_2 \end{vmatrix}^2 + \begin{vmatrix} a_2 & a_3 \\ b_2 & b_3 \end{vmatrix}^2 + \begin{vmatrix} a_3 & a_1 \\ b_3 & b_1 \end{vmatrix}^2 = \|A \times B\|^2 > 0.$$

可见两者决定 $\mathbb{R}^3$ 之同一定向. 于是对评注 20.2.1 的问题的回答是: $\boldsymbol{A} \times \boldsymbol{B}$ 的指向可模仿 $\boldsymbol{e}_3$ 关于由 $\{\boldsymbol{e}_1, \boldsymbol{e}_2\}$ 决定的平面的指向. 例如, 若 $\{\boldsymbol{e}_1, \boldsymbol{e}_2, \boldsymbol{e}_3\}$ 是右手系标架, 即伸出你的右手的拇指, 食指和中指, 使分别代表 $\boldsymbol{e}_1$, $\boldsymbol{e}_2$ 和 $\boldsymbol{e}_3$. 则若再用拇指和食指分别代表 $\boldsymbol{A}$ 和 $\boldsymbol{B}$, 则你的中指便代表 $\boldsymbol{A} \times \boldsymbol{B}$ 的指向.

定义 20.3.2　在空间 $\mathbb{R}^n$ 中记 $\boldsymbol{e}_i = (0, \cdots, 0, 1, 0, \cdots, 0)(1 \leqslant i \leqslant n)$, 其中 1 在第 i 个位置, 则有序基 $\{\boldsymbol{e}_1, \boldsymbol{e}_2, \cdots, \boldsymbol{e}_n\}$ 称为**自然的标准正交有序基**, 由它决定的 $\mathbb{R}^n$ 的定向称为**自然定向**, 特别空间 $\mathbb{R}^2$ 中由自然有序基 $\{\boldsymbol{e}_1, \boldsymbol{e}_2\}$ 及空间 $\mathbb{R}^3$ 中由自然有序基 $\{\boldsymbol{e}_1, \boldsymbol{e}_2, \boldsymbol{e}_3\}$ 确定的定向称为**自然定向**. 通常无特殊需要, 均采用自然定向.

20.4　$\mathbb{R}^3$ 中的混合积和三个向量所张的体积

定义 20.4.1　设给了 $\mathbb{R}^3$ 中的三个向量 $\boldsymbol{A} = a_1\boldsymbol{e}_1 + a_2\boldsymbol{e}_2 + a_3\boldsymbol{e}_3, \boldsymbol{B} = b_1\boldsymbol{e}_1 + b_2\boldsymbol{e}_2 + b_3\boldsymbol{e}_3$ 和 $\boldsymbol{C} = c_1\boldsymbol{e}_1 + c_2\boldsymbol{e}_2 + c_3\boldsymbol{e}_3$, 则

$$\boldsymbol{A} \cdot (\boldsymbol{B} \times \boldsymbol{C}) \text{ 记作 } \boldsymbol{A} \cdot \boldsymbol{B} \times \boldsymbol{C},$$

称为向量 $\boldsymbol{A}, \boldsymbol{B}$ 和 $\boldsymbol{C}$ 的**混合积** (mixed product)

容易得到

定理 20.4.1　三向量的混合积有如下性质:

(1) $\boldsymbol{A} \cdot \boldsymbol{B} \times \boldsymbol{C} = \begin{vmatrix} a_1 & a_2 & a_3 \\ b_1 & b_2 & b_3 \\ c_1 & c_2 & c_3 \end{vmatrix}$.

(2) $\boldsymbol{A} \cdot \boldsymbol{B} \times \boldsymbol{C} = \boldsymbol{B} \cdot \boldsymbol{C} \times \boldsymbol{A} = \boldsymbol{C} \cdot \boldsymbol{A} \times \boldsymbol{B}$.

(3) $\boldsymbol{A} \cdot \boldsymbol{B} \times \boldsymbol{C} = \boldsymbol{A} \times \boldsymbol{B} \cdot \boldsymbol{C}$.

(4) $\boldsymbol{A} \times \boldsymbol{B} \cdot \boldsymbol{C} = \|\boldsymbol{A} \times \boldsymbol{B}\| \cdot \|\boldsymbol{C}\| \cos\varphi$, 其中 φ 是向量 $\boldsymbol{A} \times \boldsymbol{B}$ 与 $\boldsymbol{C}$ 之夹角.

评注 20.4.1　设向量 $\boldsymbol{A}$ 和 $\boldsymbol{B}$ 都不是零向量且不共线, 再设向量 $\boldsymbol{C}$ 与 $\boldsymbol{A} \times \boldsymbol{B}$ 不正交; 换句话说, $\boldsymbol{A}, \boldsymbol{B}$ 和 $\boldsymbol{C}$ 三向量不共面, 则 $\boldsymbol{A}, \boldsymbol{B}, \boldsymbol{C}$ 张出一个平行六面体 (paral-lelepiped), 如图 20.1 所示, 图中按 $\{\boldsymbol{e}_1, \boldsymbol{e}_2, \boldsymbol{e}_3\}$ 为右手系标架来画.

定理 20.4.1 之 (4) 中等式右端因子 $\cos\varphi$ 当 $0 \leqslant \varphi < \dfrac{\pi}{2}$ 时为正, 当 $\dfrac{\pi}{2} < \varphi < \pi$ 时为负; 而等式右端因子 $\|\boldsymbol{C}\|\cos\varphi$ 的绝对值表示当把向量 $\boldsymbol{A}$ 和 $\boldsymbol{B}$ 所张的平行四边形作为该平行六面体之底面时的高; 等式右端因子 $\|\boldsymbol{A} \times \boldsymbol{B}\|$ 如评注 20.2.1 所说, 是 $\boldsymbol{A}$ 和 $\boldsymbol{B}$ 所张平行四边形的几何面积, 因此 $\boldsymbol{A} \times \boldsymbol{B} \cdot \boldsymbol{C}$ 的绝对值是该平行六面体的几何体积. 当 $0 \leqslant \varphi < \dfrac{\pi}{2}$ 时, $\cos\varphi$ 为正, 这表示向量 $\boldsymbol{C}$ 与向量 $\boldsymbol{A} \times \boldsymbol{B}$ 指向由向量 $\boldsymbol{A}$ 和 $\boldsymbol{B}$ 所张平面的同一侧; 而当 $\dfrac{\pi}{2} \leqslant \varphi < \pi$ 时, $\cos\varphi$ 为负, 表示

向量 C 与向量 $A \times B$ 指向由向量 A 和 B 所张平面的不同的两侧. 前者实际上说, 标架 $\{A, B, C\}$ 与 $\{e_1, e_2, e_3\}$ 属于同一定向, 自然定向, 今后便说, 由有序向量组 $\{A, B, C\}$ 所张的有向平行六面体的定向是正的; 在后者的情形, 标架 $\{A, B, C\}$ 与 $\{e_1, e_2, e_3\}$ 不属于同一定向, 即标架 $\{A, B, C\}$ 属于自然定向之负定向, 今后则说, 由有序向量组 $\{A, B, C\}$ 所张的有向平行六面体的定向是负的. 保留 (4) 中等式右端的正负号, 而称 $A \times B \cdot C = \|A \times B\| \cdot \|C\| \cos \varphi$ 为由有序向量组 $\{A, B, C\}$ 所张的有向平行六面体的体积, 其值之符号指示出它是正定向的还是负定向的.

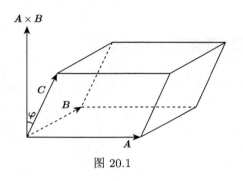

图 20.1

模仿 $\mathbb{R}^2$ 中的做法, 有如下定义.

定义 20.4.2 设 $A = a_1 e_1 + a_2 e_2 + a_3 e_3$, $B = b_1 e_1 + b_2 e_2 + b_3 e_3$, $C = c_1 e_1 + c_2 e_2 + c_3 e_3$ 是 $\mathbb{R}^3$ 中的向量, 则称由有序组 $\{A, B, C\}$ 决定的有向平行六面体 $\square\{A, B, C\}$ 的体积是三阶行列式

$$D(A, B, C) = \begin{vmatrix} a_1 & a_2 & a_3 \\ b_1 & b_2 & b_3 \\ c_1 & c_2 & c_3 \end{vmatrix}.$$

因此由有序组 $\{A, B, C\}$ 决定的有向四面体的几何体积为 $\dfrac{1}{3!} D(A, B, C)$.

第21讲

空间解析几何简介

设在三维欧氏空间中给定了笛卡儿正交坐标系 $Oxyz$, 此空间仍记作 $\mathbb{R}^3$, 其中的几何对象便可借助代数方法予以研究.

21.1 平面方程

设在 $\mathbb{R}^3$ 中给定一个平面 P, 采用线性代数的术语描述 (刻画) 平面 P, P 是 $\mathbb{R}^3$ 中一个集合, P 中任意两点 M_1, M_2 之差向量 $M_1 - M_2$ 组成的集合 $V_p = \{M_1 - M_2 \,|\, \forall M_1, M_2 \in P\}$ 是 $\mathbb{R}^3$ 中一个二维线性子空间. 反之, 给了 $\mathbb{R}^3$ 中一个二维子空间 V, 存在 $\mathbb{R}^3$ 中的平面 P 使得 $V_p = V$. 实际上, 任取定一点 $M_0 \in \mathbb{R}^3$, 记 $M_0 + V = \{M_0 + v \,|\, \forall v \in V\}$, 则 $M_0 + V$ 是可充当平面 P 的, 可见这种平面有无限多.

定义 21.1.1 设 V 是 $\mathbb{R}^3$ 中一个 2 维子空间, $M_0 \in \mathbb{R}^3$ 是一个给定点. 则 $P = M_0 + V$ 称为过点 M_0 的平面. $\mathbb{R}^3$ 中与二维子空间 V 正交的非零向量称为平面 P 的**法 (normal) 向量**; 平面 P 的所有法向量添上零向量组成 $\mathbb{R}^3$ 的一个一维子空间, $\mathbb{R}^3$ 中以平面 P 的法向量为方向向量的直线称为平面 P 的**法线** (normal line).

设已知 $\mathbb{R}^3$ 中平面 P 过点 $M_0 = (x_0, y_0, z_0)$, 并且已知 $\boldsymbol{n}$ 是它的一个法向量. 则容易求得平面 P 的方程如下.

用向量语言陈述. 设 $\forall M(x, y, z) \in P$, 若记 $\boldsymbol{r}_0 = M_0, \boldsymbol{r} = M$, 则

$$\boldsymbol{n} \cdot (\boldsymbol{r} - \boldsymbol{r}_0) = 0 \tag{21.1.1}$$

称为平面 P 的**向量形式方程**.

用坐标来陈述. 设 $\boldsymbol{n} = (a, b, c)$, 已设 $\boldsymbol{r} = (x, y, z)$ 及 $\boldsymbol{r}_0 = (x_0, y_0, z_0)$, 于是 (21.1.1) 可改写成

$$a(x - x_0) + b(y - y_0) + c(z - z_0) = 0, \tag{21.1.2}$$

或

$$ax + by + cz + d = 0, \tag{21.1.3}$$

其中 $d = -(ax_0 + by_0 + cz_0)$. 这两个方程称为平面 P 的**坐标形式方程**.

评注 21.1.1 这里需要提醒, 为建立一个几何图形的方程, 第一步是从该几何图形中点之特性导出相应的式子, 便获得方程; 第二步要验证所获方程之解所对应之点均在该几何图形上. 对上面所得之方程 (21.1.1), (21.1.2) 及 (21.1.3) 第二步检验都不难完成.

初等几何中就知道, 三个不共线的点唯一地决定一个平面. 采用向量积和混合积可表出该平面的方程. 设给了不共线的三个点 $M_0 = (x_0, y_0, z_0), M_1 = (x_1, y_1, z_1)$ 和 $M_2 = (x_2, y_2, z_2)$, 它们决定的平面记作 P. 设 $M = (x, y, z)$ 是平面 P 上的任意点, 作向量 $\overrightarrow{M_0M_1} = M_1 - M_0 = (x_1 - x_0, y_1 - y_0, z_1 - z_0)$ 和 $\overrightarrow{M_0M_2} = M_2 - M_0 = (x_2 - x_0, y_2 - y_0, z_2 - z_0)$ 的叉积 $\overrightarrow{M_0M_1} \times \overrightarrow{M_0M_2}$, 它是非零向量且与 $\overrightarrow{M_0M_1}$ 和 $\overrightarrow{M_0M_2}$ 都正交, 而 $\overrightarrow{M_0M_1}$ 和 $\overrightarrow{M_0M_2}$ 不共线, 故向量 $\overrightarrow{M_0M_1} \times \overrightarrow{M_0M_2}$ 是平面 P 的一个法向量. 于是 P 的向量形式方程 (21.1.1) 可写成

$$\overrightarrow{M_0M} \cdot \overrightarrow{M_0M_1} \times \overrightarrow{M_0M_2} = 0,$$

由定理 20.4.1 之 (2), 得平面 P 的方程

$$\begin{vmatrix} x - x_0 & y - y_0 & z - z_0 \\ x_1 - x_0 & y_1 - y_0 & z_1 - z_0 \\ x_2 - x_0 & y_2 - y_0 & z_2 - z_0 \end{vmatrix} = 0. \tag{21.1.4}$$

还可采用两个参数来表述平面 P 如下. 设 V_p 如前, 它是 $\mathbb{R}^3$ 的一个二维子空间. 设 $\boldsymbol{u} = (a_1, b_1, c_1), \boldsymbol{v} = (a_2, b_2, c_2) \in V_p$ 是两个不共线的向量. 设 $M_0 = (x_0, y_0, z_0) \in P$ 是一个固定点, 而设 $M = (x, y, z)$ 是平面 P 上的任意点, 则

$$\overrightarrow{M_0M} = s\boldsymbol{u} + t\boldsymbol{v}, \quad s, t \in \mathbb{R}.$$

用坐标来陈述, 得平面 P 的**参数方程**

$$\begin{cases} x = x_0 + sa_1 + ta_2, \\ y = y_0 + sb_1 + tb_2, \\ z = z_0 + sc_1 + tc_2, \end{cases} \tag{21.1.5}$$

其中 $s, t \in \mathbb{R}$ 是两个参数.

运用方程来讨论平面是很方便的, 例如两个平面是否平行, 或者更一般些, 两个平面之间的夹角 (二面角) 是多少.

定义 21.1.2　两个平面的法向量之间的夹角称为这两个平面的**二面角** (dihedral angle) 或简称**夹角**. 由于平面的法向量的符号的不确定性, 两平面的二面角只确定到互补.

定理 21.1.1　设两个平面 P_1 和 P_2 的法向量分别是 $\boldsymbol{n}_1$ 和 $\boldsymbol{n}_2$, 则平面 P_1 和 P_2 的二面角 θ 的余弦为

$$\cos \theta = \frac{\boldsymbol{n}_1 \cdot \boldsymbol{n}_2}{\|\boldsymbol{n}_1\| \cdot \|\boldsymbol{n}_2\|}, \tag{21.1.6}$$

或者说, 此二面角 $\theta \in [0, \pi]$ 是

$$\theta = \arccos \frac{\boldsymbol{n}_1 \cdot \boldsymbol{n}_2}{\|\boldsymbol{n}_1\| \cdot \|\boldsymbol{n}_2\|}. \tag{21.1.7}$$

特别地, 平面 P_1 和 P_2 互相正交, 当且仅当

$$\boldsymbol{n}_1 \cdot \boldsymbol{n}_2 = 0; \tag{21.1.8}$$

平面 P_1 和 P_2 互相平行, 当且仅当

$$\boldsymbol{n}_1 \text{ 与 } \boldsymbol{n}_2 \text{ 共线, 或 } \boldsymbol{n}_1 \times \boldsymbol{n}_2 = \boldsymbol{0}. \tag{21.1.9}$$

点到平面的距离公式如下.

定理 21.1.2　设平面 P 的向量形式方程为 (21.1.1) 式. 设 $\boldsymbol{r}^* = M^* = (x^*, y^*, z^*)$ 是 $\mathbb{R}^3$ 中一个点. 则点 M^* 到平面 P 的距离是

$$d(M^*, P) = \left| (\boldsymbol{r}^* - \boldsymbol{r}_0) \cdot \frac{\boldsymbol{n}}{\|\boldsymbol{n}\|} \right|. \tag{21.1.10}$$

21.2　直线方程

设在 $\mathbb{R}^3$ 中已知直线 L 过某一已知点 $\boldsymbol{r}_0 = M_0 = (x_0, y_0, z_0)$, 并且其**方向向量**为 $\boldsymbol{v}$. 设 $\boldsymbol{r} = M = (x, y, z)$ 为 L 上任意点, 则

$$\boldsymbol{r} = \boldsymbol{r}_0 + t\boldsymbol{v}, \quad t \in \mathbb{R}, \tag{21.2.1}$$

或者, 若 $\boldsymbol{v} = (l, m, n)$, 则

$$\begin{cases} x = x_0 + tl, \\ y = y_0 + tm, \quad t \in \mathbb{R}. \\ z = z_0 + tn, \end{cases} \tag{21.2.2}$$

这两个方程称为直线 L 的**参数方程**.

如果从 (21.2.2) 中消去参数 t, 便得

$$\frac{x - x_0}{l} = \frac{y - y_0}{m} = \frac{z - z_0}{n}, \tag{21.2.3}$$

称为直线 L 的**点向式方程**. 这个方程实际意义是联立方程组, 它由其中的任何两个等式联立而成.

更一般些, 直线可以看成两个互不平行的平面的交线. 设平面 P_1 和 P_2 互不平行, 则将两者的方程联立便得平面 P_1 和 P_2 相交的直线 L 的方程. 例如, 若平面 P_1 和 P_2 的向量形式方程分别是

$$\boldsymbol{n}_1 \cdot (\boldsymbol{r} - \boldsymbol{r}_0) = 0, \quad \boldsymbol{n}_2 \cdot (\boldsymbol{r} - \boldsymbol{r}_0) = 0. \tag{21.2.4}$$

将两式联立, 则称为平面 P_1 和 P_2 的交线 L 的**向量形式方程**. 因为 $\boldsymbol{n}_1$ 与 $\boldsymbol{n}_2$ 不共线, 故得直线 L 的参数方程如

$$\boldsymbol{r} = \boldsymbol{r}_0 + t\boldsymbol{n}_1 \times \boldsymbol{n}_2, \quad t \in \mathbb{R}. \tag{21.2.5}$$

定义 21.2.1　两条直线的方向向量之间的夹角称为这两条直线的**夹角**. 由于直线的方向向量的符号的不确定性, 两直线的夹角只确定到互补.

定理 21.2.1　设两条直线 L_1 和 L_2 的方向向量分别是 $\boldsymbol{v}_1$ 和 $\boldsymbol{v}_2$, 则直线 L_1 和 L_2 的夹角 θ 的余弦是

$$\cos\theta = \frac{\boldsymbol{v}_1 \cdot \boldsymbol{v}_2}{\|\boldsymbol{v}_1\| \cdot \|\boldsymbol{v}_2\|}, \tag{21.2.6}$$

或者说, 此夹角 $\theta \in [0, \pi]$ 是

$$\theta = \arccos \frac{\boldsymbol{v}_1 \cdot \boldsymbol{v}_2}{\|\boldsymbol{v}_1\| \cdot \|\boldsymbol{v}_2\|}. \tag{21.2.7}$$

特别, 直线 L_1 与 L_2 互相正交, 当且仅当

$$\boldsymbol{v}_1 \cdot \boldsymbol{v}_2 = 0. \tag{21.2.8}$$

评注 21.2.1　在定义两条直线的夹角时, 并没有假设它们是相交的. 例如, 两条不相交的直线可能互相正交.

点到直线的距离由下面定理给出.

定理 21.2.2　设直线 L 过点 $\boldsymbol{r}_0 = M_0 = (x_0, y_0, z_0)$, 方向向量是 $\boldsymbol{v} = (l, m, n)$, 而且点 $\boldsymbol{r}^* = M^* = (x^*, y^*, z^*)$ 是 $\mathbb{R}^3$ 中任意一点. 则点 M^* 到直线 L 的距离是

$$d(M^*, L) = \frac{\|(\boldsymbol{r}^* - \boldsymbol{r}_0) \times \boldsymbol{v}\|}{\|\boldsymbol{v}\|}. \tag{21.2.9}$$

空间 $\mathbb{R}^3$ 中两条直线间的距离概念如下定义.

定义 21.2.2　设 L_1 和 L_2 是 $\mathbb{R}^3$ 中两条直线. 则直线 L_1 和直线 L_2 的**距离**是

$$d\left(L_1, L_2\right) = \inf\left\{\|\boldsymbol{r}_1 - \boldsymbol{r}_2\| \,|\, \forall \boldsymbol{r}_1 \in L_1 \text{且} \forall \boldsymbol{r}_2 \in L_2\right\}. \tag{21.2.10}$$

定理 21.2.3　设直线 L_1 和 L_2 的向量形式参数方程为

$$L_1 : \boldsymbol{r} = \boldsymbol{r}_1 + s\boldsymbol{v}_1, s \in \mathbb{R},$$
$$L_2 : \boldsymbol{r} = \boldsymbol{r}_2 + t\boldsymbol{v}_2, t \in \mathbb{R}.$$

(1) 若直线 L_1 与 L_2 相交, 则距离 $d\left(L_1, L_2\right) = 0$.

(2) 设 $\boldsymbol{v}_1$ 与 $\boldsymbol{v}_2$ 共线, 即直线 L_1 与 L_2 平行, 则

$$d\left(L_1, L_2\right) = \frac{\|\left(\boldsymbol{r}_2 - \boldsymbol{r}_1\right) \times \boldsymbol{v}_1\|}{\|\boldsymbol{v}_1\|}.$$

(3) 设 $\boldsymbol{v}_1$ 与 $\boldsymbol{v}_2$ 不共线且直线 L_1 与 L_2 不相交, 这时两直线称为**异面的**. 则

$$d\left(L_1, L_2\right) = \frac{|\left(\boldsymbol{r}_2 - \boldsymbol{r}_1\right) \cdot \boldsymbol{v}_1 \times \boldsymbol{v}_2|}{\|\boldsymbol{v}_1 \times \boldsymbol{v}_2\|}.$$

21.3　$\mathbb{R}^2$ 中的二次曲线

为了较好地理解中 $\mathbb{R}^3$ 的二次曲面, 简要地复习在平面解析几何中的二次曲线分类.

定义 21.3.1　设在 $\mathbb{R}^2$ 中取定了笛卡儿正交坐标系 Oxy , 则由形如

$$a_{11}x^2 + 2a_{12}xy + a_{22}y^2 + 2b_1x + 2b_2y + c = 0 \tag{21.3.1}$$

的方程所确定的点的轨迹统称**二次曲线** (quadratic curve), 其中二次项系数 a_{11}, a_{12}, a_{22} 不全为零.

当施行坐标变换时, 曲线方程的具体形式会发生变化. 因此, 希望选取适当的新的坐标系, 使所研究的曲线方程形式上最简单. 通常称这种形式上最简单的方程为**标准方程**.

$\mathbb{R}^2$ 是一个确定的欧氏平面 (二维空间), 如图 21.1, 其中的两个笛卡儿坐标系 Oxy 和 $O'x'y'$ 之间的变换可以分解为一个旋转和一个平移, 或一个旋转, 一个镜面反射和一个平移. 在具体情形实施变换时, 有时作一个平移就可以了, 有时作一个旋转就可以了, 而复杂的时候则需既作平移又作旋转.

消去交叉项 若方程 (21.3.1) 中系数 $a_{12} \neq 0$, 先设法作一个旋转变换, 使在新的坐标系之下方程中的交叉项系数为零. 为此将坐标系绕原点 O 旋转角度 θ, 所得坐标系记为 $Ox'y'$. 如图 21.2 所示.

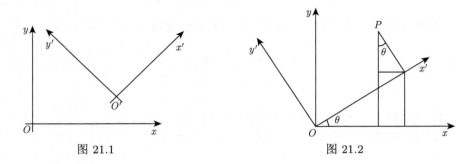

图 21.1 图 21.2

点 P 在坐标系 Oxy 和 $Ox'y'$ 之下的坐标分别设为 (x, y) 和 (x', y'), 则两者的变换为

$$\begin{cases} x = x'\cos\theta - y'\sin\theta, \\ y = x'\sin\theta + y'\cos\theta, \end{cases} \tag{21.3.2}$$

或写成

$$\begin{pmatrix} x \\ y \end{pmatrix} = \begin{pmatrix} \cos\theta & -\sin\theta \\ \sin\theta & \cos\theta \end{pmatrix} \begin{pmatrix} x' \\ y' \end{pmatrix}. \tag{21.3.3}$$

代入方程 (21.3.1) 便得曲线在坐标系 $Ox'y'$ 之下的方程

$$a'_{11}x'^2 + 2a'_{12}x'y' + a'_{22}y'^2 + 2b'_1x' + 2b'_2y' + c' = 0, \tag{21.3.4}$$

其中

$$\begin{cases} a'_{11} = a_{11}\cos^2\theta + 2a_{12}\sin\theta\cos\theta + a_{22}\sin^2\theta, \\ a'_{12} = (a_{22} - a_{11})\sin\theta\cos\theta + a_{12}(\cos^2\theta - \sin^2\theta), \\ a'_{22} = a_{11}\sin^2\theta - 2a_{12}\sin\theta\cos\theta + a_{22}\cos^2\theta, \\ b'_1 = b_1\cos\theta + b_2\sin\theta, \\ b'_2 = -b_1\sin\theta + b_2\cos\theta, \\ c' = c. \end{cases} \tag{21.3.5}$$

欲使 $a'_{12} = 0$, 设

$$(a_{22} - a_{11})\sin\theta\cos\theta + a_{12}(\cos^2\theta - \sin^2\theta) = 0,$$

得

$$\cot 2\theta = \frac{a_{11} - a_{22}}{2a_{12}}, \tag{21.3.6}$$

取 θ 满足 (21.3.6), 所得的坐标系 $Ox'y'$ 之下的方程形如

$$a'_{11}x'^2 + a'_{22}y'^2 + 2b'_1x' + 2b'_2y' + c' = 0, \tag{21.3.7}$$

这就达到了消灭交叉项的目标. 此时方程便成为下面讨论的情形.

无交叉项方程简化及曲线分类　恒设 $a_{12} = 0$, 再分以下情形.

(1) 设 $a_{11}a_{22} \neq 0$, 运用配完全平方法, 方程式变成

$$a_{11}\left(x + \frac{b_1}{a_{11}}\right)^2 + a_{22}\left(y + \frac{b_2}{a_{22}}\right)^2 + c - \frac{b_1^2}{a_{11}} - \frac{b_2^2}{a_{22}} = 0,$$

作坐标系之平移得新坐标 $O'x'y'$, 设同一点在 Oxy 和 $O'x'y'$ 之下的坐标分别是 (x, y) 和 (x', y'). 今设两者的变换为

$$\begin{cases} x = x' - \dfrac{b_1}{a_{11}}, \\ y = y' - \dfrac{b_2}{a_{22}}, \end{cases} \tag{21.3.8}$$

则曲线在 $O'x'y'$ 之下的方程为

$$a_{11}x'^2 + a_{22}y'^2 + c' = 0, \tag{21.3.9}$$

其中

$$c' = c - \frac{b_1^2}{a_{11}} - \frac{b_2^2}{a_{22}}. \tag{21.3.10}$$

方程 (21.3.9) 已成标准方程, 立即可得曲线分类.

分类 (1) 将其分类画成下面的树, 不妨设 $a_{11} > 0$.

$$\tag{21.3.11}$$

(2) 设 $a_{11}a_{22} = 0$, 不妨设 $a_{11} = 0$ 而 $a_{22} \neq 0$. 运用配平方法, 方程式变成

$$a_{22}\left(y + \frac{b_2}{a_{22}}\right)^2 + 2b_1x + c - \frac{b_2^2}{a_{22}} = 0. \tag{21.3.12}$$

(a) 设 $b_1 \neq 0$. 作平移

$$\begin{cases} x = x' - \dfrac{1}{2b_1}\left(c - \dfrac{b_2^2}{a_{22}}\right), \\ y = y' - \dfrac{b_2}{a_{22}}, \end{cases}$$

则方程 (21.3.12) 变成

$$a_{22}y'^2 + 2b_1x' = 0, \tag{21.3.13}$$

可见曲线是抛物线.

(b) 设 $b_1 = 0$. 作平移

$$\begin{cases} x = x', \\ y = y' - \dfrac{b_2}{a_{22}}, \end{cases}$$

则方程 (21.3.12) 变成

$$a_{22}y'^2 + c'' = 0, \tag{21.3.14}$$

其中

$$c'' = c - \dfrac{b_2^2}{a_{22}}. \tag{21.3.15}$$

分类 (2) 将这部分也画成一个分类树.

$$a_{11}=0 \quad \nearrow \quad b_1 \neq 0 \quad \text{抛物线} \atop \searrow \quad b_1 = 0 \quad \begin{matrix} \nearrow & a_{22}c''<0 & \text{两条平行直线} \\ \rightarrow & c''=0 & \text{一条直线} \\ \searrow & a_{22}c''>0 & \text{无轨迹} \end{matrix} \tag{21.3.16}$$

定义 21.3.2 椭圆、双曲线和抛物线称为**非退化的**二次曲线.

评注 21.3.1 椭圆、抛物线和双曲线初看上去它们形状很不一样, 但它们其实是很相似的一族. 有种种观点来看这件事, 介绍几种. 第一种看法, 古希腊人就发现这三类曲线都可用平面截一圆锥面而得, 故有**圆锥曲线** (conic curves) 之统称. 第二种看法, 对椭圆可在椭圆内其长轴上找到两点, 称为该椭圆的**焦点** (focus, foci); 对抛物线可在其对称轴上找到一点, 称为该抛物线的焦点; 对双曲线也可在其 (与双曲线相交的) 对称轴上找到两点, 称为该双曲线的焦点. 这三类曲线的焦点有熟知的几何光学性质. 第三种看法, 采用适当的极坐标系 (ρ, θ), 则这三类曲线有统一形式的方程

$$\rho = \frac{p}{1 - e\cos\theta},$$

其中正常数 e 称为曲线的**离心率** (centrifugal ratio). 当离心率 $e < 1$ 时曲线是椭圆; 当 $e = 1$ 时曲线是抛物线; 当 $e > 1$ 时曲线是双曲线. 这几种看法都说明它们的近亲关系.

评注 21.3.2　如果从地球表面附近发射人造地球卫星, 当速度达到第一宇宙速度 7.9 千米／秒时, 卫星便不落回地球而绕地球飞行, 并以地心为其一个焦点, 当卫星速度大于第一宇宙速度而小于第二宇宙速度 11.2 千米/秒时, 卫星轨道为椭圆; 而当卫星速度达到第二宇宙速度时, 卫星轨道是抛物线; 再若卫星速度大于第二宇宙速度时, 卫星轨道是双曲线之一支.

21.4　二次曲面

定义 21.4.1　设在 $\mathbb{R}^3$ 中取定了笛卡儿正交坐标系 $Oxyz$, 则由形如

$$a_{11}x^2 + a_{22}y^2 + a_{33}z^2 + 2a_{12}xy + 2a_{23}yz + 2a_{31}zx + 2b_1 x + 2b_2 y + 2b_3 z + c = 0$$
$$(21.4.1)$$

的方程所确定的点的轨迹统称为**二次曲面** (quadratic surface), 其中 a_{11}, a_{22}, a_{33}, a_{12}, a_{23}, a_{31} 不全为零.

模仿在 $\mathbb{R}^2$ 中处理二次曲线的做法, 先用旋转变换消去交叉项, 再根据化成平方项的二次项的不同情况, 作平移变换, 进一步化简为**标准方程**.

这里需要讲清楚的是旋转变换. 在三维欧氏空间中将一个标准正交有序基变成另一个属于同一定向类 (20.3 节) 的标准正交有序基的线性变换, 称为一个**旋转变换**, 对应之变换矩阵称为**旋转矩阵**. 一个矩阵 $\boldsymbol{M}$ 是旋转矩阵的充要条件是其行列式 $\det \boldsymbol{M} = 1$ 并且其列 (行) 向量是标准正交的

$$\boldsymbol{M}\boldsymbol{M}^{\mathrm{T}} = \boldsymbol{I},$$

所有旋转矩阵按矩阵乘法成为一个群, 称为旋转群, 目前常被记作 $SO(3)$.

现在按标准方程的不同情况介绍如下.

(1) $\dfrac{x^2}{a^2} + \dfrac{y^2}{b^2} + \dfrac{z^2}{c^2} = 1$, 椭球面. 如图 21.3.

(2) $\dfrac{x^2}{a^2} + \dfrac{y^2}{b^2} - \dfrac{z^2}{c^2} = 1$, 单叶双曲面. 如图 21.4.

(3) $\dfrac{x^2}{a^2} + \dfrac{y^2}{b^2} + \dfrac{z^2}{c^2} = -1$, 无轨迹.

(4) $\dfrac{x^2}{a^2} + \dfrac{y^2}{b^2} + \dfrac{z^2}{c^2} = 0$, 一点 $(0,0,0)$.

(5) $\dfrac{x^2}{a^2} + \dfrac{y^2}{b^2} - \dfrac{z^2}{c^2} = -1$, 双叶双曲面. 如图 21.5.

(6) $\dfrac{x^2}{a^2} + \dfrac{y^2}{b^2} - \dfrac{z^2}{c^2} = 0$, 二次锥面. 如图 21.6.

(7) $\dfrac{x^2}{a^2} + \dfrac{y^2}{b^2} = z$, 椭圆抛物面. 如图 21.7.

(8) $\dfrac{x^2}{a^2} - \dfrac{y^2}{b^2} = z$, 双曲抛物面. 如图 21.8.

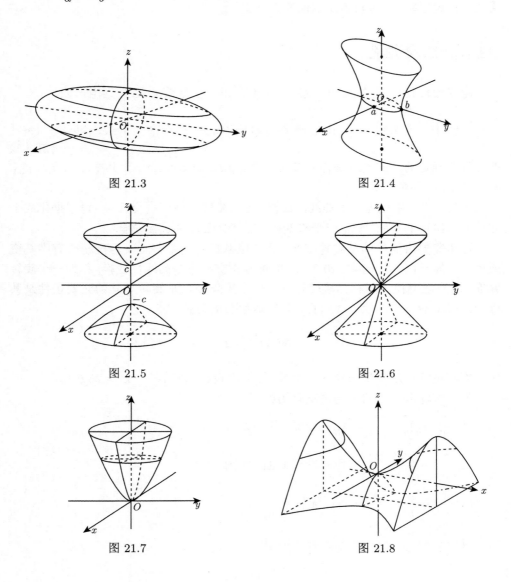

图 21.3

图 21.4

图 21.5

图 21.6

图 21.7

图 21.8

(9) $\dfrac{x^2}{a^2} + \dfrac{y^2}{b^2} = 1$, 椭圆柱面. 如图 21.9.

(10) $\dfrac{x^2}{a^2} - \dfrac{y^2}{b^2} = 1$, 双曲柱面. 如图 21.10.

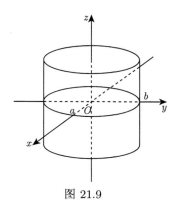

图 21.9

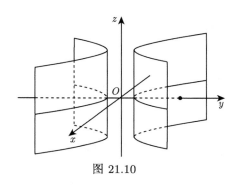

图 21.10

(11) $\dfrac{x^2}{a^2} - \dfrac{y^2}{b^2} = 0$, 一对相交平面 $\dfrac{x}{a} = \dfrac{y}{b}$ 和 $\dfrac{x}{a} = -\dfrac{y}{b}$.

(12) $\dfrac{x^2}{a^2} + \dfrac{y^2}{b^2} = -1$, 无轨迹.

(13) $\dfrac{x^2}{a^2} + \dfrac{y^2}{b^2} = 0$, 直线 $x = y = 0$.

(14) $x^2 = 2ay, a > 0$, 抛物柱面. 如图 21.11.

(15) $x^2 = a^2$, 一对平行平面 $x = a$ 和 $x = -a$.

(16) $x^2 = 0$, 平面 $x = 0$.

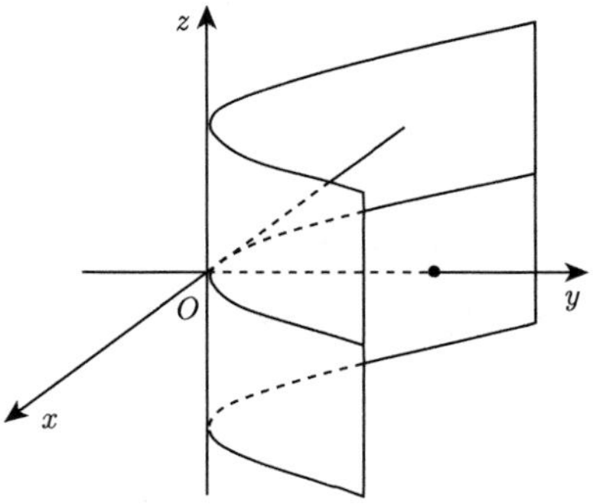

图 21.11

若希望进一步了解某个曲面, 可采用**截面法**, 即取特殊平面与之相交, 从所交得的曲线来了解曲面. 下面举例以明之.

例 21.4.1　讨论单叶双曲面, 其标准方程为

$$\frac{x^2}{a^2} + \frac{y^2}{b^2} - \frac{z^2}{c^2} = 1.$$

曲面图形关于三个坐标面都是对称的.

取 $z = z_0$, 这是平行于 Oxy 平面的一个平面. 用此平面去相交, 所得曲线为

$$
\begin{cases}
\dfrac{x^2}{a^2} + \dfrac{y^2}{b^2} = 1 + \dfrac{z_0^2}{c^2}, \\
z = z_0.
\end{cases}
$$

可知它是平面 $z = z_0$ 上的椭圆, 随着 $|z_0|$ 从 0 增大趋于无穷, 椭圆两个轴长都增大而趋于无穷.

若用平面 $y = y_0$ 截之, 得曲线方程

$$
\begin{cases}
\dfrac{x^2}{a^2} - \dfrac{z^2}{c^2} = 1 - \dfrac{y_0^2}{b^2}, \\
y = y_0.
\end{cases}
$$

有以下不同情况, 分别讨论.

(a) 当 $|y_0| < b$, 则 $1 - \dfrac{y_0^2}{b^2} > 0$, 是平面 $y = y_0$ 上的双曲线, 其实轴平行于 x 轴.

(b) 当 $|y_0| > b$, 则 $1 - \dfrac{y_0^2}{b^2} < 0$, 也是平面 $y = y_0$ 上的双曲线, 其实轴平行于 z 轴.

(c) 当 $y_0 = \pm b$ 时, 则 $\dfrac{x^2}{a^2} = \dfrac{z^2}{c^2}, y = y_0$, 是平面 $y = y_0$ 上的两条相交直线.

例 21.4.2 讨论双曲抛物面, 其标准方程为

$$
\frac{x^2}{a^2} - \frac{y^2}{b^2} = z.
$$

曲面图形关于坐标面 Oxz 与坐标面 Oyz 都对称.

在坐标面 Oxy 上 $(z = 0)$ 截得两条相交于原点的直线 $y = \pm \dfrac{bx}{a}$. 在坐标面 Oxz 上 $(y = 0)$ 截得抛物线 $z = \dfrac{x^2}{a^2}$, 在坐标面 Oyz 上 $(x = 0)$ 截得抛物线 $z = -\dfrac{y^2}{b^2}$.

用平面 $z = z_0 (z_0 \neq 0)$ 截之, 得

$$
\begin{cases}
\dfrac{x^2}{a^2} - \dfrac{y^2}{b^2} = z_0, \\
z = z_0,
\end{cases}
$$

是平面 $z = z_0$ 上的双曲线: 若 $z_0 > 0$, 则实轴平行于 x 轴, 顶点在抛物线 $z = \dfrac{x^2}{a^2}$ 上; 若 $z_0 < 0$, 则实轴平行 y 轴, 顶点在抛物线 $z = -\dfrac{y^2}{b^2}$.

用平面 $x = x_0$ 截之, 得

$$\begin{cases} y^2 = -b^2 z + \dfrac{b^2}{a^2} x_0^2, \\ x = x_0, \end{cases}$$

是开口向下的抛物线, 顶点在抛物线 $z = \dfrac{x^2}{a^2}$ 上.

用平面 $y = y_0$ 截之, 得

$$\begin{cases} x^2 = a^2 z + \dfrac{a^2}{b^2} y_0^2, \\ y = y_0, \end{cases}$$

是开口向上的抛物线, 顶点在抛物线 $z = -\dfrac{y^2}{b^2}$ 上.

在原点 O 附近, 曲面形状似马鞍, 故也称**马鞍面**.

读者还可注意, 由方程

$$xy = z$$

给出的曲面也是一个马鞍面, 将坐标系 $Oxyz$ 绕 z 轴逆时针旋转 $45°$, 即化为

$$z = \dfrac{1}{2} x'^2 - \dfrac{1}{2} y'^2.$$

数 学 分 析

（下册）

干丹岩　叶正麟　于　美　主编

科学出版社

北　京

内 容 简 介

本书是在作者多年讲授数学分析课程讲义的基础上编写而成的，是作者多年授课经验与教学心得的总结. 全书分上、下两册.

上册分三部分. 先感性认识与论述初等一元微积分: 函数、极限与连续性、定积分、导数, 微积分学基本定理, 简单常微分方程及一些经典应用. 接着是微积分学严格化: 实数的公理化定义和极限理论, 据此论证一元函数的极限、连续性和 Riemann 积分的理论. 然后叙述级数理论、多元函数的极限与连续性、空间定向、空间解析几何简介.

下册分三部分. 先讲述多元函数的微分学与积分学及场论初步. 然后论述微分流形上的微积分, 包括欧氏空间中的微分形式和积分公式、积分的连续性、广义重积分、微分流形、流形上的微积分等. 附录介绍微积分学中若干基本问题的延伸与发展.

本书的内容安排力图符合微积分体系的认识论规律、贴近微积分学发展脉络, 力求在逻辑上清楚, 作者会不时将个人的一些看法采用评注或评议写出, 便于读者理解.

本书最后五讲比较难, 属于现代化的分析学, 希冀对有兴趣的读者有些帮助.

本书可作为高等学校数学类专业数学分析课程的教材, 也可供其他有关专业选用.

图书在版编目（CIP）数据

数学分析 : 全 2 册 / 干丹岩, 叶正麟, 于美主编. — 北京 : 科学出版社, 2025.3. — ISBN 978-7-03-080791-5

I. O17

中国国家版本馆 CIP 数据核字第 2024KX6742 号

责任编辑: 张中兴　梁　清　贾晓瑞 / 责任校对: 杨聪敏
责任印制: 师艳茹 / 封面设计: 无极书装

科学出版社 出版

北京东黄城根北街 16 号
邮政编码: 100717
http://www.sciencep.com

北京九州迅驰传媒文化有限公司印刷
科学出版社发行　各地新华书店经销

*

2025 年 3 月第　一　版　　开本: 720×1000　1/16
2025 年 3 月第一次印刷　　印张: 33 1/2
字数: 670 000

定价: 129.00 元（上下册）

目　录

第22讲

多元微分学的基本概念

本讲的任务是将一元数值函数微分学中的基本概念和法则推广到多元向量值函数. 一个多元向量值函数 f 是从 $\mathbb{R}^n$ 中的某一集合到 $\mathbb{R}^m$ 中的某一集合的映射, 对它进行研究时有两种不同的观点来将它 "降维化". 一种观点是将值域空间降维, 按 $\mathbb{R}^m$ 中自然坐标系而将函数 f 表为 m 个数值函数 $f_1, f_2, \cdots, f_m$, 于是问题归结为研究多元数值函数. 另一个观点是将定义域空间降维, 这时按 $\mathbb{R}^n$ 中自然坐标系认为点 $x = (x_1, x_2, \cdots, x_n)$, 函数 $f(x) = f(x_1, x_2, \cdots, x_n)$, 其中 $x_1, x_2, \cdots, x_n$ 认为是互相独立的 n 个实自变量. 若暂时视 n 个自变量中之一在变化而其余不变, 问题便约化为一元函数了.

将先对多元数值函数采用定义域空间降维的观点而引进偏导数的概念, 这是分析学的经典做法. 但这并非一元数值函数导数概念的恰当推广. 恰当的推广是接下来介绍的全导数概念. 而且全导数概念可推广到无限维空间而无本质的困难. 这样的理论符合二十世纪后期以来的现代分析对教学的要求. 希望读者对经典的和现代的两方面都能掌握好.

22.1 偏导数和方向导数

定义 22.1.1 设 X 是 $\mathbb{R}^n$ 中的开集, $f : X \to \mathbb{R}$ 是一个函数. 设 $a \in X$, $a = (a_1, a_2, \cdots, a_n)$. 设函数 $f(a_1, \cdots a_{i-1}, x_i, a_{i+1}, \cdots, a_n)(1 \leqslant i \leqslant n)$ 作为自变量 x_i 的函数是在点 a_i 可导, 其对 x_i 在 a_i 的导数称为函数 $f(x) = f(x_1, x_2, \cdots, x_n)$ 在点 a 关于 x_i 的**偏导数** (partial derivative), 记作

$$\mathrm{D}_i f(a), f_{x_i}(a), \frac{\partial}{\partial x_i} f(a), \frac{\partial f}{\partial x_i}(a), \mathrm{D}_i f, \frac{\partial f}{\partial x_i}. \tag{22.1.1}$$

这个概念理解起来并不难, 并且对于采用公式表述的函数计算起来也很方便, 因为公式中自变量 $x_1, x_2, \cdots, x_n$ 各自均用明确的方式呈现出来. 偏导数的四则运算法则本质上是一元函数求导的四则运算法则, 这里不再陈述, 希望读者能够

掌握.

偏导数概念可以推广为方向导数概念.

定义 22.1.2 设 X 是 $\mathbb{R}^n$ 中开集, $f : X \to \mathbb{R}$ 是一个函数. 设 $a \in X, \boldsymbol{v} \in \mathbb{R}^n$ 是非零向量. 若极限

$$\lim_{t \to 0} \frac{f(a + t\boldsymbol{v}) - f(a)}{t}$$

存在, 则称函数 f 在点 a **沿向量 $\boldsymbol{v}$ 可导**, 而称此极限值为函数 f 在点 a 关于 $\boldsymbol{v}$ **的方向导数** (directional derivative), 记作

$$\mathrm{D}_{\boldsymbol{v}}f(a), \quad \frac{\partial}{\partial \boldsymbol{v}}f(a), \quad \mathrm{D}_{\boldsymbol{v}}f, \quad \frac{\partial f}{\partial \boldsymbol{v}}. \tag{22.1.2}$$

函数 f 在点 a 关于 x_i 的偏导数就是函数 f 在点 a 关于自然标准正交基向量 $\boldsymbol{e}_i$ 的方向导数, 即

$$\mathrm{D}_i f(a) = \mathrm{D}_{\boldsymbol{e}_i}f(a), \quad \text{或} \quad \frac{\partial}{\partial x_i}f(a) = \frac{\partial}{\partial \boldsymbol{e}_i}f(a). \tag{22.1.3}$$

如果函数 f 在点 a 沿向量 $\boldsymbol{v}$ 可导, 则 f 在点 a 沿向量 $-\boldsymbol{v}$ 也可导, 而且

$$\mathrm{D}_{-\boldsymbol{v}}f(a) = -\mathrm{D}_{\boldsymbol{v}}f(a), \quad \text{或} \quad \frac{\partial}{\partial(-\boldsymbol{v})}f(a) = -\frac{\partial}{\partial \boldsymbol{v}}f(a).$$

评注 22.1.1 与许多教材不同, 这里的方向导数是对 $\mathbb{R}^n$ 中任意非零向量定义的, 而不只是对单位向量定义的, 这样做有深远的好处, 以至将来可以将向量与求导法等置而为向量给出一个纯分析学的解释.

评注 22.1.2 偏导数概念是很特殊的, 因而比较片面. 方向导数概念已克服了许多片面性, 但仍不是理想的多元函数导数概念. 这一点还将在评注 22.2.1 和例 22.2.1 与评注 22.2.2 和例 22.2.2 中讨论.

22.2 全导数和梯度

先回忆一元数值函数的导数概念, 设 (a, b) 是一个开区间, $f: (a, b) \to \mathbb{R}$ 是一个函数, $x_0 \in (a, b)$. 设函数 f 在点 x_0 可导, $f'(x_0)$ 是函数 $f(x)$ 在点 x_0 的导数, 它是一个实数. 于是当 $x \in (a, b)$ 时, 记 $\Delta x = x - x_0$, 便有

$$f(x) = f(x_0) + f'(x_0)(x - x_0) + \alpha(x - x_0), \tag{22.2.1}$$

其中函数 $\alpha(x - x_0)$ 是当 $x - x_0 \to 0$ 时关于 $x - x_0$ 的高阶无穷小. 若设

$$g(x) = f(x_0) + f'(x_0)(x - x_0), \tag{22.2.2}$$

则 $g(x)$ 是一个**线性函数**, 它的图形是一条直线, 过点 $(x_0, f(x_0))$, 也就是与 $f(x)$ 的图形相交于该点. 但重要的是, $g(x)$ 是唯一的一个线性函数, 过点 $(x_0, f(x_0))$ 并且与 $f(x)$ 之差是 $x-x_0$ 的高阶无穷小. 另外, 式 (22.2.1) 中右边第二项 $f'(x_0)(x-x_0)$ 可以看作空间 $\mathbb{R}$ 到空间 $\mathbb{R}$ 的一个线性变换式, 记作

$$\mathrm{D}f(x_0): \mathbb{R} \to \mathbb{R},$$

$$\boldsymbol{r} \mapsto \mathrm{D}f(x_0)\boldsymbol{r} = f'(x_0)\boldsymbol{r}, \tag{22.2.3}$$

等式左端的 $\mathrm{D}f(x_0)$ 是线性变换的记号, $\mathrm{D}f(x_0)\boldsymbol{r}$ 是此变换在向量 $\boldsymbol{r}$ 上作用之结果, 等式右端是实数乘法. 巧的是, 曾在第 4 讲定义 4.2.1 中定义导数时, 最后介绍的一个记号也是 $\mathrm{D}f$. 总之, 把一元函数的导数理解为一个线性变换 (22.2.3).

现在转向高维的情形.

定义 22.2.1　设 X 是 $\mathbb{R}^n$ 中的开集, $f\colon X \to \mathbb{R}^m$ 是一个函数. 点 $a \in X$. 若存在一个线性映射 $\mathrm{D}f(a)\colon \mathbb{R}^n \to \mathbb{R}^m$, 即 $\mathrm{D}f(a) \in \mathcal{L}(\mathbb{R}^n; \mathbb{R}^m)$, 使得当 $x \in X$ 时

$$f(x) = f(a) + \mathrm{D}f(a)(x-a) + \alpha(x-a), \tag{22.2.4}$$

其中函数 $\alpha(x-a)$ 的范数函数 $\|\alpha(x-a)\|$ 当 $\|x-a\| \to 0$ 时是关于 $\|x-a\|$ 的高阶无穷小. 则称函数 $f(x)$ 在点 a **可导**, 并且称线性映射 $\mathrm{D}f(a)$ 是函数 $f(x)$ 在点 a 的**全导数** (total derivative), 或简称**导数**, 也记作 $f'(a)$.

定理 22.2.1　定义 22.2.1 中满足条件的线性映射若存在, 必唯一.

证明　设存在两个线性映射 $\lambda_1, \lambda_2 \in \mathcal{L}(\mathbb{R}^n; \mathbb{R}^m)$, 使得当 $x \in X$ 时, 对 $i = 1, 2$ 有

$$f(x) = f(a) + \lambda_i(x-a) + \alpha_i(x-a),$$

其中函数 $\alpha_i(x-a)$ 的范数函数 $\|\alpha_i(x-a)\|$ 当 $\|x-a\| \to 0$ 时是关于 $\|x-a\|$ 的高阶无穷小. 令 $h = x - a \neq 0$, 则得

$$\frac{\|\lambda_1(h) - \lambda_2(h)\|}{\|h\|} \leqslant \frac{\|\alpha_1(h)\| + \|\alpha_2(h)\|}{\|h\|},$$

由此得

$$\lim_{h \to 0} \frac{\|\lambda_1(h) - \lambda_2(h)\|}{\|h\|} = 0.$$

任意取定 $h \in \mathbb{R}^n, h \neq 0$, 对任 $t \in \mathbb{R}, t \neq 0$ 有

$$\frac{\|\lambda_1(h) - \lambda_2(h)\|}{\|h\|} = \frac{\|\lambda_1(th) - \lambda_2(th)\|}{\|th\|},$$

从而得

$$\frac{\|\lambda_1(h) - \lambda_2(h)\|}{\|h\|} = \lim_{t \to 0} \frac{\|\lambda_1(th) - \lambda_2(th)\|}{\|th\|} = 0.$$

由此可见, 当 $h \in \mathbb{R}^n, h \neq 0$ 时, 有

$$\lambda_1(h) = \lambda_2(h),$$

即 $\lambda_1 = \lambda_2$.

定理 22.2.2 若 X 是 $\mathbb{R}^n$ 的开集, $a \in X, f : X \to \mathbb{R}^m$ 在点 a 可导, 则函数 f 在点 a 连续.

评注 22.2.1 这个定理说的是, 连续是可导的必要条件. 它还是有点用处的, 例如可以举出这样的函数, 它的各个偏导数都存在, 但不连续, 因而不可导.

例 22.2.1 函数

$$f(x, y) = \begin{cases} \dfrac{xy}{x^2 + y^2}, & (x, y) \neq (0, 0), \\ 0, & (x, y) = (0, 0). \end{cases}$$

这就是第 19 讲中举过的例 19.4.1, 它在原点 $(0, 0)$ 无极限, 从而不连续. 但它沿着 x 轴或 y 轴均连续, 实际上它在点 $(0, 0)$ 关于 x 和 y 的偏导数都存在.

评注 22.2.2 甚至还能举出这样的函数, 它的关于任何非零向量的方向导数都存在, 但它不连续, 因而还是不可导.

例 22.2.2 函数

$$f(x, y) = \begin{cases} \dfrac{x^2 y}{x^4 + y^2}, & (x, y) \neq (0, 0), \\ 0, & (x, y) = (0, 0). \end{cases}$$

任取 $\boldsymbol{v} = (k, l)$, 使 $l \neq 0$, 有

$$\lim_{t \to 0} \frac{f(t\boldsymbol{v}) - f(0)}{t} = \lim_{t \to 0} \left(\frac{k^2 l}{t^2 k^4 + l^2} \cdot \frac{t^3}{t^3} \right) = \frac{k^2}{l},$$

即函数 f 在原点 O 关于 $\boldsymbol{v}$ 的方向导数存在且 $\mathrm{D}_{\boldsymbol{v}} f(0) = \dfrac{k^2}{l}$. 若取 $\boldsymbol{v} = (k, l)$, 其中 $l = 0$, 而 $k \neq 0$, 则有 $f(t\boldsymbol{v}) = 0$, 故

$$\lim_{t \to 0} \frac{f(t\boldsymbol{v}) - f(0)}{t} = 0.$$

即函数 f 关于 $\boldsymbol{v}$ 的方向导数存在且 $D_{\boldsymbol{v}}f(0) = 0$. 总之, 函数 f 在原点关于任意非零向量 $\boldsymbol{v}$ 之方向导数存在. 但是函数 f 在原点是不连续的, 这是因为若取 $\alpha \neq 0$, 则

$$f(\alpha, \alpha^2) = \frac{1}{2}.$$

故

$$\lim_{\alpha \to 0} f(\alpha, \alpha^2) = \frac{1}{2}.$$

因此函数 f 在原点是不可导的.

定义 22.2.2 设 X 是 $\mathbb{R}^m$ 中开集, $f: X \to \mathbb{R}^n$ 是一个向量函数. 设 f 在 X 的每一点可导, 则 $\forall x \in X$, 函数 f 在点 x 的导数 $\mathrm{D}f(x) \in \mathcal{L}(\mathbb{R}^m, \mathbb{R}^n)$. 于是得到定义在 X 上的函数

$$\mathrm{D}f: X \to \mathcal{L}(\mathbb{R}^m, \mathbb{R}^n),$$

称为函数 f 的**导 (函) 数**, 也记作 f'. 如果 $\mathrm{D}f$ 在 X 上是连续的, 则称 f 在 X 上是**连续可导的**.

另一方面, 有下面的定理.

定理 22.2.3 设 X 是 $\mathbb{R}^n$ 的开集, $a \in X$, $f: X \to \mathbb{R}$ 在点 a 可导, 其导数为 $\mathrm{D}f(a)$. 则

(1) $\forall \boldsymbol{v} \in \mathbb{R}^n, \boldsymbol{v} \neq \boldsymbol{0}$, 函数 f 关于 $\boldsymbol{v}$ 的方向导数 $D_{\boldsymbol{v}}f(a)$ 存在并且

$$D_{\boldsymbol{v}}f(a) = \mathrm{D}f(a)\boldsymbol{v}. \tag{22.2.5}$$

特别, 函数 f 的各个偏导数 $\dfrac{\partial}{\partial x_i}f(a)$ 都存在.

(2) $\forall \boldsymbol{v} \in \mathbb{R}^n, \boldsymbol{v} = (v_1, v_2, \cdots, v_n) \neq \boldsymbol{0}$, 函数 f 关于 $\boldsymbol{v}$ 的方向导数 $D_{\boldsymbol{v}}f(a)$ 可用偏导数表示为

$$D_{\boldsymbol{v}}f(a) = \sum_{i=1}^{n} v_i \frac{\partial}{\partial x_i}f(a). \tag{22.2.6}$$

证明 (1) 由式 (22.2.4), $\exists \delta > 0$, 使得当 $\boldsymbol{u} \in \mathbb{R}^n, \|\boldsymbol{u}\| < \delta$ 时, 有

$$f(a + \boldsymbol{u}) = f(a) + Df(a)\boldsymbol{u} + \alpha(\boldsymbol{u}),$$

其中函数 $|\alpha(\boldsymbol{u})|$ 当 $\|\boldsymbol{u}\| \to 0$ 时是关于 $\|\boldsymbol{u}\|$ 的高阶无穷小. 取 $\boldsymbol{u} = t\boldsymbol{v}$, 则当 $t \neq 0$ 时

$$\frac{f(a + t\boldsymbol{v}) - f(a)}{t} = \mathrm{D}f(a)\boldsymbol{v} + \frac{1}{t}\alpha(t\boldsymbol{v}).$$

由于 $\displaystyle\lim_{t\to 0}\frac{|\alpha(t\boldsymbol{v})|}{|t|} = \lim_{t\to 0}\frac{|\alpha(t\boldsymbol{v})|}{|t|\,\|\boldsymbol{v}\|}\,\|\boldsymbol{v}\| = \left(\lim_{t\to 0}\frac{|\alpha(t\boldsymbol{v})|}{\|t\boldsymbol{v}\|}\right)\cdot\|\boldsymbol{v}\| = 0.$ 得

$$\lim_{t\to 0}\frac{f(a+t\boldsymbol{v})-f(a)}{t} = \mathrm{D}f(a)\boldsymbol{v},$$

这就是 (1) 之结论.

(2) 因 $\boldsymbol{v} = (v_1, v_2, \cdots, v_n)$, 故 $\boldsymbol{v} = v_1\boldsymbol{e}_1 + v_2\boldsymbol{e}_2 + \cdots + v_n\boldsymbol{e}_n$. 由于 $\mathrm{D}f(a)$ 是线性映射, 且按 (22.1.3), $\mathrm{D}_{\boldsymbol{e}_i}f(a) = \dfrac{\partial}{\partial x_i}f(a)$, 故从 (1) 得

$$\mathrm{D}_{\boldsymbol{v}}f(a) = \mathrm{D}f(a)\boldsymbol{v} = \mathrm{D}f(a)\left(\sum_{i=1}^{n}v_i\boldsymbol{e}_i\right)$$

$$= \sum_{i=1}^{n}v_i Df(a)\boldsymbol{e}_i = \sum_{i=1}^{n}v_i \mathrm{D}_{\boldsymbol{e}_i}f(a)$$

$$= \sum_{i=1}^{n}v_i\frac{\partial}{\partial x_i}f(a).$$

评注 22.2.3　由这个定理的 (1) 可知, 若 f 在点 a 可导, 即有全导数, 则在点 a 关于任何非零向量的方向导数存在, 并且就是全导数对该向量之作用.

评注 22.2.4　由这个定理的 (2) 可知, f 在点 a 的全导数在自然标准正交基之下的矩阵写法是

$$\mathrm{D}f(a) = \left(\frac{\partial f}{\partial x_1}(a), \frac{\partial f}{\partial x_2}(a), \cdots, \frac{\partial f}{\partial x_n}(a)\right). \tag{22.2.7}$$

评注 22.2.5　公式 (22.2.6) 可以看成两个向量之点积, 其中一个是向量 $\boldsymbol{v}$, 另一个是由函数 f 在点 a 的 n 个偏导数为分量组成的固定向量 (22.2.7).

定义 22.2.3　设 X 是 $\mathbb{R}^n$ 的开集, $a \in X$, $f: X \to \mathbb{R}$ 在点 a 可导. 则以函数 f 在点 a 的偏导数为分量的向量 (22.2.7) 称为函数 f 在点 a 的**梯度** (gradient), 记作 $\mathrm{grad}f(a)$. 若采用形式向量记号

$$\nabla = (\mathrm{D}_1, \mathrm{D}_2, \cdots, \mathrm{D}_n) \quad \text{或} \quad \left(\frac{\partial}{\partial x_1}, \frac{\partial}{\partial x_2}, \cdots, \frac{\partial}{\partial x_n}\right), \tag{22.2.8}$$

则

$$\mathrm{grad}f(a) = \nabla f(a). \tag{22.2.9}$$

于是定理 22.2.3(2) 可写作

推论 22.2.1　设 X 是 $\mathbb{R}^n$ 的开集, $a \in X, f : X \to \mathbb{R}$ 在点 a 可导. 则 $\forall v \in \mathbb{R}^n, v \neq 0$, 函数 f 关于 v 的方向导数可用其梯度表示为

$$\mathrm{D}_v f(a) = \mathrm{grad} f(a) \cdot v. \tag{22.2.10}$$

评注 22.2.6　梯度的定义采用了偏导数, 因此借助了已选取的坐标. 但它应当是与笛卡儿正交系的选取无关. 有关这个问题请参考下面的评注.

评注 22.2.7　**梯度的几何意义**　设 v 是 $\mathbb{R}^n$ 中的单位向量, 由公式 (22.2.10) 可知

$$\begin{aligned}
\mathrm{D}_v f(a) &= \mathrm{grad} f(a) \cdot v \\
&= \|\mathrm{grad} f(a)\| \cos\theta, \tag{22.2.11}
\end{aligned}$$

其中 θ 为向量 v 与 $\mathrm{grad} f(a)$ 之间的夹角 $(\leqslant \pi)$. 此内积值随单位向量 v 之选取而变化, 并以 $\theta = 0$ 时达到最大值 $\|\mathrm{grad} f(a)\|$. 这说明向量 $\mathrm{grad} f(a)$ 的方向和长度分别为函数 f 关于单位向量的方向导数取最大值之方向和最大值.

还有一个常见的概念叫全微分, 其定义是

定义 22.2.4　设 X 是 $\mathbb{R}^n$ 的开集, $a \in X, f : X \to \mathbb{R}$ 是一个数值函数 (数量场), 在点 a 可导, 导数为 $\mathrm{D}f(a)$. 则 $\forall x \in X$, 称 $\mathrm{D}f(a)(x - a)$ 为函数 f 在点 a 的**全微分** (total differential), 记作 $\mathrm{d}f(a)$ 或 $\mathrm{d}f$, 即

$$\mathrm{d}f(a) = \mathrm{D}f(a)(x - a), \tag{22.2.12}$$

若记 $x - a$ 为 $\mathrm{d}x$, 则

$$\mathrm{d}f(a) = \mathrm{D}f(a)\mathrm{d}x, \tag{22.2.13}$$

采用自然标准正交基之下的坐标写法, 由 (22.2.7) 及

$$\mathrm{d}x = (\mathrm{d}x_1, \mathrm{d}x_2, \cdots, \mathrm{d}x_n), \tag{22.2.14}$$

其中 $\mathrm{d}x_i = x_i - a_i, a = (a_1, a_2, \cdots, a_n), x = (x_1, x_2, \cdots, x_n)$, 则

$$\mathrm{d}f(a) = \sum_{i=1}^n \frac{\partial f}{\partial x_i}(a)\mathrm{d}x_i. \tag{22.2.15}$$

评注 22.2.8　通常认为函数 f 在点 a 的全微分 $\mathrm{d}f(a)$ 是 f 在点 a 的增量 $f(x) - f(a)$ 的理想的近似值, 因为由 (22.2.4) 知两者之差 $\alpha(x - a)$ 是 $\|x - a\|$ 的高阶无穷小, 并且全微分是自变量增量 $\mathrm{d}x = x - a$ 的线性函数.

22.3 复合求导和逆映射求导

多元函数求导有以下基本法则.

定理 22.3.1 设 X 是 $\mathbb{R}^n$ 中开集, $a \in X, f, g: X \to \mathbb{R}^m$ 是两个函数, 均在点 a 可导, 而 $\alpha, \beta \in \mathbb{R}$. 则 $\alpha f + \beta g$ 在点 a 也可导, 且

$$\mathrm{D}(\alpha f + \beta g)(a) = \alpha \mathrm{D}f(a) + \beta \mathrm{D}g(a). \tag{22.3.1}$$

定理 22.3.2(复合求导链锁法则) 设 X 是 $\mathbb{R}^m$ 中开集, Y 是 $\mathbb{R}^n$ 中开集, 函数 $f: X \to Y$ 在点 $a \in X$ 可导, 函数 $g: Y \to \mathbb{R}^l$ 在点 $b = f(a)$ 可导, 则复合函数 $g \circ f: X \to \mathbb{R}^l$ 在点 a 可导且

$$\mathrm{D}(g \circ f)(a) = \mathrm{D}g(b) \circ \mathrm{D}f(a). \tag{22.3.2}$$

等式右端的 $\circ$ 表示矩阵乘法, 可以省去.

证明 已知 f 在点 a 可导, 则 $\forall x \in X$, 有

$$f(x) = f(a) + \mathrm{D}f(a)(x - a) + \alpha(x - a),$$

其中函数 $\|\alpha(x - a)\|$ 当 $\|x - a\| \to 0$ 时是关于 $\|x - a\|$ 的高阶无穷小. 同样, 已知 g 在点 $b = f(a)$ 可导, 则 $\forall y \in Y$, 有

$$g(y) = g(b) + Dg(b)(y - b) + \beta(y - b),$$

其中函数 $\|\beta(y - b)\|$ 当 $\|y - b\| \to 0$ 时是关于 $\|y - b\|$ 的高阶无穷小. 于是

$$\begin{aligned}
(g \circ f)(x) = g(f(x)) &= g(f(a)) + Dg(b)(f(x) - f(a)) + \beta(f(x) - f(a)) \\
&= g(f(a)) + Dg(b)(Df(a)(x - a)) + Dg(b)\alpha(x - a) \\
&\quad + \beta(Df(a)(x - a) + \alpha(x - a)) \\
&= g(f(a)) + Dg(b) \circ Df(a)(x - a) + r(x - a),
\end{aligned}$$

其中

$$r(x - a) = Dg(b)\alpha(x - a) + \beta(Df(a)(x - a) + \alpha(x - a)).$$

用一点常规技术不难验证 $\|r(x - a)\|$ 当 $\|x - a\| \to 0$ 时是 $\|x - a\|$ 的高阶无穷小 (对于省略的验证, 有兴趣的读者可以作练习). 于是得到了定理中陈述的结论.

评注 22.3.1 这个定理的陈述体现了采用全导数概念的优点, 复合函数求导之链锁法则一目了然. 但具体计算依靠下述的计算公式.

复合求导计算公式 设 $X \subset \mathbb{R}^m, Y \subset \mathbb{R}^n$, 函数 $f : X \to Y$ 在点 $a \in X$ 可导. 按空间 $\mathbb{R}^n$ 中的自然标准正交基, 函数 f 可用坐标函数表出 $f = (f_1, f_2, \cdots, f_n)$, 其中每个 f_i 是定义在 X 上且在点 a 可导的数值函数 $f_i(x_1, x_2, \cdots, x_m)$, 故在自然标准正交基之下, 由公式 (22.2.7), 有

$$\mathrm{D}f_i(a) = \left(\frac{\partial f_i}{\partial x_1}(a), \frac{\partial f_i}{\partial x_2}(a), \cdots, \frac{\partial f_i}{\partial x_m}(a) \right), \quad i = 1, 2, \cdots, n.$$

从而

$$\mathrm{D}f(a) = \begin{pmatrix} \dfrac{\partial f_1}{\partial x_1}(a) & \dfrac{\partial f_1}{\partial x_2}(a) & \cdots & \dfrac{\partial f_1}{\partial x_m}(a) \\ \vdots & \vdots & & \vdots \\ \dfrac{\partial f_n}{\partial x_1}(a) & \dfrac{\partial f_n}{\partial x_2}(a) & \cdots & \dfrac{\partial f_n}{\partial x_m}(a) \end{pmatrix}, \tag{22.3.3}$$

并且函数 $g : Y \to \mathbb{R}^l$ 在点 $b = f(a)$ 可导, 同样在自然标准正交基之下有

$$\mathrm{D}g(b) = \begin{pmatrix} \dfrac{\partial g_1}{\partial y_1}(b) & \dfrac{\partial g_1}{\partial y_2}(b) & \cdots & \dfrac{\partial g_1}{\partial y_n}(b) \\ \vdots & \vdots & & \vdots \\ \dfrac{\partial g_l}{\partial y_1}(b) & \dfrac{\partial g_l}{\partial y_2}(b) & \cdots & \dfrac{\partial g_l}{\partial y_n}(b) \end{pmatrix}.$$

于是公式 (22.3.2) 便写成

$$\begin{pmatrix} \dfrac{\partial g_1(f)}{\partial x_1} & \dfrac{\partial g_1(f)}{\partial x_2} & \cdots & \dfrac{\partial g_1(f)}{\partial x_m} \\ \vdots & \vdots & & \vdots \\ \dfrac{\partial g_l(f)}{\partial x_1} & \dfrac{\partial g_l(f)}{\partial x_2} & \cdots & \dfrac{\partial g_l(f)}{\partial x_m} \end{pmatrix}$$

$$= \begin{pmatrix} \dfrac{\partial g_1}{\partial y_1} & \dfrac{\partial g_1}{\partial y_2} & \cdots & \dfrac{\partial g_1}{\partial y_n} \\ \vdots & \vdots & & \vdots \\ \dfrac{\partial g_l}{\partial y_1} & \dfrac{\partial g_l}{\partial y_2} & \cdots & \dfrac{\partial g_l}{\partial y_n} \end{pmatrix} \begin{pmatrix} \dfrac{\partial f_1}{\partial x_1} & \dfrac{\partial f_1}{\partial x_2} & \cdots & \dfrac{\partial f_1}{\partial x_m} \\ \vdots & \vdots & & \vdots \\ \dfrac{\partial f_n}{\partial x_1} & \dfrac{\partial f_n}{\partial x_2} & \cdots & \dfrac{\partial f_n}{\partial x_m} \end{pmatrix}, \tag{22.3.4}$$

或者比较等号两端之第 i 行第 j 列之元素, 得公式

$$\frac{\partial g_i(f)}{\partial x_j} = \frac{\partial g_i}{\partial y_1} \frac{\partial f_1}{\partial x_j} + \frac{\partial g_i}{\partial y_2} \frac{\partial f_2}{\partial x_j} + \cdots + \frac{\partial g_i}{\partial y_n} \frac{\partial f_n}{\partial x_j}, \tag{22.3.5}$$

若将其中的 f_k 记作 y_k, 则公式 (22.3.5) 便成为

$$\frac{\partial g_i(f)}{\partial x_j} = \frac{\partial g_i}{\partial y_1}\frac{\partial y_1}{\partial x_j} + \frac{\partial g_i}{\partial y_2}\frac{\partial y_2}{\partial x_j} + \cdots + \frac{\partial g_i}{\partial y_n}\frac{\partial y_n}{\partial x_j}.$$

特别, 若 $l = 1$, 便得

$$\frac{\partial g(f)}{\partial x_j} = \frac{\partial g}{\partial y_1}\frac{\partial y_1}{\partial x_j} + \frac{\partial g}{\partial y_2}\frac{\partial y_2}{\partial x_j} + \cdots + \frac{\partial g}{\partial y_n}\frac{\partial y_n}{\partial x_j}. \tag{22.3.6}$$

请读者熟练掌握公式 (22.3.6), 从而能轻松地计算 (22.3.5) 或 (22.3.4).

复合求导的一个特殊情形是多元函数沿一条曲线求导. 设 X 是 $\mathbb{R}^n$ 中开集, $r : (0,1) \to X$ 是一个在点 $t_0 \in (0,1)$ 可导的映射, $x_0 = r(t_0)$. 再设 $f : X \to \mathbb{R}$ 是一个数值函数, 在点 x_0 可导, 则由定理 22.3.2, 复合函数 $(f \circ r)(t) = f(r(t))$ 在点 t_0 可导, 且

$$D(f \circ r)(t_0) = Df(x_0) \circ Dr(t_0). \tag{22.3.7}$$

通常采用自然标准正交基之下的坐标方式, 可写成

$$\frac{d(f \circ r)}{dt}(t_0) = \frac{df(r(t_0))}{dt}$$
$$= \frac{\partial f}{\partial x_1}(x_0)\frac{dx_1}{dt}(t_0) + \frac{\partial f}{\partial x_2}(x_0)\frac{dx_2}{dt}(t_0) + \cdots + \frac{\partial f}{\partial x_n}(x_0)\frac{dx_n}{dt}(t_0). \tag{22.3.8}$$

顺便利用全导数与偏导数之间的关系 (22.3.3), 易得下面的结论, 它有明显的实用价值.

定理 22.3.3 设 X 是 $\mathbb{R}^n$ 中开集, $f : X \to \mathbb{R}^m$ 是一个函数. 则函数 f 在 X 上是连续可导的, 当且仅当函数 f 的每个分量函数 $f_i(i = 1, 2, \cdots, m)$ 在 X 上存在连续的偏导数.

将多元函数的反函数求导定理在较强的条件下陈述和证明.

定义 22.3.1 设 X 和 Y 是 $\mathbb{R}^n$ 中两个开集, $f : X \to Y$ 是一个双射, 且 f 和其逆映射 $g : Y \to X$ 都是连续映射, 则称 f 是从 X 到 Y 的一个**同胚** (homeomorphism).

评注 22.3.2 同胚概念可对更一般的两个拓扑空间的开集 (或其他集合) 定义, 但对欧氏空间的开集而言, 同胚的两个集合必然属于同维数的欧氏空间, 这是拓扑学中的一个重要定理, 属于荷兰数学家 Brouwer.

定理 22.3.4 设 X 和 Y 都是 $\mathbb{R}^n$ 中的开集, $f : X \to Y$ 是一个同胚, $g : Y \to X$ 是 f 的逆映射, 并且 f 和 g 分别在点 $a \in X$ 和点 $b = f(a)$ 可导, 则 f 在点 a 的全导数 $Df(a)$ 与 g 在点 b 的全导数 $Dg(b)$ 是互逆的.

证明 按 f 与 g 是互为逆映射的定义 (定义 5.1.1), 有

$$g \circ f = \mathrm{id}_X.$$

由复合求导链锁法则得

$$\mathrm{D}g(b) \circ \mathrm{D}f(a) = \boldsymbol{I},$$

其中 $\boldsymbol{I}$ 为 $n \times n$ 的单位矩阵. 这就是欲证之结论.

评注 22.3.3 **关于偏导数记号之议论** 这里同时采用了偏导数的记号 $\mathrm{D}_i f$ 和 $\dfrac{\partial f}{\partial x_i}$ 等, 这是有原因的, 并且是不得已的. 这两种记号都流行很广, 也许后者更广些. 但从某种意义来看, $\mathrm{D}_i f$ 更好些, 因为记号 $\mathrm{D}_i f$ 只是对函数 f 的第 i 个变量求偏导. 而记号 $\dfrac{\partial f}{\partial x_i}$ 虽然也是说对函数 f 的第 i 个变量求导, 但预先要求第 i 个变量已记作 x_i; 如果 f 中第 i 个变量采用了别的字母, 则记号也要随着改写, 如

$$\frac{\partial f(s,t,u)}{\partial t} \quad \text{或} \quad \frac{\partial f(x,y,z)}{\partial y},$$

其实就是 $\mathrm{D}_2 f$. 假如不预先设置好 f 的变量用什么字母分别代表, 便不能将 $\mathrm{D}_2 f(1,3,2)$ 用 $\dfrac{\partial f}{\partial x_i}$ 一类的记号写出来. 当然, 一旦预先设置了 f 的变量后, 便可以用较复杂的表述来解决这个困难, 如

$$\mathrm{D}_2 f(1,3,2) \quad \text{可写作} \quad \left.\frac{\partial f(s,t,u)}{\partial t}\right|_{(s,t,u)=(1,3,2)}.$$

希望读者对这两种记号都能熟悉, 并正确解释.

22.4 高阶导数

下面建立高阶的偏导数概念和高阶的全导数概念.

定义 22.4.1 设 X 是 $\mathbb{R}^n$ 中开集, $f : X \to \mathbb{R}$ 是一个数量场, $a \in X$. 设 f 在点 a 附近有关于 x_j 的偏导数 $\mathrm{D}_i f = \dfrac{\partial f}{\partial x_i}$, 且函数 $\mathrm{D}_i f = \dfrac{\partial f}{\partial x_i}$ 在点 a 关于 x_j 有偏导, 记作 $\mathrm{D}_j(\mathrm{D}_i f) = \mathrm{D}_j \mathrm{D}_i f$ 或 $\dfrac{\partial}{\partial x_j}\left(\dfrac{\partial f}{\partial x_i}\right) = \dfrac{\partial^2 f}{\partial x_j \partial x_i}$, 称为函数 f 在点 a 的**二阶偏导数**. 设 $k > 2$, 函数的 $k-1$ 阶偏导数概念已建立. 设函数 f 的某个 $k-1$ 阶偏导数 $\mathrm{D}_j \cdots \mathrm{D}_i f = \dfrac{\partial^{k-1} f}{\partial x_j \cdots \partial x_i}$ 在点 a 关于 x_h 有偏导数, 记作 $\mathrm{D}_h(\mathrm{D}_j \cdots \mathrm{D}_i f)(a) =$

$\mathrm{D}_h\mathrm{D}_j\cdots\mathrm{D}_i f(a)$ 或 $\dfrac{\partial}{\partial x_h}\left(\dfrac{\partial^{k-1} f}{\partial x_j\cdots\partial x_i}\right)(a)=\dfrac{\partial^k f}{\partial x_h\partial x_j\cdots\partial x_i}(a)$, 称为函数 f 在点 a 的 k 阶偏导数.

评注 22.4.1 与一般的极限顺序交换类似, 通常

$$\mathrm{D}_j\mathrm{D}_i f(a)\neq\mathrm{D}_i\mathrm{D}_j f(a)\quad\text{或}\quad\frac{\partial^2 f}{\partial x_j\partial x_i}(a)\neq\frac{\partial^2 f}{\partial x_i\partial x_j}(a). \tag{22.4.1}$$

定义 22.4.2 设 X 是 $\mathbb{R}^n$ 中开集, $f: X\to\mathbb{R}^m$ 是一个向量场, $a\in X$. 设 f 在点 a 附近有导数 $\mathrm{D}f: X\to\mathcal{L}(\mathbb{R}^n;\mathbb{R}^m)$, 且 $\mathrm{D}f$ 在点 a 可导, 导数记为 $\mathrm{D}^2 f(a)$ 或 $f''(a)$, 它是 $\mathcal{L}(\mathbb{R}^n;\mathcal{L}(\mathbb{R}^n;\mathbb{R}^m))$ 中元素, 则称函数 f 在点 a **二阶可导**, $\mathrm{D}^2 f(a)=f''(a)$ 是其在点 a 的**二阶 (全) 导数**. 设 $k>2$, 函数的 $k-1$ 阶导数概念已建立. 设函数 f 在点 a 附近有 $k-1$ 阶导数 $\mathrm{D}^{k-1} f=f^{(k-1)}$. 若 $\mathrm{D}^{k-1} f$ 在点 a 是可导的, 则称函数 f 在点 a 是 k **阶可导的**, $\mathrm{D}^{k-1} f$ 在点 a 的导数称为函数 f 在点 a 的 k **阶 (全) 导数**, 记作 $\mathrm{D}^k f(a)=\mathrm{D}\mathrm{D}^{k-1} f(a)$ 或 $f^{(k)}(a)$, 它是 $\underbrace{\mathcal{L}(\mathbb{R}^n;\cdots;\mathcal{L}(\mathbb{R}^n;\mathbb{R}^m)\cdots)}_{k\text{重}}$ 中元素.

对数量场采用二阶全导数概念, 有下述定理.

定理 22.4.1 设 X 是 $\mathbb{R}^n$ 中开集, $f: X\to\mathbb{R}$ 是一个在 X 中可导的数量场, $a\in X$. 如果数量场 f 在点 a 是二阶可导的, $\mathrm{D}^2 f(a)\in\mathcal{L}(\mathbb{R}^n;\mathcal{L}(\mathbb{R}^n;\mathbb{R}))=\mathcal{L}(\mathbb{R}^n,\mathbb{R}^n;\mathbb{R})$, 则由 $\mathrm{D}^2 f(a)$ 决定的双线性形式

$$\mathrm{D}^2 f(a):\mathbb{R}^n\times\mathbb{R}^n\to\mathbb{R}$$

$$(s,t)\mapsto\mathrm{D}^2 f(a)\cdot(s,t)=(\mathrm{D}^2 f(a)\cdot s)\cdot t$$

是一个对称双线性形式, 换句话说

$$\mathrm{D}^2 f(a)\cdot(s,t)=\mathrm{D}^2 f(a)\cdot(t,s). \tag{22.4.2}$$

特别, 取 $s=\boldsymbol{e}_i, t=\boldsymbol{e}_j$, 便得

$$\mathrm{D}_i\mathrm{D}_j f(a)=\mathrm{D}_j\mathrm{D}_i f(a)\quad\text{或}\quad\frac{\partial^2 f}{\partial x_i\partial x_j}(a)=\frac{\partial^2 f}{\partial x_j\partial x_i}(a). \tag{22.4.3}$$

证明 当 $\lambda\in[0,1]$ 时, 记函数 g 为

$$g(\lambda)=f(a+\lambda s+t)-f(a+\lambda s),$$

其中 $s, t \in \mathbb{R}^n$ 满足 $\|s\| < \frac{1}{2}r, \|t\| < \frac{1}{2}r$, 而 $N(a; r) \subset X$. g 是 $[0, 1]$ 上的数值函数, 由拉格朗日 (Lagrange) 中值定理 (定理 7.1.1), $\exists \theta \in (0, 1)$, 使得

$$g(1) - g(0) = g'(\theta).$$

今

$$
\begin{aligned}
g'(\lambda) &= [f'(a + \lambda s + t) - f'(a + \lambda s)] \cdot s \\
&= [(f'(a + \lambda s + t) - f'(a) - f''(a)(\lambda s + t)) \\
&\quad - (f'(a + \lambda s) - f'(a) - f''(a) \cdot \lambda s) + f''(a) \cdot t] \cdot s,
\end{aligned}
$$

移项得

$$
\begin{aligned}
\|g'(\lambda) - (f''(a) \cdot t) \cdot s\| &\leqslant \|f'(a + \lambda s + t) - f'(a) - f''(a) \cdot (\lambda s + t)\| \cdot \|s\| \\
&\quad + \|f'(a + \lambda s) - f'(a) - f''(a) \cdot \lambda s\| \cdot \|s\|,
\end{aligned}
$$

由全导数定义式 (22.2.4), 右端最后一项之范数, 当 $\|x - a\| \to 0$ 时, 是 $\|x - a\|$ 之高阶无穷小. 则 $\forall \varepsilon > 0, \exists \delta \leqslant r$, 使得当 $\|\lambda s + t\| < \delta$ 时, 有

$$\|f'(a + \lambda s + t) - f'(a) - f''(a) \cdot (\lambda s + t)\| \leqslant \varepsilon \|\lambda s + t\|,$$

从而当 $\|s\| \leqslant \frac{1}{2}\delta, \|t\| \leqslant \frac{1}{2}\delta$ 时, 有

$$\|f'(a + \lambda s + t) - f'(a) - f''(a) \cdot (\lambda s + t)\| \cdot \|s\| \leqslant \varepsilon(\|s\| + \|t\|) \|s\|,$$

同样有

$$\|f'(a + \lambda s) - f'(a) - f''(a) \cdot \lambda s\| \cdot \|s\| \leqslant \varepsilon \cdot \|s\|^2.$$

因此

$$\|g'(\lambda) - (f''(a) \cdot t) \cdot s\| \leqslant \varepsilon(2\|s\| + \|t\|) \|s\|.$$

于是

$$\|g(1) - g(0) - (f''(a) \cdot t) \cdot s\| \leqslant \varepsilon(2\|s\| + \|t\|) \|s\|.$$

而 $g(1) - g(0) = f(a + s + t) - f(a + s) - f(a + t) + f(a)$ 关于 s 和 t 是对称的, 所以同样有

$$\|g(1) - g(0) - (f''(a) \cdot s) \cdot t\| \leqslant \varepsilon(2\|t\| + \|s\|) \|t\|.$$

从而

$$\|(f''(a) \cdot t) \cdot s - (f''(a) \cdot s) \cdot t\| \leqslant 2\varepsilon(\|s\|^2 + \|s\| \|t\| + \|t\|^2).$$

虽然此不等式对于 $\|s\| \leqslant \frac{1}{2}\delta, \|t\| \leqslant \frac{1}{2}\delta$ 成立. 但如果对这种 s 和 t 乘以 $\lambda \in \mathbb{R}$, 则不等式两侧均乘了 λ^2, 因而不等式对于一切 $s, t \in \mathbb{R}^n$ 均成立; 特别, 对于 $\|s\| = \|t\| = 1$ 时, 得

$$\|(f''(a) \cdot t) \cdot s - (f''(a) \cdot s) \cdot t\| \leqslant 6\varepsilon.$$

由 ε 之任意性, 知对于 $\|s\| = \|t\| = 1$, 从而对任意 $s, t \in \mathbb{R}^n$ 有等式

$$(f''(a) \cdot t) \cdot s = (f''(a) \cdot s) \cdot t.$$

这就是等式 (22.4.2).

评注 22.4.2 上述定理的结论非常重要, 而条件很弱, 但证明比较抽象. 读者如果能够适应, 当然会有好处. 鼓励读者去掌握这类现代化的方法论. 下面将这个定理按经典的做法重述如下, 但其条件适当加强了.

定理 22.4.1′ 设 X 是 $\mathbb{R}^n$ 中开集, $f : X \to \mathbb{R}$ 是在 X 中二阶连续可导的数量场, $a \in X$, 则

$$\frac{\partial^2 f}{\partial x_i \partial x_j}(a) = \frac{\partial^2 f}{\partial x_j \partial x_i}(a). \tag{22.4.4}$$

证明 只对 $n = 2$ 的情形证明如下. 此时 $X \subset \mathbb{R}^2$, 点 $x \in X$ 写作 $x = (x_1, x_2), a = (a_1, a_2)$.

取 $h, k \neq 0$, 使得以 $(a_1, a_2), (a_1 + h, a_2), (a_1 + h, a_2 + k)$ 和 $(a_1, a_2 + k)$ 为顶点的矩形包含在 X 内. 记

$$g(h, k) = f(a_1 + h, a_2 + k) - f(a_1 + h, a_2) - f(a_1, a_2 + k) + f(a_1, a_2).$$

令

$$\varphi(x_1, x_2) = f(x_1 + h, x_2) - f(x_1, x_2),$$

则

$$g(h, k) = \varphi(a_1, a_2 + k) - \varphi(a_1, a_2).$$

对函数 φ 关于第二个变量应用 Lagrange 中值定理, 存在 $0 < \theta < 1$, 使

$$g(h, k) = \frac{\partial \varphi}{\partial x_2}(a_1, a_2 + \theta k) \cdot k$$

$$= \left[\frac{\partial f}{\partial x_2}(a_1 + h, a_2 + \theta k) - \frac{\partial f}{\partial x_2}(a_1, a_2 + \theta k) \right] \cdot k.$$

再对函数 $\dfrac{\partial f}{\partial x_2}$ 关于第一个变量应用 Lagrange 中值定理, 存在 $0 < \eta < 1$, 使

$$\frac{\partial f}{\partial x_2}(a_1 + h, a_2 + \theta k) - \frac{\partial f}{\partial x_2}(a_1, a_2 + \theta k) = \frac{\partial^2}{\partial x_1 \partial x_2} f(a_1 + \eta h, a_2 + \theta k) \cdot h,$$

因此, 得

$$g(h, k) = \frac{\partial^2}{\partial x_1 \partial x_2} f(a_1 + \eta h, a_2 + \theta k) \cdot hk. \tag{22.4.5}$$

再令

$$\psi(x_1, x_2) = f(x_1, x_2 + k) - f(x_1, x_2),$$

则

$$g(h, k) = \psi(a_1 + h, a_2) - \psi(a_1, a_2).$$

类似于上一段的讨论, 先对 ψ 关于第一个变量, 再对 $\dfrac{\partial f}{\partial x_1}$ 关于第二个变量, 应用 Lagrange 中值定理, 存在 $0 < \eta', \theta' < 1$ 使得

$$g(h, k) = \frac{\partial^2}{\partial x_2 \partial x_1} f(a_1 + \eta' h, a_2 + \theta' k) \cdot hk. \tag{22.4.6}$$

组合 (22.4.5) 和 (22.4.6), 便得

$$\frac{\partial^2}{\partial x_1 \partial x_2} f(a_1 + \eta h, a_2 + \theta k) = \frac{\partial^2}{\partial x_2 \partial x_1} f(a_1 + \eta' h, a_2 + \theta' k).$$

由于 $\dfrac{\partial^2}{\partial x_1 \partial x_2} f, \dfrac{\partial^2}{\partial x_2 \partial x_1} f$ 在点 a 连续, 故当 $h, k \to 0$ 时, 对上式取极限就得

$$\frac{\partial^2}{\partial x_1 \partial x_2} f(a_1, a_2) = \frac{\partial^2}{\partial x_2 \partial x_1} f(a_1, a_2).$$

评注 22.4.3　在上面的证明中只用到假设条件的一部分: $\dfrac{\partial^2 f}{\partial x_1 \partial x_2}$ 和 $\dfrac{\partial^2 f}{\partial x_2 \partial x_1}$ 在点 a 附近存在, 并在点 a 连续.

第23讲

多元微分学的基本定理

本讲先将一元微分学的 Lagrange 中值定理和泰勒 (Taylor) 公式推广到多元数值函数 (数量场), 然后介绍隐函数定理和反函数定理.

23.1　中值定理

一元数值函数微分学中的中值定理 (定理 7.1.1), 其结论表示为等式: $f(b) - f(a) = f'(\xi)(b-a)$. 却不能把它直接推广为向量值的函数的相应等式, 因为类似的等式并不成立.

这里只讨论多元的数值函数, 即数量场, 对它们建立适用的微分中值定理.

定理 23.1.1(数量场微分中值定理)　设 X 是 $\mathbb{R}^n$ 中开集, $f: X \to \mathbb{R}$ 是一个数量场, 在 X 内可导. 设点 a 和 b 是 X 中的两点, 使得 $\mathbb{R}^n$ 中以 a 和 b 为端点的线段 $\overline{ab} = \{a + t(b-a) \mid t \in [0,1]\} \subset X$, 则存在 $\theta \in (0,1)$, 使得

$$f(b) - f(a) = \mathrm{D}f(\xi) \cdot (b-a), \quad \xi = a + \theta(b-a), \tag{23.1.1}$$

或

$$f(b) - f(a) = \mathrm{grad}f(\xi) \cdot (b-a) \tag{23.1.2}$$

及

$$f(b) - f(a) = \nabla f(\xi) \cdot (b-a). \tag{23.1.3}$$

证明　令 $r: [0,1] \to X$ 定义为

$$r(t) = a + t(b-a).$$

再令 $g(t) = (f \circ r)(t) = f(r(t))$, 它是 $[0,1]$ 上的连续函数, 且在 $(0,1)$ 内可导. 由一元函数的 Lagrange 中值定理 (定理 7.1.1), 存在 $\theta \in (0,1)$ 使

$$g(1) - g(0) = g'(\theta). \tag{23.1.4}$$

由复合求导链锁法则 (定理 22.3.2), 有

$$g'(t) = D(f \circ r)(t) = Df(r(t)) \circ Dr(t),$$

其中 $Dr(t) = b - a$, 从而

$$g'(t) = Df(r(t)) \cdot (b - a).$$

记 $\xi = r(\theta) = a + \theta(b - a)$, 且 $g(0) = f(a), g(1) = f(b)$, 故从式 (23.1.4) 得

$$f(b) - f(a) = Df(\xi) \cdot (b - a).$$

评注 23.1.1　定理 23.1.1 还可对 X 中连接点 a 和 b 的可导曲线建立, 读者可试着写出其结论来.

定义 23.1.1　设 X 是 $\mathbb{R}^n$ 中集合. 如果 $\forall a, b \in X$, $\exists$ 有限个点 $x_1, x_2, \cdots,$ $x_{k-1} \in X$, 使得当 $i = 1, 2, \cdots, k$ 时, 线段 $\overline{x_{i-1}x_i} \subset X$, 其中 $x_0 = a, x_k = b$, 则称 X 是折线连通的. 如果 X 是折线连通的开集, 则 X 称为 $\mathbb{R}^n$ 中的一个区域. 区域的闭包称为闭区域.

定理 23.1.2　设 X 是 $\mathbb{R}^n$ 中一个区域, $f : X \to \mathbb{R}$ 是一个数量场. 若数量场 f 在 X 内可导且 ∇f 在 X 内恒为零, 则 f 在 X 内取常数值.

证明　在区域 X 中任取两点 a 和 b, 使得以 a, b 为端点的线段 $\overline{ab} \subset X$. 则由微分中值定理, 定理 23.1.1, 在线段 $\overline{ab}$ 内存在一点 ξ, 使得 (23.1.3) 成立, 即

$$f(b) - f(a) = \nabla f(\xi) \cdot (b - a).$$

已知 $\nabla f(\xi) = 0$, 从而得

$$f(b) = f(a).$$

即数量场 f 在 X 的任何线段的两端取值相等. 因为 X 是一个区域, 其中任何两点可折线联通, 因此可知 f 在 X 中的任何两点之值相等.

23.2　Taylor 公式

这一节中建立数量场的 Taylor 公式.

设 X 是 $\mathbb{R}^n$ 中开集, $f : X \to \mathbb{R}$ 是一个数量场, 设 f 在 X 内有 m 阶连续的 (全) 导数, 则由定理 22.3.3 可知, 这等价于 f 有 m 阶连续偏导数. 也用记号 $f \in C^m$ 或 $C^m(X)$.

设 $m \geqslant 2$, $f \in C^m$. 考察 f 的各阶偏导数. 首先 f 的一阶偏导数为

$$\frac{\partial f}{\partial x_1}(x), \frac{\partial f}{\partial x_2}(x), \cdots, \frac{\partial f}{\partial x_n}(x),$$

以它们为分量便得 f 的梯度 (向量)

$$\nabla f(x) = \left(\frac{\partial f}{\partial x_1}(x), \frac{\partial f}{\partial x_2}(x), \cdots, \frac{\partial f}{\partial x_n}(x) \right).$$

已经约定

$$\nabla = \left(\frac{\partial}{\partial x_1}, \frac{\partial}{\partial x_2}, \cdots, \frac{\partial}{\partial x_n} \right).$$

并由定理 22.2.3 知, 对于 $\boldsymbol{v} = (v_1, v_2, \cdots, v_n) \in \mathbb{R}^n$, 有

$$\mathrm{D}f(a)\boldsymbol{v} = \sum_{i=1}^{n} v_i \frac{\partial f}{\partial x_i}(a).$$

今后约定

$$\boldsymbol{v} \cdot \nabla = \sum_{i=1}^{n} v_i \frac{\partial}{\partial x_i}, \tag{23.2.1}$$

则上式右端便写成

$$(\boldsymbol{v} \cdot \nabla)f(a). \tag{23.2.2}$$

它是以数量场 f 在点 a 的一阶偏导数为系数, 以向量 $\boldsymbol{v}$ 之分量为不定元的齐线性 (一次) 函数.

推广到高阶偏导数的情形. 注意, 本节中认为 $\boldsymbol{v}$ 是与 ∇ 中求导的自变量 x 完全独立的变量. 设 k 满足 $2 \leqslant k \leqslant m$. 约定 $(\boldsymbol{v} \cdot \nabla)^k$ 表 k 重复合 $(\boldsymbol{v} \cdot \nabla) \circ (\boldsymbol{v} \cdot \nabla) \circ \cdots \circ (\boldsymbol{v} \cdot \nabla)$, 从而得

$$(\boldsymbol{v} \cdot \nabla)^k = \sum_{i_1, i_2, \cdots, i_k=1}^{n} v_{i_1} v_{i_2} \cdots v_{i_k} \frac{\partial^k}{\partial x_{i_1} \partial x_{i_2} \cdots \partial x_{i_k}}, \tag{23.2.3}$$

则

$$(\boldsymbol{v} \cdot \nabla)^k f(a) = \sum_{i_1, i_2, \cdots, i_k=1}^{n} v_{i_1} v_{i_2} \cdots v_{i_k} \frac{\partial^k f(a)}{\partial x_{i_1} \partial x_{i_2} \cdots \partial x_{i_k}}. \tag{23.2.4}$$

它是以数量场 f 在点 a 的 k 阶偏导数为系数, 以向量 $\boldsymbol{v}$ 之分量为不定元的齐 k 次多项式.

定义 23.2.1 设 X 是 $\mathbb{R}^n$ 中开集, $f : X \to \mathbb{R}$ 是一个数量场, 且 $f \in C^m$, $a \in X$, 且 $r > 0$, 使得 $N(a; r) \subset X$. 则 $\forall x \in N(a; r)$, 多项式

$$
\begin{aligned}
P_m(a, x) &= f(a) + ((x - a) \cdot \nabla) f(a) \\
&\quad + \frac{((x - a) \cdot \nabla)^2 f(a)}{2!} + \cdots + \frac{((x - a) \cdot \nabla)^m f(a)}{m!} \\
&= \sum_{k=0}^{m} \frac{((x - a) \cdot \nabla)^k f(a)}{k!}
\end{aligned}
\tag{23.2.5}
$$

称为数量场 $f(x)$ 在点 a 的 m 阶 **Taylor 多项式**. 令

$$
R_m(a, x) = f(x) - P_m(a, x)
\tag{23.2.6}
$$

称为数量场 $f(x)$ 的 Taylor 公式中的 (第 m 个) **余项**. 则有等式

$$
f(x) = P_m(a, x) + R_m(a, x).
\tag{23.2.7}
$$

定理 23.2.1(Taylor 公式) 设 X 是 $\mathbb{R}^n$ 中开集, $f : X \to \mathbb{R}$ 是一个属于 C^{m+1} 的数量场, $a \in X$ 且 $r > 0$, 使得 $N(a; r) \subset X$. 则 $\forall x \in N(a; r)$, $\exists \theta \in (0, 1)$, 使得

$$
R_m(a, x) = \frac{((x - a) \cdot \nabla)^{m+1} f(a + \theta(x - a))}{(m + 1)!},
\tag{23.2.8}
$$

从而

$$
f(x) = \sum_{k=0}^{m} \frac{((x - a) \cdot \nabla)^k f(a)}{k!} + \frac{((x - a) \cdot \nabla)^{m+1} f(a + \theta(x - a))}{(m + 1)!}.
\tag{23.2.9}
$$

证明 $\forall x \in N(a; r)$, 定义 $[0, 1]$ 中函数 φ 为

$$
\varphi(t) = f(a + t(x - a)).
$$

则 $\varphi \in C^{m+1}([0, 1])$. 由一元函数的 Taylor 公式 (定理 7.3.1), $\exists \theta \in (0, t)$, 使得

$$
\varphi(t) = \varphi(0) + \varphi'(0)t + \frac{\varphi''(0)}{2!}t^2 + \cdots + \frac{\varphi^m(0)}{m!}t^m + \frac{\varphi^{(m+1)}(\theta)}{(m + 1)!}t^{m+1}.
\tag{23.2.10}
$$

采用复合求导链锁法则, 得

$$\varphi(t) = f(a + t(x-a)) = ((x-a) \cdot \nabla)^0 f(a + t(x-a)),$$
$$\varphi'(t) = Df(a + t(x-a))(x-a) = ((x-a) \cdot \nabla) f(a + t(x-a)),$$
$$\varphi''(t) = ((x-a) \cdot \nabla)^2 f(a + t(x-a)),$$
$$\cdots\cdots$$
$$\varphi^k(t) = ((x-a) \cdot \nabla)^k f(a + t(x-a)),$$
$$\cdots\cdots$$
$$\varphi^{m+1}(t) = ((x-a) \cdot \nabla)^{m+1} f(a + t(x-a)).$$

从而

$$\varphi^k(0) = ((x-a) \cdot \nabla)^k f(a), \quad 0 \leqslant k \leqslant m,$$
$$\varphi^{m+1}(\theta) = ((x-a) \cdot \nabla)^{m+1} f(a + \theta(x-a)).$$

将这些代入 (23.2.10) 中便得 (23.2.9).

这里的余项表达式 (23.2.8) 称为 **Lagrange 型余项**.

特别, 当 $a = 0$ 时的 Taylor 公式称为**麦克劳林 (Maclaurin) 公式**

$$f(x) = \sum_{k=0}^{m} \frac{(x \cdot \nabla)^k f(0)}{k!} + \frac{(x \cdot \nabla)^{m+1} f(\theta x)}{(m+1)!}. \tag{23.2.11}$$

23.3   隐函数定理

有时一个函数 $y = f(x)$ 是从某个方程

$$F(x, y) = 0 \tag{23.3.1}$$

中 "解" 出来的. 例如, 从圆周的方程

$$x^2 + y^2 - 1 = 0 \tag{23.3.2}$$

中可以 "解" 出函数

$$y = \sqrt{1 - x^2}, \quad x \in [-1, 1], \tag{23.3.3}$$

或

$$y = -\sqrt{1 - x^2}, \quad x \in [-1, 1], \tag{23.3.4}$$

它们的图形是上半圆周或下半圆周. 但是, 实际上从方程 (23.3.2) 可以 "解" 得无穷多个函数

$$y = f(x),$$

其中 $f(x) = \pm\sqrt{1-x^2}$ 当 $x \in [-1,1]$ 变动时作不同选择. 因此, 为使结果明确, 需要改进对问题的提法.

设点 (x_0, y_0) 满足方程 (23.3.1). 希望对 F 在点 (x_0, y_0) 附近设置适当的假设条件, 使得方程 (23.3.1) 在点 (x_0, y_0) 的某个邻域内的解 (点的集合), 给出其点的坐标之间的关系而确定出一个函数 $y = f(x)$, 它满足 $y_0 = f(x_0)$. 这时则说, 函数 $y = f(x)$ 是由方程 (23.3.1) 给出的, 并将这类定理称为**隐函数定理** (implicit-function theorem).

评注 23.3.1　采用 "隐函数定理" 并认为它是一个完整的名词. 但是, 避免在其他情况下采用 "隐函数" 一词.

定理 23.3.1(隐函数定理)　设 X 是 $\mathbb{R}^2$ 中开集, 数值函数 $F : X \to \mathbb{R}$ 在 X 内连续, 点 $(x_0, y_0) \in X$, 使 $F(x_0, y_0) = 0$. 设函数 F 在 X 内有连续偏导数 $F_y(x, y)$ 且 $F_y(x_0, y_0) \neq 0$. 则

(1) 存在点 (x_0, y_0) 的邻域 $N((x_0, y_0); \alpha, \beta) = (x_0 - \alpha, x_0 + \alpha) \times (y_0 - \beta, y_0 + \beta)$ 使得在 $(x_0 - \alpha, x_0 + \alpha)$ 内存在唯一的函数 $y = f(x)$ 满足 $f(x_0) = y_0$, 并且当 $x \in (x_0 - \alpha, x_0 + \alpha)$ 时, 有

$$(x, f(x)) \in N((x_0, y_0); \alpha, \beta)$$

和

$$F(x, f(x)) = 0. \tag{23.3.5}$$

(2) $y = f(x)$ 在 $(x_0 - \alpha, x_0 + \alpha)$ 内连续.

如果函数 F 在 X 内还有连续偏导数 $F_x(x, y)$, 则还有

(3) $y = f(x)$ 在 $(x_0 - \alpha, x_0 + \alpha)$ 内连续可导, 且

$$f'(x) = -\frac{F_x(x, y)}{F_y(x, y)}. \tag{23.3.6}$$

所得函数 $y = f(x)$ 称由方程 (23.3.1) 确定的函数.

证明　(1) 不妨设 $F_y(x_0, y_0) > 0$. 由 F_y 在 X 内的连续性及连续函数的保号性, 存在点 (x_0, y_0) 的一个闭的方邻域 $[x_0 - \beta, x_0 + \beta] \times [y_0 - \beta, y_0 + \beta] \subset X$, 如图 23.1, 使在其上 $F_y(x, y) > 0$. 因此, 对每个 $x \in [x_0 - \beta, x_0 + \beta]$, $F(x, y)$ 作为 y 的一元函数在 $[y_0 - \beta, y_0 + \beta]$ 上严格增加且连续. 特别, 当 $x = x_0$ 时, $F(x_0, y)$ 在 $[y_0 - \beta, y_0 + \beta]$ 上严格增加且连续. 由初始条件 $F(x_0, y_0) = 0$ 可知

$$F(x_0, y_0 - \beta) < 0 \quad 及 \quad F(x_0, y_0 + \beta) > 0.$$

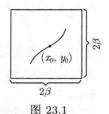

图 23.1

再由 F 的连续性知 $F(x, y_0 - \beta)$ 及 $F(x, y_0 + \beta)$ 在 $[x - \beta, x_0 + \beta]$ 上连续. 再由保号性, 存在 $\alpha > 0 (\alpha \leqslant \beta)$ 使得在 $(x_0 - \alpha, x_0 + \alpha)$ 内有

$$F(x, y_0 - \beta) < 0 \text{ 及 } F(x, y_0 + \beta) > 0. \quad (23.3.7)$$

因此, 对 $x \in (x_0 - \alpha, x_0 + \alpha)$, 由 $F(x, y)$ 作为 y 的一元函数在闭区间 $[y_0 - \beta, y_0 + \beta]$ 上严格增加且连续, 故从连续函数介值定理知存在 $(y_0 - \beta, y_0 + \beta)$ 内唯一的点, 记作 $f(x)$, 使得成立等式

$$F(x, f(x)) = 0.$$

这样, 便得到一个定义域是 $(x_0 - \alpha, x_0 + \alpha)$, 值域是 $(y_0 - \beta, y_0 + \beta)$ 的函数 $y = f(x)$. 由函数 $F(x, y)$ 在 $(x_0 - \alpha, x_0 + \alpha) \times (y_0 - \beta, y_0 + \beta)$ 内关于 y 的严格增加性, 知这样的函数是唯一的.

(2) 任取 $\bar{x} \in (x_0 - \alpha, x_0 + \alpha)$. 用 $(\bar{x}, f(\bar{x}))$ 来取代 (1) 中的 (x_0, y_0). 用充分小的 $\varepsilon > 0$ 来充当 (1) 的 β, 并记 (1) 中对应的 α 为 δ. 便得结论: 当 $x \in (\bar{x} - \delta, \bar{x} + \delta)$ 时, 函数值 $f(x) \in (\bar{y} - \varepsilon, \bar{y} + \varepsilon)$. 即函数 $f(x)$ 在点 $\bar{x}$, 从而在 $(x_0 - \alpha, x_0 + \alpha)$ 内是连续的.

(3) 这时, 已设 F 在 X 内偏导数 F_x 和 F_y 均连续. 设 $x, x + \Delta x \in (x_0 - \alpha, x_0 + \alpha)$, 则 $y = f(x), y + \Delta y = f(x + \Delta x) \in (y_0 - \beta, y_0 + \beta)$. 代入 (23.3.5) 得

$$F(x, y) = 0 \quad \text{和} \quad F(x + \Delta x, y + \Delta y) = 0.$$

于是, 因点 $A = (x, y) = (x, f(x))$ 与 $B = (x + \Delta x, y + \Delta y) = (x + \Delta x, f(x + \Delta x))$ 所连线段 $\overline{AB}$ 在 $[x_0 - \beta, x_0 + \beta] \times [y_0 - \beta, y_0 + \beta]$ 内部, 由微分中值定理 (定理 23.1.1), 存在位于 $\overline{AB}$ 内的点 (ξ, η), 使

$$0 = F(x + \Delta x, f(x + \Delta x)) - F(x, f(x)) = DF(\xi, \eta) \cdot (\Delta x, \Delta y)$$

$$= F_x(\xi, \eta)\Delta x + F_y(\xi, \eta)\Delta y.$$

由此得

$$\frac{\Delta y}{\Delta x} = -\frac{F_x(\xi, \eta)}{F_y(\xi, \eta)}.$$

故极限 $\lim\limits_{\Delta x \to 0} \dfrac{\Delta y}{\Delta x}$ 存在, 且得公式 (23.3.6), 并可见 $f'(x)$ 连续.

评注 23.3.2 这个定理的结论是局部的, 欲得整体性结论, 需反复应用此定理, 将已得函数延拓.

例 23.3.1　设 $F(x, y) = y - x + \dfrac{1}{2}\sin y$. 方程 (23.3.1) 成为

$$y - x + \frac{1}{2}\sin y = 0. \tag{23.3.8}$$

函数 F 在平面 $\mathbb{R}^2$ 上有连续偏导数 F_x 和 F_y, 且

$$F(0, 0) = 0, \quad F_y(x, y) = 1 + \frac{1}{2}\cos y > 0.$$

由隐函数定理 (定理 23.3.1), 方程 (23.3.8) 确定了一个定义在点 $x = 0$ 的某个邻域 $(-\alpha, \alpha)$ 内的函数 $y = f(x)$, 它还是连续可导的, 按公式 (23.3.6), 其导数为

$$f'(x) = -\frac{F_x(x, y)}{F_y(x, y)} = \frac{1}{1 + \dfrac{1}{2}\cos y}.$$

正如评注 23.3.2 中所说, 由隐函数定理所得函数 $y = f(x)$ 是在原点的某个邻域 $(-\alpha, \alpha)$ 内定义的. 如果你希望得到更大范围定义的函数, 你可反复应用隐函数定理. 具体做法请读者自己尝试.

为了后面的需要, 介绍由德国人雅可比 (Jacobi, 1804—1851) 提出的 Jacobi 矩阵和 Jacobi 行列式.

定义 23.3.1　设 X 是 $\mathbb{R}^n$ 中开集, $\varphi = (\varphi_1, \varphi_2, \cdots, \varphi_m) : X \to \mathbb{R}^m$ 是一个向量值函数, φ_i 是 φ 的第 i 个分量数值函数. 设 φ 在 X 内可导, 于是每个 φ_i 在 X 内都可导. 则称矩阵

$$\begin{pmatrix} \dfrac{\partial \varphi_1}{\partial x_1} & \dfrac{\partial \varphi_1}{\partial x_2} & \cdots & \dfrac{\partial \varphi_1}{\partial x_n} \\ \vdots & \vdots & & \vdots \\ \dfrac{\partial \varphi_m}{\partial x_1} & \dfrac{\partial \varphi_m}{\partial x_2} & \cdots & \dfrac{\partial \varphi_m}{\partial x_n} \end{pmatrix} \tag{23.3.9}$$

为 φ(或 $\varphi_1, \varphi_2, \cdots, \varphi_m$) 的 **Jacobi 矩阵** (Jacobian matrix), 简记作 $\mathrm{D}\varphi$. 当 $m = n$ 时, φ 的 Jacobi 矩阵的行列式称为 φ(或 $\varphi_1, \varphi_2, \cdots, \varphi_m$) 的 **Jacobi 行列式**, 并记作

$$\frac{\partial(\varphi_1, \varphi_2, \cdots, \varphi_n)}{\partial(x_1, x_2, \cdots, x_n)} = \det\left(\frac{\partial \varphi_i}{\partial x_j}\right). \tag{23.3.10}$$

评注 23.3.3　向量函数 φ 的 Jacobi 矩阵就是函数 φ 的 (全) 导数 $\mathrm{D}\varphi$ 在自然标准正交基之下的矩阵. 在实际应用时, 可对 φ 的自变量中一部分来求其 Jacobi 矩阵或 Jacobi 行列式.

隐函数定理可以推广到高维的情形. 许多教材将这个推广分成两步. 第一步, 将定理 23.3.1 推广到 F 是一个定义域为高维 ($\geqslant 3$) 的数量场. 第二步, 再推广到

F 是一个高维的向量场. 这里直接写出第二步而不给出证明, 并将第一步的陈述留给读者作为练习.

定理 23.3.2(高维隐函数定理) 设 A 是 $\mathbb{R}^{n+m} = \mathbb{R}^n \times \mathbb{R}^m$ 中开集, $F : A \to \mathbb{R}^m$ 连续可导, $x_0 \in \mathbb{R}^n$, $y_0 \in \mathbb{R}^m$, $(x_0, y_0) \in A$ 使得 $F(x_0, y_0) = 0$ 并且 $\dfrac{\partial(F_1, F_2, \cdots, F_m)}{\partial(y_1, y_2, \cdots, y_m)}(x_0, y_0) \neq 0$. 则

(1) 分别存在 x_0 的邻域 U 和 y_0 的邻域 V, 使 $U \times V \subset A$, 使得存在唯一 $f : U \to V$ 满足 $f(x_0) = y_0$, 并且 $\forall x \in U$, 有

$$F(x, f(x)) = 0.$$

(2) 函数 f 在 U 内连续.

(3) 函数 f 在 U 内连续可导, 且其全导数

$$Df(x) = f'(x) = -(F_y'(x, y))^{-1} \cdot F_x'(x, y),$$

其中 $F_x'(x, y)$ 表 $F_1, \cdots, F_m$ 关于变量 $x_1, \cdots, x_n$ 的 Jacobi 矩阵, 同样, $F_y'(x, y)$ 表 $F_1, \cdots, F_m$ 关于变量 $y_1, \cdots, y_n$ 的 Jacobi 矩阵, 它是一个可逆方阵.

评注 23.3.4 隐函数定理还可推广到无限维的情形, 例如所论及空间均为巴拿赫 (Banach, 1892—1945) 空间 (以波兰数学家 Banach 命名), 在非线性的现代分析有重要地位.

23.4 反函数定理

这里把反函数定理作为隐函数定理的一个特例或应用来导出. 先介绍一个最简单的, 然后再讲一般的.

定理 23.4.1(反函数定理) 设一元数值函数 $y = f(x)$ 在点 x_0 的某个邻域内连续可导, 且 $f'(x) \neq 0$. 记 $y_0 = f(x_0)$. 则存在 y_0 的某个邻域, 在其内存在连续可导函数 $g(y)$ 使得在 x_0 和 y_0 的对应邻域内 $x = g(y)$ 是 $y = f(x)$ 的反函数, 且

$$g'(y_0) = \frac{1}{f'(x_0)}.$$

证明 设 $F(x, y) \equiv y - f(x)$, 则 $F(x_0, y_0) = 0$ 且 $F_x(x_0, y_0) = -f'(x_0) \neq 0$. 故定理 23.3.1 中条件满足, 其中 x 与 y 之地位调换. 于是定理推断, 存在 y_0 的某邻域 $V = (y_0 - \alpha, y_0 + \alpha)$ 和 x_0 的某邻域 $U = (x_0 - \beta, x_0 + \beta)$ 及连续可导的函数 $g : V \to U$, 使得 $g(y_0) = x_0$, 且 $\forall y \in V$, 有

$$F(g(y), y) = 0,$$

即

$$y = f(g(y)).$$

即 $x = g(y)$ 与 $y = f(x)$ 互为反函数, 而且

$$g'(y) = -\frac{F_y(x, y)}{F_x(x, y)} = \frac{1}{f'(x)}.$$

接着介绍高维的反函数定理, 也是可从隐函数定理立刻推出, 细节不赘.

定理 23.4.2(高维反函数定理)　设 X 是 $\mathbb{R}^n$ 中开集, $x_0 \in X, f : X \to \mathbb{R}^n$ 在点 x_0 附近连续可导, 且 f 在点 x_0 的 Jacobi 行列式 $\dfrac{\partial(f_1, \cdots, f_n)}{\partial(x_1, \cdots, x_n)}(x_0) \neq 0$. 记 $y_0 = f(x_0)$, 则存在点 y_0 的邻域, 在其内存在连续可导函数 $g(y)$, 使得在点 x_0 和点 y_0 的对应邻域内 $x = g(y)$ 是 $y = f(x)$ 的反函数且 $\mathrm{D}g(y_0) = (\mathrm{D}f(x_0))^{-1}$.

评注 23.4.1　反函数定理中函数的定义域和值域必须有相同的维数.

评注 23.4.2　反函数定理结论中的局部性质是本质的, 一般是不可以延拓的.

第24讲

多元微分学的应用

本讲选择几个典型课题, 作为多元微分学应用的初步尝试. 分成两类, 几何问题和极值问题.

24.1 曲线的切线和法线或法平面

先讨论平面曲线, 然后再讨论空间曲线.

24.1.1 平面曲线

平面曲线 l 是一元函数 $y = f(x)$ 的图形. 设函数 $f(x)$ 在定义区间内连续可导, (x_0, y_0) 是曲线 l 上一点, 即 $f(x_0) = y_0$, 则曲线 l 在点 (x_0, y_0) 的切线和法线方程分别是

$$\text{切线方程: } y - y_0 = f'(x_0)(x - x_0) \tag{24.1.1}$$

和

$$\text{法线方程: } y - y_0 = -\frac{1}{f'(x_0)}(x - x_0). \tag{24.1.2}$$

设平面曲线 l 由方程

$$F(x, y) = 0 \tag{24.1.3}$$

给出, 函数 F 在点 (x_0, y_0) 的某个邻域内满足隐函数定理 (定理 23.3.1) 中的条件, 且 $F(x_0, y_0) = 0$, 于是决定了连续可导函数 $y = f(x)$ 或 $x = g(y)$, 使得 $y_0 = f(x_0)$ 或 $x_0 = g(y_0)$. 因此, 曲线 l 可认为是函数 $y = f(x)$ 或 $x = g(y)$ 的图形, 并且还知道

$$f'(x) = -\frac{F_x}{F_y} \quad \text{或} \quad g'(y) = -\frac{F_y}{F_x}.$$

所以, 由方程 (24.1.3) 确定的过点 (x_0, y_0) 的曲线 l 在点 (x_0, y_0) 的切线和法线方程分别是

$$\text{切线方程: } F_x(x_0, y_0)(x - x_0) + F_y(x_0, y_0)(y - y_0) = 0 \tag{24.1.4}$$

和

法线方程: $F_y(x_0, y_0)(x - x_0) - F_x(x_0, y_0)(y - y_0) = 0.$ (24.1.5)

24.1.2　空间曲线

设空间曲线 l 有连续可导的参数方程

$$x = x(t), \quad y = y(t), \quad z = z(t), \quad \alpha \leqslant t \leqslant \beta \quad (24.1.6)$$

给出, $x_0 = x(t_0), y_0 = y(t_0), z_0 = z(t_0), t_0 \in [\alpha, \beta]$ 取定, 并且设

$$[x'(t_0)]^2 + [y'(t_0)]^2 + [z'(t_0)]^2 \neq 0, \quad (24.1.7)$$

则可求得曲线 l 在点 (x_0, y_0, z_0) 的切线方程和法平面方程如下.

在曲线 l 上另取一点 $(x_0 + \Delta x, y_0 + \Delta y, z_0 + \Delta z)$, 对应参数值 $t_0 + \Delta t$, 即 $\Delta x = x(t_0 + \Delta t) - x(t_0), \Delta y = y(t_0 + \Delta t) - y(t_0), \Delta z = z(t_0 + \Delta t) - z(t_0)$. 过点 (x_0, y_0, z_0) 和点 $(x_0 + \Delta x, y_0 + \Delta y, z_0 + \Delta z)$ 的直线方程是

$$\frac{x - x_0}{\Delta x} = \frac{y - y_0}{\Delta y} = \frac{z - z_0}{\Delta z},$$

用 Δt 乘之得

$$\frac{x - x_0}{\dfrac{\Delta x}{\Delta t}} = \frac{y - y_0}{\dfrac{\Delta y}{\Delta t}} = \frac{z - z_0}{\dfrac{\Delta z}{\Delta t}},$$

当 $\Delta t \to 0$ 时, 点 $(x_0 + \Delta x, y_0 + \Delta y, z_0 + \Delta z) \to (x_0, y_0, z_0)$, 同时 $\dfrac{\Delta x}{\Delta t} \to x'(t_0), \dfrac{\Delta y}{\Delta t} \to y'(t_0), \dfrac{\Delta z}{\Delta t} \to z'(t_0)$, 便得曲线 l 在点 (x_0, y_0, z_0) 的切线方程

$$\frac{x - x_0}{x'(t_0)} = \frac{y - y_0}{y'(t_0)} = \frac{z - z_0}{z'(t_0)}, \quad (24.1.8)$$

可见 $x'(t_0), y'(t_0), z'(t_0)$ 是该切线的方向数, 按条件 (24.1.7), 它们不能同时为零. 如果其中某一个是零, 例如 $z'(t_0) = 0$, 则从 (24.1.8) 得到一个方程

$$z = z_0,$$

其余两项形成的另一个方程与之联立, 即为曲线的切线方程.

过点 (x_0, y_0, z_0) 且与切向量 $(x'(t_0), y'(t_0), z'(t_0))$ 正交的所有直线组成一个平面, 称为曲线 l 在点 (x_0, y_0, z_0) 的法平面, 法平面方程为

$$x'(t_0)(x - x_0) + y'(t_0)(y - y_0) + z'(t_0)(z - z_0) = 0. \quad (24.1.9)$$

设空间曲线 l 由方程

$$
\begin{cases}
F_1(x, y, z) = 0, \\
F_2(x, y, z) = 0
\end{cases}
\tag{24.1.10}
$$

给出. 记 $F = (F_1, F_2)$. 设点 $P_0(x_0, y_0, z_0)$ 使 $F(x_0, y_0, z_0) = 0$, 且 F 在 (x_0, y_0, z_0) 的某邻域内满足定理 23.3.2 的条件, 其中 $n = 1, m = 2$. 如果条件中 $\dfrac{\partial(F_1, F_2)}{\partial(y, z)}$ $(x_0, y_0, z_0) \neq 0$, 则方程 (24.1.10) 在点 (x_0, y_0, z_0) 附近确定唯一的连续可导函数

$$
(y, z) = (\varphi(x), \psi(x)),
\tag{24.1.11}
$$

满足 $y_0 = \varphi(x_0), z_0 = \psi(x_0)$ 及

$$
F(x, \varphi(x), \psi(x)) = 0.
$$

由 (24.1.11) 可得以 t 为参数的参数方程

$$
x = t, \quad y = \varphi(t), \quad z = \psi(t),
$$

表示曲线 l 在点 (x_0, y_0, z_0) 附近的一段. 由 (24.1.8) 便得曲线 l 在点 (x_0, y_0, z_0) 的切线方程

$$
x - x_0 = \frac{y - y_0}{y'(x_0)} = \frac{z - z_0}{z'(x_0)}.
$$

再由定理 23.3.2 之求导公式得

$$
\frac{\mathrm{d}y}{\mathrm{d}x} = -\frac{\partial(F_1, F_2)}{\partial(x, z)} \Big/ \frac{\partial(F_1, F_2)}{\partial(y, z)},
$$

$$
\frac{\mathrm{d}z}{\mathrm{d}x} = -\frac{\partial(F_1, F_2)}{\partial(y, x)} \Big/ \frac{\partial(F_1, F_2)}{\partial(y, z)},
$$

于是, 曲线 l 在点 $P_0(x_0, y_0, z_0)$ 的切线方程可写成

$$
\frac{x - x_0}{\dfrac{\partial(F_1, F_2)}{\partial(y, z)}(P_0)} = \frac{y - y_0}{\dfrac{\partial(F_1, F_2)}{\partial(z, x)}(P_0)} = \frac{z - z_0}{\dfrac{\partial(F_1, F_2)}{\partial(x, y)}(P_0)};
\tag{24.1.12}
$$

同时, 曲线 l 在点 $P_0(x_0, y_0, z_0)$ 之法平面方程为

$$
\frac{\partial(F_1, F_2)}{\partial(y, z)}(P_0)(x - x_0) + \frac{\partial(F_1, F_2)}{\partial(z, x)}(P_0)(y - y_0) + \frac{\partial(F_1, F_2)}{\partial(x, y)}(P_0)(z - z_0) = 0.
\tag{24.1.13}
$$

24.2　梯度与曲面的切面和法线

先介绍等值集概念.

定义 24.2.1　设 X 是 $\mathbb{R}^n$ 中开集, $F : X \to \mathbb{R}$ 是数量场. $\forall c \in \mathbb{R}$, 令集合

$$L(c) = \{x | x \in X \text{ 且 } F(x) = c\}. \tag{24.2.1}$$

则集合 $L(c)$ 称为数量场 F 的一个**等值集** (level set), 在 $n = 2$ 的情形, 称为**等值线** (level curve), 在 $n = 3$ 的情形, 称为**等值面** (level surface).

给出数量场 F 的梯度的另一个几何解释.

定理 24.2.1　设 X 是 $\mathbb{R}^n$ 中开集, $F : X \to \mathbb{R}$ 是一个连续可导的数量场. 设 $c \in \mathbb{R}, L(c)$ 是数量场 F 的一个等值集, 点 $a \in L(c)$. 如果曲线 l 是包含在 $L(c)$ 中的由可导的向量值函数 $\boldsymbol{r}(t)$, $\alpha \leqslant t \leqslant \beta$, 参数表出的, 且 $t_0 \in (\alpha, \beta)$, $a = \boldsymbol{r}(t_0)$. 则梯度 $\nabla F(a)$ 与曲线 l 在点 a 的切向量 $\boldsymbol{r}'(t_0)$ 正交.

证明　因为曲线 l 包含 $L(c)$ 中, 因此当 $t \in [\alpha, \beta]$ 时

$$F(\boldsymbol{r}(t)) = c.$$

对等式在 $t = t_0$ 处求导, 由复合求导链锁法则, 得 $\nabla F(\boldsymbol{r}(t_0)) \cdot \boldsymbol{r}'(t_0) = 0$.

这就是欲证之结论.

转到 $\mathbb{R}^3$ 中的曲面. 设 X 是 $\mathbb{R}^3$ 中开集, $F : X \to \mathbb{R}$ 是一个连续可导的数量场. 设曲面 S 由方程 $F(x, y, z) = 0$ 定义, 即它是等值面 $L(0)$. 设点 $P_0(x_0, y_0, z_0) \in S$, 且 $\nabla F(x_0, y_0, z_0) \neq 0$. 则由定理 24.2.1, 知梯度 $\nabla F(x_0, y_0, z_0)$ 是曲面 S 在点 P_0 的法向量, 故曲面 S 在点 P_0 的切平面方程是

$$F_x(P_0)(x - x_0) + F_y(P_0)(y - y_0) + F_z(P_0)(z - z_0) = 0, \tag{24.2.2}$$

而曲面 S 在点 P_0 的法线方程是

$$\frac{x - x_0}{F_x(P_0)} = \frac{y - y_0}{F_y(P_0)} = \frac{z - z_0}{F_z(P_0)}. \tag{24.2.3}$$

评注 24.2.1　条件 $\nabla F(P_0) \neq 0$ 有用. 在此条件下, 不仅方程式 (24.2.2) 及 (24.2.3) 均有意义, 而且 $F_x(P_0), F_y(P_0), F_z(P_0)$ 不能同时为零, 故隐函数定理有效, 从而等值面 $L(0)$ 确是一个连续可导的二元函数的图形.

24.3　极值

本节讨论数量场的极值问题.

定义 24.3.1 设 X 是 $\mathbb{R}^n$ 中开集, $F: X \to \mathbb{R}$ 是一个数量场. 设点 $a \in X$. 如果存在点 a 的一个邻域 $U(a) \subset X$, 使得当 $x \in U(a)$ 时, 有不等式 $f(x) \leqslant f(a) \, [f(x) \geqslant f(a)]$, 则称点 a 为 f 的**极大 (小) 点**, 统称**极值点**, 而 $f(a)$ 称为 f 的一个**极大 (小) 值**, 统称**极值**.

仿一元函数极值的必要条件费马 (Fermat) 定理 (定理 7.1.3), 可得数量场极值的必要条件.

定理 24.3.1(极值必要条件) 若数量场 f 在点 a 存在偏导数, 并且点 a 是 f 的一个极值点, 则

$$f_{x_1}(a) = 0, f_{x_2}(a) = 0, \cdots, f_{x_n}(a) = 0 \tag{24.3.1}$$

或

$$\nabla f(a) = 0. \tag{24.3.2}$$

定义 24.3.2 设数量场 f 在点 a 可导, 且 f 在点 a 的梯度 $\nabla f(a) = 0$, 则称点 a 是 f 的一个**临界点** (critical point).

评注 24.3.1 临界点旧称稳定点, 从二十世纪三十年代开始建立的莫尔斯 (Morse) 理论, 便是关于临界点的现代理论, 对整体分析学和微分拓扑学的创立起着决定性作用.

评注 24.3.2 欲求极值点, 先求出临界点, 但临界点是否必为极值点, 这不难从例子得出结论.

例 24.3.1 设给了函数

$$f(x,y) = x^2 + 2y^2,$$

$$g(x,y) = xy.$$

容易看出点 (0,0) 是它们的临界点. 对于 $f(x,y) = x^2 + 2y^2$ 而言, 点 (0,0) 是极小点; 对于 $g(x,y) = xy$ 而言, 点 (0,0) 既不是极小点, 也不是极大点, 也就是说, 点 (0,0) 不是 g 的极值点. 顺便说一下, 函数 $g(x,y) = xy$ 经过坐标系的 $\dfrac{\pi}{4}$ 角度旋转可变成 $\dfrac{1}{2}(x'^2 - y'^2)$, 按 21.4 节中之 (8), 是一个双曲抛物面, 即马鞍面.

为提供极值的充分条件, 将设数量场 f 有二阶导数, 而采用由德国黑塞 (Hesse, 1811—1874) 采用的矩阵.

定义 24.3.3 设数量场 f 在点 a 可二阶可导, 则称矩阵

$$\boldsymbol{H}(f)(a) = \begin{pmatrix} \dfrac{\partial^2 f}{\partial x_1^2} & \dfrac{\partial^2 f}{\partial x_2 \partial x_1} & \cdots & \dfrac{\partial^2 f}{\partial x_n \partial x_1} \\ \vdots & \vdots & & \vdots \\ \dfrac{\partial^2 f}{\partial x_1 \partial x_n} & \dfrac{\partial^2 f}{\partial x_2 \partial x_n} & \cdots & \dfrac{\partial^2 f}{\partial x_n^2} \end{pmatrix} \qquad (24.3.3)$$

为数量场 f 在点 a 的 **Hesse 矩阵** (Hessian matrix).

下面是常用的极值充分条件, 对二元情形陈述.

定理 24.3.2(极值充分条件)　设 $a \in \mathbb{R}^2$, 数量场 f 在点 a 的某个邻域 $U(a)$ 内是二阶连续可导, 且点 a 是 f 的临界点. 令

$$A = \frac{\partial^2 f}{\partial x^2}(a), \quad B = \frac{\partial^2 f}{\partial x \partial y}(a) = \frac{\partial^2 f}{\partial y \partial x}(a), \quad C = \frac{\partial^2 f}{\partial y^2}(a),$$

并令

$$\Delta = \det \boldsymbol{H}(f)(a) = AC - B^2.$$

则

(1) 若 $\Delta < 0$, 则 f 在点 a 不取极值, 此类点 a 称为**鞍点**.

(2) 若 $\Delta > 0$ 且 $A > 0$, 则 f 在点 a 取极小值.

(3) 若 $\Delta > 0$ 且 $A < 0$, 则 f 在点 a 取极大值.

(4) 若 $\Delta = 0$, 无结论.

证明　记 $h = (x, y) - a$. 应用 Taylor 公式 (定理 23.2.1), 其中 $m = 1$, 公式 (23.2.9) 便是

$$f(a + h) = f(a) + (h \cdot \nabla)f(a) + \frac{(h \cdot \nabla)^2 f(a + \theta h)}{2!}, \quad 0 < \theta < 1.$$

令 $\nabla f(a) = 0$, 故得

$$f(a + h) - f(a) = \frac{1}{2}(h \cdot \nabla)^2 f(a + \theta h). \qquad (24.3.4)$$

此式右端是二次形式, 可用二阶 Hesse 矩阵写成

$$\frac{1}{2} h \boldsymbol{H}(f)(a + \theta h) h^{\mathrm{T}}. \qquad (24.3.5)$$

记

$$\Delta_h = \det \boldsymbol{H}(f)(a + \theta h). \qquad (24.3.6)$$

若 $\Delta \neq 0$, 则可设 $\|h\|$ 很小, 使得 Δ_h 与 $\Delta = \Delta_0$ 符号相同.

若 $\Delta < 0$, 则 $\Delta_h < 0$. 可见 Δ_h 之两个特征值反号, 此时二次形式 (24.3.5) 有正有负, 不保持定号, 得结论 (1).

若 $\Delta > 0$, 则 $\Delta_h > 0$. 可知 Δ_h 的两个特征值同号, 且 A, C 同号. 当 $A > 0$ 时, 二次形式 (24.3.5) 正定; 当 $A < 0$ 时, 二次形式 (24.3.5) 负定. 这便证得 (2) 及 (3).

评注 24.3.3 上述定理中的 (4) 之所以 "无结论", 是因为可以举出种种不同结果的例子来.

24.4 条件极值的 Lagrange 乘子法

将数量场的极值问题推广到带有约束条件的情形, 这在实际应用中很有价值, 理论上也很有启发.

定义 24.4.1 设 X 是 $\mathbb{R}^{n+m}$ 中开集, $f : X \to \mathbb{R}$ 是一个数量场. 设给定 m 个方程

$$g_i(x_1, \cdots, x_{n+m}) = 0, \quad i = 1, \cdots, m, \tag{24.4.1}$$

称为**约束条件** (constraint condition). 设点 $a = (a_1, \cdots, a_{n+m}) \in X$, 且满足约束条件. 如果存在点 a 的某个邻域 $U(a)$, 使得 $U(a)$ 中所有满足约束条件的点 x, 有不等式

$$f(x) \leqslant (\geqslant) f(a),$$

则称函数 f 在点 a 取得**条件极大 (小) 值** (conditional maximum(minimum)), 统称**条件极值** (conditional extremum), 而点 a 称为 f 的一个**条件极值点**.

解决条件极值的一个直接的思路是将它化为无条件的极值问题, 如果能从方程 (24.4.1) 中 "解出"$n + m$ 个自变量 $x_1, \cdots, x_{n+m}$ 中的 m 个, 表作其余 n 个自变量的函数. 例如, 如果能得到

$$\begin{cases} x_{n+1} = \varphi_1(x_1, \cdots, x_n), \\ \cdots\cdots \\ x_{n+m} = \varphi_m(x_1, \cdots, x_n). \end{cases} \tag{24.4.2}$$

代入 f 中得到 $f(x_1, \cdots, x_n, \varphi_1(x_1, \cdots, x_n), \cdots, \varphi_m(x_1, \cdots, x_n))$, 其中 $(x_1, \cdots, x_n)$ 在 $\mathbb{R}^n$ 的某个开集 U 中变动. 如果在点 $p = (p_1, \cdots, p_n) \in U$ 函数 $f(x_1, \cdots, x_n, \varphi_1(x_1, \cdots, x_n), \cdots, \varphi_m(x_1, \cdots, x_n))$ 取得极值, 记 $p_{n+1} = \varphi_1(p_1, \cdots, p_n), \cdots, p_{n+m} = \varphi_m(p_1, \cdots, p_n)$, 则函数 $f(x_1, \cdots, x_{n+m})$ 在点 $(p_1, \cdots, p_n, p_{n+1}, \cdots, p_{n+m})$ 取得在约束条件 (24.4.1) 之下的条件极值.

评注 24.4.1 方才这个解决问题的想法很自然. 通常把所论函数的自变量的个数理解为所论变点的自由度. 起初变点的自由度是 $n + m$, 而加上 m 个适当的约束条件后, 其自由度降为 n. 这时该点是在 $n + m$ 维空间 $\mathbb{R}^{n+m}$ 中的一个 n 维

"流形"上变动. 式 (24.4.2) 是假设这个 n 维 "流形" 的一部分可以用原来自变量中的 $x_1, \cdots, x_n$ 的函数来表示. 于是问题便变为 24.3 节中处理过的情形, 而约束条件 (24.4.1) 起到了减少自变量数目的作用. 但是, 这个过程实际施行起来并不容易. 因此, 着重介绍的是下面的方法.

Lagrange 提出一个巧妙的方法, 它对于所有的自变量 $x_1, \cdots, x_{n+m}$ 是平等的, 对于 (24.4.1) 中所有约束条件也是平等的. Lagrange 为此没有减少变量的数目, 而是增加了几个变量.

定理 24.4.1(Lagrange 乘子法) 设 X 是 $\mathbb{R}^{n+m}$ 中开集, $f : X \to \mathbb{R}$ 是连续可导的数量场, $g = (g_1, \cdots, g_m) : X \to \mathbb{R}^m$ 是连续可导的向量场. 设点 $a = (a_1, \cdots, a_{n+m}) \in X$ 是函数 f 在约束条件 (24.4.1) 之下的条件极值点, 且 Jacobi 矩阵

$$
\begin{pmatrix}
\dfrac{\partial g_1}{\partial x_1} & \cdots & \dfrac{\partial g_1}{\partial x_{n+m}} \\
\vdots & & \vdots \\
\dfrac{\partial g_m}{\partial x_1} & \cdots & \dfrac{\partial g_m}{\partial x_{n+m}}
\end{pmatrix}
\tag{24.4.3}
$$

在点 a 的秩是 m. 构作辅助函数 L, 称为 **Lagrange 函数**, 为

$$
L(x_1, \cdots, x_{n+m}, \lambda_1, \cdots, \lambda_m) = f(x_1, \cdots, x_{n+m}) + \sum_{k=1}^{m} \lambda_k g_k(x_1, \cdots, x_{n+m}),
\tag{24.4.4}
$$

其中 $\lambda_1, \cdots, \lambda_m \in \mathbb{R}$, 称为 **Lagrange 乘子** (multipliers). 则存在 m 个数 $\lambda_1^\circ, \cdots, \lambda_m^\circ$, 使得 $(a_1, \cdots, a_{n+m}, \lambda_1^\circ, \cdots, \lambda_m^\circ)$ 是 Lagrange 函数 L 的一个临界点, 即它是方程组

$$
\begin{cases}
L_{x_1} \equiv \dfrac{\partial f}{\partial x_1} + \displaystyle\sum_{k=1}^{m} \lambda_k \dfrac{\partial g_k}{\partial x_1} = 0, \\
\cdots\cdots \\
L_{x_{n+m}} \equiv \dfrac{\partial f}{\partial x_{n+m}} + \displaystyle\sum_{k=1}^{m} \lambda_k \dfrac{\partial g_k}{\partial x_{n+m}} = 0, \\
L_{\lambda_1} \equiv g_1(x_1, \cdots, x_{n+m}) = 0, \\
\cdots\cdots \\
L_{\lambda_m} \equiv g_m(x_1, \cdots, x_{n+m}) = 0
\end{cases}
\tag{24.4.5}
$$

的一个解.

这里不推导这个最一般的陈述, 因为写起来太复杂, 就下面的特殊情形进行推证, 以让读者确信这个一般的结论.

设 $f(x, y, z)$ 是定义在 $\mathbb{R}^3$ 中某开集内的数量场, 约束方程是

$$g(x, y, z) = 0. \tag{24.4.6}$$

设点 (x_0, y_0, z_0) 是函数 f 在约束条件 (24.4.6) 之下的条件极值点, 下面推导点 (x_0, y_0, z_0) 应满足什么条件.

在定理 24.4.1 的假设中, 有 Jacobi 矩阵 (24.4.3) 在点 (x_0, y_0, z_0) 之秩为 $m = 1$, 即 $\nabla g(x_0, y_0, z_0) \neq 0$. 不妨说 $g_z(x_0, y_0, z_0) \neq 0$. 则由隐函数定理 (定理 23.3.2), 得一个在平面 $\mathbb{R}^2$ 中点 (x_0, y_0) 附近定义的连续可导函数

$$z = z(x, y)$$

使得 $z_0 = z(x_0, y_0), g(x, y, z(x, y)) = 0$ 在 (x_0, y_0) 附近成立. 这就是说, 点 $(x, y, z(x, y))$ 正是 (x_0, y_0, z_0) 附近满足约束条件的点. 因此 $f(x, y, z(x, y))$ 以点 (x_0, y_0) 为极值点, 于是点 (x_0, y_0) 是二元函数 $f(x, y, z(x, y))$ 的一个临界点. 由定理 24.3.1, 应有

$$f_x(x_0, y_0, z_0) + f_z(x_0, y_0, z_0) z_x(x_0, y_0) = 0,$$
$$f_y(x_0, y_0, z_0) + f_z(x_0, y_0, z_0) z_y(x_0, y_0) = 0,$$

由隐函数定理 (定理 23.3.2)

$$z_x(x_0, y_0) = -\frac{g_x(x_0, y_0, z_0)}{g_z(x_0, y_0, z_0)},$$

$$z_y(x_0, y_0) = -\frac{g_y(x_0, y_0, z_0)}{g_z(x_0, y_0, z_0)},$$

若令

$$\lambda_0 = -\frac{f_z(x_0, y_0, z_0)}{g_z(x_0, y_0, z_0)},$$

则得知 (x_0, y_0, z_0) 满足

$$\begin{cases} f_x(x_0, y_0, z_0) + \lambda_0 g_x(x_0, y_0, z_0) = 0, \\ f_y(x_0, y_0, z_0) + \lambda_0 g_y(x_0, y_0, z_0) = 0, \\ f_z(x_0, y_0, z_0) + \lambda_0 g_z(x_0, y_0, z_0) = 0, \\ g(x_0, y_0, z_0) = 0. \end{cases}$$

设

$$L(x, y, z, \lambda) \equiv f(x, y, z) + \lambda g(x, y, z),$$

则点 $(x_0, y_0, z_0, \lambda_0)$ 是 L 的一个临界点.

24.5　函数相关

此前多次论及 Jacobi 矩阵, 现在专门议论与此有关的问题.

设有一个变量 $x = (x_1, \cdots, x_{n+m})$ 在 $\mathbb{R}^{n+m}$ 的某个开集内变动. 可以按物理的说法, 此变量有 $n + m$ 个自由度. 如果设定了 m 个约束条件

$$g_i = (x_1, \cdots, x_{n+m}) = 0, \quad i = 1, \cdots, m, \qquad (24.5.1)$$

自然希望这 m 个条件会将变量的自由度减少 m. 但是否真的做到自由度减少 m, 与这些条件之间有无关联有关. 比如说, 其中一个条件可用其余的表出, 则实际上用其余 $m - 1$ 个就与用全部的作用相同. 确切地说, 给了 m 个函数 $g_1, \cdots, g_m$, 它们之间有无函数相关是一个重要问题.

先为函数相关下一个定义.

定义 24.5.1　设 A 和 B 分别是 $\mathbb{R}^n$ 和 $\mathbb{R}^m$ 中非空开集, $g : A \to B$ 是连续可导的向量场. 将向量值函数 $y = g(x)$ 关于自然标准正交基的分量写出, 得一组函数

$$\begin{aligned}
y_1 &= g_1(x_1, \cdots, x_n), \\
&\cdots\cdots \\
y_m &= g_m(x_1, \cdots, x_n).
\end{aligned} \qquad (24.5.2)$$

设另外有一个数值函数

$$y_i = F(y_1, \cdots, y_{i-1}, y_{i+1}, \cdots, y_m) \qquad (24.5.3)$$

是定义在 $\mathbb{R}^{m-1}$ 的开集 D 内的连续可导函数. 这个 D 包含着集 $p_i(B)$, $p_i(B)$ 是开集 B 沿着 $\mathbb{R}^m$ 的第 i 个坐标方向往 $\mathbb{R}^{m-1}$ 的正交投影 p_i 之下的像集. 若将 (24.5.2) 代入 (24.5.3) 得到关于 $(x_1, \cdots, x_n)$ 的恒等式, 则称函数 $y_i = g_i(x_1, \cdots, x_n)$ 在开集 A 内**函数依赖于** (functionally dependent on)(24.5.2) 中的其余函数. 特别, 如果 $y_i = g_i(x_1, \cdots, x_n)$ 是一个常值函数, 则认为它是函数依赖于其余函数的, 因为可选取 $F = $ 常数.

如果函数组 (24.5.2) 中有任何一个在开集 A 内是函数依赖于其余的, 则说函数组 (24.5.2) 在 A 内是**函数相关的** (functionally dependent).

如果函数组 (24.5.2) 在 A 的任何非空子开集内都不是函数相关的, 则称函数组 (24.5.2) 在 A 内是**函数无关的** (functionally independent).

下面的定理是一个基本的结果.

定理 24.5.1(Jacobi)　设 A, B 和 g 以及函数组 (24.5.2) 如定义 24.5.1 中所

设. 若 Jacobi 矩阵

$$
\begin{pmatrix}
\dfrac{\partial g_1}{\partial x_1} & \cdots & \dfrac{\partial g_1}{\partial x_n} \\
\vdots & & \vdots \\
\dfrac{\partial g_m}{\partial x_1} & \cdots & \dfrac{\partial g_m}{\partial x_n}
\end{pmatrix}
\tag{24.5.4}
$$

的秩在 A 内等于 m, 则函数组 (24.5.2) 是函数无关的.

证明 设结论不对. 如果在 A 的某个非空子开集 A_0 内函数组 (24.5.2) 中有一个 $y_i = g_i(x_1, \cdots, x_n)$ 是函数依赖于其余的, 即存在函数 (24.5.3), 是定义在 $\mathbb{R}^{m-1}$ 的开集 D_0 内的连续可导函数. 这个 D_0, 具有下述性质: B 有一个非空开集 B_0, 使得 $g(A_0) \subset B_0$, 而 $D_0 \supset p_i(B_0)$. 将 (24.5.2) 代入 (24.5.3) 中得到关于 $(x_1, \cdots, x_n)$ 的恒等式

$$
g_i(x_1, \cdots, x_n) = F(g_1(x_1, \cdots, x_n), \cdots, \overset{\vee}{g_i}(x_1, \cdots, x_n), \cdots, g_m(x_1, \cdots, x_n)),
\tag{24.5.5}
$$

其中 $\overset{\vee}{g_i}$ 表示该项缺席. 对恒等式 (24.5.5) 求导, 得

$$
\frac{\partial g_i}{\partial x_j} = \frac{\partial F}{\partial y_1}\frac{\partial g_1}{\partial x_j} + \frac{\partial F}{\partial y_2}\frac{\partial g_2}{\partial x_j} + \cdots + \frac{\partial F}{\partial y_i}\frac{\overset{\vee}{\partial g_i}}{\partial x_j} + \cdots + \frac{\partial F}{\partial y_m}\frac{\partial g_m}{\partial x_j}, \quad j = 1, \cdots, n
\tag{24.5.6}
$$

由此知 Jacobi 矩阵 (24.5.4) 中第 i 行可表为其余 $m-1$ 行之线性组合, 于是在 A_0 内该矩阵之秩 $< m$. 这个矛盾证明了定理.

24.6 齐次函数的 Euler 公式

先介绍齐次函数概念, 只以三元情形为例, 一般情形类似.

定义 24.6.1 设 $\mathbb{R}_0^3$ 表示 $\mathbb{R}^3 \backslash \{0\}$, 即 $\mathbb{R}^3$ 中非零向量所成的集合. 设 F 是 $\mathbb{R}_0^3$ 中的数量场. 如果 $\forall t > 0$, 有

$$
F(tx, ty, tz) = t^k F(x, y, z),
\tag{24.6.1}
$$

其中 $k \in \mathbb{R}$ 是一个常数, 则函数 $F(x, y, z)$ 称为一个 **k 次齐次函数** (homogeneousfunction).

重要的微分学结论是下述 Euler 公式.

定理 24.6.1(Euler 公式) 设 F 是 $\mathbb{R}_0^3$ 中可导的数量场, k 是一个常数. 则 $F(x, y, z)$ 是 k 次齐次函数的充要条件为

$$
xF_x(x, y, z) + yF_y(x, y, z) + zF_z(x, y, z) = kF(x, y, z),
\tag{24.6.2}
$$

简记为

$$\left(x \frac{\partial}{\partial x} + y \frac{\partial}{\partial y} + z \frac{\partial}{\partial z} \right) F = kF. \tag{24.6.3}$$

证明　必要性. 已知 F 是 k 次齐次函数, $\forall t > 0$, 有

$$F(tx, ty, tz) = t^k F(x, y, z).$$

两边对 t 求导, 运用复合求导链锁法则, 左边得

$$\frac{\mathrm{d}}{\mathrm{d}t} F(tx, ty, tz) = F_x(tx, ty, tz)x + F_y(tx, ty, tz)y + F_z(tx, ty, tz)z;$$

右边得

$$\frac{\mathrm{d}}{\mathrm{d}t}(t^k F(x, y, z)) = kt^{k-1} F(x, y, z).$$

于是得

$$xF_x(tx, ty, tz) + yF_y(tx, ty, tz) + zF_z(tx, ty, tz) = kt^{k-1} F(x, y, z).$$

令 $t = 1$, 便得 (24.6.2).

充分性. 已知 (24.6.2) 或 (24.6.3) 成立. 设 $\forall t > 0$, 令

$$\varphi(t) = \frac{F(tx, ty, tz)}{t^k},$$

将函数 $\varphi(t)$ 求导, 由求导法则得 $\varphi'(t)$ 的分子为

$$t^k \frac{\mathrm{d}}{\mathrm{d}t} F(tx, ty, tz) - kt^{k-1} F(tx, ty, tz)$$

$$= t^k \left(x \frac{\partial}{\partial x} + y \frac{\partial}{\partial y} + z \frac{\partial}{\partial z} \right) F(tx, ty, tz) - kt^{k-1} F(tx, ty, tz)$$

$$= t^{k-1} \left[\left(tx \frac{\partial}{\partial x} + ty \frac{\partial}{\partial y} + tz \frac{\partial}{\partial z} \right) F(tx, ty, tz) - kF(tx, ty, tz) \right]$$

$$= 0,$$

最后一个等式是由 (24.6.2) 或 (24.6.3) 推得. 因此, $\forall t > 0$ 有 $\varphi'(t) = 0$, 知 $\varphi(t) =$ 常数. 特别, 令 $t = 1$, 得

$$\varphi(1) = F(x, y, z).$$

于是 $\forall t > 0$, 得

$$\frac{F(tx, ty, tz)}{t^k} = F(x, y, z).$$

这就得 (24.6.1).

式 (24.6.3) 中的算子 $\left(x\dfrac{\partial}{\partial x} + y\dfrac{\partial}{\partial y} + z\dfrac{\partial}{\partial z} \right)$ 也可以写成 $(x, y, z) \cdot \nabla$, 这里 $\nabla = \left(\dfrac{\partial}{\partial x}, \dfrac{\partial}{\partial y}, \dfrac{\partial}{\partial z} \right)$. 但请注意, 此中向量 (x, y, z) 就是 ∇ 中求导的自变量. 因此, 二重复合 $\left(x\dfrac{\partial}{\partial x} + y\dfrac{\partial}{\partial y} + z\dfrac{\partial}{\partial z} \right) \circ \left(x\dfrac{\partial}{\partial x} + y\dfrac{\partial}{\partial y} + z\dfrac{\partial}{\partial z} \right) = \left(x\dfrac{\partial}{\partial x} + y\dfrac{\partial}{\partial y} + z\dfrac{\partial}{\partial z} \right)^2$ 不可以按 (23.2.3) 来写, 并且有以下结果.

推论 24.6.1 设 F 是 $\mathbb{R}_0^3$ 中二阶连续可导的 k 次齐次函数, 则有

$$\left(x\frac{\partial}{\partial x} + y\frac{\partial}{\partial y} + z\frac{\partial}{\partial z} \right)^2 F = k^2 F. \tag{24.6.4}$$

一般地, 对任意自然数 m, 设 F 是 $\mathbb{R}_0^3$ 中 m 阶连续可导的 k 次齐次函数, 则有

$$\left(x\frac{\partial}{\partial x} + y\frac{\partial}{\partial y} + z\frac{\partial}{\partial z} \right)^m F = k^m F. \tag{24.6.5}$$

第25讲

曲 线 积 分

曲线积分又称线积分, 它是定积分的直接应用, 但它涉及曲线的可求长概念.

25.1 曲线的弧长

在微积分学中通常认为空间 $\mathbb{R}^3$ 中一条连续曲线 l 由参数方程

$$
\begin{cases}
x = x(t), \\
y = y(t), \\
z = z(t)
\end{cases}
\tag{25.1.1}
$$

表出, 其中函数 $x(t)$, $y(t)$ 和 $z(t)$ 都是 $[\alpha, \beta]$ 上的连续函数. 这是一个值得商榷的说法, 因为在以上假定下, (25.1.1) 的图形可能根本不像人们理解的一条曲线, 它甚至可能充满空间中的一个方体或球体. 这件事暂不详论. 总之, 还应对函数 $x(t)$, $y(t)$ 和 $z(t)$ 附加更强的条件, 将把这个问题放到保证曲线可求长的定理 (定理 25.1.1) 中去介绍. 现在姑且接受上述关于连续曲线的表述, 先来介绍这种曲线是否可求长这个重要概念.

对区间 $[\alpha, \beta]$ 任取分划 $T = [\alpha = t_0 < t_1 < \cdots < t_n = \beta]$. 分点 t_i 在曲线 l 上对应之点记作 $P_i = (x(t_i), y(t_i), z(t_i))$. 对每个 $i = 1, 2, \cdots, n$, 连接线段 $\overline{P_{i-1}P_i}$, 便得一条折线, 其长度为

$$
s_T = \sum_{i=1}^{n} \sqrt{(x(t_i) - x(t_{i-1}))^2 + (y(t_i) - y(t_{i-1}))^2 + (z(t_i) - z(t_{i-1}))^2}. \tag{25.1.2}
$$

定义 25.1.1 如果数集 $\{s_T |$ 对 $[\alpha, \beta]$ 的一切分划 $T\}$ 有上界, 并记其上确界为 s, 则称曲线 l 是**可求长的** (rectifiable), 其弧长为 s. 否则便称曲线 l 是**不可求长的**.

不可求长的曲线并不难找到.

例 25.1.1 设曲线 l 是平面上函数 $y = f(x)$ 的图形, 其中函数 $f(x)$ 在区间 $[0,1]$ 上分段定义如下. $\forall n \in \mathbb{N}$,

$$f(x) = \begin{cases} 0, & x = 0 \text{ 或 } \dfrac{1}{2n-1}, \\[2mm] \dfrac{1}{2n}, & x = \dfrac{1}{2n}, \\[2mm] (1-2n)x + 1, & x \in \left(\dfrac{1}{2n}, \dfrac{1}{2n-1} \right), \\[2mm] (2n+1)x - 1, & x \in \left(\dfrac{1}{2n+1}, \dfrac{1}{2n} \right). \end{cases}$$

如图 25.1, 此曲线 l 形如锯齿, 每一齿之顶点的 y 坐标是 $\dfrac{1}{2n}$.

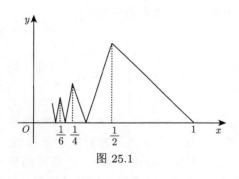

图 25.1

该齿的左右边长度之和大于 $\dfrac{1}{n}$. 从右往左, 将前 n 个齿之弧长相加, 便大于 $\displaystyle\sum_{k=1}^{n} \dfrac{1}{k}$, 它是没有上界的, 因为调和级数 $\displaystyle\sum_{n=1}^{+\infty} \dfrac{1}{n}$ 发散到 $+\infty$. 这便证明了曲线 l 是不可求长的.

常用的保证曲线是可求长的是下述定理.

定理 25.1.1 设空间曲线 l 由参数方程 (25.1.1) 表出, 其中函数 $x(t)$, $y(t)$ 和 $z(t)$ 都是 $[\alpha, \beta]$ 上连续可导函数. 则曲线 l 是可求长的, 且其弧长是

$$s = \int_{\alpha}^{\beta} \sqrt{(x'(t))^2 + (y'(t))^2 + (z'(t))^2}\mathrm{d}t. \tag{25.1.3}$$

若记曲线 l 为 $\boldsymbol{r}(t)$, 则其弧长可写作

$$s = \int_{\alpha}^{\beta} \|\boldsymbol{r}'(t)\|\mathrm{d}t. \tag{25.1.4}$$

证明 设任给 $[\alpha, \beta]$ 一分划 T, 得对应折线的长度 s_T 如 (25.1.2). 应用 Lagrange 中值定理, 存在 $t_{i-1} < \xi_i, \eta_i, \zeta_i < t_i$, 使得

$$x(t_i) - x(t_{i-1}) = x'(\xi_i)(t_i - t_{i-1}),$$

$$y(t_i) - y(t_{i-1}) = y'(\eta_i)(t_i - t_{i-1}),$$

$$z(t_i) - z(t_{i-1}) = z'(\zeta_i)(t_i - t_{i-1}).$$

记 $\Delta t_i = t_i - t_{i-1}$, 于是

$$s_T = \sum_{i=1}^{n} \sqrt{(x'(\xi_i))^2 + (y'(\eta_i))^2 + (z'(\zeta_i))^2} \Delta t_i. \tag{25.1.5}$$

令

$$s_T^* = \sum_{i=1}^{n} \sqrt{(x'(\xi_i))^2 + (y'(\xi_i))^2 + (z'(\xi_i))^2} \Delta t_i. \tag{25.1.6}$$

由初等不等式

$$\left| \sqrt{a^2 + b^2 + c^2} - \sqrt{a^2 + b_1^2 + c_1^2} \right| \leqslant |b_1 - b| + |c - c_1|,$$

得

$$|s_T^* - s_T| \leqslant \sum_{i=1}^{n} (|y'(\xi_i) - y'(\eta_i)| + |z'(\xi_i) - z'(\zeta_i)|) \Delta t_i.$$

因为 $y'(t)$ 和 $z'(t)$ 是 $[\alpha, \beta]$ 上连续函数, 所以它们在 $[\alpha, \beta]$ 上一致连续. 故 $\forall \varepsilon > 0$, $\exists \delta > 0$ 使当 $\lambda(T) < \delta$ 时, 有不等式

$$|y'(\xi_i) - y'(\eta_i)| < \frac{\varepsilon}{2(\beta - \alpha)}, \quad |z'(\xi_i) - z'(\zeta_i)| < \frac{\varepsilon}{2(\beta - \alpha)}.$$

从而

$$|s_T^* - s_T| \leqslant \sum_{i=1}^{n} \left(\frac{\varepsilon}{2(\beta - \alpha)} + \frac{\varepsilon}{2(\beta - \alpha)} \right) \Delta t_i = \frac{\varepsilon}{\beta - \alpha} \sum_{i=1}^{n} t_i = \varepsilon. \tag{25.1.7}$$

由函数 $x'(t), y'(t)$ 和 $z'(t)$ 在 $[\alpha, \beta]$ 上的连续性, 知定积分 (25.1.3)

$$s = \int_{\alpha}^{\beta} \sqrt{(x'(t))^2 + (y'(t))^2 + (z'(t))^2} \mathrm{d}t$$

存在, 而且 s_T^* 是它的一个黎曼 (Riemann) 和.

现在证明 s 是集合 $M = \{s_T|$ 对 $[\alpha, \beta]$ 的一切分划 $T\}$ 的上界. 设不然, 存在 $[\alpha, \beta]$ 的分划 T_1, 使得 $s_{T_1} > s$. 取 $\varepsilon = \frac{1}{2}(s_{T_1} - s)$, 则由前一段之结论, 对此

$\varepsilon, \exists \delta > 0$, 使得当 $[\alpha, \beta]$ 之分划 T_2 有 $\lambda(T_2) < \delta$ 时, 有 $\left|s_{T_2}^* - s_{T_1}\right| < \varepsilon$. 将 T_1 和 T_2 合并得到 $[\alpha, \beta]$ 的分划 T_3. T_3 是 T_1 的加细, 故 $s_{T_3} \geqslant s_{T_1}$ 从而得

$$s_{T_3} \geqslant s + 2\varepsilon. \tag{25.1.8}$$

同时 T_3 是 T_2 的加细, 故 $\lambda(T_3) < \delta$ 成立, 因此有

$$\left|s_{T_3}^* - s_{T_3}\right| < \varepsilon. \tag{25.1.9}$$

由不等式 (25.1.8) 和 (25.1.9) 得

$$s_{T_3}^* \geqslant s + \varepsilon. \tag{25.1.10}$$

今 $s_{T_3}^*$ 也是定积分 (25.1.3) 的一个 Riemann 和, 对于方才取定的 ε, 只要 δ 足够小, 应有

$$\left|s_{T_3}^* - s\right| < \varepsilon, \tag{25.1.11}$$

而这与不等式 (25.1.10) 矛盾. 此矛盾证明了 s 是集合 M 的上界.

再证 s 是集合 M 的上确界. 设 s 不是 M 的上确界, 则存在 $\varepsilon > 0$ 使得 $s - 2\varepsilon$ 也是 M 的上界. 对此 $\varepsilon, \exists \delta > 0$, 使得当 $\lambda(T) < \delta$ 时, $\left|s_T^* - s\right| < \varepsilon$ 及不等式 (25.1.7) 同时成立. 于是

$$\left|s_T - s\right| < 2\varepsilon.$$

由此得

$$s_T > s - 2\varepsilon.$$

但 $s - 2\varepsilon$ 是 M 的一个上界, 这是一个矛盾, 此矛盾证明了 s 是 M 的上确界.

定义 25.1.2 设曲线 l 由参数方程 (25.1.1) 表出, 或写成向量函数 $\boldsymbol{r}(t)$, $t \in [\alpha, \beta]$. 设分量函数 $x(t)$, $y(t)$, $z(t)$ 或向量函数 $\boldsymbol{r}(t)$ 在 $[\alpha, \beta]$ 上连续 (或连续可导), 则称曲线 l 是一条**连续曲线** (continuous curve) (或**光滑曲线** (smooth curve)), 并称上述参数表出是**连续**的 (或**光滑**的). 如果分量函数 $x(t)$, $y(t)$, $z(t)$ 或向量函数 $\boldsymbol{r}(t)$ 在 $[\alpha, \beta]$ 上连续, 且 $[\alpha, \beta]$ 有一分划 $T = [\alpha = t_0 < t_1 < \cdots < t_n = \beta]$, 使得在每个小区间 $[t_{i-1}, t_i]$ 上曲线 l 相应的一段是光滑曲线, 则称曲线 l 是一条**分段光滑曲线** (piecewise smooth curve), 并称上述参数表出是**分段光滑**的.

定理 25.1.1 是对光滑曲线作出结论, 它显然可以推广为下述定理.

定理 25.1.2 分段光滑曲线是可求长的, 其弧长公式仍为 (25.1.3) 或 (25.1.4).

定理 25.1.3 设分段光滑曲线 l 是由参数方程 (25.1.1) 表出, 设 $t \in [\alpha, \beta]$, 考虑曲线 l 在 $[\alpha, t]$ 之上的一段的弧长, 记作

$$s(t) = \int_\alpha^t \|\boldsymbol{r}'(\tau)\| \mathrm{d}\tau = \int_\alpha^t \sqrt{(x'(\tau))^2 + (y'(\tau))^2 + (z'(\tau))^2} \mathrm{d}\tau. \tag{25.1.12}$$

则在 (25.1.1) 连续可导的点处有导数

$$s'(t) = \|\boldsymbol{r}'(t)\| = \sqrt{(x'(t))^2 + (y'(t))^2 + (z'(t))^2} \qquad (25.1.13)$$

及微分

$$\mathrm{d}s = \|\boldsymbol{r}'\| \, \mathrm{d}t = \pm\sqrt{\mathrm{d}x^2 + \mathrm{d}y^2 + \mathrm{d}z^2}. \qquad (25.1.14)$$

为了排除不好处理的情况, 引进下面的概念.

定义 25.1.3　设连续曲线 l 由参数方程 (25.1.1) 表出, 或写作向量函数 $\boldsymbol{r}(t)$, $t \in [\alpha, \beta]$. 如果 $t_1, t_2 \in [\alpha, \beta]$, $t_1 < t_2$, 而 $(x(t_1), y(t_1), z(t_1)) = \boldsymbol{r}(t_1)$ 等于 $(x(t_2)$, $y(t_2)$, $z(t_2)) = \boldsymbol{r}(t_2)$, 便有 $t_1 = \alpha$ 和 $t_2 = \beta$. 这就是说, 除了曲线 l 的起点 $(x(\alpha), y(\alpha), z(\alpha)) = \boldsymbol{r}(\alpha)$ 可能 (还不一定) 与终点 $(x(\beta), y(\beta), z(\beta)) = \boldsymbol{r}(\beta)$ 重合之外, 其余任何两个不同参数值, 其一可以是 α 或 β, 对应之点不相重合. 则曲线 l 称为一条简单 (simple) 曲线, 并且称这个参数表出是一个**简单表出**. 如果曲线 l 的起点与终点重合, 则曲线 l 称为一条**闭** (closed) 曲线, 简单的闭曲线也称为若尔当 (Jordan, 1838—1922) 曲线.

这个定义是说, 连续曲线是简单的, 最多除了首尾重合, 没有自交点 (在微分几何中称为重点).

评注 25.1.1　曲线原本是一个几何对象, 作为分析学对象来讨论时, 采用了参数方程 (25.1.1) 或向量函数 $\boldsymbol{r}(t)$, 这种表出方式不是唯一的. 设有两组参数方程

$$x = x(t), \ y = y(t), \ z = z(t), \quad t \in [\alpha, \beta],$$

$$x = x_1(\tau), \ y = y_1(\tau), \ z = z_1(\tau), \quad \tau \in [\alpha_1, \beta_1].$$

如果存在一个双方连续可导的双射 $\theta : [\alpha_1, \beta_1] \to [\alpha, \beta]$, 使得

$$(x(\theta(\tau)), y(\theta(\tau)), z(\theta(\tau))) = (x_1(\tau), y_1(\tau), z_1(\tau))$$

或

$$\boldsymbol{r}(\theta(\tau)) = \boldsymbol{r}_1(\tau),$$

则认为这两组参数方程表出了同一条曲线 l. 如果变换 θ 将 α_1 和 β_1 分别变成 α 和 β, 则称这两个表出是**同向的**, 并称 θ 是**保向的**; 否则, 称这两个表出是**反向的**, 并称 θ 是**反向的**.

评注 25.1.2　如果曲线 l 是分段光滑的, 由定理 25.1.2, 它是可求长的, 在曲线 l 的种种参数表示中, 其中用它的弧长 s 作为参数的表出 (如果可能的话!) 最为特别, 有

$$\|\boldsymbol{r}'(s)\| = \sqrt{(x'(s))^2 + (y'(s))^2 + (z'(s))^2} = 1.$$

25.2 曲线积分概念和典型实例

沿着一条给定的分段光滑曲线, 对数值函数积分可以模仿一元函数定积分的定义, 先构作 Riemann 和, 再取极限; 也可以直接采用一元函数定积分来定义曲线积分. 这里采取后一种做法.

定义 25.2.1 设 $\mathbb{R}^3$ 中一条曲线 l 是由向量函数 $\boldsymbol{r}(t) = (x(t), y(t), z(t))$, $t \in [\alpha, \beta]$ 表出的分段光滑曲线, F 是在曲线 l 上有定义的一个连续的数量场. 则 F 沿着曲线 l 的曲线积分 (line integral) 定义如下:

$$\int_l F \mathrm{d}s = \int_\alpha^\beta F(\boldsymbol{r}(t)) \|\boldsymbol{r}'(t)\| \mathrm{d}t$$

$$= \int_\alpha^\beta F(x(t), y(t), z(t)) \sqrt{(x'(t))^2 + (y'(t))^2 + (z'(t))^2} \mathrm{d}t, \qquad (25.2.1)$$

曲线 l 称为它的**积分道路** (path of integral), 其中 $\boldsymbol{r}(\alpha) = (x(\alpha), y(\alpha), z(\alpha))$ 和 $\boldsymbol{r}(\beta) = (x(\beta), y(\beta), z(\beta))$ 分别称为曲线 l 的**起点**和**终点**.

典型实例有

例 25.2.1 (弯杆质量) 形如分段光滑曲线 l 的细弯杆, 曲线 l 由向量函数 $\boldsymbol{r}(t)$ 表出, $t \in [\alpha, \beta]$. 设杆的线性质量密度为连续函数 F, 则此杆之总质量

$$M = \int_l F \mathrm{d}s.$$

评注 25.2.1 定义 25.2.1 的合理性尚待验证, 即需要证明, 对于表出同一条曲线 l 的两组同向的参数方程, 按 (25.2.1) 式的右端所得的定积分之值是相等的.

定理 25.2.1 设简单光滑曲线 l 有两个同向的参数表出 $\boldsymbol{r}(t)$, $t \in [\alpha, \beta]$, $\boldsymbol{R}(s)$, $s \in [\gamma, \delta]$, 双射 $h : [\gamma, \delta] \to [\alpha, \beta]$ 和它的逆映射 h^{-1} 都是连续可导的, 且 $\dfrac{\mathrm{d}h}{\mathrm{d}s} > 0$, 并使得 $\boldsymbol{R}(s) = \boldsymbol{r}(h(s))$. 设 F 是在曲线 l 上有定义的连续数量场, 则

$$\int_\gamma^\delta F(\boldsymbol{R}(s)) \|\boldsymbol{R}'(s)\| \mathrm{d}s = \int_\alpha^\beta F(\boldsymbol{r}(t)) \|\boldsymbol{r}'(t)\| \mathrm{d}t. \qquad (25.2.2)$$

证明 由复合求导法则有 $\dfrac{\mathrm{d}\boldsymbol{R}}{\mathrm{d}s} = \dfrac{\mathrm{d}\boldsymbol{r}}{\mathrm{d}t} \dfrac{\mathrm{d}h}{\mathrm{d}s}$, 按定积分变量替换公式作变换 $t = h(s)$, 得

$$\int_\alpha^\beta F(\boldsymbol{r}(t)) \|\boldsymbol{r}'(t)\| \mathrm{d}t = \int_\gamma^\delta F(\boldsymbol{r}(h(s))) \|\boldsymbol{r}'(h(s))\| \dfrac{\mathrm{d}h}{\mathrm{d}s} \mathrm{d}s$$

$$= \int_\gamma^\delta F(\boldsymbol{R}(s)) \left\| \boldsymbol{r}'(h(s)) \frac{\mathrm{d}h}{\mathrm{d}s} \right\| \mathrm{d}s$$

$$= \int_\gamma^\delta F(\boldsymbol{R}(s)) \|\boldsymbol{R}'(s)\| \mathrm{d}s.$$

一般教材上认为还有一种曲线积分, 这里将它陈述为下面的定义, 后面将讨论这两个定义之间的关系.

定义 25.2.2 设 $\mathbb{R}^3$ 中由向量函数 $\boldsymbol{r}(t) = (x(t), y(t), z(t))$, $t \in [\alpha, \beta]$, 表出一条分段光滑的曲线 l, 并设 $\boldsymbol{f} = (f_1, f_2, f_3)$ 是在曲线 l 上有定义的连续向量场. 则向量场 $\boldsymbol{f}$ 沿着曲线 l 的**曲线积分**定义为

$$\int_l \boldsymbol{f} \mathrm{d}\boldsymbol{r} = \int_\alpha^\beta \boldsymbol{f}(\boldsymbol{r}(t)) \cdot \boldsymbol{r}'(t)\mathrm{d}t$$

$$= \int_\alpha^\beta [f_1(\boldsymbol{r}(t)) \cdot x'(t) + f_2(\boldsymbol{r}(t)) \cdot y'(t) + f_3(\boldsymbol{r}(t)) \cdot z'(t)]\mathrm{d}t, \quad (25.2.3)$$

曲线 l 称为它的**积分道路**.

典型实例有

例 25.2.2 (做功) 设质量为 m 的质点在力场 $\boldsymbol{f}$ 作用下, 沿分段光滑曲线 l 从 $\boldsymbol{r}(\alpha)$ 运动到 $\boldsymbol{r}(\beta)$, $\boldsymbol{r}$ 为曲线 l 的向量函数表示, 则力场 $\boldsymbol{f}$ 对该质点所做功为

$$W = \int_l \boldsymbol{f} \cdot \mathrm{d}\boldsymbol{r}.$$

评注 25.2.2 对于表出同一条曲线 l 的两组同向的参数方程, 按式 (25.2.3) 的右端所得的定积分之值是相等的, 其论证类似于定理 25.2.1.

评注 25.2.3 两种曲线积分有与定积分相同的性质, 不一一列举, 但希望读者会用.

两种曲线积分之间有关系, 写成一条定理.

定理 25.2.2 设 $\mathbb{R}^3$ 中分段光滑曲线 l 由向量函数 $\boldsymbol{r}(t)$ 表出, $t \in [\alpha, \beta]$, 并且 $\|\boldsymbol{r}'\| \neq 0$. 设 F 和 $\boldsymbol{f} = (f_1, f_2, f_3)$ 分别是在曲线 l 上有定义的连续数量场和连续向量场. 则

(1) 数量场 F 沿曲线 l 的曲线积分等于向量场 $F \dfrac{\boldsymbol{r}'}{\|\boldsymbol{r}'\|}$ 沿着曲线 l 的曲线积分

$$\int_l F\mathrm{d}s = \int_l F \frac{\boldsymbol{r}'}{\|\boldsymbol{r}'\|} \cdot \mathrm{d}\boldsymbol{r};$$

(2) 向量场 $\boldsymbol{f}$ 沿曲线 l 的曲线积分等于数量场 $\boldsymbol{f} \dfrac{\boldsymbol{r}'}{\|\boldsymbol{r}'\|}$ 沿着曲线 l 的曲线积分

$$\int_l \boldsymbol{f} \cdot \mathrm{d}\boldsymbol{r} = \int_l \left(\boldsymbol{f} \frac{\boldsymbol{r}'}{\|\boldsymbol{r}'\|} \right) \mathrm{d}s.$$

证明 分别采用等式 (25.2.1) 和 (25.2.3), 便有

(1)
$$\int_l F \mathrm{d}s = \int_\alpha^\beta F(\boldsymbol{r}(t)) \|\boldsymbol{r}'(t)\| \, \mathrm{d}t$$

$$= \int_\alpha^\beta F(\boldsymbol{r}(t)) \frac{\boldsymbol{r}'(t)}{\|\boldsymbol{r}'(t)\|} \cdot \boldsymbol{r}'(t) \mathrm{d}t$$

$$= \int_l F \frac{\boldsymbol{r}'}{\|\boldsymbol{r}'\|} \cdot \mathrm{d}\boldsymbol{r};$$

(2)
$$\int_l \boldsymbol{f} \cdot \mathrm{d}\boldsymbol{r} = \int_\alpha^\beta \boldsymbol{f}(\boldsymbol{r}(t)) \cdot \boldsymbol{r}'(t) \mathrm{d}t$$

$$= \int_\alpha^\beta \left(f(\boldsymbol{r}(t)) \cdot \frac{\boldsymbol{r}'(t)}{\|\boldsymbol{r}'(t)\|} \right) \|\boldsymbol{r}'(t)\| \, \mathrm{d}t$$

$$= \int_l \left(\boldsymbol{f} \cdot \frac{\boldsymbol{r}'}{\|\boldsymbol{r}'\|} \right) \mathrm{d}s.$$

评注 25.2.4 既然这两种曲线积分可以互相转化, 因此, 它们没有本质区别.

评注 25.2.5 这两种曲线积分互相转化时, 转化后的函数都含有曲线函数 $\boldsymbol{r}$ 的导数 $\boldsymbol{r}'$ 的成分.

评注 25.2.6 定理 25.2.2 中对曲线 l 的假设较分段光滑性为强, 增加了 $\|\boldsymbol{r}'\| \neq 0$, 即 $\forall t \in [\alpha, \beta]$, $x'(t)$, $y'(t)$ 和 $z'(t)$ 不同时为零, 许多教科书将 $\|\boldsymbol{r}'\| \neq 0$ 这条要求增加到分段光滑性定义中去. 今后约定, 满足这个加强条件的曲线称为**分段强光滑的**. 在微分几何中, 对 $\|\boldsymbol{r}'(t_0)\| = 0$ 的点 $\boldsymbol{r}(t_0)$ 称为曲线 $\boldsymbol{r}(t)$ 的奇点.

25.3 曲线积分的实例

上述两种曲线积分都是借用参数表示来定义的, 它们的计算借助参数表示, 均归结为定积分来计算.

向量场沿曲线 l 的曲线积分常常写成

$$\int_l \boldsymbol{f} \cdot \mathrm{d}\boldsymbol{r} = \int_l f_1 \mathrm{d}x + f_2 \mathrm{d}y + f_3 \mathrm{d}z, \tag{25.3.1}$$

其中

$$\int_l f_1 \mathrm{d}x = \int_\alpha^\beta f_1(\boldsymbol{r}(t)) x'(t) \mathrm{d}t,$$

$$\int_l f_2 \mathrm{d}x = \int_\alpha^\beta f_2(\boldsymbol{r}(t))y'(t)\mathrm{d}t,$$

$$\int_l f_3 \mathrm{d}x = \int_\alpha^\beta f_3(\boldsymbol{r}(t))z'(t)\mathrm{d}t. \qquad (25.3.2)$$

下面举几个实例

例 25.3.1 引力场做功 设引力场由质量为 M 的质点产生, 一质量为 m 的质点在引力场中沿分段光滑曲线 l 由点 A (起点) 运动到点 B (终点). 求引力场对动点所做之功 W.

解 由万有引力定律, 质量为 M 的质点所产生的引力场强度与到它的作用点的距离平方成反比. 取原点在质点 M 处, 则点 (x,y,z) 处的力场强度为 $-\dfrac{\mu M}{r^3}\boldsymbol{r}$, 其中 $\boldsymbol{r}$ 为点 (x,y,z) 的向量记号, $r = \|\boldsymbol{r}\| = \sqrt{x^2 + y^2 + z^2}$. 从而质点 m 在 (x,y,z) 处所受之力为

$$\boldsymbol{f}(x,y,z) = -\frac{\mu M m}{r^3}\boldsymbol{r} = \left(-\frac{\mu M m}{r^3}x, -\frac{\mu M m}{r^3}y, -\frac{\mu M m}{r^3}z\right).$$

于是

$$W = \int_l \boldsymbol{f}\cdot\mathrm{d}\boldsymbol{r} = -\int_l \frac{\mu M m}{r^3}x\mathrm{d}x + \frac{\mu M m}{r^3}y\mathrm{d}y + \frac{\mu M m}{r^3}z\mathrm{d}z.$$

例 25.3.2 电场做功 设带正电量 q 的电荷产生一电场, 在电场中有一带正电荷 q' 的点, 沿分段光滑曲线 l 由起点 A 运动到终点 B. 求电场所做之功 W.

解 由库仑定律, q' 所受力为 $k\dfrac{qq'}{r^3}\boldsymbol{r}$, 故

$$W = \int_l k\frac{qq'}{r^3}\boldsymbol{r}\cdot\mathrm{d}\boldsymbol{r}.$$

例 25.3.3 平面流场的流量 设有不可压缩流体的定常 (steady) 平面流场, 即在此平面上每一点的流速不随时间变化, 在点 (x,y) 的流速为

$$\boldsymbol{v}(x,y) = P(x,y)\boldsymbol{i} + Q(x,y)\boldsymbol{j}.$$

在平面中有一分段强光滑曲线 l, 试求单位时间内从 l 的一侧经过 l 流到另一侧的流量 U.

解 取曲线 l 上每一点的单位法向量 $\boldsymbol{n}$, 与切向量 $\boldsymbol{r}'$ 成右手关系, 如图 25.2 所示, 此时, 笛卡儿坐标系 Oxy 已取成右手系.

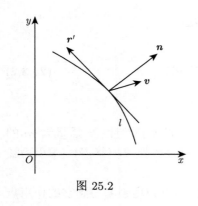

图 25.2

并假设法向量 $\boldsymbol{n}$ 为计算流量的方向, 因为

$$\boldsymbol{r}' = (x'(t), y'(t)),$$

故

$$\boldsymbol{n} = \left(\frac{y'(t)}{\|\boldsymbol{r}'\|}, -\frac{x'(t)}{\|\boldsymbol{r}'\|} \right),$$

于是流体沿 $\boldsymbol{n}$ 方向流过曲线 l 的流速为

$$\boldsymbol{v} \cdot \boldsymbol{n} = P \frac{y'(t)}{\|\boldsymbol{r}'\|} - Q \frac{x'(t)}{\|\boldsymbol{r}'\|},$$

因此流量

$$U = \int_l \boldsymbol{v} \cdot \boldsymbol{n} \mathrm{d}s = \int_\alpha^\beta (\boldsymbol{v} \cdot \boldsymbol{n}) \|\boldsymbol{r}'\| \mathrm{d}t = \int_l P \mathrm{d}y - Q \mathrm{d}x.$$

例 25.3.4 流体的环量 设有不可压缩流体的空间的或平面的定常流场, 速度场为 $\boldsymbol{v}$. 设在流场有一分段光滑的 Jordan 闭曲线 l. 则流体沿 l 的环量定义为 $\boldsymbol{v}$ 沿 l 的曲线积分

$$\int_l \boldsymbol{v} \cdot \mathrm{d}\boldsymbol{r}.$$

评注 25.3.1 当曲线 l 是一个闭曲线时, 它的参数表出的起点与终点相同, 并且曲线上任意点都可取作同时为起点和终点. 重要的是当参数 $t \in [\alpha, \beta]$ 由小变大时 l 上点是如何变动的. 本质上有两种不同的选取, 称为两个相反的**定向** (orientation). 当沿一条分段光滑的 Jordan 闭曲线 l 作曲线积分时, 应预先取定其定向, 许多人用记号

$$\oint_l \boldsymbol{f} \cdot \mathrm{d}\boldsymbol{r}$$

表示沿一条 Jordan 闭曲线 l 作曲线积分, 有人用记号

$$\oint_l \boldsymbol{f} \cdot \mathrm{d}\boldsymbol{r} \quad \text{与} \quad \oint_l \boldsymbol{f} \cdot \mathrm{d}\boldsymbol{r}$$

以区分作曲线积分时对积分道路的定向之选取是不同的. 通常当给了曲线 l 的参数表出后, 采用参数由小变大时提供曲线 l 的那个定向.

25.4　曲线积分的计算

通常若曲线 l 由参数函数 $\boldsymbol{r}(t)$ 表出, $t \in [\alpha, \beta]$, 则曲线积分便按定义是一个以 t 为积分变量的定积分:

$$\int_l \boldsymbol{f} \cdot \mathrm{d}\boldsymbol{r} = \int_\alpha^\beta \boldsymbol{f}(\boldsymbol{r}(t)) \cdot \boldsymbol{r}'(t)\mathrm{d}t. \tag{25.4.1}$$

特别, 若曲线 l 的方程为

$$y = y(x),\ z = z(x), \quad a \leqslant x \leqslant b,$$

且当 $x = a$ 和 $x = b$ 时分别对应曲线 l 的起点和终点, 则

$$
\begin{aligned}
\int_l \boldsymbol{f} \cdot \mathrm{d}\boldsymbol{r} &= \int_l f_1\mathrm{d}x + f_2\mathrm{d}y + f_3\mathrm{d}z \\
&= \int_a^b [f_1(x, y(x), z(x)) + f_2(x, y(x), z(x))y'(x) \\
&\quad + f_3(x, y(x), z(x))z'(x)]\mathrm{d}x. \tag{25.4.2}
\end{aligned}
$$

下面举几个计算例题.

例 25.4.1　在平面上曲线 l 以 $(0,0)$ 为起点并以 $(1,1)$ 为终点, 沿曲线 l 求曲线积分

$$I = \int_l 3x^2 y\mathrm{d}x + x^3\mathrm{d}y,$$

其中 l 分以下不同情形:

(1) l 是直线 $y = x$. 因 $\mathrm{d}y = \mathrm{d}x$, 故

$$\int_l 3x^2 y\mathrm{d}x + x^3\mathrm{d}y = \int_0^1 4x^3\mathrm{d}x = 1;$$

(2) l 是抛物线 $y = x^2$, $\mathrm{d}y = 2x\mathrm{d}x$, 故

$$\int_l 3x^2 y\mathrm{d}x + x^3\mathrm{d}y = \int_0^1 5x^4\mathrm{d}x = 1;$$

(3) l 是抛物线 $x = y^2$, $\mathrm{d}x = 2y\mathrm{d}y$, 故

$$\int_l 3x^2 y\mathrm{d}x + x^3\mathrm{d}y = \int_0^1 7y^6\mathrm{d}y = 1;$$

(4) l 是 $y = x^3, \mathrm{d}y = 3x^2\mathrm{d}x$, 故

$$\int_l 3x^2 y\mathrm{d}x + x^3\mathrm{d}y = \int_0^1 6x^5\mathrm{d}x = 1.$$

例 25.4.2 计算曲线积分

$$J = \int_l xy\mathrm{d}x + (y - x)\mathrm{d}y.$$

积分道路同上.

答案: (1) $\dfrac{1}{3}$; (2) $\dfrac{1}{12}$; (3) $\dfrac{17}{30}$; (4) $-\dfrac{1}{20}$.

评注 25.4.1 这两个例子有重要差别. 前一个例子中积分值与积分道路无关. 后一个例子中积分值与积分道路有关. 积分值与积分道路无关的情形比较特别, 将在第 28 讲和 29 讲中进一步阐述其重要性.

25.5 $\mathbb{R}^n$ 中的曲线积分

曲线积分可对任何 $n(> 1)$ 维空间 $\mathbb{R}^n$ 中曲线建立, 叙述如下.

设 $\mathbb{R}^n$ 中一条连续曲线 l 由参数函数

$$\boldsymbol{r}(t) = (x_1(t), \cdots, x_n(t)) \tag{25.5.1}$$

表出, 其中 $t \in [\alpha, \beta]$, $x_1(t), \cdots, x_n(t)$ 为 $[\alpha, \beta]$ 上的连续实值函数, 类似于定义 25.1.1, 可给出曲线 l 为**可求长的**及曲线 l 弧长的定义. 定理 25.1.1 和定理 25.1.2 可推广为: 设 $\mathbb{R}^n$ 中曲线 l 的参数表出 $\boldsymbol{r}(t)$ 在 $[\alpha, \beta]$ 上分段光滑, 则曲线 l 可求长, 且其弧长

$$s = \int_\alpha^\beta \|\boldsymbol{r}'(t)\|\mathrm{d}t = \int_\alpha^\beta \sqrt{(x_1'(t))^2 + \cdots + (x_n'(t))^2}\mathrm{d}t. \tag{25.5.2}$$

设 $t \in [\alpha, \beta]$, 曲线 l 在 $[\alpha, t]$ 上的一段的弧长公式为

$$s(t) = \int_\alpha^t \|\boldsymbol{r}'(\tau)\|\mathrm{d}\tau = \int_\alpha^t \sqrt{(x_1'(\tau))^2 + \cdots + (x_n'(\tau))^2}\mathrm{d}\tau, \tag{25.5.3}$$

并且在 $\boldsymbol{r}(t)$ 连续可导的参数值 t 处, 弧长 $s(t)$ 关于参数 t 的导数为

$$s'(t) = \|\boldsymbol{r}'(t)\| = \sqrt{(x_1'(t))^2 + \cdots + (x_n'(t))^2}, \tag{25.5.4}$$

弧长 $s(t)$ 的微分为

$$\mathrm{d}s = \|\boldsymbol{r}'(t)\| \, \mathrm{d}t = \sqrt{(\mathrm{d}x_1)^2 + \cdots + (\mathrm{d}x_n)^2}. \tag{25.5.5}$$

进而, 对于 $\mathbb{R}^n$ 中由向量函数 (25.5.1) 表出的分段光滑曲线 l 上定义的连续数量场 F, F 沿着曲线 l 的曲线积分定义为

$$\begin{aligned}
\int_l F \mathrm{d}s &= \int_\alpha^\beta F(\boldsymbol{r}(t)) \, \|\boldsymbol{r}'(t)\| \, \mathrm{d}t \\
&= \int_\alpha^\beta F(x_1(t), \cdots, x_n(t)) \sqrt{(x_1'(t))^2 + \cdots + (x_n'(t))^2} \mathrm{d}t;
\end{aligned} \tag{25.5.6}$$

对于 $\mathbb{R}^n$ 中由向量函数 (25.5.1) 表出的分段光滑曲线 l 上定义的连续向量场 $\boldsymbol{f} = (f_1, \cdots, f_n)$, $\boldsymbol{f}$ 沿着曲线 l 的曲线积分定义为

$$\begin{aligned}
\int_l \boldsymbol{f} \cdot \mathrm{d}\boldsymbol{r} &= \int_\alpha^\beta \boldsymbol{f}(\boldsymbol{r}(t)) \cdot \boldsymbol{r}'(t) \mathrm{d}t \\
&= \int_\alpha^\beta [f_1(\boldsymbol{r}(t)) x_1'(t) + \cdots + f_n(\boldsymbol{r}(t)) x_n'(t)] \mathrm{d}t;
\end{aligned} \tag{25.5.7}$$

曲线 l 称为它们的积分道路, $\boldsymbol{r}(\alpha)$ 和 $\boldsymbol{r}(\beta)$ 分别称为曲线 l 的起点和终点. 定理 25.2.2 对 $\mathbb{R}^n$ 中分段光滑曲线 l 而言仍然成立, 即这两种积分可互相转化, 它们没有本质的区别, 并且通常向量场 $\boldsymbol{f} = (f_1, \cdots, f_n)$ 沿曲线 l 的曲线积分常常写成

$$\int_l \boldsymbol{f} \cdot \mathrm{d}\boldsymbol{r} = \int_l f_1 \mathrm{d}x_1 + f_2 \mathrm{d}x_2 + \cdots + f_n \mathrm{d}x_n, \tag{25.5.8}$$

其中

$$\int_l f_k \cdot \mathrm{d}x_k = \int_\alpha^\beta f_k(\boldsymbol{r}(t)) x_k'(t) \mathrm{d}t, \quad k = 1, \cdots, n. \tag{25.5.9}$$

第26讲

重 积 分

重积分是定积分概念在二维及更高维的推广, 并按其积分区域的维数而分别称为二重, 三重, 或一般说, n 重积分, 下面将着重讲解二重积分, 而将三重以上的积分一带而过, 即使讨论二重积分, 其中某些重要环节相当复杂, 请读者耐心体会.

26.1 平面集合的面积概念

平面集合的面积概念是定义二重积分的前提. 约定, 在平面 $\mathbb{R}^2$ 中 xy 笛卡儿坐标系取为自然标准正交坐标系, 并取自然定向. 通常, 平面中矩形认为是正定向的, 其面积为正数.

在第 2 讲的 2.1 节和 2.2 节中, 对以连续函数的图形为曲边的曲边梯形, 采用定积分定义了面积概念. 如果平面中有界闭区域 D 的边界可分成有限段连续函数

$$y = f(x), \quad x \in [a, b] \tag{26.1.1}$$

或连续函数

$$x = g(y), \quad y \in [c, d] \tag{26.1.2}$$

的图形, 则可用平行于 x 轴和 y 轴的有限条直线段将闭区域 D 分划成有限块子闭区域 $D_1, D_2, \cdots, D_l$, 使每一块 D_i 都可采用定积分计算其面积, 记作 $A(D_i)$. 从而闭区域 D 的面积是

$$A(D) = \sum_{i=1}^{l} A(D_i). \tag{26.1.3}$$

还可以证明, 闭区域 D 的面积 $A(D)$ 与 D 的上述分划的选取无关.

继承 Riemann 意义下的定积分的精神实质 (参见第 2 讲和第 15 讲), 下面介绍法国数学家 Jordan 于大约 1880 年的做法.

定义 26.1.1　设 S 是平面 $\mathbb{R}^2$ 的一个有界子集, 取 $D = [a, b] \times [c, d] \supset S$. 设用有限条平行于 x 轴和 y 轴的直线段, 将闭矩形区域 D 分划成一些互相只相交于边界的小闭矩形 $D_1, D_2,$ $\cdots, D_l$, 如图 26.1, 记此分划为 P. 这种分划称为 **平行于坐标轴的矩形分划**. 分划 P 中包含于

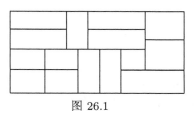

图 26.1

S 中的小闭矩形的面积之和记作 $\underline{A}(P; S)$, 称为 S 关于分划 P 的 **面积下和**; 分划 P 中与 S 相交不空的小闭矩形的面积之和记作 $\overline{A}(P; S)$, 称为 S 关于分划 P 的 **面积上和**. 然后, 关于闭矩形区域 D 的平行于坐标轴的分划 P 取确界, 分别记作

$$\underline{A}(S) = \sup_{P} \left\{ \underline{A}(P; S) \right\}, \tag{26.1.4}$$

$$\overline{A}(S) = \inf_{P} \left\{ \overline{A}(P; S) \right\}, \tag{26.1.5}$$

并分别称为平面集合 S 的 **内面积** 和 **外面积**. 如果 S 的内面积等于 S 的外面积, 则称平面集是按 **Jordan 意义有** (或可求) **面积的**, 简称 **有面积的**, 并说 S 的面积 (area) 是

$$A(S) = \underline{A}(S) = \overline{A}(S). \tag{26.1.6}$$

评注 26.1.1　在许多文献中, "按 Jordan 意义有面积的" 说成 "按 Jordan 意义可测的 (measurable)", 并且 "面积" 说成 "容量 (content)".

评注 26.1.2　定义 26.1.1 中给出的平面有界集合 S 按 Jordan 意义有面积, 其面积之值不依赖于闭矩形区域 D 的选取, 读者不难自行证明.

有关平面集合的内面积和外面积, 有以下性质.

定理 26.1.1　(1) 对任何平面有界集 S, 内面积 $\underline{A}(S)$ 和外面积 $\overline{A}(S)$ 都存在, 并且有 $\overline{A}(S) \geqslant \underline{A}(S) \geqslant 0$.

(2) 若 S_1 和 S_2 是平面有界集, 使得 $S_1 \subset S_2$, 则 $\overline{A}(S_1) \leqslant \overline{A}(S_2)$ 和 $\underline{A}(S_1) \leqslant \underline{A}(S_2)$.

(3) 若 S_1 和 S_2 是平面有界集, 则 $\overline{A}(S_1 \cup S_2) \leqslant \overline{A}(S_1) + \overline{A}(S_2)$.

证明不难完成, 留作习题.

下面的定理是平面有界集有面积的判别法, 很有用.

定理 26.1.2　设 S 是一个平面有界集, $\mathrm{Fr}S$ 是 S 的边界, 则

(1) 有不等式

$$\overline{A}(\mathrm{Fr}S) \geqslant \overline{A}(S) - \underline{A}(S). \tag{26.1.7}$$

(2) S 是有面积的, 当且仅当 $\mathrm{Fr}S$ 的 (外) 面积为零

$$\overline{A}(\mathrm{Fr}S) = 0. \tag{26.1.8}$$

证明 (1) 取闭矩形区域 $D \supset \overline{S} = S \cup \mathrm{Fr}S$. 对于 D 的任何平行于坐标轴的矩形分划 P, 有

$$\overline{A}(P; \mathrm{Fr}S) \geqslant \overline{A}(P; S) - \underline{A}(P; S). \tag{26.1.9}$$

因为被计入 $\overline{A}(P; S)$ 中同时不被计入 $\underline{A}(P; S)$ 中的每个小闭矩形, 都既含有 S 中的点又含有 CS 中的点, 因此必含有 $\mathrm{Fr}S$ 中的点, 于是它便被计入 $\overline{A}(P; \mathrm{Fr}S)$ 中. 然后, 先对不等式 (26.1.9) 的右端应用不等式 $\overline{A}(P; S) \geqslant \overline{A}(S)$ 和 $\underline{A}(P; S) \leqslant \underline{A}(S)$, 得

$$\overline{A}(P; \mathrm{Fr}S) \geqslant \overline{A}(S) - \underline{A}(S).$$

再对此不等式的左端取确界, 得不等式 (26.1.7).

(2) 由不等式 (26.1.7) 可知, 当 $\overline{A}(\mathrm{Fr}S) = 0$ 时得 $\underline{A}(S) = \overline{A}(S)$, 即 S 是有面积的.

反之, 设 S 是有面积的, 将证 $\mathrm{Fr}S$ 的外面积为零. 不妨取平行于坐标轴的闭矩形 D, 使得其内部 $\mathring{D} \supset \overline{S}$. 由于 $\overline{A}(S) = \inf\limits_{P}\{\overline{A}(P; S)\}$ 和 $\underline{A}(S) = \sup\limits_{P}\{\underline{A}(P; S)\}$, 取分划 $\{P_n\}$ 为用 n 等分其边的平行坐标轴的直线, 将 D 分划而得 n^2 个小矩形, 则不难证明

$$\lim_{n \to +\infty} \overline{A}(P_n; S) = \overline{A}(S) \quad \text{和} \quad \lim_{n \to +\infty} \underline{A}(P_n; S) = \underline{A}(S).$$

因为 S 是有面积的, 故得

$$\lim_{n \to +\infty} \left[\overline{A}(P_n; S) - \underline{A}(P_n; S)\right] = 0. \tag{26.1.10}$$

设 P_n 的某小矩形 σ 被计入 $\overline{A}(P_n; \mathrm{Fr}S)$ 中, 则 σ 和与 σ 相邻的小矩形中至少有一个既含有 S 的点, 又含有 CS 的点. 因为, σ 和所有与 σ 相邻的小矩形之并集中既含有 S 的点, 取其一为 P, 又含有 CS 的点, 取其一为 Q. 于是以 P 和 Q 为端点的线段 $\overline{PQ}$ 上必有 S 的边界 $\mathrm{Fr}S$ 的点, 取其一为 R. 若 R 是 σ 或某相邻小矩形之一的内点, 则此小矩形既含有 S 的点, 又含有 CS 的点. 若 R 是 σ 或某相邻小矩形的边界点, 它必位于 σ 及其相邻小矩形中的两个小矩形的公共边界上, 记这两个小矩形为 τ 和 η, 则 $R \in \tau \cap \eta$. 不妨设 τ 中有 S 的点, η 中有 CS 的点. 于是若 $R \in S$, 则 η 既含有 S 的点, 又含有 CS 的点; 若 $R \in CS$, 则 τ 既含有 S 的点, 又含有 CS 的点. 这种既含有 S 的点又含有 CS 的点的小矩形, 必被计入 $\overline{A}(P_n; S) - \underline{A}(P_n; S)$ 中. 因此有不等式

$$\overline{A}(P_n; \mathrm{Fr}S) \leqslant 9\left[\overline{A}(P_n; S) - \underline{A}(P_n; S)\right]. \tag{26.1.11}$$

从而由 (26.1.10) 及 (26.1.11) 得 $\lim\limits_{n \to +\infty} \overline{A}(P_n; \mathrm{Fr}S) = 0$, 于是 $\overline{A}(\mathrm{Fr}S) = 0$.

上述面积概念有以下基本性质.

定理 26.1.3 (1) 如果平面集 S 有面积, 则 $A(S) \geqslant 0$.

(2) 空集 $\varnothing$ 有面积, 且 $A(\varnothing) = 0$.

(3) 设平面集 S 是平面中单位闭正方形 $[0,1] \times [0,1]$, 则 S 有面积且 $A(S) = 1$.

(4) 设 S_1 和 S_2 是平面中两个有面积的集合, 且 $S_1 \subset S_2$, 则 $A(S_1) \leqslant A(S_2)$.

(5) 设 S_1 和 S_2 是平面中两个有面积的集合, 且不相交, 则并集 $S_1 \cup S_2$ 是有面积的, 且

$$A(S_1 \cup S_2) = A(S_1) + A(S_2). \tag{26.1.12}$$

(6) 设 S_1 和 S_2 是平面中两个有面积的集合, 则交集 $S_1 \cap S_2$, 并集 $S_1 \cup S_2$ 与差集 $S_1 \backslash S_2$ 都是有面积的, 且

$$A(S_1 \backslash S_2) = A(S_1) - A(S_1 \cap S_2). \tag{26.1.13}$$

$$A(S_1 \cup S_2) = A(S_1) + A(S_2) - A(S_1 \cap S_2). \tag{26.1.14}$$

证明 (1), (2), (3) 及 (4) 是显然的.

(5) 已设 S_1, S_2 是有面积的, 且 $S_1 \cap S_2 = \varnothing$. 设 $D_1 \supset S_1$ 和 $D_2 \supset S_2$ 是两个其边平行于坐标轴的闭矩形. 设对 $i = 1, 2$, P_i 是 D_i 的一个平行于坐标轴的分划, 则已知

$$A(S_1) = \sup_{P_1} \{ \underline{A}(P_1; S_1) \} = \inf_{P_1} \{ \overline{A}(P_1; S_1) \},$$

$$A(S_2) = \sup_{P_2} \{ \underline{A}(P_2; S_2) \} = \inf_{P_2} \{ \overline{A}(P_2; S_2) \}.$$

取一个包含着 D_1 和 D_2 的其边平行于坐标轴的闭矩形区域 D, 则

$$D \supset D_1 \cup D_2 \supset S_1 \cup S_2.$$

任取 D 的一个平行于坐标轴的分划 P, 包括采用 D_i 之边线在内, 则将 P 限制到 D_i 上, 得 D_i 上的一个分划记作 $P_i = P|D_i, i = 1, 2$. 显然有

$$\underline{A}(P_1; S_1) + \underline{A}(P_2; S_2) \leqslant \underline{A}(P; S_1 \cup S_2) \leqslant \overline{A}(P; S_1 \cup S_2)$$

$$\leqslant \overline{A}(P_1; S_1) + \overline{A}(P_2; S_2). \tag{26.1.15}$$

进而, 设分别对 D_1 和 D_2, 给了平行于坐标轴的分划 P_1 和 P_2, 采用两者的直线段, 包括 D_1 和 D_2 的边线段, 必要时增加一些平行坐标轴的直线段, 得 D 的一个分划 P. P 在 D_i 上的限制记作 $P_i' = P|D_i$, 它是 P_i 的一个加细, $i = 1, 2$. 于是由

$$\underline{A}(P_i; S_i) \leqslant \underline{A}(P_i'; S_i), \quad i = 1, 2,$$

$$\overline{A}(P'_i; S_i) \leqslant \overline{A}(P_i; S_i), \quad i = 1, 2,$$

将 (26.1.15) 应用于 P'_1, P'_2 和 P, 得知 (26.1.15) 对 P_1, P_2 和 P 成立. 于是由 (26.1.15) 得

$$\underline{A}(S_1) + \underline{A}(S_2) \leqslant \underline{A}(S_1 \cup S_2) \leqslant \overline{A}(S_1 \cup S_2) \leqslant \overline{A}(S_1) + \overline{A}(S_2). \quad (26.1.16)$$

由于 S_1 和 S_2 均有面积, 故 $\underline{A}(S_i) = \overline{A}(S_i) = A(S_i), i = 1, 2$. 从而 $\underline{A}(S_1 \cup S_2) = \overline{A}(S_1 \cup S_2)$, 即 $S_1 \cup S_2$ 有面积, 且等式 (26.1.12) 成立.

(6) 由闭包的基本性质: $\overline{A \cup B} = \overline{A} \cup \overline{B}$ 及 $\overline{A \cap B} \subset \overline{A} \cap \overline{B}$, 可得

$$\begin{aligned}
\mathrm{Fr}(S_1 \cap S_2) &= \overline{S_1 \cap S_2} \cap \overline{C(S_1 \cap S_2)} \subset \overline{S_1} \cap \overline{S_2} \cap \overline{CS_1 \cup CS_2} \\
&= \overline{S_1} \cap \overline{S_2} \cap \left(\overline{CS_1} \cup \overline{CS_2} \right) \\
&= \left(\overline{S_1} \cap \overline{S_2} \cap \overline{CS_1} \right) \cup \left(\overline{S_1} \cap \overline{S_2} \cap \overline{CS_2} \right) \\
&\subset \mathrm{Fr}\,(S_1) \cap \mathrm{Fr}\,(S_2), \\
\mathrm{Fr}(S_1 \cup S_2) &= \overline{S_1 \cup S_2} \cap \overline{C(S_1 \cup S_2)} = \left(\overline{S_1} \cup \overline{S_2} \right) \cap \overline{CS_1 \cap CS_2} \\
&\subset \left(\overline{S_1} \cup \overline{S_2} \right) \cap \left(\overline{CS_1} \cap \overline{CS_2} \right) \\
&= \left(\overline{S_1} \cap \overline{CS_1} \cap \overline{CS_2} \right) \cup \left(\overline{S_2} \cap \overline{CS_1} \cap \overline{CS_2} \right) \\
&\subset \mathrm{Fr}\,(S_1) \cup \mathrm{Fr}\,(S_2), \\
\mathrm{Fr}(S_1 \backslash S_2) &= \mathrm{Fr}(S_1 \cap CS_2) = \overline{S_1 \cap CS_2} \cap \overline{C(S_1 \cap CS_2)} \\
&\subset \overline{S_1} \cap \overline{CS_2} \cap \overline{CS_1 \cup S_2} = \overline{S_1} \cap \overline{CS_2} \cap \overline{(CS_1 \cup S_2)} \\
&= \left(\overline{S_1} \cap \overline{CS_2} \cap \overline{CS_1} \right) \cup \left(\overline{S_1} \cap \overline{CS_2} \cap \overline{S_2} \right) \\
&\subset \mathrm{Fr}\,(S_1) \cup \mathrm{Fr}\,(S_2).
\end{aligned}$$

由定理 26.1.2 之 (2), 知 $S_1 \cap S_2$, $S_1 \cup S_2$ 及 $S_1 \backslash S_2$ 均为有面积的. 因为 S_1 可表作不交并

$$S_1 = (S_1 \backslash S_2) \cup (S_1 \cap S_2),$$

从公式 (26.1.12) 得

$$A(S_1) = A(S_1 \backslash S_2) + A(S_1 \cap S_2),$$

这就是公式 (26.1.13). 同样, 有

$$A(S_2) = A(S_2 \backslash S_1) + A(S_1 \cap S_2).$$

又因为 $S_1 \cup S_2$ 可表作不交并

$$S_1 \cup S_2 = (S_1 \backslash S_2) \cup (S_2 \backslash S_1) \cup (S_1 \cap S_2),$$

由公式 (26.1.12) 得

$$A(S_1 \cup S_2) = A(S_1 \backslash S_2) + A(S_2 \backslash S_1) + A(S_1 \cap S_2).$$

从而得

$$A(S_1 \cup S_2) = A(S_1) + A(S_2) - A(S_1 \cap S_2),$$

即式 (26.1.14) 成立.

下面先举一个例子, 说明存在平面的有界集, 它是不可求面积的.

例 26.1.1 设 S 是 $[0,1] \times [0,1]$ 中坐标均为有理数的那些点组成的集合. 容易看出, $\overline{A}(S) = 1$, 而 $\underline{A}(S) = 0$, 因此 S 是不可求面积的.

评注 26.1.3 值得特别提醒的是, 平面上的有界开集并不一定是有面积的, 甚至由一条封闭连续曲线为边界的区域也有可能不是有面积的.

下面介绍关于 Jordan 曲线的定理, 它是拓扑学早期的重要成果之一, 由 Jordan 于 1887 年提出.

定理 26.1.4 (Jordan 曲线定理) 设给了平面 $\mathbb{R}^2$ 中的一条 Jordan 曲线 ℓ, 即简单的闭连续曲线, 则 ℓ 把平面分成两个开区域, 即 $\mathbb{R}^2 \backslash \ell$ 由两个开集组成, 每个开集都是折线连通的, 因而都是开区域; 两个开区域之一是有界的, 称为曲线 ℓ 的**内域**, 另一为**外域**, 内域和外域都以曲线 ℓ 为边界.

评注 26.1.4 Jordan 本人为这个定理提供的证明不正确. 接着许多杰出的数学家给出了证明, 但也不正确. 直到 1905 年, 美国数学家维布伦 (Veblen, 1880—1960) 给出了第一个严格的证明. 现在, 读者可以在拓扑学的教科书中找到这个定理的不同的证明, 这里不再介绍.

评注 26.1.5 读者应当注意的是, 假设平面 $\mathbb{R}^2$ 的有界集 Ω 的边界是由一条或数条 Jordan 曲线组成, 用 $\partial\Omega$ 表示 Ω 的边界. 并**不能断言** $\overline{\Omega}$ 或 Ω 是一个有面积的集合. 但如果加强条件, 设 $\partial\Omega$ 是由一条或数条分段强光滑的 Jordan 曲线组成, 则由反函数定理, 这种曲线分段可表作连续函数 $y = \varphi(x)$ 或 $x = \psi(y)$; 进而 $\overline{\Omega}$ 可分成若干块, 采用后面的定理 26.1.5 便可证明这些小块都是有面积的, 从而 $\overline{\Omega}$ 及 Ω 是有面积的. 以后需要时, 便采用这里提出的条件所确定的集合作为二重积分的积分区域.

定理 26.1.5 设 f 是闭区间 $[a,b]$ 上非负 Riemann 可积函数, 平面 $\mathbb{R}^2$ 中集合

$$D = \{(x,y) | x \in [a,b], 0 \leqslant y \leqslant f(x)\}. \tag{26.1.17}$$

则 D 是按 Jordan 意义有面积的, 并且 D 的面积

$$A(D) = \int_a^b f(x)\mathrm{d}x. \tag{26.1.18}$$

证明 因为可积函数 f 在 $[a,b]$ 有界, 故可取闭矩形 $\widetilde{D} = [a,b] \times [c,d] \supset D$. 任取有限条平行于坐标轴的直线, 得 $\widetilde{D}$ 的一个分划 P. 取其平行于 y 轴的直线, 便得 $[a,b]$ 的一个分划 $P_x = [x_0 = a < x_1 < \cdots < x_n = b]$. 在分划 P_x 之下, 记 $\Delta x_i = x_i - x_{i-1}$ 和

$$M_i = \sup\{f(x)|x \in [x_{i-1}, x_i]\},$$
$$m_i = \inf\{f(x)|x \in [x_{i-1}, x_i]\}.$$

回忆函数 f 在 $[a,b]$ 上关于分划 P_x 的达布 (Darboux) 上和与下和, 分别是

$$S_f(P_x) = \sum_{i=1}^n M_i \Delta x_i,$$
$$s_f(P_x) = \sum_{i=1}^n m_i \Delta x_i.$$

对它们取确界, 分别得 f 在 $[a,b]$ 上的上积分和下积分:

$$S_f(P_x) = \inf_{P_x}\{S_f(P_x)\},$$
$$s_f(P_x) = \sup_{P_x}\{s_f(P_x)\}.$$

现在证明

$$\overline{A}(D) \leqslant S_f, \quad \underline{A}(D) \geqslant s_f.$$

对任给的 $\varepsilon > 0$, 设 P_x 是 $[a,b]$ 的一个分划, 使得

$$S_f(P_x) \leqslant S_f + \frac{\varepsilon}{2}.$$

记 $P_x = [x_0 = a < x_1 < x_2 < \cdots < x_n = b]$. 取 $\widetilde{D}$ 的一个分划 P, 其平行于 y 轴的直线为

$$x = x_i, \quad i = 0, 1, \cdots, n,$$

其平行于 x 轴的直线为

$$y = 0 \quad \text{及} \quad y = M_i + \frac{\varepsilon}{2(b-a)}, \quad i = 1, 2, \cdots, n.$$

于是

$$\overline{A}(P;D) = \sum_{i=1}^{n} \left(M_i + \frac{\varepsilon}{2(b-a)} \right) \Delta x_i$$

$$= \sum_{i=1}^{n} M_i \Delta x_i + \frac{\varepsilon}{2(b-a)} \sum_{i=1}^{n} \Delta x_i$$

$$= S_f(P_x) + \frac{\varepsilon}{2} \leqslant S_f + \varepsilon.$$

从而得

$$\overline{A}(D) \leqslant S_f + \varepsilon.$$

由 ε 的任意性, 知

$$\overline{A}(D) \leqslant S_f.$$

类似地, 可证

$$\underline{A}(D) \geqslant s_f.$$

综上所述, 便得不等式

$$s_f \leqslant \underline{A}(D) \leqslant \overline{A}(D) \leqslant S_f.$$

由假设, 函数 f 在 $[a,b]$ 上可积, 由定理 15.4.1 知

$$s_f = S_f = \int_a^b f(x)\mathrm{d}x.$$

从而

$$\underline{A}(D) = \overline{A}(D).$$

这就是说, 集合 D 有面积, 而且其面积

$$A(D) = \int_a^b f(x)\mathrm{d}x.$$

定义 26.1.2 经常遇到的平面区域是由分段表作连续函数 $y = \varphi(x)$ 或 $x = \psi(y)$ 的曲线为边界的区域, 把这种区域切割后, 归结为下面两种类型的区域, 它们的定义如下.

x **型区域** $D = \{(x,y)|y_1(x) \leqslant y \leqslant y_2(x), a \leqslant x \leqslant b\}$, 其中 $y_1(x)$ 和 $y_2(x)$ 是 $[a,b]$ 上两个连续函数, 如图 26.2 所示.

y **型区域** $D = \{(x,y)|x_1(y) \leqslant x \leqslant x_2(y), c \leqslant y \leqslant d\}$, 其中 $x_1(y)$ 和 $x_2(y)$ 是 $[c,d]$ 上两个连续函数, 如图 26.3 所示.

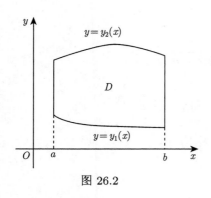

图 26.2

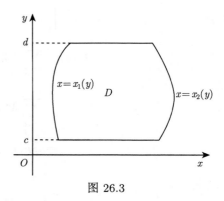

图 26.3

根据定理 26.1.5, 便知 x 型区域和 y 型区域都是有面积的, 且它们的面积分别是

$$\int_a^b [y_2(x) - y_1(x)]\mathrm{d}x \qquad (26.1.19)$$

和

$$\int_c^d [x_2(y) - x_1(y)]\mathrm{d}y. \qquad (26.1.20)$$

对于由参数表出曲线所围区域的面积, 先处理曲边梯形这种特例, 再写下一个定理, 介绍由参数曲线包围的区域的面积公式.

例 26.1.2 (1) 设 f 是区间 $[a, b]$ 上的连续函数. 若设 $x = x(t), t \in [\alpha, \beta]$ 使得 $x(t)$ 是 C^1 函数, $x(t) \in [\alpha, \beta]$ 且 $x(\alpha) = a, x(\beta) = b$. 于是 $y = f(x)$ 的图形可以参数表出:

$$\begin{cases} x = x(t), \\ y = y(t), \end{cases} \quad t \in [\alpha, \beta],$$

其中 $y(t) = f(x(t))$. 由定理 9.2.2, 得对应的曲边梯形面积为

$$\int_a^b f(x)\mathrm{d}x = \int_\alpha^\beta y(t)x'(t)\mathrm{d}t. \qquad (26.1.21)$$

(2) 设曲边梯形的曲边可用连续函数参数表出:

$$\begin{cases} x = x(t), \\ y = y(t), \end{cases} \quad t \in [\alpha, \beta],$$

其中 $x = x(t)$ 有反函数 $t = \tau(x)$, 连续可导且 $x'(t) > 0$. 记 $a = x(\alpha), b = x(\beta)$. 由 $x(t)$ 的严格单调性, $a < b$. 于是复合函数 $y \circ \tau$ 是 $[a, b]$ 上的连续函数. 由定理

9.2.2 或 (1) 得

$$\int_a^b y\left(\tau(x)\right)\mathrm{d}x = \int_\alpha^\beta y(t)x'(t)\mathrm{d}t.$$

定理 26.1.6 设平面区域 D 的边界是简单闭曲线 l, 可分段强光滑地参数表出:

$$x = x(t), \quad y = y(t), \quad t \in [0,T],$$

且参数 t 由小变大的定向是 xy 坐标系的正定向. 则区域 D 的面积为

$$A = \int_0^T x(t)y'(t)\mathrm{d}t = -\int_0^T y(t)x'(t)\mathrm{d}t. \tag{26.1.22}$$

证明 由曲线 l 的参数表出的分段强光滑性, 知 $[0,T]$ 可分划为 $[t_0 = 0 < t_1 < t_2 < \cdots < t_k = T]$, 使得在每一个 $[t_{i-1}, t_i]$ 上有 $x'(t) \neq 0$ 或 $y'(t) \neq 0$. 于是 t 可表成以 x 或 y 为自变量的 C^1 函数. 例如 $t = \tau(x)$, 则 $y = y\left(\tau(x)\right)$ 为 $[t_{i-1}, t_i]$ 上的 C^1 函数. 如此, 可用有限条平行于坐标轴的直线段将区域 D 切成有限块, 每块是一个曲边梯形, 只要对每一块曲边梯形运用例 26.1.2 的 (1) 或 (2) 的办法, 问题就可能解决.

就最简单的情形讨论. 设 a, b 分别是函数 $x(t)$ 在 $[0,T]$ 上的最小值和最大值. 设 $x(0) = x(T) = a$, $x(T_1) = b$, 在 $[0, T_1]$ 和 $[T_1, T]$ 上分别有 $x'(t) > 0$ 和 $x'(t) < 0$. 由反函数定理, 函数 $x(t)$ 在 $[0, T_1]$ 和 $[T_1, T]$ 上分别有 C^1 的反函数

$$t = \tau_1(x), \ x \in [a,b] \quad \text{和} \quad t = \tau_2(x), \ x \in [a,b],$$

其中 τ_1 是严格增加的, 而 τ_2 是严格减少的. 如图 26.4, D 为 x 型区域.

于是, 区域 D 的面积是

$$\begin{aligned} A &= \int_a^b y(\tau_2(x))\mathrm{d}x - \int_a^b y(\tau_1(x))\mathrm{d}x \\ &= \int_T^{T_1} y(t)x'(t)\mathrm{d}t - \int_0^{T_1} y(t)x'(t)\mathrm{d}t \\ &= -\int_0^T y(t)x'(t)\mathrm{d}t. \end{aligned}$$

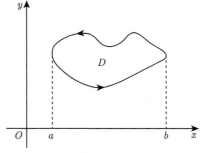

图 26.4

这里用到了例 26.1.2 的 (1) 或 (2).

评注 26.1.6 评注 26.1.5 中 $\partial\Omega$ 是分段强光滑的条件可减弱为可求长, 这就是下面的定理 26.1.7. 根据定理 25.1.2, 在今后的理论探讨中, 常假设 $\partial\Omega$ 由一条或数条分段光滑的 Jordan 曲线所组成.

定理 26.1.7 设平面 $\mathbb{R}^2$ 中的有界集合 Ω 的边界 $\partial\Omega$ 是由一条或数条可求长的 Jordan 曲线组成, 则 $\overline{\Omega}$ 及 Ω 是有面积的.

证明 由定理 26.1.2 之 (2), 只需证: 设 l 是平面 $\mathbb{R}^2$ 中由参数函数 $\boldsymbol{r}(t) = (x(t), y(t))$, $t \in [\alpha, \beta]$, 表出的连续的可求长曲线, 则 l 作为 $\mathbb{R}^2$ 中的集合有零外面积.

因 $\boldsymbol{r}(t)$ 是 $t \in [\alpha, \beta]$ 上的连续函数, 由闭区间上连续函数的一致连续性 (定理 19.4.4), $\forall \varepsilon > 0, \exists \delta > 0$, 使得当 $t, t' \in [\alpha, \beta]$ 且 $|t - t'| < \delta$ 时, 有 $\|\boldsymbol{r}(t) - \boldsymbol{r}(t')\| < \varepsilon$. 取 $n > \dfrac{\beta - \alpha}{\delta}$, 对闭区间 $[\alpha, \beta]$ 作 n 等分, 所得分划记作 $T = [\alpha = t_0 < t_1 < \cdots < t_n = \beta]$. 记 $P_i = \boldsymbol{r}(t_i) = (x(t_i), y(t_i))$, $i = 0, 1, \cdots, n$, 记折线 $\overline{P_0 P_1 \cdots P_n}$ 之长为 $s_T = \sum\limits_{i=1}^{n} \sqrt{(x(t_i) - x(t_{i-1}))^2 + (y(t_i) - y(t_{i-1}))^2}$, 记曲线 l 之长为 s, 则 $s_T \leqslant s$. 记曲线 l 当参数 $t \in [t_{i-1}, t_i]$ 的那一段为 l_i. 若记 $\mathbb{R}^2$ 中集合 A 的 ε 邻域为 $N(A; \varepsilon) = \{(x, y) \in \mathbb{R}^2 | (x, y)$ 与集合 A 中的某点距离 $< \varepsilon\}$, 则易见 $l_i \subset N(\overline{P_{i-1}P_i}; \varepsilon)$, 参见图 26.5.

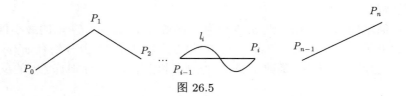

图 26.5

从而 $l \subset N(\overline{P_0 P_1 \cdots P_n}; \varepsilon)$. 由于

$$N(\overline{P_0 P_1 \cdots P_n}; \varepsilon) \text{ 的面积 } \leqslant s_T \cdot 2\varepsilon + \pi\varepsilon^2 \leqslant 2s\varepsilon + \pi\varepsilon^2,$$

从而

$$\overline{A}(l) \leqslant 2s\varepsilon + \pi\varepsilon^2.$$

由 ε 的任意性, 知

$$\overline{A}(l) = 0.$$

26.2 二重积分概念

定义 26.2.1 设 D 是平面 $\mathbb{R}^2$ 中一个有面积的集合, f 是 D 上的一个数量场. 将集合 D 分为有限个有面积的互相只相交于边界的子集 $D_1, D_2, \cdots, D_l$, 称

为 D 的一个**分划**, 记作 $P = [D_1, D_2, \cdots, D_l]$. D_i 的面积记作 ΔD_i, 并令 D_i 的直径为

$$d(D_i) = \sup \{\|Q - Q'\| | Q, Q' \in D_i\},$$

且记

$$\lambda(P) = \max_{1 \leqslant i \leqslant l} \{d(D_i)\},$$

称为**分划 P 的细度**. 在每个 D_i 中任取一点 Q_i, 称为**介点**, 作和式

$$\sigma_f(P) = \sum_{i=1}^{l} f(Q_i) \Delta D_i, \tag{26.2.1}$$

称为函数 f 在 D 上关于分划 P 和介点组 $\{Q_i\}$ 的**积分和**或 **Riemann** 和. 若存在一个数 I, 使得对于任意 $\varepsilon > 0$, 存在 $\delta > 0$, 使得当 $\lambda(P) < \delta$ 时, 函数 f 在 D 上关于分划 P 的所有积分和都满足不等式

$$\left| \sum_{i=1}^{l} f(Q_i) \Delta D_i - I \right| < \varepsilon, \tag{26.2.2}$$

则称函数 f 在 D 上**可积**, 数 I 是 f 在 D 上的**二重积分** (double integral), 记作

$$\iint\limits_{D} f(Q) \mathrm{d}D. \tag{26.2.3}$$

当平面 $\mathbb{R}^2$ 中取定的笛卡儿坐标系写作 xy 坐标系时, 此二重积分记作

$$\iint\limits_{D} f(x, y) \mathrm{d}x\mathrm{d}y. \tag{26.2.4}$$

f 称为被积函数, $f(x, y)\mathrm{d}x\mathrm{d}y$ 称为**被积表达式**, (x, y) 或 Q 称为**积分变量**, D 称为**积分域**.

评注 26.2.1 函数 f 在 D 上可积的条件可以改述为下面极限等式成立:

$$\lim_{\lambda(P) \to 0} \sum_{i} f(Q_i) \Delta D_i = I. \tag{26.2.5}$$

细心的读者会发现, 这个极限过程很复杂, 但重要的是, 一旦函数 f 在 D 上可积, 即这个极限等式成立, 则可取 D 的一个序列的分划 $\{P_n\}$ 满足 $\lim_{n \to \infty} \lambda(P_n) = 0$,

同时对每个 $P_n = [D_1^{(n)}, D_2^{(n)}, \cdots, D_{l_n}^{(n)}]$ 取定一组介点 $\{Q_i^{(n)}\}$ 后, 函数 f 在 D 上关于分划 P_n 和介点组 $\{Q_i^{(n)}\}$ 的积分和所成的序列有如下极限等式:

$$\lim_{n \to \infty} \sum_{i=1}^{l_n} f(Q_i^{(n)}) \Delta D_i^{(n)} = I. \tag{26.2.6}$$

由定义 26.2.1 立即可得函数可积的必要条件如下.

定理 26.2.1 若函数 f 在矩形集合 D 上可积, 则 f 在 D 上有界.

其证明可仿定理 15.2.1 之证明.

二重积分有同一维定积分类似的一系列基本性质, 这里只列部分如下.

定理 26.2.2 若函数 f, g 在有面积的集合 D 上可积, 则

(1) 对任意常数 k, kf 在 D 上可积, 且

$$\iint\limits_D kf(x,y)\mathrm{d}x\mathrm{d}y = k \iint\limits_D f(x,y)\mathrm{d}x\mathrm{d}y; \tag{26.2.7}$$

(2) $f \pm g$ 在 D 上可积, 且

$$\iint\limits_D [f(x,y) \pm g(x,y)]\mathrm{d}x\mathrm{d}y = \iint\limits_D f(x,y)\mathrm{d}x\mathrm{d}y \pm \iint\limits_D g(x,y)\mathrm{d}x\mathrm{d}y; \tag{26.2.8}$$

(3) fg 在 D 上可积.

定理 26.2.3 设函数 f 在平面有面积集合 D 上可积, 则其绝对值函数 $|f|$ 在 D 上也可积, 且

$$\left| \iint\limits_D f(x,y)\mathrm{d}x\mathrm{d}y \right| \leqslant \iint\limits_D |f(x,y)|\mathrm{d}x\mathrm{d}y. \tag{26.2.9}$$

二重积分也有积分中值定理, 其证明也与一元函数定积分的积分中值定理的证明类似.

定理 26.2.4 (积分中值定理) 设平面闭区域 D 是有面积的且是折线连通的, f 是 D 上的连续函数. 则在 D 中存在一点 Q, 使得

$$\iint\limits_D f(x,y)\mathrm{d}x\mathrm{d}y = f(Q)A(D). \tag{26.2.10}$$

还有两个可直接从定义 26.2.1 导出的事实, 也是有用的.

定理 26.2.5 设平面集合 D 是有面积的并且其面积为零, 则 D 上定义的任何有界函数 f 在 D 上的二重积分存在, 且

$$\iint\limits_{D} f(x,y)\mathrm{d}x\mathrm{d}y = 0. \tag{26.2.11}$$

定理 26.2.6 设平面集 D 和它的子集 D_1 都是有面积的, f 是 D 上有定义的函数, 满足 $f|(D\backslash D_1) = 0$. 记 $g = f|D_1$. 则 f 在 D 上的二重积分存在, 当且仅当 g 在 D_1 上的二重积分存在, 当二重积分存在时, 有等式

$$\iint\limits_{D} f(x,y)\mathrm{d}x\mathrm{d}y = \iint\limits_{D_1} g(x,y)\mathrm{d}x\mathrm{d}y. \tag{26.2.12}$$

评注 26.2.2 在 26.1 节的开头便说明, "约定, 在平面 $\mathbb{R}^2$ 中 xy 笛卡儿坐标系取为自然标准正交系, 并取自然定向. 通常, 平面中矩形认为是正定向的, 其面积为正数". 定义 26.2.1 是在此前提下陈述的. 但为了更广泛的需要, 现在进而申明, 如果定义 26.2.1 中论及的 D 是 $\mathbb{R}^2$ 中一个有面积的集合, 但其定向与 $\mathbb{R}^2$ 之自然定向相反, 仍采用定义 26.2.1 的陈述来定义积分域 D 上的二重积分

$$\iint\limits_{D} f(x,y)\mathrm{d}x\mathrm{d}y = \lim_{\lambda(P)\to 0} \sum_i f(Q_i)\,\Delta D_i,$$

只要等式右端的极限存在. 此处与前面的区别只是每块 D_i 的面积为负数. 今后, 无论积分域 D 上所具有定向如何, 均可在 D 上采用统一的方法建立二重积分概念. 但请记住, 积分域 D 上总是取好定向的. 而且若对 D 取与已有定向相反之定向时记作 D^-, 则易见

$$\iint\limits_{D^-} f(x,y)\mathrm{d}x\mathrm{d}y = - \iint\limits_{D} f(x,y)\mathrm{d}x\mathrm{d}y.$$

26.3　二重积分的可积性

类似于在第 15 讲中对一元函数定积分的做法, 对二重积分亦可引进 Darboux 理论, 现简介如下.

设 D 是平面 $\mathbb{R}^2$ 上的有面积的集合, f 是 D 上的有界数量场, P 是 D 的一个分划, 所得有面积的子集记为 D_i, 其面积记为 ΔD_i. 记

$$M_i = \sup_{D_i}\{f(Q)\}, \quad m_i = \inf_{D_i}\{f(Q)\}, \tag{26.3.1}$$

和式

$$S_f(P) = \sum_i M_i \Delta D_i, \quad s_f(P) = \sum_i m_i \Delta D_i \qquad (26.3.2)$$

分别称为函数 f 关于分划 P 的 Darboux **上和**与 Darboux **下和**.

性质 26.3.1 对 D 的任一分划 P, 有不等式

$$s_f(P) \leqslant \sigma_f(P) \leqslant S_f(P). \qquad (26.3.3)$$

性质 26.3.2 设 P 和 P' 是 D 的两个分划, 其中 P' 是 P 的一个加细, 则有不等式

$$s_f(P) \leqslant s_f(P'), \quad S_f(P') \leqslant S_f(P). \qquad (26.3.4)$$

性质 26.3.3 对 D 的任何两个分划 P, P', 有不等式

$$s_f(P) \leqslant S_f(P'). \qquad (26.3.5)$$

记

$$s_f = \sup_P \{s_f(P)\}, \quad S_f = \inf_P \{S_f(P)\} \qquad (26.3.6)$$

分别称为 f 在 D 上的**下积分**和**上积分**, 则有

性质 26.3.4 对 D 的任一分划 P, 有下述关系:

$$s_f(P) \leqslant s_f \leqslant S_f \leqslant S_f(P). \qquad (26.3.7)$$

现在写下二重积分的可积性定理如下.

定理 26.3.1 平面有面积集合 D 上有界函数 f 可积的充要条件是 f 在 D 上的上积分等于下积分, 这时

$$S_f = s_f = \iint_D f(x, y) \mathrm{d}x \mathrm{d}y. \qquad (26.3.8)$$

定理 26.3.2 平面有面积集合 D 上有界函数 f 可积的充要条件是, 对于任意的 $\varepsilon > 0$, 存在 D 的一个分划 P, 使

$$S_f(P) - s_f(P) = \sum_i \omega_i \Delta D_i < \varepsilon, \qquad (26.3.9)$$

其中 $\omega_i = M_i - m_i$, 称为 f 在 D_i 上的振幅.

定理 26.3.3 如果函数 f 在平面有面积闭集 D 上连续, 则 f 在 D 上可积.

定理 26.3.4　设给了矩形闭区域 $D = [a, b] \times [c, d]$. 设 $[a_1, b_1] \subset [a, b]$, $\varphi :$ $[a_1, b_1] \to [c, d]$ 是一元的可积函数, 且 $E = \{(x, y) \mid y = \varphi(x), x \in [a_1, b_1]\}$; 或 $[c_1, d_1] \subset [c, d]$, $\psi : [c_1, d_1] \to [a, b]$ 是一元的可积函数, 且 $E = \{(x, y) \mid x = \psi(y), y \in [c_1, d_1]\}$. 若 f 是 D 上有界函数且在 $D \backslash E$ 上连续, 则 f 在 D 上可积.

以上性质和定理均可模仿第 15 讲中有关一元定积分对应命题的证明进行. 有兴趣的读者可以自行完成.

最常用的有关积分区域和被积函数的条件如下.

定理 26.3.5　若有界闭区域 D 的边界是由分段表作连续函数 $y = \varphi(x)$ 或 $x = \psi(y)$ 的曲线组成的有限条 Jordan 曲线, 并且函数 f 在 D 上连续, 则 f 在 D 上可积.

回到面积问题. 逻辑顺序上讲, 先定义了平面集合面积概念, 然后定义了有面积集合上二重积分概念. 现在反过来看, 平面集合是否有面积, 可归结为一个与该集合有关的特定函数的二重积分的存在性.

定理 26.3.6　设 D 是平面上的有界集, $\widetilde{D}$ 是其边平行于坐标轴的闭矩形区域, $\widetilde{D} \supset D$. 设函数 $\chi_D : D \to \mathbb{R}$ 为

$$\chi_D = \begin{cases} 1, & Q \in D, \\ 0, & Q \in \widetilde{D} \backslash D, \end{cases}$$

则函数 χ_D 在 $\widetilde{D}$ 上的二重积分存在的充分必要条件是, D 是有面积的; 当 D 有面积时

$$A(D) = \iint\limits_{\widetilde{D}} \chi_D \mathrm{d}x \mathrm{d}y. \tag{26.3.10}$$

证明　回忆 26.3 节中函数的 Darboux 上下和与上下积分, 以及 26.1 节中面积上下和与内外面积如下.

设 P 是 $\widetilde{D}$ 的一个平行于坐标轴的分划, 则有

$$\chi_D \text{ 的上下和}: S_{\chi_D}(P) = \sum_i M_i \Delta D_i, s_{\chi_D}(P) = \sum_i m_i \Delta D_i.$$

$$\chi_D \text{ 的上下积分}: S_{\chi_D} = \inf_P \{S_{\chi_D}(P)\}, s_{\chi_D} = \sup_P \{s_{\chi_D}(P)\}.$$

同时有

$$D \text{ 的面积上下和}: \overline{A}(P; D), \underline{A}(P; D).$$

$$D \text{ 的内外面积}: \overline{A}(D) = \inf_P \{\overline{A}(P; D)\}, \underline{A}(D) = \sup_P \{\underline{A}(P; D)\}.$$

注意到

$$M_i = 1, \text{当 } D_i \text{ 与 } D \text{ 相交时};$$

$$m_i = \begin{cases} 1, & D_i \subset D, \\ 0, & D_i \not\subset D. \end{cases}$$

因此, 便有

$$S_{\chi_D}(P) = \overline{A}(P; D), \quad s_{\chi_D}(P) = \underline{A}(P; D),$$

从而

$$S_{\chi_D} \leqslant \overline{A}(D), \quad s_{\chi_D} \geqslant \underline{A}(D).$$

由定理 26.3.1 及定义 26.1.1, 知当 D 有面积时函数 χ_D 在 $\widetilde{D}$ 上二重积分存在.

反之, 若函数 χ_D 在 $\widetilde{D}$ 上二重积分存在, 则由评注 26.2.1 可知, 当取 $\widetilde{D}$ 的一个序列的平行坐标轴的分划 $\{P_n\}$, 使 $\lim\limits_{n \to +\infty} \lambda(P_n) = 0$, 对每个 $P_n = [D_1^{(n)}, D_2^{(n)}, \cdots, D_{l_n}^{(n)}]$ 取定任一介点组 $\{Q_1^{(n)}, Q_2^{(n)}, \cdots, Q_{l_n}^{(n)}\}$, 有

$$\lim_{n \to +\infty} \sum_{i=1}^{l_n} \chi_D(Q_i^{(n)}) \Delta D_i^{(n)} = \iint\limits_{\widetilde{D}} \chi_D \mathrm{d}x\mathrm{d}y.$$

由于

$$s_{\chi_D}(P_n) = \sum_{i=1}^{l_n} \inf_{D_i^{(n)}} \{\chi_D(Q_i^{(n)})\} \Delta D_i^{(n)},$$

$$S_{\chi_D}(P_n) = \sum_{i=1}^{l_n} \sup_{D_i^{(n)}} \{\chi_D(Q_i^{(n)})\} \Delta D_i^{(n)},$$

可分别取 P_n 中之介点组 $\{A_i^{(n)}\}$ 及 $\{B_i^{(n)}\}$, 使分别有不等式

$$s_{\chi_D}(P_n) + \frac{1}{n} \geqslant \sum_{i=1}^{l_n} \chi_D(A_i^{(n)}) \Delta D_i^{(n)},$$

$$S_{\chi_D}(P_n) - \frac{1}{n} \leqslant \sum_{i=1}^{l_n} \chi_D(B_i^{(n)}) \Delta D_i^{(n)},$$

从而有不等式

$$\sum_{i=1}^{l_n} \chi_D(A_i^{(n)})\Delta D_i^{(n)} - \frac{1}{n} \leqslant s_{\chi_D}(P_n) \leqslant S_{\chi_D}(P_n) \leqslant \sum_{i=1}^{l_n} \chi_D(B_i^{(n)})\Delta D_i^{(n)} + \frac{1}{n}.$$

取极限, 于是得

$$\lim_{n\to+\infty} S_{\chi_D}(P_n) = \lim_{n\to+\infty} s_{\chi_D}(P_n) = \iint_{\overline{D}} \chi_D \mathrm{d}x\mathrm{d}y,$$

这时有

$$S_{\chi_D}(P_n) = \overline{A}(P_n; D), \quad s_{\chi_D}(P_n) = \underline{A}(P_n; D),$$

而

$$\underline{A}(P_n; D) \leqslant \underline{A}(D) \leqslant \overline{A}(D) \leqslant \overline{A}(P_n; D),$$

从而得 $\underline{A}(D) = \overline{A}(D)$, 即 D 是有面积的.

结合定理 26.3.6 与定理 26.2.6, 便得

定理 26.3.7 设 D 是平面的有面积集合, 则有等式

$$A(D) = \iint_D \mathrm{d}x\mathrm{d}y. \tag{26.3.11}$$

26.4 二重积分化为累次积分

先讨论矩形闭区域上的二重积分化为累次积分.

定理 26.4.1 设函数 f 在 $D = [a, b]\times[c, d]$ 上可积. 若 $\forall x \in [a, b], f(x, y)$ 作为 y 的函数在 $[c, d]$ 上可积, 则函数

$$I(x) = \int_c^d f(x, y)\mathrm{d}y \tag{26.4.1}$$

在 $[a, b]$ 上可积, 并且

$$\int_a^b I(x)\mathrm{d}x = \iint_D f(x, y)\mathrm{d}x\mathrm{d}y, \tag{26.4.2}$$

即二重积分可化为**累次积分** (iterated integral)

$$\iint_D f(x, y)\mathrm{d}x\mathrm{d}y = \int_a^b \mathrm{d}x \int_c^d f(x, y)\mathrm{d}y. \tag{26.4.3}$$

若 $\forall y \in [c,d], f(x,y)$ 作为 x 的函数在 $[a,b]$ 上可积, 则有

$$\iint\limits_{D} f(x,y)\mathrm{d}x\mathrm{d}y = \int_c^d \mathrm{d}y \int_a^b f(x,y)\mathrm{d}x. \tag{26.4.4}$$

证明 以第一种情形为例进行证明. 分别对区间 $[a,b]$ 和 $[c,d]$ 作分划 $T_1 = [a = x_0 < x_1 < \cdots < x_r = b]$ 和 $T_2 = [c = y_0 < y_1 < \cdots < y_s = d]$, 得 $[a,b] \times [c,d]$ 分划 $P = T_1 \times T_2$. 记 $D_{ik} = [x_{i-1}, x_i] \times [y_{k-1}, y_k]$, $i = 1, \cdots, r; k = 1, \cdots, s$. 记函数 f 在 D_{ik} 上的上确界为 M_{ik}, 下确界为 m_{ik}. 任取 $\xi_i \in [x_{i-1}, x_i]$, 有

$$m_{ik}\Delta y_k \leqslant \int_{y_{k-1}}^{y_k} f\left(\xi_i, y\right)\mathrm{d}y \leqslant M_{ik}\Delta y_k,$$

其中 $\Delta y_k = y_k - y_{k-1}$. 因此

$$\sum_{k=1}^s m_{ik}\Delta y_k \leqslant I\left(\xi_i\right) = \int_c^d f\left(\xi_i, y\right)\mathrm{d}y \leqslant \sum_{k=1}^s M_{ik}\Delta y_k.$$

对函数 $I(x)$, 记其在 $[x_{i-1}, x_i]$ 上的上下确界分别为 $M(I)_i, m(I)_i$, 则有

$$\sum_{k=1}^s m_{ik}\Delta y_k \leqslant m(I)_i \leqslant I\left(\xi_i\right) \leqslant M(I)_i \leqslant \sum_{k=1}^s M_{ik}\Delta y_k.$$

从而

$$s_f(P) = \sum_{i,k} m_{ik}\Delta x_i\Delta y_k \leqslant s_I\left(T_1\right) \leqslant \sum_{i=1}^r I\left(\xi_i\right)\Delta x_i \leqslant S_I\left(T_1\right)$$

$$\leqslant \sum_{i,k} M_{ik}\Delta x_i\Delta y_k = S_f(P), \tag{26.4.5}$$

其中 $\Delta x_i = x_i - x_{i-1}$. 由定理 26.3.2, 从 f 在 D 上的可积性得知, $\forall \varepsilon > 0, \exists D$ 的一个分划 P, 使得

$$S_f(P) - s_f(P) < \varepsilon.$$

不妨设 $P = T_1 \times T_2$, 其中 T_1 为 $[a,b]$ 的分划, 则由不等式 (26.4.5) 知

$$S_I\left(T_1\right) - s_I\left(T_1\right) < \varepsilon,$$

于是再由定理 15.4.2, 知函数 $I(x)$ 在 $[a,b]$ 上可积. 由此还知 $I(x)$ 在 $[a,b]$ 上的上积分 S_I 和下积分 s_I 相等, 它就是 $I(x)$ 在 $[a,b]$ 上的积分

$$\int_a^b I(x)\mathrm{d}x = \int_a^b \mathrm{d}x \int_c^d f(x,y)\mathrm{d}y.$$

于是从不等式 (26.4.5) 得

$$s_f(P) \leqslant \int_a^b \mathrm{d}x \int_c^d f(x,y)\mathrm{d}y \leqslant S_f(P).$$

由此可知 $f(x,y)$ 在 D 的上下积分 $S_f = s_f = \iint\limits_D f(x,y)\mathrm{d}x\mathrm{d}y$ 等于累次积分

$\int_a^b \mathrm{d}x \int_c^d f(x,y)\mathrm{d}y$. 至此, 欲证的结论得证.

评注 26.4.1 有这样的例子, 累次积分 $\int_a^b \mathrm{d}x \int_c^d f(x,y)\mathrm{d}y$ 存在, 而二重积分不存在. 但如果函数 f 在闭矩形 D 上连续, 则定理 26.4.1 的条件都满足. 将这个事实写成一个定理.

定理 26.4.2 若函数 f 在矩形闭区域 $D = [a,b] \times [c,d]$ 上连续, 则函数 $I(x) = \int_c^d f(x,y)\mathrm{d}y$ 在 $[a,b]$ 上连续; 函数 $J(y) = \int_a^b f(x,y)\mathrm{d}x$ 在 $[c,d]$ 上连续, 从而

$$\iint\limits_D f(x,y)\mathrm{d}x\mathrm{d}y = \int_a^b \mathrm{d}x \int_c^d f(x,y)\mathrm{d}y = \int_c^d \mathrm{d}y \int_a^b f(x,y)\mathrm{d}x.$$

证明 设 $x, x + \Delta x \in [a,b]$, 有

$$I(x + \Delta x) - I(x) = \int_c^d [f(x + \Delta x, y) - f(x,y)]\mathrm{d}y,$$

因为函数 $f(x,y)$ 在 D 上连续, 从而在 D 上一致连续, 即 $\forall \varepsilon > 0, \exists \delta > 0$, 使当 $|x_1 - x_2| < \delta, |y_1 - y_2| < \delta$ 时,

$$|f(x_1,y_1) - f(x_2,y_2)| < \varepsilon,$$

故当 $|\Delta x| < \delta$ 时,

$$|f(x + \Delta x, y) - f(x,y)| < \varepsilon,$$

由此得

$$|I(x + \Delta x) - I(x)| \leqslant \int_c^d |f(x + \Delta x, y) - f(x,y)|\mathrm{d}y$$

$$< \int_c^d \varepsilon \mathrm{d}y = (d-c)\varepsilon,$$

即 $I(x)$ 在 $[a,b]$ 上连续.

26.5 二重积分化为累次积分 (续)

我们经常遇到的二重积分区域并不是矩形, 而是由分段表作 x 的连续函数和 y 的连续函数的曲线为边界的区域. 因此, 把这种区域切割后, 归结为 x 型区域和 y 型区域.

定理 26.5.1 设 x 型区域 $D = \{(x,y)|y_1(x) \leqslant y \leqslant y_2(x), a \leqslant x \leqslant b\}$ 中 $y_1(x)$ 和 $y_2(x)$ 在 $[a, b]$ 上连续, 函数 f 在 D 上连续, 则

$$G(x) = \int_{y_1(x)}^{y_2(x)} f(x,y)\mathrm{d}y$$

是 $[a, b]$ 上的连续函数, 从而

$$\iint\limits_{D} f(x,y)\mathrm{d}x\mathrm{d}y = \int_a^b \mathrm{d}x \int_{y_1(x)}^{y_2(x)} f(x,y)\mathrm{d}y. \tag{26.5.1}$$

设 y 型区域 $D = \{(x,y)|x_1(y) \leqslant x \leqslant x_2(y), c \leqslant y \leqslant d\}$ 中 $x_1(y)$ 和 $x_2(y)$ 在 $[c, d]$ 上连续, 函数 f 在 D 上连续, 则

$$H(y) = \int_{x_1(y)}^{x_2(y)} f(x,y)\mathrm{d}x$$

是 $[c, d]$ 上的连续函数, 从而

$$\iint\limits_{D} f(x,y)\mathrm{d}x\mathrm{d}y = \int_c^d \mathrm{d}y \int_{x_1(y)}^{x_2(y)} f(x,y)\mathrm{d}x. \tag{26.5.2}$$

证明 先证 $G(x)$ 在 $[a, b]$ 上连续. 令

$$y = y_1(x) + t(y_2(x) - y_1(x)), \quad t \in [0,1],$$

则 $\mathrm{d}y = (y_2(x) - y_1(x))\,\mathrm{d}t$, 从而

$$G(x) = \int_0^1 f(x, y_1(x) + t(y_2(x) - y_1(x)))(y_2(x) - y_1(x))\,\mathrm{d}t,$$

其中 $f(x, y_1(x) + t(y_2(x) - y_1(x)))(y_2(x) - y_1(x))$ 作为 (x,t) 的函数在矩形 $[a, b] \times [0,1]$ 上是连续的. 因此, 由定理 26.4.2, 知 $G(x)$ 在 $[a, b]$ 上连续.

取矩形闭区域 $\widetilde{D} = [a,b] \times [c,d] \supset D$. 将 f 延拓到 $\widetilde{D}$ 上成为

$$\widetilde{f}(x,y) = \begin{cases} f(x,y), & (x,y) \in D, \\ 0, & (x,y) \in \widetilde{D} \backslash D. \end{cases}$$

则由定理 26.3.4, 知 $\widetilde{f}$ 在 $\widetilde{D}$ 上可积, 并且从定理 26.2.6 之式 (26.2.12) 得

$$\iint\limits_{D} f(x,y)\mathrm{d}x\mathrm{d}y = \iint\limits_{\widetilde{D}} \widetilde{f}(x,y)\mathrm{d}x\mathrm{d}y, \tag{26.5.3}$$

而因为

$$\int_c^d \widetilde{f}(x,y)\mathrm{d}y = \int_{y_1(x)}^{y_1(x)} f(x,y)\mathrm{d}y = G(x)$$

是 $[a,b]$ 上连续函数, 故对 $\widetilde{f}$ 在 $\widetilde{D}$ 上应用定理 26.4.1, 有

$$\iint\limits_{\widetilde{D}} \widetilde{f}(x,y)\mathrm{d}x\mathrm{d}y = \int_a^b \mathrm{d}x \int_c^d \widetilde{f}(x,y)\mathrm{d}y$$

$$= \int_a^b \mathrm{d}x \int_{y_1(x)}^{y_2(x)} f(x,y)\mathrm{d}y. \tag{26.5.4}$$

结合 (26.5.3) 和 (26.5.4), 得公式 (26.5.1).

同理, 对于 y 型区域有公式 (26.5.2).

例 26.5.1 求椭球面 $\dfrac{x^2}{a^2} + \dfrac{y^2}{b^2} + \dfrac{z^2}{c^2} = 1$ 所包围的椭球体的体积 V, 设 a, b, c 均为正.

解 此椭球位置对于三个坐标面都是对称的, 只需计算其位于第一卦限的部分. 故椭球体的体积

$$V = 8 \iint\limits_{D} c\sqrt{1 - \frac{x^2}{a^2} - \frac{y^2}{b^2}}\,\mathrm{d}x\mathrm{d}y,$$

其中积分区域 D 是: $0 \leqslant x \leqslant a, 0 \leqslant y \leqslant b\sqrt{1 - \dfrac{x^2}{a^2}}$, 如图 26.6. 由定理 26.5.1, 可化为累次积分计算,

$$V = 8c \int_0^a \mathrm{d}x \int_0^{b\sqrt{1 - \frac{x^2}{a^2}}} \sqrt{1 - \frac{x^2}{a^2} - \frac{y^2}{b^2}}\,\mathrm{d}y$$

$$= 8c \int_0^a \frac{b\pi}{4} \left(1 - \frac{x^2}{a^2}\right) \mathrm{d}x = \frac{4}{3}\pi abc,$$

其中关于 y 的那个定积分计算可参考例 9.2.11.

例 26.5.2 牟合方盖 求两个截面半径都是 R 的圆柱体互相正交部分之体积 V. 这个立体在我国古代称为 "牟合方盖". 它是由我国魏晋时数学家刘徽于公元 263 年注《九章算术》时提出, 指出球体与牟合方盖体积之比为 π: 4. 具体公式是由祖暅于约 200 年后得出. 现用二重积分化累次积分计算.

解 设两圆柱面的方程为

$$x^2 + y^2 = R^2, \quad x^2 + z^2 = R^2.$$

图 26.7 所示为牟合方盖位于第一卦限 $x \geqslant 0, y \geqslant 0, z \geqslant 0$ 部分, 它是以

$$z = \sqrt{R^2 - x^2}$$

为顶, 以四分之一圆域 $D = \left\{(x,y) \mid 0 \leqslant y \leqslant \sqrt{R^2 - x^2}, 0 \leqslant x \leqslant R\right\}$ 为底的柱体. 所以

$$V = 8 \iint_D \sqrt{R^2 - x^2} \mathrm{d}x\mathrm{d}y = 8 \int_0^R \mathrm{d}x \int_0^{\sqrt{R^2 - x^2}} \sqrt{R^2 - x^2} \mathrm{d}y$$

$$= 8 \int_0^R \left(R^2 - x^2\right) \mathrm{d}x = \frac{16}{3} R^3.$$

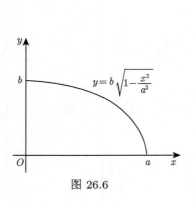

图 26.6

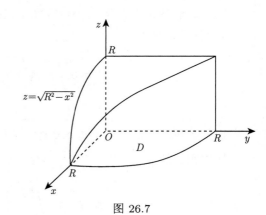

图 26.7

26.6 变量替换的应用

26.6.1 一般的变量替换公式

对二重积分采用变量替换, 有时可以化简积分域, 有时可以化简被积函数. 先介绍二重积分变量替换的公式, 其证明推迟到以后. 请参考 28.4 节和 31.7 节.

定理 26.6.1 设 Ω_{xy} 和 Ω_{uv} 分别是 xy 平面和 uv 平面上有面积的开集, 变换 T:

$$x = x(u, v), \quad y = y(u, v) \tag{26.6.1}$$

是从 Ω_{uv} 到 Ω_{xy} 上的连续可导的双射, 其反函数

$$u = u(x, y), \quad v = v(x, y) \tag{26.6.2}$$

在 Ω_{xy} 上连续, 而且在 Ω_{uv} 上 Jacobi 行列式

$$\frac{\partial(x, y)}{\partial(u, v)} \neq 0. \tag{26.6.3}$$

若 $D_{uv} \subset \Omega_{uv}$ 是 uv 平面上有面积的闭区域, 记其在 T 之下的像为 $D_{xy} = T(D_{uv}) \subset \Omega_{xy}$. 设函数 f 是 D_{xy} 上的实值函数, 则下面等式左右的二重积分之一存在, 则另一也存在, 并且等式成立:

$$\iint\limits_{D_{xy}} f(x, y)\mathrm{d}x\mathrm{d}y = \iint\limits_{D_{uv}} f(x(u, v), y(u, v))\frac{\partial(x, y)}{\partial(u, v)}\mathrm{d}u\mathrm{d}v. \tag{26.6.4}$$

评注 26.6.1 这个定理的条件适当减弱后也可以成立. 这里不具体陈述, 而在将来遇到时将明确指出.

评注 26.6.2 与一般教科书不同, 公式 (26.6.4) 的右端被积式的因子 $\dfrac{\partial(x, y)}{\partial(u, v)}$ 未加绝对值号. 这是因为我们的面积概念有正负号, 按定义 20.3.2, 通常均采用自然定向. $\dfrac{\partial(x, y)}{\partial(u, v)}$ 是正 (或负) 表示变换 $(x(u, v), y(u, v))$ 是保向 (或反向) 的.

26.6.2 极坐标变换公式

极坐标系的选取可以看成一种特殊的变量替换. 当积分域是圆域的一部分, 或被积函数形如 $f(x^2 + y^2)$ 时, 采用极坐标变换往往带来便利.

这里设 D_{xy} 是 xy 平面上的有界闭区域, 采用极坐标系

$$\begin{cases} x = r\cos\theta, \\ y = r\sin\theta \end{cases} \quad (0 \leqslant r < +\infty, 0 \leqslant \theta \leqslant 2\pi), \tag{26.6.5}$$

设闭区域 D_{xy} 按极坐标表示为闭区域 $D_{r\theta}$. 设函数 $f(x, y)$ 是 D_{xy} 上的连续函数, 则有变换公式

$$\iint\limits_{D_{xy}} f(x, y)\mathrm{d}x\mathrm{d}y = \iint\limits_{D_{r\theta}} f(r\cos\theta, r\sin\theta)r\mathrm{d}r\mathrm{d}\theta. \tag{26.6.6}$$

评注 26.6.3 这里就可能遇到评注 26.6.1 中提到的需要将定理 26.6.1 中条件适当减弱的情形. 因为由函数 (26.6.5) 建立的映射 $D_{r\theta} \to D_{xy}$ 可能不是双射. 例如, 当 D_{xy} 是 xy 平面中以原点为中心的单位圆域时, 从原点出发向 x 轴正方向作出的半径上的点 P_0, 其 xy 坐标设为 $x_0 > 0$ 和 $y_0 = 0$, 则其极坐标不唯一, 可记作 $r = x_0, \theta = 0$, 也可记作 $r = x_0, \theta = 2\pi$; 同时原点 $(x, y) = (0,0)$ 的极坐标表示也不唯一, 可记作 $r = 0, \theta$ 可取 $[0, 2\pi]$ 的任何值. 如果将极坐标 (r, θ) 作为在 $\mathbb{R}^2$ 中的分量分别为 r 和 θ 的点来作图, 则 xy 平面中的单位圆域 D_{xy} 对应的 $D_{r\theta}$ 是图 26.8 中的矩形.

变换 (26.6.5) 将图中矩形的左侧边变成原点; 同时将上底和下底的对应点等置成 D_{xy} 中 x 轴正方向的半径, 尽管有以上情况, 但公式 (26.6.6) 是普遍成立的.

人们都已熟悉极坐标系, 以及极坐标系与正交坐标系之间的关系, 所以对极坐标系一般不采用图 26.8 的图示, 而在已取定笛卡儿 Oxy 坐标系的平面上, 采用以原点为中心的同心圆表极距 r, 并取 x 正半轴为极角 θ 的起始半轴.

θ 型区域 $D_{r\theta} = \{(r, \theta) | r_1(\theta) \leqslant r \leqslant r_2(\theta), \theta_1 \leqslant \theta \leqslant \theta_2\}$, 其中 $r_1(\theta), r_2(\theta)$ 是 $[\theta_1, \theta_2]$ 上的连续函数, 图示如图 26.9.

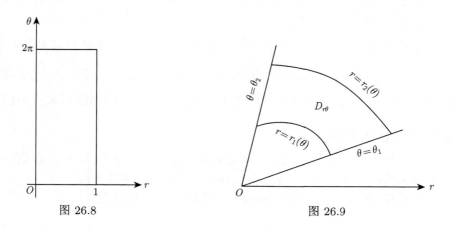

图 26.8   图 26.9

此时, 若函数 $f(x, y)$ 在 D_{xy} 上连续, 则公式 (26.6.6) 应用定理 26.5.1, 其右

端可写成累次积分

$$\iint\limits_{D_{r\theta}} f(r\cos\theta, r\sin\theta) r dr d\theta = \int_{\theta_1}^{\theta_2} d\theta \int_{r_1(\theta)}^{r_2(\theta)} f(r\cos\theta, r\sin\theta) r dr. \qquad (26.6.7)$$

r 型区域 $D_{r\theta} = \{(r,\theta) | \theta_1(r) \leqslant \theta \leqslant \theta_2(r), r_1 \leqslant r \leqslant r_2\}$ 其中 $\theta_1(r), \theta_2(r)$ 是 $[r_1, r_2]$ 上的连续函数, 图示如图 26.10.

这时, 若函数 $f(x, y)$ 在 D_{xy} 上连续, 则公式 (26.6.6) 的右端可写成累次积分

$$\iint\limits_{D_{r\theta}} f(r\cos\theta, r\sin\theta) r dr d\theta = \int_{r_1}^{r_2} r dr \int_{\theta_1(r)}^{\theta_2(r)} f(r\cos\theta, r\sin\theta) d\theta. \qquad (26.6.8)$$

有一个特殊情形可能遇到, 它是评注 26.6.3 中提到过的.

原点是内点的区域 类似于 θ 型区域 $D_{r\theta} = \{(r,\theta) | 0 \leqslant r \leqslant r(\theta), 0 \leqslant \theta \leqslant 2\pi\}$, 其中 $r(\theta)$ 是 $[0, 2\pi]$ 上的连续函数且 $r(0) = r(2\pi)$. 若 $f(x, y)$ 在 D_{xy} 上连续, 则公式 (26.6.6) 的右端可写成

$$\iint\limits_{D_{r\theta}} f(r\cos\theta, r\sin\theta) r dr d\theta = \int_0^{2\pi} d\theta \int_0^{r(\theta)} f(r\cos\theta, r\sin\theta) r dr. \qquad (26.6.9)$$

例 26.6.1 维维亚尼 (Viviani) 体 球体 $x^2 + y^2 + z^2 \leqslant R^2$ 被圆柱面 $x^2 + y^2 = Rx$ 所割下的立体称为 Viviani 体, 试求其体积.

解 如图 26.11, 球面在第一卦限的部分的方程为

$$z = \sqrt{R^2 - x^2 - y^2}, \quad y \geqslant 0, x^2 + y^2 \leqslant Rx.$$

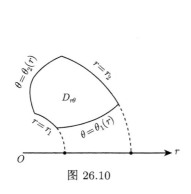

图 26.10

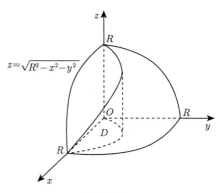

图 26.11

故体积

$$V = 4 \iint\limits_{D_{xy}} \sqrt{R^2 - x^2 - y^2} \mathrm{d}x\mathrm{d}y,$$

其中 $D_{xy} = \{(x,y)|y \geqslant 0, x^2 + y^2 \leqslant Rx\}$, 极坐标系对应闭区域为 $D_{r\theta} = \left\{(r,\theta)\right|$
$\left. 0 \leqslant \theta \leqslant \dfrac{\pi}{2}, 0 \leqslant r \leqslant R\cos\theta \right\}$. 由公式 (26.6.7), 得

$$V = 4 \iint\limits_{D_{r\theta}} \sqrt{R^2 - r^2} r \mathrm{d}r\mathrm{d}\theta = 4 \int_0^{\frac{\pi}{2}} \mathrm{d}\theta \int_0^{R\cos\theta} \sqrt{R^2 - r^2} r \mathrm{d}r$$

$$= \frac{4}{3}R^3 \int_0^{\frac{\pi}{2}} (1 - \sin^3\theta)\mathrm{d}\theta = \frac{4}{3}R^3 \left(\frac{\pi}{2} - \frac{2}{3}\right).$$

26.7 Jacobi 行列式的几何意义

二重积分变量替换公式中出现 Jacobi 行列式, 对其几何意义作一番初步讨论. 设 D_{xy} 和 D_{uv} 分别是 xy 平面和 uv 平面上的有界闭区域, 函数

$$x = x(u,v), \quad y = y(u,v) \tag{26.7.1}$$

是从 D_{uv} 到 D_{xy} 的连续可导的双射, 而且 Jacobi 行列式在 D_{uv} 上不为零:

$$\frac{\partial(x,y)}{\partial(u,v)} \neq 0. \tag{26.7.2}$$

映射 (26.7.1) 还可看作为区域 D_{xy} 提供了一个曲线坐标 (curvilinear coordinate), 如图 26.12 所示, 正如映射 (26.6.5) 提供了极坐标一样.

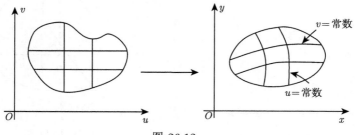

图 26.12

当给了区域 D_{uv} 一个矩形分划时, 对应地便得到 D_{xy} 的一个曲线分划. 在 D_{uv} 中一个微小矩形, 其顶点为

$$P_1(u,v), \quad P_2(u+\mathrm{d}u, v), \quad P_3(u+\mathrm{d}u, v+\mathrm{d}v), \quad P_4(u, v+\mathrm{d}v),$$

对应 D_{xy} 中的微小曲边四边形, 其顶点对应为

$$Q_1\left(x(u,v), y(u,v)\right), \quad Q_2\left(x(u+\mathrm{d}u, v), y(u+\mathrm{d}u, v)\right),$$

$$Q_3\left(x(u+\mathrm{d}u, v+\mathrm{d}v), y(u+\mathrm{d}u, v+\mathrm{d}v)\right), \quad Q_4\left(x(u, v+\mathrm{d}v), y(u, v+\mathrm{d}v)\right).$$

后者近似地写作

$$R_1(x,y), \quad R_2\left(x+\frac{\partial x}{\partial u}\mathrm{d}u, y+\frac{\partial y}{\partial u}\mathrm{d}u\right),$$

$$R_3\left(x+\frac{\partial x}{\partial u}\mathrm{d}u+\frac{\partial x}{\partial v}\mathrm{d}v, y+\frac{\partial y}{\partial u}\mathrm{d}u+\frac{\partial y}{\partial v}\mathrm{d}v\right), \quad R_4\left(x+\frac{\partial x}{\partial v}\mathrm{d}v, y+\frac{\partial y}{\partial v}\mathrm{d}v\right),$$

其中 $x=x(u,v), y=y(u,v)$, 偏导数也都在点 (u,v) 取值. 用记号

$$\Delta A_{uv} = 微小矩形\ P_1P_2P_3P_4\ 的面积,$$

$$\Delta A_{xy} = 微小曲边四边形\ Q_1Q_2Q_3Q_4\ 的面积.$$

而曲边四边形 $Q_1Q_2Q_3Q_4$ 的面积用平行四边形 $R_1R_2R_3R_4$ 的面积近似地代替, 后者的面积是

$$\det\begin{pmatrix} \dfrac{\partial x}{\partial u}\mathrm{d}u & \dfrac{\partial x}{\partial v}\mathrm{d}v \\[2mm] \dfrac{\partial y}{\partial u}\mathrm{d}u & \dfrac{\partial y}{\partial v}\mathrm{d}v \end{pmatrix} = \frac{\partial(x,y)}{\partial(u,v)}\mathrm{d}u\mathrm{d}v = \frac{\partial(x,y)}{\partial(u,v)}\Delta A_{uv},$$

这就是说

$$\Delta A_{xy} = \frac{\partial(x,y)}{\partial(u,v)}\Delta A_{uv} + o\left(\Delta A_{uv}\right), \tag{26.7.3}$$

于是

$$\frac{\partial(x,y)}{\partial(u,v)} = \lim_{(\Delta u, \Delta v)\to 0}\frac{\Delta A_{xy}}{\Delta A_{uv}}. \tag{26.7.4}$$

结论 变换 (26.7.1) 的 Jacobi 行列式是在变换 (26.7.1) 之下面积的放大率. 接下来便是一个

问题　Jacobi 行列式的正负号意味着什么?

答案　Jacobi 行列式是正的表示变换 (26.7.1) 局部保定向, 否则局部反定向.

评注 26.7.1　等式 (26.7.3) 并未获得严格论证, 因此, 这一段推导并不符合严格标准. 严格的推导可从后面的定理 28.4.1 的公式 (28.4.1) 得到.

26.8　二重积分应用举例

二重积分有如下常见的应用或解释.

例 26.8.1　体积　底面为区域 D、顶部曲面由函数 $f(x,y)$ 表示的柱体之体积为

$$V = \iint\limits_{D} f(x,y)\mathrm{d}x\mathrm{d}y. \tag{26.8.1}$$

例 26.8.2　面积　取函数 $f(x,y) \equiv 1$, 则积分区域之面积为

$$A = \iint\limits_{D} \mathrm{d}x\mathrm{d}y. \tag{26.8.2}$$

例 26.8.3　质量　如果函数 f 表质量分布关于面积的密度, 则质量为

$$M = \iint\limits_{D} f(x,y)\mathrm{d}x\mathrm{d}y. \tag{26.8.3}$$

例 26.8.4　质量中心　如果薄板质量密度为 f, 则其质量中心 $(\bar{x}, \bar{y})$ 计算如下:

$$\overline{x} = \frac{1}{M} \iint\limits_{D} xf(x,y)\mathrm{d}x\mathrm{d}y, \quad \overline{y} = \frac{1}{M} \iint\limits_{D} yf(x,y)\mathrm{d}x\mathrm{d}y, \tag{26.8.4}$$

其中 M 如 (26.8.3).

例 26.8.5　转动惯量　如果薄板质量密度为 f, 则它关于 x 轴, y 轴和原点 O 的转动惯量分别是

$$I_x = \iint\limits_{D} y^2 f(x,y)\mathrm{d}x\mathrm{d}y, \quad I_y = \iint\limits_{D} x^2 f(x,y)\mathrm{d}x\mathrm{d}y \tag{26.8.5}$$

和

$$I_o = I_x + I_y = \iint\limits_{D} \left(x^2 + y^2\right)f(x,y)\mathrm{d}x\mathrm{d}y. \tag{26.8.6}$$

26.9　三重及更高重积分

二重积分概念可以推广到三元、四元以及更多元的函数, 而得积分

$$\iiint\limits_{D} f(x,y,z)\mathrm{d}x\mathrm{d}y\mathrm{d}z, \qquad \iiiint\limits_{D} f(x,y,z,w)\mathrm{d}x\mathrm{d}y\mathrm{d}z\mathrm{d}w, \cdots$$

分别称为三重积分、四重积分等等, 其性质、法则以及化为累次积分均与二重积分类似, 此处不赘, 但以后用到的时候, 我们认为读者已经知道了.

26.10　关于二重积分的评议

平面集合的面积概念立足于矩形的面积概念, 特别单位正方形的面积为 1, 这是本原的.

定义平面有界集在 Jordan 意义下的面积时, 采用了平行坐标轴的矩形分划. 须知, 对于一个几何的平面而言, 坐标系是一个参考系; 如果保持度量和定向的话, 有无穷多种选取; 它们之间相差一个平移和一个旋转. 问题是, 如果坐标系经过一个旋转后, 面积概念是否会发生改变?

问题归结为, 矩形的面积经过旋转后是否不变, 特别例如, 其边不平行于坐标轴的单位正方形之面积是否为 1. 这可以运用定理 26.1.5 来证实. 把它写成下面的例题.

例 26.10.1　不妨认为单位正方形之一顶点在原点 O. 如图 26.13 所示, 四条直线 l_1, l_2, l_3 和 l_4 的方程分别为

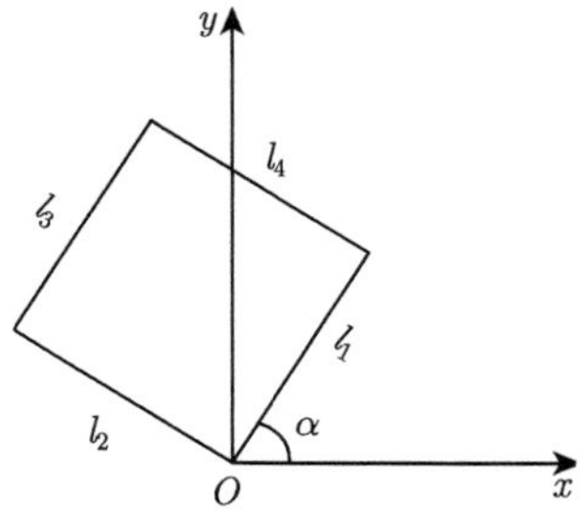

图 26.13

$$l_1 : y = x\tan\alpha, \qquad\qquad l_2 : y = -x\cot\alpha,$$
$$l_3 : y = x\tan\alpha + \sec\alpha, \quad l_4 : y = -x\cot\alpha + \csc\alpha.$$

于是此正方形位于 l_3 和 l_4 上的两条边棱可表为下面函数的图形:

$$f_1(x) = \begin{cases} x\tan\alpha + \sec\alpha, & x \in [-\sin\alpha, -\sin\alpha + \cos\alpha], \\ -x\cot\alpha + \csc\alpha, & x \in [-\sin\alpha + \cos\alpha, \cos\alpha]. \end{cases}$$

位于 l_2 和 l_1 上的两条边棱对应于下面函数的图形:

$$f_2(x) = \begin{cases} -x\cot\alpha, & x \in [-\sin\alpha, 0], \\ x\tan\alpha, & x \in [0, \cos\alpha]. \end{cases}$$

运用定理 26.1.5, 此正方形的面积为

$$
\begin{aligned}
A &= \int_{-\sin\alpha}^{\cos\alpha} [f_1(x) - f_2(x)]\mathrm{d}x \\
&= \int_{-\sin\alpha}^{-\sin\alpha+\cos\alpha} (x\tan\alpha + \sec\alpha)\mathrm{d}x + \int_{-\sin\alpha+\cos\alpha}^{\cos\alpha} (-x\cot\alpha + \csc\alpha)\mathrm{d}x \\
&\quad - \int_{-\sin\alpha}^{0} (-x\cot\alpha)\mathrm{d}x - \int_{0}^{\cos\alpha} x\tan\alpha\,\mathrm{d}x \\
&= 1.
\end{aligned}
$$

这是一个基本的事实, 从而即知任何矩形的面积经过旋转后是不变的, 进而可见我们给出的面积定义不依赖于具有相同度量和定向的直角坐标系的选取.

第27讲

曲 面 积 分

曲面积分也称面积分, 是二重积分在曲面上的推广. 作为准备, 先介绍曲面的面积、可求面积和曲面的定向等重要概念.

27.1 曲面概念

通常在分析学里 $\mathbb{R}^3$ 中的一个曲面是用以下方法给出的集合.

(1) 看作函数

$$z = f(x, y) \tag{27.1.1}$$

的图形, 其中 (x, y) 属于 xy 平面的某个区域 D_{xy};

(2) 看作某方程

$$F(x, y, z) = 0 \tag{27.1.2}$$

的解的轨迹;

(3) 看作参数方程, 写作向量函数

$$\boldsymbol{r} = \boldsymbol{r}(u, v) \tag{27.1.3}$$

或坐标函数

$$x = x(u, v), \quad y = y(u, v), \quad z = z(u, v) \tag{27.1.4}$$

描出的点集, 其中 (u, v) 属于 uv 平面的某个区域 D_{uv}.

评注 27.1.1 对以上所列的表出中的函数均加适当条件, 以保证所表出的 $\mathbb{R}^3$ 中的点集是想象中的 "曲面". 例如, 在 (1) 中, 要求 f 至少是连续的, 若论及切向量及切平面等则要求连续可导且 $\nabla f \neq 0$. 在 (2) 中, 通常要求 F 满足隐函数定理中所列条件. 在 (3) 中, 如果设 $\boldsymbol{r} = \boldsymbol{r}(u, v)$, 或者等价地说函数 $x = x(u, v), y = y(u, v), z = z(u, v)$ 是 D_{uv} 上连续函数, 可能以为如此表出的几何对象应当是 "一张曲面" 了, 因为它是一个 "连续的" 几何对象, 并且是由 "二维的" 变量 (u,v) 描绘的, 用物理的语言是 "两个自由度的". 但这类似于在 25.1 节中针对用参数表出曲线时所说的, 是不正确的. 今后将对 (3) 提出适当条件, 这是接下来要做的.

通常喜欢采用 (3) 来表出一个曲面, 因为它最广泛, 用起来很方便, 并且它还有可以直接推广到高维空间 $\mathbb{R}^n$ 中去的优点.

定义 27.1.1 设 D_{uv} 是 uv 平面中由一条分段光滑的简单闭曲线界定的有界闭区域. 设在 D_{uv} 上定义的函数 (27.1.3) 或 (27.1.4) 是连续可导的单射, ∂D_{uv} 的像 $r(\partial D_{uv})$ 是一条分段光滑的简单闭曲线, 且其 Jacobi 矩阵 (定义 23.3.1) 的秩

$$\operatorname{rank} D\boldsymbol{r} = \operatorname{rank} \begin{pmatrix} \dfrac{\partial x}{\partial u} & \dfrac{\partial y}{\partial u} & \dfrac{\partial z}{\partial u} \\ \dfrac{\partial x}{\partial v} & \dfrac{\partial y}{\partial v} & \dfrac{\partial z}{\partial v} \end{pmatrix} = 2, \tag{27.1.5}$$

则称由 (27.1.3) 或 (27.1.4) 表出的集合 $\mathcal{S} = \boldsymbol{r}(D_{uv})$ 是一个**参数化的光滑的** (或 C^1 **的**) **简单曲面**, 简称**简单曲面**, 闭区域 D_{uv} 的边界 ∂D_{uv} 的像 $\boldsymbol{r}(\partial D_{uv})$ 称为 $\mathcal{S}$ 的**边缘** (boundary), 记作 $\partial\mathcal{S}$.

评注 27.1.2 定义 27.1.1 中的简单曲面 $\mathcal{S}$ 与闭区域 D_{uv} 是同胚的. 有兴趣的读者可以作为练习去做. 申夫利斯 (Schönflies) 于 1908 年加强了 Jordan 曲线定理的结论, 证明了定理 26.1.4 的结论中的内域的闭包同胚于闭圆盘. 由以上可知, 简单曲面 $\mathcal{S}$ 同胚于闭圆盘.

定义 27.1.2 设 $\mathbb{R}^3$ 中集合 $\mathcal{S}$ 是有限个简单曲面 $\mathcal{S}_1, \mathcal{S}_2, \cdots, \mathcal{S}_k$ 之并 $\mathcal{S} = \mathcal{S}_1 \cup \mathcal{S}_2 \cup \cdots \cup \mathcal{S}_k$; 每个简单曲面 $\mathcal{S}_i$ 都称为 $\mathcal{S}$ 的一个**面** (face). 如果

(1) 任何两个不同的面 $\mathcal{S}_i$ 与 $\mathcal{S}_j$ 之交都在边缘, 即 $\mathcal{S}_i \cap \mathcal{S}_j = \partial\mathcal{S}_i \cap \partial\mathcal{S}_j$; 且 $\mathcal{S}_i \cap \mathcal{S}_j$ 或是一条不闭的简单弧, 称为**棱** (edge); 或是一个点, 称为**顶** (vertex); 棱的两个端点也称为顶.

(2) 面 $\mathcal{S}_i$ 的边缘 $\partial\mathcal{S}_j$ 中不充当 $\mathcal{S}_i$ 与其他面的公共弧的部分是一条或几条简单弧, 也称为棱; 这种棱称为 $\mathcal{S}$ 的**边缘棱**.

(3) 任一条棱至多是两个面的公共棱.

(4) 包含任意指定顶的所有面的并, 同胚于一个闭圆盘.

则 $\mathcal{S}$ 称为一个分片**光滑曲面**, 简称**曲面** (surface); 而上述简单曲面集 $\{\mathcal{S}_1, \mathcal{S}_2, \cdots, \mathcal{S}_k\}$ 称为 $\mathcal{S}$ 的一个**正规分解**; 还把上述性质说成这些简单曲面是互相**规则相处的**; 曲面 $\mathcal{S}$ 的所有边缘棱的并, 称为曲面 $\mathcal{S}$ 的**边缘** (boundary), 记作 $\partial\mathcal{S}$. 如果 $\partial\mathcal{S} = \varnothing$, 则称曲面 $\mathcal{S}$ 是一个 **闭** (closed) **曲面**.

27.2　曲面的定向

把这个困难的任务分解为几个段落.

27.2.1　简单曲面的定向

设 $\mathcal{S}$ 是一个简单曲面, 由 (27.1.3) 或 (27.1.4) 表出, 其中 D_{uv} 是 uv 平面中由一条分段光滑的简单闭曲线界定的有界闭区域. 在定义 27.1.1 的假定下, 可以进行以下的研究.

若让 v 固定, 而让 u 变动, 则 $\boldsymbol{r}(u,v)$ 在 $\mathcal{S}$ 上描出一条光滑曲线, 这便得一族曲线, 记作 $v = \text{const}$, 称为 $\mathcal{S}$ 上的 u 曲线; 同样, 有另一族曲线, $u = \text{const}$, 称为 $\mathcal{S}$ 上的 v 曲线. 这两族曲线共同组成曲面 $\mathcal{S}$ 上的一个**曲线坐标** (curvilinear coordinate), 使得 $\mathcal{S}$ 上每一点恰有一条 u 曲线和一条 v 曲线通过. 这是德国数学家高斯 (Gauss, 1777—1855) 的一项重大发现.

对于通过点 $\boldsymbol{r}(u,v)$ 的 u 曲线, 偏导数 $\dfrac{\partial \boldsymbol{r}}{\partial u}$ 是其切向量; 同样, 偏导数 $\dfrac{\partial \boldsymbol{r}}{\partial v}$ 是 v 曲线的切向量. 它们都是曲面 $\mathcal{S}$ 在点 $\boldsymbol{r}(u,v)$ 的切向量. 按条件 (27.1.5), 这两个向量线性无关, 因此有序组 $\left\{\dfrac{\partial \boldsymbol{r}}{\partial u}, \dfrac{\partial \boldsymbol{r}}{\partial v}\right\}$ 组成一个标架, 称为曲面 $\mathcal{S}$ 在点 $\boldsymbol{r}(u,v)$ 的**切标架**, 它确定该点切平面的一个定向, 有关定向概念请读者参考 20.3 节.

定义 27.2.1　如果对简单曲面 $\mathcal{S}$ 的每一点都取有序组 $\left\{\dfrac{\partial \boldsymbol{r}}{\partial u}, \dfrac{\partial \boldsymbol{r}}{\partial v}\right\}$, 则称曲面 $\mathcal{S}$ 给定了由 uv 平面的自然定向通过参数表出而得的定向, 并称这个定向为由上述参数表出的简单曲面 $\mathcal{S}$ **提供的定向**. 简单曲面 $\mathcal{S}$ 上还有一个与此定向**相反**的定向, 它可以由曲面 $\mathcal{S}$ 的另外的参数表出提供.

27.2.2　边缘的诱导定向

先介绍光滑的简单曲线的定向概念.

定义 27.2.2　设给了一条光滑的简单曲线 l, 设它的一个光滑简单参数表出是 $\boldsymbol{f}(\tau), \tau \in [\alpha, \beta]$, 且 $\boldsymbol{f}'(\tau) \neq \boldsymbol{0}$. 则 $\boldsymbol{f}'(\tau)$ 是曲线 l 的切向量, 认为 $\boldsymbol{f}'(\tau)$ 给出了曲线 l 的一个定向, 称为由此参数表出**提供的定向**.

现在谈一个简单曲面与它的边缘两者定向之间的关系.

定义 27.2.3　设给了简单曲面 $\mathcal{S}$ 如前所述. 按假设其参数区域 D_{uv} 的边缘 ∂D_{uv} 是一条闭的分段光滑的简单曲线, 设它的一个分段光滑的简单参数表出是 $\boldsymbol{f}(\tau), \tau \in [\alpha, \beta]$, 且在可导的点 $\boldsymbol{f}'(\tau) \neq \boldsymbol{0}$. 将 ∂D_{uv} 的这个参数表出代入曲面 $\mathcal{S}$ 的参数表出, 得 $\boldsymbol{r}(\boldsymbol{f}(\tau)), \tau \in [\alpha, \beta]$, 这就是曲面 $\mathcal{S}$ 的边缘 $\partial \mathcal{S}$ 的一个分段光滑的简单参数表出. 如果对 $\partial \mathcal{S}$ 的一可导点取 $\partial \mathcal{S}$ 的切向量 $\boldsymbol{t} = (\boldsymbol{r}(\boldsymbol{f}(\tau)))'$, 再取 $\partial \mathcal{S}$

在该点的法向量 n, 它与 S 相切并指向 S 之外部, 称为曲面 S 在边缘点之外法向量. 如果有序组 $\{n, t\}$ 与曲面的由参数表出 $r(u, v)$ 提供的定向一致, 则称 ∂S 上由参数表出 $r(f(\tau))$ 提供的定向, 是曲面 S 的由参数表出 $r(u, v)$ 提供的定向的诱导定向 (induced orientation).

27.2.3 相邻简单曲面定向的协和

接下来谈相邻的两个简单曲面定向之间的关系.

定义 27.2.4 两个简单曲面 S_1 和 S_2 称为是相邻的, 若 $S_1 \cap S_2 = \partial S_1 \cap \partial S_2$ 是一个棱 l, 它是 ∂S_1 和 ∂S_2 的一个公共的简单弧. 如果曲面 S_1 和 S_2 的定向在 ∂S_1 和 ∂S_2 上的诱导定向限制在 l 上是相反的, 则称曲面 S_1 和 S_2 的定向是**协和的** (concordant).

27.2.4 曲面的可定向性

曲面的可定向性是于十九世纪中叶由德国人默比乌斯 (Möbius, 1790—1868) 首先发现的有关曲面的一个重要的拓扑性质. 它长期被称为**曲面的单侧性**或**双侧性**, 现今已改述为恰当的概念——可定向性.

定义 27.2.5 设给了曲面 S, 并设简单曲面集 $\{S_1, S_2, \cdots, S_k\}$ 是曲面 S 的一个正规分解. 如果能对所有的 S_i 选取参数表出在 S_i 上提供定向, 使得任何两个相邻的面上的定向都是协和的, 则称曲面 S 是**可定向的** (orientable), 并且每个面上相互协和的定向的一组选取称为 S 的一个定向 (orientation), 当 S 的定向选取后便称 S 为**有向的** (oriented); 否则则称曲面 S 是**不可定向的** (nonorientable).

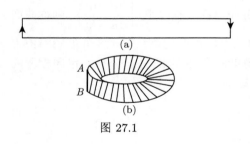

图 27.1

例 27.2.1 Möbius 带 取一矩形长条, 如图 27.1(a), 将其两端如图 (a) 中箭头所示扭转半周而粘合, 得 (b). 所得之曲面称为 Möbius 带, 是第一个为人所知的不可定向曲面.

27.2.5 三维体的边缘曲面

设空间 $\mathbb{R}^3$ 中的有界区域 Ω 的边缘是分片光滑曲面 S. 则曲面 S 是可定向的. 因为当空间 $\mathbb{R}^3$ 中给定一个定向时, Ω 是它的一个区域, 便认为 Ω 上赋予了定向. 在边缘曲面 S 的每个面 S_i 上可选取定向如下. 在 S_i 的一点处取一指向 Ω 外部的外法向量 n, 再取 S_i 的定向由 S_i 的参数表出的有序组 $\left\{\dfrac{\partial r}{\partial u}, \dfrac{\partial r}{\partial v}\right\}$ 提供, 并使得三维有序组 $\left\{n, \dfrac{\partial r}{\partial u}, \dfrac{\partial r}{\partial v}\right\}$ 与 Ω 的已给定向一致. 可以验证在曲面 S 的相邻

面上的定向都是协和的, 这便证明了曲面 $\mathcal{S}$ 是可定向的, 并且已获得了一个定向. 曲面 $\mathcal{S}$ 的这个定向称为区域 Ω 的定向在曲面 $\mathcal{S}$ 上的诱导定向. 并且按照区域的边缘概念, 可知曲面 $\mathcal{S}$ 是闭曲面.

将此重述为下面的定理.

定理 27.2.1　如果给空间 $\mathbb{R}^3$ 一个定向, 则 $\mathbb{R}^3$ 中的区域 Ω 便得到上述定向. 设 Ω 是一个有界区域, 并且其边缘是一个分片光滑曲面 $\mathcal{S} = \partial\Omega$, 则 $\mathcal{S}$ 是一个可定向的闭曲面, 并从 Ω 的定向获得 $\mathcal{S}$ 上的一个诱导定向.

27.3　曲面的面积

曲线可求长定义为其折线长度有上界, 其上确界为该曲线的弧长. 人们自然认为对曲面的面积亦可模仿这个做法, 即在曲面上取 "内接" 多面形, 考察其面积之上确界. 但这个看上去似乎很合理的做法会导致失败. 因为对于圆柱面, 其 "内接" 多面形的面积是无上界的. 这个事实是德国人施瓦茨 (Schwarz, 1843—1921) 于 1883 年发现的.

27.3.1　Schwarz 的发现

设给了一个圆柱面 S, 其底半径为 R, 柱高为 H. 用平行于底的平面将 S 分成 m 等份, 包括上下底在内共得 $m+1$ 个圆周. 再将每个圆周 n 等分, 而使上一个圆周的分点位置对应于下一个圆周的一个弧的中点.

将每一圆周相邻分点用线段连接, 再将每个分点与下一圆周它对应为中点的那个弧的两个端点连接. 上下两圆周上三个邻近分点所连的三条线段组成一个三角板的边缘, 这些三角板拼成一个多面形, 如图 27.2. 每个三角板的面积是

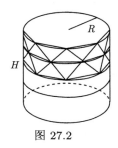

图 27.2

$$\Delta = R\sin\frac{\pi}{n}\sqrt{R^2\left(1 - \cos\frac{\pi}{n}\right)^2 + \left(\frac{H}{m}\right)^2},$$

从而该多面形的面积为

$$\Sigma(m, n) = 2mn\Delta = 2nR\sin\frac{\pi}{n}\sqrt{m^2 R^2\left(1 - \cos\frac{\pi}{n}\right)^2 + H^2}$$

当 m 和 n 都 $\to\infty$ 时, 三角形的 "直径" $\to 0$. 但 $\Sigma(m, n)$ 没有极限. 例如, 设 q 是一个任意取定的自然数, 并设 $m = qn^2$. 则因

$$\lim_{n\to\infty} n\sin\frac{\pi}{n} = \pi,$$

$$\lim_{n\to\infty} n^2 \left(1 - \cos\frac{\pi}{n}\right) = \frac{\pi^2}{2},$$

而推得当 $n \to \infty$ 时

$$\Sigma\left(qn^2, n\right) = 2nR\sin\frac{\pi}{n}\sqrt{q^2 R^2 n^4 \left(1 - \cos\frac{\pi}{n}\right)^2 + H^2}$$

$$\to 2R\pi\sqrt{q^2 R^2 \frac{\pi^4}{4} + H^2}.$$

在 m 的这种特定方式的选取下, 所得多面形面积的极限存在, 但是依赖于 q 的选取, 并随 q 之增大而无止境地增大, 可见上面构作的多面形面积组成的集合 $\{\Sigma(m, n) | m, n \in \mathbb{N}\}$ 是无上界的.

上述就是 Schwarz 的发现. 这个结果告诉人们, 对曲面的面积采取逼近的方法去计算, 决不可掉以轻心, 那么究竟 "内接" 多面形有什么不妥, 有兴趣的读者可以细细地品味.

27.3.2 曲面的面积概念

由于分片光滑曲面分解为有限个简单曲面的并, 只要有了简单曲面的面积定义和计算公式, 便有了分片光滑曲面的面积概念及计算公式.

定义 27.3.1 设简单曲面 $\mathcal{S}$ 有一个光滑的参数表出 $\boldsymbol{r}(u, v) = (x(u, v), y(u, v), z(u, v)), (u, v) \in D_{uv}$, 其中 D_{uv} 的边缘 ∂D_{uv} 是 uv 平面中的一条分段光滑的简单闭曲线. 利用二重积分来义曲面 S 的面积

$$A(S) = \iint\limits_{D_{uv}} \left\|\frac{\partial \boldsymbol{r}}{\partial u} \times \frac{\partial \boldsymbol{r}}{\partial v}\right\| \mathrm{d}u\mathrm{d}v \tag{27.3.1}$$

或

$$A(S) = \iint\limits_{D_{uv}} \left(\left|\begin{array}{cc} \dfrac{\partial y}{\partial u} & \dfrac{\partial z}{\partial u} \\ \dfrac{\partial y}{\partial v} & \dfrac{\partial z}{\partial v} \end{array}\right|^2 + \left|\begin{array}{cc} \dfrac{\partial z}{\partial u} & \dfrac{\partial x}{\partial u} \\ \dfrac{\partial z}{\partial v} & \dfrac{\partial x}{\partial v} \end{array}\right|^2 + \left|\begin{array}{cc} \dfrac{\partial x}{\partial u} & \dfrac{\partial y}{\partial u} \\ \dfrac{\partial x}{\partial v} & \dfrac{\partial y}{\partial v} \end{array}\right|^2\right)^{\frac{1}{2}} \mathrm{d}u\mathrm{d}v. \tag{27.3.2}$$

特别, 若简单曲面由函数

$$z = f(x, y), \quad (x, y) \in D_{xy}$$

表出, 则

$$A(S) = \iint\limits_{D_{xy}} \sqrt{\left(\frac{\partial z}{\partial x}\right)^2 + \left(\frac{\partial z}{\partial y}\right)^2 + 1} \,\mathrm{d}x\mathrm{d}y. \tag{27.3.3}$$

评注 27.3.1 几何解释 这个定义直接用了二重积分, 它的存在性是明显的. 回到这个二重积分的定义, 则可看出它的几何意义是什么. 其实只要在 D_{uv} 中取一个小矩形 G, 其四个顶点是 $(u,v), (u+\mathrm{d}u, v), (u+\mathrm{d}u, v+\mathrm{d}v), (u, v+\mathrm{d}v)$, 则 $r(G)$ 是 S 上由对应的 u 曲线和 v 曲线决定的曲线四边形, 其顶点是 $r(u,v)$, $r(u+\mathrm{d}u, v), r(u+\mathrm{d}u, v+\mathrm{d}v), r(u, v+\mathrm{d}v)$. 在点 (u,v) 处的 $\dfrac{\partial r}{\partial u}$ 和 $\dfrac{\partial r}{\partial v}$ 是在 $\mathcal{S}$ 上点 $r(u,v)$ 处分别切于 u 曲线和 v 曲线的切向量. 向量 $\dfrac{\partial r}{\partial u}\mathrm{d}u$ 和 $\dfrac{\partial r}{\partial v}\mathrm{d}v$ 在 $\mathcal{S}$ 在点 $r(u,v)$ 处的切平面上决定一个平行四边形, 其面积是

$$\left\| \frac{\partial r}{\partial u} \times \frac{\partial r}{\partial v} \right\| \mathrm{d}u\mathrm{d}v. \tag{27.3.4}$$

同它作为曲线四边形 $r(G)$ 的近似, 这便是上述定义的几何解释.

评注 27.3.2 高维空间中的曲面面积 因为只有在 $\mathbb{R}^3$ 中可以定义叉积, 所以定义 27.3.1 不能直接推广到 $\mathbb{R}^n$ 中, 如果 $n \geqslant 4$. 但是曲面概念是可以直接推广到高维的 $\mathbb{R}^n$ 中. 那么, 当 $n \geqslant 4$ 时, 曲面面积概念和公式应当如何陈述? 为此, 先将公式 (27.3.1) 或 (27.3.2) 改述而避免采用叉积, 概述如下.

设 $a, b \in \mathbb{R}^3$, 则 $\|a \times b\| = \|a\| \|b\| |\sin\theta|$, θ 是 a 与 b 之夹角. 但 $a \cdot b = \|a\| \|b\| \cos\theta$, 所以

$$\|a \times b\| = \sqrt{\|a\|^2 \|b\|^2 - |a \cdot b|^2}. \tag{27.3.5}$$

利用这个公式, (27.3.1) 及 (27.3.2) 均可改写, 分别为

$$A(S) = \iint\limits_{D_{uv}} \sqrt{\left\| \frac{\partial r}{\partial u} \right\|^2 \left\| \frac{\partial r}{\partial v} \right\|^2 - \left| \frac{\partial r}{\partial u} \cdot \frac{\partial r}{\partial v} \right|^2} \, \mathrm{d}u\mathrm{d}v, \tag{27.3.6}$$

即

$$A(S) = \iint\limits_{D_{uv}} \sqrt{EG - F^2} \, \mathrm{d}u\mathrm{d}v, \tag{27.3.7}$$

其中

$$E = \frac{\partial r}{\partial u} \cdot \frac{\partial r}{\partial u} = \left(\frac{\partial x}{\partial u} \right)^2 + \left(\frac{\partial y}{\partial u} \right)^2 + \left(\frac{\partial z}{\partial u} \right)^2,$$

$$F = \frac{\partial r}{\partial u} \cdot \frac{\partial r}{\partial v} = \frac{\partial x}{\partial u} \frac{\partial x}{\partial v} + \frac{\partial y}{\partial u} \frac{\partial y}{\partial v} + \frac{\partial z}{\partial u} \frac{\partial z}{\partial v},$$

$$G = \frac{\partial r}{\partial v} \cdot \frac{\partial r}{\partial v} = \left(\frac{\partial x}{\partial v} \right)^2 + \left(\frac{\partial y}{\partial v} \right)^2 + \left(\frac{\partial z}{\partial v} \right)^2.$$

这种表述可以直接推广到高维情况, 只需要首先将曲面的包容空间从 $\mathbb{R}^3$ 推广成 $\mathbb{R}^n$. 于是曲面的参数表出 (27.1.3) 和 (27.1.4) 便相应地改成 $\mathbb{R}^n$ 中的向量值函数 $\boldsymbol{r}$, 或表成 n 个坐标函数: $x_1 = x_1(u,v), x_2 = x_2(u,v), \cdots, x_n = x_n(u,v)$. 于是 (27.3.6) 和 (27.3.7) 均可获得推广, 而 (27.3.8) 的右端相应地有 n 项, 读者不难正确地写出.

评注 27.3.3 面积微元 人们通常把曲面面积公式中右端积分的被积式称为曲面 S 的面积微元, 并记作 $\mathrm{d}A$, 即

$$\mathrm{d}A = \left\| \frac{\partial \boldsymbol{r}}{\partial u} \times \frac{\partial \boldsymbol{r}}{\partial v} \right\| \mathrm{d}u\mathrm{d}v, \tag{27.3.8}$$

$$\mathrm{d}A = \sqrt{\left\| \frac{\partial \boldsymbol{r}}{\partial u} \right\|^2 \left\| \frac{\partial \boldsymbol{r}}{\partial v} \right\|^2 - \left| \frac{\partial \boldsymbol{r}}{\partial u} \cdot \frac{\partial \boldsymbol{r}}{\partial v} \right|^2 } \mathrm{d}u\mathrm{d}v, \tag{27.3.9}$$

$$\mathrm{d}A = \sqrt{EG - F^2}\mathrm{d}u\mathrm{d}v. \tag{27.3.10}$$

27.4 曲面积分概念

本节介绍 $\mathbb{R}^3$ 中的曲面积分概念.

定义 27.4.1 设给了 $\mathbb{R}^3$ 中一个简单曲面 S, 光滑参数表出为 $\boldsymbol{r}(u,v), (u,v) \in D_{uv}$, 这里的 D_{uv} 如定义 27.3.1 中所述, 满足 (27.1.5). 设 f 是在曲面 S 上有定义的连续的数量场. 则 f 沿曲面 S 的**曲面积分** (surface integral) 定义为

$$\iint\limits_{S} f\mathrm{d}A = \iint\limits_{D_{uv}} f(\boldsymbol{r}(u,v)) \left\| \frac{\partial \boldsymbol{r}}{\partial u} \times \frac{\partial \boldsymbol{r}}{\partial v} \right\| \mathrm{d}u\mathrm{d}v. \tag{27.4.1}$$

按 (27.3.5) 式, 上式还可写作

$$\iint\limits_{S} f\mathrm{d}A = \iint\limits_{D_{uv}} f(\boldsymbol{r}(u,v)) \sqrt{\left\| \frac{\partial \boldsymbol{r}}{\partial u} \right\|^2 \left\| \frac{\partial \boldsymbol{r}}{\partial v} \right\|^2 - \left| \frac{\partial \boldsymbol{r}}{\partial u} \cdot \frac{\partial \boldsymbol{r}}{\partial v} \right|^2 } \mathrm{d}u\mathrm{d}v, \tag{27.4.2}$$

$$\iint\limits_{S} f\mathrm{d}A = \iint\limits_{D_{uv}} f(\boldsymbol{r}(u,v)) \sqrt{EG - F^2}\mathrm{d}u\mathrm{d}v, \tag{27.4.3}$$

其中 E, F, G 如 (27.3.8). 曲面 S 称为**积分区域**, 也说上述积分**展布**在曲面 S 上. 设有向曲面 S, 其定向由正规分解 $\{S_1, S_2, \cdots, S_k\}$ 的一组相互协和的定向组成,

这些 $\mathcal{S}_i$ 的定向均由 $\mathcal{S}_i$ 的参数表出提供, f 是 $\mathcal{S}$ 上的连续数量场, 则 f 沿有定向曲面 $\mathcal{S}$ 的积分定义为

$$\iint\limits_{\mathcal{S}} f\mathrm{d}A = \sum_{i=1}^{k} \iint\limits_{\mathcal{S}_i} f\mathrm{d}A. \qquad (*)$$

一般地, 设 $\mathbb{R}^3$ 中给了有限个有向的简单曲面 $\mathcal{S}_1, \mathcal{S}_2, \cdots, \mathcal{S}_k$, 这些 $\mathcal{S}_i$ 的定向均由 $\mathcal{S}_i$ 的参数表出提供. f 在每个 $\mathcal{S}_i$ 上都连续. 设 $C = \sum\limits_{i=1}^{k} \alpha_i \mathcal{S}_i, \alpha_i \in \mathbb{R}$, 称为一个**链** (chain). 则 f 在链 C 上的积分定义为

$$\iint\limits_{C} f\mathrm{d}A = \sum_{i=1}^{k} \alpha_i \iint\limits_{\mathcal{S}_i} f\mathrm{d}A. \qquad (**)$$

评注 27.4.1　上述定义的合理性尚待检验, 也就是说, 需要证明如此定义的曲面积分与曲面 $\mathcal{S}$ 的同向的参数表出无关. 这便是**定理** 27.4.2.

定理 27.4.1　设简单曲面 $\mathcal{S}$ 有两个光滑的参数表出:

$$\boldsymbol{r}(u, v), (u, v) \in D_{uv},$$

$$\boldsymbol{R}(s, t), (s, t) \in D_{st},$$

这里的 D_{uv} 和 D_{st} 均如定义 27.3.1 中所述, 都满足条件 (27.1.5), 并且存在双射

$$h : D_{st} \to D_{uv}, h(s, t) = (u(s, t), v(s, t)), \qquad (27.4.4)$$

h 和它的逆映射 h^{-1} 都是连续可导的, 且 $\dfrac{\partial(u, v)}{\partial(s, t)} > 0$, 并使得

$$\boldsymbol{R}(s, t) = \boldsymbol{r}(h(s, t)) = \boldsymbol{r}(u(s, t), v(s, t)), \qquad (27.4.5)$$

则有

$$\frac{\partial \boldsymbol{R}}{\partial s} \times \frac{\partial \boldsymbol{R}}{\partial t} = \left(\frac{\partial \boldsymbol{r}}{\partial u} \times \frac{\partial \boldsymbol{r}}{\partial v} \right) \frac{\partial(u, v)}{\partial(s, t)}. \qquad (27.4.6)$$

证明　由复合求导链锁法则, 得

$$\frac{\partial \boldsymbol{R}}{\partial s} = \frac{\partial \boldsymbol{r}}{\partial u} \frac{\partial u}{\partial s} + \frac{\partial \boldsymbol{r}}{\partial v} \frac{\partial v}{\partial s}, \quad \frac{\partial \boldsymbol{R}}{\partial t} = \frac{\partial \boldsymbol{r}}{\partial u} \frac{\partial u}{\partial t} + \frac{\partial \boldsymbol{r}}{\partial v} \frac{\partial v}{\partial t},$$

作叉积

$$\frac{\partial \boldsymbol{R}}{\partial s} \times \frac{\partial \boldsymbol{R}}{\partial t} = \left(\frac{\partial \boldsymbol{r}}{\partial u} \frac{\partial u}{\partial s} + \frac{\partial \boldsymbol{r}}{\partial v} \frac{\partial v}{\partial s} \right) \times \left(\frac{\partial \boldsymbol{r}}{\partial u} \frac{\partial u}{\partial t} + \frac{\partial \boldsymbol{r}}{\partial v} \frac{\partial v}{\partial t} \right)$$

$$= \left(\frac{\partial \boldsymbol{r}}{\partial u} \times \frac{\partial \boldsymbol{r}}{\partial v}\right)\left(\frac{\partial u}{\partial s}\frac{\partial v}{\partial t} - \frac{\partial v}{\partial s}\frac{\partial u}{\partial t}\right)$$

$$= \left(\frac{\partial \boldsymbol{r}}{\partial u} \times \frac{\partial \boldsymbol{r}}{\partial v}\right)\frac{\partial(u,v)}{\partial(s,t)}.$$

定理 27.4.2 设简单曲面 S 有两个光滑参数表出, $\boldsymbol{r}$ 和 $\boldsymbol{R}$ 如定理 27.4.1 中所设. 设 f 是在曲面 S 上有定义的连续的数量场, 则有等式

$$\iint\limits_{D_{st}} f(\boldsymbol{R}(s,t))\left\|\frac{\partial \boldsymbol{R}}{\partial s} \times \frac{\partial \boldsymbol{R}}{\partial t}\right\| \mathrm{d}s\mathrm{d}t = \iint\limits_{D_{uv}} f(\boldsymbol{r}(u,v))\left\|\frac{\partial \boldsymbol{r}}{\partial u} \times \frac{\partial \boldsymbol{r}}{\partial v}\right\| \mathrm{d}u\mathrm{d}v. \quad (27.4.7)$$

证明 据二重积分变量替换公式 (26.6.4), 我们得到

$$\iint\limits_{D_{uv}} f(\boldsymbol{r}(u,v))\left\|\frac{\partial \boldsymbol{r}}{\partial u} \times \frac{\partial \boldsymbol{r}}{\partial v}\right\| \mathrm{d}u\mathrm{d}v = \iint\limits_{D_{st}} f(\boldsymbol{r}(h(s,t)))\left\|\frac{\partial \boldsymbol{r}}{\partial u} \times \frac{\partial \boldsymbol{r}}{\partial v}\right\|\frac{\partial(u,v)}{\partial(s,t)} \mathrm{d}s\mathrm{d}t,$$

再由公式 (27.4.6), 知

$$\iint\limits_{D_{st}} f(\boldsymbol{r}(h(s,t)))\left\|\frac{\partial \boldsymbol{r}}{\partial u} \times \frac{\partial \boldsymbol{r}}{\partial v}\right\|\frac{\partial(u,v)}{\partial(s,t)} \mathrm{d}s\mathrm{d}t = \iint\limits_{D_{st}} f(\boldsymbol{R}(s,t))\left\|\frac{\partial \boldsymbol{R}}{\partial s} \times \frac{\partial \boldsymbol{R}}{\partial t}\right\| \mathrm{d}s\mathrm{d}t.$$

评注 27.4.2 许多教科书把定义 27.4.1 中定义的曲面积分称为第一型, 然后再介绍一种第二型曲面积分. 其实, 所谓第二型曲面积分是定义 27.4.1 中定义的曲面积分的特款. 现作为定义 27.4.1 的应用介绍如下.

向量场沿法方向的曲面积分

设给了 $\mathbb{R}^3$ 中一个简单曲面 S, 它有一个光滑的参数表出 $\boldsymbol{r}(u,v), (u,v) \in D_{uv}$, 满足 (27.1.5). 记 $\boldsymbol{n} = \dfrac{\partial \boldsymbol{r}}{\partial u} \times \dfrac{\partial \boldsymbol{r}}{\partial v}\Big/\left\|\dfrac{\partial \boldsymbol{r}}{\partial u} \times \dfrac{\partial \boldsymbol{r}}{\partial v}\right\|$ 是曲面 S 的单位法向量. 设 $\boldsymbol{f} = (P,Q,R)$ 是在曲面 S 上有定义的连续向量场, 则数量场 $\boldsymbol{f}\cdot\boldsymbol{n}$ 沿曲面 S 的曲面积分

$$\iint\limits_{S} \boldsymbol{f}\cdot\boldsymbol{n}\mathrm{d}A = \iint\limits_{D_{uv}} \boldsymbol{f}(\boldsymbol{r}(u,v))\cdot\frac{\partial \boldsymbol{r}}{\partial u} \times \frac{\partial \boldsymbol{r}}{\partial v}\mathrm{d}u\mathrm{d}v. \quad (27.4.8)$$

通常称为**向量场 $\boldsymbol{f}$ 沿曲面 S 的法向量 $\boldsymbol{n}$ 的曲面积分**. 它常采用下面的写法.

设 $\boldsymbol{n} = (\cos\alpha, \cos\beta, \cos\gamma)$, 其中 α, β, γ 分别是 $\boldsymbol{n}$ 与 x 轴, y 轴和 z 轴的正方向的夹角. (27.4.8) 的左端可改写成

$$\iint\limits_{S} \boldsymbol{f}\cdot\boldsymbol{n}\mathrm{d}A = \iint\limits_{S} (P\cos\alpha + Q\cos\beta + R\cos\gamma)\mathrm{d}A$$

$$= \iint\limits_{S} P\mathrm{d}y\mathrm{d}z + Q\mathrm{d}z\mathrm{d}x + R\mathrm{d}x\mathrm{d}y. \tag{27.4.9}$$

读者请注意, 此式中所有积分记号均指曲面积分, 而非二重积分; 并且建议最后等式右端被积式中的 $\mathrm{d}y\mathrm{d}z$, $\mathrm{d}z\mathrm{d}x$, $\mathrm{d}x\mathrm{d}y$ 的写法保持不变, 即不要将 $\mathrm{d}z\mathrm{d}x$ 写成 $\mathrm{d}x\mathrm{d}z$, 因为我们将认为

$$\mathrm{d}z\mathrm{d}x \neq \mathrm{d}x\mathrm{d}z. \tag{27.4.10}$$

再看 (27.4.8) 式的右端, 它展开便是

$$\iint\limits_{D_{uv}} \boldsymbol{f}(\boldsymbol{r}(u,v)) \cdot \frac{\partial \boldsymbol{r}}{\partial u} \times \frac{\partial \boldsymbol{r}}{\partial v} \mathrm{d}u\mathrm{d}v$$

$$= \iint\limits_{D_{uv}} P(\boldsymbol{r}(u,v)) \cdot \frac{\partial(y,z)}{\partial(u,v)} \mathrm{d}u\mathrm{d}v$$

$$+ \iint\limits_{D_{uv}} Q(\boldsymbol{r}(u,v)) \cdot \frac{\partial(z,x)}{\partial(u,v)} \mathrm{d}u\mathrm{d}v$$

$$+ \iint\limits_{D_{uv}} R(\boldsymbol{r}(u,v)) \cdot \frac{\partial(x,y)}{\partial(u,v)} \mathrm{d}u\mathrm{d}v, \tag{27.4.11}$$

于是 (27.4.8) 式可写成下面三式:

$$\iint\limits_{S} P\mathrm{d}y\mathrm{d}z = \iint\limits_{D_{uv}} P(\boldsymbol{r}(u,v)) \cdot \frac{\partial(y,z)}{\partial(u,v)} \mathrm{d}u\mathrm{d}v, \tag{27.4.12}$$

$$\iint\limits_{S} Q\mathrm{d}z\mathrm{d}x = \iint\limits_{D_{uv}} Q(\boldsymbol{r}(u,v)) \cdot \frac{\partial(z,x)}{\partial(u,v)} \mathrm{d}u\mathrm{d}v, \tag{27.4.13}$$

$$\iint\limits_{S} R\mathrm{d}x\mathrm{d}y = \iint\limits_{D_{uv}} R(\boldsymbol{r}(u,v)) \cdot \frac{\partial(x,y)}{\partial(u,v)} \mathrm{d}u\mathrm{d}v. \tag{27.4.14}$$

再来谈为什么要认为有不等式 (27.4.10). 因为式 (27.4.13) 中左端为曲面积分记号, 它的实际意义由右端的二重积分给出. 如果将左端的 $\mathrm{d}z\mathrm{d}x$ 换成 $\mathrm{d}x\mathrm{d}z$, 则应当将右端的二重积分中被积式中因式 $\dfrac{\partial(z,x)}{\partial(u,v)}$ 换成 $\dfrac{\partial(x,z)}{\partial(u,v)}$, 而由行列式性质, 有

$$\frac{\partial(z,x)}{\partial(u,v)} = -\frac{\partial(x,z)}{\partial(u,v)}, \tag{27.4.15}$$

因此, 有理由将不等式 (27.4.10) 精确化为

$$\mathrm{d}z\mathrm{d}x = -\mathrm{d}x\mathrm{d}z, \tag{27.4.16}$$

所以, 有人设计了一个记号, 将 $\mathrm{d}z\mathrm{d}x$ 改写成 $\mathrm{d}z \wedge \mathrm{d}x$, 并满足条件

$$\mathrm{d}z \wedge \mathrm{d}x = -\mathrm{d}x \wedge \mathrm{d}z. \tag{27.4.17}$$

其中的 $\wedge$ 称为**外乘积** (exterior multiplication).

第28讲

多元积分公式

有关多元函数的积分之间有重要的公式, 它们是**牛顿–莱布尼茨** (Newton-Leibniz) 公式的推广. 在这一讲中将介绍**格林** (Green, 1793—1841) **公式**、Gauss **公式**和**斯托克斯** (Stokes, 1819—1903) **公式**.

28.1　Green 公式

Green 是一位英国数学家, 他于 1828 年明确提出平面中有界区域上二重积分化为在其边缘曲线上曲线积分的公式.

先来谈平面 $\mathbb{R}^2$ 中区域和曲线的定向. 设 $\mathbb{R}^2$ 中自然标准正交坐标系就是 xy 坐标系, 自然标准正交基向量是 $\boldsymbol{i}$ 和 $\boldsymbol{j}$. 通常在空间 $\mathbb{R}^2$ 中采取由有序基 $\{\boldsymbol{i}, \boldsymbol{j}\}$ 确定的定向, 并且也认为 $\mathbb{R}^2$ 中的区域 D 获得了这个定向, 而被称为有向区域. $\mathbb{R}^2$ 及 D 的这个定向通常设成是逆时针的定向. 设区域 D 的边缘 ∂D 是一条分段光滑的简单闭曲线, 而区域 D 是其内域, 并设这条曲线由一个参数表出 $\boldsymbol{r}(t)$ 而得的定向就是从 D 的定向诱导的定向, 通常也说曲线 ∂D 的这个定向是逆时针的. 对 D 的上述定向, 常采用德国数学家克莱因 (Klein, 1849—1923) 设计的一个沿着圆弧旋转的箭头称为**标示** (indicatrix) 在图上指示此定向; 而对 ∂D 的定向则用该曲线上或其旁与之平行的一个箭头表示, 见图 28.1.

若有界区域 D 的边缘 ∂D 是由 k 条互不相交的分段光滑的简单闭曲线 l_1, $l_2, \cdots, l_k$ 组成: $\partial D = l_1 \cup l_2 \cup \cdots \cup l_k$, 其中 l_1 的内域包含着 $l_2, \cdots, l_k$; l_1 称为 ∂D 的**外分支**, $l_2, \cdots, l_k$ 称为 ∂D 的**内分支**, 它们统称为 ∂D 的**分支** (components); ∂D 的内分支的内域不含于 D 内. 当在区域 D 中定向取为逆时针的, 则其边缘 ∂D 的每一个分支 l_i 上设由其某个参数表出 $\boldsymbol{r}_i(t)$ 而得之定向是从 D 的定向诱导的定向. 对 ∂D 的外分支而言, 所得定向是逆时针的, 而对 ∂D 的每个内分支而言, 所得定向是与逆时针的相反的那个, 是顺时针的, 见图 28.2. 就采用上述有关 D 和 ∂D 的定向, 并简称为自然定向.

定理 28.1.1 (Green 公式, 单连通情形)　设 $\mathbb{R}^2$ 中有界闭区域 D 的边缘 ∂D

是一条分段光滑的简单闭曲线, 它有分段光滑的参数表出 $\boldsymbol{r}(t)$, 使得在可导点满足 $\boldsymbol{r}'(t) \neq \boldsymbol{0}$, D 和 ∂D 采取自然定向. 设二元函数 $P(x, y)$ 和 $Q(x, y)$ 在包含 D 的一个开集 Ω 内连续可导, 则

$$\iint\limits_{D} \left(\frac{\partial Q}{\partial x} - \frac{\partial P}{\partial y} \right) \mathrm{d}x\mathrm{d}y = \oint_{\partial D} P\mathrm{d}x + Q\mathrm{d}y, \tag{28.1.1}$$

还可写成

$$\iint\limits_{D} \frac{\partial Q}{\partial x} \mathrm{d}x\mathrm{d}y = \oint_{\partial D} Q\mathrm{d}y, \tag{28.1.2}$$

$$-\iint\limits_{D} \frac{\partial P}{\partial y} \mathrm{d}x\mathrm{d}y = \oint_{\partial D} P\mathrm{d}x. \tag{28.1.3}$$

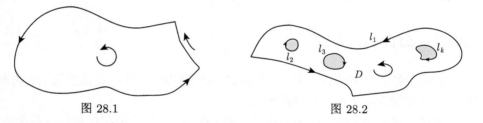

图 28.1　　　　　　　　　　　　　　　图 28.2

证明　先对 D 既是 x 型又是 y 型区域来证明定理结论. 对定理中所设区域 D 之证明可由第 31 讲中积分的连续性 (定理 31.2.1 和定理 32.3.1) 推得.

设 D 是 x 型的, $D = \{(x,y)|y_1(x) \leqslant y \leqslant y_2(x), a \leqslant x \leqslant b\}$, 其中 $y_1(x)$ 和 $y_2(x)$ 是 $[a, b]$ 上两个连续函数; 记 C_1 为 $y = y_1(x)$, x 从 a 到 b 所得曲线, C_2 为 $y = y_2(x)$, x 从 b 到 a 所得曲线, 则 C_1 与 C_2 便分别是 ∂D 的下边缘和上边缘, 于是

$$-\iint\limits_{D} \frac{\partial P}{\partial y} \mathrm{d}x\mathrm{d}y = -\int_a^b \mathrm{d}x \int_{y_1(x)}^{y_2(x)} \frac{\partial P}{\partial y} \mathrm{d}y$$

$$= \int_a^b P\left(x, y_1(x)\right) \mathrm{d}x - \int_a^b P\left(x, y_2(x)\right) \mathrm{d}x$$

$$= \int_{C_1} P\mathrm{d}x + \int_{C_2} P\mathrm{d}x$$

$$= \oint_{\partial D} P\mathrm{d}x,$$

最后的等式所以成立是因为在 ∂D 的两段竖直边缘上所论积分均为零, 从而 (28.1.3) 得证. 类似地由 D 是 y 型的可证 (28.1.2).

Green 公式可推广到多连通的区域上.

定理 28.1.2 (Green 公式, 多连通情形) 设 $\mathbb{R}^2$ 中有界闭区域 D 的边缘 ∂D 由 k 条互不相交的分段光滑简单闭曲线 $l_1, l_2, \cdots, l_k$ 组成, 其中 l_1 为外分支, 其余为内分支, D 和 ∂D 采用自然定向. 设二元函数 $P(x, y)$ 和 $Q(x, y)$ 在包含 D 的一个开集 Ω 内连续可导. 则

$$\iint\limits_D \left(\frac{\partial Q}{\partial x} - \frac{\partial P}{\partial y} \right) \mathrm{d}x\mathrm{d}y = \int_{\partial D} P\mathrm{d}x + Q\mathrm{d}y, \tag{28.1.4}$$

若右端按分支来写, 得

$$\iint\limits_D \left(\frac{\partial Q}{\partial x} - \frac{\partial P}{\partial y} \right) \mathrm{d}x\mathrm{d}y = \oint_{l_1} P\mathrm{d}x + Q\mathrm{d}y - \sum_{i=2}^{k} \oint_{l_i} P\mathrm{d}x + Q\mathrm{d}y. \tag{28.1.5}$$

证明 用分段光滑的简单曲线可将区域 D 切割成 k 块 (如图 28.3 所示) 满足定理 28.1.1 中条件的单连通区域 $D_1, D_2, \cdots, D_k$.

任何一条用来切割的曲线弧 c 正好两次出现在小区域的边缘上, 例如是 D_i 和 D_j 的边缘的公共的一部分; 当 D_i 及 ∂D_i 和 D_j 及 ∂D_j 都取自然定向时, c 在 ∂D_i 中获得的定向与在 ∂D_j 中获得的正好相

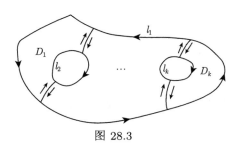

图 28.3

反. 因此, 同一个被积式沿 c 的相反定向的两次曲线积分正负相消. 从而

$$\iint\limits_D \left(\frac{\partial Q}{\partial x} - \frac{\partial P}{\partial y} \right) \mathrm{d}x\mathrm{d}y = \sum_{i=1}^{k} \iint\limits_{D_i} \left(\frac{\partial Q}{\partial x} - \frac{\partial P}{\partial y} \right) \mathrm{d}x\mathrm{d}y$$

$$= \sum_{i=1}^{k} \int_{\partial D_i} P\mathrm{d}x + Q\mathrm{d}y$$

$$= \int_{\partial D} P\mathrm{d}x + Q\mathrm{d}y.$$

下面是一个非常重要的推论, 它说的是, 在一定条件下, 曲线积分与积分道路无关, 而只与曲线的起点与终点有关.

定理 28.1.3 (曲线积分与道路无关性) 设 Ω 是 $\mathbb{R}^2$ 中一个开集, 使得 Ω 中的任何 Jordan 闭曲线的内域都在 Ω 内. 设 l_1, l_2 是 Ω 内两条有共同起点和共同

终点的分段光滑的简单曲线. 设函数 $P(x, y)$ 和 $Q(x, y)$ 是 Ω 内连续可导的函数, 满足条件

$$\frac{\partial Q}{\partial x} = \frac{\partial P}{\partial y}, \tag{28.1.6}$$

则

$$\int_{l_1} P\mathrm{d}x + Q\mathrm{d}y = \int_{l_2} P\mathrm{d}x + Q\mathrm{d}y. \tag{28.1.7}$$

这时向量场 $\boldsymbol{f} = (P, Q)$ 称为一个**保守场** (conservative field).

证明 设 l_1, l_2 的共同起点为 A, 共同终点为 B. 在 Ω 中取以 B 为起点, 以 A 为终点的两条折线 l_1', l_2', 满足条件: l_1' 与 l_1 不相交, l_2' 与 l_2 不相交, 且 l_1' 与 l_2' 只相交于有限个点. 于是 $l_1 \cup l_1'$ 和 $l_2 \cup l_2'$ 都是分段光滑的 Jordan 曲线, 它们的内域分别记作 D_1 和 D_2. 应用 Green 公式于 D_1 和 D_2 上, 并考虑到条件 (28.1.6), 得

$$0 = \iint_{D_i} \left(\frac{\partial Q}{\partial x} - \frac{\partial P}{\partial y} \right) \mathrm{d}x\mathrm{d}y = \int_{l_i \cup l_i'} P\mathrm{d}x + Q\mathrm{d}y, \quad i = 1, 2,$$

由此得

$$\int_{l_i} P\mathrm{d}x + Q\mathrm{d}y = -\int_{l_i'} P\mathrm{d}x + Q\mathrm{d}y, \quad i = 1, 2,$$

设 l_1', l_2' 的交点, 包括端点在内, 从 B 点起依次为

$$B = P_0, P_1, \cdots, P_k = A.$$

分段考虑折线 l_1', l_2' 中以 P_{i-1} 为起点, 以 P_i 为终点的段落, 分别记为 $L_1^i, L_2^i, i = 1, 2, \cdots, k$. 对任意 $i = 1, 2, \cdots, k, L_1^i \cup (-L_2^i)$ 是一条分段光滑的 Jordan 曲线. 故采用上述推理可得

$$\int_{L_1^i} P\mathrm{d}x + Q\mathrm{d}y = \int_{L_1^i} P\mathrm{d}x + Q\mathrm{d}y, \quad i = 1, 2, \cdots, k,$$

从而得

$$\int_{l_1'} P\mathrm{d}x + Q\mathrm{d}y = \int_{l_2'} P\mathrm{d}x + Q\mathrm{d}y,$$

进而知 (28.1.7) 成立.

评注 28.1.1 这个定理不仅结论重要, 其中两个主要条件也很重要. 第一, 关于开集 Ω 的拓扑条件, 满足所设条件的开集 Ω 称为**单连通的** (simply connected), 否则称为**多连通的** (multiply connected). 第二, 函数 P 和 Q 满足的条件 (28.1.6) 称为**恰当微分** (exact differential) **条件**. 有关这后一条继续讨论如下.

设想曲线积分中的被积式

$$P\mathrm{d}x + Q\mathrm{d}y$$

是某个 C^2 函数 f 的全微分

$$\mathrm{d}f = \frac{\partial f}{\partial x}\mathrm{d}x + \frac{\partial f}{\partial y}\mathrm{d}y,$$

将这个事实称为 $P\mathrm{d}x + Q\mathrm{d}y$ 是一个恰当微分. 这时

$$P = \frac{\partial f}{\partial x}, \quad Q = \frac{\partial f}{\partial y}.$$

因 f 是 C^2 的, 便立即知道条件 (28.1.6) 成立. 这就是说, 条件 (28.1.6) 是 $P\mathrm{d}x + Q\mathrm{d}y$ 成为恰当微分的必要条件.

反之, 设条件 (28.1.6) 在单连通开集 Ω 内成立, 则由定理 28.1.3, $P\mathrm{d}x + Q\mathrm{d}y$ 的曲线积分与道路无关. 任取 Ω 中一固定点 $A(x_0, y_0)$, 设 $B(x, y)$ 是 Ω 中任意点, 令二元函数

$$f(x, y) = \int_{\widehat{AB}} P\mathrm{d}x + Q\mathrm{d}y,$$

这是以 A 为起点 B 为终点的分段光滑曲线上的曲线积分, 它只与积分道路的起点 A 和终点 B 有关, 所以是点 (x, y) 的数值函数. 有断言: f 是 C^2 的, 且其偏导数 $\frac{\partial f}{\partial x} = P, \frac{\partial f}{\partial y} = Q.$ 设 $(x + \Delta x, y) \in \Omega$, 记它为 R, 并设线段 $\widehat{BR} \subset \Omega$. 则

$$f(x + \Delta x, y) - f(x, y) = \int_{\widehat{BR}} P\mathrm{d}x + Q\mathrm{d}y$$

$$= \int_{\widehat{BR}} P\mathrm{d}x.$$

由积分中值定理, 存在 $0 < \theta < 1$, 使

$$\int_{\widehat{BR}} P\mathrm{d}x = \int_x^{x+\Delta x} P(t, y)\mathrm{d}t = P(x + \theta\Delta x, y)\Delta x,$$

于是

$$\lim_{\Delta x \to 0} \frac{f(x + \Delta x, y) - f(x, y)}{\Delta x} = \lim_{\Delta x \to 0} P(x + \theta\Delta x, y)$$

$$= P(x, y).$$

这就是说, 函数 f 关于 x 的偏导数存在且等于 $P(x, y)$. 同理, 函数 f 关于 y 的偏导数存在且等于 Q. 因为 P 和 Q 是 C^1 的, 故知 f 是 C^2 的. 由此可见, 条件 (28.1.6) 是单连通开集内 $Pdx + Qdy$ 成为恰当微分的充分条件.

于是得

定理 28.1.4 设 Ω 是 $\mathbb{R}^2$ 中单连通开集, 函数 $P(x, y)$ 和 $Q(x, y)$ 是 Ω 中 C^1 函数. 则 $Pdx + Qdy$ 是恰当微分的充要条件是 (28.1.6) 成立. 这时在 Ω 内定义的满足

$$\mathrm{d}f = Pdx + Qdy \quad 或 \quad \nabla f = (P, Q)$$

的 C^2 函数 f 称为向量场 (P, Q) 的一个**势函数** (potential function).

28.2 Gauss 公式

Gauss 公式联系三重积分与曲面积分, 据说 1813 年便被 Gauss 发现.

定理 28.2.1 设空间 $\mathbb{R}^3$ 中有界闭区域 V 由分片光滑的曲面 $\mathcal{S}$ 为其边缘 ∂V, 在 $\mathbb{R}^3$ 中取自然定向, 区域 V 带有此定向, 而其边缘 $\mathcal{S} = \partial V$ 获得从 V 诱导的定向 (见定理 27.2.1), 即设单位法向量 $\boldsymbol{n}$ 向外. 设 Ω 是包含 V 的一个开集, $\boldsymbol{f} = (P, Q, R)$ 是 Ω 内的一个 C^1 向量场, 则

$$\iiint\limits_{V} \left(\frac{\partial P}{\partial x} + \frac{\partial Q}{\partial y} + \frac{\partial R}{\partial z} \right) \mathrm{d}x\mathrm{d}y\mathrm{d}z = \oiint\limits_{S} Pdydz + Qdzdx + Rdxdy. \quad (28.2.1)$$

证明 类似于 Green 公式的论证, Gauss 定理的证明归结为特殊类型的区域.

设 V 是 xy 型区域, 即边缘 $\partial V = \mathcal{S}$ 可以表为三部分:

$\mathcal{S}_1 : z = z_1(x, y)$,

$\mathcal{S}_2 : z = z_2(x, y), \quad (x, y) \in D_{xy}$,

$\mathcal{S}_3 :$ 垂直于 D_{xy} 的边缘的柱面,

即 $V = \{(x, y, z) | z_1(x, y) \leqslant z \leqslant z_2(x, y), (x, y) \in D_{xy}\}$, 如图 28.4.

由三重积分之计算方法, 得

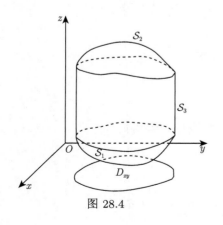

图 28.4

$$\iiint\limits_{V} \frac{\partial R}{\partial z}\mathrm{d}x\mathrm{d}y\mathrm{d}z = \iint\limits_{D_{xy}} \mathrm{d}x\mathrm{d}y \int_{z_1(x,y)}^{z_2(x,y)} \frac{\partial R}{\partial z}\mathrm{d}z$$

$$= \iint\limits_{D_{xy}} R\left(x,y,z_2(x,y)\right)\mathrm{d}x\mathrm{d}y - \iint\limits_{D_{xy}} R\left(x,y,z_1(x,y)\right)\mathrm{d}x\mathrm{d}y$$

$$= \iint\limits_{S_2} R\left(x,y,z\right)\mathrm{d}x\mathrm{d}y + \iint\limits_{S_1} R\left(x,y,z\right)\mathrm{d}x\mathrm{d}y,$$

同时由于 S_3 垂直于 xy 平面, 故

$$\iint\limits_{S_3} R(x,y,z)\mathrm{d}x\mathrm{d}y = 0.$$

因此, 得

$$\iiint\limits_{V} \frac{\partial R}{\partial z}\mathrm{d}x\mathrm{d}y\mathrm{d}z = \oiint\limits_{S} R\mathrm{d}x\mathrm{d}y.$$

若 V 可表作 xy 型, 又可表作 yz 型和 zx 型, 则

$$\iiint\limits_{V} \left(\frac{\partial P}{\partial x} + \frac{\partial Q}{\partial y} + \frac{\partial R}{\partial z}\right)\mathrm{d}x\mathrm{d}y\mathrm{d}z = \oiint\limits_{S} P\mathrm{d}y\mathrm{d}z + Q\mathrm{d}z\mathrm{d}x + R\mathrm{d}x\mathrm{d}y.$$

28.3　Stokes 公式

英国数学家 Stokes 发现了空间曲面上的积分与其边缘曲线上积分的关系.

定理 28.3.1 (Stokes 公式, 简单曲面情形)　设 S 是一个光滑的简单曲面, 其上取定了定向, 边缘 ∂S 取其诱导定向. 设 $\boldsymbol{f} = (P, Q, R)$ 是在包含 S 的一个开集 Ω 内定义的 C^1 向量场. 则

$$\iint\limits_{S} \left(\frac{\partial R}{\partial y} - \frac{\partial Q}{\partial z}\right)\mathrm{d}y \wedge \mathrm{d}z + \left(\frac{\partial P}{\partial z} - \frac{\partial R}{\partial x}\right)\mathrm{d}z \wedge \mathrm{d}x + \left(\frac{\partial Q}{\partial x} - \frac{\partial P}{\partial y}\right)\mathrm{d}x \wedge \mathrm{d}y$$

$$= \int_{\partial S} P\mathrm{d}x + Q\mathrm{d}y + R\mathrm{d}z. \tag{28.3.1}$$

或写成下面三个公式:

$$\int_{\partial S} P\mathrm{d}x = \iint\limits_{S} \frac{\partial P}{\partial z}\mathrm{d}z \wedge \mathrm{d}x - \frac{\partial P}{\partial y}\mathrm{d}x \wedge \mathrm{d}y, \tag{28.3.2}$$

$$\int_{\partial S} Q\mathrm{d}y = \iint_S \frac{\partial Q}{\partial x}\mathrm{d}x \wedge \mathrm{d}y - \frac{\partial Q}{\partial z}\mathrm{d}y \wedge \mathrm{d}z, \tag{28.3.3}$$

$$\int_{\partial S} R\mathrm{d}z = \iint_S \frac{\partial R}{\partial y}\mathrm{d}y \wedge \mathrm{d}z - \frac{\partial R}{\partial x}\mathrm{d}z \wedge \mathrm{d}x. \tag{28.3.4}$$

证明 由于后面三式是类似的, 只证明其中第一式.

为使证明过程简化, 对曲面 S 的参数表出提出较强的要求. 设曲面 S 的一个参数表出是 $\boldsymbol{r}(u,v), (u,v) \in D_{uv}$, 其中 D_{uv} 中是 uv 平面上的有界区域, 边缘 ∂D_{uv} 是分段光滑的 Jordan 曲线, 而 $\boldsymbol{r}(u,v) = (x(u,v), y(u,v), z(u,v))$ 是 C^2 的.

由 (27.4.13) 和 (27.4.14), 得

$$\iint_S \frac{\partial P}{\partial z}\mathrm{d}z \wedge \mathrm{d}x - \frac{\partial P}{\partial y}\mathrm{d}x \wedge \mathrm{d}y = \iint_{D_{uv}} \left\{ \frac{\partial P}{\partial z}\frac{\partial(z,x)}{\partial(u,v)} - \frac{\partial P}{\partial y}\frac{\partial(x,y)}{\partial(u,v)} \right\} \mathrm{d}u\mathrm{d}v.$$

现在设函数 $p(u,v)$ 是如下定义:

$$p(u,v) = P(x(u,v), y(u,v), z(u,v)).$$

经计算得

$$\frac{\partial P}{\partial z}\frac{\partial(z,x)}{\partial(u,v)} - \frac{\partial P}{\partial y}\frac{\partial(x,y)}{\partial(u,v)} = \frac{\partial}{\partial u}\left(p\frac{\partial x}{\partial v}\right) - \frac{\partial}{\partial v}\left(p\frac{\partial x}{\partial u}\right), \tag{28.3.5}$$

这里用到的条件 $x(u,v) \in C^2$. 于是

$$\iint_S \frac{\partial P}{\partial z}\mathrm{d}z \wedge \mathrm{d}x - \frac{\partial P}{\partial y}\mathrm{d}x \wedge \mathrm{d}y = \iint_{D_{uv}} \left\{ \frac{\partial}{\partial u}\left(p\frac{\partial x}{\partial v}\right) - \frac{\partial}{\partial v}\left(p\frac{\partial x}{\partial u}\right) \right\} \mathrm{d}u\mathrm{d}v.$$

对右端应用 Green 公式, 得

$$\iint_{D_{uv}} \left\{ \frac{\partial}{\partial u}\left(p\frac{\partial x}{\partial v}\right) - \frac{\partial}{\partial v}\left(p\frac{\partial x}{\partial u}\right) \right\} \mathrm{d}u\mathrm{d}v = \int_{\partial D_{uv}} p\frac{\partial x}{\partial u}\mathrm{d}u + p\frac{\partial x}{\partial v}\mathrm{d}v,$$

而

$$\int_{\partial D_{uv}} p\frac{\partial x}{\partial u}\mathrm{d}u + p\frac{\partial x}{\partial v}\mathrm{d}v = \int_{\partial D_{uv}} P(x(u,v), y(u,v), z(u,v))\left(\frac{\partial x}{\partial u}\mathrm{d}u + \frac{\partial x}{\partial v}\mathrm{d}v\right)$$

$$= \int_{\partial S} P\mathrm{d}x.$$

这便证明了 (28.3.2). 类似地, 可证 (28.3.3) 和 (28.3.4).

在定理假设曲面 S 是 C^1 的条件下, 可以用 C^2 曲面去逼近它 (参见第 31 讲), 而将已证明的结论推广到 C^1 曲面上. 具体的细节在此不赘.

定理 28.3.2 (Stokes 公式, 有向曲面情形)　设 S 是一个分片光滑的可定向曲面, 并且已取定了定向, 边缘 ∂S 上采取其诱导定向. 设 $\boldsymbol{f} = (P, Q, R)$ 是在包含 S 的一个开集 Ω 内定义的 C^1 向量场. 则

$$\iint\limits_{S} \left(\frac{\partial R}{\partial y} - \frac{\partial Q}{\partial z}\right) \mathrm{d}y \wedge \mathrm{d}z + \left(\frac{\partial P}{\partial z} - \frac{\partial R}{\partial x}\right) \mathrm{d}z \wedge \mathrm{d}x + \left(\frac{\partial Q}{\partial x} - \frac{\partial P}{\partial y}\right) \mathrm{d}x \wedge \mathrm{d}y$$

$$= \int_{\partial S} P \mathrm{d}x + Q \mathrm{d}y + R \mathrm{d}z. \tag{28.3.6}$$

证明梗概　设简单曲面集 $\{S_1, S_2, \cdots, S_k\}$ 是曲面 S 的一个正规分解, 且每个 S_i 上都已取定了定向, 而使任何相邻的两个面上定向都是协和的 (定义 27.2.5). 按两相邻曲面定向协和的定义 (定义 27.2.4), 它们的定向在公共棱上的诱导定向相反. 记欲证的公式 (28.3.1) 为 $\iint\limits_{S} \tau = \int_{\partial S} \omega$. 从而当将曲面 S 上的曲面积分 $\iint\limits_{S} \tau$ 表作 $\sum\limits_{i=1}^{k} \iint\limits_{S_i} \tau$ 后, 对每个 i 应用简单曲面的 Stokes 公式, 得曲线积分之和 $\sum\limits_{i=1}^{k} \int_{\partial S_i} \omega$, 由于其中公共棱上的积分均可正负相消, 余下部分正好拼成 $\int_{\partial S} \omega$. 这便证明了公式 (28.3.1).

28.4　重积分变量替换公式的证明 (C^2 条件下)

作为 Green 公式的应用, 在假设变换为 C^2 的条件下, 能够证明二重积分变量替换公式 (定理 26.6.1). 其论证之关键是下面陈述的有关面积的定理.

定理 28.4.1　设 Ω_{xy} 和 Ω_{uv} 分别是 xy 平面和 uv 平面上的开集, 变换

$$T : x = x(u, v), y = y(u, v)$$

是从 Ω_{uv} 到 Ω_{xy} 上的连续可导的双射, 而且在 Ω_{xy} 上 Jacobi 行列式

$$\frac{\partial(x, y)}{\partial(u, v)} \neq 0.$$

若 $D_{uv} \subset \Omega_{xy}$ 是 uv 平面上有面积的闭区域, 记其在变换 T 之下的像为 $D_{xy} = T(D_{uv}) \subset \Omega_{xy}$, 则 D_{xy} 也是有面积的, 并且

$$A(D_{xy}) = \iint\limits_{D_{uv}} \frac{\partial(x,y)}{\partial(u,v)} \mathrm{d}u\mathrm{d}v. \tag{28.4.1}$$

目前加强条件, 设 $T \in C^2$, 来证明此定理. 此条件在第一个步骤中用到.

证明 分三个步骤.

(1) 设 D_{uv} 是其边平行与坐标轴的闭矩形, $T \in C^2$. 这时 D_{uv} 在 T 在下的像 $D_{xy} = T(D_{uv})$ 是一个其四条边均为 C^2 的曲边四边形, 它是有面积的. 今计算其面积如下. 设 D_{uv} 的顶点为

$$P_1(u_0,v_0), \quad P_2(u_0+\Delta u,v_0), \quad P_3(u_0+\Delta u,v_0+\Delta v), \quad P_4(u_0,v_0+\Delta v),$$

则曲边四边形 D_{xy} 的顶点为

$$Q_1(x(u_0,v_0),y(u_0,v_0)), \quad Q_2(x(u_0+\Delta u,v_0),y(u_0+\Delta u,v_0)),$$

$$Q_3(x(u_0+\Delta u,v_0+\Delta v),y(u_0+\Delta u,v_0+\Delta v)),$$

$$Q_4(x(u_0,v_0+\Delta v),y(u_0,v_0+\Delta v)),$$

其四条曲边可如下参数表出:

$$l_1 = \widehat{Q_1Q_2} : x = x(u_0+t\Delta u,v_0), y = y(u_0+t\Delta u,v_0), t \in [0,1];$$

$$l_2 = \widehat{Q_2Q_3} : x = x(u_0+\Delta u,v_0+(t-1)\Delta v),$$
$$y = y(u_0+\Delta u,v_0+(t-1)\Delta v), t \in [1,2];$$

$$l_3 = \widehat{Q_3Q_4} : x = x(u_0+(3-t)\Delta u,v_0+\Delta v),$$
$$y = y(u_0+(3-t)\Delta u,v_0+\Delta v), t \in [2,3];$$

$$l_4 = \widehat{Q_4Q_1} : x = x(u_0,v_0+(4-t)\Delta v), y = y(u_0,v_0+(4-t)\Delta v), t \in [3,4].$$

如图 28.5.

由定理 26.1.6 之公式 (26.1.22), 得 D_{xy} 之面积为

$$A(D_{xy}) = \int_0^4 x(t)y'(t)\mathrm{d}t$$

$$= \int_0^1 x(u_0+t\Delta u,v_0)y_u(u_0+t\Delta u,v_0)\Delta u\mathrm{d}t$$

$$+ \int_1^2 x \left(u_0 + \Delta u, v_0 + (t-1) \Delta v\right) y_v \left(u_0 + \Delta u, v_0 + (t-1) \Delta v\right) \Delta v \mathrm{d}t$$

$$+ \int_2^3 x \left(u_0 + (3-t) \Delta u, v_0 + \Delta v\right) y_u \left(u_0 + (3-t) \Delta u, v_0 + \Delta v\right) \Delta u \mathrm{d}t$$

$$+ \int_3^4 x \left(u_0, v_0 + (4-t) \Delta v\right) y_v \left(u_0, v_0 + (4-t) \Delta v\right) \Delta v \mathrm{d}t.$$

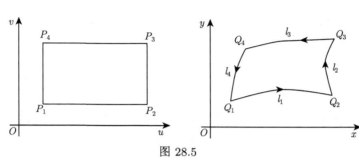

图 28.5

再将后四项均写成线积分, 得

$$A\left(D_{xy}\right) = \int_{l_1} x\left(u, v\right) y_u\left(u, v\right) \mathrm{d}u + \int_{l_2} x\left(u, v\right) y_v\left(u, v\right) \mathrm{d}v$$

$$+ \int_{l_3} x\left(u, v\right) y_u\left(u, v\right) \mathrm{d}u + \int_{l_4} x\left(u, v\right) y_v\left(u, v\right) \mathrm{d}v$$

$$= \int_{l_1} \left(xy_u \mathrm{d}u + xy_v \mathrm{d}v\right) + \int_{l_2} \left(xy_u \mathrm{d}u + xy_v \mathrm{d}v\right)$$

$$+ \int_{l_3} \left(xy_u \mathrm{d}u + xy_v \mathrm{d}v\right) + \int_{l_4} \left(xy_u \mathrm{d}u + xy_v \mathrm{d}v\right)$$

$$= \int_{\partial D_{uv}} xy_u \mathrm{d}u + xy_v \mathrm{d}v.$$

因为已设 $T \in C^2$, 故函数 $y \in C^2$ 且 $y_{uv} = y_{vu}$, 故由 Green 公式得

$$A\left(D_{xy}\right) = \iint_{D_{uv}} \left[\frac{\partial}{\partial u}\left(xy_v\right) - \frac{\partial}{\partial v}\left(xy_u\right)\right] \mathrm{d}u\mathrm{d}v$$

$$= \iint_{D_{uv}} \frac{\partial\left(x, y\right)}{\partial\left(u, y\right)} \mathrm{d}u\mathrm{d}v.$$

这证明了公式 (28.4.1) 对边平行于坐标轴的闭矩形成立.

(2) 设 D_{uv} 是有面积的闭集, 欲证 $D_{xy} = T(D_{uv})$ 也是有面积的. 因 D_{uv} 有面积, 由定理 26.1.2, 其边界集 $\text{Fr}(D_{uv})$ 是零面积的, 即 $\forall \varepsilon > 0$, 可用 uv 平面中有限个边平行于坐标轴的小闭矩形 $D_1, D_2, \cdots, D_l$ 覆盖 $\text{Fr}(D_{uv})$ 而使这些小矩形面积之和

$$\sum_{i=1}^{l} A(D_i) < \varepsilon.$$

在变换 T 之下, 每个小矩形 D_i 之像为 $T(D_i)$, 其面积按公式 (28.4.1) 为

$$A(T(D_i)) = \iint\limits_{D_i} \frac{\partial(x,y)}{\partial(u,v)} \mathrm{d}u\mathrm{d}v.$$

将对右端的积分作估计. 为此, 取包含 D_{uv} 的一个开集 Δ, 使其闭包 $\overline{\Delta}$ 是 Ω_{uv} 中一个有界闭集 (这样的 Δ 是存在的!). 不妨设在 Ω_{uv} 上 $\dfrac{\partial(x,y)}{\partial(u,v)} > 0$, 作为连续函数它在有界闭集上有上界, 设 M 是它在 Δ 上的上界, 并设前面所取的小矩形 D_i 都落在 Δ 中, 则有不等式

$$A(T(D_i)) \leqslant MA(D_i),$$

于是

$$\sum_{i=1}^{l} A(T(D_i)) < M\varepsilon.$$

集合 $T(D_1), T(D_2), \cdots, T(D_l)$ 覆盖了 $\text{Fr}(D_{xy})$, 而每一个 $T(D_i)$ 是一个曲边四边形, 是有面积的, 因此可用 xy 平面上有限个边平行于坐标轴的小闭矩形 $D'_{ij}(j = 1, 2, \cdots, k_i)$ 覆盖, 而满足不等式

$$A(T(D_i)) \leqslant \sum_{j=1}^{k_i} A(D'_{ij}) < A(T(D_i)) + M\frac{\varepsilon}{l}, \quad i = 1, 2, \cdots, l.$$

于是 $\{D'_{ij}\}_{\substack{i=1,2,\cdots,l \\ j=1,2,\cdots,k_i}}$ 覆盖 $\text{Fr}(D_{xy})$, 而这些小矩形面积之和

$$\sum_{i,j} A(D'_{ij}) < 2M\varepsilon.$$

由 ε 的任意性, 知 $\text{Fr}(D_{xy})$ 是零面积的, 从而由定理 26.1.2 知 D_{xy} 是有面积的.

(3) 设 D_{uv} 是有面积的闭集, 欲证 $D_{xy} = T(D_{uv})$ 的面积由公式 (28.4.1) 给出. 对于任给的 $\varepsilon > 0$, 任取闭区域 D_{uv} 的一个平行于坐标轴的矩形分划, 其小闭矩形 $D_1, D_2, \cdots, D_l$ 覆盖 D_{uv}, 每个 D_i 均落入 Δ 中, 并且使得面积之和有

$$\sum_{i=1}^{l} A(D_i) < A(D_{uv}) + \varepsilon.$$

显然曲边四边形 $T(D_1), T(D_2), \cdots, T(D_l)$ 覆盖了 $D_{xy} = T(D_{uv})$. 由 (1) 已知对每个 D_i, 有

$$A(T(D_i)) = \iint\limits_{D_i} \frac{\partial(x, y)}{\partial(u, v)} \mathrm{d}u \mathrm{d}v.$$

于是

$$A(D_{xy}) \leqslant \sum_{i=1}^{l} A(T(D_i)) = \sum_{i=1}^{l} \iint\limits_{D_i} \frac{\partial(x, y)}{\partial(u, v)} \mathrm{d}u \mathrm{d}v.$$

由定理 26.1.3 可知, $D_i \cap D_{uv}, D_i \backslash D_{uv}$ 均有面积, 且 $D_i = (D_i \cap D_{uv}) \cup (D_i \backslash D_{uv})$, $(D_i \cap D_{uv}) \cap (D_i / D_{uv}) = \varnothing$, 故 $A(D_i \backslash D_{uv}) = A(D_i) - A(D_i \cap D_{uv})$; 同时 $D_{uv} = \bigcup_{i=1}^{l} (D_i \cap D_{uv})$, 且当 $i \neq i_1$ 时, $A((D_i \cap D_{uv}) \cap (D_{i_1} \cap D_{uv})) = 0$ 及 $A(D_{uv}) = \sum_{i=1}^{l} A(D_i \cap D_{uv})$. 由此, 可知

$$\sum_{i=1}^{l} \iint\limits_{D_i} \frac{\partial(x, y)}{\partial(u, v)} \mathrm{d}u \mathrm{d}v = \sum_{i=1}^{l} \iint\limits_{D_i \cap D_{uv}} \frac{\partial(x, y)}{\partial(u, v)} \mathrm{d}u \mathrm{d}v + \sum_{i=1}^{l} \iint\limits_{D_i \backslash D_{uv}} \frac{\partial(x, y)}{\partial(u, v)} \mathrm{d}u \mathrm{d}v$$

$$\leqslant \iint\limits_{D_{uv}} \frac{\partial(x, y)}{\partial(u, v)} \mathrm{d}u \mathrm{d}v + M \sum_{i=1}^{l} A(D_i \backslash D_{uv})$$

$$= \iint\limits_{D_{uv}} \frac{\partial(x, y)}{\partial(u, v)} \mathrm{d}u \mathrm{d}v + M \sum_{i=1}^{l} [A(D_i) - A(D_i \cap D_{uv})]$$

$$= \iint\limits_{D_{uv}} \frac{\partial(x, y)}{\partial(u, v)} \mathrm{d}u \mathrm{d}v + M \sum_{i=1}^{l} [A(D_i) - A(D_{uv})]$$

$$< \iint\limits_{D_{uv}} \frac{\partial(x, y)}{\partial(u, v)} \mathrm{d}u \mathrm{d}v + M\varepsilon.$$

由此可得不等式

$$A\left(D_{xy}\right) < \iint\limits_{D_{uv}} \frac{\partial\left(x,y\right)}{\partial\left(u,v\right)} \mathrm{d}u\mathrm{d}v + M\varepsilon.$$

用类似的方法可得另一个不等式

$$A\left(D_{xy}\right) > \iint\limits_{D_{uv}} \frac{\partial\left(x,y\right)}{\partial\left(u,v\right)} \mathrm{d}u\mathrm{d}v - M\varepsilon.$$

由 $\varepsilon > 0$ 的任意性便得等式 (28.4.1).

现在重述定理 26.6.1 如下.

定理 28.4.2 设 $\Omega_{xy}, \Omega_{uv}, T, D_{uv}$ 和 D_{xy} 如定理 28.4.1 中所设, 再设函数 f 是 D_{xy} 上的实值函数, 则下面等式左右的二重积分之一存在, 则另一也存在, 并且等式成立:

$$\iint\limits_{D_{xy}} f\left(x,y\right) \mathrm{d}x\mathrm{d}y = \iint\limits_{D_{uv}} f\left(x\left(u,v\right), y\left(u,v\right)\right) \frac{\partial\left(x,y\right)}{\partial\left(u,v\right)} \mathrm{d}u\mathrm{d}v. \qquad (28.4.2)$$

证明 (1) 欲证: 二重积分 $\iint\limits_{D_{xy}} f\left(x,y\right) \mathrm{d}x\mathrm{d}y$ 存在, 当且仅当二重积分

$$\iint\limits_{D_{uv}} f\left(x\left(u,v\right), y\left(u,v\right)\right) \frac{\partial\left(x,y\right)}{\partial\left(u,v\right)} \mathrm{d}u\mathrm{d}v \text{ 存在.}$$

记 $F\left(u,v\right) = f\left(x\left(u,v\right), y\left(u,v\right)\right) \dfrac{\partial\left(x,y\right)}{\partial\left(u,v\right)}$. 设 F 在 D_{uv} 上的二重积分存在, 由定理 26.3.2, $\forall \varepsilon > 0, \exists D_{uv}$ 的一个分划 $P_{uv} = [D_1, D_2, \cdots, D_l]$, 使得

$$\sum_{i=1}^{l} \omega_i^F A\left(D_i\right) < \varepsilon,$$

其中 $A\left(D_i\right)$ 是 D_i 的面积, ω_i^F 是函数 F 在 D_i 上的振幅. 分划 P_{uv} 经过变换 T 得 D_{xy} 的分划 $P_{xy} = [T(D_1), T(D_2), \cdots, T(D_l)]$. 记 ω_i^f 为函数 f 在 $T\left(D_i\right)$ 上的振幅. 由定理 28.4.1, 得

$$A\left(T\left(D_i\right)\right) = \iint\limits_{D_i} \frac{\partial\left(x,y\right)}{\partial\left(u,v\right)} \mathrm{d}u\mathrm{d}v.$$

如前面的定理证明 (2) 中所述, 取包含 D_{uv} 的一个开集 Δ, 使其闭包 $\overline{\Delta}$ 是 Ω_{uv} 中一个有界闭集. 由连续函数最值定理 (定理 19.4.3), 函数 $\dfrac{\partial(x,y)}{\partial(u,v)}$ 在 $\overline{\Delta}$ 上取到最大值和最小值. 按假设, 其最大值和最小值均大于 0. 因此存在 $M > 0$, 使得 $\overline{\Delta}$ 上有

$$\frac{1}{M} \leqslant \frac{\partial(x,y)}{\partial(u,v)} \leqslant M.$$

从而

$$A\left(T\left(D_i\right)\right) \leqslant M A\left(D_i\right).$$

于是有

$$\sum_{i=1}^{l} \omega_i^f A\left(T\left(D_i\right)\right) \leqslant \sum_{i}^{f} M A\left(D_i\right).$$

现在对 ω_i^f 进行估计. 首先注意到

$$f(x,y) = F\left(u\left(x,y\right), v\left(x,y\right)\right) \frac{\partial(u,y)}{\partial(x,y)},$$

其中 $u = u(x,y)$, $v = v(x,y)$ 是变换 T 的逆变换 T^{-1} 的坐标表出, 有反函数定理 (定理 23.4.2), 知逆变换 T^{-1} 的导数是变换 T 的导数之逆, 即

$$\mathrm{D}\left(T^{-1}\right) = (\mathrm{D}T)^{-1}.$$

取其行列式, 得

$$\frac{\partial(u,v)}{\partial(x,y)} = \frac{1}{\dfrac{\partial(x,y)}{\partial(u,v)}}.$$

由此便得在 $T(\Delta)$ 有不等式

$$\frac{1}{M} \leqslant \frac{\partial(u,v)}{\partial(x,y)} \leqslant M.$$

另外, 由函数 F 在 D_{uv} 上的可积性, 据定理 26.2.1 知, 函数 F 在 D_{uv} 上有界. 设 $B > 0$, 使

$$|F| \leqslant B.$$

对于 $P, P' \in T\left(D_i\right)$, 有

$$|f\left(P\right) - f\left(P'\right)|$$

$$
= \left| F\left(u\left(P\right),v\left(P\right)\right)\frac{\partial\left(u,v\right)}{\partial\left(x,y\right)}\left(P\right) - F\left(u\left(P'\right),v\left(P'\right)\right)\frac{\partial\left(u,v\right)}{\partial\left(x,y\right)}\left(P'\right) \right|
$$

$$
\leqslant \left| F\left(u\left(P\right),v\left(P\right)\right)\frac{\partial\left(u,v\right)}{\partial\left(x,y\right)}\left(P\right) - F\left(u\left(P'\right),v\left(P'\right)\right)\frac{\partial\left(u,v\right)}{\partial\left(x,y\right)}\left(P\right) \right|
$$

$$
+ \left| F\left(u\left(P'\right),v\left(P'\right)\right)\frac{\partial\left(u,v\right)}{\partial\left(x,y\right)}\left(P\right) - F\left(u\left(P'\right),v\left(P'\right)\right)\frac{\partial\left(u,v\right)}{\partial\left(x,y\right)}\left(P'\right) \right|
$$

$$
\leqslant \left| F\left(u\left(P\right),v\left(P\right)\right) - F\left(u\left(P'\right),v\left(P'\right)\right) \right| \cdot M
$$

$$
+ B \cdot \left| \frac{\partial\left(u,v\right)}{\partial\left(x,y\right)}\left(P\right) - \frac{\partial\left(u,v\right)}{\partial\left(x,y\right)}\left(P'\right) \right|.
$$

取上确界, 得

$$
\omega_i^f \leqslant M\omega_i^F + B\omega_i^J,
$$

其中 ω_i^J 表函数 $\dfrac{\partial\left(u,v\right)}{\partial\left(x,y\right)}$ 在 $T\left(D_i\right)$ 上的振幅.

由于 $\dfrac{\partial\left(u,v\right)}{\partial\left(x,y\right)}$ 是连续函数, 在 D_{xy} 上可积. 对上述 $\varepsilon > 0$, 可设分划 P_{uv} 足够细, 从而 P_{xy} 已足够细, 使得

$$
\sum_{i=1}^{l} \omega_i^J A\left(T\left(D_i\right)\right) \leqslant \varepsilon.
$$

由此可得

$$
\sum_{i=1}^{l} \omega_i^f A\left(T\left(D_i\right)\right) \leqslant \sum_{i=1}^{l} \left[M\omega_i^F + B\omega_i^J \right] A\left(T\left(D_i\right)\right)
$$

$$
\leqslant M^2 \sum_{i=1}^{l} \omega_i^F A\left(D_i\right) + B \sum_{i=1}^{l} \omega_i^J A\left(T\left(D_i\right)\right)
$$

$$
< \left(M^2 + B\right)\varepsilon.
$$

再由定理 26.2.2, 函数 f 在 D_{xy} 上可积.

反之, 设函数 f 在 D_{xy} 上的二重积分存在, 将 x,y,f 与 u,v,F 地位交换, 由于

$$
f\left(x,y\right) = F\left(u\left(x,y\right),v\left(x,y\right)\right)\frac{\partial\left(u,v\right)}{\partial\left(x,y\right)},
$$

由上面已证的结论便知 $F\left(u,v\right)$ 在 D_{uv} 上二重积分存在.

(2) 设上述两个二重积分已存在, 欲证等式 (28.4.2) 成立.

不妨认为 D_{uv} 的边界由平行坐标轴的直线段组成. 取 D_{uv} 的平行坐标轴的矩形分划 $P_{uv} = [D_1, D_2, \cdots, D_l]$. 由变换 T 得 $D_{xy} = T(D_{uv})$ 的对应分划 $P_{xy} = [T(D_1), T(D_2), \cdots, T(D_l)]$. 由定理 28.4.1 知 $T(D_i)$ 的面积

$$A\left(T\left(D_i\right)\right) = \iint\limits_{D_i} \frac{\partial\left(x, y\right)}{\partial\left(u, v\right)} \mathrm{d}u\mathrm{d}v.$$

由于小矩形 D_i 是连通的, 并且 $\dfrac{\partial\left(x, y\right)}{\partial\left(u, v\right)}$ 是连续的, 从积分中值定理 (定理 26.2.4), 存在点 $Q_i \in D_i$, 使得

$$A\left(T\left(D_i\right)\right) = \frac{\partial\left(x, y\right)}{\partial\left(u, v\right)}\left(Q_i\right) A\left(D_i\right).$$

记 $P_i = T\left(Q_i\right) \in T\left(D_i\right)$. 于是函数 f 关于分划 P_{xy} 和介点组 $\{P_i\}$ 的 Riemann 和是

$$\sum_{i=1}^{l} f\left(P_i\right) A\left(T\left(D_i\right)\right) = \sum_{i=1}^{l} f\left(T\left(Q_i\right)\right) \frac{\partial\left(x, y\right)}{\partial\left(u, v\right)}\left(Q_i\right) A\left(D_i\right).$$

等式右端是函数 $F\left(u, v\right)$ 关于分划 P_{uv} 和介点组 $\{Q_i\}$ 的 Riemann 和, 等式两端分别对分划 P_{xy}, 对应地对分划 P_{uv}, 同时取极限, 得欲证的等式 (28.4.2).

第29讲

场 论 初 步

多元微积分学在物理学及力学的应用中, 采用向量形式表述较为方便. 这一讲将介绍有关的一些重要术语和概念, 并把积分学定理作相应的陈述.

29.1 数量场的梯度

关于梯度, 已在第 22 讲至 24 讲中讲了很多, 只摘取其中的要点重述如下.

设 X 是 $\mathbb{R}^3$ 的开集, $f: X \to \mathbb{R}$ 是一个连续可导的数量场, 则 f 的梯度 $\mathrm{grad} f = \nabla f$ 是 X 内的一个连续的向量场.

梯度几何意义有二. 一是如评注 22.2.7 所说, 函数 f 在点 a 处的梯度 $\mathrm{grad} f(a) = \nabla f(a)$ 的方向和长度分别为函数 f 在点 a 处关于单位向量的方向导数取最大值的方向和最大值. 二是如定理 24.2.1 所述, 设 $c \in \mathbb{R}$, $L(c)$ 是函数 f 的一个等值集, $a \in L(c)$, 则梯度 $\mathrm{grad} f(a) = \nabla f(a)$ 与等值集 $L(c)$ 正交.

进而梯度 $\mathrm{grad} f(a) = \nabla f(a)$ 是否等于 0 是一个重要的事实. 当条件 $\mathrm{grad} f(a) = \nabla f(a) \neq 0$ 成立时, 则等值集 $L(c)$ 是一个连续可导的二元函数的图形, 其中 $c = f(a)$, 见评注 24.2.1. 而当条件 $\mathrm{grad} f(a) = \nabla f(a) = 0$ 成立时, 按定义 24.3.2, 点 a 称为 f 的一个临界点, 在微积分中, 它是函数 f 取得极值的必要条件.

29.2 通量与散度

设 V 是 $\mathbb{R}^3$ 中一个有界闭区域, 其边缘 ∂V 是一个分片光滑的曲面, V 带有空间的自然定向, ∂V 获得从 V 的定向的诱导方向, 此定向的单位法向量记作 $\boldsymbol{n}$. 设 Ω 是 $\mathbb{R}^3$ 中包含着 V 的一个开集, $\boldsymbol{f} = (P, Q, R)$ 是 Ω 内有定义的一个 C^1 向量场. 由 28.2 节 (28.2.1) 有如下的 Gauss 公式:

$$\iiint\limits_{V} \left(\frac{\partial P}{\partial x} + \frac{\partial Q}{\partial y} + \frac{\partial R}{\partial z} \right) \mathrm{d}x \wedge \mathrm{d}y \wedge \mathrm{d}z = \iint\limits_{\partial V} P \mathrm{d}y \wedge \mathrm{d}z + Q \mathrm{d}z \wedge \mathrm{d}x + R \mathrm{d}x \wedge \mathrm{d}y.$$

先介绍

定义 29.2.1 设 $\boldsymbol{f} = (P, Q, R)$ 是 $\mathbb{R}^3$ 中开集 Ω 内的 C^1 向量场, 则数量场 $\dfrac{\partial P}{\partial x} + \dfrac{\partial Q}{\partial y} + \dfrac{\partial R}{\partial z}$ 称为向量场 $\boldsymbol{f}$ 的 **散度** (divergence), 可写作

$$\mathrm{div}\boldsymbol{f} = \frac{\partial P}{\partial x} + \frac{\partial Q}{\partial y} + \frac{\partial R}{\partial z} = \nabla \cdot \boldsymbol{f}. \tag{29.2.1}$$

定理 29.2.1 (散度定理) Gauss 公式可写成

$$\iiint\limits_{V} \mathrm{div}\boldsymbol{f}\mathrm{d}x \wedge \mathrm{d}y \wedge \mathrm{d}z = \iint\limits_{\partial V} \boldsymbol{f} \cdot \boldsymbol{n}\mathrm{d}A. \tag{29.2.2}$$

先解释这个等式的右端. 设想 Ω 内充满不可压缩流体, 例如水, 向量场 $\boldsymbol{f}$ 表示其速度场, 意思是 $\forall a \in \Omega$, $\boldsymbol{f}(a)$ 表示在点 a 处流体质点之速度 (向量). 由于向量场 $\boldsymbol{f}$ 不依赖于时间量 t, 称它为一个定常的流场, 于是公式 (29.2.2) 的右端表示该流体单位时间内沿 $\boldsymbol{n}$ 方向通过 ∂V 的流量. 从而提出

定义 29.2.2 公式 (29.2.2) 的右端的曲面积分称为向量场 $\boldsymbol{f}$ 沿 $\boldsymbol{n}$ 通过曲面 ∂V 的 **通量** (flux across ∂V).

再利用公式 (29.2.2) 来解释散度概念. 设点 $a \in \Omega$ 固定. 取以点 a 为中心 r 为半径的闭球体 $B(a; r)$, 其边缘 $\partial B(a; r)$ 是以点 a 为中心 r 为半径的球面. 此时公式 (29.2.2) 是

$$\iiint\limits_{B(a;r)} \mathrm{div}\boldsymbol{f}\mathrm{d}x \wedge \mathrm{d}y \wedge \mathrm{d}z = \iint\limits_{\partial B(a;r)} \boldsymbol{f} \cdot \boldsymbol{n}\mathrm{d}A. \tag{29.2.3}$$

记闭球体 $B(a; r)$ 之体积为 $|B(a; r)|$, 用 $|B(a; r)|$ 除上式, 再令 $r \to 0$, 由三重积分的中值定理便得

$$\begin{aligned}
\mathrm{div}\boldsymbol{f}(a) &= \lim_{r \to 0} \frac{1}{|B(a;r)|} \iiint\limits_{B(a;r)} \mathrm{div}\boldsymbol{f}\mathrm{d}x \wedge \mathrm{d}y \wedge \mathrm{d}z \\
&= \lim_{r \to 0} \frac{1}{|B(a;r)|} \iint\limits_{\partial B(a;r)} \boldsymbol{f} \cdot \boldsymbol{n}\mathrm{d}A.
\end{aligned} \tag{29.2.4}$$

$\mathrm{div}\boldsymbol{f}(a)$ 的物理意义由 (29.2.4) 式最后的极限给出: $\mathrm{div}\boldsymbol{f}(a)$ 指示在点 a 处流体的 **源泉强度**. 有人这样说, 当 $\mathrm{div}\boldsymbol{f}(a) > 0$ 时, 称之为 **源**, 而当 $\mathrm{div}\boldsymbol{f}(a) < 0$ 时, 称之为 **漏**. 这里笼统将它理解为源泉强度. 于是又有

定义 29.2.3 若在开集 Ω 内定义的 C^1 向量场 $\boldsymbol{f}$ 的散度 $\mathrm{div}\boldsymbol{f} = 0$ 在 Ω 内处处成立, 则称向量场 $\boldsymbol{f}$ 为一个**无源场**.

定理 29.2.2 设 Ω 是 $\mathbb{R}^3$ 中开集, 分片光滑闭曲面 $\mathcal{S}$ 是 Ω 中有界闭区域 V 的边缘曲面 $\mathcal{S} = \partial V$. 设 Ω 内的 C^1 向量场 $\boldsymbol{f}$ 是一个无源场, 则向量场 $\boldsymbol{f}$ 通过 $\mathcal{S}$ 的通量为零:

$$\iint\limits_{S} \boldsymbol{f} \cdot \boldsymbol{n}\mathrm{d}A = 0, \tag{29.2.5}$$

其中 $\boldsymbol{n}$ 是曲面 S 的单位法向量.

评注 29.2.1 请注意, 从定理 29.2.2 并不能得到这样的结论: 设 $\boldsymbol{f}$ 是开集 Ω 内的 C^1 的无源的向量场, Σ 是 Ω 中一个分片光滑的可定向的闭曲面, 则

$$\iint\limits_{\Sigma} \boldsymbol{f} \cdot \boldsymbol{n}\mathrm{d}A = 0,$$

其中 $\boldsymbol{n}$ 是曲面 Σ 的从属于 Σ 的某个定向的单位法向量. 因为 Σ 未必是 Ω 中一个有界闭区域的边缘.

29.3 环量与旋度

设 Ω 是 $\mathbb{R}^3$ 的开集, $\boldsymbol{f} = (P, Q, R)$ 是 Ω 内的 C^1 向量场. 若 $\mathcal{S}$ 是 Ω 内一个分片光滑的有向曲面, 其边缘 $\partial\mathcal{S}$ 是有限条分段光滑的 Jordan 曲线, 带上由曲面 $\mathcal{S}$ 的定向诱导的定向. 则有 Stokes 公式 (28.3.1) 如下:

$$\iint\limits_{\mathcal{S}} \left(\frac{\partial R}{\partial y} - \frac{\partial Q}{\partial z}\right) \mathrm{d}y \wedge \mathrm{d}z + \left(\frac{\partial P}{\partial z} - \frac{\partial R}{\partial x}\right) \mathrm{d}z \wedge \mathrm{d}x + \left(\frac{\partial Q}{\partial x} - \frac{\partial P}{\partial y}\right) \mathrm{d}x \wedge \mathrm{d}y$$

$$= \int_{\partial\mathcal{S}} P\mathrm{d}x + Q\mathrm{d}y + R\mathrm{d}z. \tag{29.3.1}$$

先介绍

定义 29.3.1 设 Ω 是 $\mathbb{R}^3$ 的开集, $\boldsymbol{f} = (P, Q, R)$ 是 Ω 内的 C^1 向量场, 则称向量场

$$\nabla \times \boldsymbol{f} = \begin{vmatrix} \boldsymbol{i} & \boldsymbol{j} & \boldsymbol{k} \\ \dfrac{\partial}{\partial x} & \dfrac{\partial}{\partial y} & \dfrac{\partial}{\partial z} \\ P & Q & R \end{vmatrix}$$

$$= \left(\frac{\partial R}{\partial y} - \frac{\partial Q}{\partial z} \right) \boldsymbol{i} + \left(\frac{\partial P}{\partial z} - \frac{\partial R}{\partial x} \right) \boldsymbol{j} + \left(\frac{\partial Q}{\partial x} - \frac{\partial P}{\partial y} \right) \boldsymbol{k} \qquad (29.3.2)$$

为向量场 $\boldsymbol{f}$ 的**旋度** (rotation 或 curl), 记作 rot $\boldsymbol{f}$ (或 curl $\boldsymbol{f}$).

定理 29.3.1 Stokes 公式可写成

$$\iint_{\mathcal{S}} \mathrm{rot}\boldsymbol{f} \cdot \boldsymbol{n}\mathrm{d}A = \int_{\partial \mathcal{S}} \boldsymbol{f} \cdot \mathrm{d}\boldsymbol{r}, \qquad (29.3.3)$$

其中 $\boldsymbol{n}$ 是 $\mathcal{S}$ 的从属于其定向的单位法向量, $\boldsymbol{r}$ 是 $\partial \mathcal{S}$ 的一个分段光滑参数表出, 同时提供 $\partial \mathcal{S}$ 上的由 $\mathcal{S}$ 的定向在 $\partial \mathcal{S}$ 上的诱导定向.

不难理解等式 (29.3.2) 右端曲线积分所表达的意义.

定义 29.3.2 公式 (29.3.2) 右端的曲线积分称为向量场 $\boldsymbol{f}$ 沿定向曲线 $\partial \mathcal{S}$ 的**环量** (circulation).

现在利用公式 (29.3.2) 来解释旋度的意义. 设点 $a \in \Omega$ 固定, 并取定一单位向量 $\boldsymbol{n}$. 取以点 a 为中心 r 为半径的平圆盘 $D(a; r)$, 以 $\boldsymbol{n}$ 为其在点 a 的法向量, 并用 $\boldsymbol{n}$ 而确定 $D(a; r)$ 的定向, 同时边缘曲线 $\partial D(a; r)$ 取该定向的诱导定向. 这时, Stokes 公式成为

$$\iint_{D(a;r)} \mathrm{rot}\boldsymbol{f} \cdot \boldsymbol{n}\mathrm{d}A = \int_{\partial D(a;r)} \boldsymbol{f} \cdot \mathrm{d}\boldsymbol{r}. \qquad (29.3.4)$$

记圆盘 $D(a; r)$ 的面积为 $|D(a; r)|$, 以 $|D(a; r)|$ 除上式, 再让 $r \to 0$, 由积分中值定理, 得

$$\mathrm{rot}\boldsymbol{f}(a) \cdot \boldsymbol{n} = \lim_{r \to 0} \frac{1}{|D(a;r)|} \iint_{D(a;r)} \mathrm{rot}\boldsymbol{f} \cdot \boldsymbol{n}\mathrm{d}A$$

$$= \lim_{r \to 0} \frac{1}{|D(a;r)|} \int_{\partial D(a;r)} \boldsymbol{f} \cdot \mathrm{d}\boldsymbol{r}. \qquad (29.3.5)$$

从等式 (29.3.4) 的最右端可见, 该极限值是向量场 $\boldsymbol{f}$ 在点 a 处在 $\boldsymbol{n}$ 方向的**环量的面密度**. 由此便知, rot $\boldsymbol{f}(a)$ 的方向是向量场 $\boldsymbol{f}$ 在点 a 处环量的面密度最大的方向, 并且最大值就是 rot $\boldsymbol{f}(a)$ 的长度 $\|\mathrm{rot}\,\boldsymbol{f}(a)\|$. 这便是旋度概念的涵义.

定义 29.3.3 如果在开集 Ω 内定义的 C^1 向量场 $\boldsymbol{f}$ 的旋度 rot $\boldsymbol{f} = \boldsymbol{0}$ 在 Ω 内处处成立, 则向量场 $\boldsymbol{f}$ 称为一个**无旋场**.

类似于平面情形的定理 28.1.3 及其后的讨论, 有

定理 29.3.2 设 Ω 是 $\mathbb{R}^3$ 中开集, 且 Ω 中任一分段光滑的 Jordan 曲线都是 Ω 中某个分片光滑的可定向曲面的边缘. 设 $\boldsymbol{f}$ 是 Ω 内的 C^1 无旋向量场, 则

(1) 对 Ω 内两条有共同起点和共同终点的分段光滑的简单曲线 l_1 和 l_2, 有

$$\int_{l_1} \boldsymbol{f} \cdot \mathrm{d}\boldsymbol{r}_1 = \int_{l_2} \boldsymbol{f} \cdot \mathrm{d}\boldsymbol{r}_2.$$

有这种性质的向量场 $\boldsymbol{f}$ 称为**保守场**.

(2) Ω 内存在 C^2 函数 U, 称为向量场 $\boldsymbol{f}$ 的**势函数**, 使得

$$\operatorname{grad} U = \nabla U = \boldsymbol{f}.$$

证明可模仿定理 28.3.1 及其后的讨论由读者自行完成.

评注 29.3.1 这个定理中关于 Ω 的条件很重要, 读者不可忽视. 有人说, 这个条件很难验证. 是的, 即使当 $\Omega = \mathbb{R}^3$ 这个最简单的情形, 它也不显而易证. 但它是成立的 (参见 D. Rolfsen, Knots and Links, Publish or Perish, Inc., 1976, p120, 5A4 Existence theorem). 强调指出, 它是基本的. 这个条件用现代数学代数拓扑的语言重述便是: Ω 中的任一分段光滑的 Jordan 曲线在 Ω 中是**零调的** (homologous to zero). 作者甚至大胆猜想, 这个条件以及类似的积分问题正是庞加莱 (Poincaré, 1854—1912) 创建代数拓扑学**同调论** (homology theory) 的动机. 此外, 比这个条件逻辑上更强的一个条件是: 设 Ω 的任一分段光滑的闭曲线可在 Ω 中连续变形而缩到 Ω 中的一点处. 当后面这个条件成立时, 称 Ω 是**单连通的** (simply connected).

第30讲

欧氏空间中的微分形式和积分公式

本节是针对欧氏空间中微分形式和积分公式的预备性和启示性的讨论. 将来要对微分流形建立微分形式和积分公式. 这里用 "启示性的" 一词比通常在课上一问一答的 "启发式的" 更为深刻更为本质.

30.1 $\mathbb{R}^n$ 中微分形式的引入

基于 $\mathbb{R}^n$ 中的定向概念 (第 20 讲), 长度 ($n=1$)、面积 ($n=2$) 和体积 ($n \geqslant 3$) 的概念均有正负. 从而积分的变量替换公式 (如 (26.6.4)) 中的 Jacobi 行列式未加绝对值. 进而在第 27 讲的最后约定, 将 $\mathrm{d}z\mathrm{d}x$ 写成 $\mathrm{d}z \wedge \mathrm{d}x$, 并满足条件 (27.4.17)

$$\mathrm{d}z \wedge \mathrm{d}x = -\mathrm{d}x \wedge \mathrm{d}z,$$

其中的 $\wedge$ 称为格拉斯曼 (Grassmann, 1809—1877) 乘积. 下面对 $\mathbb{R}^n$ 讨论.

设 $\mathbb{R}^n$ 中取定一组基, 在此基之下的坐标函数记作 $x_1, \cdots, x_n$. 设 D 是 $\mathbb{R}^n$ 中一区域, $f: D \to \mathbb{R}$ 是一个有 $r\,(\geqslant 1)$ 阶连续导数的实函数, 记作 $f \in C^r(D)$. 称 f 是 D 上一个 **0 次 C^r 微分形式**, D 上所有的 0 次 C^r 微分形式按加法和数乘组成一个实线性空间 $\Lambda^0(D)$. 设对任意 $i = 1, \cdots, n$, $f_i \in C^r(D)$, 称形式和 $\sum_{i=1}^n f_i \mathrm{d}x_i$ 是 D 上一个 **1 次 C^r 微分形式**. D 上所有 1 次 C^r 微分形式按加法和数乘组成一个实线性空间 $\Lambda^1(D)$. 一般地, 设 k 为非负整数, 对任意 $i_1, \cdots, i_k$ 满足 $1 \leqslant i_1, \cdots, i_k \leqslant n$, 设 $f_{i_1 \cdots i_k} \in C^r(D)$, 称形式和

$$\sum_{i_1, \cdots, i_k} f_{i_1 \cdots i_k} \mathrm{d}x_{i_1} \wedge \mathrm{d}x_{i_2} \wedge \cdots \wedge \mathrm{d}x_{i_k} \tag{30.1.1}$$

为 D 上一个 **k 次 C^r 微分形式** (C^r differential form of degree k). D 上所有 k 次 C^r 微分形式按加法和数乘组成一个实线性空间 $\Lambda^k(D)$, 其中记号 $\wedge$ 称为**外乘积** (exterior product) 或 **Grassmann 乘积** (Grassmann product), 满足结合律及反

交换律: 对任意 $i, j = 1, \cdots, n$, 有

$$\mathrm{d}x_i \wedge \mathrm{d}x_j = -\mathrm{d}x_j \wedge \mathrm{d}x_i, \tag{30.1.2}$$

由此知对任意 $i = 1, \cdots, n$, 有

$$\mathrm{d}x_i \wedge \mathrm{d}x_i = 0. \tag{30.1.3}$$

从而当 $k > n$ 时, $\Lambda^k(D) = 0$; 并且 (30.1.1) 可唯一地写成

$$\sum_{i_1 < \cdots < i_k} g_{i_1 \cdots i_k} \mathrm{d}x_{i_1} \wedge \mathrm{d}x_{i_2} \wedge \cdots \wedge \mathrm{d}x_{i_k}, \tag{30.1.4}$$

其中

$$g_{i_1 \cdots i_k} = \sum_{\pi \in \mathcal{S}_k} (-1)^\pi f_{i_{\pi(1)} \cdots i_{\pi(k)}}, \tag{30.1.5}$$

这里的 $\mathcal{S}_k$ 是 k 元集合的置换群, 今后写出一个 k 次微分形式时, 采用 (30.1.1) 和 (30.1.4) 的和式均可.

    D 上的两个微分形式可以相乘如下. 让 ω 和 τ 分别是 D 上的 k 次和 l 次 C^r 微分形式:

$$\omega = \sum_{i_1, \cdots, i_k} f_{i_1 \cdots i_k} \mathrm{d}x_{i_1} \wedge \cdots \wedge \mathrm{d}x_{i_k}, \quad \tau = \sum_{j_1, \cdots, j_l} g_{j_1 \cdots j_l} \mathrm{d}x_{j_1} \wedge \cdots \wedge \mathrm{d}x_{j_l}, \tag{30.1.6}$$

则它们的乘积定义为

$$\omega \wedge \tau = \sum_{i_1, \cdots, i_k, j_1, \cdots, j_l} f_{i_1 \cdots i_k} g_{j_1 \cdots j_l} \mathrm{d}x_{i_1} \wedge \cdots \wedge \mathrm{d}x_{i_k} \wedge \mathrm{d}x_{j_1} \wedge \cdots \wedge \mathrm{d}x_{j_l}, \tag{30.1.7}$$

它是 D 上的一个 $k + l$ 次 C^r 微分形式.

    重要的是, 尚需引进一个求导运算 d, 称为**外微分算子** (exferior differential operator) 如下. 设 $f \in \Lambda^0(D)$, 则定义 f 的**外微分** $\mathrm{d}f$ 为函数 f 的全微分

$$\mathrm{d}f = \sum_{i=1}^n \frac{\partial f}{\partial x_i} \mathrm{d}x_i, \tag{30.1.8}$$

它是一个 1 次 C^{r-1} 微分形式. 特别, 当 f 取为坐标函数 x_i 时, 它的外微分就是 $\mathrm{d}x_i$. 今后, 微分形式中出现的 $\mathrm{d}x_1, \cdots, \mathrm{d}x_n$ 就是 $x_1, \cdots, x_n$ 的微分. 一般地, 设给了一个 k 次 C^r 微分形式 $\omega = \sum_{i_1, \cdots, i_k} f_{i_1 \cdots i_k} \mathrm{d}x_{i_1} \wedge \cdots \wedge \mathrm{d}x_{i_k}$, 则定义 ω 的**外微分** (exterior differential) 为

$$d\omega = \sum_{i_1, \cdots, i_k} (\mathrm{d}f_{i_1 \cdots i_k}) \wedge \mathrm{d}x_{i_1} \wedge \cdots \wedge \mathrm{d}x_{i_k}, \tag{30.1.9}$$

其中 $\mathrm{d}f_{i_1 \cdots i_k}$ 按 (30.1.8) 计算, 它是一个 $k+1$ 次 C^{r-1} 微分形式.

今后, 微分形式及外微分算子应当看作 $\mathbb{R}^n$ 中微积分学的主角. 外微分算子 d 作用于两个微分形式的乘积有 Leibniz 公式.

定理 30.1.1 (Leibniz 公式)　设 $\omega \in \Lambda^k(D)$ 并且 $\tau \in \Lambda^l(D)$, 则

$$\mathrm{d}(\omega \wedge \tau) = \mathrm{d}\omega \wedge \tau + (-1)^k \omega \wedge \mathrm{d}\tau. \tag{30.1.10}$$

证明不难, 由读者完成.

外微分算子的基本性质是下述 Poincaré 引理.

定理 30.1.2 (Poincaré 引理)　设 $r \geqslant 2$, $\omega \in \Lambda^k(D)$, 则

$$\mathrm{d}(\mathrm{d}\omega) = 0, \tag{30.1.11}$$

或者用算子的写法, 有

$$\mathrm{d} \circ \mathrm{d} = 0 \quad 或 \quad \mathrm{d}^2 = 0. \tag{30.1.12}$$

证明　设 $\omega = \sum f_{i_1 \cdots i_k} \mathrm{d}x_{i_1} \wedge \cdots \wedge \mathrm{d}x_{i_k}$, 其中 $f_{i_1 \cdots i_k}$ 是 D 上 C^r 函数. 则按外微分算子 d 的定义可知

$$\mathrm{d}(\mathrm{d}\omega) = \sum (\mathrm{d}(\mathrm{d}f_{i_1 \cdots i_k})) \wedge \mathrm{d}x_{i_1} \wedge \cdots \wedge \mathrm{d}x_{i_k}.$$

只需证对每个 D 上的 C^r 函数 f, $\mathrm{d}(\mathrm{d}f) = 0$. 这是由于

$$\mathrm{d}(\mathrm{d}f) = \mathrm{d}\left(\sum_{i=1}^n \frac{\partial f}{\partial x_i}\mathrm{d}x_i\right) = \sum_{i=1}^n \left(\mathrm{d}\left(\frac{\partial f}{\partial x_i}\right)\right) \wedge \mathrm{d}x_i$$

$$= \sum_{i=1}^n \sum_{j=1}^n \frac{\partial^2 f}{\partial x_j \partial x_i}\mathrm{d}x_j \wedge \mathrm{d}x_i,$$

此式中当 $i = j$ 之项为零, 因为 $\mathrm{d}x_i \wedge \mathrm{d}x_i = 0$; 而当 $i \neq j$ 时, 因为 $f \in C^r$, 而 $r \geqslant 2$, 故

$$\frac{\partial^2}{\partial x_j \partial x_i}(f) = \frac{\partial^2}{\partial x_i \partial x_j}(f),$$

再从 (30.1.2) 得

$$\frac{\partial^2 f}{\partial x_i \partial x_j}\mathrm{d}x_i \wedge \mathrm{d}x_j + \frac{\partial^2 f}{\partial x_j \partial x_i}\mathrm{d}x_j \wedge \mathrm{d}x_i = 0.$$

由之可见 $\mathrm{d}(\mathrm{d}\omega) = 0$.

反过来, 若一个 k 次微分形式的外微分是 0, 它会不会是某个 $k-1$ 次微分形式的外微分? **这在一般情形是不成立的**, 但在特殊情况下是成立的. 这就是著名的 **Poincaré 引理之逆**.

定理 30.1.3 (Poincaré 引理之逆) 设 D 是 $\mathbb{R}^n$ 中的一个凸集, ω 是 D 上的一个 k 次 C^r 微分形式, $k, r \geqslant 1$ 并且 $\mathrm{d}\omega = 0$. 则存在 D 上一个 $k-1$ 次 C^{r+1} 微分形式 τ, 使得

$$\omega = \mathrm{d}\tau. \tag{30.1.13}$$

这里不给出它的证明, 读者可以在较高深的著作中找到.

评注 30.1.1 这个结果触及代数拓扑学同调论的本质, 读者可进一步体会. 事实上, 早在 1889 年意大利人沃尔泰拉 (Volterra, 1860—1940) 就证明了这一命题, 但被遗忘. 法国数学家嘉当 (Élie Cartan, 1869—1951) 建立了微分形式及外微分算子理论后 (参见 *heçons suy les Invariauts Intégraux*, 1922) 称它为 "Poincaré 引理之逆" 而称前一命题为 "Poincaré 引理". 如今, 不知从何时也不知从何人开始将 "Poincaré 引理之逆" 改成 "Poincaré 引理". 这里还是按历史的本来说法来写.

有关外微分算子, 可以写出存在唯一性定理如下.

定理 30.1.4 存在唯一的算子 d, 使得

(1) $\mathrm{d} : \Lambda^k(D) \to \Lambda^{k+1}(D)$ 是线性映射;

(2) 对于 $f \in \Lambda^0(D), \mathrm{d}(f) = \mathrm{d}f$ 是函数 f 的全微分;

(3) (Leibniz 公式) 如果 $\omega \in \Lambda^k(D)$ 并且 $\tau \in \Lambda^l(D)$, 则

$$\mathrm{d}(\omega \wedge \tau) = \mathrm{d}\omega \wedge \tau + (-1)^k \omega \wedge \mathrm{d}\tau;$$

(4) (Poincaré 引理) 当 $r \geqslant 2$ 时 $\mathrm{d} \circ \mathrm{d} = 0$.

存在性已如前面所述.

唯一性的证明是一个很好的练习, 请读者自行完成.

评注 30.1.2 注意定理 30.1.4 中唯一性对 $r \geqslant 1$ 成立. 目前许多文献为简单计, 设 $r = \infty$, 即考虑的微分形式是无穷次可导的.

30.2 对偶空间

定义 30.2.1 设 V 和 W 均为实线性空间, $T : V \to W$ 是一个映射. 如果 $\forall x, y \in V$ 和 $\forall a, b \in \mathbb{R}$, 有

$$T(ax + by) = aT(x) + bT(y), \tag{30.2.1}$$

则 $T : V \to W$ 或 T 称为一个**线性变换** (linear transformation) 或**线性映射** (linear map).

进而, 若 T 是一个线性变换, 则 $\forall x_1, \cdots, x_m \in V, a_1, \cdots, a_m \in \mathbb{R}$, 有

$$T\left(\sum_{i=1}^{m} a_i x_i\right) = \sum_{i=1}^{m} a_i T\left(x_i\right). \tag{30.2.2}$$

作为特例, 有

定义 30.2.2　设 V 是实线性空间, 则从 V 到实数域 $\mathbb{R}$ 的一个线性变换称为 V 上的一个**线性泛函** (linear functioned on V). V 上所有的线性泛函所成集合按加法和数乘组成一个实线性空间, 记作 V^*, 称为 V^* 的**对偶空间** (dual space).

一个基本事实是下面的定理.

定理 30.2.1　设 n 是一个自然数, V 是一个实 n 维线性空间, 则 V 的对偶空间 V^* 也是一个实 n 维线性空间.

证明　任取 V 的一组基 $\{e_1, \cdots, e_n\}$. 记 $\{f_1, \cdots, f_n\}$. 为 V^* 中的一组元素, 满足条件

$$f_i\left(e_j\right) = \delta_{ij}, \quad i, j = 1, \cdots, n. \tag{30.2.3}$$

不难证明 $\{f_1, \cdots, f_n\}$ 是 V^* 中一组基. 由此可知 V^* 是实 n 维线性空间.

定义 30.2.3　设 V 是实 n 维线性空间, $\{e_1, \cdots, e_n\}$ 是 V 的一组基, 则 V 的对偶空间 V^* 中满足条件 (30.2.3) 的那组基 $\{f_1, \cdots, f_n\}$ 称为 $\{e_1, \cdots, e_n\}$ 的**对偶基** (dual basis).

评注 30.2.1　定理 30.2.1 中讨论的实线性空间 V 是一个**有限维的**, 这一点很重要. 如果 V 是一个**无限维的**实线性空间, 则 V 的对偶空间 V^* 作为实线性空间而言, 其维数 $\dim V^*$ 是比 V 的维数 $\dim V$ 更大的一个 "无限大". 有兴趣的读者可参考 N. Jacobson, Lectures in Abstract Algebra, vol.II, Linear Algebra, Chapter IX.

接下来, 有下述重要结论.

定理 30.2.2　设 V 是一个实 n 维线性空间, V^{**} 表示 $(V^*)^*$, 则 V^{**} 典则地 (canonically, 意为用一种自然的, 最好的, 最合理的方式) 同构于 V. 此典则同构定义如下: $\forall v \in V$, 定义 V^* 上的一个线性泛函为 $\forall w \in V^*$,

$$v(w) = w(v).$$

这确定了一个映射 $V \rightarrow V^{**}$, 它是一个同构.

证明　留给读者作为习题.

评注 30.2.2　今后, 对于有限维实线性空间 V, 约定采用定理 30.2.2 中构作的典则同构将 V 与 V^{**} 等置, 并写作 $V^{**} = V$, 并且当 $v \in V$ 而 $f \in V^*$, 常将 f 在 v 上取值记作

$$f(v) = \langle f, v \rangle \quad \text{或} \quad \langle v, f \rangle, \tag{30.2.4}$$

因为 V 也是 V^* 上的线性泛函.

评注 30.2.3 对于无限维实线性空间 V 而言, V^{**} 不可能看作与 V 等置, 因为

$$\dim V^{**} > \dim V^* > \dim V.$$

30.3 反变的和共变的

当给定一个有限维实线性空间 V, 并同时考虑 V 的对偶空间 V^* 时, 不要将 V 与 V^* 看成一样的, 因为它们的 "行为" 不一样. 这导致反变的和共变的两个不同的概念, 解说如下.

设 $\dim V = n$, 取 V 中两组基 $\{e_1, \cdots, e_n\}$ 和 $\{e_1', \cdots, e_n'\}$, 设

$$(e_1', \cdots, e_n') = (e_1, \cdots, e_n) \begin{pmatrix} a_{11} & \cdots & a_{1n} \\ \vdots & & \vdots \\ a_{n1} & \cdots & a_{nn} \end{pmatrix}, \tag{30.3.1}$$

其中 $\boldsymbol{A} = \begin{pmatrix} a_{11} & \cdots & a_{1n} \\ \vdots & & \vdots \\ a_{n1} & \cdots & a_{nn} \end{pmatrix}$ 是 V 中从基 $\{e_1, \cdots, e_n\}$ 到基 $\{e_1', \cdots, e_n'\}$ 的坐标变换矩阵. (30.3.1) 式等价于

$$e_i' = \sum_{j=1}^{n} a_{ji} e_j, \quad i = 1, \cdots, n. \tag{30.3.2}$$

对于任意 $v \in V$, 在上述两组基之下 v 可表出为

$$v = \sum_{i=1}^{n} v_i e_i = (e_1, \cdots, e_n) \begin{pmatrix} v_1 \\ \vdots \\ v_n \end{pmatrix} \tag{30.3.3}$$

和

$$v = \sum_{i=1}^{n} v_i' e_i' = (e_1', \cdots, e_n') \begin{pmatrix} v_1' \\ \vdots \\ v_n' \end{pmatrix}, \tag{30.3.4}$$

其中 $v_1, \cdots, v_n$ 称为 v 在基 $\{e_1, \cdots, e_n\}$ 之下的坐标, $v_1', \cdots, v_n'$ 称为 v 在基 $\{e_1', \cdots, e_n'\}$ 之下的坐标. 将 (30.3.1) 式代入 (30.3.4) 式中, 再与 (30.3.3) 式比较得

$$\begin{pmatrix} v_1 \\ \vdots \\ v_n \end{pmatrix} = \boldsymbol{A} \begin{pmatrix} v_1' \\ \vdots \\ v_n' \end{pmatrix}. \tag{30.3.5}$$

同时, 在 V^* 中取 $\{e_1, \cdots, e_n\}$ 和 $\{e_1', \cdots, e_n'\}$ 的对偶基, 分别记作 $\{e_1^*, \cdots, e_n^*\}$ 和 $\{e_1'^*, \cdots, e_n'^*\}$. 对偶的一对基之间的关系是

$$e_i^* (e_j) = \delta_{ij}, \quad i, j = 1, \cdots, n. \tag{30.3.6}$$

$$e_i'^* (e_j') = \delta_{ij}, \quad i, j = 1, \cdots, n. \tag{30.3.7}$$

假设 $\{e_1^*, \cdots, e_n^*\}$ 与 $\{e_1'^*, \cdots, e_n'^*\}$ 之间有关系

$$(e_1'^*, \cdots, e_n'^*) = (e_1^*, \cdots, e_n^*)\boldsymbol{B}, \tag{30.3.8}$$

其中 $\boldsymbol{B} = \begin{pmatrix} b_{11} & \cdots & b_{1n} \\ \vdots & & \vdots \\ b_{n1} & \cdots & b_{nn} \end{pmatrix}$ 是 V^* 中从基 $\{e_1^*, \cdots, e_n^*\}$ 到基 $\{e_1'^*, \cdots, e_n'^*\}$ 的

坐标变换矩阵. (30.3.8) 式等价于

$$e_i'^* = \sum_{j=1}^{n} b_{ji} e_j^*, \quad i = 1, \cdots, n, \tag{30.3.9}$$

于是, 由 (30.3.7) 式, (30.3.2) 式和 (30.3.9) 式得

$$\delta_{ij} = e_i'^* (e_j') = \sum_{h=1}^{n} b_{hi} e_h^* \left(\sum_{k=1}^{n} a_{kj} e_k \right)$$

$$= \sum_{h,k=1}^{n} b_{hi} a_{kj} \delta_{hk} = \sum_{h=1}^{n} b_{hi} a_{hj}, \tag{30.3.10}$$

这就是

$$\begin{pmatrix} 1 & \cdots & 0 \\ \vdots & & \vdots \\ 0 & \cdots & 1 \end{pmatrix} = \boldsymbol{B}\boldsymbol{A}^{\mathrm{T}} \quad \text{或} \quad \boldsymbol{B} = \left(\boldsymbol{A}^{\mathrm{T}}\right)^{-1}. \tag{30.3.11}$$

换句话说, (30.3.8) 式应该是

$$(e_1'^*, \cdots, e_n'^*) = (e_1^*, \cdots, e_n^*) \left(\boldsymbol{A}^{\mathrm{T}}\right)^{-1}. \tag{30.3.12}$$

进而, V^* 中向量 v^* 关于这两组基 $\{e_1^*, \cdots, e_n^*\}$ 和 $\{e_1'^*, \cdots, e_n'^*\}$ 的坐标分别表作 $v_1^*, \cdots, v_n^*$ 和 $v_1'^*, \cdots, v_n'^*$ 之间有关系

$$\begin{pmatrix} v_1^* \\ \vdots \\ v_n^* \end{pmatrix} = \left(\boldsymbol{A}^{\mathrm{T}}\right)^{-1} \begin{pmatrix} v_1' \\ \vdots \\ v_n' \end{pmatrix}. \tag{30.3.13}$$

总之, 当 V 中坐标变换矩阵取作 $\boldsymbol{A}$ 时, 在对偶空间 V^* 中对偶基的坐标变换矩阵是 $\left(\boldsymbol{A}^{\mathrm{T}}\right)^{-1}$.

定义 30.3.1 给定了有限维实线性空间 V, 当立足于 V 并同时论及 V 及其对偶空间 V^* 时, 称 V 中向量为**反变向量** (contravariant vectors), 而称 V^* 中向量为**共变向量** (covariant vectors). 一般说, 设一事物 α, 它关于 V 的任意一组基对应一个实数 n 元组, 设对应 V 的两组基 $\{e_1, \cdots, e_n\}$ 和 $\{e_1', \cdots, e_n'\}$ 的实数 n 元组分别为 $(\alpha_1, \cdots, \alpha_n)$ 和 $(\alpha_1', \cdots, \alpha_n')$. 设 $\{e_1, \cdots, e_n\}$ 到 $\{e_1', \cdots, e_n'\}$ 的坐标变换矩阵是 $\boldsymbol{A}$. 若等式

$$\begin{pmatrix} \alpha_1 \\ \vdots \\ \alpha_n \end{pmatrix} = \boldsymbol{A} \begin{pmatrix} \alpha_1' \\ \vdots \\ \alpha_n' \end{pmatrix} \tag{30.3.14}$$

成立, 则 α 称为关于 V 是一个**反变向量**, 可认为 α 是 V 中对应于基 $\{e_1, \cdots, e_n\}$ 的坐标表出是 $(\alpha_1, \cdots, \alpha_n)$ 的那个向量; 若等式

$$\begin{pmatrix} \alpha_1 \\ \vdots \\ \alpha_n \end{pmatrix} = \left(\boldsymbol{A}^{\mathrm{T}}\right)^{-1} \begin{pmatrix} \alpha_1' \\ \vdots \\ \alpha_n' \end{pmatrix} \tag{30.3.15}$$

成立, 则 α 称为关于 V 是一个**共变向量**, 可认为 α 是 V^* 中对应于基 $\{e_1, \cdots, e_n\}$ 的对偶基 $\{e_1^*, \cdots, e_n^*\}$ 的坐标表出是 $(\alpha_1, \cdots, \alpha_n)$ 的那个向量.

评注 30.3.1 反变的和共变的概念还可推广到高阶的张量.

更进一步, 如果研究对象是实线性空间之间的线性映射, 转移到对偶空间有对偶映射.

定义 30.3.2 设 V 和 W 是实线性空间, $h: V \to W$ 是线性映射, 则可以定义一个映射 $h^*: W^* \to V^*$ 如下: $\forall w^* \in W^*, h^*(w^*)$ 定义为 $\forall v \in V$,

$$\langle h^*(w^*), v \rangle = \langle w^*, h(v) \rangle, \tag{30.3.16}$$

映射 h^* 是一个线性映射 (请读者验证!), 称为线性映射 h 的**对偶 (或伴随) 映射** (dual (或 adjoint) map).

对偶映射关于取定基的矩阵表示如下. 设 $\{e_1, \cdots, e_n\}$ 是 V 的一组基, $\{e_1^*, \cdots, e_n^*\}$ 是 V^* 中与之对偶的那组基. 并设 $\{f_1, \cdots, f_l\}$ 是 W 的一组基, $\{f_1^*, \cdots, f_l^*\}$ 是 W^* 中与之对偶的那组基. 设

$$h_{ij} = h(e_i)(f_j^*), \quad i = 1, \cdots, n, \quad j = 1, \cdots, l.$$

于是

$$h(e_i) = h_{i1}f_1 + \cdots + h_{il}f_l, \quad i = 1, \cdots, n.$$

记

$$\boldsymbol{H} = \begin{pmatrix} h_{11} & \cdots & h_{n1} \\ \vdots & & \vdots \\ h_{1l} & \cdots & h_{nl} \end{pmatrix},$$

则有

$$(h(e_1), \cdots, h(e_n)) = (f_1, \cdots, f_l)\,\boldsymbol{H}. \tag{30.3.17}$$

取 (30.3.16) 中的 $w^* = f_i^*, v = e_j$, 得

$$\langle h^*(f_i^*), e_j \rangle = \langle f_i^*, h(e_j) \rangle = h_{ji},$$

于是

$$h^*(f_i^*) = h_{1i}e_1^* + \cdots + h_{ni}e_n^*,$$

从而得

$$(h^*(f_1^*), \cdots, h^*(f_l^*)) = (e_1^*, \cdots, e_n^*)\,\boldsymbol{H}^{\mathrm{T}}. \tag{30.3.18}$$

30.4　$\dfrac{\partial}{\partial x_1}, \cdots, \dfrac{\partial}{\partial x_u}$ 是反变的, $\mathrm{d}x_1, \cdots, \mathrm{d}x_n$ 是共变的

设 $\mathbb{R}^n$ 取定一组基 $\{e_1, \cdots, e_n\}$, 其坐标函数为 $x_1, \cdots, x_n$, 对于在 $\mathbb{R}^n$ 的区域 D 上有定义的 C^r $(r \geqslant 1)$ 函数, 在第 22 讲中介绍过偏导数、方向导数和 (全)

导数概念, 并且对于 C^r 函数而言 (全) 导数, 方向导数和偏导数之间的关系也已清楚 (定理 22.2.3).

现在解述, 方向导数 (偏导数是其特款) 算子关于 $\mathbb{R}^n$ 是反变的向量. 设 f 在 $\mathbb{R}^n$ 的任意点 x 附近是 C^r $(r \geqslant 1)$ 的. $\forall \boldsymbol{v} \in \mathbb{R}^n, \boldsymbol{v} \neq \boldsymbol{0}$, 已经定义了 f 在点 x 关于 $\boldsymbol{v}$ 的方向导数, 记号为

$$\mathrm{D}_{\boldsymbol{v}} f(x), \quad \frac{\partial}{\partial \boldsymbol{v}} f(x), \quad \mathrm{D}_{\boldsymbol{v}} f, \quad \frac{\partial f}{\partial \boldsymbol{v}}.$$

暂时只采用最后一个记号, 然后认为

$$\frac{\partial}{\partial \boldsymbol{v}}$$

是一个算子, 称为在点 x 关于 $\boldsymbol{v}$ 的**方向求导算子**, 它是所有在 $\mathbb{R}^n$ 的点 x 附近有定义的 C^r $(r \geqslant 1)$ 函数所成实线性空间上的一个线性泛函. 设 $\{e_1, \cdots, e_n\}$ 是 $\mathbb{R}^n$ 的取定的那组基, 则记

$$\frac{\partial}{\partial x_i} = \frac{\partial}{\partial e_i}, \quad i = 1, \cdots, n.$$

定理 22.2.3 告诉我们, 若 $\boldsymbol{v} = (v_1, \cdots, v_n)$, 则由 (22.2.6) 知

$$\frac{\partial}{\partial \boldsymbol{v}} = \sum_{i=1}^{n} v_i \frac{\partial}{\partial x_i}.$$

顺便说明, 在第 22 讲中恒设 $\{e_1, \cdots, e_n\}$ 是自然标准基, 这是为了适应初学者的习惯, 其实第 22 讲中所论, 对 $\{e_1, \cdots, e_n\}$ 是 $\mathbb{R}^n$ 的任意一组基都成立.

约定, 对于 $\mathbb{R}^n$ 中的零向量 $\boldsymbol{0}$, 在点 x 关于 $\boldsymbol{0}$ 的方向求导算子 $\frac{\partial}{\partial \boldsymbol{0}}$ 是零算子, 即对所有在 $\mathbb{R}^n$ 的点 x 附近有定义的 $C^r(r \geqslant 1)$ 函数取值为 0 的线性泛函. 这样一来, $\forall \boldsymbol{v} \in \mathbb{R}^n, \left\{\dfrac{\partial}{\partial \boldsymbol{v}}\right\}$ 按加法和数乘组成一个实线性空间 T. 不难证明 (请读者验证!), $\left\{\dfrac{\partial}{\partial x_1}, \cdots, \dfrac{\partial}{\partial x_n}\right\}$ 是实线性空间 T 的一组基, 从而 T 是一个实 n 维线性空间.

试问 T 中向量关于 $\mathbb{R}^n$ 是反变的还是共变的? 答案是下面的定理.

定理 30.4.1 T 中向量关于 $\mathbb{R}^n$ 是反变的.

证明 设 $\{e_1, \cdots, e_n\}$ 和 $\{e_1', \cdots, e_n'\}$ 是 $\mathbb{R}^n$ 的两组基. $\mathbb{R}^n$ 中任意一点 x

在这两组基之下的坐标表出分别是 $(x_1, \cdots, x_n)$ 和 $(x'_1, \cdots, x'_n)$. 设

$$(e'_1, \cdots, e'_n) = (e_1, \cdots, e_n)\, \boldsymbol{A}, \text{其中 } \boldsymbol{A} = \begin{pmatrix} a_{11} & \cdots & a_{1n} \\ \vdots & & \vdots \\ a_{n1} & \cdots & a_{nn} \end{pmatrix}, \qquad (30.4.1)$$

则由 (30.3.5) 式得

$$\begin{pmatrix} x_1 \\ \vdots \\ x_n \end{pmatrix} = \boldsymbol{A} \begin{pmatrix} x'_1 \\ \vdots \\ x'_n \end{pmatrix}, \qquad (30.4.2)$$

即得

$$x_i = a_{i1} x'_1 + \cdots + a_{in} x'_n, \quad i = 1, \cdots, n.$$

复合求导链锁法则 (22.3.6) 用求导算子写, 是

$$\frac{\partial}{\partial x'_j} = \frac{\partial x_1}{\partial x'_j} \frac{\partial}{\partial x_1} + \frac{\partial x_2}{\partial x'_j} \frac{\partial}{\partial x_2} + \cdots + \frac{\partial x_n}{\partial x'_j} \frac{\partial}{\partial x_n}, \quad j = 1, \cdots, n.$$

于是得

$$\frac{\partial}{\partial x'_j} = a_{1j} \frac{\partial}{\partial x_1} + a_{2j} \frac{\partial}{\partial x_2} + \cdots + a_{nj} \frac{\partial}{\partial x_n}, \quad j = 1, \cdots, n.$$

这也就是

$$\left(\frac{\partial}{\partial x'_1}, \cdots, \frac{\partial}{\partial x'_n} \right) = \left(\frac{\partial}{\partial x_1}, \cdots, \frac{\partial}{\partial x_n} \right) \boldsymbol{A}. \qquad (30.4.3)$$

设一个方向求导算子 $\dfrac{\partial}{\partial \boldsymbol{v}}$ 在基 $\left\{ \dfrac{\partial}{\partial x_1}, \cdots, \dfrac{\partial}{\partial x_n} \right\}$ 和 $\left\{ \dfrac{\partial}{\partial x'_1}, \cdots, \dfrac{\partial}{\partial x'_n} \right\}$ 之下的坐标表出分别是 $(v_1, \cdots, v_n)$ 和 $(v'_1, \cdots, v'_n)$, 即

$$\frac{\partial}{\partial \boldsymbol{v}} = v_1 \frac{\partial}{\partial x_1} + \cdots + v_n \frac{\partial}{\partial x_n} = v'_1 \frac{\partial}{\partial x'_1} + \cdots + v'_n \frac{\partial}{\partial x'_n}, \qquad (30.4.4)$$

将等式 (33.4.3) 代入 (33.4.4) 式便得

$$\begin{pmatrix} v_1 \\ \vdots \\ v_n \end{pmatrix} = \boldsymbol{A} \begin{pmatrix} v'_1 \\ \vdots \\ v'_n \end{pmatrix}. \qquad (30.4.5)$$

这便验证了 T 中任一向量关于 $\mathbb{R}^n$ 是反变的.

评注 30.4.1 定理 30.4.1 告诉我们, 在点 x 的关于 $\boldsymbol{v} \in \mathbb{R}^n$ 的方向求导算子 $\dfrac{\partial}{\partial \boldsymbol{v}}$ 关于 $\mathbb{R}^n$ 是反变向量, 从而采用定义 30.3.1 中的方式可以认为方向求导算子 $\dfrac{\partial}{\partial \boldsymbol{v}}$ 就是 $\mathbb{R}^n$ 中的 $\boldsymbol{v}$, 于是空间 T 与 $\mathbb{R}^n$ 等置. 建议读者回顾评注 22.1.1.

我们曾称 $\mathrm{d}x_1, \cdots, \mathrm{d}x_n$ 为 n 个独立实变量 $x_1, \cdots, x_n$ 的微分, 它们可以理解为 n 个坐标函数 $x_1, \cdots, x_n$ 的 (全) 微分, 现在进一步作以下讨论.

设 $\{e_1, \cdots, e_n\}$ 是 $\mathbb{R}^n$ 中取定的一组基, $\mathbb{R}^n$ 中任意点 x 在此基之下的坐标表出是

$$x = (x_1, \cdots, x_n) \quad \text{或} \quad x = x_1 e_1 + \cdots + x_n e_n. \tag{30.4.6}$$

记 $\mathrm{d}x_i$ 为 x_i 的增量 (改变量), $i = 1, \cdots, n$. 按一元函数微分概念之约定 (评注 8.1.1), 自变量的改变量起着新的自变量的作用, 即 $\mathrm{d}x_1, \cdots, \mathrm{d}x_n$ 是独立的自变量, 在定义 22.2.4 中写出

$$\mathrm{d}x = (\mathrm{d}x_1, \mathrm{d}x_2, \cdots, \mathrm{d}x_n), \tag{30.4.7}$$

这里 $\mathrm{d}x$ 是点 (n 维向量) x 的改变量, 并且定义多元实值函数 f 的全微分为

$$\mathrm{d}f(a) = \sum_{i=1}^{n} \frac{\partial f}{\partial x_i}(a)\, \mathrm{d}x_i,$$

这是自变量微分 $\mathrm{d}x_1, \cdots, \mathrm{d}x_n$ 的一个线性组合. 继续发挥这个想法如下.

用 $\{\mathrm{d}x_1, \cdots, \mathrm{d}x_n\}$ 的所有实系数线性组合组成一个实 n 维线性空间 $\mathcal{S}$, $\{\mathrm{d}x_1, \cdots, \mathrm{d}x_n\}$ 是 $\mathcal{S}$ 的一组基.

试问 $\mathcal{S}$ 中向量关于 $\mathbb{R}^n$ 是反变的还是共变的?

定理 30.4.2 $\mathcal{S}$ 中向量关于 $\mathbb{R}^n$ 是共变的.

证明 设 $\{e_1', \cdots, e_n'\}$ 是 $\mathbb{R}^n$ 中另一组基, $\mathbb{R}^n$ 中任意点 x 在此基之下坐标表出是 $x = (x_1', \cdots, x_n')$. 设

$$(e_1', \cdots, e_n') = (e_1, \cdots, e_n)\, \boldsymbol{A}, \text{其中 } \boldsymbol{A} = \begin{pmatrix} a_{11} & \cdots & a_{1n} \\ \vdots & & \vdots \\ a_{n1} & \cdots & a_{nn} \end{pmatrix}. \tag{30.4.8}$$

则由 (30.3.5) 式得

$$\begin{pmatrix} x_1 \\ \vdots \\ x_n \end{pmatrix} = \boldsymbol{A} \begin{pmatrix} x_1' \\ \vdots \\ x_n' \end{pmatrix}, \tag{30.4.9}$$

由此得

$$
\begin{pmatrix} \mathrm{d}x_1 \\ \vdots \\ \mathrm{d}x_n \end{pmatrix} = \boldsymbol{A} \begin{pmatrix} \mathrm{d}x_1' \\ \vdots \\ \mathrm{d}x_n' \end{pmatrix},
$$

即

$$
(\mathrm{d}x_1', \cdots, \mathrm{d}x_n') = (\mathrm{d}x_1, \cdots, \mathrm{d}x_n)\left(\boldsymbol{A}^{\mathrm{T}}\right)^{-1}. \tag{30.4.10}
$$

设 $\mathcal{S}$ 中任意向量 s 在 $\{\mathrm{d}x_1, \cdots, \mathrm{d}x_n\}$ 之下坐标为 $s_1, \cdots, s_n$, 而在 $\{\mathrm{d}x_1', \cdots, \mathrm{d}x_n'\}$ 之下坐标为 $s_1', \cdots, s_n'$, 则易知

$$
\begin{pmatrix} s_1 \\ \vdots \\ s_n \end{pmatrix} = \left(\boldsymbol{A}^{\mathrm{T}}\right)^{-1} \begin{pmatrix} s_1' \\ \vdots \\ s_n' \end{pmatrix}, \tag{30.4.11}
$$

这就是说, $\mathcal{S}$ 中向量关于 $\mathbb{R}^n$ 是共变的.

    评注 30.4.2　由定理 30.2.4 之结论, 并采用定义 30.3.1 中方式可以认为 $\mathcal{S}$ 中向量就是 $\mathbb{R}^n$ 的对偶空间 $\mathbb{R}^{n*}$ 中向量, 于是空间 $\mathcal{S}$ 与 $\mathbb{R}^{n*}$ 等置, 并且 $\{\mathrm{d}x_1, \cdots, \mathrm{d}x_n\}$ 是 $\mathbb{R}^n$ 中与 $\mathbb{R}^n$ 中基 $\left\{\dfrac{\partial}{\partial x_1}, \cdots, \dfrac{\partial}{\partial x_n}\right\}$ 对偶的那组基.

    评注 30.4.3　今后认为 $S = T^*$. 如果称 T 是空间 $\mathbb{R}^n$ 在点 x 处的**切空间** (tangent space), T 中向量称为空间 $\mathbb{R}^n$ 在点 x 处的**切向量** (tangent vector), 则称 T^* 是空间 $\mathbb{R}^n$ 在点 x 处的**余切空间** (contangent space), T^* 中向量称为空间 $\mathbb{R}^n$ 在点 x 处的**余切向量** (contangent vector).

30.5　应用于积分概念

    回忆 Leibniz 发明的积分记号, 例如定积分

$$
\int_a^b f(x)\mathrm{d}x = \lim \sum_i f(\xi_i)\Delta x_i,
$$

其中被积表达式 $f(x)\,\mathrm{d}x$ 提示此定积分系为 Riemann 和式的极限, 该和式中的一般项形如 $f(\xi_i)\,\Delta x_i$, 其中 Δx_i 为闭区间 $[x_{i-1}, x_i]$ 的长度. 若此时长度概念已是带有定向的, 则它可正可负, 视情况而定. 于是在定义定积分时就不必要求 $a < b$, 并且自然有等式

$$
\int_a^b f(x)\mathrm{d}x = -\int_b^a f(x)\mathrm{d}x,
$$

其中 a,b 何者为大不必规定.

对 n 重积分

$$\int\cdots\int_D f(x_1,\cdots,x_n)\mathrm{d}x_1\cdots\mathrm{d}x_n=\lim\sum_i f((\xi_1)_i,\cdots,(\xi_n)_i)\Delta(x_1)_i\cdots\Delta(x_n)_i,$$

其中 Riemann 和中的分划在积分存在的前提下不妨取成平行于坐标轴者, 于是小区域基本上是 n 维超平行体 (parallelotope), 其第 i 个小区域体积为 $\Delta(x_1)_i\cdots$ $\Delta(x_n)_i$. 现在认为 D 是给了定向的. 若对 D 取与方向相反之定向时记作 $-D$, 则易见

$$\int\cdots\int_{-D} f(x_1,\cdots,x_n)\mathrm{d}x_1\cdots\mathrm{d}x_n=-\int\cdots\int_D f(x_1,\cdots,x_n)\mathrm{d}x_1\cdots\mathrm{d}x_n.$$

同样, 还可对曲线积分得

$$\int_{-C} P\mathrm{d}x+Q\mathrm{d}y+R\mathrm{d}z=-\int_C P\mathrm{d}x+Q\mathrm{d}y+R\mathrm{d}z.$$

对曲面积分得

$$\iint_{-S} P\mathrm{d}x\mathrm{d}y+Q\mathrm{d}y\mathrm{d}z+R\mathrm{d}z\mathrm{d}x=-\iint_S P\mathrm{d}x\mathrm{d}y+Q\mathrm{d}y\mathrm{d}z+R\mathrm{d}z\mathrm{d}x,$$

其中 $-C$ 为与 C 取相反定向者, $-S$ 为与 S 取相反定向者.

重要约定 今后, 约定**所有积分中出现的积分区域均已有向, 且被积表达式都是微分形式**. 虽然通常可采用没有 Grassmann 乘法记号 $\wedge$ 的写法, 但要注意, $\mathrm{d}x,\mathrm{d}y,\mathrm{d}z$ 等在乘积中的顺序, 例如, 在写曲面积分们第三项时, 已将它写成 $\mathrm{d}z\mathrm{d}x$, 意为 $\mathrm{d}z\wedge\mathrm{d}x$.

30.6 积分基本公式

运用微分形式和外微分算子, 将已获得的积分公式归纳并推广, 写成下面的基本公式.

设 D 是 $\mathbb{R}^n$ 中一个有向的有界区域, 其边界是 $\mathbb{R}^n$ 中一个分片光滑的 $n-1$ 维超曲面 $\mathcal{S}$, 并设 $\mathcal{S}$ 赋有 D 的定向的诱导空间 (可参考定理 27.2.1, 它可以推广到 $\mathbb{R}^n$ 中的情形), 设 w 是 D 上一个 $n-1$ 次 C^r 微分形式. $\mathrm{d}w$ 是 w 的外微分,

则有

$$\overbrace{\int \cdots \int}^{n\,\text{重}}_{D} \mathrm{d}w = \overbrace{\int \cdots \int}^{n-1\,\text{重}}_{\mathcal{S}} w. \tag{30.6.1}$$

若记 $\mathcal{S} = \partial D$, 则上式写成

$$\overbrace{\int \cdots \int}^{n\,\text{重}}_{D} \mathrm{d}w = \overbrace{\int \cdots \int}^{n-1\,\text{重}}_{\partial \mathcal{D}} w. \tag{30.6.2}$$

为了书写简单, 约定积分号只写一个, 积分之重数由被积式之次数或积分展布之区域的维数指示, 则得

$$\int_D \mathrm{d}w = \int_{\partial S} w. \tag{30.6.3}$$

它还可推广为, 设 M 是 $\mathbb{R}^n$ 中一个有向的紧的带边的 k 维光滑流形 (光滑曲面是特例, 这时 $k = 2$), ∂M 表 M 的边缘流形赋有 M 的定向的诱导定向, w 是 M 上的一个 $k - 1$ 次 C^r 微分形式, $\mathrm{d}w$ 是 w 的外微分, 则有

$$\int_M \mathrm{d}w = \int_{\partial M} w. \tag{30.6.4}$$

这个公式被称为 **(广义的) Stokes 公式**, 它的严格的陈述和论证, 将在以后进行.

广义的 Stokes 公式包括已经学过的重要公式作特款, 如下.

(1) Newton-Leibniz 公式

$$\int_a^b f(x)\mathrm{d}x = F(b) - F(a),$$

其中 $F' = f$, 即 $f\mathrm{d}x = \mathrm{d}F$, 而等式右端认为是对 0 次微分形式 F 在有向区间 $[a, b]$ 的边界 $\partial[a, b]$ (它由两个点 a 和 b 组成, a 赋予负定向, b 赋予正定向) 上之积分.

(2) Green 公式

$$\iint_D \left(\frac{\partial Q}{\partial x} - \frac{\partial P}{\partial y} \right) \mathrm{d}x\mathrm{d}y = \int_{\partial D} P\mathrm{d}x + Q\mathrm{d}y.$$

(3) Gauss 公式

$$\iiint_V \left(\frac{\partial P}{\partial x} + \frac{\partial Q}{\partial y} + \frac{\partial R}{\partial z} \right) \mathrm{d}x\mathrm{d}y\mathrm{d}z = \iint_{\partial V} P\mathrm{d}y\mathrm{d}z + Q\mathrm{d}z\mathrm{d}x + R\mathrm{d}x\mathrm{d}y.$$

(4) Stokes 公式

$$\iint\limits_{S} \left(\frac{\partial R}{\partial y} - \frac{\partial Q}{\partial z} \right) dydz + \left(\frac{\partial P}{\partial z} - \frac{\partial R}{\partial x} \right) dzdx + \left(\frac{\partial Q}{\partial x} - \frac{\partial P}{\partial y} \right) dxdy$$

$$= \int_{\partial S} Pdx + Qdy + Rdz.$$

评注 30.6.1 曾在第 6 讲强调指出, Newton-Leibniz 公式被认为是一元微积分学的基本定理, 而 Green 公式、Gauss 公式和 Stokes 公式正是它在 2 维、3 维和曲面情形的推广. 因此认为广义的 Stokes 公式是全部微积分学的基本定理.

评注 30.6.2 广义的 Stokes 公式 (30.6.4) 告诉我们, 微积分学中的外微分算子 d 是与几何学中的 "边缘算子 ∂" 互为 "对偶的". 事实上边缘算子导致代数拓扑学的同调概念, 外微分算子则相当于代数拓扑学上的同调论中的上边缘 (coboundary). 这也许是代数拓扑学的同调论的动机.

第31讲

积分的连续性

积分概念中含有积分域和被积式两要素. 所谓积分的连续性指的是, 积分之值连续地依赖于积分域和/或被积式; 进而派生积分号下求导和求积等. 作为应用, 也可认为作为附录, 在 31.7 节中完成重积分变量替换公式的证明.

31.1 定积分的连续性

用一个定理来陈述定积分之值连续地依赖于积分域和被积式如下.

定理 31.1.1 设 $[a, b]$ 是 $\mathbb{R}$ 中一个闭区间, f 和 f_1 是 $[a, b]$ 上两个可积函数. 设 $M, \eta \geqslant 0$, 使得当 $x \in [a, b]$ 时, 有不等式

$$|f(x)|, |f_1(x)| \leqslant M \quad 及 \quad |f(x) - f_1(x)| \leqslant \eta,$$

如果 $c, d, c_1, d_1 \in [a, b]$, 则有不等式

$$\left| \int_c^d f(x)\mathrm{d}x - \int_{c_1}^{d_1} f_1(x)\mathrm{d}x \right| \leqslant M\left(|c - c_1| + |d - d_1|\right) + (b - a)\eta. \tag{31.1.1}$$

证明 这是因为

$$\left| \int_c^d f(x)\mathrm{d}x - \int_{c_1}^{d_1} f_1(x)\mathrm{d}x \right|$$

$$\leqslant \left| \int_c^{c_1} f(x)\mathrm{d}x \right| + \left| \int_d^{d_1} f_1(x)\mathrm{d}x \right| + \left| \int_{c_1}^d |f(x) - f_1(x)|\,\mathrm{d}x \right|$$

$$\leqslant M\left(|c - c_1| + |d - d_1|\right) + (b - a)\eta.$$

作为定理 31.1.1 的推论, 有下列两个定理, 分别陈述了定积分连续依赖于上下限及连续依赖于被积式.

定理 31.1.2 设 f 是闭区间 $[a,b]$ 上的可积函数, 则当 $c,d \in [a,b]$ 时, 定积分 $\displaystyle\int_c^d f(x)\mathrm{d}x$ 作为 c,d 的函数是连续的二元函数.

定理 31.1.3 设 f 是闭区间 $[a,b]$ 上的可积函数, f_t 当 $t \in [\alpha,\beta]$ 是 $[a,b]$ 上可积函数, $t_0 \in [\alpha,\beta]$, 并且当 $x \in [a,b]$ 时一致地有 $\displaystyle\lim_{t \to t_0} f_t(x) = f(x)$. 则对 $c,d \in [a,b]$, 有

$$\lim_{t \to t_0} \int_c^d f_t(x)\mathrm{d}x = \int_c^d f(x)\mathrm{d}x, \tag{31.1.2}$$

或写作

$$\lim_{t \to t_0} \int_c^d f_t(x)\mathrm{d}x = \int_c^d \lim_{t \to t_0} f_t(x)\mathrm{d}x.$$

证明 因 f 是 $[a,b]$ 上可积函数, 故 f 在 $[a,b]$ 上有界. 又由于当 $x \in [a,b]$ 时一致地有 $\displaystyle\lim_{t \to t_0} f_t(x) = f(x)$, 故 $\forall \eta > 0, \exists \delta > 0$, 使得当 $0 < |t - t_0| < \delta$ 时, $\forall x \in [a,b]$, 有

$$|f_t(x) - f(x)| < \eta.$$

从而可知, f 和 f_1 对满足 $|t - t_0| < \delta$ 的 t, 定理 31.1.1 的条件成立. 由定理 31.1.1 知, 当 $0 < |t - t_0| < \delta$ 时, 有

$$\left| \int_c^d f_t(x)\mathrm{d}x - \int_c^d f(x)\mathrm{d}x \right| \leqslant (b-a)\eta.$$

由 η 的任意性知 (31.1.2) 成立.

31.2 线积分的连续性

线积分, 当采用分段光滑曲线为积分域, 其定义归结为一元函数的定积分 (见定义 25.2.1).

但其连续性之陈述和推导尚较复杂, 将分别对积分域和被积式来叙述.

定理 31.2.1 设 Ω 是 $\mathbb{R}^3$ 中一个开集, l_λ 是 Ω 中由参数函数

$$\boldsymbol{r}_\lambda(t) = (x_\lambda(t), y_\lambda(t), z_\lambda(t)), \quad t \in [\alpha,\beta]$$

表出的一族分段光滑曲线, 其中 $\lambda \in (-1,1)$, 使得 $\forall t \in [\alpha,\beta]$ 一致地有

$$\lim_{\lambda \to 0} \|\boldsymbol{r}_\lambda(t) - \boldsymbol{r}_0(t)\| = 0 \quad \text{及} \quad \lim_{\lambda \to 0} \|\boldsymbol{r}_\lambda'(t) - \boldsymbol{r}_0'(t)\| = 0. \tag{31.2.1}$$

设 A 是 Ω 中一个有界闭集, 使得 $\forall \lambda \in (-1, 1)$ 时 $l_\lambda \subset A$, 且 F 是 A 上的连续数量场, 则有极限等式

$$\lim_{\lambda \to 0} \int_{l_\lambda} F \mathrm{d}s = \int_{l_0} F \mathrm{d}s. \tag{31.2.2}$$

证明 按定义 25.2.1, 有

$$\left| \int_{l_\lambda} F \mathrm{d}s - \int_{l_0} F \mathrm{d}s \right|$$

$$= \left| \int_\alpha^\beta F(\boldsymbol{r}_\lambda(t)) \|\boldsymbol{r}_\lambda'(t)\| \mathrm{d}t - \int_\alpha^\beta F(\boldsymbol{r}_0(t)) \|\boldsymbol{r}_0'(t)\| \mathrm{d}t \right|$$

$$\leqslant \int_\alpha^\beta |F(\boldsymbol{r}_\lambda(t)) \|\boldsymbol{r}_\lambda'(t)\| - F(\boldsymbol{r}_0(t)) \|\boldsymbol{r}_0'(t)\| | \mathrm{d}t$$

$$= \int_\alpha^\beta |[F(\boldsymbol{r}_\lambda(t)) - F(\boldsymbol{r}_0(t))] \|\boldsymbol{r}_\lambda'(t)\| + F(\boldsymbol{r}_0(t)) [\|\boldsymbol{r}_\lambda'(t)\| - \|\boldsymbol{r}_0'(t)\|]| \mathrm{d}t$$

$$\leqslant \int_\alpha^\beta |F(\boldsymbol{r}_\lambda(t)) - F(\boldsymbol{r}_0(t))| \|\boldsymbol{r}_\lambda'(t)\| \mathrm{d}t + \int_\alpha^\beta |F(\boldsymbol{r}_0(t))| \cdot |\|\boldsymbol{r}_\lambda'(t)\| - \|\boldsymbol{r}_0'(t)\|| \mathrm{d}t.$$

由于 F 在 A 上连续, 从而在 A 上一致连续, 即 $\forall \varepsilon > 0, \exists \delta > 0$, 使得当 $P, Q \in A$ 满足 $\|P - Q\| < \delta$ 时, 有

$$|F(P) - F(Q)| < \varepsilon/(4s_0),$$

其中 s_0 为 l_0 的弧长. 又由于 $\forall t \in [\alpha, \beta]$ 一致地有 $\|\boldsymbol{r}_\lambda(t) - \boldsymbol{r}_0(t)\| \to 0$, 于是对于上述 $\delta, \exists \eta_1 > 0$, 使得当 $|\lambda| < \eta_1$ 时,

$$\|\boldsymbol{r}_\lambda(t) - \boldsymbol{r}_0(t)\| < \delta,$$

从而

$$|F(\boldsymbol{r}_\lambda(t)) - F(\boldsymbol{r}_0(t))| < \varepsilon/(4s_0).$$

于是

$$\int_\alpha^\beta |F(\boldsymbol{r}_\lambda(t)) - F(\boldsymbol{r}_0(t))| \cdot \|\boldsymbol{r}_\lambda'(t)\| \mathrm{d}t \leqslant \frac{\varepsilon}{4s_0} \int_\alpha^\beta \|\boldsymbol{r}_\lambda'(t)\| \mathrm{d}t = \frac{\varepsilon s_\lambda}{4s_0},$$

其中 s_λ 是 l_λ 的弧长. 再由于 $\forall t \in [\alpha, \beta]$ 时一致地有 $\|\boldsymbol{r}_\lambda'(t) - \boldsymbol{r}_0'(t)\| \to 0$, 对前面给定的 $\varepsilon > 0, \exists \eta_2 > 0$, 使得当 $|\lambda| < \eta_2$ 时,

$$\|\boldsymbol{r}_\lambda'(t) - \boldsymbol{r}_0'(t)\| < \varepsilon/2(\beta - \alpha)M,$$

其中 $M > 0$, 使得当 $P \in A$ 时 $|F(P)| \leqslant M$. 于是, 由不等式 (易证!)

$$\left| \|\boldsymbol{r}_\lambda'(t)\| - \|\boldsymbol{r}_0'(t)\| \right| \leqslant \|\boldsymbol{r}_\lambda'(t) - \boldsymbol{r}_0'(t)\|,$$

得

$$|s_\lambda - s_0| = \left| \int_\alpha^\beta (\|\boldsymbol{r}_\lambda'(t)\| - \|\boldsymbol{r}_0'(t)\|) \mathrm{d}t \right| \leqslant \int_\alpha^\beta \left| \|\boldsymbol{r}_\lambda'(t)\| - \|\boldsymbol{r}_0'(t)\| \right| \mathrm{d}t$$

$$\leqslant \int_\alpha^\beta \|\boldsymbol{r}_\lambda'(t) - \boldsymbol{r}_0'(t)\| \mathrm{d}t \leqslant \frac{\varepsilon}{2(\beta - \alpha)M} \int_\alpha^\beta \mathrm{d}t = \frac{\varepsilon}{2M},$$

当 $\dfrac{\varepsilon}{2} < s_0$ 时, 就有 $s_\lambda < 2s_0$, 这时, 有

$$\int_\alpha^\beta |F(\boldsymbol{r}_\lambda(t)) - F(\boldsymbol{r}_0(t))| \cdot \|\boldsymbol{r}_\lambda'(t)\| \, \mathrm{d}t < \frac{\varepsilon}{2}$$

及

$$\int_\alpha^\beta |F(\boldsymbol{r}_0(t))| \cdot \left| \|\boldsymbol{r}_\lambda'(t)\| - \|\boldsymbol{r}_0'(t)\| \right| \mathrm{d}t \leqslant M \int_\alpha^\beta \|\boldsymbol{r}_\lambda'(t) - \boldsymbol{r}_0'(t)\| \mathrm{d}t \leqslant M \frac{\varepsilon}{2M} = \frac{\varepsilon}{2}.$$

$$\tag{31.2.3}$$

取 $\eta = \min\{\eta_1, \eta_2\}$, 则当 $|\lambda| < \eta$ 时就从 (31.2.3) 及 (31.2.4) 得

$$\left| \int_{l_\lambda} F \mathrm{d}s - \int_{l_0} F \mathrm{d}s \right| < \varepsilon.$$

由 $\varepsilon > 0$ 之任意性知极限等式 (31.2.1) 成立.

定理 31.2.2 设 Ω 是 $\mathbb{R}^3$ (或 $\mathbb{R}^2$) 中一个开集, l 是 Ω 中由参数函数

$$\boldsymbol{r}(t) = (x(t), y(t), z(t)), \quad t \in [\alpha, \beta]$$

表出的分段光滑曲线. 设 $F_\lambda, \lambda \in (-1, 1)$, 是在 l 上定义的一族连续的函数, 满足当 $P \in l$ 时一致地有 $\lim\limits_{\lambda \to 0} F_\lambda = F_0$. 则

$$\lim_{\lambda \to 0} \int_l F_\lambda \mathrm{d}s = \int_l F_0 \mathrm{d}s. \tag{31.2.4}$$

证明 由 $\forall P \in l$ 一致地有 $\lim\limits_{\lambda \to 0} F_\lambda = F_0$, 知 $\forall \varepsilon > 0, \exists \delta > 0$ 使得当 $|\lambda| < \delta$ 时, 有

$$\|F_\lambda(P) - F_0(P)\| < \varepsilon/s_0,$$

其中 s_0 是 l 的弧长. 从而

$$
\begin{aligned}
\left| \int_l F_\lambda \mathrm{d}s - \int_l F_0 \mathrm{d}s \right| &= \left| \int_l (F_\lambda - F_0) \mathrm{d}s \right| \\
&= \left| \int_\alpha^\beta (F_\lambda(\boldsymbol{r}(t)) - F_0(\boldsymbol{r}(t))) \, \|\boldsymbol{r}'(t)\| \, \mathrm{d}t \right| \\
&\leqslant \int_\alpha^\beta \|F_\lambda(\boldsymbol{r}(t)) - F_0(\boldsymbol{r}(t))\| \cdot \|\boldsymbol{r}'(t)\| \, \mathrm{d}t \\
&< \frac{\varepsilon}{s_0} \cdot \int_\alpha^\beta \|\boldsymbol{r}'(t)\| \, \mathrm{d}t = \varepsilon.
\end{aligned}
$$

这便证明了式 (32.2.3) 成立.

31.3　重积分的连续性

以二重积分为例介绍重积分的连续性, 读者应学会将下列定理应用于三重及更高重的积分. 下面的 $\mathbb{R}^2$ 认为取自然定向, 所论及的 $\mathbb{R}^2$ 中有面积的集合均采用自然定向.

定理 31.3.1　设 D_λ 是 $\mathbb{R}^2$ 中一族有面积的集合, $\lambda \in (-1, 1)$, 满足条件

$$
\lim_{\lambda \to 0} A(D_\lambda \backslash D_0 \cup D_0 \backslash D_\lambda) = 0. \tag{31.3.1}
$$

设 f 在每个 D_λ 上有定义且可积, 并且存在常数 $M > 0$ 使得当 $(x, y) \in D_\lambda$ 时, $|F(x, y)| \leqslant M$. 则

$$
\left| \iint_{D_\lambda} f(x, y) \mathrm{d}x\mathrm{d}y - \iint_{D_0} f(x, y) \mathrm{d}x\mathrm{d}y \right| \leqslant M(A(D_\lambda \backslash D_0) + A(D_0 \backslash D_\lambda)). \tag{31.3.2}
$$

从而

$$
\lim_{\lambda \to 0} \iint_{D_\lambda} f(x, y) \mathrm{d}x\mathrm{d}y = \iint_{D_0} f(x, y) \mathrm{d}x\mathrm{d}y. \tag{31.3.3}
$$

证明　因为 $D_\lambda = D_\lambda \backslash D_0 \cup D_\lambda \cap D_0, D_0 = D_0 \backslash D_\lambda \cup D_0 \cap D_\lambda$, 从而

$$
\iint_{D_\lambda} f(x, y) \mathrm{d}x\mathrm{d}y - \iint_{D_0} f(x, y) \mathrm{d}x\mathrm{d}y = \iint_{D_\lambda \backslash D_0 \cup D_0 \backslash D_\lambda} f(x, y) \mathrm{d}x\mathrm{d}y.
$$

由此得不等式 (31.3.2), 进而从 (31.3.1) 得 (31.3.3).

定理 31.3.2 设 D 是 $\mathbb{R}^2$ 中一有面积的集合, F_λ 是 D 上的一族可积的数量场, $\lambda \in (-1, 1)$, 并且 $\forall (x, y) \in D$, 一致地有

$$\lim_{\lambda \to 0} F_\lambda = F_0.$$

则有

$$\lim_{\lambda \to 0} \iint\limits_{D} F_\lambda(x, y) \mathrm{d}x\mathrm{d}y = \iint\limits_{D} F_0(x, y) \mathrm{d}x\mathrm{d}y. \tag{31.3.4}$$

证明 所谓 $\forall (x, y) \in D$, 一致地有 $\lim\limits_{\lambda \to 0} F_\lambda = F_0$, 即 $\forall \varepsilon > 0, \exists \delta > 0$, 使得当 $|\lambda| < \delta$ 时, $\forall (x, y) \in D$, 有

$$|F_\lambda(x, y) - F_0(x, y)| < \varepsilon.$$

从而当 $|\lambda| < \delta$ 时, 有

$$\left| \iint\limits_{D} F_\lambda(x, y) \mathrm{d}x\mathrm{d}y - \iint\limits_{D} F_0(x, y) \mathrm{d}x\mathrm{d}y \right| \leqslant \iint\limits_{D} |F_\lambda(x, y) - F_0(x, y)| \, \mathrm{d}x\mathrm{d}y$$

$$\leqslant A(D)\varepsilon.$$

由 ε 之任意性, 知 (31.3.4) 成立.

31.4 曲面积分的连续性

下面两个定理是对于 $\mathbb{R}^3$ 中的简单曲面陈述的. 它们可以毫无困难地推广到分片光滑的可定向曲面的情形.

定理 31.4.1 设 S_λ 是 $\mathbb{R}^3$ 中一族简单曲面, 由参数函数族 $\boldsymbol{r}_\lambda(u, v), (u, v) \in D_{uv}, \lambda \in (-1, 1)$ 表出, 满足条件 (27.1.5). 这里的 D_{uv} 如定义 27.1.1 中所述, 并且 $\forall (u, v) \in D_{uv}$ 一致地有

$$\lim_{\lambda \to 0} \boldsymbol{r}_\lambda(u, v) = \boldsymbol{r}_0(u, v) \tag{31.4.1}$$

及

$$\lim_{\lambda \to 0} \mathrm{D}\boldsymbol{r}_\lambda(u, v) = \mathrm{D}\boldsymbol{r}_0(u, v). \tag{31.4.2}$$

设 B 是 $\mathbb{R}^3$ 中一个有界闭集, 使得 $S_\lambda \subset B$, $\lambda \in (-1, 1)$, 设 f 是 B 上的连续函数. 则有

$$\lim_{\lambda \to 0} \iint_{S_\lambda} f \mathrm{d}A = \iint_{S_0} f \mathrm{d}A. \tag{31.4.3}$$

证明　由于所论曲面积分均是借助 D_{uv} 上的二重积分来定义的 (参见定义 27.4.1, (27.4.1)—(27.4.3) 式), 本定理可归结为定理 31.3.1, 只需补充以下推导.

由假设 (31.4.2) 可知, $\forall (u, v) \in D_{uv}$, 一致地有

$$\lim_{\lambda \to 0} \frac{\partial \boldsymbol{r}_\lambda}{\partial u} = \frac{\partial \boldsymbol{r}_0}{\partial u}, \quad \lim_{\lambda \to 0} \frac{\partial \boldsymbol{r}_\lambda}{\partial v} = \frac{\partial \boldsymbol{r}_0}{\partial v}.$$

从而, $\forall (u, v) \in D_{uv}$, 一致地有

$$\lim_{\lambda \to 0} \left\| \frac{\partial \boldsymbol{r}_\lambda}{\partial u} \times \frac{\partial \boldsymbol{r}_\lambda}{\partial v} \right\| = \left\| \frac{\partial \boldsymbol{r}_0}{\partial u} \times \frac{\partial \boldsymbol{r}_0}{\partial v} \right\|. \tag{31.4.4}$$

由于 B 是有界闭集, f 在 B 上是一致连续的, 故 $\forall \varepsilon > 0$, $\exists \eta > 0$ 使得当 $P, Q \in B$ 且 $\|P - Q\| < \eta$ 时有

$$|f(P) - f(Q)| < \varepsilon.$$

又由 $\frac{\partial \boldsymbol{r}_0}{\partial u} \times \frac{\partial \boldsymbol{r}_0}{\partial v}$ 在有界闭集 D_{uv} 上的连续性, 知 $\left\| \frac{\partial \boldsymbol{r}_0}{\partial u} \times \frac{\partial \boldsymbol{r}_0}{\partial v} \right\|$ 在 D_{uv} 上有界, 再由极限式 (31.4.4) 知, 对上述 ε, $\exists \delta_1 > 0$, 使得当 $|\lambda| < \delta_1$ 时

$$\left\| \left\| \frac{\partial \boldsymbol{r}_\lambda}{\partial u} \times \frac{\partial \boldsymbol{r}_\lambda}{\partial v} \right\| - \left\| \frac{\partial \boldsymbol{r}_0}{\partial u} \times \frac{\partial \boldsymbol{r}_0}{\partial v} \right\| \right\| < \varepsilon,$$

从而知当 $|\lambda| < \delta_1$ 时, $\left\| \frac{\partial \boldsymbol{r}_\lambda}{\partial u} \times \frac{\partial \boldsymbol{r}_\lambda}{\partial v} \right\|$ 在 D_{uv} 上有界. 设 $N > 0$, 使得当 $|\lambda| < \delta_1$ 和 $(u, v) \in D_{uv}$ 时, 有

$$\left\| \frac{\partial \boldsymbol{r}_\lambda}{\partial u} \times \frac{\partial \boldsymbol{r}_\lambda}{\partial v} \right\| < N,$$

再由 f 是有界闭集 B 上的连续函数, 从而是有界的. 设 $M > 0$, 使得当 $P \in B$ 时

$$|f(P)| \leqslant M.$$

又从 (31.4.1) 知, $\exists \delta_2 > 0$ 使得当 $|\lambda| < \delta_2$ 时

$$\|\boldsymbol{r}_\lambda(u, v) - \boldsymbol{r}_0(u, v)\| < \eta.$$

于是当 $|\lambda| < \min\{\delta_1, \delta_2\}$ 时, 有

$$
\left| \iint\limits_{S_\lambda} f \mathrm{d}A - \iint\limits_{S_0} f \mathrm{d}A \right| = \left| \iint\limits_{D_{uv}} f(\boldsymbol{r}_\lambda(u,v)) \left\| \frac{\partial \boldsymbol{r}_\lambda}{\partial u} \times \frac{\partial \boldsymbol{r}_\lambda}{\partial v} \right\| \mathrm{d}u\mathrm{d}v \right.
$$

$$
\left. - \iint\limits_{D_{uv}} f(\boldsymbol{r}_0(u,v)) \left\| \frac{\partial \boldsymbol{r}_0}{\partial u} \times \frac{\partial \boldsymbol{r}_0}{\partial v} \right\| \mathrm{d}u\mathrm{d}v \right|
$$

$$
\leqslant \left| \iint\limits_{D_{uv}} [f(\boldsymbol{r}_\lambda(u,v)) - f(\boldsymbol{r}_0(u,v))] \left\| \frac{\partial \boldsymbol{r}_\lambda}{\partial u} \times \frac{\partial \boldsymbol{r}_\lambda}{\partial v} \right\| \mathrm{d}u\mathrm{d}v \right|
$$

$$
+ \left| \iint\limits_{D_{uv}} f(\boldsymbol{r}_0(u,v)) \left[\left\| \frac{\partial \boldsymbol{r}_\lambda}{\partial u} \times \frac{\partial \boldsymbol{r}_\lambda}{\partial v} \right\| - \left\| \frac{\partial \boldsymbol{r}_0}{\partial u} \times \frac{\partial \boldsymbol{r}_0}{\partial v} \right\| \right] \mathrm{d}u\mathrm{d}v \right|
$$

$$
\leqslant A(D_{uv}) N \varepsilon + A(D_{uv}) M \varepsilon = \varepsilon A(D_{uv})(N + M).
$$

从 ε 的任意性知 (31.4.3) 成立.

定理 31.4.2 设 S 是 $\mathbb{R}^3$ 中一个简单曲面, 由参数函数 $\boldsymbol{r}_\lambda(u,v), (u,v) \in D_{uv}$ 表出, 满足 (27.1.5). 这里 D_{uv} 如定义 27.1.1 中所述. 设 f_λ 是 S 上的一族连续函数, $\lambda \in (-1,1)$, 使得 $\forall Q \in S$, 一致地有

$$
\lim_{\lambda \to 0} f_\lambda(Q) = f_0(Q). \tag{31.4.5}
$$

则有

$$
\lim_{\lambda \to 0} \iint\limits_{S} f_\lambda \mathrm{d}A = \iint\limits_{S} f_0 \mathrm{d}A. \tag{31.4.6}
$$

证明 由于 $\forall Q \in S$, 一致地有 (31.4.5), 故 $\forall \varepsilon > 0, \exists \delta > 0$, 使得当 $|\lambda| < \delta$, $\forall Q \in S$, 有

$$
|f_\lambda(Q) - f_0(Q)| < \varepsilon.
$$

记 S 的面积为 $A(S)$. 则由曲面积分定义 (定义 27.4.1, (27.4.1)—(27.4.3) 式), 得当 $|\lambda| < \delta$ 时, 有

$$
\left| \iint\limits_{S} f_\lambda \mathrm{d}A - \iint\limits_{S} f_0 \mathrm{d}A \right| = \left| \iint\limits_{D_{uv}} [f_\lambda(\boldsymbol{r}(u,v)) - f_0(\boldsymbol{r}(u,v))] \left\| \frac{\partial \boldsymbol{r}}{\partial u} \times \frac{\partial \boldsymbol{r}}{\partial v} \right\| \mathrm{d}u\mathrm{d}v \right|
$$

$$
\leqslant \iint\limits_{D_{uv}} |f_\lambda(\boldsymbol{r}(u,v)) - f_0(\boldsymbol{r}(u,v))| \cdot \left\| \frac{\partial \boldsymbol{r}}{\partial u} \times \frac{\partial \boldsymbol{r}}{\partial v} \right\| \mathrm{d}u\mathrm{d}v
$$

$$\leqslant \varepsilon A(S),$$

由 ε 的任意性知式 (31.4.6) 成立.

31.5　积分号下取极限

积分号下取极限是积分连续性的一种体现, 是数学分析学中基本技术之一. 简介如下.

设考虑以下由定积分表出的函数:

$$I(y) = \int_a^b f(x, y)\mathrm{d}x, \tag{31.5.1}$$

其中 f 是二元数值函数, $(x, y) \in [a, b] \times Y$, $Y \in \mathbb{R}$, 对于任 $y \in Y$, (31.5.1) 式右端是正常定积分 (Riemann 积分).

定理 31.5.1　设函数 f 是 $[a, b] \times Y$ 上的数值函数, 满足以下条件:

(1) 设 y_0 是 Y 的一个极限点, 并且当 $y \to y_0$ 时, 函数 f 当 $x \in [a, b]$ 时一致收敛到 $[a, b]$ 上定义的函数 φ;

(2) 对于任 $y \in Y$, 作为自变量 x 的一元函数 $f(x, y)$, 当 $x \in [a, b]$ 是可积的, 则函数 φ 在 $[a, b]$ 上可积, 并且积分 (31.5.1) 有极限等式

$$\lim_{y \to y_0} I(y) = \int_a^b \varphi(x)\mathrm{d}x, \tag{31.5.2}$$

即

$$\lim_{y \to y_0} \int_a^b f(x, y)\mathrm{d}x = \int_a^b \lim_{y \to y_0} f(x, y)\mathrm{d}x. \tag{31.5.3}$$

先对一致收敛的极限函数作一点准备, 需要下面两条定理.

定理 31.5.2　设函数 f 是 $[a, b] \times Y$ 上定义的数值函数, 满足条件:

(1) 设 y_0 是 Y 的一个极限点, 并且当 $y \to y_0$ 时, 函数 $f(x, y)$ 当 $x \in [a, b]$ 时一致收敛到函数 $\varphi(x)$;

(2) 设对于任 $y \in Y$, 当 $x_0 \in [a, b]$ 时 $f(x, y)$ 在点 x_0 处连续, 则函数 φ 在点 x_0 连续.

证明　设对于任 $y \in Y$, 有

$$|\varphi(x) - \varphi(x_0)| \leqslant |\varphi(x) - f(x, y)| + |f(x, y) - f(x_0, y)| + |f(x_0, y) - \varphi(x_0)|.$$

由条件 (1), $\forall \varepsilon > 0, \exists \delta > 0$, 使得当 $|y - y_0| < \delta$ 时, $\forall x \in [a, b]$ 有

$$|\varphi(x) - f(x, y)| < \frac{\varepsilon}{3}.$$

特别有

$$|\varphi(x_0) - f(x_0, y)| < \frac{\varepsilon}{3}.$$

取定 y 使得 $|y - y_0| < \delta$ 后, 由 (2), $f(x, y)$ 在点 x_0 处是连续的, 故 $\exists \eta > 0$, 使得当 $|x - x_0| < \eta$ 时有

$$|f(x, y) - f(x_0, y)| < \frac{\varepsilon}{3},$$

从而得, $\forall \varepsilon > 0, \exists \eta > 0$, 使得当 $|x - x_0| < \eta$ 时有

$$|\varphi(x) - \varphi(x_0)| < \varepsilon,$$

即 $\varphi(x)$ 在点 x_0 处连续.

定理 31.5.3 设函数 f 是 $[a, b] \times Y$ 上定义的数值函数, 满足条件:

(1) 设 y_0 是 Y 的一个极限点, 并且当 $y \to y_0$ 时, 函数 $f(x, y)$ 对 $x \in [a, b]$ 一致收敛到函数 $\varphi(x)$;

(2) 设对于任 $y \in Y$, 作为 x 的一元函数 $f(x, y)$ 当 $x \in [a, b]$ 时是可积的, 则函数 φ 在 $[a, b]$ 上可积.

证明 由条件 (1), $\forall \varepsilon > 0, \exists \delta > 0$, 使得当 $|y - y_0| < \delta$ 时, $\forall x \in [a, b]$, 有

$$|f(x, y) - \varphi(x)| < \frac{\varepsilon}{3(b - a)}.$$

又 $\forall x, x' \in [a, b], \forall y \in Y$, 有

$$|\varphi(x) - \varphi(x')| \leqslant |\varphi(x) - f(x, y)| + |f(x, y) - f(x', y)| + |f(x', y) - \varphi(x')|.$$

取定 y 使满足 $|y - y_0| < \delta$, 则上式右端第 1 项和第 3 项均小于 $\dfrac{\varepsilon}{3(b - a)}$. 任取 $[c, d] \subset [a, b]$, 则 $\forall x, x' \in [c, d]$ 和此取定的 y, 有

$$|\varphi(x) - \varphi(x')| < |f(x, y) - f(x', y)| + \frac{2\varepsilon}{3(b - a)}.$$

由此即知: 若记函数 φ 在 $[c, d]$ 上的振幅为 $\omega^{\varphi}_{[c, d]}$, 函数 $f(, y)$ 在 $[c, d]$ 上的振幅为 $\omega^{f(\cdot, y)}_{[c, d]}$, 则有不等式

$$\omega^{\varphi}_{[c, d]} \leqslant \omega^{f(\cdot, y)}_{[c, d]} + \frac{2\varepsilon}{3(b - a)}. \tag{31.5.4}$$

由 (2), 已知对取定的 y, 一元函数 $f(x, y)$ 当 $x \in [a, b]$ 时是可积的, 由定理 15.4.3, $\exists [a, b]$ 的分划 T, 使

$$\sum_i \omega_{[c,d]}^{f(\cdot, y)} \Delta x_i < \frac{\varepsilon}{3}. \tag{31.5.5}$$

对分划 T 的每个小区间 $[x_{i-1}, x_i]$ 采用不等式 (31.5.4), 记作

$$\omega_i^{\varphi} \leqslant \omega_i^{f(\cdot, y)} + \frac{2\varepsilon}{3(b-a)}. \tag{31.5.6}$$

于是对分划 T, 应用 (31.5.5) 及 (31.5.6), 有

$$\sum_i \omega_i^{\varphi} \Delta x_i < \sum_i \omega_i^{f(\cdot, y)} \Delta x_i + \frac{2\varepsilon}{3} < \varepsilon.$$

再从定理 15.4.3, 知 φ 在 $[a, b]$ 上可积.

定理 31.5.1 的证明　函数 φ 在 $[a, b]$ 上可积性由定理 31.5.3 可知. 再据条件 (1) 中一致收敛性知, $\forall \varepsilon > 0, \exists \delta > 0$, 使当 $|y - y_0| < \delta$ 时, $\forall x \in [a, b]$, 有

$$|f(x, y) - \varphi(x)| < \frac{\varepsilon}{b - a}.$$

于是有

$$\left| \int_a^b f(x, y) \mathrm{d}x - \int_a^b \varphi(x) \mathrm{d}x \right| = \left| \int_a^b [f(x, y) - \varphi(x)] \, \mathrm{d}x \right|$$

$$\leqslant \int_a^b |f(x, y) - \varphi(x)| \, \mathrm{d}x < \varepsilon,$$

这便证得了欲证的极限式 (31.5.2) 及 (31.5.3).

作为定理 31.5.1 的推论, 有下面常用的定理.

定理 31.5.4　设数值函数 f 在闭矩形 $D = [a, b] \times [c, d]$ 上定义且连续. 则积分 (31.5.1) 是 $[c, d]$ 上的连续函数.

证明　先证明, 对任一固定的 $y_0 \in [c, d]$ 而言, 极限式

$$\lim_{y \to y_0} f(x, y) = f(x, y_0)$$

关于 $x \in [a, b]$ 是一致收敛的. 由于有界闭集上的连续函数是一致连续的, 故 $\forall \varepsilon > 0, \exists \delta > 0$, 使得当 $|x - x'| < \delta, |y - y'| < \delta$ 时, 有

$$|f(x, y) - f(x', y')| < \varepsilon.$$

于是当 $|y - y_0| < \delta$ 时, $\forall x \in [a,b]$, 有

$$|f(x,y) - f(x,y_0)| < \varepsilon,$$

这就是说, 当 $y \to y_0$ 时, $f(x,y)$ 对 $x \in [a,b]$ 一致收敛到 $f(x,y_0)$. 从而定理 31.5.1 中假设条件都成立, 并且其中 $\varphi(x)$ 为 $f(x,y_0)$. 再由定理 31.5.1 之结论, 得

$$\lim_{y \to y_0} I(y) = \lim_{y \to y_0} \int_a^b f(x,y)\mathrm{d}x = \int_a^b \lim_{y \to y_0} f(x,y)\mathrm{d}x$$
$$= \int_a^b f(x,y_0)\mathrm{d}x = I(y_0).$$

定理证毕.

求导是一种特殊的极限过程, 关于它有下面的定理.

定理 31.5.5 设数值函数 f 在闭矩形 $D = [a,b] \times [c,d]$ 上定义且连续, f 在 D 上有连续的偏导数 $\mathrm{D}_2 f = \dfrac{\partial f}{\partial y}$. 则积分 (31.5.1) 可导且导数连续, 并且

$$\frac{\mathrm{d}I(y)}{\mathrm{d}y} = \int_a^b \frac{\partial f}{\partial y}(x,y)\mathrm{d}x, \tag{31.5.7}$$

或, 记 $\dfrac{\mathrm{d}I}{\mathrm{d}y}$ 为 $\mathrm{D}_y I$,

$$\mathrm{D}_y \int_a^b f(x,y)\mathrm{d}x = \int_a^b \mathrm{D}_y f(x,y)\mathrm{d}x. \tag{31.5.8}$$

证明 设 $y \in [c,d]$, $\Delta y \neq 0$ 是变量 y 的增量. 于是

$$\frac{I(y+\Delta y) - I(y)}{\Delta y} = \int_a^b \frac{f(x,y+\Delta y) - f(x,y)}{\Delta y}\mathrm{d}x.$$

视 Δy 为参数, 欲证: 当 $\Delta y \to 0$ 时, 关于 $x \in [a,b]$, $\dfrac{f(x,y+\Delta y) - f(x,y)}{\Delta y}$ 一致地收敛于 $\dfrac{\partial f}{\partial y}(x,y)$. 因为函数 $\dfrac{\partial f}{\partial y}$ 在 D 上连续, 从而一致连续, 故 $\forall \varepsilon > 0, \exists \delta > 0$, 使得当 $|x - x'| < \delta$, $|y - y'| < \delta$, 有

$$\left| \frac{\partial f}{\partial y}(x,y) - \frac{\partial f}{\partial y}(x',y') \right| < \varepsilon,$$

由一元函数的 Lagrange 中值定理有

$$\frac{f(x, y + \Delta y) - f(x, y)}{\Delta y} = \frac{\partial f}{\partial y}(x, y + \theta \Delta y), \quad \text{其中 } 0 < \theta < 1.$$

当 $|\Delta y| < \delta$ 时, 由上面两式即得

$$\left| \frac{f(x, y + \Delta y) - f(x, y)}{\Delta y} - \frac{\partial f}{\partial y}(x, y) \right| < \varepsilon.$$

这便是欲证的一致收敛性. 于是定理 31.5.1 之条件成立, 其中 $\varphi(x)$ 是 $\frac{\partial f}{\partial y}(x, y)$.

再由定理 31.5.1 之结论, 得

$$\lim_{\Delta y \to 0} \frac{I(y + \Delta y) - I(y)}{\Delta y} = \int_a^b \frac{\partial f}{\partial y}(x, y)\mathrm{d}x,$$

这就是 (31.5.7) 或 (31.5.8).

求积分是另一特殊极限过程, 有另一定理.

定理 31.5.6 设数值函数 f 在闭矩形 $D = [a, b] \times [c, d]$ 上定义且连续. 则有等式

$$\int_c^d \mathrm{d}y \int_a^b f(x, y)\mathrm{d}x = \int_a^b \mathrm{d}x \int_c^d f(x, y)\mathrm{d}y. \tag{31.5.9}$$

这就是定理 26.4.2.

当定积分的上下限含有参数时, 有下面的定理.

定理 31.5.7 设 α, β 是区间 $[c, d]$ 上的连续函数, 满足 $a \leqslant \alpha(y) \leqslant \beta(y) \leqslant b$, 当 $y \in [c, d]$ 并且函数 f 是闭矩形 $D = [a, b] \times [c, d]$ 上的连续函数. 则积分

$$J(y) = \int_{\alpha(y)}^{\beta(y)} f(x, y)\mathrm{d}x \tag{31.5.10}$$

关于 $y \in [c, d]$ 是连续的.

证明 设 $y_0 \in [c, d]$. 积分 (31.5.10) 可写成

$$J(y) = \int_{\alpha(y_0)}^{\beta(y_0)} f(x, y)\mathrm{d}x + \int_{\beta(y_0)}^{\beta(y)} f(x, y)\mathrm{d}x + \int_{\alpha(y)}^{\alpha(y_0)} f(x, y)\mathrm{d}x. \tag{31.5.11}$$

上式右端第一项之积分上下限固定, 故由定理 31.5.4, 它在点 y_0 处连续, 即

$$\lim_{y \to y_0} \int_{\alpha(y_0)}^{\beta(y_0)} f(x, y)\mathrm{d}x = \int_{\alpha(y_0)}^{\beta(y_0)} f(x, y_0)\mathrm{d}x.$$

设 M 是 $|f|$ 在 D 上的上界, 则 (31.5.11) 式右端另两项有不等式

$$\left| \int_{\alpha(y)}^{\alpha(y_0)} f(x,y)\mathrm{d}x \right| \leqslant M \left| \alpha(y) - \alpha(y_0) \right|,$$

$$\left| \int_{\beta(y_0)}^{\beta(y)} f(x,y)\mathrm{d}x \right| \leqslant M \left| \beta(y) - \beta(y_0) \right|,$$

由 α, β 的连续性, 知当 $y \to y_0$ 时它们都趋向于 0. 定理得证.

定理 31.5.8 设 α, β 是区间 $[c,d]$ 上的连续可导函数, 满足 $a \leqslant \alpha(y) \leqslant \beta(y) \leqslant b$, 当 $y \in [c,d]$, 数值函数 f 是闭矩形 $D = [a,b] \times [c,d]$ 上的连续函数, 并且 f 在 D 上有连续的偏导数 $\mathrm{D}_2 f = \dfrac{\partial f}{\partial y}$. 则积分 (31.5.10) 可导, 且导数连续, 并有公式

$$\frac{\mathrm{d}J}{\mathrm{d}y} = \int_{\alpha(y)}^{\beta(y)} \frac{\partial f}{\partial y}(x,y)\mathrm{d}x + \beta'(y)f(\beta(y),y) - \alpha'(y)f(\alpha(y),y). \tag{31.5.12}$$

证明 采用 (31.5.11) 式, 对其右端三项分别求导. 对第一项求导, 按定理 31.5.5, 得

$$\frac{\mathrm{d}}{\mathrm{d}y} \int_{\alpha(y_0)}^{\beta(y_0)} f(x,y)\mathrm{d}x = \int_{\alpha(y_0)}^{\beta(y_0)} \frac{\partial f}{\partial y}(x,y)\mathrm{d}x. \tag{31.5.13}$$

第二项求差商, 设 $\Delta y \neq 0$, 有

$$\frac{1}{\Delta y} \left[\int_{\beta(y_0)}^{\beta(y+\Delta y)} f(x,y+\Delta y)\mathrm{d}x - \int_{\beta(y_0)}^{\beta(y)} f(x,y)\mathrm{d}x \right]$$

$$= \frac{1}{\Delta y} \int_{\beta(y_0)}^{\beta(y)} [f(x,y+\Delta y) - f(x,y)]\mathrm{d}x$$

$$+ \frac{1}{\Delta y} \int_{\beta(y)}^{\beta(y+\Delta y)} f(x,y+\Delta y)\mathrm{d}x, \tag{31.5.14}$$

(31.5.14) 式之右端第一项当 $\Delta y \to 0$ 时, 由定理 31.5.5, 其极限为

$$\int_{\beta(y_0)}^{\beta(y)} \frac{\partial f}{\partial y}(x,y)\mathrm{d}x. \tag{31.5.15}$$

欲求式 (31.5.14) 右端第二项之极限, 应用积分中值定理, 有 $\beta(y)$ 和 $\beta(y+\Delta y)$ 之间的 ξ, 使

$$\frac{1}{\Delta y} \int_{\beta(y)}^{\beta(y+\Delta y)} f(x,y+\Delta y)\mathrm{d}x = \frac{\beta(y+\Delta y) - \beta(y)}{\Delta y} f(\xi, y+\Delta y).$$

令 $\Delta y \to 0$, 此时有 $\xi \to \beta(y)$, 得式 (31.5.14) 右端第二项之极限为

$$\beta'(y)f(\beta(y),y). \tag{31.5.16}$$

同理, (31.5.11) 式右端第二项之导数为

$$\int_{\alpha(y)}^{\alpha(y_0)} \frac{\partial}{\partial y} f(x,y)\mathrm{d}x - \alpha'(y)f(\alpha(y),y). \tag{31.5.17}$$

将 (31.5.13) 式, (31.5.15)—(31.5.17) 式合并, 便得公式 (31.5.12).

31.6　磨光法的应用

本节中涉及 n 维欧氏空间 $\mathbb{R}^n$ 中的某些函数在全空间 $\mathbb{R}^n$ 上的积分, 但因所论及的函数在某有界闭集之外取值为 0, 故论及的积分并非广义积分, 实际上是有界闭集上正常的 Riemann 意义下的 n 重积分. 把它写成全空间 $\mathbb{R}^n$ 上的积分是为了书写统一, 形式上一律而已.

曾在第 18 讲的评注 18.4.1 中提到 "核函数的应用是数学分析中一项基本技术". 现在介绍如何运用适当的核函数对给定的函数予以磨光.

先介绍两个常用的概念.

定义 31.6.1　设 f 是 $\mathbb{R}^n$ 中的数值函数, 如果 f 在 $\mathbb{R}^n$ 的某个有界集合之外取值为 0, 则说函数 f 是**具有紧支集的** (with compact support), 并且称集合

$$\mathrm{supp} f = \overline{\{x | x \in \mathbb{R}^n, 使得\ f(x) \neq 0\}}$$

为函数 f 的**支集** (support).

定义 31.6.2　设 f 和 g 是 $\mathbb{R}^n$ 中的两个数值函数, 它们在 $\mathbb{R}^n$ 中的任何有体积的有界闭集上都是 Riemann 可积的, 并且其中有一个具有紧支, 则令

$$f * g = \int_{\mathbb{R}^n} f(\xi)g(x - \xi)\mathrm{d}\xi, \tag{31.6.1}$$

函数 $f * g$ 称为函数 f 和 g 的**卷积** (convolution).

对于 $\delta > 0$, 定义 $\mathbb{R}^n$ 中实值函数 $K_\delta(x)$ 如下:

$$K_\delta(x) = \begin{cases} C_\delta \exp \dfrac{\delta^2}{\|x\|^2 - \delta^2}, & \|x\| < \delta, \\ 0, & \|x\| \geqslant \delta, \end{cases} \tag{31.6.2}$$

其中常数 $C_\delta = 1 \Big/ \int_{\|x\| \leqslant \delta} \exp \frac{\delta^2}{\|x\|^2 - \delta^2} \mathrm{d}x_1 \wedge \cdots \wedge \mathrm{d}x_n$.

定理 31.6.1 函数 $K_\delta(x)$ 有以下性质: $K_\delta(x) \geqslant 0, K_\delta(x) \in C^\infty$, 并且

$$\int_{\mathbb{R}^n} K_\delta(x)\mathrm{d}x = \int_{\|x\| \leqslant \delta} K_\delta(x)\mathrm{d}x = 1. \tag{31.6.3}$$

证明留给读者作为练习.

函数 $K_\delta(x)$ 的重要性质在于下面的定理.

定理 31.6.2 设 $\mathbb{R}^n$ 中的数值函数 f 在 $\mathbb{R}^n$ 中的任何有体积的有界闭集上都 Riemann 可积, 且具有紧支集. 则

(1) $f * K_\delta(x) \in C^\infty$, 且有公式

$$\frac{\partial^k}{\partial x_{i_1} \cdots \partial x_{i_k}}(f * K_\delta)(x) = \int_{\mathbb{R}^n} f(\xi) \frac{\partial^k}{\partial x_{i_1} \cdots \partial x_{i_k}} K_\delta(x - \xi)\mathrm{d}\xi. \tag{31.6.4}$$

(2) 设函数 f 在 $\mathbb{R}^n$ 中连续, F 是 $\mathbb{R}^n$ 中有界闭集, 则 $\forall x \in F$, 一致地有

$$\lim_{\delta \to 0} f * K_\delta(x) = f(x). \tag{31.6.5}$$

(3) 设 $f \in C^m, m \geqslant 1, F$ 是 $\mathbb{R}^n$ 中有界闭集, 当 $k \leqslant m$ 时, 则对于 $x \in F$, 一致地有

$$\lim_{\delta \to 0} \frac{\partial^k}{\partial x_{i_1} \cdots \partial x_{i_k}}(f * K_\delta) = \frac{\partial^k f}{\partial x_{i_1} \cdots \partial x_{i_k}}. \tag{31.6.6}$$

证明 (1) 先证 $f * K_\delta$ 是连续函数. 注意到 n 元函数 $K_\delta(x)$ 连续, 当 $x \in \mathbb{R}^n$ 且 $\|x\| \geqslant \delta$ 时, $K_\delta(x) = 0$, 从而 $K_\delta(x)$ 在 $\mathbb{R}^n$ 上一致连续, 于是 $\forall \varepsilon > 0, \exists \eta > 0$, 使当 $\|x - x_1\| < \eta$ 时, 有

$$|K_\delta(x) - K_\delta(x_1)| < \varepsilon.$$

对于 $\xi, x, x_1 \in \mathbb{R}^n$, 由于 $\|(x - \xi) - (x_1 - \xi)\| = \|x - x_1\|$, 故当 $\|x - x_1\| < \eta$ 时, 有

$$|K_\delta(x - \xi) - K_\delta(x_1 - \xi)| < \varepsilon.$$

由此可得

$$|f * K_\delta(x) - f * K_\delta(x_1)| \leqslant \varepsilon \int_{\mathbb{R}^n} |f(\xi)| \mathrm{d}\xi,$$

从函数 f 的假设可知 $\int_{\mathbb{R}^n} |f(\xi)| \mathrm{d}\xi$ 是一个非负的常数, 从 ε 的任意性知函数 $f * K_\delta$ 是连续的 (甚至是一致连续的).

现在来证 $\dfrac{\partial}{\partial x_i}(f * K_\delta)$ 存在且连续. 设 $\Delta x_i \neq 0$, 则

$$\frac{f * K_\delta(x + \Delta x_i) - f * K_\delta(x)}{\Delta x_i} = \int_{\mathbb{R}^n} f(\xi) \frac{K_\delta(x + \Delta x_i - \xi) - K_\delta(x - \xi)}{\Delta x_i} \mathrm{d}\xi,$$
$$(31.6.7)$$

由于 n 元函数 $\dfrac{\partial}{\partial x_i} K_\delta(x)$ 连续, 当 $x \in \mathbb{R}^n$ 且 $\|x\| \geqslant \delta$ 时, $\dfrac{\partial}{\partial x_i} K_\delta(x) = 0$, 从而 $\dfrac{\partial}{\partial x_i} K_\delta(x)$ 在 $\mathbb{R}^n$ 上一致连续. 故 $\forall \varepsilon > 0, \exists \eta > 0$, 使当 $\|x - x_1\| < \eta$ 时有

$$\left| \frac{\partial}{\partial x_i} K_\delta(x) - \frac{\partial}{\partial x_i} K_\delta(x_1) \right| < \varepsilon,$$

对于 $\xi, x, x_1 \in \mathbb{R}^n$, 由于 $\|(x - \xi) - (x_1 - \xi)\| = \|x - x_1\|$, 故当 $\|x - x_1\| < \eta$ 时有

$$\left| \frac{\partial}{\partial x_i} K_\delta(x - \xi) - \frac{\partial}{\partial x_i} K_\delta(x_1 - \xi) \right| < \varepsilon, \qquad (31.6.8)$$

由一元函数的 Lagrange 中值定理, 知存在 $0 < \theta < 1$, 使得

$$\frac{K_\delta(x + \Delta x_i - \xi) - K_\delta(x - \xi)}{\Delta x_i} = \frac{\partial}{\partial x_i} K_\delta(x + \theta \Delta x_i - \xi). \qquad (31.6.9)$$

当 $|\Delta x_i| < \eta$ 时, 得

$$\left| \frac{K_\delta(x + \Delta x_i - \xi) - K_\delta(x - \xi)}{\Delta x_i} - \frac{\partial}{\partial x_i} K_\delta(x - \xi) \right|$$
$$= \left| \frac{\partial}{\partial x_i} K_\delta(x + \theta \Delta x_i - \xi) - \frac{\partial}{\partial x_i} K_\delta(x - \xi) \right| < \varepsilon. \qquad (31.6.10)$$

于是从 (31.6.7) 式, (31.6.9) 式和 (31.6.10) 式得

$$\left| \frac{f * K_\delta(x + \Delta x_i) - f * K_\delta(x)}{\Delta x_i} - \int_{\mathbb{R}^n} f(\xi) \frac{\partial}{\partial x_i} K_\delta(x - \xi) \mathrm{d}\xi \right|$$
$$= \left| \int_{\mathbb{R}^n} f(\xi) \left[\frac{K_\delta(x + \Delta x_i - \xi) - K_\delta(x - \xi)}{\Delta x_i} - \frac{\partial}{\partial x_i} K_\delta(x - \xi) \right] \mathrm{d}\xi \right|$$
$$\leqslant \int_{\mathbb{R}^n} |f(\xi)| \left| \frac{\partial}{\partial x_i} K_\delta(x + \theta \Delta x_i - \xi) - \frac{\partial}{\partial x_i} K_\delta(x - \xi) \right| \mathrm{d}\xi$$
$$\leqslant \varepsilon \int_{\mathbb{R}^n} |f(\xi)| \mathrm{d}\xi.$$

由 $\varepsilon > 0$ 的任意性知

$$\lim_{\Delta x_i \to 0} \frac{f * K_\delta (x + \Delta x_i) - f * K_\delta (x)}{\Delta x_i} = \int_{\mathbb{R}^n} f(\xi) \frac{\partial}{\partial x_i} K_\delta(x - \xi) \mathrm{d}\xi,$$

即函数 $f * K_\delta$ 的偏导数 $\dfrac{\partial}{\partial x_i} (f * K_\delta)$ 存在且

$$\frac{\partial}{\partial x_i} (f * K_\delta)(x) = \int_{\mathbb{R}^n} f(\xi) \frac{\partial}{\partial x_i} K_\delta(x - \xi) \mathrm{d}\xi. \tag{31.6.11}$$

偏导数 $\dfrac{\partial}{\partial x_i} (f * K_\delta)$ 的连续性的论证类同于上一段中有关函数 $f * K_\delta$ 的论证.

完全类似地可证明函数 $f * K_\delta$ 的任意一个偏导数都存在且连续, 即 $f * K_\delta \in C^\infty$, 并且公式 (31.6.4) 成立.

(2) 设函数 f 在 $\mathbb{R}^n$ 中连续, 任取 $\mathbb{R}^n$ 中的有界闭集 F, 并任取 $\varsigma > 0$, 记 F 的邻域 $N(F; \varsigma)$ 的闭包为 $H = \overline{N(F; \varsigma)}$. H 是有界闭集, f 在 H 上一致连续. 于是 $\forall \varepsilon > 0, \exists \eta > 0$, 当 $x, x_1 \in H$ 且 $\|x - x_1\| < \eta$ 时

$$|f(x) - f(x_1)| < \varepsilon. \tag{31.6.12}$$

今取 $\delta > 0$ 使 $\delta < \varsigma$ 且 $\delta < \eta$, 则 $\forall x \in F$, 满足 $\|x - \xi\| \leqslant \delta$ 的 ξ 必属于 H. 从而式 (31.6.12) 对 x, ξ 成立, 而得

$$\begin{aligned}
|f * K_\delta(x) - f(x)| &= \left| \int_{\mathbb{R}^n} f(\xi) K_\delta(x - \xi) \mathrm{d}\xi - \int_{\mathbb{R}^n} f(x) K_\delta(x - \xi) \mathrm{d}\xi \right| \\
&\leqslant \int_{\mathbb{R}^n} |f(\xi) - f(x)| K_\delta(x - \xi) \mathrm{d}\xi \\
&= \int_{\|x - \xi\| \leqslant \delta} |f(\xi) - f(x)| K_\delta(x - \xi) \mathrm{d}\xi \\
&\leqslant \sup_{\|x - \xi\| \leqslant \delta} |f(\xi) - f(x)| \int_{\|x - \xi\| \leqslant \delta} K_\delta(x - \xi) \mathrm{d}\xi \\
&\leqslant \sup_{\|x - \xi\| \leqslant \delta} |f(\xi) - f(x)| \leqslant \varepsilon,
\end{aligned}$$

这便是说 $\forall x \in F$ 一致地有 (31.6.5) 式.

(3) 论证基于 (2). 只需注意, 运用复合求导法则, 从公式 (31.6.4) 可得

$$\frac{\partial^k}{\partial x_{i_1} \cdots \partial x_{i_k}} (f * K_\delta)(x) = \int_{\mathbb{R}^n} f(\xi) \frac{\partial^k}{\partial x_{i_1} \cdots \partial x_{i_k}} K_\delta(x - \xi) \mathrm{d}\xi$$

$$= (-1)^k \int_{\mathbb{R}^n} f(\xi) \frac{\partial^k}{\partial \xi_{i_1} \cdots \partial \xi_{i_k}} K_\delta(x - \xi) \mathrm{d}\xi,$$

其中 $\dfrac{\partial^k}{\partial \xi_{i_1} \cdots \partial \xi_{i_k}} K_\delta(x-\xi)$ 理解为对复合函数 $K_\delta(x-\xi)$ 关于微分算子 $\dfrac{\partial^k}{\partial \xi_{i_1} \cdots \partial \xi_{i_k}}$
求导. 再应用分部积分法, 当 $f \in C^k$ 时, 得

$$(-1)^k \int_{\mathbb{R}^n} f(\xi) \frac{\partial^k}{\partial \xi_{i_1} \cdots \partial \xi_{i_k}} K_\delta(x - \xi) \mathrm{d}\xi = \int_{\mathbb{R}^n} \frac{\partial^k}{\partial \xi_{i_1} \cdots \partial \xi_{i_k}} f(\xi) K_\delta(x - \xi) \mathrm{d}\xi$$
$$= \frac{\partial^k f}{\partial x_{i_1} \cdots \partial x_{i_k}} * K_\delta(x),$$

从而得

$$\frac{\partial^k}{\partial x_{i_1} \cdots \partial x_{i_k}} (f * K_\delta) = \frac{\partial^k f}{\partial x_{i_1} \cdots \partial x_{i_k}} * K_\delta, \tag{31.6.13}$$

对 (31.6.13) 式采用 (2) 中结论, 便得, 对于 $\forall x \in F$, 一致地有 (31.6.6) 式.

评注 31.6.1　回忆第 18 讲评注 18.4.1 中针对狄利克雷 (Dirichlet) 核所谈过的, 这里的 $f * K_\delta$ 在点 x 所取之值 $f * K_\delta(x)$, 是在以点 x 为中心、以 δ 为半径的球体上、以 "核函数" K_δ 之值为权对函数 f 的值作加权平均后, 所得之值, 其值依赖于参数 δ. 这个作加权平均的做法可看作对函数 f "抛光", 由于 "核函数" K_δ 充分光滑, 所得结果 $f * K_\delta$ 是 C^∞ 的, 这时只要假设原来的函数 f 是具有紧支集且 Riemann 可积的, 见定理 31.6.2 之 (1). 再由定理 31.6.2 之 (2) 和 (3), 今后称其中的极限为 "广义一致收敛", 当 f 连续或属于 C^m 时, 函数 f "抛光" 后所得函数 $f * K_\delta$ 的自身或某 m 阶以下的偏导数, 当 $\delta \to 0$ 时广义一致地收敛到函数 f 自身或对应的偏导数.

因此有下面的术语.

定义 31.6.3　函数 $f * K_\delta$ 称为函数 f 的一个磨光化, 而函数 K_δ 称为磨光核.

评注 31.6.2　磨光核不唯一, 这一点不难理解. 因为可以设计出不同的函数, 替代函数 K_δ 后, 使得定理 31.6.2 中结论成立.

31.7　重积分变量替换公式证明完成 (C^1 条件下)

在 28.4 节定理 28.4.1 中假设 Ω_{xy} 和 Ω_{uv} 分别是 xy 平面和 uv 平面中的开集, 变换

$$T : x = x(u, v), y = y(u, v)$$

是从 Ω_{uv} 到 Ω_{xy} 上的连续可导的双射, 而且在 Ω_{uv} 上 Jacobi 行列式

$$\frac{\partial (x,y)}{\partial (u,v)} \neq 0.$$

若 $D_{uv} \in \Omega_{uv}$ 是 uv 平面中有面积的闭区域, 记其在变换 T 之下的像为 $D_{xy} = T(D_{xy}) \subset \Omega_{xy}$, 则 D_{xy} 也是有面积的; 并且 D_{xy} 的面积

$$A(D_{xy}) = \iint\limits_{D_{uv}} \frac{\partial (x,y)}{\partial (u,v)} \mathrm{d}u\mathrm{d}v, \tag{31.7.1}$$

当时设 $T \in C^2$, 获得证明. 现在设 $T \in C^1$, 来完成证明.

先介绍几个引理和有关的概念.

定义 31.7.1 设 A 和 B 是 $\mathbb{R}^n$ 中两个集合, 称

$$d(A,B) = \inf_{P \in A, Q \in B} \{\|P - Q\|\} \tag{31.7.2}$$

为集合 A 与集合 B 的**距离**.

下面的引理很有用.

引理 31.7.1 设 A 和 B 是 $\mathbb{R}^n$ 中两个不相交的闭集, 其中一个是紧致的 (有界闭的), 则它们的距离是正的:

$$d(A,B) > 0. \tag{31.7.3}$$

证明 反证法. 如若不然, 即设 $d(A,B) = 0$. 则存在 $\{P_n\} \subset A$ 和 $\{Q_n\} \subset B$, 使得 $\lim\limits_{n \to +\infty} \|P_n - Q_n\| = 0$. 不妨设 A 是有界的, 由序列形式的波尔察诺–魏尔斯特拉斯 (Bolzano-Weierstrass) 聚点原理, 序列 $\{P_n\}$ 有一收敛子列, 不妨认为 $\{P_n\}$ 是收敛的, 设 $\lim\limits_{n \to +\infty} P_n = P$. 若 $\{P_n\}$ 中有无穷项是同一点, 该点必为点 P, 则 $P \in A$; 若 $\{P_n\}$ 中除有限项外皆互不相同, 则 P 是 A 的一个极限点, 因 A 是闭集, 仍得 $P \in A$. 再考察序列 $\{Q_n\}$, 由 $\lim\limits_{n \to +\infty} \|P_n - Q_n\| = 0$ 知 $\lim\limits_{n \to +\infty} Q_n = P$. 类似于上面的推理, 知 $P \in B$. 这与集合 A 与 B 不相交相矛盾. 此矛盾证明了欲证之结论 (31.7.3).

引理 31.7.2 设 Ω 是 $\mathbb{R}^m$ 中开集, 函数 $T : \Omega \to \mathbb{R}^n$ 在 Ω 中连续可导, D 是 Ω 中一个紧区域, M 是一个正数, 使得当 $P \in D$ 时有 $\left| \dfrac{\partial T_i}{\partial x_j}(P) \right| \leqslant M, i = 1, \cdots, n, j = 1, \cdots, m$. (由于 D 是紧致集, 这样的 M 总存在.)

(1) 设 K 是 $\text{Int}D$ 中一个正立方体, 边长 $l < \dfrac{1}{\sqrt{m}}d(K, C\text{Int}D)$. 则 $T(K)$ 在 $\mathbb{R}^n$ 中可包含于一个正立方体中, 其边长为 $\sqrt{nm}Ml$. 于是

$$T(K) \text{ 在 } \mathbb{R}^n \text{ 中体积} \leqslant \left(\sqrt{nm}M\right)^n l^{n-m} \times (K \text{ 在 } \mathbb{R}^m \text{ 中体积}). \tag{31.7.4}$$

(2) 当 $n \geqslant m$ 时, 设 K 是 $\text{Int}D$ 中紧致集. 若 K 在 $\mathbb{R}^m$ 中的体积为零, 则 $T(K)$ 在 $\mathbb{R}^n$ 中的体积为零.

证明 (1) 当 $P, Q \in K$, 必然线段 $\overline{PQ} \subset \text{Int}D$. 对 T 的第 i 个坐标函数 T_i 应用中值定理 (定理 23.1.1), 存在 $\xi_i \in \overline{PQ}$, 使得

$$T_i(P) - T_i(Q) = \sum_{j=1}^{m} \frac{\partial T_i}{\partial x_j}(\xi_i)(P_j - Q_j), \quad i = 1, 2, \cdots, n,$$

其中 P_j 和 Q_j 分别是点 P 和 Q 的第 j 个坐标. 于是由柯西-施瓦茨 (Cauchy-Schwarz) 不等式 (定理 19.1.1 之 (2)) 及条件 $\left|\dfrac{\partial T_i}{\partial x_j}(\xi_i)\right| \leqslant M$, 得

$$\begin{aligned}
\|T(P) - T(Q)\|^2 &= \sum_{i=1}^{n} |T_i(P) - T_i(Q)|^2 = \sum_{i=1}^{n}\left(\sum_{j=1}^{m}\frac{\partial T_i}{\partial x_j}(\xi_i)(P_j - Q_j)\right)^2 \\
&\leqslant \sum_{i=1}^{n}\sum_{j=1}^{m}\left(\frac{\partial T_i}{\partial x_j}(\xi_i)\right)^2 \times \sum_{j=1}^{m}(P_j - Q_j)^2 \leqslant nmM^2 \|P - Q\|^2,
\end{aligned}$$

开方得

$$\|T(P) - T(Q)\| \leqslant \sqrt{nm}M\|P - Q\|. \tag{31.7.5}$$

K 中最长的两点距离为 $\sqrt{m}l$. 按不等式 (31.7.5), $T(K)$ 中最长的两点距离 $\leqslant \sqrt{nm}Ml$. 从而 $T(K)$ 可包含于 $\mathbb{R}^n$ 中一个边长为 $\sqrt{nm}Ml$ 的正立方体内. 这个正立方体的体积是 $\left(\sqrt{nm}Ml\right)^n$. 因此得不等式 (31.7.4).

(2) 当 $n \geqslant m$ 时, 若 K 是 $\mathbb{R}^m$ 中体积为零的集合, 则对于任 $\varepsilon > 0$, 存在有限 (设为 k) 个正立方体, 其边长均为 $l < \dfrac{1}{\sqrt{m}}d(K, C\text{Int}D)$, 将 K 覆盖, 使得这些正立方体体积之和

$$kl^m < \varepsilon.$$

由 (1) 之讨论及不等式 (31.7.4), 知 $T(K)$ 在 $\mathbb{R}^n$ 中可用 k 个边长为 $\sqrt{nm}Ml$ 的正立方体覆盖, 这些正立方体体积之和

$$k\left(\sqrt{nm}Ml\right)^n \leqslant \left(\sqrt{nm}Ml\right)^n l^{n-m}\varepsilon,$$

由 ε 的任意性可知, $T(K)$ 在 $\mathbb{R}^n$ 中体积为零.

评注 31.7.1 读者请注意: 对函数设置了连续可导条件很重要, 如减弱为连续, 结论不成立. (2) 中条件 $n \geqslant m$ 也重要, 否则 (2) 之结论不成立.

现在转向定理 28.4.1 (即定理 26.6.1) 的证明, 它分成五个步骤.

第一步 先完成结论中的第一部分, 写成下面的定理.

定理 31.7.1 设 Ω 是 $\mathbb{R}^n$ 中开集, 函数 $T : \Omega \to \mathbb{R}^n$ 是连续可导的双射, $S \subset \Omega$ 是有体积的集合, 使得 $\overline{S} \subset \Omega$, 则 S 在 T 之下的像 $T(S)$ 也是有体积的.

证明 由定理 26.1.2 之 (2) 知, 一个集合 S 有体积的充要条件是集合 S 的边界 $\mathrm{Fr}S$ 的外体积是零. 由假设 S 是有体积的, 故其边界 $\mathrm{Fr}S$ 的外体积为零. 由引理 31.7.2, $T(\mathrm{Fr}S)$ 是 Jordan 体积为零的集. 再由于 T 是连续可导的双射, 于是可以证明下面集合的包含关系

$$\mathrm{Fr}T(S) \subset T(\mathrm{Fr}S).$$

由此再由定理 26.1.2 之 (2), 可知 $T(S)$ 是 Jordan 意义下有体积的.

将此定理应用于 2 维情形, 知 $D_{xy} = T(D_{uv})$ 是有面积的.

第二步 将等式 (28.4.1) 的右端表作积分域逼近的极限.

因为 $T \in C^1$, 故 $\dfrac{\partial(x,y)}{\partial(u,v)}$ 在有界闭集 D_{uv} 上有界. 设 $M > 0$, 使得当 $(u,v) \in D_{uv}$ 时, 有 $\left| \dfrac{\partial(x,y)}{\partial(u,v)} \right| \leqslant M$. 在 D_{uv} 的内部 $\overset{\circ}{D}_{uv} = \mathrm{Int}(D_{uv})$ 中取一族有面积的闭区域 D_λ, $\lambda \in (0,1]$ 使得

$$\lim_{\lambda \to 0} A(D_{uv} \backslash D_\lambda) = 0, \tag{31.7.6}$$

则由定理 31.3.1, 有

$$\lim_{\lambda \to 0} \iint_{D_\lambda} \frac{\partial(x,y)}{\partial(u,v)} \mathrm{d}u\mathrm{d}v = \iint_{D_{uv}} \frac{\partial(x,y)}{\partial(u,v)} \mathrm{d}u\mathrm{d}v. \tag{31.7.7}$$

第三步 针对第二步所取的 D_λ, 将变换 T 磨光. 这一步比较复杂, 也是整个推理的关键.

闭区域 D_λ 如上所取, $D_\lambda \subset \mathrm{Int}(D_{uv})$. 可知 D_λ 的边界 $\mathrm{Fr}(D_\lambda)$ 与 D_{uv} 的边界 $\mathrm{Fr}(D_{uv})$ 是两个不相交的有界闭集. 由引理 31.7.1, 它们的距离大于零, 即 $d(\mathrm{Fr}(D_\lambda), \mathrm{Fr}(D_{uv})) > 0$. 有下面的定理.

定理 31.7.2 存在正数 Δ, 使得当 $\delta \in (0, \Delta)$ 时, T_δ 定义为

$$T_\delta = (x * K_\delta, y * K_\delta), \tag{31.7.8}$$

其中 K_δ 为定义 31.6.3 中的磨光核, T_δ 在 D_λ 是单射, 从而 $T_\delta|_{D_\lambda}: D_\lambda \to T_\delta(D_\lambda)$ 是一个 C^∞ 的双射.

证明　先证存在 $\Delta > 0$, 当 $\delta < \Delta$ 时, 有一个在 D_λ 上各点通用的半径, 使得在以它为半径的每一点的邻域上 T_δ 是单射; 再证, 可以进一步调整 Δ, 使当 $\delta < \Delta$ 时, T_δ 在整个 D_λ 上是单射.

(1) 已知在 D_{uv} 上 $\dfrac{\partial(x, y)}{\partial(u, v)} > 0$, 不妨设在 D_{uv} 上 $\dfrac{\partial(x, y)}{\partial(u, v)} \geqslant B > 0$. 由于 m 阶行列式 $\det(a_{ij})$ 是其 m^2 个表值的连续函数, 又由于 T_δ 的 Jacobi 行列式在 D_λ 上一致地趋于 T 的 Jacobi 行列式, 故存在 $\Delta > 0$ 且 $\Delta < \dfrac{1}{2} d(\mathrm{Fr}(D_\lambda), \mathrm{Fr}(D_{uv}))$, 使得当 $\delta \in (0, \Delta]$ 时, 对 D_λ 中任意点有

$$\frac{\partial(x * K_\delta, y * K_\delta)}{\partial(u, v)} \geqslant \frac{B}{2},$$

再由偏导数 $\dfrac{\partial x * K_\delta}{\partial u}$ 等在有界闭集 D_λ 上的一致连续性, 从而存在 $\varepsilon > 0$, 使得当 $P_1, P_2 \in D_\lambda$ 且 $\|P_1 - P_2\| < \varepsilon$ 时有

$$\det \begin{pmatrix} \dfrac{\partial x * K_\delta}{\partial u}(P_1) & \dfrac{\partial y * K_\delta}{\partial u}(P_2) \\[3mm] \dfrac{\partial x * K_\delta}{\partial v}(P_1) & \dfrac{\partial y * K_\delta}{\partial v}(P_2) \end{pmatrix} \geqslant \frac{B}{3}. \tag{31.7.9}$$

任取一点 $P \in D_\lambda$, 在点 P 的 $\dfrac{1}{2}\varepsilon$ 邻域 $N\left(P; \dfrac{\varepsilon}{2}\right)$ 中, 当 $\delta \in (0, \Delta)$ 时, 变换 T_δ 是单射. 这是因为, 设 $P_1, P_2 \in N\left(P; \dfrac{\varepsilon}{2}\right)$, 使得

$$T_\delta(P_1) = T_\delta(P_2), \ 即 \ T_\delta(P_1) - T_\delta(P_2) = 0.$$

用坐标函数表述即为

$$\begin{cases} x * K_\delta(P_1) - x * K_\delta(P_2) = 0, \\ y * K_\delta(P_1) - y * K_\delta(P_2) = 0. \end{cases} \tag{31.7.10}$$

对数值函数 $x * K_\delta$ 和 $y * K_\delta$ 分别应用中值定理 (定理 23.1.1), 存在线段 $\overline{P_1 P_2}$ 上两点 Q_1 和 Q_2, 使得

$$x * K_\delta(P_1) - x * K_\delta(P_2) = \mathrm{grad}\, x * K_\delta(Q_1) \cdot (P_1 - P_2),$$

$$y * K_\delta(P_1) - y * K_\delta(P_2) = \mathrm{grad}\, y * K_\delta(Q_2) \cdot (P_1 - P_2),$$

记 $P_1 = (u_1, v_1), P_2 = (u_2, v_2)$, 于是 (31.7.10) 便成为

$$
\begin{cases}
\dfrac{\partial x * K_\delta}{\partial u}(Q_1)(u_1 - u_2) + \dfrac{\partial x * K_\delta}{\partial v}(Q_1)(v_1 - v_2) = 0, \\[3mm]
\dfrac{\partial y * K_\delta}{\partial u}(Q_2)(u_1 - u_2) + \dfrac{\partial y * K_\delta}{\partial v}(Q_2)(v_1 - v_2) = 0.
\end{cases}
$$

由于 $\|Q_1 - Q_2\| \leqslant \|P_1 - P_2\| < \varepsilon$, 便由 (31.7.9) 及线性方程组的知识, 知

$$
u_1 - u_2 = 0 \quad \text{及} \quad v_1 - v_2 = 0,
$$

即 $P_1 = P_2$. 这就是说, 当 $\delta \in (0, \Delta)$ 时, 变换 T_δ 在点 P 的 $\dfrac{\varepsilon}{2}$ 邻域上是单射.

(2) 欲证: 可取正数 Δ, 使得当 $\delta \in (0, \Delta)$ 时, 变换 T_δ 在整 D_λ 上是单射. 设此结论不成立, 则存在单调递减的正数序列 $\{\delta_n\}$ 趋于 0, 并且存在 D_λ 中两个点列 $\{P_n\}$ 和 $\{Q_n\}$, 使得 $P_n \neq Q_n$, 且 $T_{\delta_n}(P_n) = T_{\delta_n}(Q_n)$. 由 (1) 可知, $\forall n \in \mathbb{N}, \|P_n - Q_n\| \geqslant \varepsilon$. 已知 D_λ 是有界闭集, 从序列形式的 Bolzano-Weierstrass 聚点原理, 不妨认为 $\lim\limits_{n \to +\infty} P_n = P$ 和 $\lim\limits_{n \to +\infty} Q_n = Q$, 则 $P \neq Q$, 并且由不等式

$$
\|T_{\delta_n}(P_n) - T(P)\| \leqslant \|T_{\delta_n}(P_n) - T(P_n)\| + \|T(P_n) - T(P)\|,
$$

并根据在 D_λ 上一致地有 $\lim\limits_{\delta \to 0} T_\delta = T$ 及 T 的连续性, 得

$$
\lim_{n \to +\infty} T_{\delta_n}(P_n) = T(P).
$$

同理, 有

$$
\lim_{n \to +\infty} T_{\delta_n}(Q_n) = T(Q).
$$

从而得

$$
T(P) = T(Q),
$$

这与已知 T 在 D_{uv} 上是单射相矛盾. 此矛盾证明了: 可取正数 Δ, 既满足 (1) 中的要求, 又可使得当 $\delta \in (0, \Delta)$ 时, T_δ 在 D_λ 上是单射. 从而知 $T_\delta|_{D_\lambda} : D_\lambda \to T_\delta(D_\lambda)$ 是双射.

采取定理 31.7.2 的结论中的 Δ, 当 $\delta \in (0, \Delta)$ 时, 取 T_δ 由式 (31.7.8) 定义, 它是变换 T 的磨光, 属于 C^∞, 而且 $T_\delta|_{D_\lambda} : D_\lambda \to T_\delta(D_\lambda)$ 是一个双射.

第四步 还需要证明下面的命题.

定理 31.7.3 设 D_λ 和 δ 如前面所取, 则有极限等式

$$
\lim_{\delta \to 0} A(T_\delta(D_\lambda)) = A(T(D_\lambda)). \tag{31.7.11}
$$

证明　(1) 已知 $T(D_\lambda)$ 有面积, 故由定理 26.1.2 之 (2), $\operatorname{Fr}T(D_\lambda)$ 的面积为零. 因此, 对于任给的 $\varepsilon > 0$, 集合 $\operatorname{Fr}T(D_\lambda)$ 可被一些其边平行坐标轴的闭矩形覆盖, 它们的面积之和小于 $\frac{1}{2}\varepsilon$. 将这些闭矩形之边平行地扩大为面积两倍的开矩形, 其面积之和小于 ε. 记这些开矩形的并集为 G, 则 $\operatorname{Fr}T(D_\lambda) \subset G$. 由引理 31.7.1, 知集合 $\operatorname{Fr}T(D_\lambda)$ 与 CG 的距离 $d(\operatorname{Fr}T(D_\lambda), CG) > 0$. 由于当 $\delta \to 0$ 时 T_δ 在 D_λ 上一致地趋于 T, 故可取正数 Δ, 使得当 $\delta \in (0, \Delta)$ 时, 对一切 $P \in D_\lambda$, 有

$$\|T_\delta(P) - T(P)\| < \frac{1}{2}d(\operatorname{Fr}T(D_\lambda), CG). \tag{31.7.12}$$

于是对于 $Q \in CG$, 有

$$d(Q, \operatorname{Fr}T(D_\lambda)) \geqslant d(\operatorname{Fr}T(D_\lambda), CG)$$

和

$$d(Q, \operatorname{Fr}T_\delta(D_\lambda)) \geqslant \frac{1}{2}d(\operatorname{Fr}T(D_\lambda), CG).$$

(2) 现在来证明: 对 (1) 中所取 Δ, 当 $\delta \in (0, \Delta)$ 时, $T_\delta(D_\lambda) \backslash G = T(D_\lambda) \backslash G$. 设 $T(P) \in T(D_\lambda) \backslash G$, 于是 $T(P) \in \operatorname{Int}T(D_\lambda)$, 从而 $P \in \operatorname{Int}D_\lambda$ 并且 $T(P) \notin \operatorname{Fr}T_\delta(D_\lambda)$. 假设 $T(P) \notin \operatorname{Int}T_\delta(D_\lambda)$, 则 $T(P) \notin T_\delta(D_\lambda)$. 又由于 $T(P) \notin G$, 故

$$d(T(P), \operatorname{Int}T_\delta(D_\lambda)) > \frac{1}{2}d(\operatorname{Fr}T(D_\lambda), CG),$$

但这与不等式 (31.7.12) 矛盾. 此矛盾证明了 $T(P) \in \operatorname{Int}T_\delta(D_\lambda)$, 即证得包含

$$T_\delta(D_\lambda) \backslash G \supset T(D_\lambda) \backslash G.$$

再设 $T_\delta(P) \in T_\delta(D_\lambda) \backslash G$, 于是 $T_\delta(P) \in \operatorname{Int}T_\delta(D_\lambda)$, 从而 $P \in \operatorname{Int}D_\lambda$ 且 $T_\delta(P) \notin \operatorname{Fr}T(D_\lambda)$. 假设 $T_\delta(P) \notin \operatorname{Int}T(D_\lambda)$, 则 $T_\delta(P) \notin T(D_\lambda)$. 又由于 $T(P) \notin G$, 故

$$d(T_\delta(P), \operatorname{Int}T(D_\lambda)) > d(\operatorname{Fr}T(D_\lambda), CG),$$

但这与不等式 (31.7.12) 矛盾. 此矛盾证明了 $T_\delta(P) \in \operatorname{Int}T(D_\lambda)$, 即证得包含

$$T_\delta(D_\lambda) \backslash G \subset T(D_\lambda) \backslash G,$$

综上得等式 $T_\delta(D_\lambda) \backslash G = T(D_\lambda) \backslash G$.

(3) 从 (2) 之结论便得

$$T_\delta(D_\lambda) \backslash T(D_\lambda) \cup T(D_\lambda) \backslash T_\delta(D_\lambda) \subset G.$$

并由 (1) 中 G 之构作知

$$A(G) < \varepsilon,$$

从而由 ε 的任意性, 知

$$\lim_{\delta \to 0} A(T_\delta(D_\lambda) \backslash T(D_\lambda) \cup T(D_\lambda) \backslash T_\delta(D_\lambda)) = 0.$$

于是由定理 31.3.1, 得

$$\lim_{\delta \to 0} \iint_{T_\delta(D_\lambda)} \mathrm{d}x\mathrm{d}y = \iint_{T(D_\lambda)} \mathrm{d}x\mathrm{d}y.$$

这就是极限等式 (31.7.11).

第五步 从 D_λ 的选取满足 $D_\lambda \subset \mathrm{Int}D_{uv}$, 知 $T(D_\lambda) \subset \mathrm{Int}T(D_{uv})$. 于是有

$$T(D_{uv}) = T(D_{uv}) \backslash T(D_\lambda) \cup T(D_\lambda)$$

及

$$A(T(D_{uv})) = A(T(D_{uv}) \backslash T(D_\lambda)) + A(T(D_\lambda)). \tag{31.7.13}$$

又因为

$$T(D_{uv} \backslash D_\lambda) = T(D_{uv}) \backslash T(D_\lambda).$$

由引理 31.7.2 之 (1) 有

$$A(T(D_{uv}) \backslash T(D_\lambda)) = A(T(D_{uv} \backslash D_\lambda)) \leqslant \left(\sqrt{n}nM\right)^n A(D_{uv} \backslash D_\lambda),$$

故由条件 (31.7.6) 得

$$\lim_{\lambda \to 0} A(T(D_{uv}) \backslash T(D_\lambda)) = 0,$$

从而由 (31.7.13) 得

$$\lim_{\lambda \to 0} A(T(D_\lambda)) = A(T(D_{uv})).$$

然后陆续由定理 31.7.3, C^2 情形的定理 28.4.1, 定理 31.6.2 与定理 31.3.2, 以及定理 31.3.1 便得

$$A\left(T\left(D_{uv}\right)\right) = \lim_{\lambda \to 0} A\left(T\left(D_\lambda\right)\right) = \lim_{\lambda \to 0} \lim_{\delta \to 0} A\left(T_\delta\left(D_\lambda\right)\right)$$

$$= \lim_{\lambda \to 0} \lim_{\delta \to 0} \iint\limits_{D_\lambda} \frac{\partial\left(x * K_\delta, y * K_\delta\right)}{\partial\left(u, v\right)} du dv$$

$$= \lim_{\lambda \to 0} \iint\limits_{D_\lambda} \frac{\partial\left(x, y\right)}{\partial\left(u, v\right)} du dv = \iint\limits_{D_{uv}} \frac{\partial\left(x, y\right)}{\partial\left(u, v\right)} du dv.$$

这便完成了等式 (28.4.1) 即 C^1 情形的定理 28.4.1 的证明.

定理 28.4.1 在 C^1 情形得证, 从而定理 28.4.2, 即重积分变量替换公式 (定理 26.6.1) 在 C^1 情形的证明已经完成.

第32讲

广义重积分

重积分也可推广为广义重积分, 也分两类: 一类是无限区域上的广义重积分, 另一类是无界函数的重积分, 这里着重以二重的情形为主予以介绍. 请读者保持举一反三的态度来学习, 以达到同时掌握更高维区域上的广义重积分的基本内容. 它们在应用中极为重要.

32.1 广义二重积分概念

定义 32.1.1 设 D 是平面上一个无限的区域, 其边界 $\mathrm{Fr}(D)$ 的任何有界部分是有零面积的. 任作平面上有零面积的并且其内域含有原点 O 的曲线 K, 用 K 截取 D 的有界的有面积的部分区域记为 D_K, 记曲线 K 与原点 O 的距离为 R. 设 f 是定义在 D 上的实值函数, 使得 f 在任何 D_K 上是可积的. 如果极限

$$\lim_{R \to +\infty} \iint_{D_K} f(x,y)\mathrm{d}x\mathrm{d}y \tag{32.1.1}$$

存在, 则称此极限为函数 f 在 D 上的无限区域**广义二重积分**, 记作

$$\iint_D f(x,y)\mathrm{d}x\mathrm{d}y,$$

也说无限区域广义二重积分 $\iint_D f(x,y)\mathrm{d}x\mathrm{d}y$ **存在**或**收敛**; 若极限 (32.1.1) 不存在, 则说无限区域广义二重积分 $\iint_D f(x,y)\mathrm{d}x\mathrm{d}y$ **不存在**或**发散**. 区域 D 称为**积分区域**.

定义 32.1.2 设 D 是平面上一个有面积的区域, $Q \in \overline{D}$. 任作平面上不过点 Q 而使点 Q 落入其内域的有零面积的简单闭曲线 K, K 的外域截取 D 的有面积

的部分区域记为 D_K, 记曲线 K 中点与点 Q 的距离的上确界为 r. 设 f 是定义在 $D\backslash\{Q\}$ 上的无界实值函数, 使得 f 在任何 D_K 上是可积的, 如果极限

$$\lim_{r\to 0}\iint\limits_{D_K}f(x,y)\mathrm{d}x\mathrm{d}y \tag{32.1.2}$$

存在, 则称此极限为函数 f 在 D 上的**无界函数广义二重积分**或**瑕二重积分**, 记作

$$\iint\limits_D f(x,y)\mathrm{d}x\mathrm{d}y,$$

也说瑕二重积分 $\iint\limits_D f(x,y)\mathrm{d}x\mathrm{d}y$ **存在**或**收敛**; 若极限 (32.1.2) 不存在, 则说瑕二重积分 $\iint\limits_D f(x,y)\mathrm{d}x\mathrm{d}y$ **不存在**或**发散**. 区域 D 称为**积分区域**, 点 Q 称为**瑕点**.

类似地可定义有多个瑕点的瑕二重积分, 甚至还可定义瑕点组成零面积集的瑕二重积分.

32.2　收敛性蕴涵绝对收敛性

广义重积分有一个重要的性质, 就二重的无限区域广义积分来陈述并论证如下.

定理 32.2.1　设 D 是平面上一个无限的区域, 其边界 $\mathrm{Fr}(D)$ 的任何有界部分有零面积, 对于任何有零面积且其内域含有原点 O 的曲线 K, 用 K 截取 D 的有界的有面积的部分区域记为 D_K. 设 f 是 D 上定义的实函数, 在 D_K 上的二重积分存在. 则函数 f 在 D 上的无限区域广义二重积分 $\iint\limits_D f(x,y)\mathrm{d}x\mathrm{d}y$ 存在的充分必要条件是, 其绝对值函数 $|f|$ 在 D 上的无限区域广义二重积分 $\iint\limits_D |f(x,y)|\mathrm{d}x\mathrm{d}y$ 存在.

证明　首先, 因已设函数 f 在每个 D_K 上的二重积分都存在, 于是由定理 26.2.3 知, 绝对值函数 $|f|$ 在 D_K 上的二重积分

$$\iint\limits_{D_K}|f(x,y)|\mathrm{d}x\mathrm{d}y$$

都存在.

其次, 设

$$f_+ = \frac{|f|+f}{2}, \quad f_- = \frac{|f|-f}{2},$$

则 f_+ 和 f_- 都是 D 上的非负函数, 它们在 D_K 上的二重积分都存在, 且

$$f = f_+ - f_-, \quad |f| = f_+ + f_-, \quad f_+ \leqslant |f|, \quad f_- \leqslant |f|.$$

条件的充分性　假设绝对值函数 $|f|$ 在 D 上的无限区域广义二重积分存在, 由不等式 $f_+ \leqslant |f|$, 得

$$\iint\limits_{D_K} f_+ \mathrm{d}x\mathrm{d}y \leqslant \iint\limits_{D_K} |f|\mathrm{d}x\mathrm{d}y.$$

因不等式右端的极限存在, 而此极限是数集 $\left\{ \iint\limits_{D_K} |f|\mathrm{d}x\mathrm{d}y \right\}$ 的一个上界 (为什么?), 从而数集 $\left\{ \iint\limits_{D_K} f_+ \mathrm{d}x\mathrm{d}y \right\}$ 有上界, 因此有上确界, 记它为

$$I_+ = \sup\left\{ \iint\limits_{D_K} f_+ \mathrm{d}x\mathrm{d}y \right\}.$$

今往证 I_+ 是极限值 $\lim\limits_{R\to+\infty} \iint\limits_{D_K} f_+ \mathrm{d}x\mathrm{d}y$ 如下.　按上确界之定义, I_+ 是数集 $\left\{ \iint\limits_{D_K} f_+ \mathrm{d}x\mathrm{d}y \right\}$ 的上界, 并且对于任意 $\varepsilon > 0$, 存在有零面积的曲线 K_1, 使得

$$I_+ - \varepsilon < \iint\limits_{D_{K_1}} f_+ \mathrm{d}x\mathrm{d}y \leqslant I_+.$$

记 $A = \sup\{\sqrt{x^2+y^2}\,|(x,y) \in K_1\}$. 则当有零面积的曲线 K 与原点的距离 $R > A$ 时, 便有 $D_K \supset D_{K_1}$. 由于 f_+ 是非负函数, 故有

$$\iint\limits_{D_{K_1}} f_+ \mathrm{d}x\mathrm{d}y \leqslant \iint\limits_{D_K} f_+ \mathrm{d}x\mathrm{d}y \leqslant I_+,$$

从而得

$$I_+ - \varepsilon < \iint\limits_{D_K} f_+ \mathrm{d}x\mathrm{d}y < I_+ + \varepsilon,$$

这就是说, $\lim\limits_{R\to\infty} \iint\limits_{D_K} f_+ \mathrm{d}x\mathrm{d}y = I_+$, 即广义二重积分 $\iint\limits_{D} f_+ \mathrm{d}x\mathrm{d}y$ 存在. 同理, 广义

二重积分 $\iint\limits_{D} f_- \mathrm{d}x\mathrm{d}y$ 存在. 由于 $f = f_+ - f_-$, 可见函数 f 在 D 上的无限区域

广义二重积分 $\iint\limits_{D} f\mathrm{d}x\mathrm{d}y$ 存在.

条件的必要性 假设函数 f 在 D 上的无限区域广义二重积分存在. 采用反证法. 设函数 $|f|$ 在 D 上的无限区域广义二重积分不存在, 即

$$\lim_{R\to+\infty} \iint\limits_{D_K} |f|\mathrm{d}x\mathrm{d}y = +\infty.$$

取集合 $\{D_K\}$ 中之一序列 $\{D_n\}$, 使得

$$\lim_{n\to+\infty} \iint\limits_{D_n} |f|\mathrm{d}x\mathrm{d}y = +\infty.$$

序列 $\{D_n\}$ 可运用数学归纳法构作定理依次构作, 使满足: 对 $n \in \mathbb{N}$, 有

$$\iint\limits_{D_{n+1}} |f|\,\mathrm{d}x\mathrm{d}y > 3 \iint\limits_{D_n} |f|\mathrm{d}x\mathrm{d}y + 2n.$$

于是得

$$\iint\limits_{D_{n+1}\setminus D_n} |f|\mathrm{d}x\mathrm{d}y > 2 \left(\iint\limits_{D_n} |f|\mathrm{d}x\mathrm{d}y + n \right),$$

或 $$\iint\limits_{D_{n+1}\setminus D_n} f_+\mathrm{d}x\mathrm{d}y + \iint\limits_{D_{n+1}\setminus D_n} f_-\mathrm{d}x\mathrm{d}y > 2 \left(\iint\limits_{D_n} |f|\,\mathrm{d}x\mathrm{d}y + n \right),$$

左端两项中之大者必大于右端之一半, 不妨设

$$\iint\limits_{D_{n+1}\setminus D_n} f_+\mathrm{d}x\mathrm{d}y > \iint\limits_{D_n} |f|\mathrm{d}x\mathrm{d}y + n.$$

对 $D_{n+1} \backslash D_n$ 取分划 T, 使函数 f_+ 关于此分划 T 的 Darboux 下和有不等式

$$s_{f+}(T) > \iint\limits_{D_n} |f| \, \mathrm{d}x\mathrm{d}y + n,$$

由于 $f_+ \geqslant 0$, f_+ 在 T 的每个小区域上的下确界均大于等于 0. 若将 f_+ 在其上下确界等于零的小区域从 D_{n+1} 中剔除, 所得集合仍记作 D_{n+1}, 则在 $D_{n+1} \backslash D_n$ 上 $f_+ > 0$. 这时 $f_+ = f$. 于是得

$$\iint\limits_{D_{n+1} \backslash D_n} f \mathrm{d}x\mathrm{d}y > \iint\limits_{D_n} |f| \mathrm{d}x\mathrm{d}y + n,$$

而从不等式 (26.2.9) 得

$$\iint\limits_{D_n} f \mathrm{d}x\mathrm{d}y \geqslant - \iint\limits_{D_n} |f| \mathrm{d}x\mathrm{d}y,$$

将上面两个不等式相加便得

$$\iint\limits_{D_{n+1}} f \mathrm{d}x\mathrm{d}y > n,$$

于是得

$$\lim_{n \to +\infty} \iint\limits_{D_n} f \mathrm{d}x\mathrm{d}y = +\infty.$$

这与函数 f 在 D 上的无限区域广义二重积分收敛相矛盾. 此矛盾证明了欲证之结论.

评注 32.2.1 值得强调的是上述定理中的必要性结论, 它可简述为**收敛性蕴涵绝对收敛性**. 一维的无限区间广义积分没有类似的结论, 读者不难自己举出反例. 这是一元微积分与二元以上微积分重要区别之一.

32.3 典型例子与收敛定理

先看几个例题, 从中亦可归纳出收敛定理.

例 32.3.1 设被积函数为 $f(x,y) = \ln \sqrt{x^2 + y^2}$. 可以设计两类广义二重积分.

(1) 广义二重积分

$$\iint\limits_{x^2+y^2 \leqslant 1} \ln \sqrt{x^2 + y^2} \mathrm{d}x\mathrm{d}y$$

是一个瑕积分, 原点 O 是瑕点. 这里被积函数 f 在点 O 无定义. (请读者注意: 在定义 32.1.2 中, 瑕点 Q 是否属于 D 陈述得比较含糊. 实际上允许点 $Q \in D$, f 在点 Q 有无定义不重要, 重要的是 f 在点 Q 的任何邻域内无界. 今后作为约定, 允许这样来写). 现在讨论这个瑕积分的敛散性. 取 $r > 0$, 但 $r < 1$, 记 $D_r = \{r^2 \leqslant x^2 + y^2 \leqslant 1\}$. 积分 $\iint\limits_{D_r} \ln \sqrt{x^2 + y^2} \mathrm{d}x \mathrm{d}y$ 是正常二重积分. 对它运用极坐标 (ρ, θ), 并化为累次积分, 得

$$
\iint\limits_{r^2 \leqslant x^2 + y^2 \leqslant 1} \ln \sqrt{x^2 + y^2} \mathrm{d}x \mathrm{d}y = \iint\limits_{\substack{r \leqslant \rho \leqslant 1 \\ 0 \leqslant \theta \leqslant 2\pi}} (\ln \rho) \rho \mathrm{d}\rho \mathrm{d}\theta
$$

$$
= \int_r^1 \mathrm{d}\rho \int_0^{2\pi} \rho \ln \rho \mathrm{d}\theta = 2\pi \int_r^1 \rho \ln \rho \mathrm{d}\rho
$$

$$
= 2\pi \left[\frac{1}{2} \rho^2 \ln \rho - \frac{1}{4} \rho^2 \right]_r^1 = 2\pi \left(-\frac{1}{4} - \frac{1}{2} r^2 \ln r + \frac{r^2}{4} \right).
$$

令 $r \to 0$, 取极限, 得

$$
\iint\limits_{x^2 + y^2 \leqslant 1} \ln \sqrt{x^2 + y^2} \mathrm{d}x \mathrm{d}y = -\frac{\pi}{2},
$$

这证明了此瑕积分收敛.

(2) 再讨论另一类广义二重积分

$$
\iint\limits_{x^2 + y^2 \geqslant 1} \ln \sqrt{x^2 + y^2} \mathrm{d}x \mathrm{d}y
$$

的敛散性. 它是一个无限区域广义二重积分. 取 $R > 1$, 记 $D_R = \{1 \leqslant x^2 + y^2 \leqslant R^2\}$. 对二重积分 $\iint\limits_{D_R} \ln \sqrt{x^2 + y^2} \mathrm{d}x \mathrm{d}y$ 的计算, 得

$$
\iint\limits_{1 \leqslant x^2 + y^2 \leqslant R^2} \ln \sqrt{x^2 + y^2} \mathrm{d}x \mathrm{d}y = \iint\limits_{\substack{1 \leqslant \rho \leqslant R \\ 0 \leqslant \theta \leqslant 2\pi}} (\ln \rho) \rho \mathrm{d}\rho \mathrm{d}\theta
$$

$$
= \int_1^R \mathrm{d}\rho \int_0^{2\pi} \rho \ln \rho \mathrm{d}\theta = 2\pi \int_1^R \rho \ln \rho \mathrm{d}\rho
$$

$$
= 2\pi \left[\frac{1}{2} \rho^2 \ln \rho - \frac{1}{4} \rho^2 \right]_1^R = 2\pi \left(\frac{1}{2} R^2 \ln R - \frac{R^2}{4} + \frac{1}{4} \right),
$$

令 $R \to +\infty$, 得

$$\iint\limits_{x^2+y^2 \geqslant 1} \ln \sqrt{x^2 + y^2} \mathrm{d}x\mathrm{d}y = +\infty,$$

这证明了此广义二重积分发散.

例 32.3.2 设 $\alpha > 0$. 试讨论下列广义二重积分对何种 α 收敛或发散:

(1) $\displaystyle\iint\limits_{x^2+y^2 \geqslant 1} \frac{\mathrm{d}x\mathrm{d}y}{(x^2 + y^2)^{\alpha}}$;

(2) $\displaystyle\iint\limits_{x^2+y^2 \leqslant 1} \frac{\mathrm{d}x\mathrm{d}y}{(x^2 + y^2)^{\alpha}}$.

答案 (1) $\alpha > 1$ 时收敛, $\alpha \leqslant 1$ 时发散.

(2) $\alpha < 1$ 时收敛, $\alpha \geqslant 1$ 时发散.

类似于一元的广义积分的判别法 (16.5 节), 有

定理 32.3.1 (Cauchy 法则) 设函数 f 在无限区域 $D = \{(x,y) : x^2 + y^2 \geqslant 1\}$ 上定义, D_K 如定义 32.1.1 中所设, f 在任何 D_K 上可积.

(1) 若 $0 \leqslant f(x,y) \leqslant \dfrac{1}{(x^2 + y^2)^{\alpha}}$ 且 $\alpha > 1$, 则无限区域广义积分 $\displaystyle\iint\limits_{D} f(x,y)\mathrm{d}x\mathrm{d}y$ 收敛.

(2) 若 $f(x,y) \geqslant \dfrac{1}{(x^2 + y^2)^{\alpha}}$ 且 $\alpha \leqslant 1$, 则无限区域广义积分 $\displaystyle\iint\limits_{D} f(x,y)\mathrm{d}x\mathrm{d}y$ 发散.

定理 32.3.2 (Cauchy 法则) 设函数 f 在区域 $D = \{(x,y) : 0 < x^2 + y^2 \leqslant 1\}$ 上定义, 原点 O 是瑕点, D_K 如定义 32.1.2 中所设, f 在任何 D_K 上可积.

(1) 若 $0 \leqslant f(x,y) \leqslant \dfrac{1}{(x^2 + y^2)^{\alpha}}$, 且 $\alpha < 1$, 则瑕积分 $\displaystyle\iint\limits_{D} f(x,y)\mathrm{d}x\mathrm{d}y$ 收敛.

(2) 若 $f(x,y) \geqslant \dfrac{1}{(x^2 + y^2)^{\alpha}}$, 且 $\alpha \geqslant 1$, 则瑕积分 $\displaystyle\iint\limits_{D} f(x,y)\mathrm{d}x\mathrm{d}y$ 发散.

32.4 化为累次积分

可以将广义二重积分的积分区域放大为无限的矩形或某圆域的一个扇形部分等简单的区域, 同时将被积函数作零延拓, 则不改变广义二重积分的敛散性和积分值. 因此, 今后只针对最简单的区域进行研讨.

人们自然希望将广义二重积分表成累次积分, 其中累次积分中的一次或两次是一元的广义积分. 这在适当条件下是可以成功的. 将以无限矩形上的广义积分为例, 作较详细的讨论. 先对非负函数讨论, 再回到一般的函数.

定理 32.4.1　设 $D = [a, b] \times [c, +\infty), D_K$ 如定义 32.1.1 中所设, f 是定义在 D 上的非负函数, f 在任何 D_K 上可积.

(1) 设对于每个 $y \in [c, +\infty)$, 正常积分 $\int_a^b f \mathrm{d}x$ 存在, 且它关于 y 的广义积分存在, 即累次积分

$$\int_c^{+\infty} \mathrm{d}y \int_a^b f(x, y) \, \mathrm{d}x$$

存在, 则广义二重积分

$$\iint_{[a,b]\times[c,+\infty)} f(x, y) \, \mathrm{d}x\mathrm{d}y$$

存在, 且有等式

$$\iint_{[a,b]\times[c,+\infty)} f(x, y) \, \mathrm{d}x\mathrm{d}y = \int_c^{+\infty} \mathrm{d}y \int_a^b f(x, y) \, \mathrm{d}x. \tag{32.4.1}$$

(2) 设对于每个 $x \in [a, b]$, 无限限广义积分 $\int_c^{+\infty} f \mathrm{d}y$ 存在, 且它关于 x 的正常积分存在, 即累次积分

$$\int_a^b \mathrm{d}x \int_c^{+\infty} f(x, y) \, \mathrm{d}y$$

存在, 则广义二重积分

$$\iint_{[a,b]\times[c,+\infty)} f(x, y) \, \mathrm{d}x\mathrm{d}y$$

存在, 且有等式

$$\iint_{[a,b]\times[c,+\infty)} f(x, y) \, \mathrm{d}x\mathrm{d}y = \int_a^b \mathrm{d}x \int_c^{+\infty} f(x, y) \, \mathrm{d}y. \tag{32.4.2}$$

证明　(1) 已知累次积分 $\int_c^{+\infty} \mathrm{d}y \int_a^b f \mathrm{d}x$ 存在, 故对 $d > c$, 累次积分 $\int_c^d \mathrm{d}y \int_a^b f \mathrm{d}x$

存在, 其中两层均为正常积分. 由定理 26.4.1, 有

$$
\int_c^d \mathrm{d}y \int_a^b f(x,y)\mathrm{d}x = \iint\limits_{[a,b]\times[c,d]} f(x,y)\mathrm{d}x\mathrm{d}y.
$$

从而得

$$
\begin{aligned}
\int_c^{+\infty} \mathrm{d}y \int_a^b f(x,y)\mathrm{d}x &= \lim_{d\to+\infty} \int_c^d \mathrm{d}y \int_a^b f(x,y)\mathrm{d}x \\
&= \lim_{d\to+\infty} \iint\limits_{[a,b]\times[c,d]} f(x,y)\mathrm{d}x\mathrm{d}y.
\end{aligned}
$$

这既证明了广义二重积分 $\iint\limits_{[a,b]\times[c,+\infty)} f\mathrm{d}x\mathrm{d}y$ 存在, 同时又证明了等式 (32.4.1) 成立.

(2) 由对于 $x \in [a,b]$, $\int_c^{+\infty} f\mathrm{d}y$ 关于 x 正常可积, 可以证明 (目前不能证明, 留待讲述含参数积分理论时补证之.)

$$
\int_a^b \mathrm{d}x \int_c^{+\infty} f(x,y)\mathrm{d}y = \lim_{d\to+\infty} \int_a^b \mathrm{d}x \int_c^d f(x,y)\mathrm{d}y. \tag{32.4.3}
$$

注意, 由 $\int_c^{+\infty} f\mathrm{d}y$ 存在知对于 $d > c$, 正常积分 $\int_c^d f(x,y)\mathrm{d}y$ 存在; 还可证明 (留待补证) 累次积分 $\int_a^b \mathrm{d}x \int_c^d f\mathrm{d}y$ 存在, 于是由定理 26.4.1, 得

$$
\int_a^b \mathrm{d}x \int_c^d f(x,y)\mathrm{d}y = \iint\limits_{[a,b]\times[c,d]} f(x,y)\mathrm{d}x\mathrm{d}y,
$$

从而得

$$
\int_a^b \mathrm{d}x \int_c^{+\infty} f(x,y)\mathrm{d}y = \lim_{d\to+\infty} \iint\limits_{[a,b]\times[c,d]} f(x,y)\mathrm{d}x\mathrm{d}y.
$$

这既证明了广义二重积分 $\iint\limits_{[a,b]\times[c,+\infty)} f\mathrm{d}x\mathrm{d}y$ 存在, 同时也证明了等式 (32.4.2) 成立.

评注 32.4.1 上述定理中命题 (2) 之条件可以改变为: 设对于每个 $x \in [a,b]$, 无限限广义积分 $\int_c^{+\infty} f \mathrm{d}y$ 存在, 且它关于 x 的以点 b 为唯一瑕点的瑕积分 $\int_a^b \mathrm{d}x \int_c^{+\infty} f \mathrm{d}y$ 存在. 命题 (2) 之结论保持成立. 证明省略.

定理 32.4.2 设 $D = [a, +\infty) \times [c, +\infty)$, D_K 如定义 32.1.1 中所设, f 是定义在 D 上的非负函数, f 在任何 D_K 上可积. 设累次广义积分 $\int_a^{+\infty} \mathrm{d}x \int_c^{+\infty} f \mathrm{d}y$ 存在, 则广义二重积分

$$\iint\limits_{[a,+\infty)\times[c,+\infty)} f(x,y)\mathrm{d}x\mathrm{d}y$$

存在, 且有等式

$$\iint\limits_{[a,+\infty)\times[c,+\infty)} f(x,y)\mathrm{d}x\mathrm{d}y = \int_a^{+\infty} \mathrm{d}x \int_c^{+\infty} f(x,y)\,\mathrm{d}y. \tag{32.4.4}$$

证明 任取 $b > a$. 由定理 32.4.1 之 (2), 知广义二重积分 $\iint\limits_{[a,b]\times[c,+\infty)} f\mathrm{d}x\mathrm{d}y$ 存在, 且由 (32.4.2) 有

$$\iint\limits_{[a,b]\times[c,+\infty)} f(x,y)\mathrm{d}x\mathrm{d}y = \int_a^b \mathrm{d}x \int_c^{+\infty} f(x,y)\,\mathrm{d}y.$$

记

$$I = \int_a^{+\infty} \mathrm{d}x \int_c^{+\infty} f(x,y)\mathrm{d}y.$$

由 $f \geqslant 0$, 知对于任何 $b > a$, 有

$$\int_a^b \mathrm{d}x \int_c^{+\infty} f\mathrm{d}y \leqslant \int_a^{+\infty} \mathrm{d}x \int_c^{+\infty} f\mathrm{d}y = I.$$

对于定义 32.1.1 中的任何 D_K, 取 $b > a, d > c, b$ 和 d 充分大, 便有 $D_K \subset [a,b] \times [c,d]$. 再由 $f \geqslant 0$ 得

$$\iint\limits_{D_K} f\mathrm{d}x\mathrm{d}y \leqslant \iint\limits_{[a,b]\times[c,d]} f\mathrm{d}x\mathrm{d}y \leqslant \iint\limits_{[a,b]\times[c,+\infty)} f\mathrm{d}x\mathrm{d}y$$

$$= \int_a^b \mathrm{d}x \int_c^{+\infty} f\mathrm{d}y \leqslant I.$$

现在证明极限 $\lim\limits_{R \to +\infty} \iint\limits_{D_K} f\mathrm{d}x\mathrm{d}y$ 存在, 并且等于 I. 对于任何 $\varepsilon > 0$, 存在 $b_1 > a$, 使得当 $b \geqslant b_1$ 时

$$\int_a^b \mathrm{d}x \int_c^{+\infty} f\mathrm{d}y > I - \frac{\varepsilon}{2}.$$

由 (32.4.3) 式知

$$\int_a^{b_1} \mathrm{d}x \int_c^{+\infty} f\mathrm{d}y = \lim_{d \to +\infty} \int_a^{b_1} \mathrm{d}x \int_c^d f\mathrm{d}y.$$

故存在 $d_1 > c$, 使得当 $d \geqslant d_1$ 时

$$\int_a^{b_1} \mathrm{d}x \int_c^d f\mathrm{d}y > I - \varepsilon.$$

从而当 $b \geqslant b_1$ 及 $d \geqslant d_1$ 时, 有

$$\int_a^b \mathrm{d}x \int_c^d f\mathrm{d}y > I - \varepsilon,$$

即

$$0 \leqslant I - \int_a^b \mathrm{d}x \int_c^d f\mathrm{d}y < \varepsilon.$$

由定理 26.4.1 知

$$\int_a^b \mathrm{d}x \int_c^d f\mathrm{d}y = \iint\limits_{[a,b] \times [c,d]} f\mathrm{d}x\mathrm{d}y.$$

故得

$$0 \leqslant I - \iint\limits_{[a,b] \times [c,d]} f\mathrm{d}x\mathrm{d}y < \varepsilon,$$

取 $A = \max\{b_1, d_1\}$, 则当 $R \geqslant A$ 时, $D_K \supset [a, b_1] \times [c, d_1]$. 可见

$$0 \leqslant I - \iint\limits_{D_K} f\mathrm{d}x\mathrm{d}y < \varepsilon.$$

这证明了广义二重积分 $\iint\limits_{[a,+\infty)\times[c,+\infty)} f\mathrm{d}x\mathrm{d}y$ 存在, 并且等式 (32.4.4) 成立.

对于变号函数, 有下面两个定理, 其证明很类似.

定理 32.4.3 设 $D=[a,b]\times[c,+\infty)$, D_K 如定义 32.1.1 中所设, f 是定义在 D 上的函数, f 在任何 D_K 上可积.

(1) 设对于 $y\in[c,+\infty)$, 正常积分 $\int_a^b f\mathrm{d}x$ 存在, 且累次积分

$$\int_c^{+\infty}\mathrm{d}y\int_a^b f\mathrm{d}x,\qquad \int_c^{+\infty}\mathrm{d}y\int_a^b |f|\mathrm{d}x$$

存在, 则广义二重积分 $\iint\limits_{[a,b]\times[c,+\infty)} f\mathrm{d}x\mathrm{d}y$ 存在, 且有等式

$$\iint\limits_{[a,b]\times[c,+\infty)} f(x,y)\mathrm{d}x\mathrm{d}y=\int_c^{+\infty}\mathrm{d}y\int_a^b f(x,y)\mathrm{d}x. \tag{32.4.5}$$

(2) 设对于 $x\in[a,b]$, 无限限广义积分 $\int_c^{+\infty} f\mathrm{d}y$ 和 $\int_c^{+\infty} |f|\mathrm{d}y$ 都存在, 且它们关于 x 的正常积分都存在, 即累次积分

$$\int_a^b \mathrm{d}x\int_c^{+\infty} f\mathrm{d}y,\qquad \int_a^b \mathrm{d}x\int_c^{+\infty} |f|\mathrm{d}y$$

都存在, 则广义二重积分 $\iint\limits_{[a,b]\times[c,+\infty)} f\mathrm{d}x\mathrm{d}y$ 存在, 且有等式

$$\iint\limits_{[a,b]\times[c,+\infty)} f(x,y)\mathrm{d}x\mathrm{d}y=\int_a^b \mathrm{d}x\int_c^{+\infty} f(x,y)\mathrm{d}y. \tag{32.4.6}$$

对 (2) 进行证明 取 $f_+=\dfrac{|f|+f}{2}$, $f_-=\dfrac{|f|-f}{2}$. 由此处所设条件便知 f_+ 和 f_- 都满足定理 32.4.1 之 (2) 的条件, 因此得结论: 广义二重积分 $\iint\limits_{[a,b]\times[c,+\infty)} f_+\mathrm{d}x\mathrm{d}y$

和 $\displaystyle\iint_{[a,b]\times[c,+\infty)} f_-\mathrm{d}x\mathrm{d}y$ 都存在, 并且有等式

$$\iint_{[a,b]\times[c,+\infty)} f_+\mathrm{d}x\mathrm{d}y = \int_a^b \mathrm{d}x \int_c^{+\infty} f_+\mathrm{d}y$$

和

$$\iint_{[a,b]\times[c,+\infty)} f_-\mathrm{d}x\mathrm{d}y = \int_a^b \mathrm{d}x \int_c^{+\infty} f_-\mathrm{d}y.$$

因为 $f = f_+ - f_-$, 于是

$$\iint_{D_K} f\mathrm{d}x\mathrm{d}y = \iint_{D_K} f_+\mathrm{d}x\mathrm{d}y - \iint_{D_K} f_-\mathrm{d}x\mathrm{d}y.$$

由此可知广义二重积分 $\displaystyle\iint_{[a,b]\times[c,+\infty)} f\mathrm{d}x\mathrm{d}y$ 存在, 而且

$$\begin{aligned}
\iint_{[a,b]\times[c,+\infty)} f\mathrm{d}x\mathrm{d}y &= \lim_{R\to+\infty} \iint_{D_K} f\mathrm{d}x\mathrm{d}y \\
&= \lim_{R\to+\infty} \iint_{D_K} f_+\mathrm{d}x\mathrm{d}y - \lim_{R\to+\infty} \iint_{D_K} f_-\mathrm{d}x\mathrm{d}y \\
&= \iint_{[a,b]\times[c,+\infty)} f_+\mathrm{d}x\mathrm{d}y - \iint_{[a,b]\times[c,+\infty)} f_-\mathrm{d}x\mathrm{d}y \\
&= \int_a^b \mathrm{d}x \int_c^{+\infty} f_+\mathrm{d}y - \int_a^b \mathrm{d}x \int_c^{+\infty} f_-\mathrm{d}y \\
&= \int_a^b \mathrm{d}x \int_c^{+\infty} f\mathrm{d}y.
\end{aligned}$$

定理 32.4.4 设 $D = [a,+\infty) \times [c,+\infty)$, D_K 如定义 32.1.1 中所设, f 是定义在 D 上的函数, f 在任何 D_K 上可积, 设无限限广义累次积分

$$\int_a^{+\infty} \mathrm{d}x \int_c^{+\infty} f\mathrm{d}y, \quad \int_a^{+\infty} \mathrm{d}x \int_c^{+\infty} |f|\mathrm{d}y$$

都存在, 则广义二重积分 $\displaystyle\iint\limits_{[a,+\infty)\times[c,+\infty)} f\mathrm{d}x\mathrm{d}y$ 存在, 且有等式

$$\iint\limits_{[a,+\infty)\times[c,+\infty)} f(x,y)\mathrm{d}x\mathrm{d}y = \int_a^{+\infty}\mathrm{d}x\int_c^{+\infty} f(x,y)\mathrm{d}y. \tag{32.4.7}$$

现在介绍一个著名的例子, 目的是计算一个一元无限限广义积分的值, 手段是运用广义二重积分与累次积分的关系.

例 32.4.1 已知广义积分 $\displaystyle\int_0^{+\infty}\mathrm{e}^{-x^2}\mathrm{d}x$ 收敛, 试计算其值.

解 记其值为 I, 则

$$I^2 = \left(\int_0^{+\infty}\mathrm{e}^{-x^2}\mathrm{d}x\right)^2 = \left(\int_0^{+\infty}\mathrm{e}^{-x^2}\mathrm{d}x\right)\cdot\left(\int_0^{+\infty}\mathrm{e}^{-y^2}\mathrm{d}y\right)$$

$$= \int_0^{+\infty}\mathrm{d}x\int_0^{+\infty}\mathrm{e}^{-x^2-y^2}\mathrm{d}y.$$

应用定理 32.4.4, 并应用极坐标, 得

$$I^2 = \iint\limits_{[0,+\infty)\times[0,+\infty)}\mathrm{e}^{-x^2-y^2}\mathrm{d}x\mathrm{d}y = \iint\limits_{\substack{0\leqslant\rho<+\infty\\0\leqslant\theta\leqslant\frac{\pi}{2}}}\mathrm{e}^{-\rho^2}\rho\mathrm{d}\rho\mathrm{d}\theta$$

$$= \int_0^{+\infty}\mathrm{d}\rho\int_0^{\frac{\pi}{2}}\mathrm{e}^{-\rho^2}\rho\mathrm{d}\theta = \frac{\pi}{2}\int_0^{+\infty}\mathrm{e}^{-\rho^2}\rho\mathrm{d}\rho$$

$$= -\frac{\pi}{4}\mathrm{e}^{-\rho^2}\bigg|_0^{+\infty} = \frac{\pi}{4}.$$

所以得

$$\int_0^{+\infty}\mathrm{e}^{-x^2}\mathrm{d}x = \frac{\sqrt{\pi}}{2}.$$

第33讲

微 分 流 形

微分流形概念是光滑曲线和光滑曲面在一般情形的推广, 运用微分流形及其上建立的微积分学, 有利于对自然现象和过程进行较大范围或整体的模写. 本讲介绍微分流形概念, 下一讲介绍流形上的微分形式和积分公式.

33.1 拓扑空间

在朴素集合论的基础上, 可以建立一般拓扑学的理论, 它是目前全部现代理论数学的共同舞台.

先介绍度量空间, 它并不是最一般的, 但是最容易理解并较为熟悉的. 初学者常可以从它出发来理解更为抽象的事物.

定义 33.1.1 设 X 是一个集合, $\mathbb{R}^+$ 是全体非负实数集合, $\rho : X \times X \to \mathbb{R}^+$ 是一个映射, 使得

(1) $\rho(x_1, x_2) = 0$ 当且仅当 $x_1 = x_2$;

(2) $\rho(x_1, x_2) = \rho(x_2, x_1)$;

(3) $\rho(x_1, x_3) \leqslant \rho(x_1, x_2) + \rho(x_2, x_3)$.

则集合 X 连同函数 ρ 组成的对子 (X, ρ) 称为一个**度量空间** (metric space), ρ 称为 X 上的**度量函数** (metric function) 或**度量**. 此时, 也常简称 X 是一个度量空间, 同时意味着已给定一个满足三条公理的度量函数.

例 33.1.1 设 $X = \mathbb{R}^2$, X 上定义三种度量如下: 对 X 中两个点 $P_1 = (x_1, y_1)$, $P_2 = (x_2, y_2)$,

$$\rho_1(P_1, P_2) = \sqrt{(x_1 - x_2)^2 + (y_1 - y_2)^2},$$

$$\rho_2(P_1, P_2) = \max\{|x_1 - x_2|, |y_1 - y_2|\},$$

$$\rho_3(P_1, P_2) = |x_1 - x_2| + |y_1 - y_2|.$$

不难验证, ρ_1, ρ_2, ρ_3 都满足定义 33.1.1 中的公理 (1)—(3). 因此, 分别采用 ρ_1, ρ_2, ρ_3, 都可使 X 成为度量空间. 显然, 由于 ρ_1, ρ_2 和 ρ_3 是三个不同的度量函数, 所得的三个度量空间是不同的.

现在介绍拓扑空间的概念如下.

定义 33.1.2 设 X 是一个集合, 如果 $\mathcal{J}$ 是 X 的一些子集组成的集合, 满足条件:

(1) 空集 $\varnothing \in \mathcal{J}$, 并且 $X \in \mathcal{J}$;

(2) 任意多个 $\mathcal{J}$ 中元素之并集属于 $\mathcal{J}$, 即若 $\mathcal{U} \subset \mathcal{J}$, 则 $\bigcup_{U \in \mathcal{U}} U \in \mathcal{J}$;

(3) 任意有限个 $\mathcal{J}$ 中元素之交集属于 $\mathcal{J}$, 即若 $U_1, \cdots, U_n \in \mathcal{J}$, 则 $\bigcap_{i=1}^{n} U_i \in \mathcal{J}$.

则集合 X 连同子集集 $\mathcal{J}$ 组成的对子 $(X, \mathcal{J})$ 称为一个**拓扑空间** (topological space), $\mathcal{J}$ 称为 X 上的一个**拓扑** (topology). $\mathcal{J}$ 中的元素称为此拓扑空间的**开集** (open sets). 此时, 也常简称 X 是一个拓扑空间, 同时意味着已给定一个满足上述三条公理的拓扑 (即开集之集合或开集族).

评注 33.1.1 在同一个集合上, 通常可能引入不同的拓扑, 而使之成为不同的拓扑空间.

例 33.1.2 设 X 是一个给定的集合. 一般说来, 总可以在 X 上引进两个极端的拓扑如下.

(1) **平凡拓扑** 设 $\mathcal{J} = \{X, \varnothing\}$, 则 $\mathcal{J}$ 称为平凡拓扑, 同时 $(X, \mathcal{J})$ 称为**平凡空间** (trivial space).

(2) **离散拓扑** 设 $\mathcal{J} = 2^X$, 即由 X 的所有子集组成的集合, 则 $\mathcal{J}$ 显然满足定义 33.1.2 中的三条公理, 此拓扑 $\mathcal{J}$ 称为**离散拓扑**, 同时 $(X, \mathcal{J})$ 称为**离散空间** (discrete space).

只要 X 至少有两个不同的点, 不难看到, 平凡拓扑和离散拓扑是不一样的, 而且其他的拓扑则介于这两者之间.

定理 33.1.1 设 $(X, \mathcal{J})$ 是一个拓扑空间, $\mathcal{S}$ 是 X 的一个子集. 若记 $\mathcal{J}$ 中元素与 $\mathcal{S}$ 之交集所成集为 $\mathcal{J}|\mathcal{S} = \{\mathcal{S} \cap U | \forall U \in \mathcal{J}\}$, 则 $\mathcal{J}|\mathcal{S}$ 是 $\mathcal{S}$ 上的一个拓扑.

证明请读者作为一个练习完成.

定义 33.1.3 设 $(X, \mathcal{J})$ 是一个拓扑空间, $\mathcal{S}$ 是 X 的一个子集, 则 $\mathcal{J}|\mathcal{S}$ 称为 X 的拓扑 $\mathcal{J}$ 在 $\mathcal{S}$ 上的**诱导拓扑** (induced topology) 或**相对拓扑** (relative topology), 而拓扑空间 $(\mathcal{S}, \mathcal{J}|\mathcal{S})$ 称为 $(X, \mathcal{J})$ 的一个**子空间** (subspace).

评注 33.1.2 读者可回忆评注 12.5.1 及评注 19.1.1, 那里用适当的方式定义了 $\mathbb{R}$ 和 $\mathbb{R}^n$ 中的开集, 使得 $\mathbb{R}$ 和 $\mathbb{R}^n$ 成为拓扑空间, 那里的做法启发我们以下考虑.

定义 33.1.4 设 X 是一个度量空间, ρ 是 X 上的度量函数, 设 $x \in X, \varepsilon \in \mathbb{R}$, 且 $\varepsilon > 0$, 记 X 中子集

$$N(x, \varepsilon) = \{y \in X; \rho(x, y) < \varepsilon\}.$$

称为**点 x 的 ε 邻域** (neighborhood) 或**以点 x 为心的 ε 球体** (ball).

定义 33.1.5 设 X 是一个度量空间, ρ 是 X 上的度量函数, 设 $\mathcal{S} \subset X$.

(1) 点 $x \in \mathcal{S}$ 称为集合 $\mathcal{S}$ 的一个**内点** (interior point), 如果 $\exists \varepsilon > 0$, 使得 $N(x; \varepsilon) \subset \mathcal{S}$.

(2) 集合 $\mathcal{S}$ 的所有内点组成 $\mathcal{S}$ 的子集, 称为 $\mathcal{S}$ 的**内部** (interior), 记作 $\mathrm{Int}(\mathcal{S})$ 或 $\overset{\circ}{\mathcal{S}}$.

(3) 集合 $\mathcal{S}$ 称为**开集** (open set), 若 $\mathcal{S} = \mathrm{Int}(\mathcal{S})$.

定理 33.1.2 设 X 是一个度量空间, ρ 是 X 上的度量函数, 则 X 上所有的开集组成的集合 $\mathcal{J}$ 是 X 上的一个拓扑, 称为由度量函数 ρ 诱导的拓扑.

证明请读者作为习题完成.

评注 33.1.3 设 X 是一个给定的集合, X 上有可能存在不同的度量函数, 使 X 成为不同的度量空间. 但是, 不同的度量函数可能诱导相同的拓扑.

例 33.1.3 设 $X = \mathbb{R}^2$, 例 33.1.1 中在 X 上定义了三个不同的度量函数 ρ_1, ρ_2 和 ρ_3. 对任意取定的 $\varepsilon > 0$, 原点 O 的 ε 邻域分别如图 33.1.

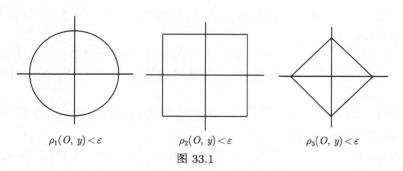

$$\rho_1(O, y) < \varepsilon \qquad \rho_2(O, y) < \varepsilon \qquad \rho_3(O, y) < \varepsilon$$

图 33.1

虽然 ε 邻域概念不同, 但是用它们定义的内点概念是相同的, 从而开集的概念是相同的, 它们诱导了同一个拓扑, 请读者自己验证这个结论.

定义 33.1.6 设 $(X, \mathcal{J})$ 是一个拓扑空间. X 的一个集合 $\mathcal{S}$ 称为一个**闭集** (closed set), 如果 $\mathcal{S}$ 的余集是开集, 即 $C\mathcal{S} \in \mathcal{J}$.

定理 33.1.3 设 $(X, \mathcal{J})$ 是一个拓扑空间, 则 X 中闭集有如下性质:

(1) 空集 $\varnothing$ 和全空间 X 都是闭集;

(2) 任意多个闭集之交是闭集;

(3) 任意有限个闭集之并集是闭集.

定义 33.1.7　设 $(X, \mathcal{J})$ 和 $(Y, \mathcal{T})$ 是两个拓扑空间, $f: X \to Y$ 是一个映射. 如果 Y 中的开集在 f 下的原像是 X 中的开集, 即 $\forall V \in \mathcal{T}, f^{-1}(V) \in \mathcal{J}$, 则 f 称为**连续的** (continuous)

定理 33.1.4　设 X, Y, Z 是拓扑空间, 如果 $f: X \to Y$ 和 $g: Y \to Z$ 都是连续映射, 则合成映射 $g \circ f: X \to Z$ 是连续的.

证明　设 V 是 Z 中开集. 因为 g 是连续的, 故 $g^{-1}(V)$ 是 Y 中开集. 又因 f 是连续的, 所以 $f^{-1}(g^{-1}(V))$ 是 X 中开集. 而 $(g \circ f)^{-1}(V) = f^{-1}(g^{-1}(V))$, 故 $(g \circ f)^{-1}(V)$ 是 X 中开集, 从而 $g \circ f$ 是连续的.

定义 33.1.8　设 X, Y 是两个拓扑空间, $f: X \to Y$ 是一个双射, f 和它的逆映射 f^{-1} 都是连续的, 则 f 称为一个**同胚** (homeomorphism).

评注 33.1.4　当 $f: X \to Y$ 是一个同胚时, f 不仅将 X 的点一对一地映成 Y 的点, 而且将 X 上的开集一对一地映成 Y 上的开集, 这意味着 X 与 Y 具有相同的拓扑结构, 从而 X 和 Y 具有相同的拓扑性质.

33.2　连通性、紧性、分离性和可分性

定义 33.2.1　一个拓扑空间 X 称为是**连通的** (connected), 如果它不是两个不相交的非空开集之并. X 的子集 S 称为是**连通子集**, 如果 S 作为 X 的子空间是连通的.

定理 33.2.1　一个拓扑空间 X 是连通的, 当且仅当它只有空集 $\varnothing$ 和全空间 X 是既开又闭的.

证明　设 X 是连通的, 则 X 不是两个不相交的非空开集之并. 设 V 是 X 中既开又闭的集合, 则 V 的余集 CV 也是 X 中的既开又闭的集合. 因此, X 是不相交的两个开集 V 和 CV 的并, 从而, 或者 $V = \varnothing$ 或者 $CV = \varnothing$, 即或者 $V = \varnothing$ 或者 $V = X$.

反之, 设 X 中只有空集 $\varnothing$ 和全空间 X 是既开又闭的. 设 $X = V_1 \cup V_2$, 其中 V_1 和 V_2 是开集, 且 $V_1 \cap V_2 = \varnothing$, 则 $V_1 = CV_2$, 故 V_1 既开又闭, 同理 V_2 既开又闭. 由假设, V_1 和 V_2 必有一个是空集, 从而 X 不是两个非空开集之并, 即 X 是连通的.

例 33.2.1　在数学分析中经常采用的下列空间是连通的.

(1) 实数空间 $\mathbb{R}$;

(2) $\mathbb{R}$ 中的任何区间, 开的、闭的和半开半闭的;

(3) 实 n 维空间 $\mathbb{R}^n$;

(4) $\mathbb{R}^n$ 中的任何球体或立方体.

定义 33.2.2 设 X 是拓扑空间, $\mathcal{U}$ 是 X 的一些开集组成的集合, 使得 $\bigcup_{U \in \mathcal{U}} U = X$, 则称 $\mathcal{U}$ 为 X 的一个**开覆盖** (open covering). 拓扑空间 X 称为是**紧的** (compact), 如果 X 的任意开覆盖都有有限的子覆盖; 这就是说, 如果对于每个开覆盖 $\mathcal{U}$, 存在有限个元素 $U_1 \cdots U_k \in \mathcal{U}$, 使得 $X = U_1 \cup \cdots \cup U_k$. 拓扑空间 X 的子集合 $\mathcal{S}$ 称为是**紧的**, 如果 $\mathcal{S}$ 作为 X 的子空间是紧的; 这也可以说成是, 对于 X 的每个由一些开集组成的集合 $\mathcal{U}$, 使得 $\mathcal{S} = \bigcup_{U \in \mathcal{U}} U$, 则存在有限个元素 $U_1, \cdots, U_k \in \mathcal{U}$, 使得 $\mathcal{S} \subset U_1 \cup \cdots \cup U_k$.

例 33.2.2 在数学分析中有以下结论:

(1) $\mathbb{R}$ 中的闭区间是紧的 (海涅-博雷尔 (Heine-Borel) 定理, 定理 14.6.1);

(2) $\mathbb{R}$ 中的开区间不是紧的, $\mathbb{R}$ 不是紧的;

(3) $\mathbb{R}^n$ 中的有界闭子集是紧的 (亦称 Heine-Borel 定理);

(4) $\mathbb{R}^n$ 不是紧的.

定理 33.2.2 紧空间中的闭子集是紧的.

其证明是一个很好的练习.

定理 33.2.3 紧空间的连续像是紧的.

证明 设 X 和 Y 是拓扑空间, X 是紧的, $f : X \to Y$ 是连续的满射. 设 $\mathcal{U}$ 是 Y 的一个开覆盖, 则 $\{f^{-1}(U) \,|\, U \in \mathcal{U}\}$ 是 X 的一个开覆盖. 因为 X 是紧的, 存在一个有限子覆盖 $\{f^{-1}(U_1), \cdots, f^{-1}(U_k)\}$, 而 $f(f^{-1}(U_i)) = U_i$, $i = 1, \cdots, k$, 故 $\bigcup_{i=1}^{k} U_i = \bigcup_{i=1}^{k} f(f^{-1}(U_i)) = f\left(\bigcup_{i=1}^{k} f^{-1}(U_i)\right) = f(X) = Y$, 因而 $Y = f(X)$ 是紧的.

定义 33.2.3 设 X 是一个拓扑空间. 如果对于任意不同的两点 $x_1, x_2 \in X, x_1 \neq x_2$, 存在开集 U_1, U_2, 使得 $x_1 \in U_1, x_2 \in U_2$, 并且 $U_1 \cap U_2 = \varnothing$, 则 X 称为一个**豪斯多夫** (Hausdorff, 1868—1942) **空间**或 T_2 **空间**.

定理 33.2.4 任意度量空间都是 Hausdorff 空间.

证明 设 x_1, x_2 是此度量空间中两点, $x_1 \neq x_2$. 设 $a = \rho(x_1, x_2) > 0$, 取 $U_i = N\left(x_i; \dfrac{a}{2}\right), i = 1, 2$, 便有 $x_1 \in U_1, x_2 \in U_2$, 且 $U_1 \cap U_2 = \varnothing$.

定理 33.2.5 Hausdorff 空间中的紧子集都是闭的.

证明 设 X 是 Hausdorff 空间, K 是 X 的一个紧子集. 为证 K 是闭的, 只需证 CK 是开的如下. 对于任意 $x \in CK$, 则 $x \notin K$, 而 X 是 Hausdorff 的, 故对于任意 $y \in K$, 存在开集 U_y, V_y 和使得 $x \in U_y, y \in V_y$, 且 $U_y \cap V_y = \varnothing$. 于

是 $\{V_y \cap K\}_{y \in K}$ 是 K 的一个开覆盖. 由 K 的紧性, 存在 $\{V_y \cap K\}_{y \in K}$ 的有限个成员记作 $V_1 \cap K, V_2 \cap K, \cdots, V_k \cap K$, 使得 $K = (V_1 \cap K) \cup (V_2 \cap K) \cup \cdots \cup (V_k \cap K)$. 与 $V_1, \cdots, V_k$ 对应的是 $U_1, \cdots, U_k$. 令 $U = U_1 \cap \cdots \cap U_k$, 则 U 是一个开集, 使得 $x \in U$, 且

$$U \cap K \subset U \cap [(V_1 \cap K) \cup \cdots \cup (V_k \cap K)]$$
$$\subset U \cap (V_1 \cup \cdots \cup V_k)$$
$$= (U_1 \cap \cdots \cap U_k) \cap (V_1 \cup \cdots \cup V_k) = \varnothing,$$

即 $U \subset CK$. 这便证明了 CK 是开集.

评注 33.2.1　在定理 33.2.3 的证明中, 若记 $V = V_1 \cup \cdots \cup V_k$, 则 V 是一个开集, 使得 $K \subset V$, 且 $U \cap V = \varnothing$. 实际上证明了, 对任意 $x \notin K$, 存在开集 U 和 V, 使得 $x \in U, K \subset V$, 且 $U \cap V = \varnothing$. 也就是说, 一个紧集和该紧集之外的一个点, 可用两个开集分离. 应用这个结论不难将它推广为下面的定理.

定理 33.2.6　设 K_1 和 K_2 是 Hausdorff 空间 X 中的两个不相交的紧子集, 则存在 X 中两个不相交的开集 U_1 和 U_2, 使得 $K_1 \subset U_1, K_2 \subset U_2$.

证明留作练习, 有兴趣的读者可以尝试.

定理 33.2.7　设 X 是紧空间, Y 是 Hausdorff 空间, 则任意连续的双射 $f : X \to Y$ 都是一个同胚.

证明　只需要证明逆映射 $f^{-1} : Y \to X$ 是连续的. 设 U 是 X 中任意的开集, 则 CU 是 X 中闭集. 由定理 33.2.2, CU 是 X 中紧集. 由于 f 是双射, $f(CU) = Cf(U)$. 由定理 33.2.3, $f(CU)$ 是紧集, 再由定理 33.2.5 知 $f(CU)$ 是闭集, 即 $Cf(U)$ 是 Y 中闭集, 从而 $f(U)$ 是 Y 中开集, 这就是说, 映射 f^{-1} 是连续的, 这便证得 f 是一个同胚.

定义 33.2.4　设 $\mathcal{S}$ 是一个集合.

(1) 如果 $\mathcal{S}$ 是一个空集 $\varnothing$, 或者 $\exists n \in \mathbb{N}$, 使得集合 $\{1, \cdots, n\}$ 与 $\mathcal{S}$ 可建立一个双射, 则称 $\mathcal{S}$ 为一个**有限集** (finite set), 这时称 $\mathcal{S}$ 的**基数** (cardinal) 对应地是 0, 或者 n;

(2) 如果 $\mathcal{S}$ 不是有限集, 则称 $\mathcal{S}$ 为一个**无限集** (infinite set);

(3) 如果 $\mathcal{S}$ 能与全体自然数集 $\mathbb{N}$ 建立一个双射, 则 $\mathcal{S}$ 称为一个**可数集** (countable set);

(4) 如果 S 是一个无限集, 但不是可数集, 则 $\mathcal{S}$ 称为**一个不可数集** (uncountable set).

例 33.2.3　$[0, 1]$ 中全体有理数的集合是一个可数集.

评注 33.2.2 可数集也是一种无限集, 但它是 "最小的" 一种, 对此, 请看下述定理.

定理 33.2.8 设 $\mathcal{S}$ 是一个无限集, 则 $\mathcal{S}$ 必有一个可数子集.

证明省略.

定理 33.2.9 闭区间 $[0,1]$ 是不可数集.

证明 采用反证法. 设结论不正确, 即设 $[0,1]$ 是可数集, 从而 $[0,1]$ 中所有点可编号而成为一个序列 $[0,1] = \{a_n\}$. 将 $[0,1]$ 三等分, 所得三个小闭区间中必有一个不含有 a_1, 取之记为 I_1. 设小闭区间 I_n 已构作, 使得 $a_1, \cdots, a_n \notin I_n$ 且 $|I_n| = \dfrac{1}{3^n}$. 将 I_n 三等分, 所得三个小闭区间中必有一个不含有 a_{n+1}, 取之记为 I_{n+1}. 由数学归纳法构作定理 (定理 12.2.3), I_n 对一切自然数 n 构作成功, 使得 $a_1, \cdots, a_n \notin I_n$, 且 $I_n \supset I_{n+1}$. 从而 $\{I_n\}$ 是一个闭区间套, 由康托尔 (Cantor) 公理 (公理 11) 可知, 存在 $a \in [0,1]$, 使得 $a \in I_n, \forall n \in \mathbb{N}$, 由此知, 一方面 $a \neq a_n, \forall n \in \mathbb{N}$, 从而 $a \notin \{a_n\}$; 另一方面 $a \in I_n \subset [0,1]$.

最后的两个断言是相互矛盾的. 此矛盾证明了定理的结论.

评注 33.2.3 这个定理的结论是 Cantor 首先证明的. 这是一项历史性的突破, 当时 (1874 年) 引起很大的震动. 从此, 人们开始理解, 无限集原来有 "大" 或 "小" 之别. 顺便提醒读者, 不可数的两个集合有可能相互不能建立双射. 读者可在实变函数的课程中学到.

定义 33.2.5 设 X 是一个拓扑空间, $\mathcal{J}$ 是其拓扑. 如果在 X 中存在一个可数子集 $\mathcal{S}$, 使得对于任意 $U \in \mathcal{J}, U \cap S \neq \varnothing$, 则称拓扑空间 X 是**可分的** (separable).

例 33.2.4 数学分析中常用的下列空间都是可分的.

(1) 实数空间 $\mathbb{R}$ 及其区间都是可分的;

(2) $\mathbb{R}^n$ 是可分的;

(3) $\mathbb{R}^n$ 的任意子空间都是可分的;

(4) 后面将介绍的微分流形是可分的.

33.3 微分流形

将要介绍的微分流形概念是通常的光滑曲线和光滑曲面在有限维情形的推广. 舆地学 (即现代的地理学) 家在绘制地图时, 发明并采用了将全部地球表面分成小片制作区图, 然后装订成图册, 从而地球表面的每一地点及其邻近均可表现无遗.

定义 33.3.1 设 M^n 是一个可分的 Hausdorff 空间.

设 M^n 有一个开覆盖 $\{U_\lambda\}$, 对应此开覆盖有一个映射族 $\{\varphi_\lambda\}$, 使得 φ_λ 将

U_λ 同胚地映成 $\mathbb{R}^n$ 中的一个开子集, 这样的偶对 $(U_\lambda, \varphi_\lambda)$ 称为**区图** (charts), 而族 $\{(U_\lambda, \varphi_\lambda)\}$ 称为 M^n 的一个 C^r **图册** (atlas), 如果对于 $U_\lambda \cap U_\mu \neq \varnothing$, 映射 $\varphi_\lambda \circ \varphi_\mu^{-1}$ 是从 $\varphi_\mu(U_\lambda \cap U_\mu) \subset \mathbb{R}^n$ 到 $\varphi_\lambda(U_\lambda \cap U_\mu) \subset \mathbb{R}^n$ 中的 C^r 微分同胚, 这里 $r \geqslant 1$ 是一个自然数或 ∞. M^n 上的两个 C^r 图册如果并在一起仍形成 M^n 的一个 C^r 图册, 就称它们 C^r **等价**. 如图 33.2 所示.

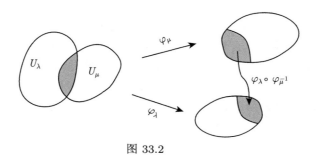

图 33.2

M^n 上 C^r 图册的一个 C^r 等价类或极大化称为 M^n 上的一个 C^r **微分结构** (differentiable structure). 若 $\mathcal{D}$ 是 M^n 上的一个 C^r 微分结构, 则偶对 $(M^n, \mathcal{D})$ 称为一个 n 维 C^r **微分流形** (differentiable manifold). 通常, 当简称 M^n 是一个 C^r 微分流形时, 意指已给定了一个 M^n 上的 C^r 微分结构 $\mathcal{D}$, 并且在实际处理问题时, 只要假设已给定了该 C^r 微分结构 $\mathcal{D}$ 中的一个 C^r 图册 $\{(U_\lambda, \varphi_\lambda)\}$ 就行.

评注 33.3.1 定义 33.3.1 中说 "M^n 上的 C^r 图册的一个 C^r 等价类或极大化称为 M^n 上的一个 C^r 微分结构". 对此, 再说几句话. 设 M^n 上已有一个 C^r 图册 $\mathcal{D}$, 则可得 M^n 上与 $\mathcal{D}C^r$ 等价的 C^r 图册的一个等价类 K. 将 K 中所有图册并起来记作 $\tilde{\mathcal{D}}$, $\tilde{\mathcal{D}}$ 也是一个 C^r 图册, 而且也属于 K. $\tilde{\mathcal{D}}$ 称为 $\mathcal{D}$ 的**极大化**. 严格的讨论将在较多的集合论知识的基础上进行, 例如用到 Zorn 引理.

评注 33.3.2 可以这样理解 n 维 C^r 微分流形的概念. 设 $(M^n, \mathcal{D})$ 是一个 n 维 C^r 微分流形, $\{(U_\lambda, \varphi_\lambda)\}$ 是微分结构 $\mathcal{D}$ 中的一个图册. 则每个 $\varphi_\lambda(U_\lambda)$ 都是 $\mathbb{R}^n$ 中的一个开集; 也可以说成每个 U_λ 是 $\mathbb{R}^n$ 中开集 $\varphi_\lambda(U_\lambda)$ 在 C^r 微分同胚 φ_λ^{-1} 之下的像. 它们中的两块如有公共部分, 比如设 $U_\lambda \cap U_\mu \neq \varnothing$, 则 U_λ 与 U_μ 的公共部分的黏结是采用 C^r 微分同胚 $\varphi_\lambda \circ \varphi_\mu^{-1}$ 将 $\varphi_\mu(U_\lambda \cap U_\mu)$ 映成 $\varphi_\lambda(U_\lambda \cap U_\mu)$ 来实现的, 它的连续可微阶为 C^r. 从而在 $(M^n, \mathcal{D})$ 上可以讨论 C^r 阶函数.

人们自然会想, r 越高则 C^r 阶函数类的性质越丰富, 于是人们曾想, 能不能提高已给的微分流形的连续可微的阶. 二十世纪五十年代, 就作为口头文字流传 (folklore), 只要 $r \geqslant 1$, 就可将 r 提高成 ∞. 后来, 首先由 M. Morse 在 *On elevating manifold differentiability*(Jour. Indian Math. Soc., XXIV(1960), 379–400) 中写清, 并被 J. R. Munkres 写入一本可作教材的书 *Elementary Differential*

Topology(Princeton Univ. Press, 1963)(中译本为: J.R 曼克勒斯著, 初等微分拓扑学, 李培信译, 上海科学技术出版社, 1966) 中. 将这一结果写成下面的定理, 读者由此可以初步理解到, M^n 上存在不存在 C^1 微分结构是本质的; 有了 C^r 微分结构, $r \geqslant 1$, 则必可提高微分结构的光滑度获得 C^r 等价之下的 C^∞ 微分结构.

定理 33.3.1 设 $r \geqslant 1$, $(M^n, \mathcal{D})$ 是一个 n 维 C^r 微分流形, 则 $\mathcal{D}$ 包含 M^n 的一个 C^∞ 微分结构.

评注 33.3.3 定义 33.3.1 是微分流形的内蕴的概念. 一个自然的问题是: 内蕴定义的 C^n 微分流形是否可以在某个维数的欧氏空间中 "实现" 为其子流形. 惠特尼 (Whitney, 1907—1989) 在 1935 年完成了这项开创性的研究: n 维 C^r 微分流形 M^n 可 C^r 嵌入 $\mathbb{R}^{2n+1}$ 中成为子流形.

定义 33.3.2 设 $(M^m, \mathcal{D})$ 和 $(N^n, \mathcal{E})$ 是两个 C^r 微分流形. $f : M^m \to N^n$ 是一个映射. 设 $(U, \varphi) \in \mathcal{D}$, $(V, \psi) \in \mathcal{E}$ 分别是 M^m 和 N^n 上的区图, 使得 $f(U) \subset V$, 只要区图 (U, φ) 的定义域 U 取得适当小, 这条件可能成立. 这时得映射

$$\psi \circ f \circ \varphi^{-1} : \varphi(U) \to \psi(V) \tag{33.3.1}$$

称为映射 f 在区图 (U, φ) 及 (V, ψ) 之中的**局部表出**, 其中 $\varphi(U)$ 是 $\mathbb{R}^m$ 中的开集.

设 f 的每个局部表出都是 C^r 的, 则 f 称为是一个 C^r(**可微**) **映射** (differential map of class C^r); 特别当 $N^n = \mathbb{R}$ 时, C^r 可微映射称为 C^r(**可微**) **实函数**. C^r 可微映射 f 在点 $p \in U$ 的**秩** (rank), 是其局部表出 $\psi \circ f \circ \varphi^{-1}$ 在点 $\varphi(p) \in \varphi(U)$ 的全导数 $D(\psi \circ f \circ \varphi^{-1})(\varphi(p))$ (它是 $\mathcal{L}(\mathbb{R}^m; \mathbb{R}^n)$ 中元素, 定义 22.2.1) 的 $m \times n$ 矩阵表达式的秩. 此秩与 $\mathbb{R}^m$ 和 $\mathbb{R}^n$ 的基之选取无关 (练习!), 并且与局部表出的区图之选取无关 (练习!), 记作 $\mathrm{rank} f(p)$.

如果在 M^m 的每一点 p 有 $\mathrm{rank} f(p) = m$, 则 f 称为一个**浸入** (immersion). 如果 f 是一个浸入, 并且 f 将 M^m 映成其像 $f(M^m)$ 时是一个同胚, 则称 f 为一个**嵌入** (embedding). 如果 f 是一个 C^r 嵌入, 则其像 $f(M^m)$ 称为 N^n 的一个 C^r **子流形** (submanifold).

评注 33.3.4 曾约定 (19.1 节), 空间 $\mathbb{R}^m$ 是 m 个 $\mathbb{R}$ 的乘积, 其中点可以表作 $x = (x_1, \cdots, x_m)$, 这里 $x_1, \cdots, x_m$ 均为实数, 称为点 x 的坐标. 按线性代数的一般做法, 在空间 $\mathbb{R}^m$ 中任意取定一组基 $\{e_1, \cdots, e_m\}$, 则 $\mathbb{R}^m$ 中点 x 必可唯一地表出为 $x = x_1 e_1 + \cdots + x_m e_m$, 也写作 $x = (x_1, \cdots, x_m)$. 前面的做法相当于取定的那组基是自然标准正交基, 这时也说 $\mathbb{R}^m$ 中取了自然坐标系. 今后, 采用在空间 $\mathbb{R}^m$ 中取定任意一组基的做法. 这时, 记对于 $i = 1, \cdots, m$, x_i 是定义在 $\mathbb{R}^m$ 上的一个实值函数, 它在点 x 之函数值是 x 在取定基之下关于该基的线性表示的第 i 个系数, 称为关于取定基的第 i 个**坐标函数**. 因此, 一旦对 $\mathbb{R}^m$ 取定了一组基, 便

得到关于该取定基的 m 个坐标函数.

设 $X \subset \mathbb{R}^m$, $f : X \to \mathbb{R}^n$ 是一个函数. 设 $\mathbb{R}^m$ 和 $\mathbb{R}^n$ 均已取定基, $\mathbb{R}^m$ 中坐标函数为 $x_1, \cdots, x_m$, $\mathbb{R}^n$ 中坐标函数为 $y_1, \cdots, y_n$. 令

$$f_i = y_i \circ f, \quad i = 1, \cdots, n. \tag{33.3.2}$$

这里 $\circ$ 表两个函数的复合, 则

$$f = (f_1, \cdots, f_n). \tag{33.3.3}$$

设 f 在点 $a \in X$ 可导, 则公式 (22.3.3) 可写成

$$\mathrm{D}f(a) = \begin{pmatrix} \mathrm{D}f_1(a) \\ \vdots \\ \mathrm{D}f_n(a) \end{pmatrix} = \begin{pmatrix} \mathrm{D}(y_1 \circ f)(a) \\ \vdots \\ \mathrm{D}(y_n \circ f)(a) \end{pmatrix} = \begin{pmatrix} \dfrac{\partial(y_1 \circ f)}{\partial x_1}(a) & \cdots & \dfrac{\partial(y_1 \circ f)}{\partial x_m}(a) \\ \vdots & & \vdots \\ \dfrac{\partial(y_n \circ f)}{\partial x_1}(a) & \cdots & \dfrac{\partial(y_n \circ f)}{\partial x_m}(a) \end{pmatrix}. \tag{33.3.4}$$

进而讨论流形的情形. 采用定义 33.3.2 中所设记号. 将全导数 $\mathrm{D}(\psi \circ f \circ \varphi^{-1})(\varphi(p))$ 用坐标函数表述如下. 设 $\mathbb{R}^m$ 中坐标函数为 $r_1, \cdots, r_m$, $\mathbb{R}^n$ 中坐标函数为 $s_1, \cdots, s_n$. 则函数 $\psi \circ f \circ \varphi^{-1}$ 用坐标函数表出为

$$\psi \circ f \circ \varphi^{-1} = (s_1 \circ \psi \circ f \circ \varphi^{-1}, \cdots, s_n \circ \psi \circ f \circ \varphi^{-1}). \tag{33.3.5}$$

于是

$$\mathrm{D}(\psi \circ f \circ \varphi^{-1})(\varphi(p)) = \begin{pmatrix} \dfrac{\partial}{\partial r_1}(s_1 \circ \psi \circ f \circ \varphi^{-1}) & \cdots & \dfrac{\partial}{\partial r_m}(s_1 \circ \psi \circ f \circ \varphi^{-1}) \\ \vdots & & \vdots \\ \dfrac{\partial}{\partial r_1}(s_n \circ \psi \circ f \circ \varphi^{-1}) & \cdots & \dfrac{\partial}{\partial r_m}(s_n \circ \psi \circ f \circ \varphi^{-1}) \end{pmatrix} \Bigg|_{\varphi(p)}. \tag{33.3.6}$$

如果采用后面 (34.4.23)—(34.4.25) 的写法, 得

$$\mathrm{D}(\psi \circ f \circ \varphi^{-1})(\varphi(p)) = \begin{pmatrix} \dfrac{\partial(y_1 \circ f)}{\partial x_1}(p) & \cdots & \dfrac{\partial(y_1 \circ f)}{\partial x_m}(p) \\ \vdots & & \vdots \\ \dfrac{\partial(y_n \circ f)}{\partial x_1}(p) & \cdots & \dfrac{\partial(y_n \circ f)}{\partial x_m}(p) \end{pmatrix}. \tag{33.3.7}$$

33.4 单位分解

最初由 Whitney 提出的沟通微分流形上局部与整体的基本思路, 后被提炼成单位分解.

定义 33.4.1 设 X 是一个拓扑空间, $\mathcal{U} = \{U_\lambda\}_{\lambda \in \Lambda}$ 是 X 的一个开覆盖, $\{f_\lambda\}_{\lambda \in \Lambda}$ 是由连续实函数 $f_\lambda : X \to [0,1]$ 组成的族, 满足

(1) $\forall x \in X$, 除有限个 $\lambda \in \Lambda$ 外, $f_\lambda(x) = 0$, 并且 $\displaystyle\sum_{\lambda \in \Lambda} f_\lambda(x) = 1$;

(2) $\forall \lambda \in \Lambda$, 实函数 f_λ 的**支集** (support) $\mathrm{supp} f_\lambda = \overline{\{x; f_\lambda(x) > 0\}} \subset U_\lambda$.

则函数类 $\{f_\lambda\}_{\lambda \in \Lambda}$ 称为 X 上一个**从属于 $\mathcal{U}$ 的** (连续的) **单位分解** (partition of unit subordinate to $\mathcal{U}$).

定理 33.4.1 设 $(M^n, \mathcal{D})$ 是一个 n 维 C^r 微分流形, $\mathcal{U}$ 是 $\mathcal{D}$ 中区图之定义域组成的 M^n 的开覆盖. 则存在 M^n 上一个从属于 $\mathcal{U}$ 的 C^r 单位分解.

证明先采用连续扩张存在的蒂茨 (Tietze) 定理, 获得连续的单位分解, 再采用磨光法而得 C^r 单位分解, 详细证明不赘.

单位分解的一项代表性应用是, 当给定流形 M^n 上一个 C^r 实值函数 f 后, 虽然认为 f 是一个在整个 M^n 上的整体对象, 但当给了一个由给定微分结构 $\mathcal{D}$ 中区图的定义域组成的开覆盖 $\mathcal{U}$ 后, 取一个从属于 $\mathcal{U}$ 的 C^r 单位分解 $\{f_\lambda\}_{\lambda \in \Lambda}$, 然后, 令 $F_\lambda = f_\lambda \cdot F$, $\lambda \in \Lambda$. 于是 $\{F_\lambda\}_{\lambda \in \Lambda}$ 是 M^n 上一族 C^r 实函数. 每个 F_λ 的支集 $\mathrm{supp} F_\lambda \subset U_\lambda$. 于是对于每个 F_λ 的研究将变成对 F 的整体的研究. 因此, 单位分解是沟通局部与整体的基本技术.

第34讲

流形上的微积分

经验证明, 有关微分流形的概念, 初学者最难理解的是切向量, 一旦这一点被突破, 其他都将顺利.

34.1　回顾欧氏空间中重积分变量替换公式

继承 Newton 运用坐标系的思想, 一个物理的课题, 例如, 一个质点做直线运动, 为了描述它, 任取坐标系 (Newton 取惯性系), 所论运动问题的每个物理学因素均应不依赖坐标系 (惯性系) 的选取. 因此, 坐标系是参照的, 相对的. 该课题是关于任何可允许的坐标系之选取的全部总体.

采用这个总体的观点来回顾重积分变量替换公式 (26.6.4), 便有下面的理解. 若记 ω 是被积表达式之总体, 它在公式 (26.6.4) 左边表出为 xy 坐标系下区域 D_{xy} 上的 $f(x,y)\mathrm{d}x\wedge\mathrm{d}y$, 而在右边表出为 uv 坐标系之下区域 D_{uv} 上的 $f(x(u,v),y(u,v))$ $\dfrac{\partial(x,y)}{\partial(u.v)}\mathrm{d}u\wedge\mathrm{d}v$. 同时认为积分区域也是一个几何对象 D, 它在对应的坐标系之下分别表出为 D_{xy} 或 D_{uv} 等等. 于是, 可以认为公式 (26.6.4) 中等号左右所考虑的积分可统一记为

$$\int_D \omega.$$

重积分变量替换公式 (26.6.4) 保证了如此定义的 $\displaystyle\int_D \omega$ 有确定的意义, 即保证了它的**合理性** (justification).

这一讲将以上想法运用到微分流形上, 建立流形上的微分形式和它的积分, 并获得了最广泛的 Stokes 公式.

34.2 $\mathbb{R}^n$ 中在给定点处的 (切) 向量

第 22 讲评注 22.1.1 中说到 "将来可以将 (欧氏空间的) 向量与求导法等置而为向量给出一个纯分析学的解释". 现在就来先做到这一点.

设 $a = (a_1, \cdots, a_n) \in \mathbb{R}^n$ 是取定点, 用 $C^r(\mathbb{R}^n, a, \mathbb{R})$ 表所有在点 a 的某邻域中有定义的实值 $C^r (r \geqslant 1)$ 函数组成的集合. 它们的定义域不必相同, 但都是 a 的邻域. 集合 $C^r(\mathbb{R}^n, a, \mathbb{R})$ 可定义加法和乘法如下.

设 $f, g \in C^r(\mathbb{R}^n, a, \mathbb{R})$, 记 f, g 的定义域分别为 $\mathrm{dom}(f)$ 和 $\mathrm{dom}(g)$, 则 f 和 g 都是交集 $\mathrm{dom}(f) \cap \mathrm{dom}(g)$ 上的 C^r 函数, 而且 $\mathrm{dom}(f) \cap \mathrm{dom}(g)$ 也是点 a 的一个邻域. 按实数之加法和乘法可得 $\mathrm{dom}(f) \cap \mathrm{dom}(g)$ 上函数 $f + g$ 和 fg, 它们都是 $\mathrm{dom}(f) \cap \mathrm{dom}(g)$ 上的 C^r 函数, 因此 $f + g$ 和 $fg \in C^r(\mathbb{R}^n, a, \mathbb{R})$, 所以集合 $C^r(\mathbb{R}^n, a, \mathbb{R})$ 是一个实线性空间, 并且是一个交换环.

回到定义 22.1.2, 设 $v \in \mathbb{R}^n, v \neq 0$, 则可定义 $C^r(\mathbb{R}^n, a, \mathbb{R})$ 中元素 f 在点 a 关于 v 的方向导数 $D_v f(a) = \dfrac{\partial}{\partial v} f(a)$, 即定义了 $\mathbb{R}^n$ 中在点 a 关于 v 的方向求导算子 $D_v = \dfrac{\partial}{\partial v} : C^r(\mathbb{R}^n, a, \mathbb{R}) \to \mathbb{R}$. 它有如下性质: $\forall f, g \in C^r(\mathbb{R}^n, v, \mathbb{R}), \forall \alpha, \beta \in \mathbb{R}$.

(1) **线性性** $\dfrac{\partial}{\partial v}(\alpha f + \beta g)(a) = \alpha \dfrac{\partial}{\partial v} f(a) + \beta \dfrac{\partial}{\partial v} g(a)$;

(2) **Leibniz 公式** $\dfrac{\partial}{\partial v}(fg)(a) = \dfrac{\partial}{\partial v} f(a) \cdot g(a) + f(a) \cdot \dfrac{\partial}{\partial v} g(a)$.

其证明都是显然的, 因当按定义 22.1.2, 在点 a 关于 v 的方向导数的定义是采用了以 t 为变量的一元函数的导数的定义, 性质 (2) 就是 4.3 节中的 (2).

以方向求导算子的上述性质为根据, 提出下面重要概念.

定义 34.2.1 设 $v : C^r(\mathbb{R}^n, a, \mathbb{R}) \to \mathbb{R}$ 是一个实值函数, 满足如下性质:
$\forall f, g \in C^r(\mathbb{R}^n, a, \mathbb{R})$ 及 $\forall \alpha, \beta \in \mathbb{R}$, 有

(1) **线性性** $v(\alpha f + \beta g) = \alpha v(f) + \beta v(g)$;

(2) **Leibniz 公式** $v(fg) = v(f) \cdot g(a) + f(a) \cdot v(g)$,

则 v 称为**在点 a 的一个求导算子** (derivative operator at a).

$\mathbb{R}^n$ 的所有在点 a 的求导算子按加法和数乘构成为一个实线性空间, 记作 $T_a(\mathbb{R}^n)$, 称为 $\mathbb{R}^n$ 在点 a 的切空间 (tangent space at a). 今后 $T_a(\mathbb{R}^n)$ 中元素, 即 $\mathbb{R}^n$ 在点 a 的求导算子, 称为 $\mathbb{R}^n$ **在点 a 的切向量** (tangent vectors at a).

基本的事实是下面的定理.

定理 34.2.1 设 $v \in T_a(\mathbb{R}^n)$, 则 v 是 $\mathbb{R}^n$ 在点 a 的一个方向求导算子

$$v = \sum_{i=1}^{n} \alpha_i \frac{\partial}{\partial x_i}, \quad \alpha_i = v(x_i), \quad i = 1, \cdots, n. \qquad (34.2.1)$$

即 v 是 $\mathbb{R}^n$ 在点 a 关于向量 $(\alpha_1, \cdots, \alpha_n) = (v(x_1), \cdots, v(x_n))$ 的方向求导算子. 对应

$$\begin{cases} T_a(\mathbb{R}^n) \to \mathbb{R}^n, \\ v \mapsto (v(x_1), \cdots, v(x_n)) \end{cases} \qquad (34.2.2)$$

是一个同构, 从而 $\mathbb{R}^n$ 在点 a 的切空间是一个 n 维的实线性空间.

证明 首先, 每个 $\mathbb{R}^n$ 在点 a 的方向求导算子都属于 $T_a(\mathbb{R}^n)$. 其次, 设 $\alpha \in \mathbb{R}$ 是常数, 则 $v(\alpha) = 0$. 这是因为由 (2), $v(1) = v(1 \cdot 1) = v(1) \cdot 1 + 1 \cdot v(1)$, 可见 $v(1) = 0$, 从而由 (1), $v(\alpha) = \alpha v(1) = 0$.

现在来证明 (34.2.1) 式. $\forall f \in C^r(\mathbb{R}^n, a, \mathbb{R})$, 有等式

$$f(x_1, \cdots, x_n) = f(a_1, \cdots, a_n) + \int_0^1 \frac{\mathrm{d}}{\mathrm{d}t} f(a + t(x - a)) \mathrm{d}t$$

$$= f(a_1, \cdots, a_n) + (x_1 - a_1) \int_0^1 f_{x_1}(a + t(x - a)) \mathrm{d}t + \cdots$$

$$+ (x_n - a_n) \int_0^1 f_{x_n}(a + t(x - a)) \mathrm{d}t,$$

从而

$$v(f) = v(f(a_1, \cdots, a_n)) + v\left((x_1 - a_1) \int_0^1 f_{x_1}(a + t(x - a)) \mathrm{d}t \right) + \cdots$$

$$+ v\left((x_n - a_n) \int_0^1 f_{x_n}(a + t(x - a)) \mathrm{d}t \right)$$

$$= 0 + v(x_1 - a_1) \cdot f_{x_1}(a) + \cdots + v(x_n - a_n) \cdot f_{x_n}(a),$$

而

$$v(x_1 - a_1) = v(x_1) = \alpha_1, \cdots, v(x_n - a_n) = v(x_n) = \alpha_n.$$

得

$$v(f) = \alpha_1 f_{x_1}(a) + \cdots + \alpha_n f_{x_n}(a).$$

也就是说, (34.2.1) 式成立.

对应 (34.2.2) 式是一个满射, 因为每个方向求导算子都属于 $T_a(\mathbb{R}^n)$. 对应 (34.2.2) 式是一个单射, 因为若 $(v(x_1), \cdots, v(x_n)) = (0, \cdots, 0)$, 则由 (34.2.1) 式可知, v 是零算子. 总之, 对应 (34.2.2) 式是一个同构.

34.3 微分流形的切向量和余切向量

设 $(M^n, \mathcal{D})$ 是一个 n 维 C^r 微分流形, $r \geqslant 1$. 设 $p \in M^n$ 是一个取定的点, $C^r(M^n, p, \mathbb{R})$ 为所有在点 p 的某邻域有定义的实值 C^r 函数组成的集合, 其中有加法和乘法, 成为一个实线性空间, 且是一个交换环.

定义 34.3.1 设 $v : C^r(M^n, p, \mathbb{R}) \to \mathbb{R}$ 是一个实值函数, 满足 $\forall f, g \in C^r(M^n, p, \mathbb{R})$ 及 $\forall \alpha, \beta \in \mathbb{R}$, 有

(1) **线性性** $v(\alpha f + \beta g) = \alpha v(f) + \beta v(g)$;

(2) **Leibniz 公式** $v(fg) = v(f) \cdot g(p) + f(p) \cdot v(g)$.

则称 v 为 M^n 在点 p 的一个**切向量** (a tangent vector at p), 所有 M^n 在点 p 的切向量按加法和数乘成为一个实线性空间, 记作 $T_p(M^n)$, 称为 M^n 在点 p 的**切空间** (tangent space). $T_p(M^n)$ 的对偶空间记作 $T_p^*(M^n)$, 称为 M^n 在点 p 的**余切空间** (cotangent space), $T_p^*(M^n)$ 中元素称为 M^n 在点 p 的**余切向量** (cotangent vectors at p).

特别, 定义 34.2.1 是定义 34.3.1 的特款.

定义 34.3.2 设 $(M^n, \mathcal{D})$ 是一个 n 维 C^r 微分流形, $r \geqslant 1$. 记

$$T(M^n) = \bigcup_{p \in M^n} T_p(M^n) \tag{34.3.1}$$

和

$$T^*(M^n) = \bigcup_{p \in M^n} T_p^*(M^n), \tag{34.3.2}$$

分别称为流形 M^n 的**切丛** (tangent bundle) 和**余切丛** (cotangent bundle). 定义映射:

$$\pi : T(M^n) \to M^n$$

为 $\forall v \in T_p(M^n), \pi(v) = p,$ 以及映射

$$\pi^* : T^*(M^n) \to M^n$$

为 $\forall v^* \in T_p^*(M^n), \pi^*(v^*) = p, \pi$ 和 π^* 均称为**投影** (projection).

评注 34.3.1 流形 M^n 的切丛和余切丛上有从 M^n 的给定的微分结构 $\mathcal{D}$ 导出的 C^{r-1} 微分结构和拓扑结构, 并使投影为 C^{r-1} 映射. 此处不细说, 把它们作为部分内容放到定理 34.6.1 中.

34.4　可微映射的导射

定义 34.4.1　设 $(M^n, \mathcal{D})$ 和 $(N^l, \mathcal{E})$ 分别是 n 维和 l 维 C^r 微分流形, $r \geqslant 1$. 设 $h : M^n \to N^l$ 是一个 C^r 映射. 任取定点 $p \in M^n$, 定义映射 h 在点 p 关于切空间和余切空间的**导射** (derived maps) h_* 和 h^* 如下. 映射

$$h_* : T_p(M^n) \to T_{h(p)}(N^l) \tag{34.4.1}$$

称为映射 h 在点 p 的**推前** (push-forward), 定义为: $\forall v \in T_p(M^n)$ 和 $\forall f \in C^r(N^l, h(p), \mathbb{R})$,

$$h_*(v)(f) = v(f \circ h). \tag{34.4.2}$$

映射 h_* 的对偶映射

$$h^* : T^*_{h(p)}(N^l) \to T^*_p(M^n) \tag{34.4.3}$$

称为映射 h 在点 p 的**拉回** (pull-back), 定义为: $\forall w^* \in T^*_{h(p)}(N^l)$ 和 $\forall v \in T_p(M^n)$,

$$h^*(w^*)(v) = w^*(h_*(v)). \tag{34.4.4}$$

延拓到切丛和余切丛上, 得映射 h 在切丛上的**推前**

$$h_* : T(M^n) \to T(N^l) \tag{34.4.5}$$

和映射 h 在余切丛上的**拉回**

$$h^* : T^*(N^l) \to T^*(M^n). \tag{34.4.6}$$

需要验证, 由等式 (34.4.2) 定义的 $h_*(v)$ 确实是流形 N^l 在点 $h(p)$ 的一个切向量. 这是因为 $\forall f, g \in C^r(N^l, h(p), \mathbb{R})$, $\forall \alpha, \beta \in \mathbb{R}$, 有

$$h_*(v)(\alpha f + \beta g)$$
$$= v((\alpha f + \beta g) \circ h)$$
$$= v(\alpha(f \circ h) + \beta(g \circ h))$$
$$= \alpha v(f \circ h) + \beta v(g \circ h)$$
$$= \alpha h_*(v)(f) + \beta h_*(v)(g)$$

和

$$h_*(v)(fg) = v((fg) \circ h) = v((f \circ h)(g \circ h))$$

$$= v(f \circ h) \cdot (g \circ h)(p) + (f \circ h)(p) \cdot v(g \circ h)$$

$$= h_*(v)(f) \cdot g(h(p)) + f(h(p)) \cdot h_*(v)(g).$$

这就是说, 定义 34.3.1 中条件 (1) 和 (2) 对 $h_*(v)$ 成立, 即 $h_*(v) \in T_{h(p)}(N^l)$.

还需验证, h_* 是一个线性变换. 此外, 导射推前有函子性:

$$(\mathrm{id})_* = \mathrm{id}. \tag{34.4.7}$$

当 h 与 k 可以复合时, 有

$$(k \circ h)_* = k_* \circ h_*. \tag{34.4.8}$$

这些都请读者作为练习完成.

对于导射拉回, 也需验证与以上相对立的性质, 特别应当注意拉回的函子性中, 当 h 与 k 可以复合时, 有

$$(k \circ h)^* = h^* \circ k^*. \tag{34.4.9}$$

这些也都请读者作为练习完成.

评注 34.4.1 有人称由 (34.4.2) 定义的 h_* 和 (34.4.5) 中的 h_* 为映射 h 的**微分** (differential), 并且有人记 h_* 为 $\mathrm{d}h$. 这时, 当 $h \in C^r(M^n, \mathbb{R})$ 时, 若 $v \in T_p(M^n)$, 则

$$\mathrm{d}h(v) = v(h) \left.\frac{\mathrm{d}}{\mathrm{d}r}\right|_{h(p)}, \tag{34.4.10}$$

其中 $\left.\dfrac{\mathrm{d}}{\mathrm{d}r}\right|_{h(p)}$ 为 $T_{h(p)}\mathbb{R}$ 中之基. 上式可写成

$$\mathrm{d}h(v) = v(h), \tag{34.4.11}$$

因此 $\mathrm{d}h \in T_p^*(M^n)$. 这个记号 $\mathrm{d}h$ 与后面将介绍的 0 次微分形式 h 的外微分 $\mathrm{d}h$ 是一致的.

现在, 运用导射来进一步理解流形的切空间. 取区图 $(U, \varphi) \in \mathcal{D}$, 使得 $p \in U$. 按区图定义, U 是 M^n 的一个开集, φ 将 U 同胚地映成 $\mathbb{R}^n$ 中的开集 $\varphi(U)$. 记 $a = \varphi(p) \in \varphi(U)$. 视 $\varphi(U)$ 为一个 C^r 流形, φ 是一个 C^r 映射, 并且 φ^{-1} 也是一个 C^r 映射. 从而映射 φ 与 φ^{-1} 的导射互逆. 这一事实可写成下面的定理.

定理 34.4.1 映射 φ 和 φ^{-1} 的推前

$$\varphi_*: T_p(M^n) \to T_a(\mathbb{R}^n) \quad \text{和} \quad (\varphi^{-1})_*: T_a(\mathbb{R}^n) \to T_p(M^n) \tag{34.4.12}$$

是互逆的同构; 同样, φ 和 φ^{-1} 的拉回

$$\varphi^* : T_a^* (\mathbb{R}^n) \to T_p^* (M^n) \quad \text{和} \quad \left(\varphi^{-1}\right)^* : T_p^* (M^n) \to T_a^* (\mathbb{R}^n) \tag{34.4.13}$$

也是互逆的同构. 从而 $T_p (M^n)$ 和 $T_p^* (M^n)$ 都是 n 维实线性空间.

设 $\mathbb{R}^n$ 中坐标函数为 $r_1, \cdots, r_n$. 设 $(U, \varphi) \in D$ 是任一区图, 记 U 中的点为 p. 设

$$x_i = r_i \circ \varphi, \quad i = 1, \cdots, n \tag{34.4.14}$$

称为 U 中关于 φ 的坐标函数. 于是 U 中的点 p 的坐标表出为 $(x_1 (p), \cdots, x_n (p))$, 简记为 $(x_1, \cdots, x_n)$. 另取区图 $(V, \psi) \in D$, 则对于 $U \cap V$ 中的点 p 在 ψ 之下的坐标表出应当采取另外的记号, 例如, 记作 $(y_1 (p), \cdots, y_n (p))$, 简记为 $(y_1, \cdots, y_n)$, 其中

$$y_i = r_i \circ \psi, \quad i = 1, \cdots, n. \tag{34.4.15}$$

由定理 34.4.1 之 (34.4.12) 式, 有同构

$$\left(\varphi^{-1}\right)_* : T_{\varphi(p)} (\mathbb{R}^n) \to T_p (M^n) \quad \text{及} \quad \left(\psi^{-1}\right)_* : T_{\psi(p)} (\mathbb{R}^n) \to T_p (M^n). \tag{34.4.16}$$

特别, 有

$$\frac{\partial}{\partial r_i} \mapsto \left(\varphi^{-1}\right)_* \left(\frac{\partial}{\partial r_i}\right) \quad \text{及} \quad \frac{\partial}{\partial r_i} \mapsto \left(\psi^{-1}\right)_* \left(\frac{\partial}{\partial r_i}\right), \quad i = 1, \cdots, n.$$

记

$$\frac{\partial}{\partial x_i} \mapsto \left(\varphi^{-1}\right)_* \left(\frac{\partial}{\partial r_i}\right) \quad \text{及} \quad \frac{\partial}{\partial y_i} \mapsto \left(\psi^{-1}\right)_* \left(\frac{\partial}{\partial r_i}\right), \quad i = 1, \cdots, n. \tag{34.4.17}$$

$\forall f \in C^r (M^n, p, \mathbb{R})$, 导算子 $\dfrac{\partial}{\partial x_i}$ 和 $\dfrac{\partial}{\partial y_i}$ 的作用分别为

$$\frac{\partial}{\partial x_i} f (p) = \left(\varphi^{-1}\right)_* \left(\frac{\partial}{\partial r_i}\right) (f) \bigg|_{\varphi(p)} = \frac{\partial}{\partial r_i} \left(f \circ \varphi^{-1}\right) \bigg|_{\varphi(p)}, \tag{34.4.18}$$

$$\frac{\partial}{\partial y_i} f (p) = \left(\psi^{-1}\right)_* \left(\frac{\partial}{\partial r_i}\right) (f) \bigg|_{\psi(p)} = \frac{\partial}{\partial r_i} \left(f \circ \psi^{-1}\right) \bigg|_{\psi(p)}. \tag{34.4.19}$$

向量组 $\left\{\dfrac{\partial}{\partial x_1}, \cdots, \dfrac{\partial}{\partial x_n}\right\}$ 和向量组 $\left\{\dfrac{\partial}{\partial y_1}, \cdots, \dfrac{\partial}{\partial y_n}\right\}$ 是 $T_p(M^n)$ 的两组基. 向量 $\dfrac{\partial}{\partial x_j}$ 在基 $\left\{\dfrac{\partial}{\partial y_1}, \cdots, \dfrac{\partial}{\partial y_n}\right\}$ 上的线性表示计算如下. 由复合函数求导的链锁法则

$$
\begin{aligned}
\left.\frac{\partial}{\partial x_j}(f)\right|_p &= (\varphi^{-1})_* \left(\frac{\partial}{\partial r_j}\right)(f)\Big|_p = \left.\frac{\partial}{\partial r_j}\left(f \circ \varphi^{-1}\right)\right|_{\varphi(p)} \\
&= \left.\frac{\partial}{\partial r_j}\left((f \circ \psi^{-1}) \circ (\psi \circ \varphi^{-1})\right)\right|_{\varphi(p)} \\
&= \sum_{i=1}^{n} \left.\frac{\partial}{\partial r_i}\left(f \circ \psi^{-1}\right)\right|_{\psi(p)} \cdot \left.\frac{\partial}{\partial r_j}\left(r_i \circ \psi \circ \varphi^{-1}\right)\right|_{\varphi(p)} \\
&= \sum_{i=1}^{n} \left.\frac{\partial}{\partial y_i}(f)\right|_p \cdot \left.\frac{\partial}{\partial x_j}(y_i)\right|_p,
\end{aligned}
$$

即

$$
\frac{\partial}{\partial x_j} = \sum_{i=1}^{n} \left.\frac{\partial y_i}{\partial x_j}\right|_p \frac{\partial}{\partial y_i}. \tag{34.4.20}
$$

因此, 在实线性空间 $T_p(M^n)$ 中从基 $\left\{\dfrac{\partial}{\partial x_1}, \cdots, \dfrac{\partial}{\partial x_n}\right\}$ 到基 $\left\{\dfrac{\partial}{\partial y_1}, \cdots, \dfrac{\partial}{\partial y_n}\right\}$ 的变换公式为

$$
\left(\frac{\partial}{\partial x_1}, \cdots, \frac{\partial}{\partial x_n}\right) = \left(\frac{\partial}{\partial y_1}, \cdots, \frac{\partial}{\partial y_n}\right)
\begin{pmatrix}
\dfrac{\partial y_1}{\partial x_1} & \dfrac{\partial y_1}{\partial x_2} & \cdots & \dfrac{\partial y_1}{\partial x_n} \\
\vdots & \vdots & & \vdots \\
\dfrac{\partial y_n}{\partial x_1} & \dfrac{\partial y_n}{\partial x_2} & \cdots & \dfrac{\partial y_n}{\partial x_n}
\end{pmatrix}, \tag{34.4.21}
$$

其中变换矩阵是 $(y_1, \cdots, y_n)$ 关于自变量 $(x_1, \cdots, x_n)$ 的 Jacobi 矩阵 (参见定义 23.3.1). 对偶地, 余切空间 $T_p^*(M^n)$ 中从基 $\{\mathrm{d}x_1, \cdots, \mathrm{d}x_n\}$ 到基 $\{\mathrm{d}y_1, \cdots, \mathrm{d}y_n\}$ 的变换公式为

$$
(\mathrm{d}x_1, \cdots, \mathrm{d}x_n) = (\mathrm{d}y_1, \cdots, \mathrm{d}y_n)
\begin{pmatrix}
\dfrac{\partial x_1}{\partial y_1} & \dfrac{\partial x_2}{\partial y_1} & \cdots & \dfrac{\partial x_n}{\partial y_1} \\
\vdots & \vdots & & \vdots \\
\dfrac{\partial x_1}{\partial y_n} & \dfrac{\partial x_2}{\partial y_n} & \cdots & \dfrac{\partial x_n}{\partial y_n}
\end{pmatrix}. \tag{34.4.22}
$$

回到有关导射的讨论. 当对流形选定区图后, 流形便局部地坐标化了, 从而导射亦可局部地坐标表出如下. 设在 M^n 和 N^l 中分别取区图 $(U, \varphi) \in \mathcal{D}$ 和 $(V, \psi) \in \mathcal{E}$, 不妨设 $h(U) \subset V$. 设

$$x_i = r_i \circ \varphi, \quad i = 1, \cdots, n \quad \text{及} \quad y_j = s_j \circ \psi, \quad j = 1, \cdots, l, \tag{34.4.23}$$

其中 $r_1, \cdots, r_n$ 是 $\mathbb{R}^n$ 中坐标函数, 并且 $s_1, \cdots, s_l$ 是 $\mathbb{R}^l$ 中坐标函数. 于是按 (34.4.17),

$$\frac{\partial}{\partial x_i} = \left(\varphi^{-1}\right)_* \frac{\partial}{\partial r_i}, \quad i = 1, \cdots, n \tag{34.4.24}$$

及

$$\frac{\partial}{\partial y_j} = \left(\psi^{-1}\right)_* \frac{\partial}{\partial s_j}, \quad j = 1, \cdots, l. \tag{34.4.25}$$

$\forall f \in C^r\left(N^l, h(p), \mathbb{R}\right)$, 由 (34.4.2), 取 $v = \dfrac{\partial}{\partial x_i}$, 再由复合求导链锁法则

$$
\begin{aligned}
\left. h_*\left(\frac{\partial}{\partial x_i}\right)(f)\right|_{h(p)} &= \left.\frac{\partial}{\partial x_i}\left(f \circ h\right)\right|_p = \left.\frac{\partial}{\partial x_i}\left(f \circ \psi^{-1} \circ \psi \circ h\right)\right|_p \\
&= \sum_{j=1}^l \left.\frac{\partial\left(f \circ \psi^{-1}\right)}{\partial s_j}\right|_{\psi(h(p))} \cdot \left.\frac{\partial\left(s_j \circ \psi \circ h\right)}{\partial x_i}\right|_p \\
&= \sum_{j=1}^l \left.\frac{\partial f}{\partial y_j}\right|_{h(p)} \cdot \left.\frac{\partial\left(y_j \circ h\right)}{\partial x_i}\right|_p.
\end{aligned}
$$

写成求导算子形式得

$$h_*\left(\frac{\partial}{\partial x_i}\right) = \sum_{j=1}^l \left.\frac{\partial\left(y_j \circ h\right)}{\partial x_i}\right|_p \cdot \frac{\partial}{\partial y_j}, \tag{34.4.26}$$

或

$$
\begin{aligned}
&\left(h_*\left(\frac{\partial}{\partial x_1}\right), \cdots, h_*\left(\frac{\partial}{\partial x_n}\right)\right) \\
&= \left(\frac{\partial}{\partial y_1}, \cdots, \frac{\partial}{\partial y_l}\right)
\begin{pmatrix}
\dfrac{\partial\left(y_1 \circ h\right)}{\partial x_1} & \dfrac{\partial\left(y_1 \circ h\right)}{\partial x_2} & \cdots & \dfrac{\partial\left(y_1 \circ h\right)}{\partial x_n} \\
\vdots & \vdots & & \vdots \\
\dfrac{\partial\left(y_l \circ h\right)}{\partial x_1} & \dfrac{\partial\left(y_l \circ h\right)}{\partial x_2} & \cdots & \dfrac{\partial\left(y_l \circ h\right)}{\partial x_n}
\end{pmatrix}, \tag{34.4.27}
\end{aligned}
$$

其中变换矩阵是映射 h 的 Jacobi 矩阵.

对偶地, 有

$$(h^* (\mathrm{d}y_1), \cdots, h^* (\mathrm{d}y_n))$$

$$= (\mathrm{d}x_1, \cdots, \mathrm{d}x_n) \begin{pmatrix} \dfrac{\partial (y_1 \circ h)}{\partial x_1} & \dfrac{\partial (y_2 \circ h)}{\partial x_1} & \cdots & \dfrac{\partial (y_l \circ h)}{\partial x_1} \\ \vdots & \vdots & & \vdots \\ \dfrac{\partial (y_1 \circ h)}{\partial x_n} & \dfrac{\partial (y_2 \circ h)}{\partial x_n} & \cdots & \dfrac{\partial (y_l \circ h)}{\partial x_n} \end{pmatrix}, \quad (34.4.28)$$

其中变换矩阵是映射 h 的 Jacobi 矩阵的转置.

34.5 外代数

现在介绍有限维实线性空间的外幂和外代数.

定义 34.5.1 设 V 是一个 n 维实线性空间. 对 V 中任意 $k (\geqslant 1)$ 个元素的有序组 $v_1, \cdots, v_k$ 作 $v_1 \wedge \cdots \wedge v_k$, 称为 $v_1, \cdots, v_k$ 的 k **次外乘积** (exterior product of degree k), 所有这种 k 次外乘积及它们的实系数线性组合所成的实线性空间记作 $\Lambda^k (V)$. 进而, 对 $u \in \Lambda^k (V)$ 和 $v \in \Lambda^l (V)$ 构作 $u \wedge v \in \Lambda^{k+l} (V)$. 运算 $\wedge$ 称为 Grassmann **乘法** (exterior multiplication), 满足以下条件.

(1) **结合性** $(u \wedge v) \wedge w = u \wedge (v \wedge w)$.

(2) **反交换性** 若 $u \in \Lambda^k (V), v \in \Lambda^l (V)$, 则

$$u \wedge v = (-1)^{kl} v \wedge u. \quad (34.5.1)$$

(3) **线性性** $u \wedge v$ 关于第一因子和第二因子都是线性的:

$$(au_1 + bu_2) \wedge v = a (u_1 \wedge v) + b (u_2 \wedge v),$$
$$u \wedge (av_1 + bv_2) = a (u \wedge v_1) + b (u \wedge v_2). \quad (34.5.2)$$

(4) 若 $k + l \leqslant n, u \in \Lambda^k (V), v \in \Lambda^l (V)$, 则**无零因子**, 即

$$u \wedge v = 0 \text{ 当且仅当 } u = 0 \text{ 或 } v = 0. \quad (34.5.3)$$

对 $k = 0$, 记 $\Lambda^0 (V) = \mathbb{R}$. $\Lambda^k (V)$ 称为实线性空间 V 的 k **次外幂** (exterior power of degree k). 作直和, 记 $\Lambda (V) = \overset{\infty}{\underset{k=0}{\oplus}} \Lambda^k (V)$, $\Lambda (V)$ 是一个实线性空间.

$\Lambda(V)$ 中两元素 u 和 v, 可唯一地写作

$$u = u_0 + u_1 + \cdots + u_k + \cdots, \quad u_k \in \Lambda^k(V), \quad k = 0, 1, \cdots \tag{34.5.4}$$

和

$$v = v_0 + v_1 + \cdots + v_k + \cdots, \quad v_k \in \Lambda^k(V), \quad k = 0, 1, \cdots, \tag{34.5.5}$$

进而规定 u 和 v 的外乘积是

$$u \wedge v = \sum_{k,l=0}^{\infty} u_k \wedge v_l. \tag{34.5.6}$$

带有这个乘法, $\Lambda(V)$ 是一个**代数** (algebra), 称为 V 的**外代数** (exterior algebra of V).

定理 34.5.1　设 V 是一个 n 维实线性空间, $\{e_1, \cdots, e_n\}$ 是 V 的一组基. 则当 $\Phi = \{i_1, \cdots, i_k\}$ 跑遍 $\{1, \cdots, n\}$ 的 k 元子集, 元素组

$$\{e_\Phi = e_{i_1} \wedge \cdots \wedge e_{i_k}, i_1 < \cdots < i_k\} \tag{34.5.7}$$

是 $\Lambda^k(V)$ 的一组基. 特别,

(1) 当 $k = 0$ 时, $\Phi = \varnothing$, 这时 $e_\Phi = 1$, 它是 $\Lambda^0(V) = \mathbb{R}$ 的一组基;

(2) 当 $k = 1, \cdots, n-1$ 时, $\dim \Lambda^k(V) = \begin{pmatrix} n \\ k \end{pmatrix}$;

(3) 当 $k = n$ 时, $\Phi = \{1, \cdots, n\}$, 这时 $e_\Phi = e_1 \wedge \cdots \wedge e_n$, 它是 $\Lambda^n(V)$ 的一组基;

(4) 当 $k > 0$ 时, $\Lambda^k(V) = 0$;

(5) $\dim \Lambda(V) = 2^n$.

证明概要　容易证明当 $\Phi = \{i_1, \cdots, i_k\}$ 跑遍 $\{1, \cdots, n\}$ 的 k 元子集, 元素组 $\{e_\Phi\}$ 生成 $\Lambda^k(V)$. 尚需证明元素组 $\{e_\Phi\}$ 是线性无关的, 这不难由定义 34.4.1 中之条件推出.

应用于微分流形的余切空间, 有如下的定理.

定理 34.5.2　设 $(M^n, \mathcal{D})$ 是一个 n 维 C^r 微分流形, $r \geqslant 1$. 设 (U, φ) 和 $(V, \psi) \in \mathcal{D}$, 其坐标函数分别是 $x_1, \cdots, x_n$ 和 $y_1, \cdots, y_n$. 设 $p \in U \cap V, T_p^*(M^n)$ 是 M^n 在点 p 的余切空间. 则 $\{\mathrm{d}x_1, \cdots, \mathrm{d}x_n\}$ 和 $\{\mathrm{d}y_1, \cdots, \mathrm{d}y_n\}$ 均为 $T_p^*(M^n)$ 的一组基. 从而当 $\{i_1, \cdots, i_k\}$ 和 $\{j_1, \cdots, j_k\}$ 跑遍 $\{1, \cdots, n\}$ 的 k 元子集时, 元素组

$$\{\mathrm{d}x_{i_1} \wedge \cdots \wedge \mathrm{d}x_{i_k}, i_1 < \cdots < i_k\} \tag{34.5.8}$$

和

$$\{\mathrm{d}y_{j_1} \wedge \cdots \wedge \mathrm{d}y_{j_k}, j_1 < \cdots < j_k\} \tag{34.5.9}$$

均为 $\Lambda^k (T_p^* (M^n))$ 的一组基. 当 $U \cap V$ 中坐标由 $x_1, \cdots, x_n$ 变换为 $y_1, \cdots, y_n$ 时, $T_p^* (M^n)$ 中基 $\{\mathrm{d}x_1, \cdots, \mathrm{d}x_n\}$ 到基 $\{\mathrm{d}y_1, \cdots, \mathrm{d}y_n\}$ 的变换公式为 (34.4.22) 式. 从而 $\Lambda^k (T_p^* (M^n))$ 中基 (34.5.8) 到基 (34.5.9) 的变换为采用 (34.4.22) 式于 (34.5.8) 式中的每个因子 $\mathrm{d}x_{i_h}, h = 1, \cdots, k$.

34.6 切丛的微分结构

现在继续 34.4 节的讨论.

设 $(M^n, \mathcal{D})$ 是一个 n 维 C^r 微分流形, $r \geqslant 1$. $T(M^n)$ 是流形 M^n 的切丛, $\pi : T(M^n) \to M^n$ 是投影; $T^*(M^n)$ 是流形 M^n 的余切丛, $\pi^* : T^*(M^n) \to M^n$ 是投影. 定义如下概念.

定义 34.6.1 记

$$\Lambda^k (T^* (M^n)) = \bigcup_{p \in M^n} \Lambda^k (T_p^* (M^n)), \tag{34.6.1}$$

称为流形 M^n 的 **k 次余切外幂丛**. 定义

$$\pi^* : \Lambda^k (T^* (M^n)) \to M^n \tag{34.6.2}$$

为 $\forall v^* \in \Lambda^k (T_p^* (M^n)), \pi^* (v^*) = p$, 称为**投影**. 记

$$\Lambda (T^* (M^n)) = \bigcup_{p \in M^n} \Lambda (T_p^* (M^n)) \tag{34.6.3}$$

称为流形 M^n 的**余切外代数丛**. 定义

$$\pi^* : \Lambda (T^* (M^n)) \to M^n \tag{34.6.4}$$

为 $\forall v^* \in \Lambda (T_p^* (M^n)), \pi^* (v^*) = p$, 称为**投影**.

定理 34.6.1 设 $(M^n, \mathcal{D})$ 是一个 n 维 C^r 微分流形, $r \geqslant 1$. 则 M^n 的切丛 $T(M^n)$, 余切丛 $T^*(M^n)$, k 次余切外幂丛和余切外代数丛都是 C^{r-1} 微分流形, 它们的维数分别为 $2n, 2n, n + \begin{pmatrix} n \\ k \end{pmatrix}$ 和 $n + 2^n$, 并且它们的投影都是 C^{r-1} 映射.

证明 以余切丛为例进行讨论, 其余类似.

设 $(U, \varphi) \in \mathcal{D}$, $x_1, \cdots, x_n$ 是其坐标函数. 令

$$\tilde{\varphi}^* : \pi^{*^{-1}}(U) \to \mathbb{R}^{2n} = \mathbb{R}^n \times \mathbb{R}^n$$

为对于 $v^* \in \pi^{*^{-1}}(U)$,

$$\tilde{\varphi}^*(v^*) = \left(x_1(\pi^*(v^*)), \cdots, x_n(\pi^*(v^*)), v^*\left(\frac{\partial}{\partial x_1}\right) \mathrm{d}x_1 + \cdots + v^*\left(\frac{\partial}{\partial x_n}\right) \mathrm{d}x_n \right).$$
$$(34.6.5)$$

$\tilde{\varphi}^*$ 是将 $\pi^{*^{-1}}(U)$ 映成 $\mathbb{R}^{2n}$ 中的一个开子集的双射. 利用 $\tilde{\varphi}^*$ 赋以 $\pi^{*^{-1}}(U)$ 中拓扑, 而得 $T^*(M^n)$ 的一个区图 $(\pi^{*^{-1}}(U), \tilde{\varphi}^*)$. 再由对 $\mathcal{D}$ 中每个区图 (U, φ) 所得区图族 $\{(\pi^{*^{-1}}(U), \tilde{\varphi}^*)\}$, 现在验证它是一个 C^{r-1} 图册.

设 $(V, \psi) \in \mathcal{D}$ 是 M^n 的另一图册, $y_1, \cdots, y_n$ 为其坐标函数. 令

$$\tilde{\psi}^* : \pi^{*^{-1}}(V) \to \mathbb{R}^{2n} = \mathbb{R}^n \times \mathbb{R}^n$$

为

$$\tilde{\psi}^*(v^*) = \left(y_1(\pi^*(v^*)), \cdots, y_n(\pi^*(v^*)), v^*\left(\frac{\partial}{\partial y_1}\right) \mathrm{d}y_1 + \cdots + v^*\left(\frac{\partial}{\partial y_n}\right) \mathrm{d}y_n \right),$$
$$(34.6.6)$$

$(\pi^{*^{-1}}(V), \tilde{\psi}^*)$ 是 $T^*(M^n)$ 的另一区图. 如果, $U \cap V \neq \varnothing$, 则变换

$$\tilde{\psi}^* \circ \tilde{\varphi}^{*^{-1}} : \tilde{\varphi}^*\left(\pi^{*^{-1}}(U \cap V)\right) \to \tilde{\psi}^*\left(\pi^{*^{-1}}(U \cap V)\right) \tag{34.6.7}$$

按 $\mathbb{R}^n \times \mathbb{R}^n$ 中第一因子部分为

$$\psi \circ \varphi^{-1}\big|_{U \cap V}, \tag{34.6.8}$$

它是 C^r 的.

按第二因子部分为采用公式 (34.4.22) 得

$$v^*\left(\frac{\partial}{\partial x_1}\right) \mathrm{d}x_1 + \cdots + v^*\left(\frac{\partial}{\partial x_n}\right) \mathrm{d}x_n \mapsto v^*\left(\frac{\partial}{\partial y_1}\right) \mathrm{d}y_1 + \cdots + v^*\left(\frac{\partial}{\partial y_n}\right) \mathrm{d}y_n.$$
$$(34.6.9)$$

它是 C^{r-1} 的, 故变换 (34.6.7) 是 C^{r-1} 的.

34.7 流形上的微分形式

下面介绍流形上微分形式概念. 为了简单, 今后恒设所讨论的流形是 C^∞ 的.

定义 34.7.1 设 $(M^n, \mathcal{D})$ 是一个 n 维 C^∞ 流形. 对任意整数 $k \geqslant 0$, 流形 M^n 上的一个 k **次外微分形式** (differential form of degree k). ω 是一个 C^∞ 映射 $\omega : M^n \to \Lambda^k (T^*(M^n))$, 使得 $\forall p \in M^n, \pi^*\omega(p) = p$. 特别地, $\Lambda^0 (T^*(M^n))$ 是 $M^n \times \mathbb{R}$, M^n 上的一个 0 次外微分形式即是 M^n 上的一个 C^∞ 实函数. 对 $k > 0$, 设 ω 是 M^n 上的一个 k 次外微分形式, 对 $\mathcal{D}$ 中任意一个区图 (U, φ) 而言, ω 在 U 上的限制是如下的和式:

$$\omega|_U = \sum_{i_1,\cdots,i_k} f_{i_1\cdots i_k} \mathrm{d}x_{i_1} \wedge \cdots \wedge \mathrm{d}x_{i_k}, \qquad (34.7.1)$$

其中 $f_{i_1\cdots i_k}$ 均为 U 上 C^∞ 实函数, $x_1, \cdots, x_n$ 是 (U, φ) 的坐标函数. 由于外乘法 $\wedge$ 满足反交换性 (34.5.1), 因此, 当 $k > n$ 时, 必然 $\omega = 0$. 对每个 k, M^n 上所有 k 次 C^∞ 微分形式按加法和数乘组成一个实线性空间, 记作 $C^\infty (M^n, \Lambda^k (M^n))$. 设 ω 和 τ 分别是 M^n 上的 k 次和 l 次 C^∞ 微分形式, 对区图 (U, φ) 的限制分别 是 (34.7.1) 式和

$$\tau|_U = \sum_{j_1,\cdots,j_l} g_{j_1\cdots j_l} \mathrm{d}x_{j_1} \wedge \cdots \wedge \mathrm{d}x_{j_l}, \qquad (34.7.2)$$

则从外代数中乘法概念导出 ω 和 τ 的乘积 $\omega \wedge \tau$, 它是 M^n 上的一个 $k+l$ 次 C^∞ 微分形式. 采用区图 (U, φ) 上的限制表出为

$$\omega \wedge \tau|_U = \sum_{i_1,\cdots,i_k,j_1,\cdots,j_l} f_{i_1\cdots i_k} g_{j_1\cdots j_l} \mathrm{d}x_{i_1} \wedge \cdots \wedge \mathrm{d}x_{i_k} \wedge \mathrm{d}x_{j_1} \wedge \cdots \wedge \mathrm{d}x_{j_l}. \quad (34.7.3)$$

由 (34.5.1) 得

$$\tau \wedge \omega = (-1)^{kl} \omega \wedge \tau, \qquad (34.7.4)$$

将 $k = 0, 1, 2, \cdots$ 次 C^∞ 微分形式所成实线性空间作直和, 记作

$$C^\infty (M^n, \mathcal{G}(M^n)) = \bigoplus_{k=1}^{+\infty} C^\infty (M^n, \Lambda^k (M^n)), \qquad (34.7.5)$$

它是一个实线性空间, 并且按乘法 $\wedge$ 是一个**交错环** (alternative ring).

其子空间 $C^\infty (M^n, \Lambda^k (M^n))$ 中元素称为 k **次齐次元素** (homogeneous element of degree k).

微分形式的**外微分算子** (exterior differential operator) d 定义如下.

设 $f \in C^\infty\left(M^n, \Lambda^0\left(M^n\right)\right)$, 按定义 f 是 M^n 上的一个 C^∞ 实函数. f 的外微分 $\mathrm{d}f$ 定义为对每个区图 $(U, \varphi) \in \mathcal{D}$ 的限制

$$\mathrm{d}f|_U = \sum_{i=1}^n \frac{\partial f}{\partial x_i} \mathrm{d}x_i. \tag{34.7.6}$$

$\mathrm{d}f$ 是 M^n 上的一个 1 次 C^∞ 微分形式. 一般地, 设 ω 是一个 k 次 C^∞ 微分形式, 它对区图 $(U, \varphi) \in \mathcal{D}$ 的限制是 (34.7.1) 式, 则定义 ω 的外微分 (exterior differential) $\mathrm{d}\omega$ 在 (U, φ) 上限制是

$$\mathrm{d}\omega|_U = \sum_{i_1, \cdots, i_k} \left(\mathrm{d}f_{i_1 \cdots i_k}\right) \wedge \mathrm{d}x_{i_1} \wedge \cdots \wedge \mathrm{d}x_{i_k}, \tag{34.7.7}$$

其中 $\mathrm{d}f_{i_1 \cdots i_k}$ 按 (34.7.6) 式计算. $\mathrm{d}\omega$ 是 M^n 上的一个 $k+1$ 次 C^∞ 微分形式.

定理 34.7.1 (Leibniz 公式)　设 $\omega \in C^\infty\left(M^n, \Lambda^k\left(M^n\right)\right)$ 及 $\tau \in C^\infty(M^n, \Lambda^l(M^n))$, 则有

$$\mathrm{d}\left(\omega \wedge \tau\right) = \mathrm{d}\omega \wedge \tau + (-1)^k \omega \wedge \mathrm{d}\tau. \tag{34.7.8}$$

定理 34.7.2 (Poincaré 引理)　设 $\omega \in C^\infty\left(M^n, \Lambda^k\left(M^n\right)\right)$, 则

$$\mathrm{d}\left(\mathrm{d}\omega\right) = 0 \quad \text{或} \quad \mathrm{d}^2 = 0. \tag{34.7.9}$$

这两个定理的证明都可采用在任一区图上限制的计算完成.

有关微分流形上的外微分算子, 同样有存在唯一性定理, 如下.

定理 34.7.3　存在唯一的算子 d, 使得

(1) $\mathrm{d}: C^\infty\left(M^n, \Lambda^k\left(M^n\right)\right) \to C^\infty\left(M^n, \Lambda^{k+1}\left(M^n\right)\right)$ 是线性映射;

(2) 对于 $f \in C^\infty\left(M^n, \Lambda^0\left(M^n\right)\right), \mathrm{d}(f) = \mathrm{d}f$ 是函数 f 的通常微分;

(3) (Leibniz 公式) 如果 $\omega \in C^\infty\left(M^n, \Lambda^k\left(M^n\right)\right), \tau \in C^\infty\left(M^n, \Lambda^l\left(M^n\right)\right)$, 则

$$\mathrm{d}\left(\omega \wedge \tau\right) = \mathrm{d}\omega \wedge \tau + (-1)^k \omega \wedge \mathrm{d}\tau.$$

(4) (Poincaré 引理) $\mathrm{d}^2 = 0$.

评注 34.7.1　实际上用到的微分形式不必是在整个流形上定义的. 设 A 是流形 M^n 的一个子集. A 上的一个 k 次 C^∞ 微分形式 ω 是在 A 的某个邻域 $\Omega(A)$ 中有定义的, 对每个区图 $(U, \varphi) \in \mathcal{D}, \omega$ 在 $\Omega(A) \cap U$ 上的限制是一个形式和

$$\omega|_{\Omega(A) \cap U} = \sum_{i_1, \cdots, i_k} f_{i_1 \cdots i_k} \mathrm{d}x_{i_1} \wedge \cdots \wedge \mathrm{d}x_{i_k}, \tag{34.7.10}$$

其中 $f_{i_1 \cdots i_k}$ 均为 $\Omega(A) \cap U$ 上 C^∞ 实函数.

设 $(M^n, \mathcal{D})$ 和 $(N^l, \mathcal{E})$ 分别是 n 维和 l 维 C^∞ 微分流形, 并设 $h: M^n \to N^l$ 是一个 C^∞ 映射. 设 $(U, \varphi) \in \mathcal{D}$ 和 $(V, \psi) \in \mathcal{E}$, 不妨设 $h(U) \subset V$. 设 $x_1, \cdots, x_n$ 是 U 中点在 φ 之下的坐标函数, $y_1, \cdots, y_n$ 是 V 中点在 ψ 之下的坐标函数; $r_1, \cdots, r_n$ 是 $\mathbb{R}^n$ 中坐标函数, $s_1, \cdots, s_l$ 是 $\mathbb{R}^l$ 中坐标函数; x_i 和 y_j 分别定义为

$$x_i = r_i \circ \varphi, \quad i = 1, \cdots, n \tag{34.7.11}$$

和

$$y_j = s_j \circ \psi, \quad j = 1, \cdots, l. \tag{34.7.12}$$

设 ω 是 N^l 上一个 k 次 C^∞ 微分形式, 其在 (V, ψ) 上的限制是

$$\omega|_V = \sum_{j_1, \cdots, j_k} f_{j_1 \cdots j_k} \mathrm{d}y_{j_1} \wedge \cdots \wedge \mathrm{d}y_{j_k}, \tag{34.7.13}$$

其中 $f_{j_1 \cdots j_k}$ 均为 V 上 C^∞ 实函数. 写下一个重要定义.

定义 34.7.2　定义 ω 在 h 之下的**拉回** (pull-back) $h^*\omega$ 是 M^n 上的一个 k 次 C^∞ 微分形式, 它在每个满足条件 $h(U) \subset V$ 的区图 (U, φ) 上的限制为

$$h^*(\omega)|_U = \sum_{j_1, \cdots, j_k} h^*(f_{j_1 \cdots j_k}) h^*(\mathrm{d}y_{j_1}) \wedge \cdots \wedge h^*(\mathrm{d}y_{j_k}), \tag{34.7.14}$$

其中

$$h^*(f_{j_1 \cdots j_k}) = f_{j_1 \cdots j_k} \circ h, \tag{34.7.15}$$

$h^*(\mathrm{d}y_j)$ 按公式 (34.4.27) 计算, 将其中的 x 与 y 调换.

基本事实是下面的定理.

定理 34.7.4　C^∞ 映射 h 的拉回可延拓成

$$h^*: C^\infty(N^l, \mathcal{G}(N^l)) \to C^\infty(M^n, \mathcal{G}(M^n)), \tag{34.7.16}$$

它是一个保持次数的环同态, 并且保持外微分运算, 即

$$h^* \circ \mathrm{d} = \mathrm{d} \circ h^*. \tag{34.7.17}$$

证明　结论的前半句要求证明 h^* 对 k 次 C^∞ 微分形式而言是 $C^\infty(N^l, \Lambda^k(N^l))$ 上的加法同态, 并保持外乘积运算. 这些请读者作为练习完成.

为证等式 (34.7.17), 只需对齐次元素检验. 首先, 设 f 是 N^l 上的一个 0 次 C^∞ 微分形式, 即 f 是 N^l 上一个 C^∞ 实函数, 则 f 的外微分 $\mathrm{d}f$ 在区图 (V, ψ) 上的限制是

$$\mathrm{d}f|_V = \sum_{j=1}^{l} \frac{\partial f}{\partial y_j} \mathrm{d}y_j,$$

于是

$$
\begin{aligned}
h^*\left(\mathrm{d}f\right)|_U &= \sum_{j=1}^{l} h^*\left(\frac{\partial f}{\partial y_j}\right) h^*\left(\mathrm{d}y_j\right) \\
&= \sum_{j=1}^{l} \left(\frac{\partial f}{\partial y_j} \circ h\right) \sum_{i=1}^{n} \frac{\partial s_j \circ h}{\partial x_i} \mathrm{d}x_i \\
&= \sum_{i=1}^{n} \sum_{j=1}^{l} \left(\frac{\partial f}{\partial y_j} \circ h\right) \frac{\partial s_j \circ h}{\partial x_i} \mathrm{d}x_i,
\end{aligned}
$$

而

$$
\begin{aligned}
\mathrm{d}\left(h^* f\right)|_U &= \mathrm{d}\left(f \circ h\right)|_U = \sum_{i=1}^{n} \frac{\partial f \circ h}{\partial x_i} \mathrm{d}x_i \\
&= \sum_{i=1}^{n} \sum_{j=1}^{l} \frac{\partial f}{\partial y_j}\bigg|_{h(p)} \cdot \frac{\partial s_j \circ h}{\partial x_i}\bigg|_p.
\end{aligned}
$$

上面两个计算结果是相等的. 即等式 (34.7.17) 对 0 次微分形式成立.

一般地, 当 ω 是 N^l 上一个 k 次 C^∞ 微分形式, 并且 ω 在区图 (V, ψ) 上的限制是 (34.7.13) 式, 则

$$\mathrm{d}\omega|_V = \sum_{j_1, \cdots, j_k} \mathrm{d}f_{j_1 \cdots j_k} \mathrm{d}y_{j_1} \wedge \cdots \wedge \mathrm{d}y_{j_k}.$$

由于等式 (34.7.17) 对所有 0 次 C^∞ 微分形式已成立, 故对一切 $j_1, \cdots, j_k$ 有

$$\mathrm{d}h^*\left(f_{j_1 \cdots j_k}\right) = h^*\left(\mathrm{d}f_{j_1 \cdots j_k}\right).$$

同时, 重要的是, 对一切 $j = 1, \cdots, l$, 由 (34.4.28) 式得

$$h^*\left(\mathrm{d}y_j\right) = \mathrm{d}\left(y_j \circ h\right),$$

从而

$$\mathrm{d}h^* (\mathrm{d}y_j) = 0.$$

于是, 由以上及等式 (34.7.14)

$$\begin{aligned}
\mathrm{d}h^* (\omega)|_U &= \sum_{j_1, \cdots, j_k} \mathrm{d}h^* (f_{j_1 \cdots j_k}) h^* (\mathrm{d}y_{j_1}) \wedge \cdots \wedge h^* (\mathrm{d}y_{j_k}) \\
&= \sum_{j_1, \cdots, j_k} h^* (\mathrm{d}f_{j_1 \cdots j_k}) h^* (\mathrm{d}y_{j_1}) \wedge \cdots \wedge h^* (\mathrm{d}y_{j_k}) \\
&= h^* (\mathrm{d}\omega)|_U.
\end{aligned}$$

这便证明了等式 (34.7.17).

34.8 单形和链

通常假设积分所展开的积分域几何上规整一些, 以便微积分技术得以实现. 最简单的情形如 n 维单位方体 $I^n = [0,1]^n$, 当 $n = 1$ 时, 它是闭区间 $[0,1]$; $n = 2$ 时, 它是单位正方形; $n = 3$ 时, 它是单位立方体, 等等. 下面介绍 n 维单形, 它是随着组合拓扑学的建立而引入现代数学, 它被人们发现是合适的几何 "元素", 它比方体更方便, 用它可以构筑一切几何对象.

定义 34.8.1 设 $v_0, v_1, \cdots, v_q \in \mathbb{R}^n$, 称 $v_0, v_1, \cdots, v_q$ 是**凸无关的** (convex independent), 如果 $q = 0$, 或者 $q > 0$ 并且 $v_1 - v_0, v_2 - v_0, \cdots, v_q - v_0$ 是线性无关的. 当 $q > 0$ 时, $v_0, v_1, \cdots, v_q$ 是否凸无关与它们的标号选取无关.

命题 34.8.1 设 $q > 0, v_0, v_1, \cdots, v_q \in \mathbb{R}^n$, 并且 $v_1 - v_0, v_2 - v_0, \cdots, v_q - v_0$ 是线性无关的, 则任取 $i = 1, \cdots, q, v_0 - v_i, \cdots, v_{i-1} - v_i, v_{i+1} - v_i, \cdots, v_q - v_i$ 也是线性无关的.

证明 设 $\lambda_0, \cdots, \lambda_{i-1}, \lambda_{i+1}, \cdots, \lambda_q \in \mathbb{R}$, 使得

$$\lambda_0 (v_0 - v_i) + \cdots + \lambda_{i-1} (v_{i-1} - v_i) + \lambda_{i+1} (v_{i+1} - v_i) + \cdots + \lambda_q (v_q - v_i) = 0,$$

将上式左边重整得

$$\lambda_1 (v_1 - v_0) + \cdots + \lambda_{i-1} (v_{i-1} - v_0) + [-\lambda_0 - \lambda_1 - \cdots - \lambda_{i-1} - \lambda_{i+1} - \cdots - \lambda_q] (v_i - v_0)$$
$$+ \lambda_{i+1} (v_{i+1} - v_0) + \cdots + \lambda_q (v_q - v_0) = 0.$$

因已知 $v_1 - v_0, v_2 - v_0, \cdots, v_q - v_0$ 是线性无关的, 从而

$$\lambda_1 = 0, \cdots, \lambda_{i-1} = 0, \quad -\lambda_0 - \lambda_1 - \cdots - \lambda_{i-1} - \lambda_{i+1} - \cdots - \lambda_q = 0,$$
$$\lambda_{i+1} = 0, \cdots, \lambda_q = 0.$$

进而知 $\lambda_0 = 0$. 即知, $v_0 - v_i, \cdots, v_{i-1} - v_{i,i+1} - v_i, \cdots, v_q - v_i$ 是线性无关的.

定义 34.8.2　设 $v_0, v_1, \cdots, v_q \in \mathbb{R}^n$ 凸无关, 记 $\mathbb{R}^n$ 中由 $v_0, v_1, \cdots, v_q$ 生成的凸包 (convex hull) 为

$$[v_0, v_1, \cdots, v_q] = \left\{ v; v = \sum_{i=0}^q \alpha_i v_i, \alpha_i \geqslant 0, \sum_{i=0}^q \alpha_i = 1 \right\}, \tag{34.8.1}$$

称为由点组 $\{v_0, v_1, \cdots, v_q\}$ 所张的 **q 维单形** (q-dimensional simplex, q-simplex). 点 $v_0, v_1, \cdots, v_q$ 称为单形 $[v_0, v_1, \cdots, v_q]$ 的**顶点** (vertex, vertices). 单形 $[v_0, v_1, \cdots, v_q]$ 中点 v 对于诸顶点的线性表出

$$v = \sum_{i=0}^q \alpha_i v_i \tag{34.8.2}$$

是唯一的, 其中的系数 $\alpha_0, \alpha_1, \cdots, \alpha_q$ 称为点 v 关于顶点 $v_0, v_1, \cdots, v_q$ 的**重心坐标** (barycentric coordinates). 单形 $[v_0, v_1, \cdots, v_q]$ 中重心坐标都相等的那个点, $\alpha_0 = \alpha_1 = \cdots = \alpha_q = \dfrac{1}{q+1}$, 称为它的**重心** (barycentre), 又称**形心**.

命题 34.8.2　设 $v_0, v_1, \cdots, v_q \in \mathbb{R}^n$ 凸无关, 则 $\mathbb{R}^n$ 中集合

$$C = \left\{ v; v = \sum_{i=0}^q \alpha_i v_i, \sum_{i=0}^q \alpha_i = 1 \right\} \tag{34.8.3}$$

是 $\mathbb{R}^n$ 中一个 q 维超平面, 它是 $\mathbb{R}^n$ 中一个 q 维子空间的一个平移的结果, 称为 q 维单形 $[v_0, v_1, \cdots, v_q]$ 支撑的 q 维超平面. C 中任一点 v 关于 $v_0, v_1, \cdots, v_q$ 的表出式是唯一的.

证明　由于 $\sum\limits_{i=0}^q \alpha_i = 1$, 知 $\alpha_0 = 1 - \sum\limits_{i=1}^q \alpha_i$. 从而

$$v = \sum_{i=0}^q \alpha_i v_i = v_0 + \sum_{i=1}^q \alpha_i (v_i - v_0). \tag{34.8.4}$$

由这个式子可知, 代数上说, C 是 $\mathbb{R}^n$ 中由 $v_1 - v_0, v_2 - v_0, \cdots, v_q - v_0$ 生成的 q 维子空间 H 的包含着元素 v_0 的陪集 $v_0 + H$; 几何上说, C 是将 q 维子空间 H 平移到通过点 v_0 而得到的 q 维超平面.

为证表出式的唯一性, 设点 $v \in C$ 有两个表出式

$$v = \sum_{i=0}^q \alpha_i v_i, \text{ 其中 } \sum_{i=0}^q \alpha_i = 1$$

及

$$v = \sum_{i=0}^{q} \alpha_i' v_i, \ \text{其中} \sum_{i=0}^{q} \alpha_i' = 1.$$

将对应式子相减, 得

$$\sum_{i=0}^{q} (\alpha_i - \alpha_i') v_i = 0, \tag{34.8.5}$$

$$\sum_{i=0}^{q} (\alpha_i - \alpha_i') = 0, \tag{34.8.6}$$

由 (34.8.6) 式得

$$\alpha_0 - \alpha_0' = -\sum_{i=1}^{q} (\alpha_i - \alpha'_i),$$

从而由 (34.8.5) 式得

$$0 = \sum_{i=0}^{q} (\alpha_i - \alpha_i') v_i = (\alpha_0 - \alpha_0') v_0 + (\alpha_1 - \alpha_1') v_1 + \cdots + (\alpha_q - \alpha_q') v_q$$
$$= (\alpha_1 - \alpha_1') (v_1 - v_0) + \cdots + (\alpha_q - \alpha_q') (v_q - v_0).$$

由于 $v_0, v_1, \cdots, v_q$ 是凸无关的, 从而 $v_1 - v_0, v_2 - v_0, \cdots, v_q - v_0$ 是线性无关的, 知 $\alpha_1 - \alpha_1' = 0, \cdots, \alpha_q - \alpha_q' = 0$, 进而得 $\alpha_0 - \alpha_0' = 0$.

这就是说, (34.8.3) 式中点 v 的表出式是唯一的.

单形可以赋予空间而得有向单形.

定义 34.8.3 设 $[v_0, v_1, \cdots, v_q]$ 是一个 q 维单形, 其 $q + 1$ 次顶点有 $(q + 1)!$ 个不同的排列. 当 $q > 0$ 时, 这些排列分成两类, 同一类中两个排列相差一个偶置换, 不同类中的两个排列相差一个奇置换. 这两个类称为单形 $[v_0, v_1, \cdots, v_q]$ 的两个互为相反的**定向** (orientations). 选定了定向的单形称为一个**有向单形** (oriented simplex). 约定采用定向中任一排列所标顶点而得之序列表记此定向, 例如所得顶点之序列为

$$v_0, v_1, \cdots, v_q,$$

则该有向单形记作

$$\langle v_0, v_1, \cdots, v_q \rangle.$$

类似地, $\langle v_1, v_0, v_2, \cdots, v_q \rangle$ 也是一个有向单形, 其定向与前者相反, 我们约定记成

$$\langle v_1, v_0, v_2, \cdots, v_q \rangle = -\langle v_0, v_1, \cdots, v_q \rangle.$$

一般地, 设 S_{q+1} 表 $q + 1$ 次置换群, $\pi \in S_{q+1}$, 则

$$\langle v_{\pi(0)}, v_{\pi(1)}, \cdots, v_{\pi(q)} \rangle = (-1)^{\pi} \langle v_0, v_1, \cdots, v_q \rangle, \tag{34.8.7}$$

与此相对照, 未取定向的单形 $[v_0, v_1, \cdots, v_q]$ 今后就称为**无向单形** (unoriented simplex). 0 维单形 $[v_0]$ 只有一个顶点, 因而只有一个排列. 为统一计, 采用记号 $\langle v_0 \rangle$ 和 $-\langle v_0 \rangle$ 表两个有向单形.

接下来介绍单形的面.

定义 34.8.4 设 $[v_0, v_1, \cdots, v_q]$ 是一个 q 维单形. 设 $v_{i_0}, v_{i_1}, \cdots, v_{i_r}$ 是其任意 $r+1$ 个不同的顶点, $r \leqslant q$. 它们自然是凸无关的, 因而生成一个 r 维单形 $[v_{i_0}, v_{i_1}, \cdots, v_{i_r}]$, 称为 $[v_0, v_1, \cdots, v_q]$ 的一个 r **维面** (face). 当 $r < q$ 时, r 维面称为**真面**. 0 维面就是顶点, 1 维面也称为**棱** (edge). 一个 q 维单形 $[v_0, v_1, \cdots, v_q]$ 有 $q+1$ 个 $q-1$ 维面, 它们是

$$\left[v_0, v_1, \cdots, \hat{v_i}, \cdots, v_q \right], \quad i = 0, 1, \cdots, q,$$

其中记号 $\wedge$ 表示缺席, 称为**与顶点 v_i 相对的** $q-1$ **维面**. 对于 q 维有向单形 $\langle v_0, v_1, \cdots, v_q \rangle$, 我们称

$$(-1)^i \langle v_0, v_1, \cdots, \hat{v_i}, \cdots, v_q \rangle, \quad i = 0, 1, \cdots, q$$

为其**顺向的 $q-1$ 维面**, 而称

$$(-1)^{i+1} \langle v_0, v_1, \cdots, \hat{v_i}, \cdots, v_q \rangle, \quad i = 0, 1, \cdots, q$$

为其**逆向的 $q-1$ 维面**.

例 34.8.1 2 维有向单形是一个有向的三角形. 下面是常用的图示法 (图 34.1), 其中 1 维有向面 (棱) 都是 2 维有向单形 $\langle v_0, v_1, v_2 \rangle$ 的顺向棱.

例 34.8.2 3 维有向单形是一个有向的四面体 (tetrahedron). 设为 $\langle v_0, v_1, v_2, v_3 \rangle$. 它的 2 维顺向面分别是 $\langle v_1, v_2, v_3 \rangle$, $-\langle v_0, v_2, v_3 \rangle$, $\langle v_0, v_1, v_3 \rangle$, $-\langle v_0, v_1, v_2 \rangle$. 图示如图 34.2, 其中虚线表示被遮挡部分.

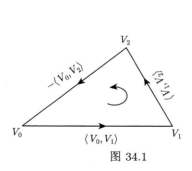

图 34.1

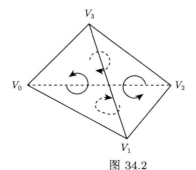

图 34.2

例 34.8.3 1 维有向单形 $\langle v_0, v_1 \rangle$ 实际是一个选取了定向的闭区间. 它的 0 维顺向面有两个, 分别是 $\langle v_1 \rangle$ 和 $-\langle v_0 \rangle$.

将几何对象代数化, 这一重大步骤始于链和边缘的引入.

定义 34.8.5 设 $\sigma_1, \cdots, \sigma_k$ 都是 q 维有向单形, $a_1, \cdots, a_k \in \mathbb{R}$, 则形式的线性组合 $\sum\limits_{i=1}^{k} a_i \sigma_i$ 称为一个 (实系数)q **维链** (chain). 其中系数 $a_1, \cdots, a_k$ 全部为 0 的线性组合称为 **0 链**, 记为 0. 两个 q 维链按归并同类项可施行**加法**. 链的**边缘** (boundary) 定义如下. q 维有向单形 $\langle v_0, v_1, \cdots, v_q \rangle$ 的边缘是下述 $q-1$ 维链

$$\partial \langle v_0, v_1, \cdots, v_q \rangle = \sum_{j=0}^{q} (-1)^j \langle v_0, v_1, \cdots, \hat{v_j}, \cdots, v_q \rangle, \tag{34.8.8}$$

然后线性地延拓到 q 维链上, q 维链 $\sum\limits_{i=1}^{k} a_i \sigma_i$ 的边缘是

$$\partial \sum_{i=1}^{k} a_i \sigma_i = \sum_{i=1}^{k} a_i \partial \sigma_i, \tag{34.8.9}$$

算子 ∂ 称为**边缘算子** (boundary operator).

重要的是有下述命题.

命题 34.8.3 边缘链的边缘是 0 链, 即

$$\partial \circ \partial = 0. \tag{34.8.10}$$

证明 只需对任一有向单形 $\langle v_0, v_1, \cdots, v_q \rangle$ 验证如下:

$$\partial \left(\partial \langle v_0, v_1, \cdots, v_q \rangle \right) = \partial \sum_{i=0}^{q} (-1)^i \langle v_0, v_1, \cdots, \hat{v_i}, \cdots, v_q \rangle$$

$$= \sum_{i=0}^{q} (-1)^i \partial \langle v_0, v_1, \cdots, \hat{v_i}, \cdots, v_q \rangle$$

$$= \sum_{i=0}^{q} (-1)^i \left[\sum_{j<i} (-1)^j \langle v_0, \cdots, \hat{v_j}, \cdots, \hat{v_i}, \cdots, v_q \rangle \right.$$

$$\left. + \sum_{j>i} (-1)^{j-1} \langle v_0, \cdots, \hat{v_i}, \cdots, \hat{v_j}, \cdots, v_q \rangle \right]$$

$$= 0.$$

将单形和链作如下重要推广.

定义 34.8.6　设 $(M^n, \mathcal{D})$ 是一个 n 维 C^∞ 流形, $\sigma = \langle v_0, v_1, \cdots, v_q \rangle$ 是某欧氏空间 $\mathbb{R}^m$ 中的 q 维有向单形, $h : \sigma \to M^n$ 是一个 C^∞ 映射, 它可延拓为 σ 在支撑的 q 维超平面上某开邻域内的 C^∞ 映射, 则 (h, σ) 或 h 称为 M^n 中一个 C^∞ **奇异的** (C^∞ singular) q 维有向单形. 设 $(h_i, \sigma_i), i = 1, \cdots, k$ 都是 M^n 中的 C^∞ 奇异的 q 维有向单形, $a_1, \cdots, a_k \in \mathbb{R}$, 则形式的线性组合 $\sum\limits_{i=1}^{k} a_i h_i$ 称为 M^n 中的一个 C^∞ **奇异的** q **维链**. M^n 中 C^∞ 奇异 q 维有向单形 (h, σ) 的**边缘**是 C^∞ 奇异的 $q - 1$ 维链

$$\partial h = \sum_{j=0}^{q} (-1)^j h \Bigg|_{\langle v_0, \cdots, \hat{v_j}, \cdots, v_q \rangle}, \tag{34.8.11}$$

而 C^∞ 奇异的 q 维链 $\sum\limits_{i=1}^{k} a_i h_i$ 的**边缘**是

$$\partial \sum_{i=1}^{k} a_i h_i = \sum_{i=1}^{k} a_i \partial h_i. \tag{34.8.12}$$

评注 34.8.1　在代数拓扑学的同调论的现代理论中, 将定义在单形上的一个连续映射称为**一个奇异的单形** (a singular simplex). 将用到映射的光滑性, 故在 C^∞ 条件下而称之为 C^∞ 奇异的.

34.9　流形上的积分

这里将介绍的是流形上的 C^∞ 奇异链上的积分概念, 它已经足够广泛.

定义 34.9.1　设 $(M^n, \mathcal{D})$ 是一个 n 维 C^∞ 流形, $\sigma = \langle v_0, v_1, \cdots, v_q \rangle$ 是某欧氏空间中的一个 q 维有向单形, (h, σ) 或简记为 h, 是 M^n 上一个 C^∞ 奇异 q 维有向单形, ω 是 M^n 上一个其定义域包含集合 $h([v_0, v_1, \cdots, v_q])$ 的 q 次 C^∞ 微分形式. 定义 ω 在 C^∞ 奇异单形 (h, σ) 或 h 上的**积分**是

$$\int_h \omega \quad \text{或} \quad \int_{h(\sigma)} \omega = \int_\sigma h^*(\omega). \tag{34.9.1}$$

右边的式子是 $h^*(\omega)$ 在 $\sigma = \langle v_0, v_1, \cdots, v_q \rangle$ 上的 q 重积分. 设 $c = \sum\limits_{i=1}^{k} a_i h_i$ 是 M^n 上的一个 C^∞ 奇异 q 维链, 其中 $(h_1, \sigma_1), \cdots, (h_k, \sigma_k)$ 是 M^n 上 C^∞ 奇异 q

维有向单形, $a_1, \cdots, a_k \in \mathbb{R}$, ω 是 M^n 上一个其定义域包含集合 $\bigcup\limits_{i=1}^{k} h_i(\sigma_i)$ 的 q 次 C^∞ 微分形式. 定义 ω 在 C^∞ 奇异 q 维链 c 上的**积分**是

$$\int_c \omega = \sum_{i=1}^{k} a_i \int_{h_i} \omega. \tag{34.9.2}$$

评注 34.9.1 为了积分可定义, 只需假设微分形式 ω 满足连续, 甚至更弱的条件. 但为了求外微分, 必须将条件适当加强, 例如 C^r, $r \geqslant 1$ 或更强, 等等. 为了方便简化, 设 ω 满足 C^∞ 条件.

例 34.9.1 设 f 是 $\mathbb{R}$ 上一个 0 次 C^∞ 微分形式, $\langle v_0 \rangle$ 是 $\mathbb{R}$ 中一个有向点, 其定向为正, $h : \langle v_0 \rangle \to \mathbb{R}$ 是包含嵌入. 则 $h^*(f) = f \circ h$ 是函数 f 在点 v_0 上的限制. 于是

$$\int_{h(\langle v_0 \rangle)} f = \int_{\langle v_0 \rangle} h^*(f) = \int_{\langle v_0 \rangle} f \circ h = f(v_0),$$

并且

$$\int_{-h} f = -\int_h f = -f(v_0).$$

例 34.9.2 设 ω 是 $\mathbb{R}$ 上一个 1 次 C^∞ 微分形式, 它当 $\mathbb{R}$ 取区图 $(\mathbb{R}, \mathrm{id})$ 时表出为 $\omega|_{\mathbb{R}} = f \mathrm{d}x$. 设 $\langle v_0, v_1 \rangle$ 是一个 1 维有向单形, $h : \langle v_0, v_1 \rangle \to \mathbb{R}$ 是一个 C^∞ 映射. 则

$$\int_{h(\langle v_0, v_1 \rangle)} \omega = \int_{h(\langle v_0, v_1 \rangle)} f \mathrm{d}x = \int_{\langle v_0, v_1 \rangle} h^*(f) h^*(\mathrm{d}x).$$

设 $\langle v_0, v_1 \rangle$ 中重心坐标为 α_0, α_1. 取 α_1 为自变量并记为 x, 从 0 变到 1, 且

$$h^*(\mathrm{d}x) = \frac{\mathrm{d}h}{\mathrm{d}t} \mathrm{d}t,$$

从而

$$\int_{h(\langle v_0, v_1 \rangle)} \omega = \int_0^1 (f \circ h) \frac{\mathrm{d}h}{\mathrm{d}t} \mathrm{d}t.$$

34.10 流形上的 Stokes 定理

这里介绍的 Stokes 定理, 可以认为是集经典微积分学之大成, 并应认为是微积分学现代化的基本定理.

定理 34.10.1 (Stokes 定理)　设 M^n 是一个 n 维 C^∞ 微分流形, c 是 M^n 上一个 C^∞ 奇异 q 维链, 并且 ω 是定义于 c 的像集的集邻域内的一个 $q-1$ 次 C^∞ 微分流形, 则

$$\int_{\partial c} \omega = \int_c \mathrm{d}\omega. \tag{34.10.1}$$

证明　只需证明: 设 $\sigma = \langle v_0, \cdots, v_q \rangle$ 是一个 q 维有向单形, (h, σ) 是 M^n 上一个 C^∞ 奇异 q 维单形, 有

$$\int_{\partial h} \omega = \int_h \mathrm{d}\omega. \tag{34.10.2}$$

由 (34.8.11) 式, 有

$$\partial h = \sum_{j=0}^q (-1)^j \, h \bigg|_{\langle v_0, \cdots, \hat{v_j}, \cdots, v_q \rangle},$$

$\langle v_0, v_1, \cdots, v_q \rangle$ 中点 v 采用重心坐标表出为 $(\alpha_0, \alpha_1, \cdots, \alpha_q)$, 其中 $\alpha_i \geqslant 0$ 并且 $\sum\limits_{i=0}^q \alpha_i = 1$. 不妨设 $\alpha_1, \cdots, \alpha_q$ 是其中 q 个独立的. $\alpha_0, \alpha_1, \cdots, \alpha_q$ 的微分是 $\mathrm{d}\alpha_0, \mathrm{d}\alpha_1, \cdots, \mathrm{d}\alpha_q$ 且 $\sum\limits_{i=0}^q \mathrm{d}\alpha_i = 0$. 记 $\beta_j : \langle v_0, v_1, \cdots, \hat{v_j}, \cdots, v_q \rangle \mapsto \langle v_0, v_1, \cdots, v_q \rangle$ 为嵌入. 采用重心坐标

$$\beta_j(\alpha_0, \alpha_1, \cdots, \hat{\alpha_j}, \cdots, \alpha_q) = (\alpha_0, \cdots, \alpha_{j-1}, 0, \alpha_{j+1}, \cdots, \alpha_q),$$

由 (34.4.28) 式, 得

$$\begin{aligned}
&\beta_j^*(\mathrm{d}\alpha_1) = \mathrm{d}\alpha_1, \cdots, \beta_j^*(\mathrm{d}\alpha_{j-1}) = \mathrm{d}\alpha_{j-1}, \beta_j^*(\mathrm{d}\alpha_j) = 0, \\
&\beta_j^*(\mathrm{d}\alpha_{j+1}) = \mathrm{d}\alpha_{j+1}, \cdots, \beta_j^*(\mathrm{d}\alpha_q) = \mathrm{d}\alpha_q.
\end{aligned} \tag{34.10.3}$$

限制映射 $h\big|_{\langle v_0, \cdots, \hat{v_j}, \cdots, v_q \rangle}$ 可改写为

$$h\big|_{\langle v_0, \cdots, \hat{v_j}, \cdots, v_q \rangle} = h \circ \beta_j.$$

注意到微分流形 ω 是 $q-1$ 次的, 因此在 $\langle v_0, v_1, \cdots, v_q \rangle$ 上微分形式 $h^*(\omega)$ 的限制可假设如下:

$$h^*(\omega)\big|_{\langle v_0, v_1, \cdots, v_q \rangle} = \sum_{i=1}^q f_i \mathrm{d}\alpha_1 \wedge \cdots \wedge \widehat{\mathrm{d}\alpha_i} \wedge \cdots \wedge \mathrm{d}\alpha_q. \tag{34.10.4}$$

先看 (34.10.2) 式的左端, 利用 (34.10.3) 式和 (34.10.4) 式, 得

$$
\int_{\partial h} \omega = \int_{\sum\limits_{j=0}^{q}(-1)^j h\circ\beta_j} \omega = \sum_{j=0}^{q}\int_{h\circ\beta_j}\omega = \sum_{j=0}^{q}(-1)^j\int_{\langle v_0,\cdots,\hat{v_j},\cdots,v_q\rangle}\beta_j^*\left(h^*\left(\omega\right)\right)
$$

$$
= \sum_{j=0}^{q}(-1)^j\int_{\langle v_0,\cdots,\hat{v_j},\cdots,v_q\rangle}\beta_j^*\left(\sum_{i=1}^{q}f_i\mathrm{d}\alpha_1\wedge\cdots\wedge\hat{\mathrm{d}\alpha_i}\wedge\cdots\wedge\mathrm{d}\alpha_q\right)
$$

$$
= \sum_{j=1}^{q}(-1)^j\int_{\langle v_0,\cdots,\hat{v_j},\cdots,v_q\rangle}\sum_{i=1}^{q}f_i\circ\beta_j\beta_j^*\left(\mathrm{d}\alpha_1\right)\wedge\cdots\wedge\beta_j^*\left(\hat{\mathrm{d}\alpha_i}\right)\wedge\cdots\wedge\beta_j^*\left(\mathrm{d}\alpha_q\right)
$$

$$
+ \int_{\langle v_1,\cdots,v_q\rangle}\sum_{i=1}^{q}f_i\circ\beta_0\beta_0^*\left(\mathrm{d}\alpha_1\right)\wedge\cdots\wedge\beta_0^*\left(\hat{\mathrm{d}\alpha_i}\right)\wedge\cdots\wedge\beta_0^*\left(\mathrm{d}\alpha_q\right)
$$

$$
= \sum_{j=1}^{q}(-1)^j\int_{\langle v_0,\cdots,\hat{v_j},\cdots,v_q\rangle}f_j\circ\beta_j\mathrm{d}\alpha_1\wedge\cdots\wedge\hat{\mathrm{d}\alpha_j}\wedge\cdots\wedge\mathrm{d}\alpha_q
$$

$$
+ \sum_{j=1}^{q}\int_{\langle v_1,\cdots,v_q\rangle}f_j\circ\beta_0\mathrm{d}\alpha_1\wedge\cdots\wedge\hat{\mathrm{d}\alpha_j}\wedge\cdots\wedge\mathrm{d}\alpha_q. \tag{34.10.5}
$$

再计算 (34.10.2) 的右端, 利用 (34.10.4),

$$
\int_h \mathrm{d}\omega = \int_{\langle v_0,v_1,\cdots,v_q\rangle}h^*\left(\mathrm{d}\omega\right) = \int_{\langle v_0,v_1,\cdots,v_q\rangle}\mathrm{d}h^*\left(\omega\right)
$$

$$
= \int_{\langle v_0,v_1,\cdots,v_q\rangle}\mathrm{d}\left(\sum_{j=1}^{q}f_j\mathrm{d}\alpha_1\wedge\cdots\wedge\hat{\mathrm{d}\alpha_j}\wedge\cdots\wedge\mathrm{d}\alpha_q\right)
$$

$$
= \int_{\langle v_0,v_1,\cdots,v_q\rangle}\sum_{j=1}^{q}\frac{\partial}{\partial\alpha_j}f_j\mathrm{d}\alpha_j\wedge\left(\mathrm{d}\alpha_1\wedge\cdots\wedge\hat{\mathrm{d}\alpha_j}\wedge\cdots\wedge\mathrm{d}\alpha_q\right)
$$

$$
= \sum_{j=1}^{q}\int_{\langle v_0,v_1,\cdots,v_q\rangle}\frac{\partial f_j}{\partial\alpha_j}\mathrm{d}\alpha_j\wedge\left(\mathrm{d}\alpha_1\wedge\cdots\wedge\hat{\mathrm{d}\alpha_j}\wedge\cdots\wedge\mathrm{d}\alpha_q\right). \tag{34.10.6}
$$

回忆第 28 讲 28.2 节 Gauss 公式 (28.2.1), 取其对应于 P 的公式为

$$
\iiint_V \frac{\partial P}{\partial x}\mathrm{d}x\mathrm{d}y\mathrm{d}z = \iint_{\partial V} P\mathrm{d}y\mathrm{d}z.
$$

将它推广到一般维数 (略), 应用于此处得

$$
\int_{\langle v_0,v_1,\cdots,v_q\rangle}\frac{\partial f_j}{\partial\alpha_j}\mathrm{d}\alpha_j\wedge\left(\mathrm{d}\alpha_1\wedge\cdots\wedge\hat{\mathrm{d}\alpha_j}\wedge\cdots\wedge\mathrm{d}\alpha_q\right)
$$

$$= \int_{\partial \langle v_0, v_1, \cdots, v_q \rangle} f_j \mathrm{d}\alpha_1 \wedge \cdots \wedge \overset{\wedge}{\mathrm{d}\alpha_j} \wedge \cdots \wedge \mathrm{d}\alpha_q,$$

将此公式代入 (34.10.6) 式, 得

$$\int_h \mathrm{d}\omega = \sum_{j=1}^q \int_{\partial \langle v_0, v_1, \cdots, v_q \rangle} f_j \mathrm{d}\alpha_1 \wedge \cdots \wedge \overset{\wedge}{\mathrm{d}\alpha_j} \wedge \cdots \wedge \mathrm{d}\alpha_q$$

$$= \sum_{j=1}^q \int_{\langle v_1, v_2, \cdots, v_q \rangle} f_j \circ \beta_0 \mathrm{d}\alpha_1 \wedge \cdots \wedge \overset{\wedge}{\mathrm{d}\alpha_j} \wedge \cdots \wedge \mathrm{d}\alpha_q$$

$$+ \sum_{j=1}^q \int_{(-1)^j \langle v_0, \cdots, \hat{v_j}, \cdots, v_q \rangle} f_j \circ \beta_j \mathrm{d}\alpha_1 \wedge \cdots \wedge \overset{\wedge}{\mathrm{d}\alpha_j} \wedge \cdots \wedge \mathrm{d}\alpha_q$$

$$= \sum_{j=1}^q \int_{\langle v_1, v_2, \cdots, v_q \rangle} f_j \circ \beta_0 \mathrm{d}\alpha_1 \wedge \cdots \wedge \overset{\wedge}{\mathrm{d}\alpha_j} \wedge \cdots \wedge \mathrm{d}\alpha_q$$

$$+ \sum_{j=1}^q (-1)^j \int_{\langle v_0, \cdots, \hat{v_j}, \cdots, v_q \rangle} f_j \circ \beta_j \mathrm{d}\alpha_1 \wedge \cdots \wedge \overset{\wedge}{\mathrm{d}\alpha_j} \wedge \cdots \wedge \mathrm{d}\alpha_q. \quad (34.10.7)$$

比较 (34.10.5) 式与 (35.10.7) 式, 得 (34.10.2) 式. 定理得证.

评注 34.10.1　流形上的 Stokes 定理的内涵最广泛, 它的特款包括 Newton-Leibniz 公式, Green 公式, Gauss 公式和曲面曲线的 Stokes 定理为其特款. 这务必请读者作为练习弄清楚.

附　　录

为了更深刻地理解实数集、其子集与幂集的性质与特征, 以及在实数集上建立起来的 Riemann 积分和一元函数可导性的本质, 本附录介绍一些对微积分有重要影响的进展.

1　浅论无穷集

中文里无穷与无限是同义词, 有穷与有限是同义词, 今后对同义词不作限制, 随意采用.

以下是一批标准记号: $\mathbb{N}$ = 自然数系, $\mathbb{Z}$ = 整数系, $\mathbb{Q}$ = 有理数系, $\mathbb{R}$ = 实数系, $\mathbb{C}$ = 复数系. 它们有各自的运算, 并满足相应的公理系统, 此处不赘.

本章所论内容基本上由德国数学家康托尔 (G. Cantor, 1845—1918) 创建.

1.1　有限集与无限集

十九世纪中叶, 在分析学严格化的进程中, 人们认为无穷只是无限增长的可能性, 只是潜在的, 只是一种无休止的创造过程, 简称潜无穷. Cantor 首先承认有客观存在的实无穷的体系, 并对无穷集进行了研究, 这是划时代的革命性的创举.

先介绍有限集和无限集的定义.

定义 1.1.1　一个集合 X 称为**有限的** (finite), 如果 $X = \varnothing$, 或者对于某个 $n \in \mathbb{N}$, 存在从 $\{1, 2, \cdots, n\}$ 到 X 上的双射. 一个集合 X 称为**无限的** (infinite), 如果它不是有限的.

显然, $\forall n \in \mathbb{N}$, 集合 $\{1, 2, \cdots, n\}$ 是有限集.

评注 1.1.1　与一个有限集存在双射的集是有限的, 而与一个无限集存在双射的集是无限的.

定理 1.1.1　$\forall n \in \mathbb{N}$, 不存在双射将 $\{1, 2, \cdots, n\}$ 映成自己的真子集.

证明　用数学归纳法证之. 首先当 $n = 1$ 时集合 $\{1\}$ 只有一个真子集 $\varnothing$. 显然不存在将 $\{1\}$ 映成 $\varnothing$ 的双射. 假设 $n \in \mathbb{N}$, 不存在双射将 $\{1, 2, \cdots, n\}$ 映成自

己的真子集. 我们来证, 不存在双射将 $\{1, 2, \cdots, n+1\}$ 映成自己的真子集. 倘若不然, 存在一个真子集合 $M \subset \{1, 2, \cdots, n+1\}$ 和一个双射

$$h : \{1, 2, \cdots, n+1\} \to M.$$

(1) 情形一. $n+1 \in M$ 且 $h(n+1) = n+1$. 记 $M_1 = M \backslash \{n+1\}$, 并记 $h_1 = h|_{\{1,2,\cdots,n\}}$, 则 $h_1 : \{1, 2, \cdots, n\} \to M$ 是一个双射, 且 M_1 是 $\{1, 2, \cdots, n\}$ 的一个真子集. 这与归纳假设矛盾.

(2) 情形二. $n+1 \in M$ 但 $h(n+1) \neq n+1$. 将 h 改造为

$$h' : \{1, 2, \cdots, n+1\} \to M,$$

$$h'(i) = \begin{cases} h(i), & i \neq n+1 \text{且} h(i) \neq n+1, \\ h(n+1), & h(i) = n+1, \\ n+1, & i = n+1, \end{cases}$$

h' 是一个双射, 属于情形一.

(3) 情形三. $n+1 \notin M$. 记 $h_2 = h|_{\{1,2,\cdots,n\}}$, h_2 是将 $\{1, 2, \cdots, n\}$ 映成 $M \backslash \{h(n+1)\}$ 的双射. 而 $M \backslash \{h(n+1)\}$ 是 $\{1, 2, \cdots, n\}$ 的真子集. 这与归纳假设矛盾.

以上完成了数学归纳法条件的验证, 完成定理证明.

推论 1.1.1　有限集不能与自己的任一真子集建立双射.

定理 1.1.2　自然数系之集 $\mathbb{N}$ 是无限的.

证明　设不然, $\mathbb{N}$ 是有限的, 则因为 $\mathbb{N} \neq \varnothing$, 故 $\exists n \in \mathbb{N}$ 及一个双射

$$f : \{1, 2, \cdots, n\} \to \mathbb{N},$$

利用 f 定义另一个映射

$$g : \{1, 2, \cdots, n+1\} \to \mathbb{N}$$

为

$$g(i) = \begin{cases} f(i) + 1, & i < n+1, \\ 1, & i = n+1, \end{cases}$$

则 g 也是一个双射. 从而

$$f^{-1} \circ g : \{1, 2, \cdots, n+1\} \to \{1, 2, \cdots, n\}$$

是一个双射. 这与定理 1.1.1 的结论相矛盾, 这个矛盾证明本定理的结论.

定理 1.1.3　无限集必有一子集与 $\mathbb{N}$ 可建立双射.

证明　设 X 是一个无限集. 采用数学归纳构作法构作 X 的一个子集如下. 因为 $X \neq \varnothing$, 取一点 $x_1 \in X$, 则 $X \backslash \{x_1\} \neq \varnothing$. 设 $n \in \mathbb{N}, x_1, x_2, \cdots, x_n \in X$ 已取好, 使得 $x_i \neq x_j$, 当 $i \neq j$ 且 $i, j \leqslant n$. 因 X 是无限集, 故 $X \backslash \{x_1, x_2, \cdots, x_n\} \neq \varnothing$, 于是取 $x_{n+1} \in X \backslash \{x_1, x_2, \cdots, x_n\}$. 由数学归纳法构作定理, $\forall n \in \mathbb{N}, x_n$ 已构作好, 且当 $i \neq j$ 时, $x_i \neq x_j$. 设 $A \in \{x_n | n \in \mathbb{N}\}$, 则 $A \subset X$ 且 A 与 $\mathbb{N}$ 可建立双射.

推论 1.1.2　无限集必与自己的某一真子集可建立双射.

证明　设 X 是一个无限集. 按定理 1.1.3 证明中的做法, 取 $X \backslash \{x_1\}$, 它是 X 的一个真子集. 今证 X 与 $X \backslash \{x_1\}$ 可建立双射如下, 令

$$h : X \to X \backslash \{x_1\}$$

为

$$h\,(x) = \begin{cases} x, & x \in X \backslash A, \\ x_{n+1}, & x = x_n \in A = \{x_n | n \in \mathbb{N}\}. \end{cases}$$

易见 h 是一个双射.

将推论 1.1.1 与推论 1.1.2 合并便得

定理 1.1.4　一个集合是有限集, 当且仅当它不与自己的任一真子集存在双射; 一个集合是无限集, 当且仅当它与自己的某一真子集存在双射.

评注 1.1.2　这个定理很重要, 为有限集和无限集都提供了本质的刻画. Cantor 当时就采用第二句话作为无限集的特征的.

下面是有关有限集的几个定理.

定理 1.1.5　设 A 和 B 均为有限集, 且 $A \cap B = \varnothing$, 则 $A \cup B$ 是有限集.

证明　如果 A 或 B 中有一个是空集, 结论成立. 设 A 和 B 均非空集, 则 $\exists m, n \in \mathbb{N}$ 及两个双射

$$f : \{1, 2, \cdots, m\} \to A, \quad g : \{1, 2, \cdots, n\} \to B,$$

构作映射

$$h : \{1, 2, \cdots, m, m+1, \cdots, m+n\} \to A \cup B$$

定义为

$$h\,(i) = \begin{cases} f\,(i), & i \leqslant m, \\ g\,(i-m), & i \geqslant m+1, \end{cases}$$

易见 h 是一个双射.

定理 1.1.6　有限集的任一子集是有限集.

证明　只需证 $\forall n \in \mathbb{N}, \{1, 2, \cdots, n\}$ 的子集是有限集.

采用数学归纳法. $\{1\}$ 之子集为 $\varnothing$ 及 $\{1\}$, 均为有限集. 设 $n \geqslant 1, \{1, 2, \cdots, n\}$ 之每个子集为有限集. 今证 $\{1, 2, \cdots, n+1\}$ 之子集为有限集. 设 A 为 $\{1, 2, \cdots, n+1\}$ 的一个子集, 则 A 可表作 $\{1, 2, \cdots, n\} \cap A$ 与 $\varnothing$ 或 $\{n+1\}$ 的不交并, 故由归纳假设及定理 1.1.5, A 是有限集. 于是由数学归纳法证明定理, 本定理结论得证.

此定理有一个重要推论, 我们将它写成下面的定理.

定理 1.1.7　若一个集合包含一个无限集为其子集, 则它是一个无限集.

从而 $\mathbb{Z}, \mathbb{Q}, \mathbb{R}, \mathbb{C}$ 等均为无限集, 因为都包含者 $\mathbb{N}$.

还可以将定理 1.1.5 推广为

定理 1.1.8　两个有限集之并为有限集, 有限个有限集之并是有限集.

证明　设 A 和 B 是两个有限集. 因为 $A \cup B = A \cup (B \backslash A)$, 其中 $B \backslash A$ 是 B 一个子集, 由定理 1.1.6, 它是一个有限集, 而且 $B \backslash A$ 与 A 是不相交的, 故由定理 1.1.5, $A \cup B$ 是有限集. 本定理的后一半可在前一半的基础上, 用数学归纳法完成. 此处从略.

下面是一个涉及有限集在映射之下的像集的有限性. 很有用.

定理 1.1.9　设 X 是有限集, $f : X \to Y$ 是一个满射, 则 Y 是一个有限集.

证明　若 $X = \varnothing$, 则 $Y = \varnothing$, 结论成立.

设 $X \neq \varnothing$, 则 $Y \neq \varnothing$, 且 $\forall y \in Y, f^{-1}(y) \neq \varnothing$. 现以 Y 为定义域构作一个映射如下: $\forall y \in Y$, 取 $g(y) \in f^{-1}(y)$. 所得映射

$$g : Y \to X$$

的像集 $g(Y)$ 是有限集 X 的一个子集, 因此是一个有限集. 此处, 映射 g 是一个单射. 因为 $\forall y_1, y_2 \in Y, y_1 \neq y_2$, 则 $f^{-1}(y_1) \cap f^{-1}(y_2) = \varnothing$, 故 $g(y_1) \neq g(y_2)$. 从而映射

$$g : Y \to g(Y)$$

是一个双射. 于是 Y 是一个有限集.

评注 1.1.3　本定理之证明中, 映射 g 之构作是应用了选择公理. 有关选择公理, 请读者参考 1.3 节. 并请用心体会.

1.2　可数集

无限集中有一类称为可数集.

定义 1.2.1　无限集 X 称为**可数** (countable, denumerable) (无限) 集, 如果存在双射

$$\varphi : \mathbb{N} \to X$$

换句话说, 可将 X 中元素编号为一个序列 $X = \{x_n | n \in \mathbb{N}, x_i \neq x_j$ 当 $i \neq j\}$, 否则无限集 X 称为**不可数** (uncountable, non-denumerable) 集.

按定义, 自然数集 $\mathbb{N}$ 是可数集; 与一可数集存在双射的集是可数集.

评注 1.2.1 有些文献将有限集 A 归入可数集一类, 这一点请读者留意.

定理 1.2.1 可数集的无限子集是可数集.

证明 设 X 是一个可数集, A 是 X 的一个无限子集. 不妨认为 $X = \mathbb{N}$, A 是 $\mathbb{N}$ 的一个无限子集. 令 x_1 是 A 中之最小数. $A \backslash \{x_1\}$ 是 $\mathbb{N}$ 的一个无限子集. 对 $n \in \mathbb{N}$, 设 $x_1, x_2, \cdots, x_n$ 已构作好, 使得 x_n 为 $A \backslash \{x_1, x_2, \cdots, x_{n-1}\}$ 中之最小数, 而 $A \backslash \{x_1, x_2, \cdots, x_n\}$ 是 $\mathbb{N}$ 的一个无限子集. 令 x_{n+1} 是无限集 $A \backslash \{x_1, x_2, \cdots, x_n\}$ 中之最小数. 于是由归纳法构作定理, 已构作得 A 中一序列

$$x_1, x_2, \cdots, x_n, \cdots \tag{1.2.1}$$

使得当 $i \neq j$ 时 $x_i \neq x_j$. 我们断言, A 中任一数 m 已排入序列 (1.2.1) 中, 因 $x_m \geqslant m$, 故 m 必已排入 $x_1, x_2, \cdots, x_m$ 之中, 从而 A 中元素已全部排入序列 (1.2.1) 之中, 即

$$A = \{x_n | n \in \mathbb{N}, x_i \neq x_j \text{ 当 } i \neq j\},$$

这便是欲证的结论.

定理 1.1.3 可重述为

定理 1.2.2 设 X 是一个无限集. 则 X 有一个可数的无限子集.

评注 1.2.2 这个定理的意思是, 无限集 "至少" 是可数集. 那么有没有比可数无限更 "大" 的无限? 对此请参考定理 1.2.7 与 1.3 节.

定理 1.2.3 设 X 是一个可数无限集, Y 是一个无限集, 而映射 $f : X \to Y$ 是一个满射. 则 Y 是一个可数集.

证明与定理 1.1.9 的证明类似, 请读者自己完成.

定理 1.2.4 集合 $\mathbb{N} \times \mathbb{N}$ 是可数集, 从而可数集与可数集之积集是可数集.

证明 集合 $\mathbb{N} \times \mathbb{N}$ 包含 $\mathbb{N} \times \{1\}$ 为子集, 后者是一个无限集, 故 $\mathbb{N} \times \mathbb{N}$ 是无限集. 令映射

$$f : \mathbb{N} \times \mathbb{N} \to \mathbb{N}$$

为

$$f(m, n) = 2^m 3^n,$$

f 是一个单射. 因为, 若 $f(m', n') = f(m, n)$, 则 $2^{m'} 3^{n'} = 2^m 3^n$. 先证 $m = m'$. 若不然, 如设 $m > m'$, 则 $2^{m-m'} 3^n = 3^{n'}$. 左为偶, 右为奇, 不可能. 故 $m = m'$. 从而有 $3^{n'} = 3^n$, 得 $n' = n$. 由此可见, 映射 $f : \mathbb{N} \times \mathbb{N} \to f(\mathbb{N} \times \mathbb{N})$ 是一个双射,

知 $f(\mathbb{N} \times \mathbb{N})$ 是 $\mathbb{N}$ 中一个无限子集. 由定理 1.2.1, $f(\mathbb{N} \times \mathbb{N})$ 是一个可数集, 从而 $\mathbb{N} \times \mathbb{N}$ 是一个可数集.

定理 1.2.5　可数个可数集之并是可数集.

证明　设 $\forall n \in \mathbb{N}, X_n$ 是可数集, 记

$$X = \bigcup_{n \in \mathbb{N}} X_n.$$

因为每个 X_n 可数, 即存在双射

$$f_n : \mathbb{N} \to X_n.$$

令映射

$$f : \mathbb{N} \times \mathbb{N} \to X.$$

为

$$f(m, n) = f_n(m).$$

显然 f 是一个满射, 而由 $X \supset X_1$ 可知 X 是一个无限集. 从定理 1.2.3 知 X 是一个可数集.

推论 1.2.1　有限个可数集之并是可数集.

证明　将所给的有限个可数集重复而得可数个可数集, 再作并, 它与原来给定的有限个可数集之并相等.

定理 1.2.6　(1) 整数集 $\mathbb{Z}$ 是可数集.

(2) 有理数集 $\mathbb{Q}$ 是可数集.

证明　集合 $\mathbb{Z} \times \{\mathbb{Z} \setminus \{0\}\}$ 是可数集. 作映射

$$\mathbb{Z} \times \{\mathbb{Z} \setminus \{0\}\} \to \mathbb{Q}$$

为

$$(m, n) \mapsto \frac{m}{n},$$

这是一个满射, 由定理 1.2.3 知是可数的.

不可数的无限集的存在性见于下述定理.

定理 1.2.7 (Cantor)　实数集中任意闭区间 $[a, b], a < b$, 是一个不可数集. 从而实数集 $\mathbb{R}$ 也是不可数集, $\mathbb{R}$ 中任意开区间也是不可数集.

证明　用反证法. 设 $[a, b]$ 是一个可数集, 于是可设

$$[a, b] = \{x_n | n \in \mathbb{N}\}. \tag{1.2.2}$$

取 $[a, b]$ 的子区间 $[a_1, b_1]$ 使得

$$x \notin [a_1, b_1] \quad \text{且} \quad b_1 - a_1 < \frac{1}{2}(b - a).$$

设对 $n \in \mathbb{N}$, 已得 $[a_n, b_n] \subset [a_{n-1}, b_{n-1}]$ 使得

$$x_n \notin [a_n, b_n] \quad \text{且} \quad b_n - a_n < \frac{1}{2}(b_{n-1} - a_{n-1}),$$

则取 $[a_{n+1}, b_{n+1}] \subset [a_n, b_n]$ 使得

$$x_{n+1} \notin [a_{n+1}, b_{n+1}] \quad \text{且} \quad b_{n+1} - a_{n+1} < \frac{1}{2}(b_n - a_n).$$

由数学归纳法构作定理, 我们已构作得一区间套

$$[a, b] \supset [a_1, b_1] \supset \cdots \supset [a_n, b_n] \supset \cdots,$$

使得 $x_n \notin [a_n, b_n]$ 且 $\lim\limits_{n \to \infty}(b_n - a_n) = 0$. 由 Cantor 区间套定理, 存在一点 $x \in [a_n, b_n], \forall n \in \mathbb{N}$, 从而

$$x \neq x_n, \forall n \in \mathbb{N} \quad \text{且} \quad x \in [a, b]. \tag{1.2.3}$$

(1.2.3) 与 (1.2.2) 是矛盾的. 此矛盾证明了定理.

评注 1.2.3 Cantor 在 1873 年就认为有理数集是可数的, 并预见实数集是不可数的. 这前一个结论已经是惊人的了. 因为人们熟知, 有理数集 $\mathbb{Q}$ 在数轴上是稠密的, 而自然数集 $\mathbb{N}$ 是稀疏地分布在数轴的正半轴上. 现已证得两者间存在双射, 则此种双射必然不能保持两者的序. Cantor 于 1874 年发表了 (正) 实数集是不可数的证明, 引起了强烈的震撼, 以致当时的许多权威都因不理解而反对. Cantor 当时还证明了实代数数集也是可数的. 这就说明, 不仅全体无理数是不可数的, 而且超越数存在, 全体超越数也是不可数的. Cantor 本人还继续前进, 研究有无更 "大" 的无限, 而建立了一般的基数概念.

1.3 基数的比较

对有限集我们可以谈论其元素的 "个数". 如何将 "个数" 概念推广到无限集, 是 Cantor 的功劳. Cantor 在 1874 年表的那篇重要文章中采用双射对集合进行分类.

给了两个集合 A 和 B, 逻辑上可能有以下情形:

(1) 存在 A 与 B 之间的双射;

(2) 存在其中之一 (例如 A) 到另一 (即 B) 的一个子集的双射, 但不存在 A 与 B 之间的双射;

(3) 存在 A 到 B 的一个真子集的双射, 同时存在 B 到 A 的一个真子集的双射;

(4) 不存在 A 到 B 的子集的双射, 同时不存在 B 到 A 的子集的双射.

如果 A 和 B 都是有限集, 则 (3),(4) 两款不可能成立. 而当 A 和 B 都是无限集时, 如果承认选择公理, 亦可证明 (4) 不成立, 但 (3) 可以成立. 我们承认选择公理, 并且前面已采用过, 为使读者明确, 我们将它重述于下.

选择公理 (Axiom of choice)　设 $\mathcal{M} = \{M_\alpha | \alpha \in A\}$ 是互不相交的非空集族, 则存在一个集合 M, 使得 $\forall \alpha \in A, M \cap M_\alpha$ 是由一个元素组成的集.

这条公理十九世纪后期已被人经常采用而未明确陈述. Cantor 就是其中之一, 正像我们在定理 1.1.9 和定理 1.2.3 的证明中用到而未明说. 1890 年意大利数学家佩亚诺 (Peano, 1858—1932) 陈述了选择公理, 并对它提出怀疑. 1904 年被德国数学家策海洛 (Zermelo, 1871—1953) 提出用来证 Cantor 的良序定理, 随后采用作为集合论公理之一而被称为 Zermelo 公理. 从此, 数学界在选择公理面前分两派, 激烈的争论伴随着深入的研究, 渡过了数学史上的又一次危机, 取得丰硕的成果, 完成了又一次革命.

我们先来讨论, 如果第 (3) 款成立, 结果会怎样.

定理 1.3.1 (Cantor-Bernstein)　如果 A 和 B 是两个给定的集, 存在 A 到 B 的某子集的双射, 并且存在 B 到 A 的某子集的双射, 则存在 A 与 B 之间的双射.

证明　我们可以认为 A 和 B 无公共点. 设 f 是映 A 为 B 的某子集的双射, g 为映 B 为 A 的某子集的双射. 将 A 和 B 分成三部分如下. A 或 B 中的点 x 称为点 y 的祖先, 若 y 可从经过几次 f 和 g 作用而得. 记 A 中子集

$$A_E = \{ A \text{ 中所有有偶数个祖先的点} \},$$

$$A_O = \{ A \text{ 中所有有奇数个祖先的点} \},$$

$$A_I = \{ A \text{ 中所有有无限多个祖先的点} \},$$

则 A_E, A_O 和 A_I 两两无公共元素, 且 $A = A_E \cup A_O \cup A_I$. 将 B 也作同样分划: $B = B_E \cup B_O \cup B_I$. 因为

$$f|_{A_E} : A_E \to B_O,$$

$$g|_{B_E} : B_E \to A_O \quad \text{或} \quad g^{-1}|_{B_E} : A_O \to B_E,$$

$$f|_{A_I} : A_I \to B_I$$

均为双射. 令 $h : A \to B$ 在 $A_E \cup A_I$ 上等于 $f|_{A_E \cup A_I}$, 在 A_O 上等于 $g^{-1}|_{B_E}$, 则 h 是映 A 到 B 上的双射.

评注 1.3.1 对于给定的两个集 A 和 B, 实际上只有 (1),(2) 两种可能.

定义 1.3.1 两个集 A 和 B 称为**等势的** (equipollent), 若它们之间存在双射. 这时我们也说它们具有相等的**基数** (cardinal). 集合 A 的基数记作 $\text{card} A$. 于是集合 A 和 B 等势便写作 $\text{card} A = \text{card} B$; 如果 A 与 B 的一个子集等势而不与 B 等势, 则说 A 的基数小于 B 的基数, 写作 $\text{card} A < \text{card} B$, 或说 B 的基数大于 A 的基数, 写作 $\text{card} B > \text{card} A$.

定理 1.3.2 给了集合 A 和 B, 它们的基数有可比性, 即

$$\text{card} A = \text{card} B, \quad \text{card} A < \text{card} B, \quad \text{card} A > \text{card} B$$

三者恰有一个成立.

评注 1.3.2 略去情形 (4) 的排除证明. 我们指出这证明并非轻而易举, 这是 Zermelo 于 1904 年运用选择公理建立了良序定理以后的结果, 唯此才有基数之间的可比性. 基数概念是 Cantor 于 1878 年建立的, 他直接采用了定理 1.3.2 中的结论, 基数的三分原则. 而这个命题直到 1915 年才被人证明是与选择公理等价的.

定义 1.3.2 设 A 和 B 是两个非空集, 记集合

$$B^A = \left\{ \text{从 } A \text{ 到 } B \text{ 的所有映射} \right\}, \tag{1.3.1}$$

其基数记作 $(\text{card} B)^{\text{card} A}$. 特别地, 集合 A 的所有子集所成之集合记作 $P(A)$, 称为 A 的**幂集** (power set), 可按 (1.3.1) 写法记成 $\{0,1\}^A$, 其基数则按上法为

$$\text{card} P(A) = 2^{\text{card} A},$$

因此幂集也写作 2^A.

评注 1.3.3 Cantor 关于无限集论的重要发现之一, 是 1891 年证明了集合 A 的幂集 $P(A)$ 的基数大于 A 的基数. 我们现在写下它的推广.

定理 1.3.3 设 A 和 B 是两个非空集合, B 至少有两个元素, 则

$$(\text{card} B)^{\text{card} A} > \text{card} A. \tag{1.3.2}$$

证明 我们将证以下两个结论:

结论 1 存在单射 $A \to B^A$.

结论 2 不存在映 A 成 B^A 的双射.

证结论 1 在 B 中取两个不同的点 b, b'. $\forall a \in A$ 定义映射

$$f_a : A \to B$$

为

$$f_a(a) = b, \quad f_a(A \setminus \{a\}) = b'.$$

于是, 如下确定之映射

$$A \to B^A,$$

$$a \mapsto f_a$$

是一个单射.

证结论 2　采用反证法. 设存在映 A 成 B^A 的双射

$$A \leftrightarrow B^A,$$

$\forall a \in A$, 记在上面双射之下

$$a \leftrightarrow f^a.$$

我们来证明, 在 B^A 中有一个元素 f 与所有 f^a 不相等, 它构作如下: $\forall a \in A$ 令 $f(a) \neq f^a(a)$, 这总是可以做到的, 因为 B 中至少有两个元素. 如此构作的 f 与所有的 f^a 都不同, 这是一个矛盾, 这个矛盾证明了结论 2.

作为推论, 我们写下 Cantor 的定理, 它是我们最常用的.

定理 1.3.4 (Cantor)　对任意非空集 A, 有

$$2^{\operatorname{card}A} > \operatorname{card}A. \tag{1.3.3}$$

证明　取定理 1.3.3 中的 $B = \{0, 1\}$ 即可.

评注 1.3.4　从定理 1.3.3 或定理 1.3.4 便知, 给了任意基数, 都存在比它大的基数.

取定理 1.3.4 中的 A 为 $\mathbb{N}$, 并记 $\operatorname{card}\mathbb{N}$ 为 $\aleph_0$ (希伯来字母, 阿列夫), 则得定理 1.2.8 的改写.

定理 1.3.5 (Cantor)　$2^{\aleph_0} > \aleph_0$.

这个定理不需要证明, 因为它是上一定理的特款. 需要解释的是, 为什么实数集 $\mathbb{R}$ 的基数是 $2^{\aleph_0}$. 习惯上记实数集的基数 $\operatorname{card}\mathbb{R}$ 为 c, 并称为**连续统** (continuum) 基数, 因为 $(0,1)$ 与 $\mathbb{R}$ 是等势的, 故 $(0,1)$ 基数也是 c. 因为欲证的事实很基本, 我们把它写成

定理 1.3.6 (Cantor)　$c = 2^{\aleph_0}$.

证明　将开区间 $(0,1)$ 中的数表作十进小数时, 数位全部是 3 或 5 无限小数的全体组成的一个子集, 它与 $2^{\mathbb{N}}$ 等势, 由此知 $c \geqslant 2^{\aleph_0}$. 再将 $(0,1)$ 中的数表作二进小数时, 便得 $c \leqslant 2^{\aleph_0}$, 于是得 $c = 2^{\aleph_0}$.

评注 1.3.5 Cantor 猜测: 实数集 $\mathbb{R}$ 的任意子集, 或者是有限集; 或者与 $\mathbb{N}$ 等势, 即为可数集, 基数为 $\aleph_0$; 或者与 $\mathbb{R}$ 等势, 即有连续统基数 $c = 2^{\aleph_0}$. 这个猜测很著名, 称为**连续统猜测** (continuum hypothesis), 简记为 CH. Cantor 于 1878 年作出上述猜测, 1883 年他说即将发表一个证明, 但未实现. 在世纪之交的 1900 年, 德国数学家希尔伯特 (D.Hilbert, 1862—1943) 在第二届国际数学家大会上所做《数学问题》的讲演中, 将 CH 作为第一个问题提出, 并给出他本人的证明思路. 美国数学家科恩 (P.J.Cohen, 1934—2007) 在 1963 年证明, CH 在集合论的 ZF 公理 (策梅洛-弗兰克尔公理) 系统中是不可判定的. 这是二十世纪数学科学的重大成就之一, Cohen 因此获 1966 年 Fields 奖.

2 $\mathbb{R}$ 中的零测度集

回到实数系, 这一讲讨论 $\mathbb{R}$ 的点集的一些概念和性质. 这些对于微积分学及整个分析领域的现代化有重要意义.

2.1 实数系 $\mathbb{R}$ 的拓扑

回忆有关实数系 $\mathbb{R}$ 的拓扑的基本概念.

定义 2.1.1 设 $X \subset \mathbb{R}$.

(1) 点 $p \in X$ 称为 X 的一个**内点**, 如果存在一个开区间 (a, b) 使得 $p \in (a, b) \subset X$, 或 $\exists \varepsilon > 0$, 使得点 p 的邻域 $N(p, \varepsilon) = (p - \varepsilon, p + \varepsilon) \subset X$.

(2) 集合 X 的所有内点组成 X 的一个子集, 称为 X 的**内部**, 记作 $\text{Int}(X)$.

(3) 集合 X 称为**开集**, 如果 $X = \text{Int}(X)$, 即 X 的每一点都是 X 的内点.

定理 2.1.1 关于开集有以下结论:

(1) 空集 $\varnothing$ 和全体实数集 $\mathbb{R}$ 都是开集;

(2) 任意多个开集之并集是开集;

(3) 有限个开集之交集是开集.

评注 2.1.1 从拓扑学的观点看, 如果在一个给定的集合 $\mathcal{S}$ 中, 规定其某些子集为开集, 并且以下三条结论成立:

(1) 空集 $\varnothing$ 和集合 $\mathcal{S}$ 都是开集;

(2) 任意多个开集之并集是开集;

(3) 有限个开集之交集是开集.

则认为 $\mathcal{S}$ 已成为一个拓扑空间. 将 $\mathcal{S}$ 的全部开集组成的族记作 $\mathcal{T}$, 称为 $\mathcal{S}$ 的一个**拓扑** (topology). 确切地说, 集合 $\mathcal{S}$ 赋一个拓扑 $\mathcal{T}$ 后, 成为一个拓扑空间, 或说 $(\mathcal{S}, \mathcal{T})$ 是一个拓扑空间. 按这个说法, 实数集 $\mathbb{R}$ 采用定义 2.1.1 中开集的规定, 成为一个拓扑空间.

我们先研究实数中开集的构造.

定义 2.1.2 设 E 是实数系 $\mathbb{R}$ 的开集, 如果开区间 $(a,b) \subset E$, 而且端点 a 和 b 都不属于 E, 则称 (a,b) 是 E 的一个**构成区间**.

定理 2.1.2 (开集的构造)　设 E 是实数系 $\mathbb{R}$ 的开集.

(1) E 的不同的构成区间必不相交.

(2) E 中任意点必属于某个构成区间, 从而 E 可表作其所有互不相交的构成区间之并集.

(3) E 的不同的构成区间至多有可数个.

(4) 若 E 表成互不相交的一族开区间之并, 则这一族开区间就是 E 的全体构成区间.

证明　(1) 若 (a,b) 和 (c,d) 是 E 的两个不同的构成区间. 如果 $\exists e \in (a,b) \cap (c,d)$, 则 $a < e < b$ 且 $c < e < d$. 若 $a \neq c$, 则当 $a < c$ 时, $c \in (a,e) \subset (a,b) \subset E$; 当 $a > c$ 时, $a \in (c,e) \subset (c,d) \subset E$. 这与 $(a,b),(c,d)$ 的端点不属于 E 相矛盾, 故 $a = c$. 同理 $b = d$. 于是 (a,b) 与 (c,d) 是相同的构成区间. 从而 (1) 得证.

(2) 设 $x_0 \in E$, 取 $\mathcal{U} = \{(a,b) \,|\,$ 使 $x_0 \in (a,b) \subset E\}$. 因 E 是开集, $\mathcal{U}$ 不是空族. 记 $A = \{a \,|\, (a,b) \in \mathcal{U}\}$, $B = \{b \,|\, (a,b) \in \mathcal{U}\}$. 请注意, A 中可能包括 $-\infty$, B 中可能包括 $+\infty$. 取 $a_0 = \inf A, b_0 = \sup B$. 则 $(a_0, b_0) = \bigcup\limits_{(a,b) \in \mathcal{U}} (a,b)$. 因为 $\forall (a,b) \in \mathcal{U}, a_0 \leqslant a, b \leqslant b_0$, 故 $(a,b) \subset (a_0, b_0)$, 从而成立 $(a_0, b_0) \supset \bigcup\limits_{(a,b) \in \mathcal{U}} (a,b)$.

设 $x' \in (a_0, b_0)$. 不妨设 $x' < x_0$. 则有 $a' \in A$ 使得 $a' < x'$. 这就是说, $\mathcal{U}$ 中有一个开区间 (a', b') 使得 $x' \in (a', b')$. 于是 $x' \in \bigcup\limits_{(a,b) \in \mathcal{U}} (a,b)$. 此外 $a_0, b_0 \notin E$. 因为若设 $a_0 \in E$, 则由 E 是开集, 有一个开区间 (a^*, b^*) 使 $a_0 \in (a^*, b^*) \subset E$. 于是 $a^* < a_0$, 且 $(a^*, b_0) \in \mathcal{U}$, 从而 $a^* \in A$. 这与 a_0 是 $\inf A$ 相矛盾. 由此可见 (a_0, b_0) 是 E 的一个构成区间, 且 x_0 落入其中.

(3) 可以写成一个较为一般的命题而为定理 2.1.3.

(4) 当 E 表成互不相交的开区间的并集时, 这些开区间的端点必不在 E 中, 否则提供端点的开区间与含有该端点的开区间必相交非空. 从而这些开区间都是构成区间.

定理 2.1.3 设给了一族互不相交的区间, 则这些区间至多有可数个.

证明　设 $\mathcal{U}$ 是互不相交的区间组成的族, 在 $\mathcal{U}$ 的每个区间里取一个有理数, 则由互不相交性, 知不同的区间中所取的有理数不同, 所有这些取的有理数至多可数个, 故得定理之结论.

作为此定理之应用, 有下面关于单调函数的性质.

定理 2.1.4 在区间上定义的单调函数至多有可数个不连续点.

证明 单调函数在每个不连续点处有左右极限, 但左右极限不相等, 它们决定一个区间 (跃断区间). 这些跃断区间是互不相交的, 故由定理 2.1.3 知它们至多是可数个. 因此单调函数的不连续点至多有可数个.

定义 2.1.3 设 $X \subset \mathbb{R}$.

(1) 集合 X 称为**闭集**, 若其余集 CX 是开集.

(2) 点 p 称为 X 的一个**极限点**, 若 $\forall \varepsilon > 0$, $N(p, \varepsilon)$ 含有 X 中异于点 p 的点.

(3) X 的所有极限点组成的集合记作 X', 称为 X 的**导集**, 而 X 与 X' 的并集, 记作 $\overline{X}$, 称为 X 的**闭包**.

(4) X 的闭包 $\overline{X}$ 与 X 的余集 CX 的闭包 $\overline{CX}$ 的交集记作 $\mathrm{Fr}\,(X)$ 称为集 X 的**边界**.

定理 2.1.5 关于闭集有以下结论:

(1) 空集 $\varnothing$ 和全体实数集 $\mathbb{R}$ 都是闭集;

(2) 任意多个闭集之交集是闭集;

(3) 有限个闭集之并集是闭集.

定理 2.1.6 实数集 X 是闭集当且仅当 $X = \overline{X}$, 即 X 包含它自己的所有极限点, 或者说, $X \supset X'$.

定理 2.1.7 设 $X \subset \mathbb{R}$, 点 p 是 X 的极限点的充要条件是, 点 p 的任何 ε 邻域都包含有 X 中无穷多个点.

定义 2.1.4 设 $X \subset \mathbb{R}$, $\{I_\alpha\}$ 是由开区间组成的族. 若 X 的每一点均属于某个 I_α 中, 则称开区间族 $\{I_\alpha\}$ 是 X 的一个**开覆盖**.

微积分学中在闭区间有著名的海涅-博雷尔 (Heine-Borel) 有限覆盖定理, 它可以推广到有界闭集上. 为此, 我们先介绍拓扑学中的另一重要概念: 紧性.

定义 2.1.5 设 $X \subset \mathbb{R}$. 如果任给 X 的一个开覆盖 $\{I_\alpha\}$, 必存在此开覆盖的一个有限子族 $\{I_{\alpha_1}, I_{\alpha_2}, \cdots, I_{\alpha_n}\}$, 它仍然是 X 的一个开覆盖, 则称集合 X 是**紧的** (compact).

定理 2.1.8 (Heine-Borel) 有界的闭的实数集是紧的.

证明 设 X 是一个有界的闭集, 设 $\{I_\alpha\}$ 是 X 的一个开覆盖. 采用反证法, 设 $\{I_\alpha\}$ 的任何有限子族都不能成为 X 的开覆盖. 由 X 的有界性, 可取一闭区间 $[a, b] \supset X$. 将 $[a, b]$ 二等分, 所得两个子闭区间与 X 的交集中必有一个不被 $\{I_\alpha\}$ 的有限子族的覆盖, 将这样的一个子闭区间记为 $[a_1, b_1]$. 设 $n \geqslant 1$, 已构作

$$[a, b] = [a_0, b_0] \supset [a_1, b_1] \supset \cdots \supset [a_n, b_n],$$

使得每个 $[a_k, b_k] \cap X$ 不被 $\{I_\alpha\}$ 的有限子族所覆盖, 且 $[a_k, b_k]$ 是 $[a_{k-1}, b_{k-1}]$ 二等分后两个子闭区间之一, $k = 1, 2, \cdots, n$. 再将 $[a_n, b_n]$ 二等分, 所得两个子闭区

间与 X 的交集中必有一个不被 $\{I_\alpha\}$ 的有限子族所覆盖, 记这样的一个子闭区间为 $[a_{n+1}, b_{n+1}]$. 于是按数学归纳法构作定理, 我们已构作成闭区间序列 $\{[a_n, b_n]\}$, 具有以下性质: $\forall n \in \mathbb{N}$, $[a_n, b_n] \cap X$ 不被 $\{I_\alpha\}$ 的有限子族所覆盖, $[a_n, b_n] \supset [a_{n+1}, b_{n+1}]$ 且 $b_n - a_n = \dfrac{1}{2}(b_{n-1}, a_{n-1}) = \dfrac{1}{2^n}(b - a)$, 从而 $\lim\limits_{n\to\infty}(b_n - a_n) = 0$. 由 Cantor 区间套原理, $\exists \xi \in \mathbb{R}$ 使得 $\forall n \in N$, $\xi \in [a_n, b_n]$, 且 $\lim\limits_{n\to\infty} a_n = \lim\limits_{n\to\infty} b_n = \xi$. 由于 $[a_n, b_n] \cap X$ 不被 $\{I_\alpha\}$ 的有限子族所覆盖, 它必是无限集, 从而点 ξ 是 X 的一个极限点. 因为 X 是闭集, 它包含自己的所有的极限点, 故 $\xi \in X$. 于是由假设, ξ 属于 $\{I_\alpha\}$ 中的某个 I_{a_0} 中, 即 $\xi \in I_{a_0}$. 由 $\lim\limits_{n\to\infty} a_n = \lim\limits_{n\to\infty} b_n = \xi$, $\exists N \in \mathbb{N}$, 当 $n \geqslant N$ 时 $[a_n, b_n] \subset I_{\alpha_0}$. 这与 $[a_n, b_n] \cap X$ 不被 $\{I_\alpha\}$ 的有限子族所覆盖相矛盾. 此矛盾证明了定理.

2.2　零测度概念

每当给定一种测度后, 便有相应的零测度概念. 这里主要介绍勒贝格 (Lebesgue) 意义下的零测度概念, 是因为在一元微分学的讨论中我们只用到零测度, 而且它的定义很简洁.

定义 2.2.1　设 $X \subset \mathbb{R}$. $\forall \varepsilon > 0$, 如果 $\exists X$ 的一个开覆盖, 使得此开覆盖中的开区间的长度的总和 $\leqslant \varepsilon$, 则称集合 X 为**零测度的** (of zero measure).

例 2.2.1　单点集是零测度集, 任何开区间都不是零测度集.

定理 2.2.1　零测度集有以下性质:

(1) 零测度集的子集是零测度集;

(2) 有限个或可数个零测度集的并集是零测度集;

(3) 有限点集或可数点集是零测度集.

证明　只需证 (2). 设 $\{X_n\}$ 是零测度集序列. $\forall \varepsilon > 0$, $\forall n \in \mathbb{N}$, 对 X_n 取一个开覆盖 $\mathcal{U}_n$, 使其中开区间长度总和 $\leqslant \dfrac{\varepsilon}{2^n}$, 记 $X = \bigcup\limits_{n\in\mathbb{N}} X_n$ 和 $\mathcal{U} = \bigcup\limits_{n\in\mathbb{N}} \mathcal{U}_n$. 则 $\mathcal{U}$ 是 X 的一个开覆盖, 且 $\mathcal{U}$ 中开区间长度之总和 $\leqslant \sum\limits_{n=1}^{\infty} \dfrac{\varepsilon}{2^n} = \varepsilon$.

下面是零测度集的一个充分必要条件, 有时很有用.

定理 2.2.2　设 $X \subset \mathbb{R}$. X 是零测度集的充分必要条件是, X 存在一个总长度为有限的开覆盖 $\mathcal{U}$, 并且 X 的每个点属于 $\mathcal{U}$ 的无限多个开区间中.

证明　必要性. 设 X 是一个零测度集, 则依次取 X 的总长度不超过 $\dfrac{1}{2^n}$ 的开覆盖 $\mathcal{U}_n$, 作并 $\mathcal{U} = \bigcup\limits_{n\in\mathbb{N}} \mathcal{U}_n$, $\mathcal{U}$ 的总长度 $\leqslant 1$, 且 X 的每一点被覆盖无限次.

充分性. 设 $\mathcal{U}$ 是 X 的一个满足定理所述条件的开覆盖. 设 $\mathcal{U}$ 中开区间长度总和为 l. 设 $\mathcal{U}$ 中开区间为 $I_1, I_2, \cdots, I_n, \cdots$, 记 I_n 的长度为 l_n, 则 $\sum\limits_{n=1}^{\infty} l_n$ 是一个收敛的正项级数, 和为 l. 记 $r_n = \sum\limits_{i=n+1}^{\infty} l_i$, 则有 $\lim\limits_{n\to\infty} r_n = 0$. $\forall \varepsilon > 0, \exists N$ 使得当 $n \geqslant N$ 时, 有 $r_n < \varepsilon$, 若将 $I_1, I_2, \cdots, I_n$ 从 $\mathcal{U}$ 中删除, 则余下的开区间的长度总和为 $r_n < \varepsilon$, 并由于删除的开区间数为有限, 余下的开区间仍然构成集合 X 的一个开覆盖. 故 X 是零测度集.

定义 2.2.2 设 $X \subset \mathbb{R}$. 称一个命题 P 在集合 X 上几乎处处 (almost every-where) 成立, 是指 X 的子集 $\{x | x \in X$ 使得 $P(x)$ 不成立$\}$ 是一个零测度集.

评注 2.2.1 "几乎处处" 是一个非常重要的概念, 或者说, 是一个全新的讨论问题的方法论. 经典微积分学经过十九世纪严格化的洗礼后, 逻辑上已经达到现代化的严格标准. 但对待函数概念坚持点态 (pointwise) 的观念, 这是一个很大的束缚. 从这个束缚中解脱出来, 会获得巨大进展. Lebesgue 于 1902 年创建的新理论, 标志着微积分学的新阶段, 其中采用 "几乎处处" 的观念是重要突破之一. 今后常用 "几乎处处相等", "几乎处处连续", "几乎处处可导" 和 "几乎处处收敛" 等等说法.

例 2.2.2 在 $[0,1]$ 上的 Riemann 函数定义如下:

$$f(x) = \begin{cases} 0, & x \text{ 是 } [0,1] \text{ 中的无理数}, \\ \dfrac{1}{q}, & x = \dfrac{p}{q} \text{ 是 } [0,1] \text{ 中的既约真分数}, \end{cases}$$

它是 $[0,1]$ 上几乎处处等于 0 的函数, 也是 $[0,1]$ 上几乎处处连续的函数.

经典微积分中的 Riemann 可积函数有如下重要性质:

定理 2.2.3 设 f 是 $[a,b]$ 上的有界函数. 则 f 在 $[a,b]$ 上是 Riemann 可积的, 当且仅当函数 f 在 $[a,b]$ 上是几乎处处连续的.

必要性证明 设 $T_n = \left\{ a = x_0^{(n)} < x_1^{(n)} < \cdots < x_{k_n}^{(n)} = b \right\}$ 是 $[a,b]$ 的分划, 使得其细度 $\lambda(T_n) \to 0$, 当 $n \to \infty$. 设

$$M_i^{(n)} = \sup\left\{ f(x) | x \in [x_{i-1}, x_i] \right\}, \quad m_i^{(n)} = \inf\{ f(x) | x \in [x_{i-1}, x_i] \},$$

$$\omega_i^{(n)} = M_i^{(n)} - m_i^{(n)}.$$

设 $\omega^{(n)}(x)$ 是 $[a,b]$ 上的函数, 定义为

$$\omega^{(n)}(x) = \begin{cases} \omega_i^{(n)}, & x \in (x_{i-1}^{(n)}, x_i^{(n)}), \\ 0, & x = x_i^{(n)}, \ i = 0, 1, \cdots, k_n. \end{cases}$$

记 $T = \bigcup\limits_{n=1}^{\infty} T_n$, 其中 T_n 理解为分划 T_n 的所有分划点所成集合. 再设

$$Z = \left\{ x \,\middle|\, x \in [a,b], x \notin T \text{ 且 } \lim_{n \to \infty} \omega^{(n)}(x) \neq 0 \right\}.$$

辅助命题　设 $x \in [a,b]$ 且 $x \notin T$, 则 $\lim\limits_{n \to \infty} \omega^{(n)}(x) = 0$ 当且仅当点 x 是 $f(x)$ 的连续点.

必要性. 因为 $x \notin T = \bigcup\limits_{n=1}^{\infty} T_n$, 故在每个分划 T_n 之下有一个分划小区间, 记作 $\Delta_n = [x_{i-1}^{(n)}, x_i^{(n)}]$, 使得 $x \in (x_{i-1}^{(n)}, x_i^{(n)}) = \mathrm{Int}(\Delta_n)$. 在 $\mathrm{Int}(\Delta_n)$ 内取闭区间 σ_n, 使得

$$x \in \mathrm{Int}(\sigma_n) \subset \sigma_n \subset \mathrm{Int}(\Delta_n), \quad \text{且} \quad \sigma_n \supset \sigma_{n+1}.$$

于是 $\{\sigma_n\}$ 是一个以点 x 为公共点的区间套. 今设 $\lim\limits_{n \to \infty} \omega^{(n)}(x) = 0$. 故 $\forall \varepsilon > 0$, $\exists n$ 使得

$$\omega^{(n)}(x) = \omega_i^{(n)} < \varepsilon, \quad \text{因} x \in \left(x_{i-1}^{(n)}, x_i^{(n)} \right),$$

此即

$$M_i^{(n)} - m_i^{(n)} < \varepsilon.$$

取 $\delta = \min\{x - x_{i-1}^{(n)}, x_i^{(n)} - x\}$, 则当 $|x' - x| < \delta$ 时必有 $x' \in (x_{i-1}^{(n)}, x_i^{(n)})$, 从而有

$$|f'(x) - f(x)| < \varepsilon,$$

这就是说, 函数 $f(x)$ 在点 x 处连续.

充分性. 如果 $x \notin T$ 且 x 是 $f(x)$ 的连续点, 则 $\forall \varepsilon > 0$, $\exists \delta > 0$, 使得当 $|x' - x| < \delta$ 时有 $|f'(x) - f(x)| < \dfrac{\varepsilon}{2}$. 由于 $\lim\limits_{n \to \infty} \lambda(T_n) = 0$, 故 $\exists N$, 使得当 $n \geqslant N$ 时 $\lambda(T_n) < \dfrac{1}{2}\delta$. 于是 T_n 中必有一分划开区间落入 $N(x, \delta)$ 中且含有点 x, 设为 $(x_{i-1}^{(n)}, x_i^{(n)})$. 由此 $\omega_i^{(n)} < \varepsilon$, 从而 $\omega^{(n)} < \varepsilon$. 这就证明了 $\lim\limits_{n \to \infty} \omega^{(n)}(x) = 0$. 至此命题证毕.

为使以后的讨论简化, 设 $\forall n \in \mathbb{N}$, T_{n+1} 是 T_n 的加细. 于是函数序列 $\omega^{(n)}(x)$ 是单调减少序列: $\omega^{(n)}(x) \geqslant \omega^{(n+1)}(x)$. 从而当 $x \notin T$ 时, $\lim\limits_{n \to \infty} \omega^{(n)}(x)$ 是存在的. 设 $\forall k \in \mathbb{N}$. 令

$$Z_k = \left\{ x \,\middle|\, x \in [a,b], x \notin T \text{ 且 } \lim_{n \to \infty} \omega^{(n)}(x) \geqslant \frac{1}{2^k} \right\},$$

则 $Z_k \subset Z_{k+1}$ 且 $Z = \bigcup\limits_{k=1}^{\infty} Z_k$.

现在, 根据假设 f 在 $[a, b]$ 上 Riemann 可积, 我们来证明集合 Z 是一个零测度集.

设 f 在 $[a, b]$ 上 Riemann 积分为 I. 按定义, $\forall \varepsilon > 0$, $\exists \delta > 0$, 使得当 $[a, b]$ 的分划 P 的细度 $\lambda(P) < \delta$ 时, 便有 $|\sigma_f(P, \xi) - I| < \varepsilon/3$, 其中 $\sigma_f(P, \xi)$ 为函数 f 在 $[a, b]$ 上关于分划 P 及介点 $\xi = \{\xi_1, \cdots, \xi_m\}$ 的 Riemann 和 $\sigma_f(P, \xi) = \sum\limits_{i=1}^{m} f(\xi_i) \Delta x_i$. 因为 $\lim\limits_{n\to\infty} \lambda(T_n) = 0$, 故只要 n 充分大, 便可使 $\lambda(T_n) < \delta$, 于是有不等式

$$I - \frac{\varepsilon}{3} < \sigma_f(T_n, \xi) < I + \frac{\varepsilon}{3},$$

将其中的 $\sigma_f(T_n, \xi)$ 对介点 ξ 取上下确界, 分别得 Darboux 上和 $S_f(T_n)$ 与 Darboux 下和 $s_f(T_n)$, 便得不等式

$$I - \frac{\varepsilon}{3} \leqslant s_f(T_n) < S_f(T_n) \leqslant I + \frac{\varepsilon}{3}.$$

而 $S_f(T_n) - s_f(T_n) = \sum\limits_i \omega_i^{(n)} \Delta x_i$, 故得

$$\sum_i \omega_i^{(n)} \Delta x_i = S_f(T_n) - s_f(T_n) \leqslant \frac{2\varepsilon}{3} < \varepsilon.$$

现在设 $k \in \mathbb{N}$, 对 $\varepsilon = 1/(2^k)^2$ 取自然数 n_k, 使对于 T_{n_k} 有不等式

$$\sum_i \omega_i^{(n_k)} \Delta x_i < \frac{1}{(2^k)^2}.$$

此不等式左端和式 $\sum$ 的加项中, 因子 $\omega_i^{(n_k)} \geqslant \frac{1}{2^k}$ 的那些项组成的一部分和式, 用 $\sum'$ 表示, 于是得

$$\frac{1}{2^k} \sum{}' \Delta x_i \leqslant \sum{}' \omega_i^{(n_k)} \Delta x_i < \frac{1}{(2^k)^2}.$$

参加 $\sum'$ 中的分划子区间的内部组成 Z_k 的一个开覆盖 $\mathcal{U}_k$, 且其中开区间长度之总和为 $\sum' \Delta x_i < \frac{1}{2^k}$. 将所有的 $\mathcal{U}_k$ 并起来, 得 $\mathcal{U} = \bigcup\limits_{k \in \mathbb{N}} \mathcal{U}_k$, 它是 Z 的一个开覆

盖, 它的开区间长度之总和 $< \sum_{k=1}^{\infty} \dfrac{1}{2^k} = 1$, 而且由 $Z_k \subset Z_{k+1}$ 知, Z 中每一个点必被 $\mathcal{U}$ 中无限多个开区间覆盖, 由定理 2.2.2 知 Z 是零测度集, T 是可数集, 也是零测度集, 于是 $T \cup Z$ 是零测度集. 而由辅助命题, f 在 $[a,b] \backslash (T \cup Z)$ 上连续, 故 f 在 $[a,b]$ 上几乎处处连续.

充分性证明　设有界函数 f 在 $[a,b]$ 上几乎处处连续. 取 M 是 $|f|$ 在 $[a,b]$ 上的一个上界. 记 f 在 $[a,b]$ 上的不连续点组成的集合为 D. 由假设, D 是一个零测度集. $\forall \varepsilon > 0$, 一方面, 存在 D 的开覆盖 $\{I_n\}$, 其中开区间长度之和 $< \dfrac{\varepsilon}{4M}$; 另一方面, $\forall x \in [a,b] \backslash D$ 存在 $\delta_x > 0$, 使得当 $x' \in N(x, \delta_x) \cap [a,b]$ 时有 $|f'(x) - f(x)| < \varepsilon/4(b-a)$. 于是, 开区间族 $\{I_n\} \cup \{N(x, \delta_x) \,|\, [a,b] \backslash D\}$ 是 $[a,b]$ 的一个开覆盖. 由 Heine-Borel 定理, 存在一个有限的子族, 记为 $\{I_{n_1}, I_{n_2}, \cdots, I_{n_k}, N(a_1, \delta_1), N(a_2, \delta_2), \cdots, N(a_\iota, \delta_\iota)\}$, 覆盖了 $[a,b]$. 于是, 可以取 $[a,b]$ 的一个分划 T, 使其子区间分成两类: 第一类的每个小区间含于某个 I_{n_i} 中, 第二类的每个小区间含于某个 $N(a_j, \delta_j)$ 中. 对应于分划 T, 有

$$\sum_T \omega_i^f \Delta x_i = \sum{}' \omega_i^f \Delta x_i + \sum{}'' \omega_i^f \Delta x_i,$$

其中 ω_i^f 表示函数 f 在小区间 $[x_{i-1}, x_i]$ 上的振幅, $\sum{}'$ 和 $\sum{}''$ 分别表示在第一类和第二类小区间上求和. 于是, 因在第一类小区间上有

$$\sum{}' \omega_i^f \Delta x_i \leqslant 2M \sum{}' \Delta x_i < 2M \cdot \dfrac{\varepsilon}{4M} = \dfrac{\varepsilon}{2};$$

在第二类小区间上有 $|f(x') - f(x'')| < \dfrac{\varepsilon}{2(b-a)}$, 从而 $\omega_i^f \leqslant \dfrac{\varepsilon}{2(b-a)}$. 于是

$$\sum{}'' \omega_i^f \Delta x_i \leqslant \dfrac{\varepsilon}{2(b-a)} \sum{}'' \Delta x_i < \dfrac{\varepsilon}{2(b-a)} \cdot (b-a) = \dfrac{\varepsilon}{2}.$$

由此可见

$$\sum_T \omega_i^f \Delta x_i < \varepsilon.$$

按 Riemann 积分的 Darboux 理论的判别法, 知函数 f 在 $[a,b]$ 上是 Riemann 可积的.

评注 2.2.2　请读者注意, 不要把 "f 在 $[a,b]$ 上几乎处处连续" 与 "f 在 $[a,b]$ 上几乎处处等于一个连续函数" 混为一谈, 这是两个不同的概念.

2.3 Cantor 集

Cantor 三分集是近代数学中一个著名的例子, 它本身以及它的构作思想有广泛而深远的影响.

定义 2.3.1 取闭区间 $[0,1]$. 将它三等分后, 记其第一个和第三个子闭区间分别为 $\Delta_0 = \left[0, \frac{1}{3}\right]$ 和 $\Delta_2 = \left[\frac{2}{3}, 1\right]$, 称为第一级闭区间; 而记中央开区间为 $\delta = \left(\frac{1}{3}, \frac{2}{3}\right)$, 称为第一级开区间, 并将它删去. 对待 Δ_0 和 Δ_2 与对待 $[0,1]$ 一样, 在 Δ_0 和 Δ_2 上取第一个和第三个三分之一子闭区间, 称为第二级闭区间:

$$\Delta_{00} = \left[0, \frac{1}{9}\right], \quad \Delta_{02} = \left[\frac{2}{9}, \frac{1}{3}\right] \quad \text{在 } \Delta_0 \text{ 上,}$$

$$\Delta_{20} = \left[\frac{2}{3}, \frac{7}{9}\right], \quad \Delta_{22} = \left[\frac{8}{9}, 1\right] \quad \text{在 } \Delta_2 \text{ 上.}$$

而取 Δ_0 和 Δ_2 的中央三分之一子开区间, 称为第二级开区间:

$$\delta_0 = \left(\frac{1}{9}, \frac{2}{9}\right) \quad \text{在 } \Delta_0 \text{ 上,} \quad \delta_2 = \left(\frac{7}{9}, \frac{8}{9}\right) \quad \text{在 } \Delta_2 \text{ 上,}$$

并将它们删去 (请参见图 2.1). 假设第 n 级闭区间 $\Delta_{i_1 \cdots i_n}$ 及第 n 级开区间 $\delta_{j_1 \cdots j_{n-1}}$ 均已构作好, 则将每个第 n 级闭区间的第一个和第三个三分之一子闭区间分别记作 $\Delta_{i_1 \cdots i_n 0}$ 和 $\Delta_{i_1 \cdots i_n 2}$, 称为第 $n+1$ 级闭区间; 而取 $\Delta_{i_1 \cdots i_n}$ 的中央三分之一子开区间记为 $\delta_{i_1 \cdots i_n}$, 称为第 $n+1$ 级开区间, 并将它们删去. 于是由数学归纳法构作定理, $\forall n \in \mathbb{N}$, 第 n 级闭区间和第 n 级开区间都已构作好. 记 E_n 是 2^n 个第 n 级闭区间之并, 有 $E_n \supset E_{n+1}$. 令这个集合序列之交集为 $E = \bigcap_{n \in \mathbb{N}} E_n$, 称为 **Cantor 三分集** (Cantor's middle thirds set 或 Cantor ternary set) 或简称 **Cantor 集**.

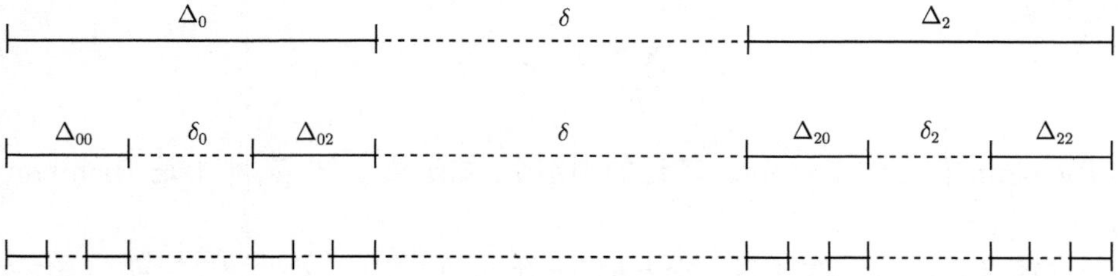

图 2.1

评注 2.3.1 若将 $[0,1]$ 中的点 (数) 用三进位展式表出, 则 E 由 $[0,1]$ 中所有这样的 x 组成, x 可表成形如

$$x = \frac{a_1}{3} + \frac{a_2}{3^2} + \frac{a_3}{3^3} + \cdots + \frac{a_n}{3^n} + \cdots,$$

其中 $a_i = 0$ 或 2. 若记 U_n 是 2^{n-1} 个 n 级开区间之并, 而 $U = \bigcup_{n \in \mathbb{N}} U_n$, 则 $E = [0,1] \setminus U$. 为构作 E 而从 $[0,1]$ 中删除的集合 U, 则是由其三进位展式中必至少有一位 $a_i = 1$ 的点所组成.

我们立即来介绍 Cantor 集的一些重要性质.

定理 2.3.1 Cantor 集是闭集, 从而是紧集.

证明 由于 $E = \bigcap_{n \in \mathbb{N}} E_n$, 而每个 E_n 都是闭集, 据定理 2.1.5 知任意多个闭集之交集是闭集, 故 E 是闭集. 又因 E 是 $[0,1]$ 的子集, 故是有界的, 由 Heine-Borel 定理 (定理 2.1.8), E 是紧的.

定义 2.3.2 设 $X \subset \mathbb{R}$.

(1) 若可取非空开集 U 和 V, 使得 $U \cap V = \varnothing$, $U \cap X \neq \varnothing$, $V \cap X \neq \varnothing$, 且 $X \subset U \cup V$, 则称 X 是**不连通的** (disconnected), 否则称 X 是**连通的** (connected).

(2) 若 X 的基数 $\geqslant 2$, 且 X 的连通子集只有单点集, 则称 X 是**完全不连通的** (totally disconnected).

定理 2.3.2 Cantor 集 E 是完全不连通的.

证明 设 $A \subset E$, 并且 A 包含两个不同的点 x_1, x_2. 则 $|x_1 - x_2| > 0$. 取 $n \in \mathbb{N}$ 使得 $\dfrac{1}{3^{n-2}} < |x_1 - x_2|$, 则必有某个形如 $\left(\dfrac{1+3k}{3^n}, \dfrac{2+3k}{3^n} \right)$ 的开区间介于 x_1 与 x_2 之间. 而形如 $\left(\dfrac{1+3k}{3^n}, \dfrac{2+3k}{3^n} \right)$ 的开区间在构造 Cantor 集时均属于被删除之列, 故 A 必不连通. 由此知 E 为完全不连通的.

定义 2.3.3 设 $X \subset \mathbb{R}$. 如果 X 是闭集, 并且 X 的每个点都是 X 的极限点. 换句话说 $X = X'$, 则 X 称为**完备的** (perfect).

定理 2.3.3 Cantor 集 E 是完备的.

证明 已知 E 是闭集, 往证 E 的每个点都是 E 的极限点. 设 $D_0 = \{0, 1\}$, 称为第 0 级端点集. $\forall n \in \mathbb{N}$, 设 D_n 为第 n 级开区间的端点所成集, 称为第 n 级端点集. 当 $m, n \in \mathbb{N}$, $m \neq n$, 有 $D_m \cap D_n = \varnothing$. 令 $D = \bigcup_{n=0}^{\infty} D_n$, 称为 E 的端点集, 它也是各级闭区间的端点所成的集. 设 $x \in E = \bigcap_{n \in \mathbb{N}} E_n$, E_n 中恰有一个第

n 级闭区间, 记作 F_n, 使得 $x \in F_n$, 并且 $F_n \supset F_{n+1}$ 及当 $n \to \infty$ 时 F_n 的长度 $\to 0$. 于是闭区间序列 $\{F_n\}$ 是一个区间套. 由 Cantor 区间套定理所得之唯一的公共点便是 x. 由于每个闭区间 F_n 有两个不同的端点, 序列 $\{F_n\}$ 的所有端点组成一个无限集, 点 x 是它的极限点, 从而 x 是 D 的, 因而是 E 的极限点.

评注 2.3.2   Cantor 集的以上三条性质很重要, 它们刻画了 Cantor 集, 确切地说, 有以下定理.

定理 2.3.4   任意非空的紧的完全不连通的完美度量空间同胚于 Cantor 集. 它的证明超出本书的范围, 故不赘述.

我们继续介绍 Cantor 集的性质.

定理 2.3.5   Cantor 集 E 是不可数的, 基数为 $2^{\aleph_0}$.

证明   如评注 2.3.1 中所述, Cantor 集 E 是从 $[0,1]$ 中删去所有三进位展式中必至少有一数位为 1 的点, 而由余下的点组成. 因此, E 中点的三进位展式中数位可以只出成 0 和 2, 而且用 0 和 2 表出的三进位展式是唯一的. 因此, E 的点一对一地对应于由 0 和 2 组成的序列之集合, 后者的基数为 $2^{\aleph_0}$.

定义 2.3.4   设 $X \subset \mathbb{R}$.

(1) 若 $\overline{X} = \mathbb{R}$, 则称 X 是在 $\mathbb{R}$ 中**稠密的** (dense). 若 $\overline{X} = [a,b]$, 则称 X 是**在** $[a,b]$ **中稠密的**.

(2) 若 $\overline{X}$ 中不含任何内点, 即 $\operatorname{Int}(\overline{X}) = \varnothing$, 则称 X 是在 $\mathbb{R}$ 中**无处稠密的** (nowhere dense).

例 2.3.1 $\mathbb{R}$ 中所有的有理数所成集 $\mathbb{Q}$ 是在 $\mathbb{R}$ 中稠密的. 所有的无理数所成集也是在 $\mathbb{R}$ 中稠密的. 但是所有自然数所成集 $\mathbb{N}$ 是在 $\mathbb{R}$ 中无处稠密的.

定理 2.3.6   闭集 X 在 $\mathbb{R}$ 中无处稠密的必要且充分条件是: 它的余集 $CX = \mathbb{R} \backslash X$ 在 $\mathbb{R}$ 中稠密.

证明   设闭集 X 在 $\mathbb{R}$ 中无处稠密, 则 $\operatorname{Int}(X) = \operatorname{Int}(\overline{X}) = \varnothing$. 往证 CX 在 $\mathbb{R}$ 中稠密, 即证 $\overline{CX} = \mathbb{R}$, 只需验证 $\overline{CX} \supset \mathbb{R}$. 设 $x \in \mathbb{R}$, 且 $x \notin CX$, 则 $x \in X$. 已知 $\operatorname{Int}(X) = \varnothing$, 故点 x 不是 X 的内点, 即 $\forall \varepsilon > 0, N(x, \varepsilon) \cap (CX) \neq \varnothing$, 从而 x 是 CX 的极限点, 即 $x \in (CX)' \subset \overline{CX}$.

设 CX 在 $\mathbb{R}$ 中稠密, 即 $\overline{CX} = \mathbb{R}$. 往证闭集 X 在 $\mathbb{R}$ 中无处稠密, 即证 $\operatorname{Int}(X) = \varnothing$. $\forall x \in X$, 由 $\overline{CX} = \mathbb{R}$ 知, $\forall \varepsilon > 0, N(x, \varepsilon) \cap (CX) \neq \varnothing$. 故 x 不是 X 的内点, 即 $\operatorname{Int}(X) = \varnothing$.

Cantor 集是无处稠密集的重要例子.

定理 2.3.7   Cantor 集 E 是在 $\mathbb{R}$ 中无处稠密的.

证明   由定理 2.3.6, 只需证 CE 在 $\mathbb{R}$ 中稠密, 即 $\overline{CE} = \mathbb{R}$. 为此, 只需证当点 $x \in E$ 时, 点 x 是 CE 的极限点. 今设点 $x \in E$, $\forall \varepsilon > 0$, 对此 ε 取 n 使得

$\dfrac{1}{3^n} < \varepsilon$. 注意到 $E = \bigcap\limits_{n \in \mathbb{N}} E_n$, 其中 E_n 是由 2^n 个长度为 $\dfrac{1}{3^n}$ 而互相分离的第 n 级闭区间组成. 故点 x 作为 E_n 中的点, 其 ε 邻域 $N(x, \varepsilon)$ 与 E_n 之余集 CE_n 的交集不空, 从而 $N(x, \varepsilon)$ 与 CE 之交集不空, 因此点 x 是 CE 的极限点.

这个 Cantor 集 E 还有一个重要性质.

定理 2.3.8 Cantor 集 E 是零测度的.

证明 按定义, $E = \bigcap\limits_{n \in \mathbb{N}} E_n$, 其中 E_n 是由 2^n 个长度为 $\dfrac{1}{3^n}$ 的第 n 级闭区间之并集, 且 $E_n \supset E_{n+1}$. 因此 $\forall n \in \mathbb{N}$, $E \subset E_n$. 将 E_n 的每个第 n 级闭区间往左右两端外延成为长度加倍的开区间, 所得开区间组成的族记作 $\mathcal{U}_n$, 它是 E_n 的, 因而是 E 的一个开覆盖, 其开区间长度之总和为 $2^n \times \dfrac{2}{3^n} = 2 \left(\dfrac{2}{3} \right)^n$. 于是, $\forall \varepsilon > 0$, 取 n 使得 $2 \left(\dfrac{2}{3} \right)^n < \varepsilon$, 取 $\mathcal{U}_n$ 作为 E 的开覆盖, 便知 E 是一个零测度集.

评注 2.3.3 这里顺便指出, "Cantor 集 E 是零测度的" 这个性质不是一个拓扑性质, 这就是说, 可以在数直线上构作出与这个 Cantor 集 E 同胚的集合, 但不是零测度的. 正因为如此, 今后必要时, 可将定义 2.3.1 中定义的这个 Cantor 集 E 称为标准的. 于是定理 2.3.8 可重述为: 标准的 Cantor 集 E 是零测度的.

3 一元函数的若干导数问题

如果将十九世纪后半叶时已经按严密的逻辑体系建立起来的微积分学称为经典的, 而将以 1902 年 Lebesgue 的工作为代表的微积分学的新的发展称为近代的, 那么这一讲中将先介绍两项非常重要的经典结果. 一个是 Darboux 得到的导数的介值定理, 另一个是 Weierstrass 首先发现的处处连续而处处不可导的函数. 然后介绍关于单调函数求导的 Lebesgue 定理, 这是微分学在新的阶段的代表性成果.

3.1 导数介值定理

在微积分学中, 函数 f 在点 $x \in I$ 处的导数 $f'(x)$ 定义为

$$\lim_{h \to 0} f_h(x) = \lim_{h \to 0} \frac{f(x + h) - f(x)}{h}. \tag{3.1.1}$$

如果函数在闭区间上处处可导, 即在闭区间上导函数有定义, 则如正文第 15 讲中定理 15.7.2 (Darboux) 所述, 有类似于闭区间上连续函数的介值定理, 导数的介值定理. 现重述如下.

定理 3.1.1 (Darboux) 如果函数 f 在闭区间 $[a, b]$ 上可导, 则导函数 f' 在 (a, b) 内取遍位于 $f'(a)$ 和 $f'(b)$ 之间的一切值.

评注 3.1.1 Darboux 的这个结果, 直观上绝对不是显然的, 因为我们不能 (没有理由) 认为导数 f' 是连续的. 在导数 f' 不连续的情形, 一方面可以在自变量的任意点的附近 f' 产生大的变动; 但另一方面在自变量的任何两个不同点 x_1, x_2 之间, f' 将取遍 $f'(x_1)$ 与 $f'(x_2)$ 之间的所有值. 这是多么深刻的结论.

根据这个事实, 可以推知导数的不连续点的一个性质, 见如下定理.

定理 3.1.2 若函数 f 在区间 I 上可导, 则导数 f' 在 I 必无第一类不连续点.

通常会认为具有第一类不连续性的函数是比较 "好" 的函数: 在第一类不连续点处, 函数的左右极限均存在, 但不相等 (函数在该点有个 "跃度"), 或者相等但不等于函数在该点之值 (可补充定义使得函数在该点连续), 比起其他如震荡或无穷类的不连续点, 它离连续性相去较小. 但是不幸, 定理 3.1.2 揭示这种函数不能充当任何函数的导数.

再回顾闭区间 $[-1, 1]$ 上的符号函数 $\mathrm{sgn}(x)$(见正文中问题 15.7.1), 据定理 3.1.2, $\mathrm{sgn}(x)$ 不是任何函数的导数, 但是 Riemann 可积的, 其变上限定积分

$$\Phi(x) = \int_{-1}^{x} \mathrm{sgn}(t)\mathrm{d}t = \begin{cases} -x - 1, & x \in [-1, 0], \\ x - 1, & x \in [0, 1] \end{cases}$$

只在 $x = 0$ 这一点不可导, 在其余点之导数与 $\mathrm{sgn}(x)$ 相等. 即不可导的点在 "零测度" 中.

又如物理学中有用的赫维赛德 (Heaviside) 函数 $H(x) = \begin{cases} 1, & x \geqslant 0, \\ 0, & x < 0, \end{cases}$ 也有与上例类似的性质.

评注 3.1.2 也许应该把态度改变得宽容一些, 对待函数的性质采取 "几乎处处" 方式. 于是上述例中的函数 $\Phi(x)$ 是几乎处处可导的, 其导数几乎处处等于函数 $\mathrm{sgn}(x)$.

实际上有下面的一般结果.

定理 3.1.3 设函数 f 在 $[a, b]$ 上 Riemann 可积, 则变上限定积分

$$F(x) = \int_{a}^{x} f(t)\mathrm{d}t$$

几乎处处可导, 且导数几乎处处等于 f. 若 $c \in (a, b)$ 是 f 的连续点, 则 F 在点 c 可导, 且 $F'(c) = f(c)$.

证明　由正文中定理 15.7.3, 知 $F(x)$ 在 f 的连续点 c 可导, 且 $F'(c) = f(c)$. 而由上节中定理 2.2.3 知, f 在 $[a, b]$ 上几乎处处连续. 定理得证.

3.2　处处不可导的连续函数

直到十九世纪中叶, 当时的数学家们还普遍认为, 连续函数除个别点外是可导的. Weierstrass 最早构作出处处不可导的连续函数 (1861), 他的例子由杜博伊斯-雷蒙 (DuBois-Reymond, 1831—1889) 于 1875 年发表, 并附有 Weierstrass 的证明, 这就是

$$f(x) = \sum_{n=0}^{\infty} b^n \cos(a^n \pi x), \tag{3.2.1}$$

其中 b 是一个奇整数, $0 < a < 1$, 且有 $ab > 1 + \dfrac{3}{2}\pi$, 这在数学界引起了巨大震动, 在结束了论证连续函数的可导性的潮流的同时, 使研究工作继续深入. 下面不对 Weierstrass 的例子进行论证, 而介绍一个由范德瓦尔登 (van der Waerden) 于 1930 年构作的例子, 由于其简洁明了, 而成为经典例子, 其中的核心思想与 Weierstrass 的例子一致.

在 $\mathbb{R}$ 上定义函数 $\varphi(x)$ 如下:

$$\varphi(x) = \text{点 } x \text{ 到与其最近的整数点的距离}, \tag{3.2.2}$$

其图形如图 3.1, 它是以 1 为周期的周期函数, 在每个形如 $\left[\dfrac{s-1}{2}, \dfrac{s}{2}\right] (s \in \mathbb{Z})$ 的区间上是线性函数, 斜率为 ± 1. 设

$$f_n(x) = \frac{\varphi(4^n x)}{4^n}, \tag{3.2.3}$$

它是以 $\dfrac{1}{4^n}$ 为周期的周期函数, 在每个形如 $\left[\dfrac{s-1}{2 \times 4^n}, \dfrac{s}{2 \times 4^n}\right]$ 的区间上是线性函数, 斜率为 ± 1. 再作级数

$$f(x) = \sum_{n=1}^{\infty} f_n(x) = \sum_{n=1}^{\infty} \frac{\varphi(4^n x)}{4^n}, \tag{3.2.4}$$

由于 $|\varphi(4^n x)| \leqslant 1$, 故此级数一致收敛. 于是从 $f_n(x)$ 的连续性得知 $f(x)$ 是 $\mathbb{R}$ 上的连续函数.

现在来证明函数 $f(x)$ 是处处不可导的. 任取 $x \in \mathbb{R}$, 必能找到形如

$$\Delta_n = \left[\frac{s_n - 1}{2 \times 4^n}, \frac{s_n}{2 \times 4^n}\right]$$

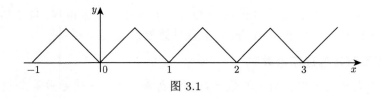

图 3.1

的区间组成的序列 $\{\Delta_n\}$, 是一个以点 x 为公共点的区间套. Δ_n 的长度是 $\dfrac{1}{2 \times 4^n}$, 因此在 Δ_n 上有一点与点 x 的距离是 $\dfrac{1}{4^{n+1}}$, 记此点为 x_n. 因为 $\dfrac{1}{4^{n+1}}$ 是当 $k > n$ 时函数 $f_k(x)$ 的周期的整数倍, 故对于 x_n, 有

$$\frac{f_k(x_n) - f_k(x)}{x_n - x} = 0, \quad \forall k > n.$$

而对于 $k \leqslant n$, 已知函数 $f_k(x)$ 在 Δ_k 上是线性的, 且

$$\frac{f_k(x_n) - f_k(x)}{x_n - x} = \pm 1, \quad k \leqslant n.$$

从而有

$$\frac{f(x_n) - f(x)}{x_n - x} = \sum_{k=1}^{\infty} \frac{f_k(x_n) - f_k(x)}{x_n - x} = \sum_{k=1}^{\infty} (\pm 1)$$

$$= \begin{cases} \text{奇数,} & n \text{ 是奇数,} \\ \text{偶数,} & n \text{ 是偶数.} \end{cases}$$

故当 $n \to \infty$ 时 $\dfrac{f(x_n) - (x)}{x_n - x}$ 不能趋于任何有限极限, 而此时 $x_n \to x$, 故知 f 在点 x 不可导.

评注 3.2.1 有人也许会认为处处不可导的连续函数例子是挖空心思的产物, 未必有现实意义. 事实上, 首先这种例子有深刻的理论意义, 它彻底弄清了连续与可导之间逻辑学上的区别. 其次这一类例子曾经被称为是 "病态的"(pathological), 正反映了人们当初对它们的不接受, 或以为它们是很稀少的. 但巴拿赫 (Banach, 1892—1945) 于 1931 年证明了一个定理, 闭区间 [0, 1] 上的全体实连续函数所组成的空间 $C[0,1]$ 中, 那些只在一点可导的函数的全体组成的子集在 $C[0,1]$ 中是很 "稀疏" 的, 相反处处不可导的函数是其中的 "绝大多数"(参见辛格与索普著《拓扑学与几何学基础讲义》(干丹岩译), 上海科学技术出版社, 1985, 第 48 页定理 1). 最后, 应当指出, 近代布朗运动的研究说明, 其样本轨道基本上是处处不可

导的连续函数 (参见弗里德曼著《随机微分方程及其应用·第一卷》(吴让泉译) 科学出版社, 1983).

3.3　单调函数求导的 Lebesgue 定理

从微分学观点看, 单调函数的最重要性质是几乎处处可导, 这是 Lebesgue 发现而证明的. 最初这个定理被写在 Lebesgue 的 1904 年出版的书 *Leçons sur l'integration et la recherche des fonctions primitive* 的最后, 并且附加了连续的条件, 作为全部理论的最后的终结. 尽管如此, 这个定理的陈述与 Lebesgue 建立的测度和积分概念无关, 只涉及零测度概念. 因为零测度概念是可以在测度论之先自行建立的, 我们正是这样叙述的. 后来人们发现这个 Lebesgue 定理可以不用积分论, 而只用零测度概念来证明. 这就说明这个定理是独立于积分论的, 因此把它放在这一讲中介绍, 采用的是 F. Riesz(1880—1956) 的证明 (参见黎茨等著《泛函分析讲义》(梁文骐译) 第一卷, 科学出版社, 1965).

先从单调函数比较浅显的性质谈起.

定理 3.3.1　设 f 是区间 I 上的单调增加函数, 则 f 在 I 的每一内点 x 的左右极限 $f(x-)$ 和 $f(x+)$ 存在, 当 x 是端点时其中相应的一个存在, 且有 $f(x-) \leqslant f(x) \leqslant f(x+)$. 而 f 在内点 x 不连续时有 $f(x-) < f(x+)$. 对于单调减少函数有类似结果, 而将不等式作相应改变.

证明　设 $x_0 \in (a, b) \subset I$, 则 $\{f(x) \,|\, x \in (x_0, b)\}$ 有下界, 如 $f(x_0)$, 故有下确界, 记作 $A = \inf\{f(x) \,|\, x \in (x_0, b)\}$. 按下确界定义, $\forall \varepsilon > 0, \exists x_\varepsilon \in (x_0, b)$ 使得 $f(x_\varepsilon) < A + \varepsilon$. 取 $\delta = x_\varepsilon - x_0$, 则由 f 的单调增加性知当 $x \in (x_0, x_0 + \delta)$ 时有 $A \leqslant f(x) \leqslant f(x_\varepsilon) < A + \varepsilon$, 此即 $0 \leqslant f(x) - A < \varepsilon$. 这就是说 $\lim\limits_{x \to x_0+} f(x) = A$, 即 $f(x_0+)$ 存在. 类似地, $f(x_0-)$ 也存在. 若 x_0 是区间 I 的端点, 则左端点处有右极限, 右端点处有左极限.

定理 3.3.2　设 f 是区间 I 上的单调函数, 则 f 的不连续点至多是可数个.

证明　不妨设 f 是单调增加的. 设 S 是区间 I 中使得 f 不连续的内点组成的集合. $\forall x \in S$, 由定理 3.3.1, 有 $f(x-) < f(x+)$. 因为有理数 $\mathbb{Q}$ 是稠密的, 故 $\exists r_x \in \mathbb{Q}$, 使得 $r_x \in (f(x-), f(x+))$. 从而得一映射: $\varphi : S \to \mathbb{Q}, \varphi(x) = r_x$. 再由 f 的单调性, $\forall x_1, x_2 \in S, x_1 \neq x_2$, 则开区间 $(f(x_1-), f(x_1+))$ 与 $(f(x_2-), f(x_2+))$ 不相交, 从而 $r_{x_1} \neq r_{x_2}$, 就是说, φ 是一个单射. 由此可知, S 多是可数的. 而函数 f 的不连续点除落入 S 中的, 至多还有两个端点, 仍然至多是可数的.

有趣的是还有下面的定理.

定理 3.3.3　$\mathbb{R}$ 中或区间 I 中任何可数集均可成为一个单调函数的不连续点集.

证明　设 $S = \{r_1, r_2, \cdots, r_n, \cdots\}$ 是一个可数集, 不妨认为当 $i \neq j$ 时 $r_i \neq$

r_j. 取一个正项收敛级数 $\sum\limits_{n=1}^{\infty} a_n$. 构作函数 $f : \mathbb{R}$ 或 $I \to \mathbb{R}$, 定义为 $\forall x \in \mathbb{R}$ 或 I,

$$f(x) = \sum_{r_m \leqslant x} a_m, \tag{3.3.1}$$

右端和式 (有限项或无限项) 是级数 $\sum\limits_{n=1}^{\infty} a_n$ 的一部分. 当它是无限和的情形也是收敛的. 显然函数 f 是单调增加的. 我们证明函数 f 在 S 的每个点 r_n 处是不连续的, 这是因为当 $x > r_n$ 时恒有 $f(x) \geqslant f(r_n)$, 故有 $f(r_n+) \geqslant f(r_n)$; 而当 $x < r_n$ 时恒有 $f(x) \leqslant f(r_n) - a_n$ 故有 $f(r_n-) \leqslant f(r_n) - a_n < f(r_n)$, 从而得 $f(r_n-) < f(r_n+)$. 我们再证明, 当 $x_0 \notin S$ 时函数 f 在点 x_0 连续. 这是因为

$$\begin{aligned} f(x_0-) &= \lim_{x \to x_0-} \sum_{r_m \leqslant x} a_m \\ &= \lim_{x \to x_0-} \left(\sum_{r_m \leqslant x_0} a_m - \sum_{x < r_m \leqslant x_0} a_m \right) \\ &= f(x_0) - \lim_{x \to x_0-} \sum_{x < r_m \leqslant x_0} a_m \\ &= f(x_0), \end{aligned}$$

并且

$$\begin{aligned} f(x_0+) &= \lim_{x \to x_0+} \sum_{r_m \leqslant x} a_m \\ &= \lim_{x \to x_0+} \left(\sum_{r_m \leqslant x_0} a_m + \sum_{x_0 < r_m \leqslant x} a_m \right) \\ &= f(x_0) + \lim_{x \to x_0+} \sum_{x_0 < r_m \leqslant x} a_m \\ &= f(x_0), \end{aligned}$$

从而 $f(x)$ 在点 x_0 连续.

评注 3.3.1 从这个定理的证明中还可得到更精细的结论. 实际上, 当 $r_n \in S$ 时我们有

$$f(r_n+) = f(r_n) \quad \text{和} \quad f(r_n-) = f(r_n) - a_n, \tag{3.3.2}$$

从而在不连续点 r_n 处函数 f 的**跳跃** (jump) 是 a_n.

现在来介绍主要定理, Lebesgue 定理.

定理 3.3.4 (Lebesgue)   设函数 f 是区间 I 上的单调函数, 则函数 f 在 I 上几乎处处可导.

其证明主要依据 F. Riesz 的一条引理及其改进.

引理 1 (F. Riesz)   设 $g(x)$ 是闭区间 $[a, b]$ 上的一个连续函数, 集合

$$A = \left\{ x \,\middle|\, x \in (a, b) , \, \exists \xi \in (x, b) \,\text{使得}\, g(x) < g(\xi) \right\}.$$

则集合 A 或者是空集, 或者是开集, 由有限个或可数个彼此不相交的开区间 (a_k, b_k) 组成, 且对于每个 k 有

$$g(a_k) \leqslant g(b_k) \tag{3.3.3}$$

证明   首先证明 A 是一个开集. 设 $x_0 \in A$, 则有一个 $\xi > x_0$ 使得 $g(\xi) > g(x_0)$. 由函数 g 的连续性, 在 x_0 的某个邻域内的点 x, 都有 $\xi > x$ 及 $g(\xi) > g(x)$, 从而 x_0 的这个邻域包含于 A, 即 x_0 是 A 的一个内点. 由开集构造定理 (定理 2.1.2), 集合 A 由至多可数个构成区间 (a_k, b_k) 作并集而成. 任取其中一个构成区间 (a_k, b_k), 按构成区间的定义, $b_k \notin A$. 设 $x \in (a_k, b_k)$, 我们来证明有不等式 $g(x) \leqslant g(b_k)$, 从而令 $x \to a_k$ 便推得不等式 (3.3.3). 为此, 设 x_1 是 $[x, b_k]$ 中使得 $g(x) \leqslant g(x_1)$ 成立而离 b_k 最近的点, 则 x_1 就是 b_k. 因为, 否则 $x_1 < b_k$, 则 $x_1 \in A$. 而按 A 之定义, $\exists \xi_1 \in (x_1, b)$ 使得 $g(x_1) < g(\xi_1)$, 这个 ξ_1 肯定大于 b_k, 否则与 x_1 的最大性相矛盾. 而因为 $b_k \notin A$, 必有 $g(\xi_1) \leqslant g(b_k)$, 又按点 x_1 之定义及假设 $x_1 < b_k$, 必有 $g(b_k) < g(x_1)$. 将所得诸不等式串联得 $g(x_1) < g(\xi_1) \leqslant g(b_k) < g(x_1)$, 这是一个矛盾.

F. Riesz 引理可以改进为 $g(x)$ 不连续, 但在每点 x, 函数 g 的左右极限 $g(x-)$ 及 $g(x+)$ 存在. 这时构作函数 $G(x)$ 为

$$G(x) = \max \left\{ g(x-), g(x), g(x+) \right\}, \tag{3.3.4}$$

其中当 x 是区间的左右端点时, 约定 $g(a-) = g(a)$, $g(b+) = g(b)$.

引理 2 (F. Riesz)   设函数 $g(x)$ 在 $[a, b]$ 上定义, 在每点存在单侧极限, $G(x)$ 构作如 (3.3.4), 集合

$$A = \left\{ x \,\middle|\, x \in (a, b) , \, \exists \xi \in (x, b) \,\text{使得}\, G(x) < g(\xi) \right\}.$$

则集合 A 是开集, 对其任何构成区间 (a_k, b_k) 有不等式

$$g(a_k+) \leqslant G(b_k). \tag{3.3.5}$$

我们逐句地检查引理 1 之证明, 必要时作点解释, 使其在新的假设下通过. 读者权当是对引理 1 的证明的一次复习.

证明 首先证明 A 是一个开集. 设 $x_0 \in A$, 则有一个 $\xi > x_0$ 使得 $g(\xi) > G(x_0) = \max\{g(x_0-), g(x_0), g(x_0+)\}$. 由 $g(\xi) > g(x_0+)$ 知 $\exists \delta_1 > 0$, 使当 $x_0 < x < x_0 + \delta_1 < \xi$ 时有 $g(\xi) > g(x)$; 由 $g(\xi) > g(x_0-)$ 知 $\exists \delta_2 > 0$, 使当 $x_0 - \delta_2 < x < x_0$ 时有 $g(\xi) > g(x)$; 于是取 $\delta = \min\{\delta_1, \delta_2\}$, 则当 $x \in (x_0 - \delta, x_0 + \delta)$ 时有 $g(\xi) > g(x)$, 从而当 $x \in \left(x_0 - \dfrac{\delta}{2}, x_0 + \dfrac{\delta}{2}\right)$ 时有 $g(\xi) > G(x)$. 这便证得 $\left(x_0 - \dfrac{\delta}{2}, x_0 + \dfrac{\delta}{2}\right) \subset A$, 即 x_0 是 A 的内点, 从而 A 是一个开集. 任取 A 的一个构成区间 (a_k, b_k), $b_k \notin A$. 设 $x \in (a_k, b_k)$, 我们来证明有不等式 $g(x) \leqslant G(b_k)$, 由此便得不等式 (3.3.5). 设 $x_1 \in [x, b_k]$ 是使 $g(x) \leqslant G(x_1)$ 成立的最大者. 我们断言 $x_1 = b_k$. 若 $x_1 < b_k$, 则 $x_1 \in A$. 于是存在 $\xi_1 \in (x_1, b)$ 使 $G(x_1) < g(\xi_1)$, 这个 ξ_1 必大于 b_k, 否则与 x_1 之最大性矛盾, 又因为 $b_k \notin A$, 必有 $g(\xi_1) \leqslant g(b_k)$. 又按点 x_1 之定义及假设 $x_1 < b_k$, 必有 $G(b_k) < g(x_1)$. 将诸不等式串联便得 $G(x_1) < g(\xi_1) \leqslant g(b_k) \leqslant G(b_k) < g(x_1) \leqslant G(x_1)$. 这是一个矛盾, 完成证明.

我们已知一个非空实数集 S 的上确界 $\sup S$ 和下确界 $\inf S$ 的概念. 约定, 今后 $\sup S = +\infty$ 表示 S 无上界, $\inf S = -\infty$ 表示 S 无下界.

定义 3.3.1 设函数 $f(x)$ 在点 a 的某去心邻域中有定义, 则记

$$\varlimsup_{x \to a} f(x) = \lim_{h \to 0} \sup_{|x-a| < h} \{f(x)\},$$

$$\varliminf_{x \to a} f(x) = \lim_{h \to 0} \inf_{|x-a| < h} \{f(x)\},$$

分别称为当 $x \to a$ 时函数 $f(x)$ 的**上极限** (superior limit) 和**下极限** (inferior limit), 其值可能是实数, 也可能是 $+\infty$ 和 $-\infty$. 若再限制 $x \to a+$ 或 $x \to a-$, 则分别有**右上极限**, **右下极限**, **左上极限**和**左下极限**, 分别记作

$$\varlimsup_{x \to a+} f(x) = \lim_{h \to 0} \sup_{a < x < a+h} \{f(x)\},$$

$$\varliminf_{x \to a+} f(x) = \lim_{h \to 0} \inf_{a < x < a+h} \{f(x)\},$$

$$\varlimsup_{x \to a-} f(x) = \lim_{h \to 0} \sup_{a-h < x < a} \{f(x)\},$$

$$\varliminf_{x \to a-} f(x) = \lim_{h \to 0} \inf_{a-h < x < a} \{f(x)\}.$$

定义 3.3.2　设数 f 在点 x 的某邻域内有定义, 取 $h \neq 0$ 使 $x + h$ 仍在该邻域中, 于是 $f_h(x) = \dfrac{1}{h}(f(x+h) - f(x))$ 有意义, 当 $h \to 0+$ 或 $h \to 0-$ 时 $f_h(x)$ 的右上极限、右下极限、左上极限和左下极限分别称为函数 f 在点 x 的**右上导数** (right superior derived number)、**右下导数** (right inferior derived number)、**左上导数** (left superior derived number) 和**左下导数** (left inferior derived number), 记为

$$\Lambda_+ = \varlimsup_{h \to 0+} f_h(x), \quad \lambda_+ = \varliminf_{h \to 0+} f_h(x),$$

$$\Lambda_- = \varlimsup_{h \to 0-} f_h(x), \quad \lambda_- = \varliminf_{h \to 0-} f_h(x).$$

评注 3.3.2　容易验证, 函数 f 在点 x 可导当且仅当 $\Lambda_+ = \lambda_+ = \Lambda_- = \lambda_- =$ 某实数.

Lebesgue 定理的证明　不妨设函数 f 是单调增加的. 为证 Lebesgue 定理, 只需证几乎处处有下列两个断言:

断言 I　$\Lambda_+ < +\infty$;

断言 II　$\Lambda_+ \leqslant \lambda_-$.

因为将断言 II 应用于函数 $-f(-x)$, 则知关于函数 f 有 $\Lambda_- \leqslant \lambda_+$. 将此结论与断言 I 和断言 II 结合, 得几乎处处有

$$\Lambda_+ \leqslant \lambda_- \leqslant \Lambda_- \leqslant \lambda_+ \leqslant \Lambda_+ < +\infty.$$

可见几乎处处有等式

$$\Lambda_+ = \lambda_- = \Lambda_- = \lambda_+.$$

由评注 3.3.1 知, 几乎处处 f 是可导的.

于是我们来证明这两个断言.

证明断言 I　设 $E_{+\infty} = \{ x \mid x \in I \text{ 使 } \Lambda_+ = +\infty \}$, 我们证明它是零测度集. $\forall C > 0$, 设 $E_C = \{ x \mid x \in I \text{ 使 } \Lambda_+ > C \}$, 则有 $E_{+\infty} \subset E_C$. 由 $\Lambda_+ > C$ 知 $\exists \xi > x$ 使

$$\frac{f(\xi) - f(x)}{\xi - x} > C,$$

即

$$f(\xi) - f(x) > C\xi - Cx.$$

令 $g(x) = f(x) - Cx$, 则 $g(\xi) > g(x)$. 因此 E_C 是含于 F. Riesz 引理 2 中的开区间 (a_k, b_k) 之内. 据引理 2 有 $g(a_k+) \leqslant G(b_k) = g(b_k+)$, 得

$$f(b_k+) - Cb_k \geqslant f(a_k+) - Ca_k,$$

即

$$C(b_k - a_k) \leqslant f(b_k+) - f(a_k+).$$

对 k 求和得

$$C \sum (b_k - a_k) \leqslant \sum [f(b_k+) - f(a_k+)] \leqslant f(b) - f(a).$$

由此知, 当 C 充分大时, 区间 (a_k, b_k) 总长度必任意小, 即 $E_{+\infty}$ 是零测度集.

证明断言 II 设 $C > c > 0$. 令 $g_1(x) = f(-x) + cx$, 此 g_1 的定义域是 f 的定义域 I 关于原点的对称区间. 对 g_1 应用 F. Riesz 引理 2, 得出的区间系统记作 $\{(-b_k, -a_k)\}$ 并有不等式 $g_1(-b_k+) \leqslant G_1(-a_k) = g_1(-a_k-)$, 即 $f(b_k-) - cb_k \leqslant f(a_k+) - ca_k$, 故得 $f(b_k-) - f(a_k+) \leqslant c(b_k - a_k)$. 然后令 $g_2(x) = f(x) - Cx$, 对每个 (a_k, b_k) 和 g_2, 应用 F. Riesz 引理 2, 得区间系统 $\{(a_{kl}, b_{kl})\}$, 并有不等式 $g_2(a_{kl}+) \leqslant G_2(b_{kl}) = g_2(b_{kl}+)$, 即 $f(a_{kl}+) - Ca_{kl} \leqslant f(b_{kl}+) - Cb_{kl}$, 得 $f(b_{kl}+) - f(a_{kl}+) \geqslant C(b_{kl} - a_{kl})$. 若记 $\mathcal{U}_1$ 为区间系统 $\{(a_k, b_k)\}$, $\mathcal{U}_2$ 为对所有的 k 将区间系统 $\{(a_{kl}, b_{kl})\}$ 作并, 并用 $|\mathcal{U}_1|$ 和 $|\mathcal{U}_2|$ 表示 $\mathcal{U}_1$ 和 $\mathcal{U}_2$ 的区间长度的总和. 则有不等式

$$C |\mathcal{U}_1| \leqslant \sum_{k,l} [f(b_{kl}+) - f(a_{kl}+)] \leqslant \sum_k [f(b_k-) - f(a_k+)] \leqslant c |\mathcal{U}_1|.$$

从而得

$$|\mathcal{U}_2| \leqslant \frac{c}{C} |\mathcal{U}_1|.$$

接下来, 对 $\mathcal{U}_2$ 中开区间再用上法, 得区间系统 $\mathcal{U}_3$, 然后再得区间系统 $\mathcal{U}_4, \cdots,$ $\mathcal{U}_{2n-1}, \mathcal{U}_{2n}, \cdots,$ 使每一个开区间系统 $\mathcal{U}_k$ 都包含在 $\mathcal{U}_{k-1}$ 之中, 且有

$$|\mathcal{U}_{2n}| \leqslant \frac{c}{C} |\mathcal{U}_{2n-1}|,$$

从而

$$|\mathcal{U}_{2n}| \leqslant \left(\frac{c}{C}\right)^n |\mathcal{U}_1| \to 0, \quad \text{当 } n \to \infty \text{ 时.}$$

设 $E_{cC} = \{x \,|\, x \in I$ 使得 $\Lambda_+ > C$ 及 $\Lambda_- < c\}$. 我们来证明, 集合 E_{cC} 被上面所构作的每个 $\mathcal{U}_k$ 所覆盖, 从而 E_{cC} 是零测度集. 任取点 $x \in E_{cC}$, 由于 $\lambda_- < c$, 故存在 $\xi \in I, \xi < x$ 使 $\dfrac{f(\xi) - f(x)}{\xi - x} < c$. 从而 $f(\xi) - f(x) > c(\xi - x)$, 即 $f(\xi) - c\xi > f(x) - cx$, 得 $g_1(-\xi) > g_1(-x)$, 而且 $-x < -\xi$. 故点 $-x$ 当应用 F. Riesz 引理 2 于 g_1 时, 是属于引理中的集合 A 的, 因此点 x 属于 $\mathcal{U}_1$ 中某个 (a_k, b_k), 即 E_{cC} 被 $\mathcal{U}_1$ 所覆盖. 又由于 $\Lambda_+ > C$, 故 $\exists \eta \in (a_k, b_k), x < \eta$, 使

$\dfrac{f(\eta) - f(x)}{\eta - x} > C.$ 从而 $f(\eta) - f(x) > C(\eta - x)$，即 $f(\eta) - C\eta > f(x) - Cx$，得 $g_2(\eta) > g_2(x)$. 故点 x 当应用 F. Riesz 引理于 g_2 和区间 (a_k, b_k) 时，是属于引理中的集合 A 的. 因此，点 x 是属于 $\mathcal{U}_2$ 中某个 (a_{kl}, b_{kl})，即 E_{cC} 被 $\mathcal{U}_2$ 所覆盖. 完全类似的检验说明 E_{cC} 被开区间系统的序列 $\{\mathcal{U}_k\}$ 中的每一个所覆盖.

最后，每一个使得 $\Lambda_+ > \lambda_-$ 的点都属于某个 E_{cC} 中. 但是，这里的 c 未必 > 0，只需对函数 f 加上一项 Kx，其中常数 $K > 0$ 选取得使 $c + K > 0$，此时对函数 $f + Kx$ 用 $c + K$ 和 $C + K$ 代替 c 和 C，便可知原来的 E_{cC} 是零测度的. 我们还可假设 c 和 C 都是有理数. 对所有的满足 $c < C$ 的有理数对 (c, C) 作集合 E_{cC}. 设它们的并集为 E^*，它包含了所有使得 $\Lambda_+ > \Lambda_-$ 的点而 E^* 是零测度集.

3.4　Lebesgue 定理的直接后果

下面是单调函数逐项求导的定理，属于富比尼 (G. Fubini, 1879—1943).

定理 3.4.1 (Fubini)　设 $\forall k \in \mathbb{N}, f_k$ 是在闭区间 $[a, b]$ 上定义的同型的单调函数，且级数 $\displaystyle\sum_{k=1}^{\infty} f_k(x)$ 收敛于函数 $f(x)$. 则几乎处处有等式

$$\sum_{k=1}^{\infty} f_k'(x) = f'(x). \tag{3.4.1}$$

换句话说，级数 $\displaystyle\sum_{k=1}^{\infty} f_k(x)$ 几乎处处可逐项求导.

证明　不失一般性，可设每个 $f_k(a) = 0$，并设每个 $f_k(x)$ 是单调增加函数. 记级数的部分和序列为

$$S_n(x) = \sum_{k=1}^{n} f_k(x),$$

则

$$\lim_{n \to \infty} S_n(x) = f(x).$$

每个 $S_n(x)$ 都是单调增加函数，其极限函数 $f(x)$ 也是单调增加函数. 因此由 Lebesgue 定理，它们的每一个除了一个零测度集外处处可导. 将这可数个零测度集作并集，记作 E_0，它还是零测度集. 上述函数在 E_0 之外处处可导，且单调增加函数之导数非负，故

$$S_n'(x) \leqslant S_{n+1}'(x) \leqslant f'(x).$$

由单调有界序列收敛原理，知在 E_0 外序列 $\{S_n'(x)\}$ 收敛，或说 $\displaystyle\sum_{k=1}^{\infty} f_k'(x)$ 收敛.

欲证等式 (3.4.1), 即证几乎处处有 $f'(x) - S_n'(x) \to 0$ 当 $n \to \infty$ 时. $\forall k \in \mathbb{N}$, 取 $n_k \in \mathbb{N}$, 使 $\{n_k\}$ 是自然数序列的一个子列, 且

$$0 \leqslant f(b) - S_{n_k}(b) < 2^{-k}.$$

于是由

$$0 \leqslant f(x) - S_{n_k}(x) \leqslant f(b) - S_{n_k}(b),$$

知以 $f(x) - S_{n_k}(x)$ 为通项的函数级数收敛. 按前面所证, 这个函数级数逐项求导后所得级数几乎处处收敛. 由此可知其通项几乎处处趋于 0, 即几乎处处有

$$\lim_{k \to \infty} \left[f'(x) - S_{n_k}'(x) \right] = 0.$$

由此可得

$$\lim_{k \to \infty} [f'(x) - S_n'(x)] = 0.$$

下一个定理是当茹瓦 (A. Denjoy) 于 1915 年和杨 (G. Young) 于 1916 年独立地对连续函数证明的, 随后 G. Young 将其推广到可测函数, 萨克斯 (S. Saks) 于 1933 年对完全任意的函数作了证明.

这里所述导数一词系左右上下导数. 我们约定两个**同侧的**导数指左上导数和左下导数, 或右上导数和右下导数; 两个**对角的**导数指不同侧的且一个是上导数另一个是下导数. 我们还认为这些导数可能取 $+\infty$ 或 $-\infty$ 值.

定理 3.4.2 (Denjoy-Young-Saks) 开区间上定义的任意函数都几乎处处有以下结论:

(1) 两个同侧的导数或者有限的且相等, 或者至少有一个是无穷的;

(2) 两个对角的导数或者是有限的且相等, 或者其中的上导数是 $+\infty$ 而下导数是 $-\infty$.

这个定理的证明我们省略了, 有兴趣的读者可以去参考前面提到的黎茨的书.

评注 3.4.1 上述定理中结论 (2) 蕴涵结论 (1), 推导如下. 设同侧的两个导数 Λ_+, λ_+ 都是有限的. 则由结论 (2), 因 Λ_+ 有限便知 λ_- 有限, 且 $\Lambda_+ = \lambda_-$; 又因 λ_+ 有限, 便知 Λ_- 有限, 且 $\Lambda_- = \lambda_+$. 于是得

$$\Lambda_- \geqslant \lambda_- = \Lambda_+ \geqslant \lambda_+ = \Lambda_-,$$

可见四个导数相等, 也就是说 (1) 的结论中一对同侧导数是有限且相等时, 另一对同侧导数是有限且相等, 并且四个导数相等.

评注 3.4.2 如果认为左右上下四个导数是微分学的基本概念, 则 Denjoy-Young-Saks 定理告诉我们的, 已经达到极致了.